面向新工科的电工电子信息基础课程系列教材

教育部高等学校电工电子基础课程教学指导分委员会推荐教材

电磁波与天线

曹文权　朱卫刚　邵　尉　**主编**

清華大学出版社
北　京

内 容 简 介

本书系统介绍电磁场与电磁波的基本概念和基础理论，帮助学生掌握天线与电波传播的基础知识，解决电磁工程应用中的实际问题。本书保持电磁场基础理论的系统性，具备自主学习的拓展性。全书共10章：第1～4章介绍电磁场与电磁波的基本规律，包括数学基础——矢量分析，宏观电磁现象的总规律——麦克斯韦方程组，静态电磁场，均匀平面电磁波的规律——传播、反射与折射；第5、6章介绍传输线基础理论和典型传输线——规则金属波导；第7～10章主要介绍天线与电波传播知识，包括天线基础知识，电波传播基础知识，典型天线在短波通信、广播电视、移动通信和中继通信中的应用，以及新型人工电磁结构天线。本书配有数量合适的例题解析、课后习题、讲课视频、案例模型等，方便学生学习掌握。

本书可以作为大学本科电子信息工程、通信工程等专业的教材，也可供从事天线技术、电波传播、射频技术、微波技术、电磁兼容技术的科研和工程技术人员参考。

图书在版编目(CIP)数据

电磁波与天线/曹文权，朱卫刚，邵尉主编. —北京：清华大学出版社，2022.6(2025.1重印)
面向新工科的电工电子信息基础课程系列教材
ISBN 978-7-302-60238-5

Ⅰ. ①电… Ⅱ. ①曹… ②朱… ③邵… Ⅲ. ①电磁波－高等学校－教材 ②天线－高等学校－教材 Ⅳ. ①O441.4 ②TN82

中国版本图书馆CIP数据核字(2022)第035943号

责任编辑：文 怡
封面设计：王昭红
责任校对：李建庄
责任印制：刘海龙

出版发行：清华大学出版社
网　　址：https://www.tup.com.cn，https://www.wqxuetang.com
地　　址：北京清华大学学研大厦A座　　**邮　　编**：100084
社 总 机：010-83470000　　**邮　　购**：010-62786544
投稿与读者服务：010-62776969，c-service@tup.tsinghua.edu.cn
质量反馈：010-62772015，zhiliang@tup.tsinghua.edu.cn
课件下载：https://www.tup.com.cn，010-83470236
印 装 者：三河市龙大印装有限公司
经　　销：全国新华书店
开　　本：185mm×260mm　　**印　　张**：28.25　　**字　　数**：656千字
版　　次：2022年8月第1版　　**印　　次**：2025年1月第4次印刷
印　　数：2601～3200
定　　价：89.00元

产品编号：089169-01

前言

“电磁波与天线”课程定位于高等学校电工电子信息相关专业的基础课程，属于电磁类专业的核心专业课程，是综合传统的“电磁场与电磁波”“天线与电波传播”以及部分“微波技术”内容的新课程。目标是使学生系统地掌握电磁场与电磁波的基本概念和基础理论，掌握天线与电波传播的基础知识和工程应用，为学习后续专业课程打牢基础。

本书符合新工科建设和发展的需求，由三大模块构成主线：电磁场理论基础—工程基础及天线应用—前沿技术。面向电磁场与天线技术领域前沿热点问题，引入磁电偶极子、5G天线、新型人工电磁结构天线等内容，体现科学性和前沿性；引入国际标准和案例解答，并配有部分仿真实例辅助学习，增强针对性和实效性；落实“学生中心、产出导向、持续改进”的工程教育新理念，着力培养学生的电磁工程实践能力，提升学生解决天馈系统工程问题的能力，为后续的系列无线电系统相关课程学习奠定基础。

本书内容共分10章：第1章矢量分析，是本课程的数学基础；第2章介绍电磁场的基本方程，特别是麦克斯韦方程组，它是宏观电磁现象的总规律；第3章静态电磁场，包括静电场、恒定电场、恒定磁场以及静态场典型问题求解方法的相关内容；第4章主要介绍均匀平面电磁波的传播、反射与折射；第5章介绍传输线基础理论；第6章主要介绍典型传输线——规则金属波导；第7章主要介绍天线的基础知识；第8章主要介绍电波传播基础知识；第9章主要介绍短波通信、广播电视、移动通信和中继通信应用中的典型天线；第10章介绍新型人工电磁结构天线。本书的参考学时为80学时，其中标有星号“*”的内容为自学和选学部分，教师授课过程中可以对教材内容进行适当删减。

本书主要有两个特点：①保持基础理论的系统性。保证电磁场与波、传输线与天线、电波传播等相关基础理论的完整性，内容深入浅出，能够与前修的大学物理电磁学和后修的相关无线电系统课程无缝衔接。②具备自主学习的拓展性。兼顾教学内容的可操作性，配备重要知识点的例题和与授课学时相匹配的课后习题，方便自学。同时，增加部分案例的电磁仿真模型，力求将电磁学和天线的抽象问题形象化，利于理解。

本书由钱祖平教授主审，得到李平辉、丁卫平等教授的指导和校阅。第1～4章由朱卫刚编写，第5、6章由邵尉编写，第7～10章由曹文权编写。曹文权对全书进行统稿。在本书的编写过程中得到陆军工程大学通信工程学院领导和专家的关心与支持，在此表示感谢。

本书可以作为大学本科电子信息工程、通信工程等专业的教材，也可供从事天线技术、电波传播、射频技术、微波技术、电磁兼容技术的科研和工程技术人员参考。

由于编者水平有限，书中难免存在错误和欠妥之处，恳请读者批评指正。

编　者

2022年6月

大纲＋课件

思政元素＋仿真模型＋典型案例

目录

目录

目录

目录

目录

目录

目录

第1章 矢量分析

在自然界中经常研究物理量在空间和时间上的变化规律，如果在空间中一个区域内的每一点都有一物理量的确定值与之对应，则在该区域中就构成该物理量的场。如果该物理量是标量，这种场就称为标量场，如电位场、温度场等；如果这个物理量是矢量，则称为矢量场，如流速场、电场和磁场等。电磁波与天线就是研究电场、磁场在空间的分布规律和随时间的变化规律，这就需要运用矢量分析，对电场和磁场进行分解、合成、微分、积分及其他运算等。本章首先介绍三种常见的正交坐标系（直角坐标系、圆柱坐标系和球坐标系）、矢量函数表示法及运算，随后着重分析标量场的方向导数和梯度、矢量场的通量和散度、矢量场的环量及旋度等概念及物理意义，最后介绍矢量场与亥姆霍兹（*Helmholtz*）定理的关系。

1.1 三种常用坐标系

为了有效描述某一物理量在空间的分布规律和变化规律，需要引入坐标系。在空间中，根据被研究对象的几何形状，采用不同的坐标系。在电磁波与天线理论中，用得最多的是直角坐标系、圆柱坐标系和球坐标系。

在三维空间中，一个点相当于三个面的交点，因此空间一点的坐标可以用三个参数表示，每个参数确定一个坐标曲面，当这三个坐标曲面两两垂直时，便称为正交坐标系。三个相交的坐标曲面相互正交，各曲面在交点上的法线相互垂直；两个曲面相交形成一条交线，坐标曲面的三条交线在该点也相互正交，即各交线在该点的切线相互垂直，这些曲线称为坐标曲线或坐标轴。

按照正交坐标系的定义，三种常用坐标系的构成要素主要包含以下四个方面：

(1) 坐标变量，是构成坐标系的基本参量。

(2) 坐标曲面，是坐标变量分别等于常数所确定的曲面。

(3) 坐标曲线或坐标轴，是两两坐标曲面的交线。

(4) 坐标单位矢量：在空间任一点沿三条坐标曲线的切线方向所取的单位矢量（模为 1，方向为坐标变量正的增加方向），而且三个坐标单位矢量满足右手螺旋法则。

1.1.1 直角坐标系

直角坐标系是最常见的坐标系，如图 1.1.1 所示的直角坐标系中，直角坐标系坐标变量为 x、y、z，三个坐标变量可以取任意实数。坐标变量取不同的值代表不同的几何意义，如 $x=$常数，则表示垂直于 x 轴的一个平面。直角坐标系的坐标轴分别为 x 轴（$y=0$、$z=0$）、y 轴（$x=0$、$z=0$）、z 轴（$x=0$、$y=0$）。

直角坐标系中如何表示一个矢量呢？可以采用三个坐标单位矢量为 $\boldsymbol{e}_x$、$\boldsymbol{e}_y$、$\boldsymbol{e}_z$ 来表示其方向。在直角坐标系中，$\boldsymbol{e}_x$、$\boldsymbol{e}_y$、$\boldsymbol{e}_z$ 均为常矢量，它们的大小和方向均与空间坐标无关，两两正交且满足右手螺旋法则，即 $\boldsymbol{e}_x \times \boldsymbol{e}_y = \boldsymbol{e}_z$。

在矢量分析中，经常会遇到线积分、面积分和体积分运算，需要给出长度元、面积元和体积元的表达式。坐标系中的任一长度元可以分解成沿三个坐标轴方向的投影,长度元是指以三个投影为边所构成长方体对角线的长度,在直角坐标系中,有

$$\mathrm{d}l=\sqrt{(\mathrm{d}x)^2+(\mathrm{d}y)^2+(\mathrm{d}z)^2} \tag{1.1.1}$$

沿三个坐标方向的标量面积元,如图 1.1.2 所示,即有

$$\mathrm{d}s_x=\mathrm{d}y\,\mathrm{d}z \tag{1.1.2a}$$

$$\mathrm{d}s_y=\mathrm{d}x\,\mathrm{d}z \tag{1.1.2b}$$

$$\mathrm{d}s_z=\mathrm{d}x\,\mathrm{d}y \tag{1.1.2c}$$

如图 1.1.2 所示,体积元是指以三个投影为边所构成长方体的体积,有

$$\mathrm{d}\tau=\mathrm{d}x\cdot\mathrm{d}y\cdot\mathrm{d}z \tag{1.1.3}$$

在很多情况下,需要考虑面积元的方向,称为有向面元。图 1.1.2 中,体积元 $\mathrm{d}\tau$ 的三个有向面元分别为

$$\mathrm{d}\boldsymbol{s}_x=\boldsymbol{e}_x\mathrm{d}s_x=\boldsymbol{e}_x\mathrm{d}y\,\mathrm{d}z$$

$$\mathrm{d}\boldsymbol{s}_y=\boldsymbol{e}_y\mathrm{d}s_y=\boldsymbol{e}_y\mathrm{d}x\,\mathrm{d}z$$

$$\mathrm{d}\boldsymbol{s}_z=\boldsymbol{e}_z\mathrm{d}s_z=\boldsymbol{e}_z\mathrm{d}x\,\mathrm{d}y$$

需要注意的是,对体积元 $\mathrm{d}\tau$ 而言,通常规定由里指向外为正方向。

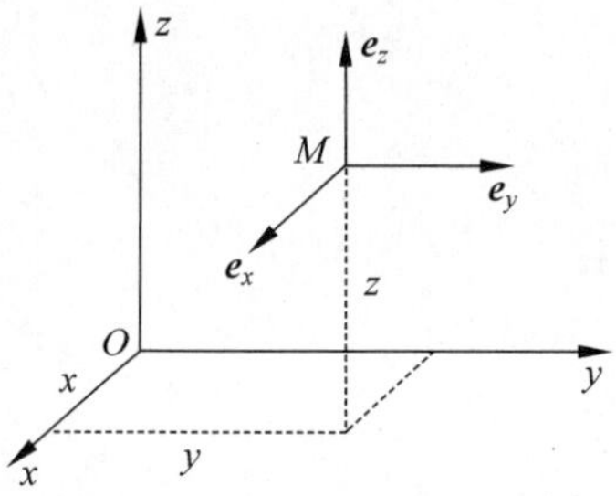

图 1.1.1　直角坐标系构成

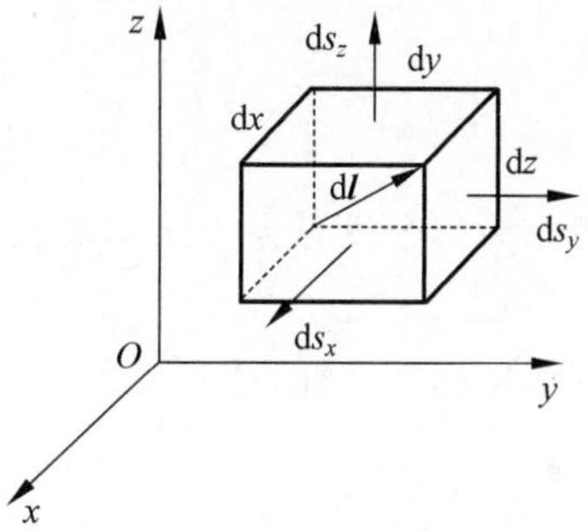

图 1.1.2　直角坐标系中的微分元

1.1.2　圆柱坐标系

如图 1.1.3 所示的圆柱坐标系中,三个坐标变量为 ρ、φ、z。其中,ρ 是径向变量,变化范围为 $0\leqslant\rho<+\infty$;φ 是周向变量,变化范围为 $0\leqslant\varphi\leqslant 2\pi$;$z$ 是轴向变量,变化范围为 $-\infty<z<+\infty$。三个坐标曲面为 $\rho=$常数(以 z 轴为对称轴的圆柱面),$\varphi=$常数(以 z 轴为边界的半平面),$z=$常数(垂直于 z 轴的平面)。坐标曲线为 ρ 曲线($z=$常数、$\varphi=$常数)、φ 曲线($\rho=$常数、$z=$常数)、z 曲线($\varphi=$常数、$\rho=$常数)。

圆柱坐标系中任一点 M 上的三个坐标单位矢量为 $\boldsymbol{e}_\rho$、$\boldsymbol{e}_\varphi$、$\boldsymbol{e}_z$,分别指向 ρ、φ、z 增加的方向。其中,$\boldsymbol{e}_z$ 为常矢量,$\boldsymbol{e}_\rho$ 和 $\boldsymbol{e}_\varphi$ 随空间位置的变化而方向发生改变,是变矢量。$\boldsymbol{e}_\rho$、$\boldsymbol{e}_\varphi$、$\boldsymbol{e}_z$ 两两正交,并满足右手螺旋法则,即 $\boldsymbol{e}_\rho\times\boldsymbol{e}_\varphi=\boldsymbol{e}_z$。

圆柱坐标系中的任一长度元可以分解成沿 ρ、φ、z 方向上的投影,如图 1.1.4 所示,

在 ρ 方向上的投影长度为 $d\rho$，在 z 方向上的投影长度为 dz，在 φ 方向上的投影长度为 $\rho d\varphi$，长度元为以三个投影为边所构成长方体的对角线长度。

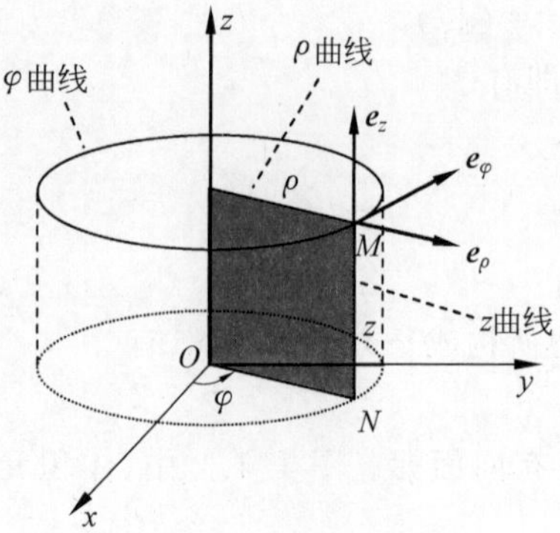

图 1.1.3 圆柱坐标系构成

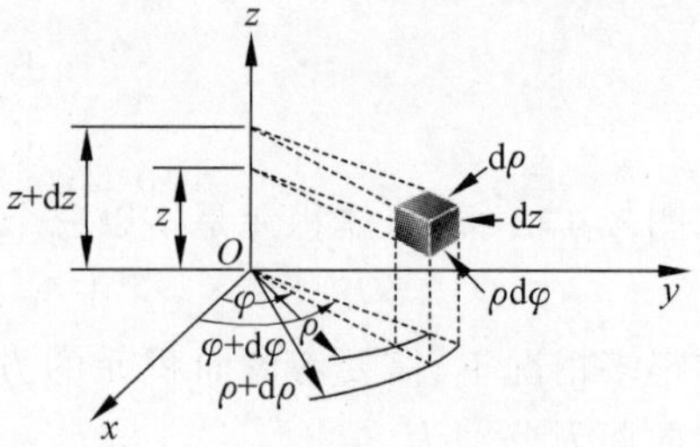

图 1.1.4 圆柱坐标系中的微元

$$dl = \sqrt{(d\rho)^2 + (\rho d\varphi)^2 + (dz)^2} \tag{1.1.4}$$

任意两个方向的线元相乘可以得到三个坐标方向的标量面积元，即

$$ds_\rho = \rho d\varphi dz \tag{1.1.5a}$$

$$ds_\varphi = d\rho dz \tag{1.1.5b}$$

$$ds_z = \rho d\rho d\varphi \tag{1.1.5c}$$

体积元为三个投影为边所构成长方体的体积，即

$$d\tau = d\rho \cdot \rho d\varphi \cdot dz \tag{1.1.6}$$

与直角坐标系一样，体积元的三个有向面元可以表示为

$$d\boldsymbol{s}_\rho = \boldsymbol{e}_\rho ds_\rho = \boldsymbol{e}_\rho \rho d\varphi dz$$

$$d\boldsymbol{s}_\varphi = \boldsymbol{e}_\varphi ds_\varphi = \boldsymbol{e}_\varphi d\rho dz$$

$$d\boldsymbol{s}_z = \boldsymbol{e}_z ds_z = \boldsymbol{e}_z \rho d\rho d\varphi$$

1.1.3 球坐标系

球坐标系的三个坐标变量为 r、θ、φ。其中，r 是径向变量，取值范围为 $0 \leqslant r < +\infty$；θ 是极角变量，取值范围为 $0 \leqslant \theta \leqslant \pi$；$\varphi$ 是周向变量，取值范围为 $0 \leqslant \varphi \leqslant 2\pi$。如图 1.1.5 所示的球坐标系中，坐标曲面为 $r=$常数（以 O 为球心的球面）、$\theta=$常数（以 O 为顶点的圆锥面）、$\varphi=$常数（以 z 轴为边界的半平面）。坐标曲线为 r 曲线（$\theta=$常数、$\varphi=$常数）、θ 曲线（$r=$常数、$\varphi=$常数）、φ 曲线（$r=$常数、$\theta=$常数）。

坐标系中任一点 M 上的三个坐标单位矢量为 $\boldsymbol{e}_r$、$\boldsymbol{e}_\theta$、$\boldsymbol{e}_\varphi$，三者均是变矢量，且满足右手螺旋法则，即 $\boldsymbol{e}_r \times \boldsymbol{e}_\theta = \boldsymbol{e}_\varphi$。

如图 1.1.6 所示，球坐标系中的任一长度元可以分解成沿 r、θ、φ 方向上的投影，在 r 方向上的投影长度为 dr，在 θ 方向上的投影长度为 $rd\theta$，在 φ 方向上的投影长度为

$r\sin\theta d\varphi$，长度元为以三个投影为边所构成长方体的对角线长度，即

$$dl=\sqrt{(dr)^2+(rd\theta)^2+(r\sin\theta d\varphi)^2} \tag{1.1.7}$$

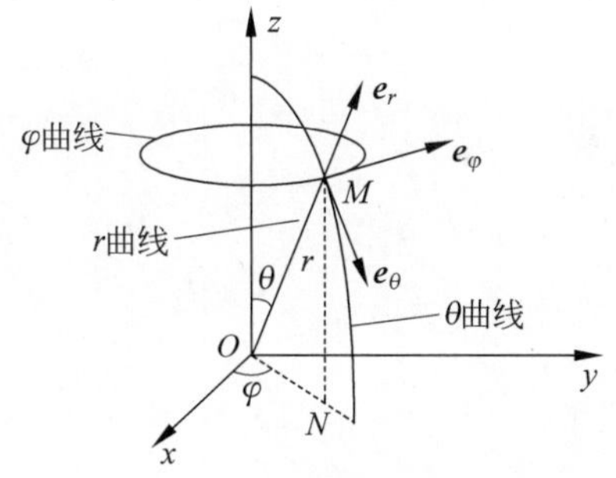

图 1.1.5　球坐标系构成

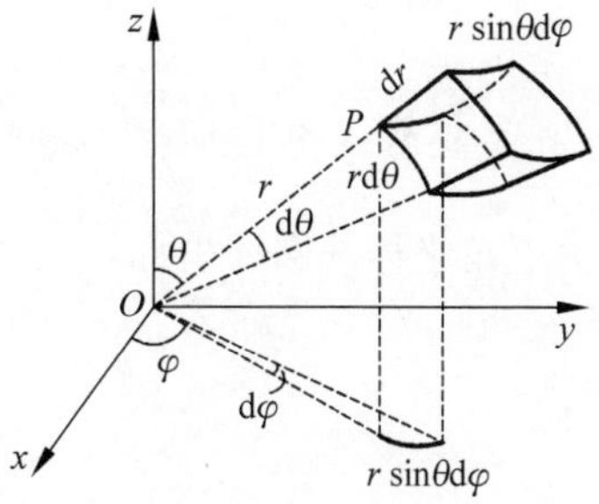

图 1.1.6　球坐标系中的微分元

任意两个方向的线元相乘可以得到三个坐标方向的标量面积元，即

$$ds_r=r^2\sin\theta d\theta d\varphi \tag{1.1.8a}$$

$$ds_\theta=r\sin\theta dr d\varphi \tag{1.1.8b}$$

$$ds_\varphi=r dr d\theta \tag{1.1.8c}$$

体积元为以三个投影为边所构成长方体的体积，即

$$d\tau=dr\cdot rd\theta\cdot r\sin\theta d\varphi=r^2\sin\theta dr d\theta d\varphi \tag{1.1.9}$$

球坐标系下，体积元的三个有向面元可以表示为

$$d\boldsymbol{s}_r=\boldsymbol{e}_r ds_r=\boldsymbol{e}_r r^2\sin\theta d\theta d\varphi$$

$$d\boldsymbol{s}_\theta=\boldsymbol{e}_\theta ds_\theta=\boldsymbol{e}_\theta r\sin\theta dr d\varphi$$

$$d\boldsymbol{s}_\varphi=\boldsymbol{e}_\varphi ds_\varphi=\boldsymbol{e}_\varphi r dr d\theta$$

1.1.4　三种坐标系坐标变量之间的关系

空间同一点 M 在三种不同坐标系中表示时，可直接列出它们之间的关系式。

1. 球坐标→圆柱坐标→直角坐标的变量代换

(1) 球坐标→圆柱坐标：

$$\begin{cases}\rho=r\sin\theta\\ z=r\cos\theta\end{cases} \tag{1.1.10}$$

(2) 圆柱坐标→直角坐标：

$$\begin{cases}x=\rho\cos\varphi\\ y=\rho\sin\varphi\end{cases} \tag{1.1.11}$$

(3) 球坐标→直角坐标：

$$\begin{cases} x = r\sin\theta\cos\varphi \\ y = r\sin\theta\sin\varphi \\ z = r\cos\theta \end{cases} \tag{1.1.12}$$

2. 直角坐标→圆柱坐标→球坐标的变量代换

(1) 直角坐标→圆柱坐标：

$$\begin{cases} \rho = (x^2 + y^2)^{1/2} \\ \varphi = \arctan\left(\dfrac{y}{x}\right) \end{cases} \tag{1.1.13}$$

(2) 圆柱坐标→球坐标：

$$\begin{cases} r = (\rho^2 + z^2)^{1/2} \\ \theta = \arccos\left[\dfrac{z}{(\rho^2 + z^2)^{1/2}}\right] \end{cases} \tag{1.1.14}$$

(3) 直角坐标→球坐标：

$$\begin{cases} r = (x^2 + y^2 + z^2)^{1/2} \\ \theta = \arccos\left[\dfrac{z}{(x^2 + y^2 + z^2)^{1/2}}\right] \\ \varphi = \arccos\left[\dfrac{x}{(x^2 + y^2)^{1/2}}\right] \end{cases} \tag{1.1.15}$$

视频1-1

1.1.5 三种坐标系坐标单位矢量之间的关系

为了在不同坐标系中表示同一个矢量，需要知道不同坐标系坐标单位矢量之间的关系。坐标系坐标单位矢量之间的关系式可以采用解析的方法推导，也可以由几何的方法得到。下面采用几何方法来推导这些关系式。

在直角坐标系和圆柱坐标系中有一个共同的坐标变量 z，所以空间某点 M 上的坐标单位矢量 $\boldsymbol{e}_x$、$\boldsymbol{e}_y$、$\boldsymbol{e}_\rho$、$\boldsymbol{e}_\varphi$ 位于以 M 点为中心的单位圆内，如图 1.1.7 所示。直角坐标系的坐标单位矢量 $\boldsymbol{e}_x$、$\boldsymbol{e}_y$ 可以采用几何方法，由圆柱坐标系的坐标单位矢量 $\boldsymbol{e}_\rho$、$\boldsymbol{e}_\varphi$ 叠加而得到。反之亦然，$\boldsymbol{e}_\rho$、$\boldsymbol{e}_\varphi$ 可以由直角坐标系的坐标单位矢量 $\boldsymbol{e}_x$、$\boldsymbol{e}_y$ 叠加得到。

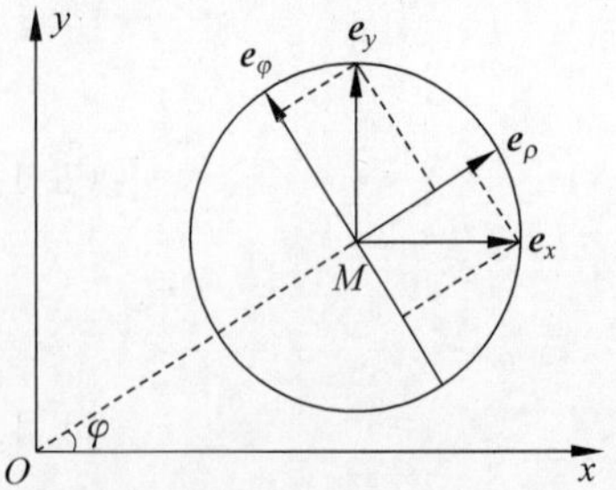

图 1.1.7 直角坐标系与圆柱坐标系坐标单位矢量的关系

$$\begin{cases} \boldsymbol{e}_x = \boldsymbol{e}_\rho\cos\varphi - \boldsymbol{e}_\varphi\sin\varphi \\ \boldsymbol{e}_y = \boldsymbol{e}_\rho\sin\varphi + \boldsymbol{e}_\varphi\cos\varphi \end{cases} \tag{1.1.16}$$

$$\begin{cases} \boldsymbol{e}_\rho = \boldsymbol{e}_x\cos\varphi + \boldsymbol{e}_y\sin\varphi \\ \boldsymbol{e}_\varphi = -\boldsymbol{e}_x\sin\varphi + \boldsymbol{e}_y\cos\varphi \end{cases} \tag{1.1.17}$$

在圆柱坐标系和球坐标系中有一个共同的坐标变量 φ，所以空间某点 M 上的坐标单位矢量 $\boldsymbol{e}_\rho$、$\boldsymbol{e}_z$、$\boldsymbol{e}_r$、$\boldsymbol{e}_\theta$ 位于以 M 点为中心的单位圆内，略去具体的推导过程，可以得到圆柱和球坐标系坐标单位矢量之间的关系，即

$$\begin{cases}\boldsymbol{e}_\rho = \boldsymbol{e}_r \sin\theta + \boldsymbol{e}_\theta \cos\theta \\ \boldsymbol{e}_z = \boldsymbol{e}_r \cos\theta - \boldsymbol{e}_\theta \sin\theta\end{cases} \tag{1.1.18}$$

将式(1.1.16)、式(1.1.17)与式(1.1.18)互为替换，可得到直角坐标系与球坐标系中坐标单位矢量之间的关系式，即

$$\begin{cases}\boldsymbol{e}_r = \boldsymbol{e}_x \sin\theta\cos\varphi + \boldsymbol{e}_y \sin\theta\sin\varphi + \boldsymbol{e}_z \cos\theta \\ \boldsymbol{e}_\theta = \boldsymbol{e}_x \cos\theta\cos\varphi + \boldsymbol{e}_y \cos\theta\sin\varphi - \boldsymbol{e}_z \sin\theta \\ \boldsymbol{e}_\rho = -\boldsymbol{e}_x \sin\varphi + \boldsymbol{e}_y \cos\varphi\end{cases} \tag{1.1.19}$$

$$\begin{cases}\boldsymbol{e}_x = \boldsymbol{e}_r \sin\theta\cos\varphi + \boldsymbol{e}_\theta \cos\theta\cos\varphi - \boldsymbol{e}_\varphi \sin\varphi \\ \boldsymbol{e}_y = \boldsymbol{e}_r \sin\theta\sin\varphi + \boldsymbol{e}_\theta \cos\theta\sin\varphi + \boldsymbol{e}_\varphi \cos\varphi \\ \boldsymbol{e}_z = \boldsymbol{e}_r \cos\theta - \boldsymbol{e}_\theta \sin\theta\end{cases} \tag{1.1.20}$$

1.2 矢量函数

矢量分为常矢量和变矢量。模和方向保持不变的矢量称为常矢量；模和方向或其中之一会改变的矢量称为变矢。矢量函数是指表示物理量的矢量一般是一个或几个变量的函数，通常是时间和空间位置的函数。

1.2.1 矢量表示法

在正交曲线坐标系中的某点，若沿三个相互垂直的坐标单位矢量方向的三个分量都给定，则一个从该点发出的矢量也就确定下来。

在直角坐标系下，有

$$\boldsymbol{A} = \boldsymbol{e}_x A_x + \boldsymbol{e}_y A_y + \boldsymbol{e}_z A_z \tag{1.2.1}$$

在圆柱坐标系下，有

$$\boldsymbol{A} = \boldsymbol{e}_\rho A_\rho + \boldsymbol{e}_\varphi A_\varphi + \boldsymbol{e}_z A_z \tag{1.2.2}$$

在球坐标系下，有

$$\boldsymbol{A} = \boldsymbol{e}_r A_r + \boldsymbol{e}_\theta A_\theta + \boldsymbol{e}_\varphi A_\varphi \tag{1.2.3}$$

在直角坐标系中，$A = |\boldsymbol{A}| = \sqrt{A_x^2 + A_y^2 + A_z^2}$ 表示矢量 $\boldsymbol{A}$ 的模或大小。由于矢量在各坐标轴的分量即为矢量在该坐标轴的投影，所以，如果已知矢量 $\boldsymbol{A}$ 的大小和与直角坐标系各坐标轴的夹角 α、β、γ，则矢量 $\boldsymbol{A}$ 被确定。

$$A_x = \boldsymbol{A} \cdot \boldsymbol{e}_x = A\cos\alpha$$

$$A_y = \boldsymbol{A} \cdot \boldsymbol{e}_y = A\cos\beta$$

$$A_z = \boldsymbol{A} \cdot \boldsymbol{e}_z = A\cos\gamma$$

$$\boldsymbol{A}=A(\boldsymbol{e}_x\cos\alpha+\boldsymbol{e}_y\cos\beta+\boldsymbol{e}_z\cos\gamma) \tag{1.2.4}$$

其中，α、β、γ 称为矢量 $\boldsymbol{A}$ 的方向角；$\cos\alpha$、$\cos\beta$、$\cos\gamma$ 称为矢量 $\boldsymbol{A}$ 的方向余弦，满足关系式

$$\sqrt{\cos^2\alpha+\cos^2\beta+\cos^2\gamma}=1$$

模等于 1 的矢量称为单位矢量。$\boldsymbol{A}^0$ 表示与 $\boldsymbol{A}$ 同方向的单位矢量。

$$\boldsymbol{A}=|\boldsymbol{A}|\boldsymbol{A}^0$$

$$\boldsymbol{A}^0=\boldsymbol{e}_x\cos\alpha+\boldsymbol{e}_y\cos\beta+\boldsymbol{e}_z\cos\gamma \tag{1.2.5}$$

在直角坐标系中，以坐标原点 O 为起点，引向空间任一点 $M(x,y,z)$ 的矢量，称为矢径 $\boldsymbol{r}$。

$$\boldsymbol{r}=\boldsymbol{e}_x x+\boldsymbol{e}_y y+\boldsymbol{e}_z z \tag{1.2.6}$$

$$|\boldsymbol{r}|=r=\sqrt{x^2+y^2+z^2}$$

单位矢径为

$$\boldsymbol{r}^0=\frac{r}{r}\boldsymbol{r}^0=\frac{\boldsymbol{r}}{r}=\boldsymbol{e}_x\cos\alpha+\boldsymbol{e}_y\cos\beta+\boldsymbol{e}_z\cos\gamma \tag{1.2.7}$$

空间任一点对应于一个矢径 $\boldsymbol{r}$；反之，每一个矢径对应着空间一点，所以矢径 $\boldsymbol{r}$ 又称为位置矢量。点 $M(x,y,z)$ 可以表示为 $M(\boldsymbol{r})$。距离矢量 $\boldsymbol{R}$ 是空间任一矢量，起点为 $P(x',y',z')$，终点为 $Q(x,y,z)$，如图 1.2.1 所示。

$$\boldsymbol{R}=\boldsymbol{r}-\boldsymbol{r}'=\boldsymbol{e}_x(x-x')+\boldsymbol{e}_y(y-y')+\boldsymbol{e}_z(z-z') \tag{1.2.8}$$

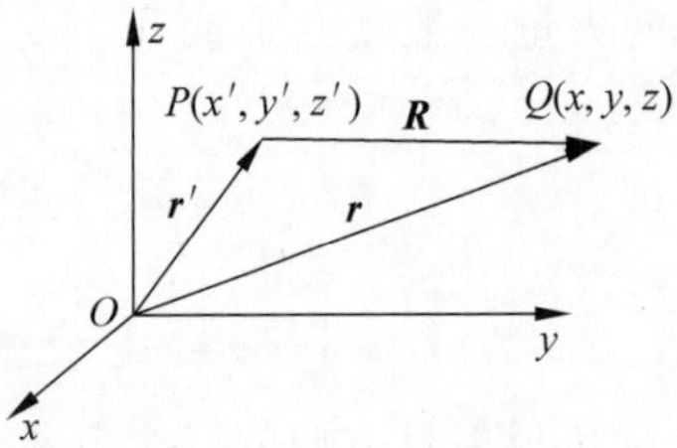

图 1.2.1　距离矢量

其模为 $|\boldsymbol{R}|=\sqrt{(x-x')^2+(y-y')^2+(z-z')^2}$。

在电磁场理论中经常用带撇的坐标变量表示源区，不带撇的坐标变量表示场区。所以，距离矢量 $\boldsymbol{R}$ 称为从源点到场点的距离矢量。空间任一长度元矢量(线元矢量)。在直角坐标系中表示为

$$\mathrm{d}\boldsymbol{l}=\boldsymbol{e}_x\mathrm{d}x+\boldsymbol{e}_y\mathrm{d}y+\boldsymbol{e}_z\mathrm{d}z \tag{1.2.9}$$

【例 1-1】 写出在直角坐标系中沿位置矢量 $\boldsymbol{r}=5\boldsymbol{e}_x+4\boldsymbol{e}_y+3\boldsymbol{e}_z$ 方向的单位矢量 $\boldsymbol{e}_r$ 的表示。

解：沿位置矢量 $\boldsymbol{r}$ 的单位矢量 $\boldsymbol{e}_r=\dfrac{\boldsymbol{r}}{r}$

$$r=\sqrt{x^2+y^2+z^2}=\sqrt{25+16+9}=5\sqrt{2}$$

$$\boldsymbol{e}_r=\frac{5\boldsymbol{e}_x+4\boldsymbol{e}_y+3\boldsymbol{e}_z}{5\sqrt{2}}=\frac{\sqrt{2}\boldsymbol{e}_x}{2}+\frac{2\sqrt{2}\boldsymbol{e}_y}{5}+\frac{3\sqrt{2}\boldsymbol{e}_z}{10}$$

1.2.2　矢量函数

矢量函数与标量函数具有类似的定义。对于自变量的每一个数值，都有变动矢量 $\boldsymbol{A}$ 的确定量(大小和方向都确定的一个矢量)与它对应，则变动矢量 $\boldsymbol{A}$ 称为该自变量的矢量函数。例如，静电场中，位于坐标原点的点电荷，在其周围空间产生的电场可以表示为

$$\boldsymbol{E}(\boldsymbol{r})=\frac{q}{4\pi\varepsilon_0}\frac{\boldsymbol{r}}{|\boldsymbol{r}|^3}=\frac{q}{4\pi\varepsilon_0}\frac{\boldsymbol{e}_x x+\boldsymbol{e}_y y+\boldsymbol{e}_z z}{(x^2+y^2+z^2)^{\frac{3}{2}}} \tag{1.2.10}$$

给定电荷的情况下,不同位置的电场矢量将发生变化。

类似于标量函数的求导,对矢量函数求导数即是求矢量函数对时间和空间等参数的变化率。矢量函数求导数的运算法则类似标量函数。对于矢量函数 $\boldsymbol{F}(u)$,有

$$\frac{\mathrm{d}\boldsymbol{F}(u)}{\mathrm{d}u}=\lim_{\Delta u\to 0}\frac{\Delta\boldsymbol{F}}{\Delta u}=\lim_{\Delta u\to 0}\frac{\boldsymbol{F}(u+\Delta u)-\boldsymbol{F}(u)}{\Delta u} \tag{1.2.11}$$

由上式可以看出,常矢量的导数为 0,变矢量的一阶导数仍然为矢量。对于标量函数 $f(u)$与矢量函数 $\boldsymbol{F}(u)$的乘积 $f\boldsymbol{F}$,有

$$\begin{aligned}\frac{\mathrm{d}(f\boldsymbol{F})}{\mathrm{d}u}&=\lim_{\Delta u\to 0}\frac{(f+\Delta f)(\boldsymbol{F}+\Delta\boldsymbol{F})-f\boldsymbol{F}}{\Delta u}\\&=f\lim_{\Delta u\to 0}\frac{\Delta\boldsymbol{F}}{\Delta u}+\boldsymbol{F}\lim_{\Delta u\to 0}\frac{\Delta f}{\Delta u}+\lim_{\Delta u\to 0}\frac{\Delta\boldsymbol{F}}{\Delta u}\Delta f\end{aligned} \tag{1.2.12}$$

当 $\Delta u\to 0$ 时,上式右端第三项趋于 0,所以

$$\frac{\mathrm{d}(f\boldsymbol{F})}{\mathrm{d}u}=f\frac{\mathrm{d}\boldsymbol{F}}{\mathrm{d}u}+\boldsymbol{F}\frac{\mathrm{d}f}{\mathrm{d}u} \tag{1.2.13}$$

对于多变量函数 $\boldsymbol{F}(u_1,u_2,\cdots)$和 $f(u_1,u_2,\cdots)$,则是求偏导数,有

$$\frac{\partial(f\boldsymbol{F})}{\partial u_1}=f\frac{\partial\boldsymbol{F}}{\partial u_1}+F\frac{\partial f}{\partial u_1} \tag{1.2.14}$$

$$\frac{\partial^2\boldsymbol{F}}{\partial u_1\partial u_2}=\frac{\partial^2\boldsymbol{F}}{\partial u_2\partial u_1} \tag{1.2.15}$$

对于矢量函数 $\boldsymbol{E}(x,y,z)=\boldsymbol{e}_xE_x(x,y,z)+\boldsymbol{e}_yE_y(x,y,z)+\boldsymbol{e}_zE_z(x,y,z)$,有

$$\frac{\partial\boldsymbol{E}}{\partial x}=\boldsymbol{e}_x\frac{\partial E_x}{\partial x}+\boldsymbol{e}_y\frac{\partial E_y}{\partial x}+\boldsymbol{e}_z\frac{\partial E_z}{\partial x} \tag{1.2.16}$$

直角坐标系的坐标单位矢量均为常矢量,与坐标变量无关。在圆柱坐标系和球坐标系中,由于一些坐标单位矢量不是常矢量,而是坐标变量的函数,求导数时要特别注意,不能随意将坐标单位矢量提到微分符号之外。所以,一般采用将圆柱坐标系和球坐标系中的坐标单位矢量化成直角坐标系的坐标单位矢量形式,这样,可以将直角坐标系的坐标单位矢量提到微分符号之外。例如,对于矢量函数 $\boldsymbol{E}(\rho,\varphi,z)=\boldsymbol{e}_\rho E_\rho+\boldsymbol{e}_\varphi E_\varphi+\boldsymbol{e}_zE_z$,有

$$\frac{\partial\boldsymbol{E}}{\partial\varphi}\neq\boldsymbol{e}_\rho\frac{\partial E_\rho}{\partial\varphi}+\boldsymbol{e}_\varphi\frac{\partial E}{\partial\varphi}+\boldsymbol{e}_z\frac{\partial E_z}{\partial\varphi}$$

由于各种坐标系中的坐标单位矢量均不随时间变化,矢量函数对时间 t 求偏导数时,可以将它们作为常矢量提到偏微分符号之外。例如,在球坐标系中,

$$\frac{\partial\boldsymbol{E}}{\partial t}=\frac{\partial}{\partial t}(\boldsymbol{e}_rE_r+\boldsymbol{e}_\theta E_\theta+\boldsymbol{e}_\varphi E_\varphi)=\boldsymbol{e}_r\frac{\partial E_r}{\partial t}+\boldsymbol{e}_\theta\frac{\partial E_\theta}{\partial t}+\boldsymbol{e}_\varphi\frac{\partial E_\varphi}{\partial t} \tag{1.2.17}$$

积分和微分互为逆运算。一般标量函数积分的运算法则对矢量函数同样适用。但是,在圆柱坐标系和球坐标系中,对矢量函数求积分时,仍需注意:有些坐标单位矢量不

是常矢量，不能随意将坐标单位矢量提到积分运算符号之外。在一般情况下，坐标单位矢量可能是积分变量的函数。例如，在柱坐标系中，

$$\int_0^{2\pi} \boldsymbol{e}_\rho \mathrm{d}\varphi \neq \boldsymbol{e}_\rho \int_0^{2\pi} \mathrm{d}\varphi = \boldsymbol{e}_\rho 2\pi$$

与矢量函数的求导运算一样，由于直角坐标系的坐标单位矢量均为常矢量，与坐标变量无关，所以，一般采用将圆柱坐标系和球坐标系中的坐标单位矢量化成直角坐标系的坐标单位矢量形式，这样，可以将（直角坐标系的）坐标单位矢量提到积分符号之外。

$$\begin{aligned}\int_0^{2\pi} \boldsymbol{e}_\rho \mathrm{d}\varphi &= \int_0^{2\pi} (\boldsymbol{e}_x \cos\varphi + \boldsymbol{e}_y \sin\varphi) \mathrm{d}\varphi \\ &= \boldsymbol{e}_x \int_0^{2\pi} \cos\varphi \mathrm{d}\varphi + \boldsymbol{e}_y \int_0^{2\pi} \sin\varphi \mathrm{d}\varphi = 0\end{aligned}$$

【例 1-2】 求 $\boldsymbol{A} = a\boldsymbol{e}_\rho$ 在 $0 \to 2\pi$ 区间对 φ 的定积分，其中，a 为常数。

解： $\int_0^{2\pi} \boldsymbol{A} \mathrm{d}\varphi = \int_0^{2\pi} a\boldsymbol{e}_\rho \mathrm{d}\varphi = \int_0^{2\pi} a(\boldsymbol{e}_x \cos\varphi + \boldsymbol{e}_y \sin\varphi) \mathrm{d}\varphi = \boldsymbol{e}_x a \sin\varphi \Big|_0^{2\pi} - \boldsymbol{e}_y a \cos\varphi \Big|_0^{2\pi} = 0$

【例 1-3】 求 $\boldsymbol{A} = r_0 \boldsymbol{e}_r$ 在 $r = r_0$ 球面上的面积分。

解： $\int_s \boldsymbol{A} \mathrm{d}s = \int_0^{2\pi} \int_0^{\pi} r_0 \boldsymbol{e}_r r_0^2 \sin\theta \mathrm{d}\theta \mathrm{d}\varphi$

将 $\boldsymbol{e}_r = \boldsymbol{e}_x \sin\theta\cos\varphi + \boldsymbol{e}_y \sin\theta\sin\varphi + \boldsymbol{e}_z \cos\theta$ 代入上式，即有

$$\begin{aligned}\int_s \boldsymbol{A} \mathrm{d}s &= \boldsymbol{e}_x \int_0^{2\pi} \int_0^{\pi} r_0^3 \sin^2\theta \cos\varphi \mathrm{d}\theta \mathrm{d}\varphi + \boldsymbol{e}_y \int_0^{2\pi} \int_0^{\pi} r_0^3 \sin^2\theta \sin\varphi \mathrm{d}\theta \mathrm{d}\varphi + \boldsymbol{e}_z \int_0^{2\pi} \int_0^{\pi} r_0^3 \sin\theta \cos\theta \mathrm{d}\theta \mathrm{d}\varphi \\ &= 0\end{aligned}$$

1.3 标量函数的梯度

为了考察标量场在空间的分布和变化规律，引入等值面、等值线、方向导数和梯度的概念。假设有一个标量函数 u，它是空间位置的函数，可以将它写成 $u = u(x, y, z)$，这样的场称为标量场，例如房间里的温度场等。

1.3.1 标量场的等值面和等值线

对于一个标量函数 $u = u(x, y, z) = u(\boldsymbol{r})$，若令 $u(x, y, z) = C$（C 为任意常数），该方程为曲面方程，称为该标量函数的等值面方程。取不同的 C 值，就有不同的等值面。在同一等值面上尽管坐标(x, y, z)取值不同，但函数值是相同的，如等温面、等电位面等。

根据标量场的定义，空间每一点上只对应于一个场函数的确定值。因此，充满整个标量场所在空间的许多等值面互不相交。或者说，场中的一个点只能在一个等值面上。

对于二维标量函数 $u = u(x, y)$，则 $u(x, y) = C$（C 为任意常数），称为等值线方程。同样，同一标量场的等值线也是互不相交的，如等高线、等位线等。

1.3.2 方向导数

标量场的等值面或等值线，给出的是物理量在场中的宏观分布。要想知道标量函数在场中各点附近沿每一方向的变化情况，还需引入方向导数的概念。我们知道，函数 $u=u(x,y,z)$ 的偏导数 $\frac{\partial u}{\partial x}$、$\frac{\partial u}{\partial y}$、$\frac{\partial u}{\partial z}$，表示该函数沿坐标轴方向的变化率。但在一些实际问题中，需要知道函数沿任意确定方向的变化率，以及沿什么方向函数的变化率为最大。

如图 1.3.1 所示，函数 $u=u(x,y,z)$ 在给定点 M_0 上沿某一方向对距离的变化率称为方向导数，即

$$\left.\frac{\partial u}{\partial l}\right|_{M_0}=\lim_{\Delta l\to 0}\frac{u(M)-u(M_0)}{\Delta l} \tag{1.3.1}$$

为了定量计算该方向导数，采用如图 1.3.2 所示模型，首先假定函数 $u=u(x,y,z)$ 在 M_0 点可微，根据高等数学场论中多元函数的全增量和全微分关系，可得

$$\begin{aligned}\Delta u&=u(M)-u(M_0)\\&=u(x+\Delta x,y+\Delta y,z+\Delta z)-u(x,y,z)\\&=\frac{\partial u}{\partial x}\Delta x+\frac{\partial u}{\partial y}\Delta y+\frac{\partial u}{\partial z}\Delta z+o(\Delta l)\end{aligned} \tag{1.3.2}$$

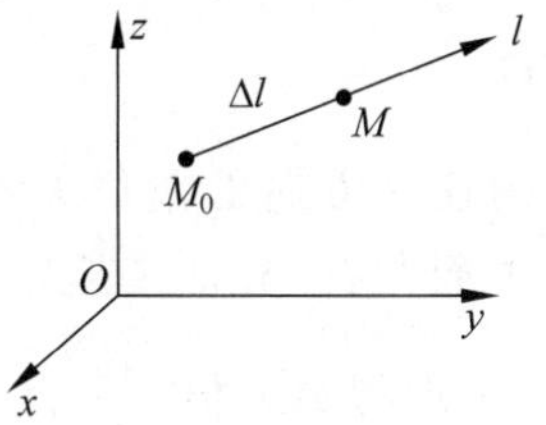

图 1.3.1 方向导数的定义

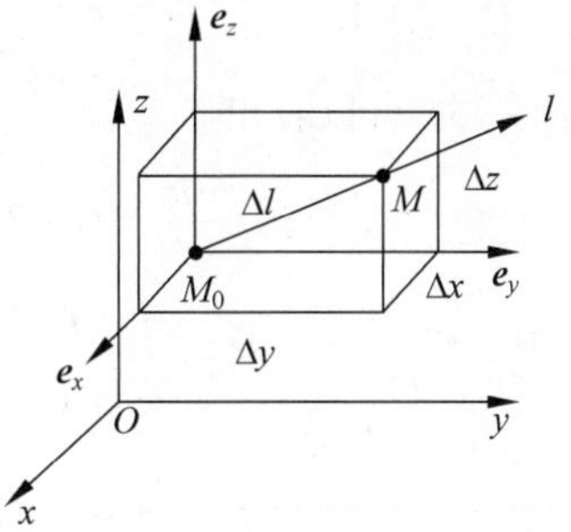

图 1.3.2 直角坐标系中方向导数的计算

因为 $\Delta x=\Delta l\cos\alpha$，$\Delta y=\Delta l\cos\beta$，$\Delta z=\Delta l\cos\gamma$，所以有

$$\begin{aligned}\left.\frac{\partial u}{\partial l}\right|_{M_0}&=\lim_{\Delta l\to 0}\frac{u(M)-u(M_0)}{\Delta l}\\&=\left.\frac{\partial u}{\partial x}\right|_{M_0}\cos\alpha+\left.\frac{\partial u}{\partial y}\right|_{M_0}\cos\beta+\left.\frac{\partial u}{\partial z}\right|_{M_0}\cos\gamma\end{aligned} \tag{1.3.3}$$

对空间任意一点，

$$\frac{\partial u}{\partial l}=\frac{\partial u}{\partial x}\cos\alpha+\frac{\partial u}{\partial y}\cos\beta+\frac{\partial u}{\partial z}\cos\gamma \tag{1.3.4}$$

若 $\frac{\partial u}{\partial l}>0$，则 $u(M)>u(M_0)$，说明沿 l 方向函数 u 是增加的；

若$\dfrac{\partial u}{\partial l}<0$,则 $u(M)<u(M_0)$,说明沿 l 方向函数 u 是减小的;

若$\dfrac{\partial u}{\partial l}=0$,则 $u(M)=u(M_0)$,说明沿 l 方向函数 u 是不变的。

知道方向导数的计算方法后,我们要关注方向导数最大值,同时也要确定其方向,这需要采用梯度的概念。

1.3.3 梯度

方向导数是函数 $u=u(x,y,z)$在给定点、沿某一方向对距离的变化率。然而,从空间一点出发有无穷多个方向,函数 u 沿其中哪个方向的变化率最大,这个最大变化率又是多少呢?这就是我们要研究的标量场的梯度问题,如图 1.3.3 所示。

标量函数的方向导数为

$$\frac{\partial u}{\partial l}=\frac{\partial u}{\partial x}\cos\alpha+\frac{\partial u}{\partial y}\cos\beta+\frac{\partial u}{\partial z}\cos\gamma \tag{1.3.5}$$

方向单位矢量为

$$\boldsymbol{l}^0=\boldsymbol{e}_x\cos\alpha+\boldsymbol{e}_y\cos\beta+\boldsymbol{e}_z\cos\gamma \tag{1.3.6}$$

定义矢量 $\boldsymbol{G}$ 为

$$\boldsymbol{G}=\boldsymbol{e}_x\frac{\partial u}{\partial x}+\boldsymbol{e}_y\frac{\partial u}{\partial y}+\boldsymbol{e}_z\frac{\partial u}{\partial z} \tag{1.3.7}$$

比较上面三式,可以看出

$$\frac{\partial u}{\partial l}=\boldsymbol{G}\cdot\boldsymbol{l}^0=|\boldsymbol{G}|\cos(\boldsymbol{G},\boldsymbol{l}^0) \tag{1.3.8}$$

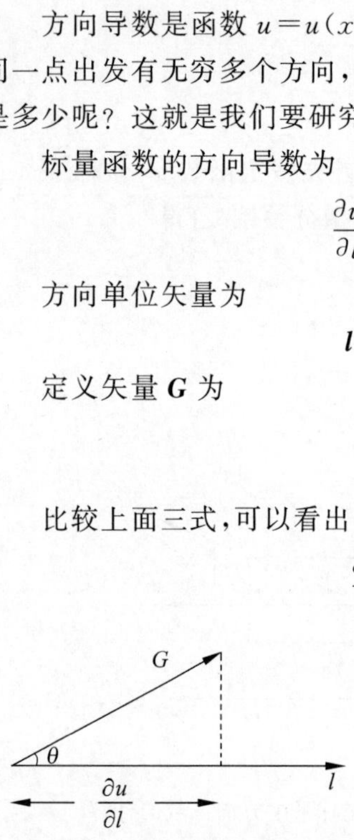

图 1.3.3 梯度的定义

$\boldsymbol{l}^0$ 是给定点引出的任一方向的单位矢量,而定义的矢量 $\boldsymbol{G}$ 只与函数 u 有关而与 $\boldsymbol{l}^0$ 无关。当选择 $\boldsymbol{l}^0$ 的方向与 $\boldsymbol{G}$ 一致时,方向导数$\dfrac{\partial u}{\partial l}$取得最大值,$\left.\dfrac{\partial u}{\partial l}\right|_{\max}=|\boldsymbol{G}|$。因此 $\boldsymbol{G}$ 具有这样的性质:①$\boldsymbol{G}$ 的方向就是方向导数最大的方向;②$\boldsymbol{G}$ 的模就等于这个最大的方向导数值。$\boldsymbol{G}$ 称为函数 $u(x,y,z)$在给定点的梯度,记作 $\mathrm{grad}u=\boldsymbol{G}$。

在直角坐标系中,有

$$\mathrm{grad}u=\boldsymbol{e}_x\frac{\partial u}{\partial x}+\boldsymbol{e}_y\frac{\partial u}{\partial y}+\boldsymbol{e}_z\frac{\partial u}{\partial z} \tag{1.3.9}$$

为了表示方便,我们引入一个 Hamilton 算子

$$\nabla=\boldsymbol{e}_x\frac{\partial}{\partial x}+\boldsymbol{e}_y\frac{\partial}{\partial y}+\boldsymbol{e}_z\frac{\partial}{\partial z} \tag{1.3.10}$$

算子∇既是一个微分算子,又可以看成一个矢量,所以称之为矢性微分算子。它只有与标量或矢量函数在一起时才有意义。

$$\operatorname{grad} u=\nabla u=\boldsymbol{e}_x \frac{\partial u}{\partial x}+\boldsymbol{e}_y \frac{\partial u}{\partial y}+\boldsymbol{e}_z \frac{\partial u}{\partial z} \tag{1.3.11}$$

标量函数在某点的梯度的性质如下：

(1) 一个标量函数 u 的梯度为一个矢量函数，其方向为函数 u 变化率最大的方向，模等于函数 u 在该点的最大变化率的数值，梯度总是指向 u 增大的方向。

(2) 函数 u 在给定点沿 $\boldsymbol{l}$ 方向的方向导数等于 u 的梯度在 $\boldsymbol{l}$ 方向上的投影。

$$\frac{\partial u}{\partial l}=(\nabla u)\cdot \boldsymbol{l}^0 \tag{1.3.12}$$

(3) 标量场中任一点的梯度的方向为过该点等值面的法线方向。

在高等数学中，我们知道一个曲面 $u(x,y,z)=C$ 在面上任一点的法线矢量为

$$\boldsymbol{n}=\boldsymbol{e}_x \frac{\partial u}{\partial x}+\boldsymbol{e}_y \frac{\partial u}{\partial y}+\boldsymbol{e}_z \frac{\partial u}{\partial z}=\nabla u$$

其单位法线矢量为 $\boldsymbol{n}^0=\dfrac{\nabla u}{|\nabla u|}$。

(4) 梯度的线积分与积分路径无关。

$$\int_{aP_1b}(\nabla u)\cdot \mathrm{d}\boldsymbol{l}=\int_{aP_2b}(\nabla u)\cdot \mathrm{d}\boldsymbol{l}=u(b)-u(a)$$

如图 1.3.4 所示，任取两条积分路径

$$\int_{aP_1b}(\nabla u)\cdot \mathrm{d}\boldsymbol{l}=\int_{aP_1b}(\nabla u)\cdot \boldsymbol{l}^0\mathrm{d}l=\int_{aP_1b}\frac{\partial u}{\partial l}\mathrm{d}l$$

$$=\int_a^b \mathrm{d}u=u(b)-u(a)$$

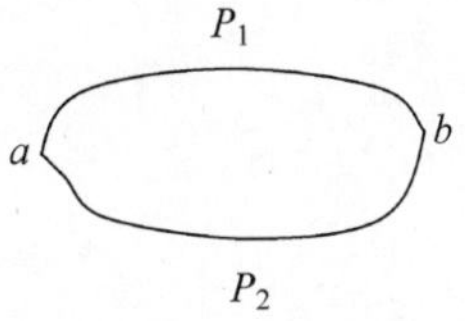

图 1.3.4　任意两条积分路径

同样，在另一条路径上积分为

$$\int_{aP_2b}(\nabla u)\cdot \mathrm{d}\boldsymbol{l}=u(b)-u(a)$$

因此两条任意路径的积分相同；换句话说，梯度的线积分与积分路径无关。

推论：标量函数的梯度沿任意闭合路径的线积分恒等于 0，即 $\oint_l (\nabla u)\cdot \mathrm{d}\boldsymbol{l}=0$。

梯度的运算法则与一般函数求导数的法则类似：

(1) $\nabla C=0$（C 为常数）；

(2) $\nabla(Cu)=C\,\nabla u$（C 为常数）；

(3) $\nabla(u\pm v)=\nabla u\pm\nabla v$；

(4) $\nabla(uv)=u\nabla v+v\nabla u$；

(5) $\nabla\left(\dfrac{u}{v}\right)=\dfrac{1}{v^2}(v\nabla u-u\nabla v)$；

(6) $\nabla f(u)=f'(u)\nabla u$。

【例 1-4】 R 表示空间点 (x,y,z) 和点 (x',y',z') 之间的距离，证明 $\nabla\left(\dfrac{1}{R}\right)=-\nabla'\left(\dfrac{1}{R}\right)$。符号 ∇' 表示对 x',y',z' 的微分，即 $\nabla'=\boldsymbol{e}_x\dfrac{\partial}{\partial x'}+\boldsymbol{e}_y\dfrac{\partial}{\partial y'}+\boldsymbol{e}_x\dfrac{\partial}{\partial z'}$。

证明：

$$\nabla\left(\frac{1}{R}\right)=\nabla\left[(x-x')^2+(y-y')^2+(z-z')^2\right]^{-1/2}$$

$$=\boldsymbol{e}_x\frac{\partial}{\partial x}\left[(x-x')^2+(y-y')^2+(z-z')^2\right]^{-1/2}+$$

$$\boldsymbol{e}_y\frac{\partial}{\partial y}\left[(x-x')^2+(y-y')^2+(z-z')^2\right]^{-1/2}+$$

$$\boldsymbol{e}_z\frac{\partial}{\partial z}\left[(x-x')^2+(y-y')^2+(z-z')^2\right]^{-1/2}$$

$$=\frac{-\left[\boldsymbol{e}_x(x-x')+\boldsymbol{e}_y(y-y')+\boldsymbol{e}_z(z-z')\right]}{\left[(x-x')^2+(y-y')^2+(z-z')^2\right]^{3/2}}$$

所以：$\nabla\left(\frac{1}{R}\right)=-\frac{\boldsymbol{R}}{R^3}=-\frac{\boldsymbol{R}^0}{R^2}$。

$$\nabla'\left(\frac{1}{R}\right)=\nabla'\left[(x-x')^2+(y-y')^2+(z-z')^2\right]^{-1/2}$$

$$=\boldsymbol{e}_x\frac{\partial}{\partial x'}\left[(x-x')^2+(y-y')^2+(z-z')^2\right]^{-1/2}+$$

$$\boldsymbol{e}_y\frac{\partial}{\partial y'}\left[(x-x')^2+(y-y')^2+(z-z')^2\right]^{-1/2}+$$

$$\boldsymbol{e}_z\frac{\partial}{\partial z'}\left[(x-x')^2+(y-y')^2+(z-z')^2\right]^{-1/2}$$

$$=\frac{\left[\boldsymbol{e}_x(x-x')+\boldsymbol{e}_y(y-y')+\boldsymbol{e}_z(z-z')\right]}{\left[(x-x')^2+(y-y')^2+(z-z')^2\right]^{3/2}}$$

所以：$\nabla'\left(\frac{1}{R}\right)=\frac{\boldsymbol{R}}{R^3}=\frac{\boldsymbol{R}^0}{R^2}$

$$\nabla\left(\frac{1}{R}\right)=-\nabla'\left(\frac{1}{R}\right)$$

【例 1-5】 求一个二维标量场 $u=y^2-x$ 的等值线方程和梯度∇u。

解：等值线方程为：$y^2-x=C$ （C 为任意常数）

梯度：$\nabla u=\boldsymbol{e}_x\frac{\partial u}{\partial x}+\boldsymbol{e}_y\frac{\partial u}{\partial y}+\boldsymbol{e}_z\frac{\partial u}{\partial z}=-\boldsymbol{e}_x+\boldsymbol{e}_y 2y$

【例 1-6】 求函数 $u=\sqrt{x^2+y^2+z^2}$ 在点 $M(1,0,1)$ 沿 $\boldsymbol{l}=\boldsymbol{e}_x+\boldsymbol{e}_y 2+\boldsymbol{e}_z 2$ 方向的方向导数。

解：$\frac{\partial u}{\partial x}=\frac{x}{\sqrt{x^2+y^2+z^2}},\frac{\partial u}{\partial y}=\frac{y}{\sqrt{x^2+y^2+z^2}},\frac{\partial u}{\partial z}=\frac{z}{\sqrt{x^2+y^2+z^2}}$

在点 $M(1,0,1)$，$\frac{\partial u}{\partial x}=\frac{1}{\sqrt{2}},\frac{\partial u}{\partial y}=0,\frac{\partial u}{\partial z}=\frac{1}{\sqrt{2}}$

$\boldsymbol{l}^0=\frac{\boldsymbol{l}}{|\boldsymbol{l}|}=\frac{1}{\sqrt{1^2+2^2+2^2}}(\boldsymbol{e}_x+\boldsymbol{e}_y 2+\boldsymbol{e}_z 2)=\boldsymbol{e}_x\frac{1}{3}+\boldsymbol{e}_y\frac{2}{3}+\boldsymbol{e}_z\frac{2}{3}$

$$\cos\alpha=\frac{1}{3},\quad \cos\beta=\frac{2}{3},\quad \cos\gamma=\frac{2}{3}$$

$$\left.\frac{\partial u}{\partial l}\right|_{M_0}=\left.\frac{\partial u}{\partial x}\right|_{M_0}\cos\alpha+\left.\frac{\partial u}{\partial y}\right|_{M_0}\cos\beta+\left.\frac{\partial u}{\partial z}\right|_{M_0}\cos\gamma=\frac{1}{\sqrt{2}}\times\frac{1}{3}+\frac{1}{\sqrt{2}}\times\frac{2}{3}=\frac{1}{\sqrt{2}}$$

1.4 矢量函数的散度

方向导数和梯度可以描述标量场在空间的变化。为了考察矢量场在空间的分布和变化规律，引入矢量线、通量和散度的概念，不仅需要从宏观上考察矢量场的变化，还需要从微观上考察空间每个点上矢量场的变化。

1.4.1 矢量场的矢量线

一个矢量场可以用一个矢量函数表示。为了形象描绘矢量场在空间的分布状况，引入矢量线的概念。矢量线是矢量场中的一些曲线，曲线上每一点的切线方向代表该点矢量场的方向，该点矢量场的强度由附近矢量线的密度来确定，如电力线稠密的地方，电场强度较大。

同一矢量场中每一点均有唯一的一条矢量线通过，也就是说矢量线互不相交。如图 1.4.1 所示，假设点 M 有两条矢量线通过，则点 M 在矢量场中的矢量有两个方向 $\boldsymbol{F}_1$ 和 $\boldsymbol{F}_2$，这与矢量线定义中的切线方向代表该点矢量场方向矛盾，所以说，同一矢量场中每一点均有唯一的一条矢量线通过。

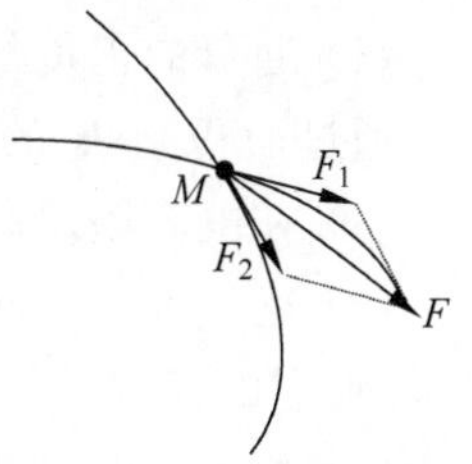

图 1.4.1 证明矢量线互不相交示意图

矢量线可以形象地描述矢量场，如电力线和磁力线就是描述电场强度和磁场强度的矢量线。根据矢量线的定义，可以很容易地得到矢量线方程。矢量线上任一点的切向长度元 $\mathrm{d}\boldsymbol{l}$ 与该点的矢量场 $\boldsymbol{F}$ 的方向平行，即

$$\boldsymbol{F}\times\mathrm{d}\boldsymbol{l}=0 \tag{1.4.1}$$

空间任一长度元矢量可以表示为

$$\mathrm{d}\boldsymbol{l}=\boldsymbol{e}_x\mathrm{d}x+\boldsymbol{e}_y\mathrm{d}y+\boldsymbol{e}_z\mathrm{d}z \tag{1.4.2}$$

任意一矢量可以表示为

$$\boldsymbol{F}=\boldsymbol{e}_xF_x+\boldsymbol{e}_yF_y+\boldsymbol{e}_zF_z \tag{1.4.3}$$

由 $\boldsymbol{F}\times\mathrm{d}\boldsymbol{l}=0$，在直角坐标系中进行展开

$$\boldsymbol{F}\times\mathrm{d}\boldsymbol{l}=\begin{vmatrix}\boldsymbol{e}_x & \boldsymbol{e}_y & \boldsymbol{e}_z\\ F_x & F_y & F_z\\ \mathrm{d}x & \mathrm{d}y & \mathrm{d}z\end{vmatrix}=\boldsymbol{e}_x(F_y\mathrm{d}z-F_z\mathrm{d}y)+\boldsymbol{e}_y(F_z\mathrm{d}x-F_x\mathrm{d}z)+\boldsymbol{e}_z(F_x\mathrm{d}y-F_y\mathrm{d}x)=0$$

得到 $F_y\mathrm{d}z=F_z\mathrm{d}y$，$F_z\mathrm{d}x=F_x\mathrm{d}z$，$F_x\mathrm{d}y=F_y\mathrm{d}x$，所以有

$$\frac{F_x}{\mathrm{d}x}=\frac{F_y}{\mathrm{d}y}=\frac{F_z}{\mathrm{d}z} \tag{1.4.4}$$

上式即为 $\boldsymbol{F}$ 的矢量线微分方程，通过求解该微分方程可以得出通解，绘出矢量线。

1.4.2 矢量场的通量

考察矢量场在空间的宏观变化时，可以采用通量的概念，正如水的流量一样(流速在某一截面的通量)。如图 1.4.2 所示，矢量 $\boldsymbol{F}$ 在场中某一曲面 S 上的面积分，称为该矢量场通过此曲面的通量，即

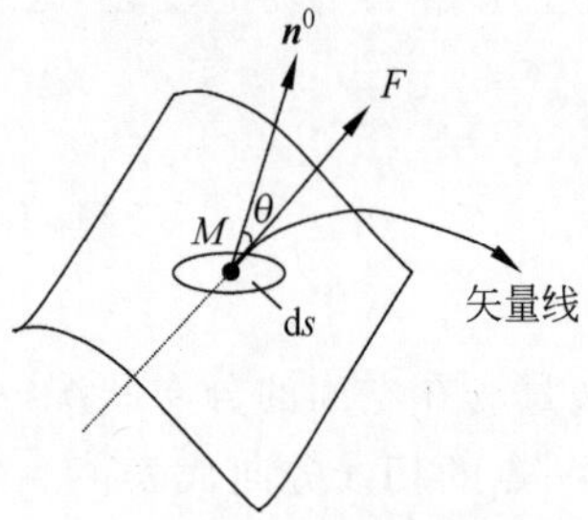

图 1.4.2 矢量场的通量

$$\phi=\iint_S \boldsymbol{F}\cdot\mathrm{d}\boldsymbol{s}=\iint_S \boldsymbol{F}\cdot\boldsymbol{n}^0\mathrm{d}s=\iint_S F_n\mathrm{d}s=\iint_S F\cos\theta\mathrm{d}s \tag{1.4.5}$$

考虑到流体在某范围内流动时，流体的速度 $\boldsymbol{v}$ 确定了一个速度矢量场，$\boldsymbol{v}$ 穿过某面积的通量，则表示单位时间内穿过此面积的流体体积，亦即为穿过此面积的流量

$$\phi=\iint_S \boldsymbol{v}\cdot\mathrm{d}\boldsymbol{s}$$

通量的特性：

(1) 通量的正负与面积元法线矢量方向的选取有关。

通过面积元 $\mathrm{d}\boldsymbol{s}$ 的通量元 $\mathrm{d}\phi=\boldsymbol{F}\cdot\boldsymbol{n}^0\mathrm{d}s=F\cos\theta\mathrm{d}s$，根据 θ 的取值可正可负。

(2) 在电磁场理论中，一般规定：由凹面指向凸面为 $\boldsymbol{n}$ 的正方向。

(3) 通量可以定性地认为是穿过曲面 S 的矢量线总数。所以 $\boldsymbol{F}$ 可以称为通量面密度矢量，它的模 $|\boldsymbol{F}|$ 等于在某点与 $\boldsymbol{F}$ 垂直的单位面积上穿过的矢量线的数目。

(4) 如果曲面 S 为闭合曲面，则通过闭合曲面 S 的总通量为

$$\phi=\oiint_S \boldsymbol{F}\cdot\mathrm{d}\boldsymbol{s}=\oiint_S \boldsymbol{F}\cdot\boldsymbol{n}^0\mathrm{d}s \tag{1.4.6}$$

对于闭合曲面，一般规定面积元的单位法线矢量 $\boldsymbol{n}^0$，由面内指向面外，如图 1.4.3 所示，对于 M_1 点，$\theta_1<90°$，$\mathrm{d}\phi_1>0$；对于 M_2 点，$\theta_1>90°$，$\mathrm{d}\phi_1<0$。所以，由闭合曲面 S 内穿出的通量为正，由闭合曲面 S 外穿入的通量为负。

对整个闭合曲面 S，可以得出：当 $\phi>0$ 时，穿出 S 的矢量线多于穿入 S 的矢量线，此时 S 内必有发出矢量线的正源；当 $\phi<0$ 时，穿入 S 的矢量线多于穿出 S 的矢量线，此时 S 内必有吸收矢量线的源，称为负源；当 $\phi=0$ 时，穿出 S 的矢量线等于穿入 S 的矢量线，此时 S 内正源和负源的代数和为 0，或者没有源。

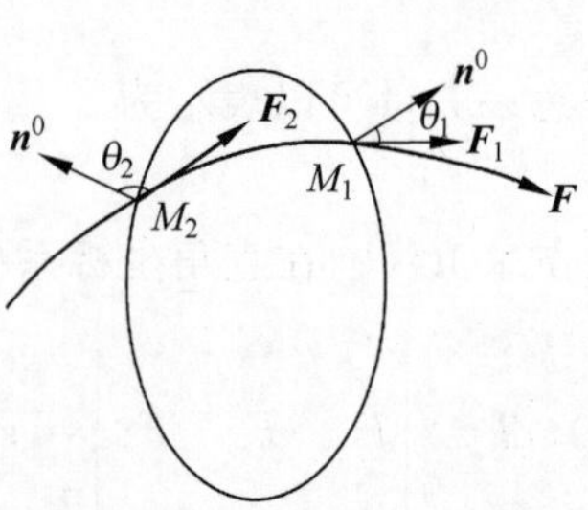

图 1.4.3 通过闭合曲面的通量

(5) 通量满足叠加定理。

如果一闭合曲面 S 上任一点的矢量场为 $\boldsymbol{F}=\boldsymbol{F}_1+$

$\boldsymbol{F}_2 + \cdots + \boldsymbol{F}_n = \sum_{i=1}^{n} \boldsymbol{F}_i$，则通过 S 面的矢量场 $\boldsymbol{F}$ 的通量为

$$\phi = \oiint_S \boldsymbol{F} \cdot \mathrm{d}\boldsymbol{s} = \oiint_S \left(\sum_{i=1}^{n} \boldsymbol{F}_i\right) \cdot \mathrm{d}\boldsymbol{s} = \sum_{i=1}^{n} \oiint_S \boldsymbol{F}_i \cdot \mathrm{d}\boldsymbol{s} = \sum_{i=1}^{n} \phi_i \tag{1.4.7}$$

1.4.3 散度

通量描述了矢量场的宏观表现，矢量场 $\boldsymbol{F}$ 通过闭合曲面 S 的通量由曲面 S 内的通量源决定，反映封闭曲面 S 上的场与源的关系。为了描述矢量场的微观变化，要了解场中每一点上矢量场与源的关系，就需要引入散度的概念。所以，通量与散度是宏观与微观的关系。

1. 散度的定义

如何描述矢量场的微观表现呢？设有矢量场 $\boldsymbol{F}$，在场中任一点 M 作一包围该点的任意闭合面 S，并使 S 所限定的体积 $\Delta\tau$ 以任意方式趋于 0。如果极限 $\lim\limits_{\Delta\tau \to 0} \dfrac{\oiint_S \boldsymbol{F} \cdot \mathrm{d}s}{\Delta\tau}$ 存在，则称此极限为矢量场 $\boldsymbol{F}$ 在 M 点的散度，定义

$$\mathrm{div}\boldsymbol{F} = \lim_{\Delta\tau \to 0} \frac{\oiint_S \boldsymbol{F} \cdot \mathrm{d}s}{\Delta\tau} \tag{1.4.8}$$

散度的定义与坐标系的选取无关，在空间任一点 M 上，若 $\mathrm{div}\boldsymbol{F} > 0$，则该点有发出矢量线的正源；若 $\mathrm{div}\boldsymbol{F} < 0$，则该点有吸收矢量线的负源；若 $\mathrm{div}\boldsymbol{F} = 0$，则该点无源。若在某一区域内的所有点上，矢量场的散度都等于 0，则称该区域内的矢量场为无源场。

2. 散度在直角坐标系中的表示式

利用散度的定义式，可以推导其在直角坐标系中的表示式。对于一个矢量 $\boldsymbol{F} = \boldsymbol{e}_x F_x + \boldsymbol{e}_y F_y + \boldsymbol{e}_z F_z$，有

$$\mathrm{div}\boldsymbol{F} = \frac{\partial F_x}{\partial x} + \frac{\partial F_y}{\partial y} + \frac{\partial F_z}{\partial z} = \nabla \cdot \boldsymbol{F} \tag{1.4.9}$$

即矢量场 $\boldsymbol{F}$ 的散度为它在直角坐标系中三个分量分别对坐标变量的偏导数之和。一个矢量函数的散度为标量函数。同样，利用定义式，也可以得出在圆柱和球坐标系下的散度计算公式。

3. 散度的基本公式

根据散度的定义，可以得到散度的一般运算公式：

(1) $\nabla \cdot \boldsymbol{C} = 0$（$\boldsymbol{C}$ 为常矢量） (1.4.10a)

(2) $\nabla \cdot (C\boldsymbol{F}) = C \, \nabla \cdot \boldsymbol{F}$（$C$ 为常数） (1.4.10b)

(3) $\nabla\cdot(\boldsymbol{F}\pm\boldsymbol{G})=\nabla\cdot\boldsymbol{F}\pm\nabla\cdot\boldsymbol{G}$ (1.4.10c)

(4) $\nabla\cdot(u\boldsymbol{F})=u\,\nabla\cdot\boldsymbol{F}+\boldsymbol{F}\cdot\nabla u$ (1.4.10d)

(5) $\nabla\cdot(\boldsymbol{F}\times\boldsymbol{G})=\boldsymbol{G}\cdot\nabla\times\boldsymbol{F}-\boldsymbol{F}\cdot\nabla\times\boldsymbol{G}$ (1.4.10e)

1.4.4 高斯散度定理

研究矢量场的封闭曲面上的通量与封闭曲面内的散度(通量源密度)的关系非常重要,高斯定理在描述这一关系时准确又深刻。高斯定理告诉我们,任何一个矢量 $\boldsymbol{F}$ 穿出任意闭合曲面 S 的通量,总可以表示为 $\boldsymbol{F}$ 的散度在该面所围体积 τ 的积分,即

$$\oiint_S \boldsymbol{F}\cdot \mathrm{d}\boldsymbol{s}=\iiint_V \nabla\cdot\boldsymbol{F}\,\mathrm{d}V \tag{1.4.11}$$

高斯散度定理又称为奥-高公式,该定理适用于被封闭曲面 S 包围的任何体积 V 内,建立封闭曲面的积分与其限定体积内的体积分之间的关系,其中 $\mathrm{d}\boldsymbol{s}$ 的方向总是取其外法线方向,即垂直于表面 $\mathrm{d}s$ 而从体积内指向体积外的方向,其带来的一个方便就是封闭曲面积分和体积分的相互转换。在后续的电磁波理论的学习中,经常会用到高斯定理。

【例 1-7】 位置矢量(矢径)$\boldsymbol{r}$ 是一个矢量场,计算穿过一个球心在坐标原点,半径为 a 的球面的 $\boldsymbol{r}$ 的通量;计算 $\nabla\cdot\boldsymbol{r}$。

解:因为在 $r=a$ 的球面上,$\boldsymbol{r}$ 的大小处处相同,且处处与球面元垂直(即与面元法矢同向),

$$\phi=\oiint_S \boldsymbol{r}\cdot\mathrm{d}\boldsymbol{s}=\oiint_S r\,\mathrm{d}s=\oiint_S a\,\mathrm{d}s=a4\pi a^2=4\pi a^3$$

$$\boldsymbol{r}=\boldsymbol{e}_x x+\boldsymbol{e}_y y+\boldsymbol{e}_z z$$

$$\nabla\cdot\boldsymbol{r}=\frac{\partial x}{\partial x}+\frac{\partial y}{\partial y}+\frac{\partial z}{\partial z}=3$$

【例 1-8】 已知 $\boldsymbol{A}=\boldsymbol{e}_x x^2+\boldsymbol{e}_y xy+\boldsymbol{e}_z yz$,以每边为单位长度的立方体为例验证高斯散度定理。此立方体位于直角坐标系的第一卦限内,其中一个顶点在坐标原点上。

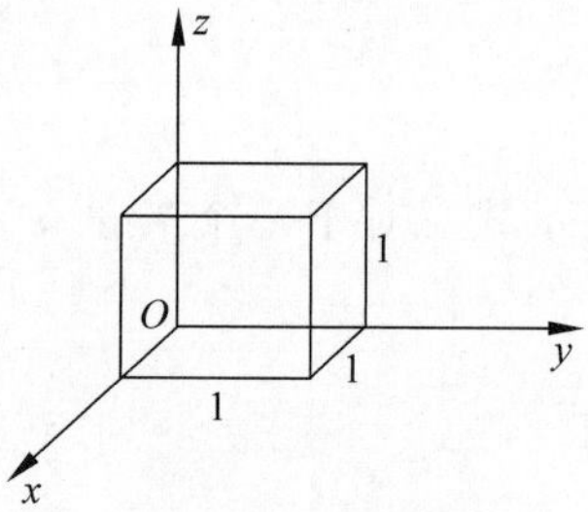

图 1.4.4 例 1-8 图

解:首先计算六个面上的面积分。

(1) 前表面,$x=1$,$\mathrm{d}\boldsymbol{s}=\boldsymbol{e}_x\,\mathrm{d}y\,\mathrm{d}z$

$$\iint_{前面}\boldsymbol{A}\cdot\mathrm{d}\boldsymbol{s}=\int x^2\,\mathrm{d}y\,\mathrm{d}z=\int_0^1\int_0^1\mathrm{d}y\,\mathrm{d}z=1$$

(2) 后表面,$x=0$,$\mathrm{d}\boldsymbol{s}=-\boldsymbol{e}_x\,\mathrm{d}y\,\mathrm{d}z$

$$\iint_{后面}\boldsymbol{A}\cdot\mathrm{d}\boldsymbol{s}=-\int x^2\,\mathrm{d}y\,\mathrm{d}z=0$$

(3) 左表面,$y=0$,$\mathrm{d}\boldsymbol{s}=-\boldsymbol{e}_y\,\mathrm{d}x\,\mathrm{d}z$

$$\iint_{左面}\boldsymbol{A}\cdot\mathrm{d}\boldsymbol{s}=-\int xy\,\mathrm{d}x\,\mathrm{d}z=0$$

(4) 右表面,$y=1$,$\mathrm{d}\boldsymbol{s}=\boldsymbol{e}_y\,\mathrm{d}x\,\mathrm{d}z$

$$\iint_{右面}\boldsymbol{A}\cdot\mathrm{d}\boldsymbol{s}=\int xy\,\mathrm{d}x\,\mathrm{d}z=\int_0^1\int_0^1 x\,\mathrm{d}x\,\mathrm{d}z=\frac{1}{2}$$

(5) 顶面，$z=1$，$\mathrm{d}\boldsymbol{s}=\boldsymbol{e}_z\mathrm{d}x\mathrm{d}y$

$$\iint_{\text{顶面}}\boldsymbol{A}\cdot\mathrm{d}\boldsymbol{s}=\int yz\mathrm{d}x\mathrm{d}y=\int_0^1\int_0^1 y\mathrm{d}x\mathrm{d}y=\frac{1}{2}$$

(6) 底面，$z=0$，$\mathrm{d}\boldsymbol{s}=-\boldsymbol{e}_z\mathrm{d}x\mathrm{d}y$

$$\iint_{\text{底面}}\boldsymbol{A}\cdot\mathrm{d}\boldsymbol{s}=-\int yz\mathrm{d}x\mathrm{d}y=0$$

$$\oint_S\boldsymbol{A}\cdot\mathrm{d}\boldsymbol{s}=1+0+0+\frac{1}{2}+\frac{1}{2}+0=2$$

$$\nabla\cdot\boldsymbol{A}=\frac{\partial}{\partial x}(x^2)+\frac{\partial}{\partial y}(xy)+\frac{\partial}{\partial z}(yz)=3x+y$$

$$\iiint_V\nabla\cdot\boldsymbol{A}\mathrm{d}V=\int_0^1\int_0^1\int_0^1(3x+y)\mathrm{d}x\mathrm{d}y\mathrm{d}z=2$$

$$\oint_S\boldsymbol{A}\cdot\mathrm{d}\boldsymbol{s}=\iiint_V\nabla\cdot\boldsymbol{A}\mathrm{d}V$$

矢量的闭合曲面积分等于矢量散度的体积分。

1.5 矢量函数的旋度

矢量场中的源，一般分为散度源和旋度源两种。在1.4节中，我们已经利用通量和散度，描述了场与源之间的关系。如果矢量场的散度大于0，则场中存在发出通量线的源，我们将这种源称为散度源(或称通量源)。本节将介绍另外一种形式的源——旋涡源，并描述场与源之间的关系，为此引入环量的概念。

1.5.1 矢量场的环量

矢量场除了可以用通量描述其宏观变化外，还可以用环量描述其宏观变化(图1.5.1)。如恒定电流直导线产生的磁力线，沿着闭合路径积分时，其值为闭合路径所围面积截取的电流强度，此关系式称为安培环路定律。在矢量场中，我们把沿着闭合路径 l 的积分称为矢量场 $\boldsymbol{F}$ 的环量，其定义为

$$\Gamma=\oint_l\boldsymbol{F}\cdot\mathrm{d}\boldsymbol{l}=\oint_l F\cos\theta\mathrm{d}l \qquad (1.5.1)$$

其中，θ 是 $\boldsymbol{F}$ 与线元 $\mathrm{d}\boldsymbol{l}$ 的夹角。

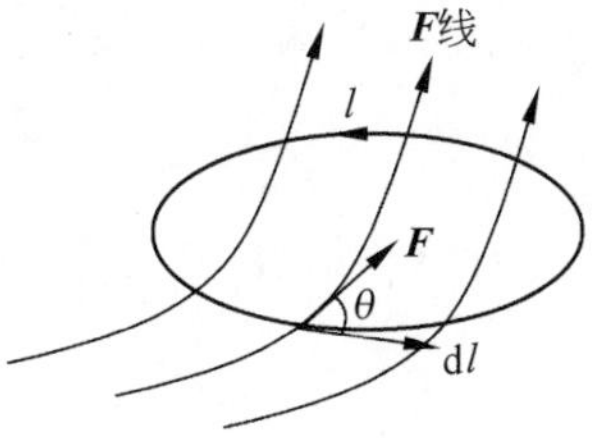

图1.5.1 矢量的环量

环量是一个标量，它的大小和正负不仅与矢量场 $\boldsymbol{F}$ 的分布有关，而且与所选取的积分路径有关。所以，有必要对闭合回路作出正向规定：沿回路走一圈时，回路所围面积始终在我们的左方。

环量有什么物理意义呢？还是以流体为例。流体的速度 $\boldsymbol{v}$ 可能有两种情况：一种是环流 $\oint_l\boldsymbol{v}\cdot\mathrm{d}\boldsymbol{l}=0$，说明沿闭合路径 l 没有旋涡流动；另一种是 $\oint_l\boldsymbol{v}\cdot\mathrm{d}\boldsymbol{l}\neq0$，说明流体沿闭

合路径 l 做旋涡流动，比如经常看到的水的旋涡。

我们说，如果某一矢量场的环量存在且不为 0，则场中必有产生这种场的旋涡源。例如在恒定磁场中，根据安培环路定律，磁场强度矢量沿围绕电流的闭合路径的环量不等于 0，即满足 $\oint_l \boldsymbol{H} \cdot \mathrm{d}\boldsymbol{l} = I$，因而电流就是产生磁场的旋涡源。如果在一个矢量场中沿任何闭合路径的环量恒等于 0，则在这个场中不可能有旋涡源，这种类型的场称为保守场或无旋场，例如静电场和重力场等。

视频1-2

1.5.2 旋度

为了描述矢量场对某一点附近的微元造成的旋转程度，与通量和散度的关系一样，通过环量引入旋度，从而形成对矢量场宏观到微观尺度的描述。旋度表示了矢量场中每点上的场与旋涡源之间的关系。

1. 旋度的定义

在矢量场 $\boldsymbol{F}$ 中点 M 处，任取一个单位矢量 $\boldsymbol{n}^0$，再过 M 点作一微小面积元 Δs，在 M 点上 Δs 与 $\boldsymbol{n}^0$ 垂直，周界 l 的环绕方向与 $\boldsymbol{n}^0$ 构成右手螺旋关系，当保持 $\boldsymbol{n}^0$ 不变而使 $\Delta s \to 0$（即缩至 M 点），如下极限：$\lim\limits_{\Delta s \to 0} \dfrac{\oint_l \boldsymbol{F} \cdot \mathrm{d}\boldsymbol{l}}{\Delta s}$，称为在点 M 处，矢量场 $\boldsymbol{F}$ 沿 $\boldsymbol{n}^0$ 方向上的环量面密度（单位面积的环量）。它是一个标量，显然，环量面密度与 M 点的坐标和 $\boldsymbol{n}^0$ 的方向有关，因为过 M 点可以作无穷多个 $\boldsymbol{n}^0$，对应就有无穷多个 Δs。尽管 Δs 的大小可取成一样，但环量 $\oint_l \boldsymbol{F} \cdot \mathrm{d}\boldsymbol{l}$ 是不同的。

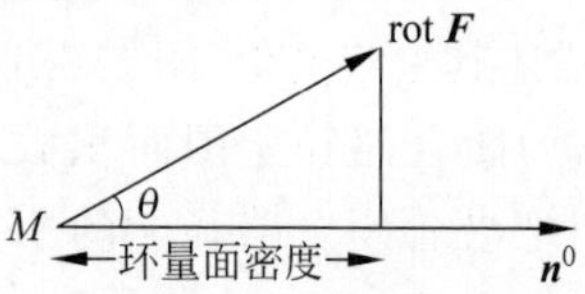

图 1.5.2　旋度的定义

根据上述矢量 $\boldsymbol{F}$ 沿 $\boldsymbol{n}^0$ 方向上环量面密度的定义，我们最感兴趣的是寻找环量密度的最大值，即让 $\lim\limits_{\Delta s \to 0} \dfrac{\oint_l \boldsymbol{F} \cdot \mathrm{d}\boldsymbol{l}}{\Delta s}$ 取得最大值，其 Δs 对应的法线方向也就确定下来。因此如图 1.5.2 所示，存在一个矢量 $\boldsymbol{A}$，定义为矢量 $\boldsymbol{F}$ 在 M 点的旋度，记作 $\boldsymbol{A} = \mathrm{rot}\boldsymbol{F}$ 或 $\boldsymbol{A} = \mathrm{curl}\boldsymbol{F}$，它在任意 $\boldsymbol{n}^0$ 方向上的投影为 $\lim\limits_{\Delta s \to 0} \dfrac{\oint_l \boldsymbol{F} \cdot \mathrm{d}\boldsymbol{l}}{\Delta s}$，即

$$\boldsymbol{A} \cdot \boldsymbol{n}^0 = (\mathrm{rot}\boldsymbol{F}) \cdot \boldsymbol{n}^0 = \lim_{\Delta s \to 0} \frac{\oint_l \boldsymbol{F} \cdot \mathrm{d}\boldsymbol{l}}{\Delta s} \tag{1.5.2}$$

矢量场 $\boldsymbol{F}$ 的旋度是一个矢量，其大小等于各个方向上环量面密度的最大值，其方向为当面积的取向使得环量面密度呈最大时，该面积 Δs 的法线方向。

2. 旋度在直角坐标系中的表示式

对于 $\boldsymbol{F}=\boldsymbol{e}_x F_x+\boldsymbol{e}_y F_y+\boldsymbol{e}_z F_z$，在直角坐标系中旋度的表示式为

$$\operatorname{rot}\boldsymbol{F}=\nabla\times\boldsymbol{F}=\begin{vmatrix}\boldsymbol{e}_x & \boldsymbol{e}_y & \boldsymbol{e}_z\\ \dfrac{\partial}{\partial x} & \dfrac{\partial}{\partial y} & \dfrac{\partial}{\partial z}\\ F_x & F_y & F_z\end{vmatrix}$$

$$=\boldsymbol{e}_x\left(\frac{\partial F_z}{\partial y}-\frac{\partial F_y}{\partial z}\right)+\boldsymbol{e}_y\left(\frac{\partial F_x}{\partial z}-\frac{\partial F_z}{\partial x}\right)+\boldsymbol{e}_z\left(\frac{\partial F_y}{\partial x}-\frac{\partial F_x}{\partial y}\right) \tag{1.5.3}$$

旋度与散度的区别：

(1) 矢量场的旋度为矢量函数；矢量场的散度为标量函数。

(2) 旋度表示场中各点的场与旋涡源的关系。如果在矢量场所存在的全部空间内，场的旋度处处为0，则这种场不可能有旋涡源，因而称它为无旋场或保守场。

散度表示场中各点的场与通量源的关系。如果在矢量场所存在的全部空间内，场的散度处处为0，则这种场不可能有通量源，因而称它为管形场(无头无尾)或无源场。

(3) 旋度描述的是场分量沿着与它垂直方向上的变化规律；散度描述的是场分量沿各自方向上的变化规律。

3. 旋度的基本运算公式

(1) $\nabla\times\boldsymbol{C}=0$（$\boldsymbol{C}$ 为常矢量） (1.5.4a)

(2) $\nabla\times(C\boldsymbol{F})=C\,\nabla\times\boldsymbol{F}$（$C$ 为常数） (1.5.4b)

(3) $\nabla\times(\boldsymbol{F}\pm\boldsymbol{G})=\nabla\times\boldsymbol{F}\pm\nabla\times\boldsymbol{G}$ (1.5.4c)

(4) $\nabla\times(u\boldsymbol{F})=u\nabla\times\boldsymbol{F}+\nabla u\times\boldsymbol{F}$ (1.5.4d)

(5) $\nabla\times(\boldsymbol{F}\times\boldsymbol{G})=(\boldsymbol{G}\cdot\nabla)\boldsymbol{F}-(\boldsymbol{F}\cdot\nabla)\boldsymbol{G}-\boldsymbol{G}(\nabla\cdot\boldsymbol{F})+\boldsymbol{F}(\nabla\cdot\boldsymbol{G})$ (1.5.4e)

1.5.3 斯托克斯定理

根据环量密度和旋度之定义式，我们可以推导出斯托克斯定理，即当封闭路径内有旋涡源时(如产生恒定磁场的电流)，则沿封闭曲线的环量积分等于穿过以该曲线为周界的任意曲面的旋度的通量，即矢量 $\boldsymbol{F}$ 的旋度 $\nabla\times\boldsymbol{F}$ 在任意曲面 S 上的通量，等于 $\boldsymbol{F}$ 沿该曲面周界 l 的环量。

$$\iint_S(\nabla\times\boldsymbol{F})\cdot\mathrm{d}\boldsymbol{s}=\oint_l\boldsymbol{F}\cdot\mathrm{d}\boldsymbol{l} \tag{1.5.5}$$

上式将一矢量旋度的面积分变换为该矢量的线积分，或者作相反的变换。与高斯散度定理一样，斯托克斯定理在矢量分析中也是一个重要的恒等式，在电磁场理论中常用它来推导其他的定理和关系式，比如恒定磁场的安培环路定律就是该公式的具体体现。

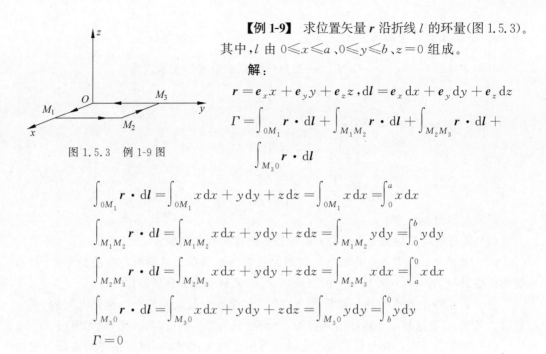

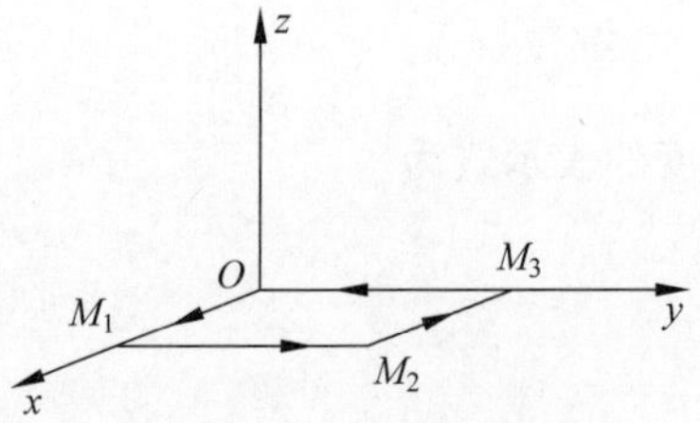

图 1.5.3 例 1-9 图

【例 1-9】 求位置矢量 $\boldsymbol{r}$ 沿折线 l 的环量(图 1.5.3)。其中,l 由 $0\leqslant x\leqslant a$、$0\leqslant y\leqslant b$、$z=0$ 组成。

解:

$$\boldsymbol{r}=\boldsymbol{e}_x x+\boldsymbol{e}_y y+\boldsymbol{e}_z z,\mathrm{d}\boldsymbol{l}=\boldsymbol{e}_x\mathrm{d}x+\boldsymbol{e}_y\mathrm{d}y+\boldsymbol{e}_z\mathrm{d}z$$

$$\Gamma=\int_{0M_1}\boldsymbol{r}\cdot\mathrm{d}\boldsymbol{l}+\int_{M_1M_2}\boldsymbol{r}\cdot\mathrm{d}\boldsymbol{l}+\int_{M_2M_3}\boldsymbol{r}\cdot\mathrm{d}\boldsymbol{l}+\int_{M_30}\boldsymbol{r}\cdot\mathrm{d}\boldsymbol{l}$$

$$\int_{0M_1}\boldsymbol{r}\cdot\mathrm{d}\boldsymbol{l}=\int_{0M_1}x\mathrm{d}x+y\mathrm{d}y+z\mathrm{d}z=\int_{0M_1}x\mathrm{d}x=\int_0^a x\mathrm{d}x$$

$$\int_{M_1M_2}\boldsymbol{r}\cdot\mathrm{d}\boldsymbol{l}=\int_{M_1M_2}x\mathrm{d}x+y\mathrm{d}y+z\mathrm{d}z=\int_{M_1M_2}y\mathrm{d}y=\int_0^b y\mathrm{d}y$$

$$\int_{M_2M_3}\boldsymbol{r}\cdot\mathrm{d}\boldsymbol{l}=\int_{M_2M_3}x\mathrm{d}x+y\mathrm{d}y+z\mathrm{d}z=\int_{M_2M_3}x\mathrm{d}x=\int_a^0 x\mathrm{d}x$$

$$\int_{M_30}\boldsymbol{r}\cdot\mathrm{d}\boldsymbol{l}=\int_{M_30}x\mathrm{d}x+y\mathrm{d}y+z\mathrm{d}z=\int_{M_30}y\mathrm{d}y=\int_b^0 y\mathrm{d}y$$

$$\Gamma=0$$

1.6 矢量恒等式

在研究矢量场的分布与变化规律时,经常要用到矢量恒等式简化矢量场问题。我们知道,方向导数和梯度是针对标量函数进行的运算,标量函数的梯度则为矢量函数,而通量与散度、环量与旋度则是对矢量函数运算,它们之间既相互联系又相互区别,具有不同的物理意义。但在矢量场问题研究中,仅仅依靠梯度、散度、旋度等运算是不够的,还需要一些矢量恒等式辅助我们求解矢量场问题。

1.6.1 哈密顿一阶微分算子及恒等式

在矢量分析中,哈密顿算子的应用非常重要。在直角坐标系中,哈密顿算子的表示式为

$$\nabla=\boldsymbol{e}_x\frac{\partial}{\partial x}+\boldsymbol{e}_y\frac{\partial}{\partial y}+\boldsymbol{e}_z\frac{\partial}{\partial z}\tag{1.6.1}$$

它既是一个微分算子,又可以看成一个矢量,所以称之为矢性微分算子,具有矢量和微分的双重性质。同时要注意,单独的一个哈密顿算子本身没有什么意义,只有当它作用在标量或矢量函数上时才有意义,而且这些函数必须具有连续的一阶偏导数。

算子∇与标量函数 u 相乘,得到此标量函数的梯度∇u;算子∇与矢量函数 $\boldsymbol{F}$ 的标积,得到此矢量函数的散度$\nabla\cdot\boldsymbol{F}$;算子$\nabla$与矢量函数 $\boldsymbol{F}$ 的矢积,得到此矢量函数的旋度$\nabla\times\boldsymbol{F}$。在矢量恒等式中,有时要用到运算式 $\boldsymbol{A}\cdot\nabla$

$$\boldsymbol{A}\cdot\nabla=(\boldsymbol{e}_xA_x+\boldsymbol{e}_yA_y+\boldsymbol{e}_zA_z)\cdot\left(\boldsymbol{e}_x\frac{\partial}{\partial x}+\boldsymbol{e}_y\frac{\partial}{\partial y}+\boldsymbol{e}_z\frac{\partial}{\partial z}\right)$$

$$=A_x\frac{\partial}{\partial x}+A_y\frac{\partial}{\partial y}+A_z\frac{\partial}{\partial z} \tag{1.6.2}$$

它仍然为一个算子，是一个标量微分算子，$\boldsymbol{A}\cdot\nabla\neq\nabla\cdot\boldsymbol{A}$，由一阶哈密顿算子$\nabla$构成的恒等式有很多，下面以其中一个为例证明：

$$\nabla\cdot(\boldsymbol{A}\times\boldsymbol{B})=\boldsymbol{B}\cdot(\nabla\times\boldsymbol{A})-\boldsymbol{A}\cdot(\nabla\times\boldsymbol{B}) \tag{1.6.3}$$

证明：∇运算实际上为微分运算，如标量函数中$(fg)'=f'g+fg'$

根据∇的微分性质，并按乘积的微分法则，有

$$\nabla\cdot(\boldsymbol{A}\times\boldsymbol{B})=\nabla\cdot(\boldsymbol{A}_c\times\boldsymbol{B})+\nabla\cdot(\boldsymbol{A}\times\boldsymbol{B}_c)$$

C 为常数符号，表示将相应的矢量看成常矢量，为了去掉常数符号 C，必须将假想的常矢量提到∇的前面。

利用轮换恒等式：$\boldsymbol{a}\cdot(\boldsymbol{b}\times\boldsymbol{c})=\boldsymbol{c}\cdot(\boldsymbol{a}\times\boldsymbol{b})=\boldsymbol{b}\cdot(\boldsymbol{c}\times\boldsymbol{a})$

根据∇的矢性性质，有

$$\nabla\cdot(\boldsymbol{A}_c\times\boldsymbol{B})=-\nabla\cdot(\boldsymbol{B}\times\boldsymbol{A}_c)=-\boldsymbol{A}_c\cdot(\nabla\times\boldsymbol{B})$$

$$\nabla\cdot(\boldsymbol{A}\times\boldsymbol{B}_c)=\boldsymbol{B}_c\cdot(\nabla\times\boldsymbol{A})$$

$$\nabla\cdot(\boldsymbol{A}\times\boldsymbol{B})=\boldsymbol{B}_c\cdot(\nabla\times\boldsymbol{A})-\boldsymbol{A}_c\cdot(\nabla\times\boldsymbol{B})$$

将假设的常矢量还原，

$$\nabla\cdot(\boldsymbol{A}\times\boldsymbol{B})=\boldsymbol{B}\cdot(\nabla\times\boldsymbol{A})-\boldsymbol{A}\cdot(\nabla\times\boldsymbol{B})$$

1.6.2 哈密顿二阶微分算子及恒等式

在矢量场问题的微分运算中，两个一阶哈密顿算子∇可以构成多种二阶哈密顿微分算子，经常用来求解二阶偏微分方程，下面介绍几种比较常用的恒等式。

1. $\nabla\times\nabla u\equiv 0$ (1.6.4)

证明：$\nabla u=\boldsymbol{e}_x\dfrac{\partial u}{\partial x}+\boldsymbol{e}_y\dfrac{\partial u}{\partial y}+\boldsymbol{e}_z\dfrac{\partial u}{\partial z}$

$$\nabla\times\nabla u=\begin{vmatrix}\boldsymbol{e}_x & \boldsymbol{e}_y & \boldsymbol{e}_z\\ \dfrac{\partial}{\partial x} & \dfrac{\partial}{\partial y} & \dfrac{\partial}{\partial z}\\ \dfrac{\partial u}{\partial x} & \dfrac{\partial u}{\partial y} & \dfrac{\partial u}{\partial z}\end{vmatrix}$$

$$=\boldsymbol{e}_x\left(\frac{\partial^2 u}{\partial y\partial z}-\frac{\partial^2 u}{\partial z\partial y}\right)+\boldsymbol{e}_y\left(\frac{\partial^2 u}{\partial z\partial x}-\frac{\partial^2 u}{\partial x\partial z}\right)+\boldsymbol{e}_z\left(\frac{\partial^2 u}{\partial x\partial y}-\frac{\partial^2 u}{\partial y\partial x}\right)=0$$

结论：

(1) 标量函数梯度的旋度恒等于 0；

(2) 如果一个矢量函数的旋度等于 0，则这个矢量函数可以用一个标量函数的梯度

来表示；

(3) 如果$\nabla\times\boldsymbol{A}\equiv 0$,则$\boldsymbol{A}=-\nabla\phi$(此处的负号是为了与静电场中电位与电场强度的关系相统一,$\boldsymbol{E}=-\nabla\phi$)。

2. $\nabla\cdot(\nabla\times\boldsymbol{F})\equiv 0$ (1.6.5)

证明：

$$\nabla\times\boldsymbol{F}=\boldsymbol{e}_x\left(\frac{\partial F_z}{\partial y}-\frac{\partial F_y}{\partial z}\right)+\boldsymbol{e}_y\left(\frac{\partial F_x}{\partial z}-\frac{\partial F_z}{\partial x}\right)+\boldsymbol{e}_z\left(\frac{\partial F_y}{\partial x}-\frac{\partial F_x}{\partial y}\right)$$

$$\nabla\cdot(\nabla\times\boldsymbol{F})=\frac{\partial}{\partial x}\left(\frac{\partial F_z}{\partial y}-\frac{\partial F_y}{\partial z}\right)+\frac{\partial}{\partial y}\left(\frac{\partial F_x}{\partial z}-\frac{\partial F_z}{\partial x}\right)+\frac{\partial}{\partial z}\left(\frac{\partial F_y}{\partial x}-\frac{\partial F_x}{\partial y}\right)=0$$

结论：

(1) 矢量函数旋度的散度恒等于 0；

(2) 如果一个矢量函数的散度等于 0,则这个矢量函数可以用另外一个矢量函数的旋度来表示；

(3) 如果$\nabla\cdot\boldsymbol{A}\equiv 0$,则$\boldsymbol{A}=\nabla\times\boldsymbol{B}$。

3. $\nabla\cdot\nabla u=\nabla^2 u$ (1.6.6)

证明：

$$\nabla\cdot\nabla u=\left(\boldsymbol{e}_x\frac{\partial}{\partial x}+\boldsymbol{e}_y\frac{\partial}{\partial y}+\boldsymbol{e}_z\frac{\partial}{\partial z}\right)\cdot\left(\boldsymbol{e}_x\frac{\partial u}{\partial x}+\boldsymbol{e}_y\frac{\partial u}{\partial y}+\boldsymbol{e}_z\frac{\partial u}{\partial z}\right)=\frac{\partial^2 u}{\partial x^2}+\frac{\partial^2 u}{\partial y^2}+\frac{\partial^2 u}{\partial z^2}\triangleq\nabla^2 u$$

∇^2称为拉普拉斯算子,当∇^2作用在标量函数上时,称为标性拉普拉斯算子；当∇^2作用在矢量函数上时,称为矢性拉普拉斯算子。两者是本质上不同的两种二阶微分算子。

4. $\nabla^2\boldsymbol{F}=\nabla(\nabla\cdot\boldsymbol{F})-\nabla\times(\nabla\times\boldsymbol{F})$ (1.6.7)

$\nabla^2\boldsymbol{F}=\boldsymbol{e}_x\nabla^2 F_x+\boldsymbol{e}_y\nabla^2 F_y+\boldsymbol{e}_z\nabla^2 F_z$ 为矢量场的拉普拉斯运算。

证明：$\nabla\times\boldsymbol{F}=\boldsymbol{e}_x\left(\frac{\partial F_z}{\partial y}-\frac{\partial F_y}{\partial z}\right)+\boldsymbol{e}_y\left(\frac{\partial F_x}{\partial z}-\frac{\partial F_z}{\partial x}\right)+\boldsymbol{e}_z\left(\frac{\partial F_y}{\partial x}-\frac{\partial F_x}{\partial y}\right)$

$$\nabla\times(\nabla\times\boldsymbol{F})=\boldsymbol{e}_x\left[\frac{\partial}{\partial y}\left(\frac{\partial F_y}{\partial x}-\frac{\partial F_x}{\partial y}\right)-\frac{\partial}{\partial z}\left(\frac{\partial F_x}{\partial z}-\frac{\partial F_z}{\partial x}\right)\right]+$$

$$\boldsymbol{e}_y\left[\frac{\partial}{\partial z}\left(\frac{\partial F_z}{\partial y}-\frac{\partial F_y}{\partial z}\right)-\frac{\partial}{\partial x}\left(\frac{\partial F_y}{\partial x}-\frac{\partial F_x}{\partial y}\right)\right]+\boldsymbol{e}_z\left[\frac{\partial}{\partial x}\left(\frac{\partial F_x}{\partial z}-\frac{\partial F_z}{\partial x}\right)-\frac{\partial}{\partial y}\left(\frac{\partial F_z}{\partial y}-\frac{\partial F_y}{\partial z}\right)\right]$$

上式右边第一项展开得

$$\frac{\partial^2 F_y}{\partial y\partial x}-\frac{\partial^2 F_x}{\partial y^2}-\frac{\partial^2 F_x}{\partial z^2}+\frac{\partial^2 F_z}{\partial z\partial x}=\left(\frac{\partial^2 F_x}{\partial x^2}+\frac{\partial^2 F_y}{\partial y\partial x}+\frac{\partial^2 F_z}{\partial z\partial x}\right)-\left(\frac{\partial^2 F_x}{\partial x^2}+\frac{\partial^2 F_x}{\partial y^2}+\frac{\partial^2 F_x}{\partial z^2}\right)$$

$$=\frac{\partial}{\partial x}(\nabla\cdot\boldsymbol{F})-\nabla^2\boldsymbol{F}_x$$

同理,第二项和第三项分别为

$$\frac{\partial}{\partial y}(\nabla\cdot \boldsymbol{F})-\nabla^2\boldsymbol{F}_y,\quad \frac{\partial}{\partial z}(\nabla\cdot \boldsymbol{F})-\nabla^2 F_z$$

$$\begin{aligned}\nabla\times(\nabla\times \boldsymbol{F}) &= \left[\boldsymbol{e}_x\frac{\partial}{\partial x}(\nabla\cdot \boldsymbol{F})+\boldsymbol{e}_y\frac{\partial}{\partial y}(\nabla\cdot \boldsymbol{F})+\boldsymbol{e}_z\frac{\partial}{\partial z}(\nabla\cdot \boldsymbol{F})\right]-\\ &\quad [\boldsymbol{e}_x\nabla^2F_x+\boldsymbol{e}_y\nabla^2F_y+\boldsymbol{e}_z\nabla^2F_z]\\ &=\nabla(\nabla\cdot \boldsymbol{F})-\nabla^2\boldsymbol{F}\end{aligned}$$

$$\nabla^2\boldsymbol{F}=\nabla(\nabla\cdot \boldsymbol{F})-\nabla\times(\nabla\times \boldsymbol{F})$$

1.7 亥姆霍兹定理

1.7.1 无旋场、无散场和调和场

在矢量场分析中，场源和矢量场是相互依存的，无源则无场。在矢量场分析中，有几类特殊的场具有重要意义，分别是无旋场、无散场和调和场。

1. 无旋场

无旋场又称为保守场或位场。如果在某场域中，矢量场 $\boldsymbol{A}$ 的旋度恒为 0，即

$$\nabla\times\boldsymbol{A}=0 \tag{1.7.1}$$

则称 $\boldsymbol{A}$ 为该区域中的无旋场。根据斯托克斯定理

$$\iint_S(\nabla\times\boldsymbol{A})\cdot \mathrm{d}\boldsymbol{s}=\oint_l\boldsymbol{A}\cdot \mathrm{d}\boldsymbol{l}=0$$

所以，如果 $\boldsymbol{A}$ 是无旋场，则 $\boldsymbol{A}$ 在场中沿任一闭合回路的线积分（环量）为 0。由无旋场的这一性质可以得到一个推论：一个无旋的矢量场，在场域中的线积分值与积分路径无关，而仅仅由积分的起点和终点坐标完全确定。

2. 无散场

无散场又称为管形场或无源场。如果在某场域中，矢量场 $\boldsymbol{B}$ 的散度恒为 0，即

$$\nabla\cdot\boldsymbol{B}=0 \tag{1.7.2}$$

则称 $\boldsymbol{B}$ 为该区域中的无散场。由高斯散度定理

$$\iiint_\tau\nabla\cdot\boldsymbol{B}\,\mathrm{d}\tau=\oiint_S\boldsymbol{B}\cdot \mathrm{d}\boldsymbol{s}=0$$

如果 $\boldsymbol{B}$ 是无源场，则 $\boldsymbol{B}$ 在场中对任一闭合曲面的面积分（通量）为 0。

3. 调和场

一般来说，对一个有具体物理意义的矢量场，总可以在全空间中找到其散度不为 0 或旋度不为 0 或散度和旋度均不为 0 的区域，即总是存在产生矢量场的某种源。但是，在空间的某个局部区域中，存在该矢量场的散度和旋度都等于 0 的情况。

如果在某场域中，矢量场 $\boldsymbol{A}$ 的散度和旋度都等于 0，即

$$\nabla\cdot \boldsymbol{A}=0,\quad \nabla\times \boldsymbol{A}=0$$

则称 $\boldsymbol{A}$ 为该区域中的调和场。由于调和场是无旋场，所以在该区域中可以引入一个标量函数 ϕ，使得

$$\boldsymbol{A}=-\nabla\phi \tag{1.7.3}$$

同时，调和场又是无散场，所以有

$$\nabla\cdot \boldsymbol{A}=-\nabla\cdot\nabla\phi=0 \tag{1.7.4}$$

在直角坐标系中，得到

$$\nabla^2\phi=\frac{\partial^2\phi}{\partial x^2}+\frac{\partial^2\phi}{\partial y^2}+\frac{\partial^2\phi}{\partial z^2}=0 \tag{1.7.5}$$

上式在数学中称为拉普拉斯方程，拉普拉斯方程的解称为调和函数。这就是将散度和旋度同时为 0 的矢量场称为调和场的由来。

1.7.2 亥姆霍兹定理

在前面讨论散度和旋度时得出结论：一个矢量场 $\boldsymbol{F}$ 的散度 $\nabla\cdot\boldsymbol{F}$，唯一地确定场中任一点的通量源；一个矢量场 $\boldsymbol{F}$ 的旋度 $\nabla\times\boldsymbol{F}$，唯一地确定场中任一点的旋涡源。由此，我们设想，如果仅仅知道矢量场 $\boldsymbol{F}$ 的散度，或仅仅知道矢量场 $\boldsymbol{F}$ 的旋度，或知道矢量场 $\boldsymbol{F}$ 的散度和旋度，能否唯一地确定这个矢量场呢？由此引出了亥姆霍兹定理，这其实是一个偏微分方程的定解问题。

亥姆霍兹定理：在空间有限区域 τ 内的任意矢量场 $\boldsymbol{F}$，由它的散度、旋度和边界条件唯一地确定。边界条件指限定体积 τ 的闭合面 S 上的矢量场分布。对于无界区域，假定矢量场的散度和旋度在无穷远处均为 0。

也就是说，在空间有限区域 τ 内的任意矢量场 $\boldsymbol{F}$，如果已知它的散度、旋度和边界条件，则这个矢量场就唯一地被确定，而且这个矢量场可以表示成两部分之和，即

$$\boldsymbol{F}=\boldsymbol{F}_1+\boldsymbol{F}_2\text{（无旋场＋无散场）}$$

$\boldsymbol{F}_1$ 和 $\boldsymbol{F}_2$ 满足：$\begin{cases}\nabla\times\boldsymbol{F}_1=0\\ \nabla\cdot\boldsymbol{F}_1=g\end{cases}$ 和 $\begin{cases}\nabla\cdot\boldsymbol{F}_2=0\\ \nabla\times\boldsymbol{F}_2=G\end{cases}$

令 $\boldsymbol{F}_1=-\nabla\phi$，$\boldsymbol{F}_2=\nabla\times\boldsymbol{A}$，则

$$\boldsymbol{F}=-\nabla\phi+\nabla\times\boldsymbol{A} \tag{1.7.6}$$

当已知一个矢量场的散度和旋度时，则矢量场可由上式唯一地确定。

亥姆霍兹定理的意义非常重要，它规定了我们研究电磁场理论的一条主线。无论是静态电磁场还是时变电磁场问题，都需要研究电磁场场量的散度、旋度和边界条件。电磁场场量的散度和旋度构成了电磁场的基本方程。

【例 1-10】 已知矢量函数 $\boldsymbol{F}=\boldsymbol{e}_x(3y-c_1z)+\boldsymbol{e}_y(c_2x-2z)-\boldsymbol{e}_z(c_3y+z)$，

(1) 如果 $\boldsymbol{F}$ 是无旋的，确定常数 c_1、c_2 和 c_3；

(2) 确定其负梯度等于 $\boldsymbol{F}$ 的标量函数 ϕ。

解：(1) 对于无旋的 $\boldsymbol{F}$，$\nabla\times\boldsymbol{F}=0$，即

$$\nabla\times\boldsymbol{F}=\begin{vmatrix}\boldsymbol{e}_x & \boldsymbol{e}_y & \boldsymbol{e}_z\\ \dfrac{\partial}{\partial x} & \dfrac{\partial}{\partial y} & \dfrac{\partial}{\partial z}\\ 3y-c_1z & c_2x-2z & -(c_3y+z)\end{vmatrix}=\boldsymbol{e}_x(-c_3+2)-\boldsymbol{e}_yc_1+\boldsymbol{e}_z(c_2-3)=0$$

$c_1=0\quad c_2=3\quad c_3=2$

(2) 由 $\boldsymbol{F}=-\nabla\phi=-\boldsymbol{e}_x\dfrac{\partial\phi}{\partial x}-\boldsymbol{e}_y\dfrac{\partial\phi}{\partial y}-\boldsymbol{e}_z\dfrac{\partial\phi}{\partial z}=\boldsymbol{e}_x3y+\boldsymbol{e}_y(3x-2z)-\boldsymbol{e}_z(2y+z)$

$$\begin{cases}\dfrac{\partial\phi}{\partial x}=-3y\\ \dfrac{\partial\phi}{\partial y}=-3x+2z\\ \dfrac{\partial\phi}{\partial z}=2y+z\end{cases}$$

对第一式进行关于 x 的部分积分：

$\phi=-3xy+f_1(y,z)$，$f_1(y,z)$是关于 y 和 z 的待定函数。

同样，对第二式和第三式，有

$$\phi=-3xy+2yz+f_2(x,z)$$

$$\phi=2yz+\frac{z^2}{2}+f_3(x,y)$$

观察以上三式，便可知所求的标量位函数具有下述形式：

$$\phi=-3xy+2yz+\frac{z^2}{2}+c\quad(c\text{ 为任意常数})$$

常数 c 可以根据实际情况下的边界条件来确定。

【例 1-11】 证明：如果仅仅已知一个矢量场 $\boldsymbol{F}$ 的散度，不能唯一地确定这个矢量场。

证明：设$\nabla\cdot\boldsymbol{F}=u$

$$\nabla\cdot(\nabla\times\boldsymbol{A})\equiv 0$$

$$\nabla\cdot(\boldsymbol{F}+\nabla\times\boldsymbol{A})=u$$

所以 $\boldsymbol{F}$ 和 $\boldsymbol{F}+\nabla\times\boldsymbol{A}$ 都是$\nabla\cdot\boldsymbol{F}=u$ 的解，而 $\boldsymbol{A}$ 可以为任意矢量。

即$\nabla\cdot\boldsymbol{F}=u$ 不能唯一地确定矢量场 $\boldsymbol{F}$。

【例 1-12】 证明：如果仅仅已知一个矢量场 $\boldsymbol{F}$ 的旋度，不能唯一地确定这个矢量场。

证明：假设$\nabla\times\boldsymbol{F}=\boldsymbol{A}$，根据矢量恒等式$\nabla\times\nabla u\equiv0$，得到

$$\nabla\times(\boldsymbol{F}+\nabla u)\equiv\boldsymbol{A}$$

所以，$\boldsymbol{F}$ 和 $\boldsymbol{F}+\nabla u$ 都是$\nabla\times\boldsymbol{F}=\boldsymbol{A}$ 的解，而 u 可以为任意标量。

即$\nabla\times\boldsymbol{F}=\boldsymbol{A}$ 不能唯一地确定矢量场 $\boldsymbol{F}$。

习题

1-1 分别给出两矢量 $\boldsymbol{A}=\boldsymbol{e}_x x_a+\boldsymbol{e}_y y_a+\boldsymbol{e}_z z_a$ 和 $\boldsymbol{B}=\boldsymbol{e}_x x_b+\boldsymbol{e}_y y_b+\boldsymbol{e}_z z_b$ 相互平行的条件和相互垂直的条件。

1-2 已知三个矢量为 $\boldsymbol{A}=3\boldsymbol{e}_x+2\boldsymbol{e}_y-\boldsymbol{e}_z$，$\boldsymbol{B}=3\boldsymbol{e}_x-4\boldsymbol{e}_y-5\boldsymbol{e}_z$，$\boldsymbol{C}=\boldsymbol{e}_x-\boldsymbol{e}_y+\boldsymbol{e}_z$，求以下各量：

(1) $\boldsymbol{A}\pm\boldsymbol{B}$，$\boldsymbol{B}\pm\boldsymbol{C}$，$\boldsymbol{A}\pm\boldsymbol{C}$

(2) $\boldsymbol{A}\cdot\boldsymbol{B}$，$\boldsymbol{B}\cdot\boldsymbol{C}$，$\boldsymbol{A}\cdot\boldsymbol{C}$

(3) $\boldsymbol{A}\times\boldsymbol{B}$，$\boldsymbol{B}\times\boldsymbol{C}$，$\boldsymbol{A}\times\boldsymbol{C}$

1-3 证明直角坐标系中的坐标单位矢量 $\boldsymbol{e}_x$ 与球坐标系中的单位矢量 $\boldsymbol{e}_r$、$\boldsymbol{e}_\theta$、$\boldsymbol{e}_\varphi$ 的关系是：$\boldsymbol{e}_x=\boldsymbol{e}_r\sin\theta\cos\varphi+\boldsymbol{e}_\theta\cos\theta\cos\varphi-\boldsymbol{e}_\varphi\sin\varphi$。

1-4 在直角坐标系中，试求点 $A(1,2,3)$ 指向点 $B(-3,6,4)$ 的单位矢量和两点间的距离。

1-5 在球坐标系中，试求点 $M\left(6,\dfrac{2\pi}{3},\dfrac{2\pi}{3}\right)$ 与点 $N\left(4,\dfrac{\pi}{3},0\right)$ 之间的距离。

1-6 已知两个矢量 $\boldsymbol{A}=-\boldsymbol{e}_x+\boldsymbol{e}_y+\boldsymbol{e}_z$，$\boldsymbol{B}=\boldsymbol{e}_x-\boldsymbol{e}_y+\boldsymbol{e}_z$，求矢量 $\boldsymbol{A}$ 和 $\boldsymbol{B}$ 之间的夹角。

1-7 已知 $\boldsymbol{A}=12\boldsymbol{e}_x+9\boldsymbol{e}_y+\boldsymbol{e}_z$，$\boldsymbol{B}=a\boldsymbol{e}_x+b\boldsymbol{e}_y$，若 $\boldsymbol{B}$ 垂直 $\boldsymbol{A}$ 且 $\boldsymbol{B}$ 的模为 1，试确定 a、b。

1-8 设 $\boldsymbol{F}=-\boldsymbol{e}_x\sin\theta+\boldsymbol{e}_y 6\cos\theta-\boldsymbol{e}_z 8$，求积分：$\boldsymbol{S}=\dfrac{1}{2}\displaystyle\int_0^{2\pi}\left(\boldsymbol{F}\times\dfrac{\mathrm{d}\boldsymbol{F}}{\mathrm{d}\theta}\right)\mathrm{d}\theta$。

1-9 矢量 $\boldsymbol{F}=t^2x\boldsymbol{e}_x+2ty\boldsymbol{e}_y+z\boldsymbol{e}_z$，求 $\displaystyle\int_0^1\boldsymbol{F}\mathrm{d}t$。

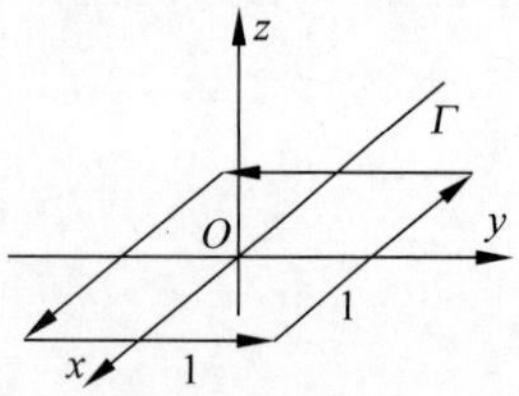

题图 1-10

1-10 对上题的 $\boldsymbol{F}$，设 Γ 如题图 1-10 所示，求 $\displaystyle\oint_\Gamma\boldsymbol{F}\cdot\mathrm{d}\boldsymbol{l}$。

1-11 矢量 $\boldsymbol{A}$ 的分量是 $A_x=y\dfrac{\partial f}{\partial z}-z\dfrac{\partial f}{\partial y}$，$A_y=z\dfrac{\partial f}{\partial x}-x\dfrac{\partial f}{\partial z}$，$A_z=x\dfrac{\partial f}{\partial y}-y\dfrac{\partial f}{\partial x}$，其中 f 是 x,y,z 的函数，$\boldsymbol{r}=\boldsymbol{e}_x x+\boldsymbol{e}_y y+\boldsymbol{e}_z z$，证明：$\boldsymbol{A}=\boldsymbol{r}\times\nabla f$，$\boldsymbol{A}\cdot\boldsymbol{r}=0$，$\boldsymbol{A}\cdot\nabla f=0$。

1-12 证明 $\dfrac{\partial\boldsymbol{e}_\varphi}{\partial\varphi}=-\boldsymbol{e}_\theta\cos\theta-\boldsymbol{e}_r\sin\theta$。

1-13 设 $\boldsymbol{r}=\boldsymbol{e}_x x+\boldsymbol{e}_y y+\boldsymbol{e}_z z$，$r=|\boldsymbol{r}|$，$n$ 为正整数，试求：∇r，∇r^n，$\nabla f(r)$。

1-14 求函数 $\phi=x^2yz$ 的梯度及 ϕ 在点 $M(2,3,1)$ 沿一个指定方向的方向导数，此方向上的单位矢量 $\boldsymbol{e}_l=\boldsymbol{e}_x\dfrac{3}{\sqrt{50}}+\boldsymbol{e}_y\dfrac{4}{\sqrt{50}}+\boldsymbol{e}_z\dfrac{5}{\sqrt{50}}$。

1-15 求下列各函数的梯度：

(1) $f=ax^2y+by^3z$

(2) $f=a\rho^2\sin\varphi+b\rho z\cos^2\varphi$

(3) $f=\dfrac{a}{r}+br\sin\theta\cos\varphi$

1-16 已知 $\boldsymbol{r}=\boldsymbol{e}_x x+\boldsymbol{e}_y y+\boldsymbol{e}_z z$，$\boldsymbol{e}_r=\dfrac{\boldsymbol{r}}{r}$，试求：$\nabla\cdot\boldsymbol{r}$，$\nabla\cdot\boldsymbol{e}_r$，$\nabla\cdot(\boldsymbol{C}r)$，$\boldsymbol{C}$ 为常矢量。

1-17 求 $\nabla\cdot\boldsymbol{A}$ 在给定点的值：

(1) $\boldsymbol{A}=\boldsymbol{e}_x x^2+\boldsymbol{e}_y y^2+\boldsymbol{e}_z z^2$ 在点 $M(1,0,-1)$；

(2) $\boldsymbol{A}=\boldsymbol{e}_x 4x-\boldsymbol{e}_y 2xy+\boldsymbol{e}_z z^2$ 在点 $M(1,1,3)$；

(3) $\boldsymbol{A}=xyz\boldsymbol{r}$ 在点 $M(1,3,2)$，式中的 $\boldsymbol{r}=\boldsymbol{e}_x+\boldsymbol{e}_y+\boldsymbol{e}_z$。

1-18 在球坐标系中，设矢量场 $\boldsymbol{F}=f(r)\boldsymbol{r}$，试证明：当 $\nabla\cdot\boldsymbol{F}=0$ 时，$f(r)=\dfrac{C}{r^3}$，C 为任意常数。

1-19 证明恒等式 $\nabla\cdot(u\boldsymbol{F})=u(\nabla\cdot\boldsymbol{F})+\boldsymbol{F}\cdot\nabla u$，式中，$u$ 为标量函数，$\boldsymbol{F}$ 为矢量函数。

1-20 用矢量 $\boldsymbol{A}=x\boldsymbol{e}_x+y\boldsymbol{e}_y+z\boldsymbol{e}_z=r\boldsymbol{e}_r$ 对题图 1-20 所示的长方体验证高斯散度定理：$\iint_S \boldsymbol{A}\cdot\mathrm{d}\boldsymbol{s}=\iiint_V \nabla\cdot\boldsymbol{A}\,\mathrm{d}V$。

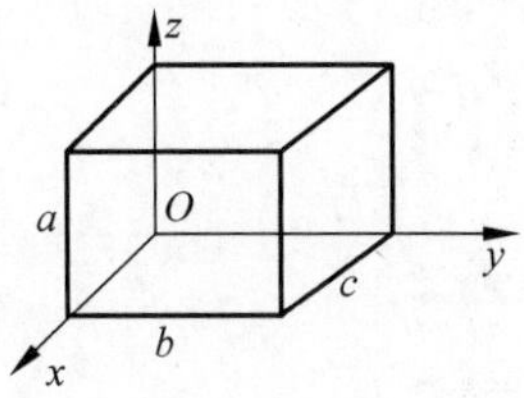

题图 1-20

1-21 求下列矢量的旋度：

(1) $\boldsymbol{A}=x^2y\boldsymbol{e}_x+y^2z\boldsymbol{e}_y+z^2x\boldsymbol{e}_z$；

(2) $\boldsymbol{A}=\boldsymbol{e}_xP(x)+\boldsymbol{e}_yQ(y)+\boldsymbol{e}_zR(z)$。

1-22 设 $\boldsymbol{r}=\boldsymbol{e}_x x+\boldsymbol{e}_y y+\boldsymbol{e}_z z$，$r=|\boldsymbol{r}|$，$\boldsymbol{C}$ 为常矢量，求：

(1) $\nabla\times\boldsymbol{r}$；(2) $\nabla\times[f(r)\boldsymbol{r}]$；(3) $\nabla\times[f(r)\boldsymbol{C}]$；(4) $\nabla\cdot[\boldsymbol{r}\times f(r)\boldsymbol{C}]$。

1-23 证明恒等式 $\nabla\times(u\boldsymbol{F})=u\nabla\times\boldsymbol{F}+\nabla u\times\boldsymbol{F}$，式中，$u$ 为标量函数，$\boldsymbol{F}$ 为矢量函数。

1-24 求矢量场 $\boldsymbol{A}=xyz(\boldsymbol{e}_x+\boldsymbol{e}_y+\boldsymbol{e}_z)$ 在点 $M(1,2,3)$ 的旋度。

1-25 求矢量 $\boldsymbol{A}=\boldsymbol{e}_x x+\boldsymbol{e}_y x^2-\boldsymbol{e}_z y^2 z$ 沿 xOy 平面上的一个边长为 2 的正方形回路的线积分，此正方形的两个边分别与 x 轴和 y 轴相重合。再求 $\nabla\times\boldsymbol{A}$ 对此回路所包围的表面积的积分，验证斯托克斯定理。

1-26 试用斯托克斯定理证明矢量场 ∇f 沿任意闭合路径的线积分恒等于 0，即 $\oint_l \nabla f\cdot\mathrm{d}\boldsymbol{l}\equiv 0$。

第2章 电磁场的基本方程

宏观电磁现象是由电磁场源激发而产生，其核心理论是麦克斯韦方程组。这一理论成果由英国科学家麦克斯韦于 1864 年提出，他创造性地引入了涡旋电场和位移电流的基本假设，从而揭示了电磁场与场源之间的相互作用规律，并预言了电磁波的存在。电磁理论经过一个多世纪的发展，麦克斯韦方程组已经成为研究宏观电磁现象的理论基础。在本章中，首先学习场源、电场和磁场的基本概念，然后介绍麦克斯韦方程组及边界条件，最后学习谐变电磁场及电磁能量守恒与转化定律。

2.1 电磁场的源

在自然界中，产生宏观电磁现象的真实场源有电荷和电流。电荷周围产生电场，电流周围产生磁场。除此之外，为了方便研究电磁问题，人们还引入了虚拟场源，即磁荷和磁流，从而构成电磁场中场源之间的对偶关系。当然迄今为止，在自然界中还没有证实磁荷的存在。

2.1.1 电荷及电荷密度

电荷是有极性的，分为正电荷和负电荷。宏观上电荷既不能被创造，也不能被消灭，它们只能从一个物体转移到另一个物体，或者从物体的一部分转移到另外一部分，这就是电荷守恒定律。电磁学的发展史上，对于电荷的认识有一个过程。何谓带电？电荷可以创造或消失吗？电荷可以取任意值还是具有量子性？电荷是否随速度变化？电子会衰变吗？随着科学技术的进步，科学家对上述问题陆续给予了解答。电荷是基本粒子如电子、质子等的一种基本属性，不存在不依附基本粒子和物质的单独电荷。所谓带电，就是电子与质子数量的失衡，原来电子数与质子数相等的电中性物体失去一定量电子便带正电，获得一定量电子便带负电。带电体的电量或物体间转移的电量只能是电子电量的整数倍，电荷具有量子性。带电体的电量与它是否运动无关，电荷无相对论效应，电子是稳定的，不会发生衰变。目前人们所知的电荷的最小量度是单个电子的电量，用符号 e 表示，一切物体所带电量就是 e 的整数倍。e 的推荐值为 $e=1.602176462\times10^{-19}\mathrm{C}$。

如何表征物体上的电荷分布呢？在微观上电荷是一个个带电粒子以离散形式分布在空间，但在研究宏观电场现象时，电场是大量的带电粒子共同作用下的统计平均效应，它不反映物质微观结构上的不连续性。因此，在空间考察带电体的作用时，将电荷看成在空间上连续分布的，可以用电荷密度来表示。根据承载电荷的物体形状，电荷密度分为体电荷密度、面电荷密度和线电荷密度。

1. 电荷体密度

当考察空间某区域的电荷分布时，在某点 $\boldsymbol{r}$ 处的电荷密度可以用 $\rho_f(\boldsymbol{r})$ 表示，以 r 处为中心，取一足够小的体积元 ΔV，在 ΔV 体积内包含了大量带电粒子，其总电量为 Δq，则在 r 处的电荷体密度为

$$\rho_f(\boldsymbol{r})=\lim_{\Delta V\to 0}\frac{\Delta q}{\Delta V} \tag{2.1.1}$$

电荷体密度是空间坐标变量的函数，单位是 C/m^3（库仑/米^3）。从定义式可以看出，电荷体密度表示单位体积内的电量，因此称之为电荷体密度再恰当不过了。反之，如果已知某空间区域 V 中的电荷体密度 $\rho_f(\boldsymbol{r})$，则区域 V 中的总电量 Q 为

$$Q=\iiint_V \rho_f(\boldsymbol{r})\mathrm{d}V \tag{2.1.2}$$

2. 电荷面密度

在一些情况下，电荷分布在物体的薄层里，比如在导体的表面或者不同媒质的分界面附近的薄层里，此时薄层的厚度远远小于薄层之外的空间厚度，可以忽略薄层内的电场，薄层的厚度也可以忽略。薄层里的电荷分布可以采用电荷面密度表示，即在 S 面上点 $\boldsymbol{r}$ 处的电荷面密度 $\rho_s(\boldsymbol{r})$ 定义为，以 r 处为中心取一足够小的面积元 ΔS 包含了大量带电粒子，总电量为 Δq，则在 r 处的电荷面密度为

$$\rho_s(\boldsymbol{r})=\lim_{\Delta S\to 0}\frac{\Delta q}{\Delta S} \tag{2.1.3}$$

电荷面密度是面上坐标变量的函数，单位是 C/m^2。从定义式可以看出，电荷面密度表示单位面积内的电量。反之，如果已知某空间曲面 S 上的电荷面密度 $\rho_s(\boldsymbol{r})$，则该曲面上总电量 Q 为

$$Q=\iint_S \rho_s(\boldsymbol{r})\mathrm{d}s \tag{2.1.4}$$

3. 电荷线密度

在一些情况下，电荷分布在细线上。当忽略线径后，采用电荷线密度表示线上电荷分布更为恰当，即在电荷所在线上某一点 r 处取一足够小的线元 Δl，其上包含大量带电粒子，总电量为 Δq，则在 $\boldsymbol{r}$ 处的电荷线密度为

$$\rho_l(\boldsymbol{r})=\lim_{\Delta l\to 0}\frac{\Delta q}{\Delta l} \tag{2.1.5}$$

电荷线密度是线上坐标变量的函数，单位是 C/m。从定义式可以看出，电荷线密度表示单位长度内的电量。反之，如果已知某线上的电荷面密度 $\rho_l(r)$，则该线上总电量 Q 为

$$Q=\int_l \rho_l(\boldsymbol{r})\mathrm{d}l \tag{2.1.6}$$

4. 点电荷密度

点电荷的电荷密度稍微复杂一些。对于总电量为 q 的电荷集中在很小区域 V 的情况，当不考虑 V 内的电场时，仅需考虑场点的距离远大于电荷所在区域的尺度时，小体积 V 内的电荷可以看作位于该区域中心的点电荷，位于 r 处电荷密度可以用冲击函数 δ 函数来表示，即

$$\rho(\boldsymbol{r}-\boldsymbol{r}')=q\delta(\boldsymbol{r}-\boldsymbol{r}') \tag{2.1.7}$$

(1) 点电荷位于坐标原点($r'=0$),且电量为一个单位的点电荷($q=1$),空间任一点的电荷密度,如图2.1.1所示。

$$\rho=\delta(x,y,z)=\delta(r)=\begin{cases}0, & r\neq 0\\ \infty, & r=0\end{cases} \tag{2.1.8}$$

总电量为

$$q=\iiint_{\tau}\delta(r)\mathrm{d}\tau=\begin{cases}0, & \tau\text{不包含原点}\\ 1, & \tau\text{包含原点}\end{cases} \tag{2.1.9}$$

(2) 点电荷位于任意点 $\boldsymbol{r}'$ 的单位点电荷,空间任意一点的电荷密度,如图2.1.2所示。

$$\rho=\delta(x-x',y-y',z-z')=\delta(\boldsymbol{r}-\boldsymbol{r}')=\begin{cases}0, & \boldsymbol{r}\neq\boldsymbol{r}'\\ \infty, & \boldsymbol{r}=\boldsymbol{r}'\end{cases} \tag{2.1.10}$$

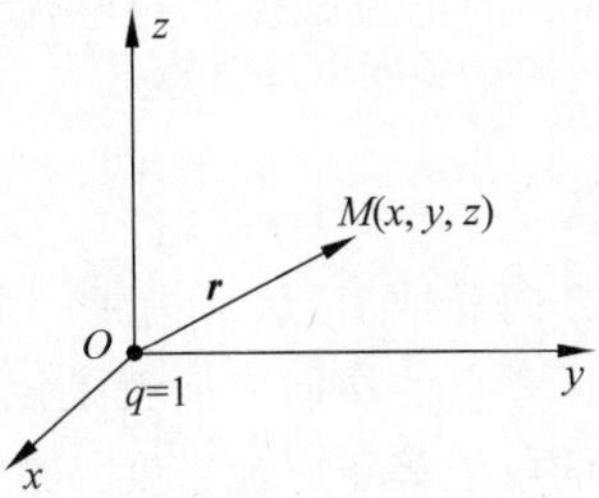

图2.1.1 位于坐标原点的点电荷

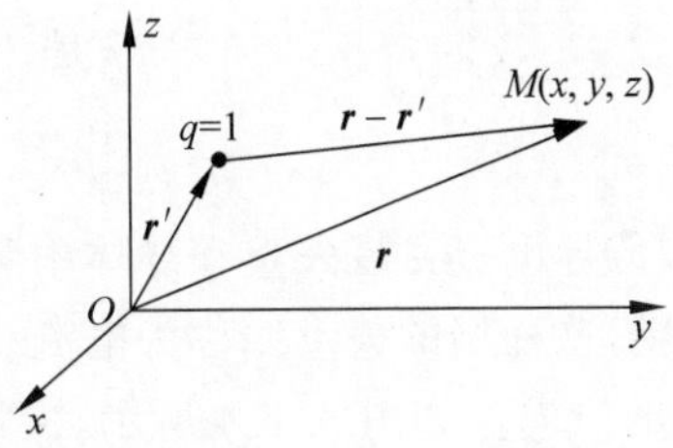

图2.1.2 位于空间任意点的点电荷

总电量为

$$q=\iiint_{\tau}\delta(\boldsymbol{r}-\boldsymbol{r}')\mathrm{d}\tau=\begin{cases}0, & \tau\text{不包含}\boldsymbol{r}'\\ 1, & \tau\text{包含}\boldsymbol{r}'\end{cases} \tag{2.1.11}$$

2.1.2 电流和电流密度

通常所说的电流是指电荷的宏观定向运动。导电媒质中的电流称为传导电流;真空或空气中大量带电粒子的定向移动,如显像管中阴极发射的电子束,称为运流电流或徙动电流。电流的强弱用电流强度表示,其定义为单位时间 Δt 流过导体任一截面的电荷量 Δq,其单位是安培(A)。如水流过某一截面的流量一样,时变电流强度的定义为

$$i=\lim_{\Delta t\to 0}\frac{\Delta q}{\Delta t}=\frac{\mathrm{d}q}{\mathrm{d}t} \tag{2.1.12}$$

对于恒定电流强度,表示为在时间 t 内,流过导体任一截面的电荷为 q,其定义为

$$I=\frac{q}{t} \tag{2.1.13}$$

电流是一个标量,是国际单位制中的四个基本量之一。

在直流电路中，一般只考虑某一导线的总电流。在某些情况下，在导体内部的各点上，单位时间流过单位截面的电荷可能不同，甚至电流流动的方向也不同，电流强度并不能准确描述电流在导电媒质中的分布情况。为此，需要定义一个物理量电流密度 $\boldsymbol{J}$，用来描述空间各点的电流大小和方向。电流密度 $\boldsymbol{J}$ 是一个矢量，它的方向为导体中某点上正电荷运动的方向(即电流方向)，其大小等于通过该点单位垂直面积上的电流强度。

如图 2.1.3 所示，设导体中某点取一个与电流方向垂直的面积元 Δs，通过该面积元的电流为 ΔI，则该点的电流密度为

$$J_f=\lim_{\Delta s\to 0}\frac{\Delta I}{\Delta s}=\frac{\mathrm{d}I}{\mathrm{d}s} \tag{2.1.14}$$

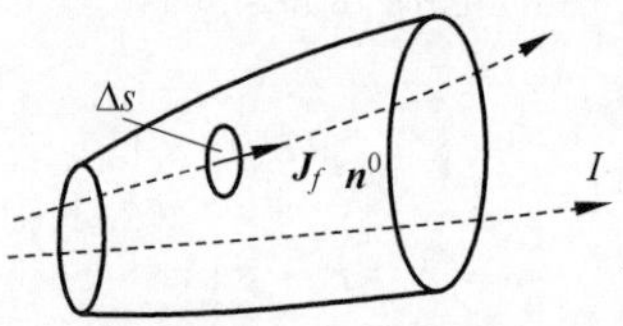

图 2.1.3　电流密度矢量

J_f 表示传导电流体密度的大小，其单位为 $\mathrm{A/m^2}$。如果所取得面积元的法线方向 $\boldsymbol{n}^0$ 与电流的方向成任意角度 θ，则通过该面积元的电流是

$$\mathrm{d}I=J_f\,\mathrm{d}s\cos\theta=\boldsymbol{J}_f\cdot\mathrm{d}\boldsymbol{s}=\boldsymbol{J}_f\cdot\boldsymbol{n}^0\,\mathrm{d}s \tag{2.1.15}$$

通过导体任意截面 s 的电流强度 I 与电流密度 $\boldsymbol{J}_f$ 的关系是

$$I=\iint_s\boldsymbol{J}_f\cdot\mathrm{d}\boldsymbol{s}=\iint_s\boldsymbol{J}_f\cdot\boldsymbol{n}^0\,\mathrm{d}s \tag{2.1.16}$$

这样，传导电流密度矢量在导体中各点有不同的方向和数值，从而构成一个矢量场，称为电流场，这种场的矢量线称为电流线。电流线上每一点的切向方向就是该点电流密度矢量 $\boldsymbol{J}_f$ 的方向。如图 2.1.4 所示，穿过任意截面 s 的电流等于电流密度矢量 $\boldsymbol{J}_f$ 穿过该截面的通量。

有时电荷在一很薄的导体薄层上流动，形成的电流称为面电流，如图 2.1.5 所示。这时，与电流方向垂直的横截面积近似为 0，面积元 Δs 变为线元 Δl。为了描述面电流在导体表面的分布，取面电流密度 $\boldsymbol{J}_{sf}$ 为

$$\boldsymbol{J}_{sf}=\boldsymbol{n}^0\lim_{\Delta l\to 0}\frac{\Delta I}{\Delta l}=\boldsymbol{n}\,\frac{\mathrm{d}I}{\mathrm{d}l} \tag{2.1.17}$$

面电流密度的方向 $\boldsymbol{n}^0$ 仍然为正电荷运动的方向，其单位为 A/m。

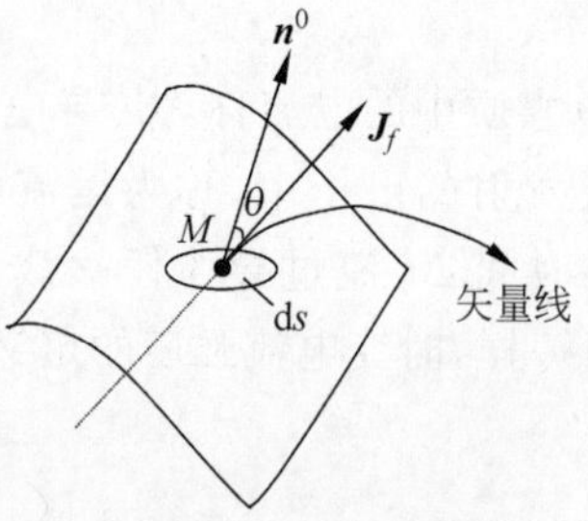

图 2.1.4　电流密度通量

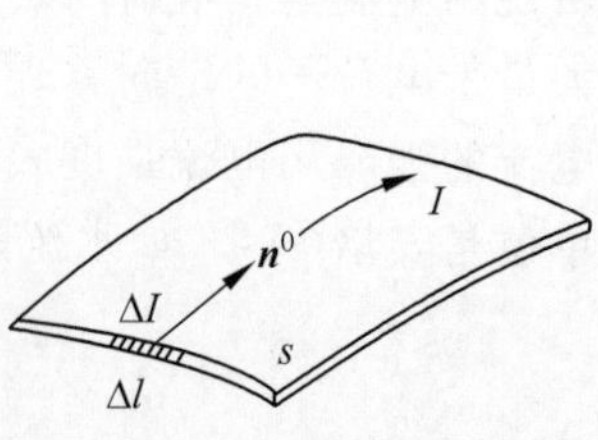

图 2.1.5　面电流密度矢量

电荷定向移动形成电流，电荷与电流作为电磁场的场源，两者既有区别，也有联系。不管场源的分布形式是什么，电荷除了满足电荷守恒定律之外，还必须研究电荷和电流

之间满足的一般规律。

2.1.3 电荷守恒定律与电流的连续性方程

如图 2.1.6 所示，在空间任意取一闭合面 S，其限定的体积为 V，假定体积 V 内的电荷密度为 ρ_f，电流密度为 $\boldsymbol{J}$，则体积 V 内的电量为 $q=\iiint_V \rho_f \mathrm{d}V$。根据电荷守恒定律，则在 $\mathrm{d}t$ 时间内，体积 V 内的电荷减少量应为流出封闭面 S 的电流强度 I，即电流密度 $\boldsymbol{J}$ 流出封闭面的通量，可以表示为

视频2-1

$$I=\oint_S \boldsymbol{J}\cdot \mathrm{d}\boldsymbol{S}=-\frac{\mathrm{d}q}{\mathrm{d}t}=-\frac{\mathrm{d}}{\mathrm{d}t}\iiint_V \rho_f \mathrm{d}V \tag{2.1.18}$$

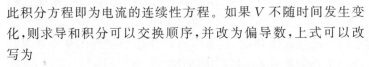

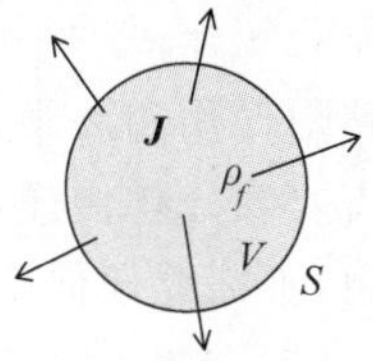

图 2.1.6 电流的连续性

此积分方程即为电流的连续性方程。如果 V 不随时间发生变化，则求导和积分可以交换顺序，并改为偏导数，上式可以改写为

$$\oint_S \boldsymbol{J}\cdot \mathrm{d}\boldsymbol{S}=-\iiint_V \frac{\partial \rho_f}{\partial t}\mathrm{d}V \tag{2.1.19}$$

根据高斯散度定理 $\oint_S \boldsymbol{J}\cdot \mathrm{d}\boldsymbol{S}=\iiint_V \nabla\cdot \boldsymbol{J}\mathrm{d}V$，上式变为

$$\iiint_V \left(\nabla\cdot \boldsymbol{J}+\frac{\partial \rho_f}{\partial t}\right)\mathrm{d}V=0 \tag{2.1.20}$$

由于体积 V 是任意的，所以被积函数为 0，即

$$\nabla\cdot \boldsymbol{J}+\frac{\partial \rho_f}{\partial t}=0 \tag{2.1.21}$$

此方程为电流连续性方程的微分形式。对于恒定电流，电荷分布不随时间改变，即 $\frac{\partial \rho}{\partial t}=0$，因此式(2.1.21)变为

$$\nabla\cdot \boldsymbol{J}=0 \tag{2.1.22}$$

这就是恒定电流的连续性方程，而且表明恒定电流线是一个闭合曲线。其积分形式为

$$\oint_S \boldsymbol{J}\cdot \mathrm{d}\boldsymbol{S}=0 \tag{2.1.23}$$

这表明，穿过任意封闭曲面的恒定电流为 0。

通过上面分析，解决了电荷与电流满足的一般规律，即电流的连续性方程，下面将研究由场源产生的电场和磁场。

2.2 电场强度

视频2-2

电场强度是电磁波与天线理论研究的最重要的物理量之一，研究电场强度必须从库仑定律出发。库仑定律是静电学的基础，是麦克斯韦电磁理论赖以建立的实验基础之一。库仑定律指出，两个静止点电荷 q_1 与 q_2 之间的相互作用力的大小与 q_1 与 q_2 的乘

积成正比，与它们之间的距离 r 的平方成反比，作用力的方向沿着它们的连线，同号电荷相斥，异号电荷相吸。库仑定律可以用图 2.2.1 所示简单模型表示。

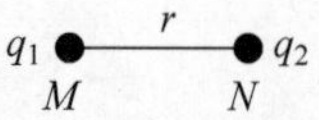

图 2.2.1　两点电荷相互作用

其矢量形式为

$$\boldsymbol{F}_{12}=k\frac{q_1q_2}{r^2}\boldsymbol{e}_r=\frac{1}{4\pi\varepsilon_0}\frac{q_1q_2}{r^2}\boldsymbol{e}_r \tag{2.2.1}$$

式中，$\boldsymbol{F}_{12}$ 表示 q_1 对 q_2 的库仑力(也称为电场力)；k 为比例系数；$\boldsymbol{e}_r$ 表示由 q_1 指向 q_2 的单位矢量；r 的单位为米(m)；$\boldsymbol{F}_{12}$ 的单位为牛顿(N)；q 的单位为库仑(C)；ε_0 称为真空介电常数。

库仑定律揭示了电场力所遵循的规律，但电场力是如何作用的？历史上，科学家曾提出超距作用和近距作用两种不同的观点。相隔一定距离的两个物体，如果其间的相互作用需要媒介物传递，需要传递时间，则称为近距作用；如果其间存在直接的、瞬时的相互作用，不需要任何媒介，也不需要任何传递时间，则称为超距作用。回顾电磁学的发展历史，以麦克斯韦方程为标志的电磁理论的建立，宣告了近距作用场观点在电磁学领域的彻底胜利，成为物理学中继牛顿力学后的又一划时代的伟大成就。

近距作用观点认为，电荷在其周围的空间激发电场，电场的基本性质是能够给予其中的任何其他电荷以作用力(电场力)，电荷与电荷之间的相互作用是以电场为媒介物传递的。为了定量描绘和研究电场，在电场中引入试探电荷 q_0，它将受到电场的作用力 $\boldsymbol{F}$。显然，$\boldsymbol{F}$ 既与电场有关又与 q_0 有关，但其比值 $\boldsymbol{F}/q_0$ 只与电场有关，与 q_0 无关。为了精确描述电场，试探电荷 q_0 应满足两个条件：①试探电荷 q_0 的电量足够小，使得它对产生电场的带电体电荷分布的影响可以忽略；②试探电荷 q_0 的看作尺度应充分小，可以将其看成点电荷。

根据上述分析，引入电场强度矢量来描绘电场，用 $\boldsymbol{E}$ 表示，定义为

$$\boldsymbol{E}=\frac{\boldsymbol{F}}{q_0} \tag{2.2.2}$$

电场中某点的电场强度是一个矢量，其大小等于单位电荷在该点所受电场力的大小，其方向与正电荷所受电场力的方向一致。相对观察者而言，静止的电荷在其周围空间产生的电场称为静电场，静电场中的场强不随时间变化。

对于静止点电荷 q 产生的电场，与 q 相距 r 处的 P 点的场强定量计算式为

$$\boldsymbol{E}=\frac{q}{4\pi\varepsilon_0r^2}\boldsymbol{e}_r \tag{2.2.3}$$

式中，$\boldsymbol{e}_r$ 是从 q 所在点指向场点的单位矢量。上式表明，在点电荷 q 产生的静电场中，空间各点场强的方向均以 q 为中心的径矢，场强的大小与 r^2 的平方呈反比，静电场的分布具有球对称性。

如果静电场是由许多点电荷 q_1，q_2，…产生，根据电场力叠加原理，在空间任意 P 点的试探电荷 q_0 所受到的作用力 $\boldsymbol{F}$，为各点电荷单独存在时产生的电场对 q_0 的作用力 $\boldsymbol{F}_1$，$\boldsymbol{F}_2$，…的矢量和，即

$$\boldsymbol{F}=\sum_i\boldsymbol{F}_i \tag{2.2.4}$$

根据电场强度定义和库仑定律，可以得出点电荷组在任意 P 点的场强为

$$\boldsymbol{E}=\sum_i \boldsymbol{E}_i=\frac{1}{4\pi\varepsilon_0}\sum_i \frac{q_i}{r_i^2}\boldsymbol{e}_i \tag{2.2.5}$$

当电荷连续分布时，$\boldsymbol{F}$ 为各电荷微元 dq 产生的电场对 q_0 的作用力 $d\boldsymbol{F}$ 的矢量积分

$$\boldsymbol{F}=\int d\boldsymbol{F} \tag{2.2.6}$$

根据电荷密度的概念，可以得到三种电荷密度下的电场强度为

$$\boldsymbol{E}(\boldsymbol{r})=\frac{1}{4\pi\varepsilon_0}\int \frac{\rho_l(\boldsymbol{r}')\boldsymbol{e}_R}{R^2}dl' \tag{2.2.7}$$

$$\boldsymbol{E}(\boldsymbol{r})=\frac{1}{4\pi\varepsilon_0}\iint \frac{\rho_S(\boldsymbol{r}')\boldsymbol{e}_R}{R^2}dS' \tag{2.2.8}$$

$$\boldsymbol{E}(\boldsymbol{r})=\frac{1}{4\pi\varepsilon_0}\iiint \frac{\rho_f(\boldsymbol{r}')\boldsymbol{e}_R}{R^2}dV' \tag{2.2.9}$$

上面三式中，$\boldsymbol{r}$ 为场点 P 的矢径，$\boldsymbol{r}'$ 为带电体的电荷微元所在位置矢径，$\boldsymbol{e}_R$ 为电荷微元所在位置指向场点的单位矢量，R 为电荷微元所在位置到场点的距离，其关系如图 2.2.2 所示。点电荷组或连续分布电荷产生的电场在空间任意 P 点的场强，等于各点电荷或各电荷微元单独存在时产生电场在 P 点的场强的矢量叠加，称为电场强度叠加原理。该电场叠加原理与电场力叠加原理等价，不仅决定静电场的空间分布，也决定静电场的性质。

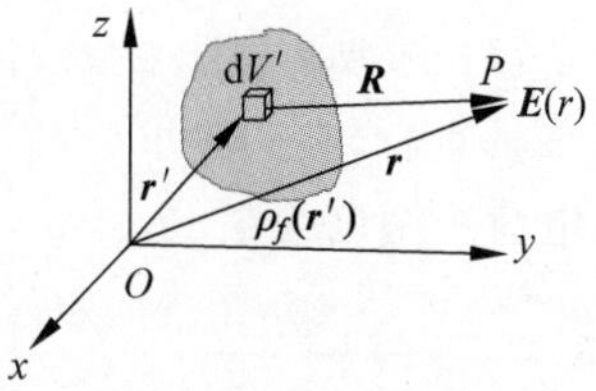

图 2.2.2　体电荷密度计算电场强度的计算

为了描绘电场的总体分布，获得直观的图像，可以进一步绘出电场线(电力线)。所谓电场线，就是电场中各点场强矢量连成的曲线。如果在电场中画出许多曲线，使得曲线上每一点的切线方向与该点的电场强度方向一致，那么这样画出的曲线称为电场线，又称电力线。为了使得电场线既可以表示电场大小，又可以表示方向，在画电场线时，可以使得电场中任一点电场线的数量密度与该点的场强的大小成正比，即通俗地讲，就是场强较小处的电场线稀疏，场强较大处的电场线稠密。图 2.2.3 分别给出了正电荷、负电荷和不等量异种电荷产生电力线的分布情况。

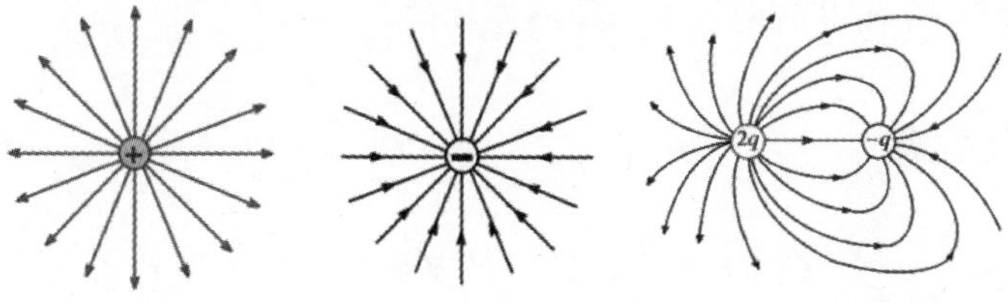

(1) 正电荷　(2) 负电荷　(3) 不等量异种电荷

图 2.2.3　电力线分布

【例 2-1】 计算半径为 a，电荷线密度 ρ_l 为常数的均匀带电圆环在轴线上的电场强

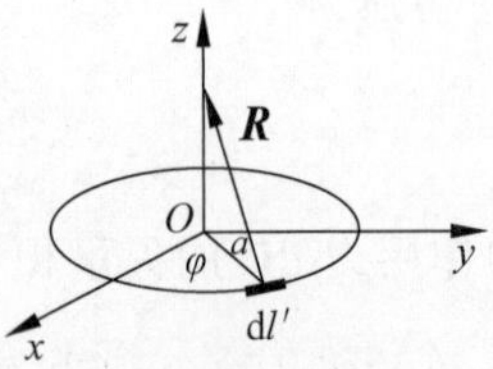

图 2.2.4 均匀带电圆环在轴线上的电场

度(图 2.2.4)。

解：选取坐标系，使得线电荷位于 xOy 平面，圆环轴线与 z 轴重合，采用圆柱坐标。在圆环上取任意一线元 $dl'=a\mathrm{d}\varphi$，在 z 轴上取场点坐标为$(0,0,z)$，电荷关于 z 轴对称，电场也是关于 z 轴对称，电场仅有 z 方向。

$$R=\sqrt{z^2+a^2}$$

$$\boldsymbol{e}_R=\frac{\boldsymbol{R}}{R}=\frac{z}{R}\boldsymbol{e}_z-\frac{a}{R}\boldsymbol{e}_\rho$$

$$\boldsymbol{e}_\rho=\boldsymbol{e}_x\cos\varphi+\boldsymbol{e}_y\sin\varphi$$

$$\boldsymbol{E}=\frac{1}{4\pi\varepsilon}\int\frac{\rho_l}{R^2}\boldsymbol{e}_R\,\mathrm{d}l'=\boldsymbol{e}_z\frac{z\rho_l}{4\pi\varepsilon(z^2+a^2)^{\frac{3}{2}}}\int\mathrm{d}l'=\boldsymbol{e}_z\frac{za\rho_l}{2\varepsilon(z^2+a^2)^{\frac{3}{2}}}$$

【例 2-2】 计算半径为 a，电荷面密度 ρ_{sf} 为常数的均匀带电圆盘在轴线上的电场强度(图 2.2.5)。

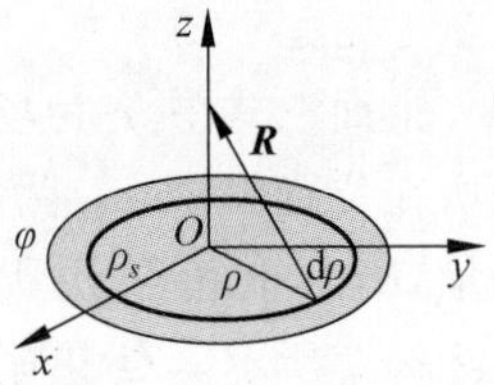

图 2.2.5 均匀带电盘在轴线上的电场

解：选取圆柱坐标系，使得圆盘位于 xOy 平面，圆盘轴线与 z 轴重合，在圆盘取半径为 ρ，宽度为 $\mathrm{d}\rho$ 的圆环，其沿 ρ 方向的电荷线密度为 $\rho_l=\rho_{sf}\,\mathrm{d}\rho$，利用例 2-1 结论，得到

$$\mathrm{d}\boldsymbol{E}=\boldsymbol{e}_z\frac{z\rho\rho_{sf}}{2\varepsilon(z^2+\rho^2)^{\frac{3}{2}}}$$

$$\boldsymbol{E}=\boldsymbol{e}_z\frac{z\rho_{sf}}{2\varepsilon}\int_0^a\frac{\rho}{(z^2+\rho^2)^{\frac{3}{2}}}\mathrm{d}\rho=\begin{cases}\dfrac{\rho_{sf}}{2\varepsilon}\left(1-\dfrac{z}{\sqrt{z^2+a^2}}\right)\boldsymbol{e}_z, & z>0\\[2ex] -\dfrac{\rho_{sf}}{2\varepsilon}\left(1+\dfrac{z}{\sqrt{z^2+a^2}}\right)\boldsymbol{e}_z, & z<0\end{cases}$$

当圆盘无限大时，即 $a\to+\infty$ 时，以上结果变为

$$\boldsymbol{E}=\begin{cases}\dfrac{\rho_{sf}}{2\varepsilon}\boldsymbol{e}_z, & z>0\\[2ex] -\dfrac{\rho_{sf}}{2\varepsilon}\boldsymbol{e}_z, & z<0\end{cases}$$

由此可以看出，在面电荷两侧电场是不连续的。

视频2-3

2.3 磁感应强度

磁感应强度矢量是磁场的基本物理量。丹麦物理学家奥斯特于 1820 年发现了电流能使磁针发生偏转现象；同年，法国物理学家安培从实验结果总结出电流回路之间相互作用力的规律，称为安培定律。安培定律描述了真空中有两个通有恒定电流 I_1 和 I_2 的细导线回路相互作用力的关系，如图 2.3.1 所示，其中电流 I_1 回路对电流 I_2 回路的作用力 $\boldsymbol{F}_{12}$ 满足

$$\boldsymbol{F}_{12}=\frac{\mu_0}{4\pi}\oint_{l_2}\oint_{l_1}\frac{I_2\mathrm{d}\boldsymbol{l}_2\times(I_1\mathrm{d}\boldsymbol{l}_1\times\boldsymbol{e}_R)}{R^2} \tag{2.3.1}$$

$\boldsymbol{e}_R$ 是 $\boldsymbol{R}$ 方向的单位矢量，且满足

$$\boldsymbol{R}=R\boldsymbol{e}_R=\boldsymbol{r}_2-\boldsymbol{r}_1 \tag{2.3.2}$$

式(2.3.1)中，μ_0 称为真空的磁导率，其值为 $\mu_0=4\pi\times10^{-7}$ H/m；力的单位是 N；电流的单位是 A；长度的单位是 m。根据牛顿第三定律作用力与反作用力的关系，第二个电流回路对第一个电流回路的作用力满足

$$\boldsymbol{F}_{21}=-\boldsymbol{F}_{12} \tag{2.3.3}$$

如果在两个电流回路中分别取电流元 $I_1\mathrm{d}\boldsymbol{l}_1$ 和 $I_2\mathrm{d}\boldsymbol{l}_2$，则 $I_1\mathrm{d}\boldsymbol{l}_1$ 对 $I_2\mathrm{d}\boldsymbol{l}_2$ 的作用力 $\mathrm{d}\boldsymbol{F}_{12}$ 就是安培定律中的被积函数

$$\mathrm{d}\boldsymbol{F}_{12}=\frac{\mu_0 I_1 I_2}{4\pi R^2}\mathrm{d}\boldsymbol{l}_2\times(\mathrm{d}\boldsymbol{l}_1\times\boldsymbol{e}_R) \tag{2.3.4}$$

上式说明，两电流元之间的相互作用力的大小，与两电流 I_1 和 I_2 的乘积呈正比，与它们之间的距离的平方呈反比，这些特点与库仑定律相似；但力的方向与 $\mathrm{d}\boldsymbol{l}_2\times(\mathrm{d}\boldsymbol{l}_1\times\boldsymbol{e}_R)$ 方向相同，这一点与库仑定律不同。

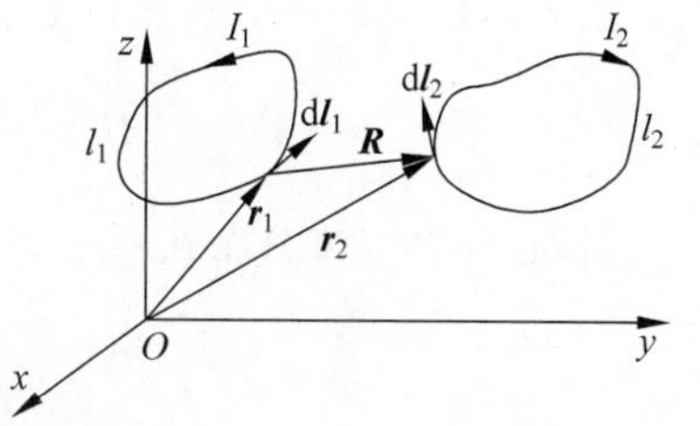

图 2.3.1　两电流回路之间的作用力

任何电流对其他电流都有作用力。根据场的观点，可以认为图 2.3.1 中的电流 I_1 在它周围的空间产生了磁场，这个磁场对电流 I_2 产生了作用力，即 $\boldsymbol{F}_{12}$；同理，$\boldsymbol{F}_{21}$ 是电流 I_2 产生的磁场对电流 I_1 的作用力。因此，电流之间的相互作用力是通过磁场传递的。根据上述观点，可以把安培定律写成

$$\boldsymbol{F}_{12}=\oint_{l_2}I_2\mathrm{d}\boldsymbol{l}_2\times\frac{\mu_0}{4\pi}\oint_{l_1}\frac{(I_1\mathrm{d}\boldsymbol{l}_1\times\boldsymbol{e}_R)}{R^2} \tag{2.3.5}$$

式中定义的矢量函数，称为磁感应强度 $\boldsymbol{B}$，即

$$\boldsymbol{B}=\frac{\mu_0}{4\pi}\oint_{l_1}\frac{(I_1\mathrm{d}\boldsymbol{l}_1\times\boldsymbol{e}_R)}{R^2} \tag{2.3.6}$$

其表示电流 I_1 在 $I_2\mathrm{d}\boldsymbol{l}_2$ 处产生的磁场。则式(2.3.5)可以表示为

$$\boldsymbol{F}_{12}=\oint_{l_2}\boldsymbol{I}_2\mathrm{d}\boldsymbol{l}_2\times\boldsymbol{B} \tag{2.3.7}$$

如果拓展到任意电流产生的磁场，磁感应强度可以表示式为

$$\boldsymbol{B}=\frac{\mu_0}{4\pi}\oint_{l}\frac{(I\mathrm{d}\boldsymbol{l}\times\boldsymbol{e}_R)}{R^2} \tag{2.3.8}$$

其中，$I\mathrm{d}\boldsymbol{l}$ 是产生磁感应强度的电流回路的电流元。$I\mathrm{d}\boldsymbol{l}$ 所在的点称为源点，P 点称为场点，R 称为源点到场点的距离，$\boldsymbol{e}_R$ 为 $\boldsymbol{R}$ 的单位矢量。如图 2.3.2 所示，如果设源点和场点的坐标分别是(x',y',z')和(x,y,z)，并用 $\boldsymbol{r}'$和 $\boldsymbol{r}$ 分别表示源点和场点的矢径，则整个电流回路 l 在 P 点产生的磁感应强度可以表示为

$$\boldsymbol{B}=\frac{\mu_0}{4\pi}\oint_l \frac{I\mathrm{d}\boldsymbol{l}\times(\boldsymbol{r}-\boldsymbol{r}')}{|\boldsymbol{r}-\boldsymbol{r}'|^3} \tag{2.3.9}$$

式(2.3.9)称为毕奥萨伐尔定律，是一个实验定律，定量描述了电流和它产生的磁感应强度之间的关系。安培定律和毕奥萨伐尔定律是同一时期内各自独立提出来的。式(2.3.9)仅适用于计算细导线回路电流所产生的磁感应强度。

如果电流是分布在一个体积为τ'的导体内且体电流密度为$\boldsymbol{J}_f$，如图2.3.3所示，我们可以在沿电流线方向取一个小柱体微元，长度为$\mathrm{d}l$，横截面为$\mathrm{d}s$，这相当于一个电流元，可以表示为

$$I\mathrm{d}\boldsymbol{l}=\boldsymbol{J}_f(\boldsymbol{r}')\mathrm{d}s\,\mathrm{d}l=\boldsymbol{J}_f(\boldsymbol{r}')\mathrm{d}\tau' \tag{2.3.10}$$

所以，得到

$$\mathrm{d}\boldsymbol{B}=\frac{\mu_0}{4\pi}\frac{\boldsymbol{J}_f(\boldsymbol{r}')\times(\boldsymbol{r}-\boldsymbol{r}')}{|\boldsymbol{r}-\boldsymbol{r}'|^3}\mathrm{d}\tau' \tag{2.3.11}$$

则体积τ'内的全部电流在场点P处产生的磁感应强度为

$$\boldsymbol{B}=\frac{\mu_0}{4\pi}\iiint_{\tau'}\frac{\boldsymbol{J}_f(\boldsymbol{r}')\times(\boldsymbol{r}-\boldsymbol{r}')}{|\boldsymbol{r}-\boldsymbol{r}'|^3}\mathrm{d}\tau' \tag{2.3.12}$$

同理，如果电流分布在一个面积为s'的表面上，面电流密度为$\boldsymbol{J}_{sf}$，其磁感应强度为

$$\boldsymbol{B}=\frac{\mu_0}{4\pi}\iint_{s'}\frac{\boldsymbol{J}_{sf}(\boldsymbol{r}')\times(\boldsymbol{r}-\boldsymbol{r}')}{|\boldsymbol{r}-\boldsymbol{r}'|^3}\mathrm{d}s' \tag{2.3.13}$$

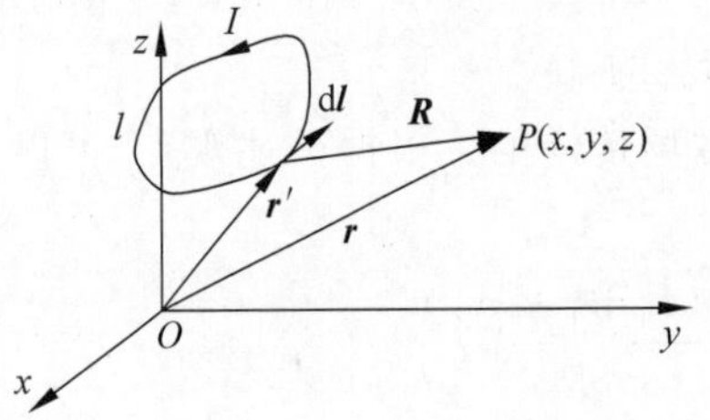

图2.3.2 细导线电流回路产生的磁感应强度

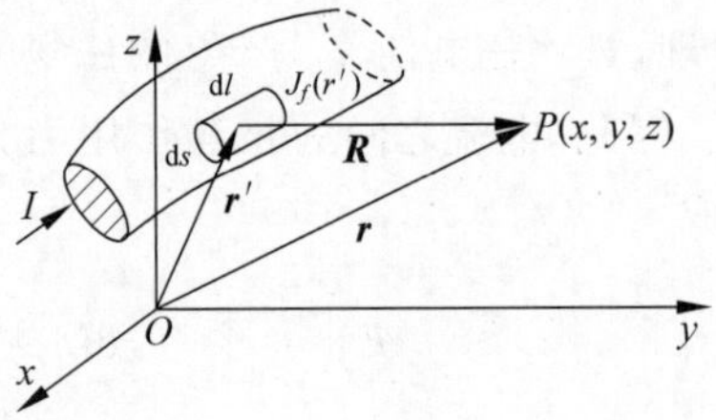

图2.3.3 体电流密度的磁场计算

因为电流是电荷以某一速度运动形成，所以磁场对电流的作用力可以看成对运动电荷的作用力。如果设$\mathrm{d}t$时间内电荷走过的距离为$\mathrm{d}l$，设截面积为$\mathrm{d}s$，长为$\mathrm{d}l$的体积元内的电量为$\mathrm{d}q$，则其受到的力为

$$\mathrm{d}\boldsymbol{F}=I\mathrm{d}\boldsymbol{l}\times\boldsymbol{B}=\frac{\mathrm{d}q}{\mathrm{d}t}\boldsymbol{v}\mathrm{d}t\times\boldsymbol{B}=\mathrm{d}q\boldsymbol{v}\times\boldsymbol{B}$$

或

$$\boldsymbol{F}=q\boldsymbol{v}\times\boldsymbol{B} \tag{2.3.14}$$

上式虽然是导体中的运动电荷得出，但是具有普遍意义。$\boldsymbol{F}$表示电荷q以速度$\boldsymbol{v}$在磁场$\boldsymbol{B}$中运动时所受的力，称为洛伦兹力。当$\boldsymbol{v}$与$\boldsymbol{B}$平行时，电荷受力为0；当$\boldsymbol{v}$与$\boldsymbol{B}$垂直时，电荷受力最大。应当说明的是，洛伦兹力的方向总是与电荷的运动速度方向垂直，所以洛伦兹力不对带电体做功，它只改变速度的方向，不改变速度的大小。磁场的分布可以

用磁感应线来描述，线上每一点的切向方向就是 $\boldsymbol{B}$ 的方向，磁力线的疏密程度表示其大小。

【例 2-3】 求通过电流 I 的细圆环在轴线上的磁感应强度，圆环半径为 a。

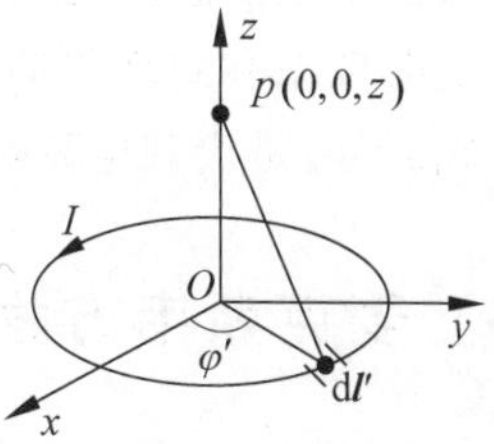

图 2.3.4　载有电流的圆形回路

解：采用圆柱面坐标系，使 z 轴与圆环的轴相重合，并且圆环在 xOy 平面上(见图 2.3.4)，则

$$\mathrm{d}\boldsymbol{l}' = \boldsymbol{e}_{\varphi} a\,\mathrm{d}\varphi$$

$$\boldsymbol{r} - \boldsymbol{r}' = \boldsymbol{e}_z z - \boldsymbol{e}_{\rho} a$$

$$|\boldsymbol{r} - \boldsymbol{r}'| = \sqrt{z^2 + a^2}$$

则有

$$\mathrm{d}\boldsymbol{l}' \times (\boldsymbol{r} - \boldsymbol{r}') = \boldsymbol{e}_{\varphi} a\,\mathrm{d}\varphi' \times (\boldsymbol{e}_z z - \boldsymbol{e}_{\rho} a) = \boldsymbol{e}_{\rho} z a\,\mathrm{d}\varphi' + \boldsymbol{e}_z a^2\,\mathrm{d}\varphi'$$

可以看出，因为圆环的对称性，$\boldsymbol{B}$ 在 ρ 方向的分量被过 $\mathrm{d}\boldsymbol{l}'$ 直径的另一端的微分长度元的贡献所抵消，因此只需考虑上述叉积中 $\boldsymbol{e}_z$ 方向的分量。可以得出

$$\boldsymbol{B} = \frac{\mu_0 I}{4\pi}\int_0^{2\pi} \boldsymbol{e}_z \frac{a^2\,\mathrm{d}\varphi}{(z^2 + a^2)^{3/2}} = \boldsymbol{e}_z \frac{\mu_0 I a^2}{2(z^2 + a^2)^{3/2}}$$

2.4　法拉第电磁感应定律

电磁感应现象是电磁学中最重大的发现之一，它显示了电、磁现象之间的相互联系和转化，对其本质的深入研究所揭示的电、磁场之间的联系，对麦克斯韦电磁场理论的建立具有重大意义。电磁感应现象在电工技术、电子技术以及电磁测量等方面都有广泛的应用。法拉第通过实验发现，将一个闭合的导体回路线圈放进随时间变化的磁场中，线圈上将会出现一个随时间变化的电流，该电流称为感应电流。感应电流的产生表明在导体线圈中存在着感应电动势。通过进一步研究发现，感应电流的大小与通过该导体线圈的磁链对时间的变化率成正比，感应电流所激发的磁场总是反抗线圈中磁链的变化。导体回路中的感应电动势可以表示为

$$\varepsilon_{\mathrm{in}} = -\frac{\mathrm{d}\psi}{\mathrm{d}t} \tag{2.4.1}$$

其中，ψ 为导体回路中的磁链，对单匝线圈为磁通量 ϕ；负号反映了感应电流所激发的磁场总是反抗线圈中的磁通量的变化的特性。式(2.4.1)即为法拉第电磁感应定律。

感应电动势是感应电场沿闭合回路的积分，穿过导体回路的磁链等于磁感应强度矢量对闭合回路所围面积的积分，所以，

$$\oint_l \boldsymbol{E}_{\mathrm{in}} \cdot \mathrm{d}\boldsymbol{l} = -\frac{\mathrm{d}}{\mathrm{d}t}\iint_s \boldsymbol{B} \cdot \mathrm{d}\boldsymbol{S} \tag{2.4.2}$$

这是用场量形式表示的法拉第电磁感应定律的积分形式。利用斯托克斯定理，可以得到其微分形式

$$\nabla\times \boldsymbol{E}_{\text{in}} = -\frac{\partial \boldsymbol{B}}{\partial t} \tag{2.4.3}$$

法拉第电磁感应定律说明，随时间变化的磁场是激发感应电场的旋涡源，从而建立了时变电现象和磁现象的本质联系。经过进一步推广，该定律成为麦克斯韦方程组的重要组成部分，是宏观电磁场理论的基本方程之一。

视频2-4

2.5 麦克斯韦方程组

麦克斯韦仔细研究了静态电磁场的基本理论，发现静态电磁场中的有些结论能直接应用于时变场，而有些则必须加以补充和修正，因而创造性地提出了位移电流基本假设，形成了麦克斯韦方程组，用于描述宏观电磁现象。经过一个多世纪的发展，麦克斯韦方程组至今依然是研究宏观电磁现象和工程电磁问题最重要的理论基础。依据亥姆霍兹定理，要确定一个矢量场，需要知道矢量场的散度与旋度满足的方程，如果加上边界条件，该矢量场则唯一地确定下来。麦克斯韦方程组正是有关时变电磁场的散度和旋度方程，正如牛顿定律是力学问题的基本假设一样，麦克斯韦方程组也是有关电磁现象的基本假设，只能用由它们推导出的结果与实验一致而得到证实。麦克斯韦方程组有两种基本形式：积分形式和微分形式，每种形式由四个方程组成，按习惯，依次称之为麦克斯韦第一、二、三、四方程。

1. *麦克斯韦第一方程*

在恒定磁场中，有安培环路定律的积分形式

$$\oint_l \boldsymbol{H}\cdot \mathrm{d}\boldsymbol{l} = I = \iint_S \boldsymbol{J}_f \cdot \mathrm{d}\boldsymbol{s} \tag{2.5.1}$$

这个定律表明，在恒定磁场中，磁场强度沿任一闭合回路的环量等于穿过该回路所限定面积的恒定电流的总和。根据斯托克斯定理，可以得到安培环路定律的微分形式

$$\nabla\times \boldsymbol{H} = \boldsymbol{J}_f \tag{2.5.2}$$

麦克斯韦通过分析连接于交流电源上的平行板电容器（图 2.5.1），发现恒定磁场中的安培环路定律不适用于时变场，同时提出了位移电流的假设。一个接在交流电源上的平行板电容器，电路中的电流为 I，现在取一个闭合路径 c 包围导线，根据恒定磁场中的安培环路定律，沿此回路的 $\boldsymbol{H}$ 的闭合曲线积分，将等于穿过回路所张的任一曲面的电流。但是，当我们在回路上张两个不同曲面 S_1 和 S_2 时（其中 S_1 与导线相截，S_2 穿过电容器的极板间），则发生了矛盾。通过 S_1 的电流为 i，而通过 S_2 的电流为 0。$\boldsymbol{H}$ 沿同一回路的线积分导致两种不同结果，这显然是不合理的。

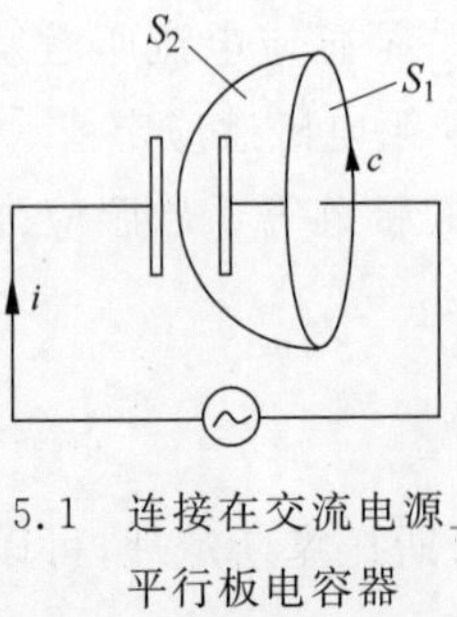

图 2.5.1 连接在交流电源上的平行板电容器

麦克斯韦认为，在电容器的极板之间存在另一种形式的电流，其量值与传导电流 i 是相等的。这种电流是由于极板间电场随时间的变化引起的。这种电流称为位移电

流，并且给出了位移电流密度的表达式为

$$\boldsymbol{J}_D=\frac{\partial \boldsymbol{D}}{\partial t} \tag{2.5.3}$$

其相应的位移电流为

$$I_D=\iint_S \boldsymbol{J}_D \cdot \mathrm{d}\boldsymbol{s}=\iint_S \frac{\partial \boldsymbol{D}}{\partial t} \cdot \mathrm{d}\boldsymbol{s} \tag{2.5.4}$$

引入位移电流后，在时变场情况下的安培环路定律可以表示为

$$\nabla \times \boldsymbol{H}=\boldsymbol{J}_f+\frac{\partial \boldsymbol{D}}{\partial t} \tag{2.5.5}$$

$$\oint_l \boldsymbol{H} \cdot \mathrm{d}\boldsymbol{l}=\iint_S\left(\boldsymbol{J}_f+\frac{\partial \boldsymbol{D}}{\partial t}\right) \cdot \mathrm{d}\boldsymbol{s}=I+I_D \tag{2.5.6}$$

以上两式即为麦克斯韦第一方程的微分形式和积分形式。麦克斯韦修正了安培环路定律并提出了位移电流的概念，是麦克斯韦对电磁理论的最重大贡献。

位移电流具有与传导电流相同的量纲。根据国际单位制的计算，可以得到

$$\boldsymbol{J}_D=\frac{\partial \boldsymbol{D}}{\partial t}=\left[\frac{\text{库仑}}{\text{米}^2} \cdot \frac{1}{\text{秒}}\right]=\left[\frac{\text{安培}}{\text{米}^2}\right] \tag{2.5.7}$$

$$\boldsymbol{I}_D=\iint_S \boldsymbol{J}_D \cdot \mathrm{d}\boldsymbol{s}[\text{安培}] \tag{2.5.8}$$

位移电流与传导电流一样，是磁场的旋涡源。同时，位移电流并不代表带电粒子的运动，所以，在媒质和真空中都能存在。位移电流不满足欧姆定律和焦耳定律。电流(传导电流、位移电流和运流电流等)是磁场的旋涡源。位移电流产生磁场，说明时变电场能产生旋涡磁场。$\boldsymbol{H}$ 线沿闭合曲线积分等于穿过闭合曲线围成曲面的电流，说明磁力线与电流线或电力线相交链。由位移电流密度的定义，$\boldsymbol{J}_D$ 的量值为电位移矢量的时间变化率，方向与 $\boldsymbol{D}$ 的方向一致。

由麦克斯韦第一方程可以推导出全电流连续性方程，根据$\nabla \times \boldsymbol{H}=\boldsymbol{J}_f+\frac{\partial \boldsymbol{D}}{\partial t}$，对两边求散度得到

$$\nabla \cdot\left(\boldsymbol{J}_f+\frac{\partial \boldsymbol{D}}{\partial t}\right)=0 \tag{2.5.9}$$

利用高斯定理得

$$\oiint_S\left(\boldsymbol{J}_f+\frac{\partial \boldsymbol{D}}{\partial t}\right) \cdot \mathrm{d}\boldsymbol{s}=\oiint_S \boldsymbol{J}_f \cdot \mathrm{d}\boldsymbol{s}+\oiint_S\left(\frac{\partial \boldsymbol{D}}{\partial t}\right) \cdot \mathrm{d}\boldsymbol{s}=I+I_D=0 \tag{2.5.10}$$

上式说明，流出任一闭合 S 的电流的代数和为0(有多少电流流入，就有多少电流流出，电流是连续的)，式(2.5.9)和式(2.5.10)分别称为全电流连续性方程的微分形式和积分形式。

2. 麦克斯韦第二方程

1831 年，英国科学家法拉第经过近 10 年的实验研究，发现了利用磁场产生电场的方法，称为法拉第电磁感应定律。如图 2.5.2 所示，当穿过闭合导线回路所限定的面积中

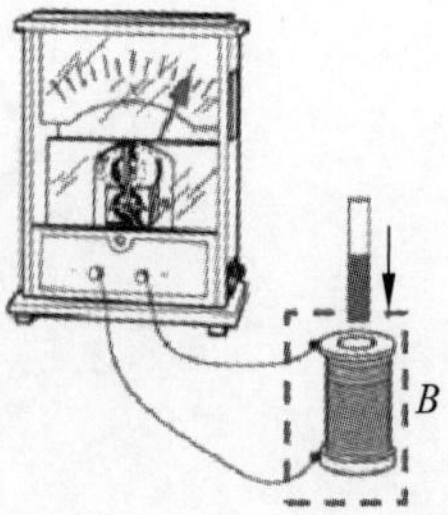

图 2.5.2　电磁感应定律

的磁通量发生变化时，在该回路中就将产生感应电动势和感应电流。法拉第电磁感应定律中电动势的方向可以通过楞次定律或右手定则来确定。右手定则是伸平右手使拇指与四指垂直，手心向着磁场的 N 极，拇指的方向与导体运动的方向一致，四指所指的方向即为导体中感应电流的方向(感应电动势的方向与感应电流的方向相同)。楞次定律指出，感应电流的磁场要阻碍原磁通量的变化。简而言之，就是磁通量变大，产生的电流有让其变小的趋势；而磁通量变小，产生的电流有让其变大的趋势。在感应电动势的参考方向与回路的环绕方向一致的情况下，法拉第电磁感应定律的数学表达式为

$$\varepsilon = -\frac{\partial \Phi}{\partial t}$$

式中，"－"号表示感应电动势的方向总是使感应电流的磁场阻碍原有磁通量的变化。麦克斯韦认为，电磁感应定律不仅适用于导线回路，而且适用于真空或介质中任一假想的闭合回路，即 $-\frac{\partial \boldsymbol{B}}{\partial t}$ 是感应电场 $\boldsymbol{E}$ 的旋涡源。所以，

$$\nabla \times \boldsymbol{E} = -\frac{\partial \boldsymbol{B}}{\partial t} \tag{2.5.11}$$

$$\oint_l \boldsymbol{E} \cdot \mathrm{d}\boldsymbol{l} = -\iint_S \frac{\partial \boldsymbol{B}}{\partial t} \cdot \mathrm{d}s \tag{2.5.12}$$

以上两式即为麦克斯韦第二方程的微分形式和积分形式。时变磁场产生感应电场，即时变磁场是感应电场的旋涡源。感应电场的电力线是闭合曲线，与磁力线相交链。

3. 麦克斯韦第三方程

磁力线是无头无尾的闭合曲线，自然界中不存在孤立的磁荷，所以，磁通是连续的。对任一闭合曲面，

$$\oiint_S \boldsymbol{B} \cdot \mathrm{d}s = \boldsymbol{0} \tag{2.5.13}$$

恒定磁场的这一特性称为磁通连续性定律。在式(2.5.13)中，磁通量的单位是韦伯(Wb)，$1\mathrm{Wb}=1\mathrm{T}\cdot\mathrm{m}^2$。利用高斯散度定理可得

$$\nabla \cdot \boldsymbol{B} = 0 \tag{2.5.14}$$

式(2.5.13)和式(2.5.14)为麦克斯韦第三方程的积分形式和微分形式。无论什么形式的电流产生的磁场，磁感应线总是闭合曲线。即磁通是连续的，时变磁场是无散场。自然界中不存在孤立的磁荷。

4. 麦克斯韦第四方程

由静电场中的高斯定律，电介质中从任一闭合曲面穿出的 $\boldsymbol{D}$ 的通量等于该闭合曲面内自由电荷的代数和。

$$\oiint_S \boldsymbol{D} \cdot \mathrm{d}\boldsymbol{s} = q = \iiint_V \rho_f \mathrm{d}V \tag{2.5.15}$$

利用高斯散度定律可得

$$\nabla \cdot \boldsymbol{D} = \rho_f \tag{2.5.16}$$

麦克斯韦认为,静电场中的高斯定律可以直接应用于时变场,不会产生矛盾。式(2.5.15)和式(2.5.16)为麦克斯韦第四方程的积分形式和微分形式。

5. 限定形式的麦克斯韦方程组

由于这组方程适用于任何媒质(线性、非线性,均匀、非均匀,各向同性、各向异性等),因此称为麦克斯韦方程组的非限定形式。归纳上述讨论,麦克斯韦方程组的微分形式和积分形式分别如下:

$$\begin{cases} \nabla \times \boldsymbol{H} = \boldsymbol{J}_f + \dfrac{\partial \boldsymbol{D}}{\partial t} \\ \nabla \times \boldsymbol{E} = -\dfrac{\partial \boldsymbol{B}}{\partial t} \\ \nabla \cdot \boldsymbol{B} = 0 \\ \nabla \cdot \boldsymbol{D} = \rho_f \end{cases} \tag{2.5.17}$$

$$\begin{cases} \oint_l \boldsymbol{H} \cdot \mathrm{d}\boldsymbol{l} = \iint_S \left(\boldsymbol{J}_f + \dfrac{\partial \boldsymbol{D}}{\partial t}\right) \cdot \mathrm{d}\boldsymbol{s} \\ \oint_l \boldsymbol{E} \cdot \mathrm{d}\boldsymbol{l} = -\iint_S \dfrac{\partial \boldsymbol{B}}{\partial t} \cdot \mathrm{d}\boldsymbol{s} \\ \oiint_S \boldsymbol{B} \cdot \mathrm{d}\boldsymbol{s} = \boldsymbol{0} \\ \oiint_S \boldsymbol{D} \cdot \mathrm{d}\boldsymbol{s} = \iiint_V \rho_f \mathrm{d}\tau \end{cases} \tag{2.5.18}$$

从形式上看,麦克斯韦方程组体现了电与磁的完美对称,具有对偶性。从内容上,电场是有散有旋场,磁场是无散有旋场。由麦克斯韦方程组的物理意义可以看出,时变电场产生时变磁场;同时,时变磁场产生时变电场。两者相互转化、相互依存,形成统一的电磁场。高斯定律表明,电场起止于电荷;当电荷随着时间变化时,必然形成电流,安培定律指出电流将产生旋涡状的磁场;法拉第电磁感应定律表明,磁场随着时间变化会产生旋涡状的电场;安培定律中的位移电流又导致时变的电场成为磁场的旋涡源。由麦克斯韦方程组可以导出电场和磁场的波动方程,推导出电磁场是以光速向远处传播,这就是电磁波,因而麦克斯韦预言了电磁波的存在。

麦克斯韦方程组是线性方程,满足叠加原理。即若干场源所产生的合成场,等于各个场源单独产生场的叠加。麦克斯韦方程组是宏观电磁现象的总规律。静态电场和磁场是时变电磁场的特例,其基本方程是特定条件下的麦克斯韦方程。当各物理量不随时间变化时,即$\dfrac{\partial}{\partial t}=0$,可以由麦克斯韦方程组蜕变得到静态场的基本方程

$$\begin{cases}\nabla\times \boldsymbol{E}=0\\ \nabla\cdot \boldsymbol{D}=\rho_f\end{cases} \quad 和 \quad \begin{cases}\nabla\times \boldsymbol{H}=\boldsymbol{J}_f\\ \nabla\cdot \boldsymbol{B}=0\end{cases}$$

实验表明，电场强度 $\boldsymbol{E}$ 与电位移矢量 $\boldsymbol{D}$、磁场强度 $\boldsymbol{H}$ 与磁感应强度 $\boldsymbol{B}$、传导电流密度 $\boldsymbol{J}_f$ 与电场强度 $\boldsymbol{E}$ 之间存在着密切的联系。一般情况下，这些场量之间的关系是很复杂的，但对于常见的线性各向同性媒质，这些场量之间有着简单的正比例关系。即

$$\boldsymbol{D}=\varepsilon \boldsymbol{E} \tag{2.5.19}$$

$$\boldsymbol{B}=\mu \boldsymbol{H} \tag{2.5.20}$$

$$\boldsymbol{J}_f=\sigma \boldsymbol{E} \tag{2.5.21}$$

式中，ε、μ、σ 分别称为媒质的介电常数、磁导率和电导率，统称为媒质的电磁参数。均匀、线性、各向同性媒质又称为简单媒质，利用上述电磁场场量间的本构关系，可以将麦克斯韦方程组可以写成如下形式：

$$\begin{cases}\nabla\times \boldsymbol{H}=\sigma \boldsymbol{E}+\varepsilon \dfrac{\partial \boldsymbol{E}}{\partial t}\\ \nabla\times \boldsymbol{E}=-\mu \dfrac{\partial \boldsymbol{H}}{\partial t}\\ \nabla\cdot \boldsymbol{H}=0\\ \nabla\cdot \boldsymbol{E}=\dfrac{\rho_f}{\varepsilon}\end{cases} \tag{2.5.22}$$

式(2.5.22)称为限定形式的麦克斯韦方程组，这里的“限定”是对媒质而言的。此时麦克斯韦方程组中仅含有 $\boldsymbol{E}$ 和 $\boldsymbol{H}$ 两个未知场量，分别是关于电场强度 $\boldsymbol{E}$ 和磁场强度 $\boldsymbol{H}$ 的旋度和散度方程，符合亥姆霍兹定理的要求。

麦克斯韦方程组和它的本构关系构成了一组完备的方程，原则上用它们可以解决所有的经典电磁理论问题。如果再加上洛伦兹力公式及牛顿定律，则所有涉及电磁场及带电质点的动力学问题便可完全解决。

【例 2-4】 无源的自由空间中，已知磁场强度 $\boldsymbol{H}=\boldsymbol{e}_y 2.63\times 10^{-5}\cos(3\times 10^9 t-10z)$ (A/m)，求位移电流密度 $\boldsymbol{J}_D$。

解：无源的自由空间中 $\boldsymbol{J}_f$，$\nabla\times \boldsymbol{H}=\boldsymbol{J}_f+\dfrac{\partial \boldsymbol{D}}{\partial t}$ 变为 $\nabla\times \boldsymbol{H}=\dfrac{\partial \boldsymbol{D}}{\partial t}$，所以，

$$\boldsymbol{J}_D=\frac{\partial \boldsymbol{D}}{\partial t}=\nabla\times \boldsymbol{H}=\begin{vmatrix}\boldsymbol{e}_x & \boldsymbol{e}_y & \boldsymbol{e}_z\\ \dfrac{\partial}{\partial x} & \dfrac{\partial}{\partial y} & \dfrac{\partial}{\partial z}\\ 0 & H_y & 0\end{vmatrix}$$

$$=-\boldsymbol{e}_x\frac{\partial H_y}{\partial z}=-\boldsymbol{e}_x 2.63\times 10^{-4}\sin(3\times 10^9 t-10z)\,(\mathrm{A/m})$$

【例 2-5】 已知在无源的自由空间中，$\boldsymbol{E}=\boldsymbol{e}_x E_0\cos(\omega t-\beta z)$，其中 E_0 和 β 为常数，求 $\boldsymbol{H}$。

解：所谓无源，就是研究区域内没有场源电流和电荷，即 $\boldsymbol{J}_f=0$，$\rho_f=0$。

将上式代入麦克斯韦方程式,可得

$$\nabla\times\boldsymbol{E}=\begin{vmatrix}\boldsymbol{e}_x & \boldsymbol{e}_y & \boldsymbol{e}_z\\ \dfrac{\partial}{\partial x} & \dfrac{\partial}{\partial y} & \dfrac{\partial}{\partial z}\\ E_x & 0 & 0\end{vmatrix}=-\mu_0\frac{\partial\boldsymbol{H}}{\partial t}$$

$$\boldsymbol{e}_y E_0\beta\sin(\omega t-\beta z)=-\mu_0\frac{\partial}{\partial t}(\boldsymbol{e}_x H_x+\boldsymbol{e}_y H_y+\boldsymbol{e}_z H_z)$$

由上式可以写出

$$H_x=0,\quad H_z=0$$

$$-\mu_0\frac{\partial H_y}{\partial t}=E_0\beta\sin(\omega t-\beta z)$$

$$H_y=\frac{E_0\beta}{\mu_0\omega}\cos(\omega t-\beta z)$$

$$\boldsymbol{H}=\boldsymbol{e}_y\frac{E_0\beta}{\mu_0\omega}\cos(\omega t-\beta z)$$

2.6 时变电磁场的边界条件

在研究宏观电磁现象时,电磁场所处的空间往往由多种媒质组成,电磁场量跨过媒质分界面时,需要研究媒质分界面两侧(无限贴近分界面)场量之间的关系,这就是电磁场的边界条件。麦克斯韦方程组的微分形式,只适用于场强连续变化的空间,在不同媒质的分界面上,媒质的特性参量 ε、μ、σ 发生突变,某些场量也会随之发生突变,微分形式的方程组在分界面上不可求导数或偏导数,其应用失去意义,这时必须使用麦克斯韦方程组的积分形式。需要注意的是,时变电磁场中各个场量不会因为存在不同媒质的分界面而变得在时间上不连续。如果将高斯散度定理与斯托克斯定理应用于麦克斯韦方程组的微分形式,便可以得到该方程组的积分形式,即

$$\oint_l\boldsymbol{H}\cdot\mathrm{d}\boldsymbol{l}=\iint_S\left(\boldsymbol{J}_f+\frac{\partial\boldsymbol{D}}{\partial t}\right)\cdot\mathrm{d}\boldsymbol{s}\tag{2.6.1}$$

$$\oint_l\boldsymbol{E}\cdot\mathrm{d}\boldsymbol{l}=-\iint_S\frac{\partial\boldsymbol{B}}{\partial t}\cdot\mathrm{d}\boldsymbol{s}\tag{2.6.2}$$

$$\oiint_S\boldsymbol{B}\cdot\mathrm{d}\boldsymbol{s}=0\tag{2.6.3}$$

$$\oiint_S\boldsymbol{D}\cdot\mathrm{d}\boldsymbol{s}=\iiint_\tau\rho_f\,\mathrm{d}\tau\tag{2.6.4}$$

与微分形式的麦克斯韦方程不同,积分形式是对无穷小量求和,对被积函数而言,在分界面不连续仍然可以运用积分运算。

视频2-5

2.6.1 磁场强度的边界条件

如图 2.6.1 所示，在不同媒质的分界面上，由于电流与它所产生的磁场的正交性，我们在垂直于面电流密度 $\boldsymbol{J}_{sf}$ 的平面上，即磁场矢量所在的平面上，取一个无限靠近边界的无穷小的闭合路径，其长度为无穷小量 Δl，宽为高阶无穷小量 Δh。应用积分形式的麦克斯韦方程组的第一方程，在忽略高阶无穷小量的情况下将环量积分展开，可以得到

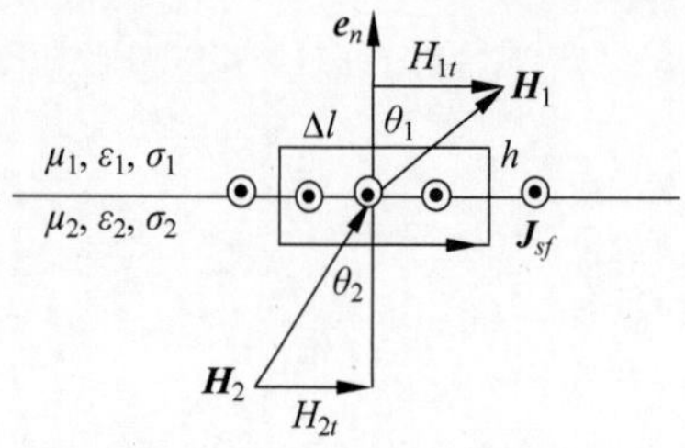

图 2.6.1　磁场强度边界条件

$$\oint_l \boldsymbol{H} \cdot \mathrm{d}\boldsymbol{l} \approx H_1 \sin\theta_1 \Delta l - H_2 \sin\theta_2 \Delta l$$

$$\approx \left(|\boldsymbol{J}_f| + \left|\frac{\partial \boldsymbol{D}}{\partial t}\right| \right) \Delta l \Delta h$$

或

$$H_{1t} - H_{2t} = \lim_{\Delta h \to 0} \left(|\boldsymbol{J}_f| + \left|\frac{\partial \boldsymbol{D}}{\partial t}\right| \right) \Delta h \tag{2.6.5}$$

如果分界面上没有传导电流，则 $|\boldsymbol{J}_f| + \left|\frac{\partial \boldsymbol{D}}{\partial t}\right|$ 为有限量，当 Δh 趋于 0 时，式(2.6.5)中极限值为 0，因此得到

$$H_{1t} - H_{2t} = 0 \tag{2.6.6}$$

式中，H_{1t}、H_{2t} 表示磁场强度的切向分量(靠近分界面，且与分界面平行)。当分界面上有传导面电流时，由于$\frac{\partial \boldsymbol{D}}{\partial t}$是有限量，所以有

$$\lim_{\Delta h \to 0} \left(|\boldsymbol{J}_f| + \left|\frac{\partial \boldsymbol{D}}{\partial t}\right| \right) \Delta h = \lim_{\Delta h \to 0} |\boldsymbol{J}_f| \Delta h = \lim_{\Delta h \to 0} \left| \frac{\Delta I}{\Delta l \Delta h} \right| \Delta h = J_{sf}$$

得到

$$H_{1t} - H_{2t} = J_{sf} \tag{2.6.7}$$

如果分界面的法线方向是由媒质 2 指向媒质 1，且以 $\boldsymbol{e}_n$ 表示其单位矢量，则磁场强度的边界条件可写为矢量形式，即

$$\boldsymbol{e}_n \times (\boldsymbol{H}_1 - \boldsymbol{H}_2) = \boldsymbol{J}_{sf} \tag{2.6.8}$$

上式说明，如果分界面上没有传导面电流，在跨越边界时，磁场强度的切向分量是连续的。如果分界面上有传导面电流，磁场强度的切向分量将发生突变，其差值为面电流密度。

2.6.2 电场强度的边界条件

把积分形式的麦克斯韦方程组中的第二方程应用于图 2.6.2，环量的积分路径与磁场强度相同，根据图中所选取的闭合路径，电场的环量积分为

$$\oint_l \boldsymbol{E} \cdot \mathrm{d}\boldsymbol{l} \approx E_1 \sin\theta_1 \Delta l - E_2 \sin\theta_2 \Delta l \approx \left|\frac{\partial \boldsymbol{B}}{\partial t}\right| \Delta l \Delta h$$

或

$$E_{1t}-E_{2t}=\lim_{\Delta h\to 0}\left|\frac{\partial \boldsymbol{B}}{\partial t}\right|\Delta h \qquad (2.6.9)$$

由于 $\left|\dfrac{\partial \boldsymbol{B}}{\partial t}\right|$ 始终是有限值，所以上式满足

$$E_{1t}-E_{2t}=0 \qquad (2.6.10)$$

写成矢量表示式为

$$\boldsymbol{e}_n\times(\boldsymbol{E}_1-\boldsymbol{E}_2)=0 \qquad (2.6.11)$$

上式说明，在跨越边界时，时变电场强度的切向分量始终是连续的。

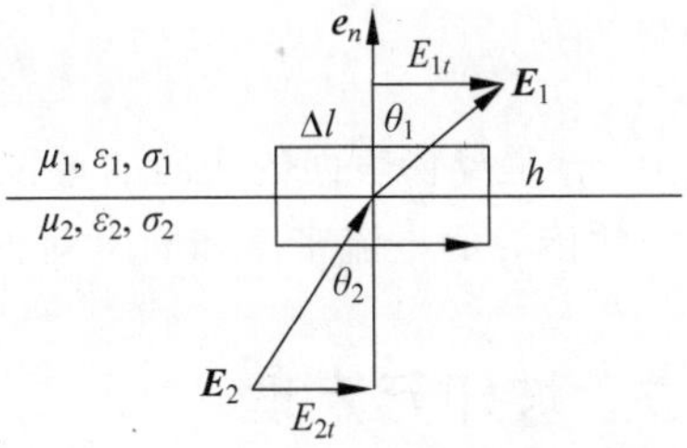

图 2.6.2 电场强度的边界条件

2.6.3 磁感应强度和电位移矢量的边界条件

麦克斯韦方程组中的第三、四方程积分形式相同，所以时变场中磁感应强度 $\boldsymbol{B}$ 和电位移矢量 $\boldsymbol{D}$ 的边界条件采用同样圆柱体封闭曲面。如图 2.6.3 所示，圆柱面的高度 Δh 为无穷小量，以满足紧靠边界两侧的要求，上下底面的面积 Δs 足够小，使得该面积上的电磁场量可以看成均匀分布，根据麦克斯韦第三方程，可以得到

$$\oiint_S \boldsymbol{B}\cdot \mathrm{d}\boldsymbol{s}\approx\oiint_{S_1}\boldsymbol{B}_1\cdot \mathrm{d}\boldsymbol{s}+\oiint_{S_2}\boldsymbol{B}_2\cdot \mathrm{d}\boldsymbol{s}=B_{1n}\Delta s-B_{2n}\Delta s=0$$

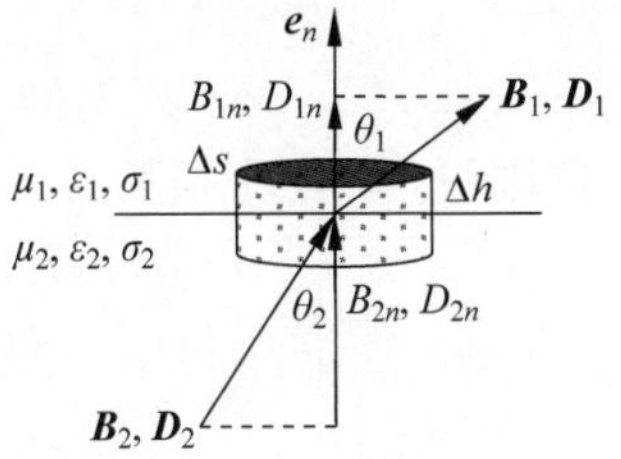

图 2.6.3 B、D 的边界条件

所以得到磁感应强度满足的边界条件

$$B_{1n}-B_{2n}=0 \qquad (2.6.12)$$

同理，根据麦克斯韦第四方程，得到

$$\oiint_S D\cdot \mathrm{d}\boldsymbol{s}\approx\oiint_{S_1}D_1\cdot \mathrm{d}\boldsymbol{s}+\oiint_{S_2}D_2\cdot \mathrm{d}\boldsymbol{s}$$
$$=D_{1n}\Delta s-D_{2n}\Delta s=\rho_{sf}\Delta s$$

所以，得到电位移矢量的边界条件

$$D_{1n}-D_{2n}=\rho_{sf} \qquad (2.6.13)$$

两式中场量的下标 n 表示场量在分界面的法向分量，也可以写成矢量形式

$$\boldsymbol{e}_n\cdot(\boldsymbol{B}_1-\boldsymbol{B}_2)=0 \qquad (2.6.14)$$

和

$$\boldsymbol{e}_n\cdot(\boldsymbol{D}_1-\boldsymbol{D}_2)=\rho_{sf} \qquad (2.6.15)$$

由此可见，只有当分界面上没有自由面电荷（非束缚电荷）时，电位移矢量的法向分量是连续的，否则不连续。磁感应强度矢量的法向分量总是连续的，与分界面有无电荷无关。

上述边界条件是任意媒质分界面上的边界条件。研究边界问题时，我们经常遇到理想导体和理想介质的分界面。由于理想导体内部的电磁场分量为0（时变场条件），因此边界条件可以简化为

$$\boldsymbol{e}_n\times\boldsymbol{H}=\boldsymbol{J}_{sf} \qquad (2.6.16)$$

$$\boldsymbol{e}_n\times\boldsymbol{E}=0 \qquad (2.6.17)$$

$$\boldsymbol{e}_n \cdot \boldsymbol{B} = 0 \tag{2.6.18}$$

$$\boldsymbol{e}_n \cdot \boldsymbol{D} = \rho_{sf} \tag{2.6.19}$$

式中，$\boldsymbol{e}_n$ 是导体表面的法向的单位矢量。式(2.6.16)和式(2.6.19)还可以用来确定导体表面的传导面电流密度和面电荷密度。

2.7 坡印廷定理

电磁波具有能量，如何界定呢？能量守恒定律是一切物质运动过程遵守的普遍规律，作为特殊形态的物质，电磁场及其运动过程也遵守这一规律。在时变电磁场中，电场和磁场相互依存，不可分割，并在空间分布。因此只要空间有电场和磁场分布，也必然存在着电场能量和磁场能量分布。为了定量描述空间任意一点的电磁能量大小，可以用电场能量密度和磁场能量密度表示，即空间任意一点的电磁能密度为

$$w = w_e + w_m \tag{2.7.1}$$

式中，电能密度 w_e 和磁能密度 w_m 分别为

$$w_e = \frac{1}{2}\boldsymbol{D} \cdot \boldsymbol{E} \tag{2.7.2}$$

$$w_m = \frac{1}{2}\boldsymbol{B} \cdot \boldsymbol{H} \tag{2.7.3}$$

区域 τ 中总的时变电磁场能量为

$$W = \iiint_\tau w \mathrm{d}\tau = \iiint_\tau w_e \mathrm{d}\tau + \iiint_\tau w_m \mathrm{d}\tau \tag{2.7.4}$$

当区域 τ 中有导电媒质，其电导率为 σ 时，则导电媒质单位体积内的功率损耗为

$$p = \boldsymbol{E} \cdot \boldsymbol{J}_f \tag{2.7.5}$$

区域 τ 中总的欧姆损耗为

$$P = \iiint_\tau p \mathrm{d}\tau = \iiint_\tau \boldsymbol{E} \cdot \boldsymbol{J}_f \mathrm{d}\tau \tag{2.7.6}$$

在区域 τ 中除了有欧姆损耗外，还可能存在极化损耗和磁化损耗。对于一些媒质，当介质极化或磁化跟不上电场或磁场变化时，会存在迟滞效应，出现极化损耗或磁化损耗。比如微波炉对富含水分的物质进行加热时，水分子存在极化迟滞损耗，电场变化越快，极化损耗功率越大，并转化为热能。电磁理疗设备也是利用了这一原理。电磁能量同样遵循能量守恒与转化定律，电磁能量除了一部分转化为热能外，还有一部分能量会在空间传播，也就是电磁能量的传播。光也是一种电磁波，太阳光将能量传播到地球上，我们才会感受到太阳的温暖。

如何定量描述电磁波传播过程中电磁能量，它和电场、磁场有什么关系呢？这里先定义一个功率流密度矢量 $\boldsymbol{P}$，其方向为能量流动的方向，其大小为单位时间垂直穿过单位面积的能量，单位为 $\mathrm{W/m^2}$。在均匀、线性和各向同性的媒质中，可根据麦克斯韦方程组，得出功率流密度矢量与 $\boldsymbol{E}$、$\boldsymbol{H}$ 之间的关系式。

如果用 $\boldsymbol{H}$ 点乘麦克斯韦方程组中的第二方程，用 $\boldsymbol{E}$ 点乘麦克斯韦方程组中的第一

方程，得到

$$\boldsymbol{H}\cdot(\nabla\times\boldsymbol{E})=-\boldsymbol{H}\cdot\frac{\partial\boldsymbol{B}}{\partial t}=-\mu\boldsymbol{H}\cdot\frac{\partial\boldsymbol{H}}{\partial t}\tag{2.7.7}$$

$$\boldsymbol{E}\cdot(\nabla\times\boldsymbol{H})=\boldsymbol{E}\cdot\boldsymbol{J}+\boldsymbol{E}\cdot\frac{\partial\boldsymbol{D}}{\partial t}=\sigma\boldsymbol{E}\cdot\boldsymbol{E}+\varepsilon\boldsymbol{E}\cdot\frac{\partial\boldsymbol{E}}{\partial t}\tag{2.7.8}$$

根据矢量恒等式

$$\nabla\cdot(\boldsymbol{E}\times\boldsymbol{H})=\boldsymbol{H}\cdot(\nabla\times\boldsymbol{E})-\boldsymbol{E}\cdot(\nabla\times\boldsymbol{H})$$

可以得到

$$\nabla\cdot(\boldsymbol{E}\times\boldsymbol{H})=-\mu\boldsymbol{H}\cdot\frac{\partial\boldsymbol{H}}{\partial t}-\sigma\boldsymbol{E}\cdot\boldsymbol{E}-\varepsilon\boldsymbol{E}\cdot\frac{\partial\boldsymbol{E}}{\partial t}\tag{2.7.9}$$

由于

$$\varepsilon\boldsymbol{E}\cdot\frac{\partial\boldsymbol{E}}{\partial t}=\frac{1}{2}\varepsilon\frac{\partial(\boldsymbol{E}\cdot\boldsymbol{E})}{\partial t}=\frac{1}{2}\frac{\partial(\boldsymbol{D}\cdot\boldsymbol{E})}{\partial t}$$

$$\mu\boldsymbol{H}\cdot\frac{\partial\boldsymbol{H}}{\partial t}=\frac{1}{2}\mu\frac{\partial(\boldsymbol{H}\cdot\boldsymbol{H})}{\partial t}=\frac{1}{2}\frac{\partial(\boldsymbol{B}\cdot\boldsymbol{H})}{\partial t}$$

所以有

$$\nabla\cdot(\boldsymbol{E}\times\boldsymbol{H})=-\sigma E^2-\frac{\partial}{\partial t}\left(\frac{1}{2}\varepsilon E^2+\frac{1}{2}\mu H^2\right)\tag{2.7.10}$$

对上式在空间 τ 作体积分，并运用高斯散度定理可以得到

$$-\frac{\partial}{\partial t}\iiint_\tau\left(\frac{1}{2}\varepsilon E^2+\frac{1}{2}\mu H^2\right)\mathrm{d}\tau=\iiint_\tau\sigma E^2\,\mathrm{d}\tau+\oiint_S(\boldsymbol{E}\times\boldsymbol{H})\cdot\mathrm{d}\boldsymbol{s}\tag{2.7.11}$$

这就是坡印廷定理的数学表达式，又称为电磁能量守恒及转换定律。它由麦克斯韦方程组直接推导得出。其物理意义显而易见，上式左边第一项表示体积 τ 内存储的电磁能的总量随时间的减少率，体积 τ 内有电磁能量的减少，必然有电磁能量的转换。右边第一项表示体积 τ 内电磁能量转换成热能，即焦耳损耗；右边第二项表示流出体积 τ 的电磁功率(通量)，表示了电磁能量的传播特性，我们把封闭曲面内的被积函数称为功率流密度矢量，又称为能流密度矢量，其方向为电磁能量的传播方向，其表示式为

$$\boldsymbol{P}=\boldsymbol{E}\times\boldsymbol{H}\tag{2.7.12}$$

上式又称为坡印廷矢量，其单位是 $\mathrm{W/m^2}$。从上式可以看出，只要知道空间任意一点的电场和磁场，便可以知道电磁功率流密度的大小和方向，坡印廷矢量是时变电磁场中一个重要的物理量，对于我们定量计算电磁能量不可或缺。

2.8 谐变电磁场

在时变电磁场应用中，以频率 ω 随时间作简谐变化的电磁场，称为谐变电磁场，又称为时谐场，如通信、雷达、导航等应用中的无线电波就是谐变电磁场。在线性媒质中，对于非谐变的电磁场可以用傅里叶变换的方法将电磁信号分解为许多随时间作简谐变化的电磁场的线性叠加。研究简谐变化的电磁场问题是研究时变电磁场的基础，这种方法

也称为频率域法，其电场强度的一般表达式为

$$\boldsymbol{E}(x,y,z,t)=\boldsymbol{e}_x E_x(x,y,z,t)+\boldsymbol{e}_y E_y(x,y,z,t)+\boldsymbol{e}_z E_z(x,y,z,t) \tag{2.8.1}$$

上式显然为空间任意一点的时变电磁场的直角坐标系下的瞬时表示式，既是空间坐标的函数，也是时间的函数，当然也可以用柱坐标系或球坐标系表示。

2.8.1 谐变电磁场的复数表示法

如何简洁地表示谐变电磁场呢？如果电场强度的每一个坐标分量都随时间以相同频率 ω 作简谐变化，则谐变电场强度可以表示为

$$\begin{aligned}\boldsymbol{E}(x,y,z,t)=&\boldsymbol{e}_x E_{xm}(x,y,z)\cos[\omega t+\varphi_x(x,y,z)]+\\&\boldsymbol{e}_y E_{ym}(x,y,z)\cos[\omega t+\varphi_y(x,y,z)]+\\&\boldsymbol{e}_z E_{zm}(x,y,z)\cos[\omega t+\varphi_z(x,y,z)]\end{aligned} \tag{2.8.2}$$

式中的振幅 E_{xm}、E_{ym}、E_{zm} 和相位 φ_x、φ_y、φ_z 不随时间变化，只是空间位置的函数。我们把式(2.8.2)的每一个分量用复数的实数部分表示，分别取

$$E_x=E_{xm}(x,y,z)\cos[\omega t+\varphi_x(x,y,z)]=\mathrm{Re}[E_{xm}\mathrm{e}^{\mathrm{j}(\omega t+\varphi_x)}]$$

$$E_y=E_{ym}(x,y,z)\cos[\omega t+\varphi_y(x,y,z)]=\mathrm{Re}[E_{ym}\mathrm{e}^{\mathrm{j}(\omega t+\varphi_y)}]$$

$$E_z=E_{zm}(x,y,z)\cos[\omega t+\varphi_z(x,y,z)]=\mathrm{Re}[E_{zm}\mathrm{e}^{\mathrm{j}(\omega t+\varphi_z)}]$$

上述三式中的 Re 表示取括号中复数的实部，可进一步简化为

$$E_x=\mathrm{Re}[\dot{E}_x\mathrm{e}^{\mathrm{j}\omega t}] \tag{2.8.3}$$

$$E_y=\mathrm{Re}[\dot{E}_y\mathrm{e}^{\mathrm{j}\omega t}] \tag{2.8.4}$$

$$E_z=\mathrm{Re}[\dot{E}_z\mathrm{e}^{\mathrm{j}\omega t}] \tag{2.8.5}$$

其中，

$$\begin{cases}\dot{E}_x=E_{xm}\mathrm{e}^{\mathrm{j}\varphi_x}\\\dot{E}_y=E_{ym}\mathrm{e}^{\mathrm{j}\varphi_y}\\\dot{E}_z=E_{zm}\mathrm{e}^{\mathrm{j}\varphi_z}\end{cases} \tag{2.8.6}$$

上式称为电场强度各分量的相量。相量是一个复数，其模表示谐变电场的振幅，其幅角表示谐变电场的相位，振幅和相位均与时间无关，于是电场矢量可以表示为

$$\boldsymbol{E}(x,y,z,t)=\mathrm{Re}[\boldsymbol{e}_x\dot{E}_x\mathrm{e}^{\mathrm{j}\omega t}+\boldsymbol{e}_y\dot{E}_y\mathrm{e}^{\mathrm{j}\omega t}+\boldsymbol{e}_z\dot{E}_z\mathrm{e}^{\mathrm{j}\omega t}]=\mathrm{Re}[\dot{\boldsymbol{E}}\mathrm{e}^{\mathrm{j}\omega t}] \tag{2.8.7}$$

上式称为矢量 $\boldsymbol{E}(x,y,z,t)$ 的复数形式，其中，

$$\dot{\boldsymbol{E}}=\boldsymbol{e}_x\dot{E}_x+\boldsymbol{e}_y\dot{E}_y+\boldsymbol{e}_z\dot{E}_z \tag{2.8.8}$$

称为电场强度的复矢量，或称为复振幅。该矢量与时间无关，仅与空间位置有关。在时变电磁场应用中，谐变电磁场经常对时间求一阶导数和二阶导数，其表示式为

$$\frac{\partial\boldsymbol{E}}{\partial t}=\mathrm{Re}\left[\frac{\partial(\dot{\boldsymbol{E}}\mathrm{e}^{\mathrm{j}\omega t})}{\partial t}\right]=\mathrm{Re}[\mathrm{j}\omega\dot{\boldsymbol{E}}\mathrm{e}^{\mathrm{j}\omega t}] \tag{2.8.9}$$

$$\frac{\partial^2 \boldsymbol{E}}{\partial t^2}=\mathrm{Re}\left[\frac{\partial^2(\dot{\boldsymbol{E}}\mathrm{e}^{\mathrm{j}\omega t})}{\partial t^2}\right]=\mathrm{Re}[-\omega^2\dot{\boldsymbol{E}}\mathrm{e}^{\mathrm{j}\omega t}] \tag{2.8.10}$$

由上两式可知，电场强度的一阶导数的复矢量为 $\mathrm{j}\omega\dot{\boldsymbol{E}}$，二阶导数的复矢量为 $-\omega^2\dot{\boldsymbol{E}}$，对磁场强度求一阶导数和二阶导数同样如此。

2.8.2 麦克斯韦方程组的复数形式

基于谐变电磁场的复数表示方法，采用麦克斯韦方程组的复数形式特别方便，根据式(2.8.7)和谐变电磁场的复数形式及一阶导数的复数形式，谐变电磁场的麦克斯韦方程组可以写为

$$\nabla\times[\mathrm{Re}(\dot{\boldsymbol{H}}\mathrm{e}^{\mathrm{j}\omega t})]=\mathrm{Re}(\dot{\boldsymbol{J}}_f\mathrm{e}^{\mathrm{j}\omega t})+\mathrm{Re}(\mathrm{j}\omega\dot{\boldsymbol{D}}\mathrm{e}^{\mathrm{j}\omega t}) \tag{2.8.11}$$

$$\nabla\times[\mathrm{Re}(\dot{\boldsymbol{E}}\mathrm{e}^{\mathrm{j}\omega t})]=\mathrm{Re}(-\mathrm{j}\omega\dot{\boldsymbol{B}}\mathrm{e}^{\mathrm{j}\omega t}) \tag{2.8.12}$$

$$\nabla\cdot\mathrm{Re}(\dot{\boldsymbol{B}}\mathrm{e}^{\mathrm{j}\omega t})=0 \tag{2.8.13}$$

$$\nabla\cdot\mathrm{Re}(\dot{\boldsymbol{D}}\mathrm{e}^{\mathrm{j}\omega t})=\mathrm{Re}(\dot{\rho}_f\mathrm{e}^{\mathrm{j}\omega t}) \tag{2.8.14}$$

式中，∇是对空间坐标的微分算子，它和取实部符号 Re 可以调换次序。省略等式两边的取实部运算符号 Re 后，麦克斯韦方程组的复数形式为

$$\nabla\times(\dot{\boldsymbol{H}}\mathrm{e}^{\mathrm{j}\omega t})=\dot{\boldsymbol{J}}_f\mathrm{e}^{\mathrm{j}\omega t}+\mathrm{j}\omega\dot{\boldsymbol{D}}\mathrm{e}^{\mathrm{j}\omega t} \tag{2.8.15}$$

$$\nabla\times(\dot{\boldsymbol{E}}\mathrm{e}^{\mathrm{j}\omega t})=-\mathrm{j}\omega\dot{\boldsymbol{B}}\mathrm{e}^{\mathrm{j}\omega t} \tag{2.8.16}$$

$$\nabla\cdot\dot{\boldsymbol{B}}\mathrm{e}^{\mathrm{j}\omega t}=0 \tag{2.8.17}$$

$$\nabla\cdot\dot{\boldsymbol{D}}\mathrm{e}^{\mathrm{j}\omega t}=\dot{\rho}_f\mathrm{e}^{\mathrm{j}\omega t} \tag{2.8.18}$$

由于在线性媒质中，所有谐变量的频率都相同，为了简便起见，通常将 $\mathrm{e}^{\mathrm{j}\omega t}$ 因子隐去，于是得到麦克斯韦方程组的复数形式为

$$\nabla\times\dot{\boldsymbol{H}}=\dot{\boldsymbol{J}}_f+\mathrm{j}\omega\dot{\boldsymbol{D}} \tag{2.8.19}$$

$$\nabla\times\dot{\boldsymbol{E}}=-\mathrm{j}\omega\dot{\boldsymbol{B}} \tag{2.8.20}$$

$$\nabla\cdot\dot{\boldsymbol{B}}=0 \tag{2.8.21}$$

$$\nabla\cdot\dot{\boldsymbol{D}}=\dot{\rho}_f \tag{2.8.22}$$

对于简单媒质，复数形式的麦克斯韦方程的限定形式为

$$\nabla\times\dot{\boldsymbol{H}}=(\sigma+\mathrm{j}\omega\varepsilon)\dot{\boldsymbol{E}} \tag{2.8.23}$$

$$\nabla\times\dot{\boldsymbol{E}}=-\mathrm{j}\omega\mu\dot{\boldsymbol{H}} \tag{2.8.24}$$

$$\nabla\cdot\dot{\boldsymbol{H}}=0 \tag{2.8.25}$$

$$\nabla\cdot\dot{\boldsymbol{E}}=\frac{\dot{\rho}_f}{\varepsilon} \tag{2.8.26}$$

式中，所有场量均为复矢量，都不是时间的函数了，在谐变场问题求解中，简化了运算。

2.8.3 坡印廷矢量的复数形式

在谐变电磁场中，坡印廷矢量的瞬时表达式为

$$\boldsymbol{P}=\boldsymbol{E}\times\boldsymbol{H} \tag{2.8.27}$$

式中的电场、磁场分量可以表示为

$$\begin{aligned}\boldsymbol{E}(x,y,z,t)=&\boldsymbol{e}_x E_{xm}\cos(\omega t+\varphi_{xE})+\boldsymbol{e}_y E_{ym}\cos(\omega t+\varphi_{yE})+\\&\boldsymbol{e}_z E_{zm}\cos(\omega t+\varphi_{zE})\end{aligned} \tag{2.8.28}$$

$$\begin{aligned}\boldsymbol{H}(x,y,z,t)=&\boldsymbol{e}_x H_{xm}\cos(\omega t+\varphi_{xH})+\boldsymbol{e}_y H_{ym}\cos(\omega t+\varphi_{yH})+\\&\boldsymbol{e}_z H_{zm}\cos(\omega t+\varphi_{zH})\end{aligned} \tag{2.8.29}$$

坡印廷矢量的瞬时值有三个分量分别为

$$\boldsymbol{P}=\boldsymbol{E}\times\boldsymbol{H}=p_x\boldsymbol{e}_x+p_y\boldsymbol{e}_y+p_z\boldsymbol{e}_z \tag{2.8.30}$$

其中，

$$p_x=E_{ym}H_{zm}\cos(\omega t+\varphi_{yE})\cos(\omega t+\varphi_{zH})-E_{zm}H_{ym}\cos(\omega t+\varphi_{zE})\cos(\omega t+\varphi_{yH})$$

在电磁波能量传播过程中，计算一个周期内坡印廷矢量的平均值比计算瞬时值更有实际意义。因此可以得到 p_x 的平均值为

$$P_{x_{\text{av}}}=\frac{1}{T}\int_0^T p_x\,\mathrm{d}t=\frac{1}{2}[E_{ym}H_{zm}\cos(\varphi_{yE}-\varphi_{zH})-E_{zm}H_{ym}\cos(\varphi_{zE}-\varphi_{yH})]$$

或

$$P_{x_{\text{av}}}=\frac{1}{2}\text{Re}[\dot{E}_y\dot{H}_z^*-\dot{E}_z\dot{H}_y^*] \tag{2.8.31}$$

式中，* 表示取共轭值。同理，可以得到另外两个分量的平均值

$$P_{y_{\text{av}}}=\frac{1}{2}\text{Re}[\dot{E}_z\dot{H}_x^*-\dot{E}_x\dot{H}_z^*] \tag{2.8.32}$$

$$P_{z_{\text{av}}}=\frac{1}{2}\text{Re}[\dot{E}_x\dot{H}_y^*-\dot{E}_y\dot{H}_x^*] \tag{2.8.33}$$

将三个分量综合在一起，得到坡印廷矢量的平均值为

$$\boldsymbol{P}_{\text{av}}=\frac{1}{2}\text{Re}[\dot{\boldsymbol{E}}\times\dot{\boldsymbol{H}}^*] \tag{2.8.34}$$

平均坡印廷矢量 $\boldsymbol{P}_{\text{av}}$ 是计算电磁波能量传播最重要的一个公式，反映了能流密度在一个时间周期内的平均取值。

在谐变电磁场中，在均匀、线性和各向同性的媒质中，经常采用坡印廷定理的复数形式分析流进或流出一个封闭曲面的复功率（通量），为此取复坡印廷矢量的散度得到

$$\nabla\cdot(\dot{\boldsymbol{E}}\times\dot{\boldsymbol{H}}^*)=\dot{\boldsymbol{H}}^*\cdot(\nabla\times\dot{\boldsymbol{E}})-\dot{\boldsymbol{E}}\cdot(\nabla\times\dot{\boldsymbol{H}}^*)$$

将麦克斯韦方程组的复数形式代入上式得到

$$\nabla\cdot(\dot{\boldsymbol{E}}\times\dot{\boldsymbol{H}}^*)=\dot{\boldsymbol{H}}^*\cdot(-\mathrm{j}\omega\mu\dot{\boldsymbol{H}})-\dot{\boldsymbol{E}}\cdot(\dot{\boldsymbol{J}}_f^*-\mathrm{j}\omega\varepsilon^*\dot{\boldsymbol{E}}^*)$$

根据$\dot{\boldsymbol{J}}_f^* = \sigma\dot{\boldsymbol{E}}^*$，$\dot{\boldsymbol{E}}\cdot\dot{\boldsymbol{J}}_f^* = \sigma\dot{\boldsymbol{E}}\cdot\dot{\boldsymbol{E}}^* = \sigma\dot{E}^2$，$\dot{\boldsymbol{H}}\cdot\dot{\boldsymbol{H}}^* = \dot{H}^2$，整理后得到

$$\nabla\cdot(\dot{\boldsymbol{E}}\times\dot{\boldsymbol{H}}^*) = -\sigma\dot{E}^2 - \mathrm{j}2\omega\left(\frac{1}{2}\mu\dot{H}^2 - \frac{1}{2}\varepsilon^*\dot{E}^2\right)$$

利用高斯散度定理，可以得到

$$-\oint\!\!\!\oint_S(\dot{\boldsymbol{E}}\times\dot{\boldsymbol{H}}^*)\cdot\mathrm{d}\boldsymbol{s} = \iiint_\tau \sigma\dot{E}^2\mathrm{d}\tau + \mathrm{j}2\omega\iiint_\tau\left(\frac{1}{2}\mu\dot{H}^2 - \frac{1}{2}\varepsilon^*\dot{E}^2\right)\mathrm{d}\tau \quad (2.8.35)$$

这就是复数形式的坡印廷定理(电磁能量守恒与转化定律)，当体积τ没有极化损耗和磁化损耗时，μ、ε均为实数，上式左边表示流进封闭曲面s(限定体积为τ)的复功率。右边第一项为实功功率，表示体积τ内的平均欧姆损耗功率；第二项为虚数，表示虚功功率，与体积τ内磁场平均能量与电场平均能量之差成正比，因此坡印廷定理的复数形式也可以表示为

$$P = P_R + \mathrm{j}2\omega(W_m - W_e) \quad (2.8.36)$$

式中，P_R表示平均欧姆损耗功率；W_m表示体积τ内的平均磁能；W_e表示体积τ内的平均电能。当平均磁能与平均电能相等时，虚功功率为0，流进体积τ内的实功功率全部转换为焦耳损耗。在电路分析中，当一个网络中只有电阻元件或电路发生谐振时，电路的虚功功率为0，流进电路网络中的为实功功率；当电路处于非谐振状态，磁场平均能量与电场平均能量不相等时，流进的为复功率，一部分转换为欧姆损耗功率，称为有功功率，另外一部分虚功率为无功功率，并不断与外界进行电磁能量交换。

习题

2-1 设在匀强磁场内有一平面回路以角速度ω绕着与场垂直的轴转动，回路所包围的面积为S，磁场的磁感应强度为$\boldsymbol{B}$。求该回路的感应电动势。

2-2 已知某个有限空间(ε_0，μ_0)中有$\boldsymbol{H} = A_1\sin4x\cdot\cos(\omega t - ky)\boldsymbol{e}_x$(A/m)，式中$A_1$、$A_2$是常数，求空间任一点位移电流密度。

2-3 在无限大均匀导电媒质中，放置一个初始值为Q_0(C)的点电荷，试问该点电荷的电量如何随时间变化？

2-4 在无限大均匀导电媒质中，放置一个初始值为q_0(C)的点电荷，空间任意点的电流密度是多少？

2-5 在无限大均匀导电媒质中，放置一个初始值为q_0(C)的点电荷，空间任意点的磁场强度是多少？

2-6 证明通过任意闭合曲面的传导电流和位移电流的总量为0。

2-7 已知在空气中$\boldsymbol{E} = \boldsymbol{e}_y 0.1\sin(10\pi x)\cos(6\pi\times10^9 t - kz)$V/m，求$\boldsymbol{H}$和$k$。

2-8 设$\boldsymbol{E}_1$、$\boldsymbol{B}_1$、$\boldsymbol{H}_1$、$\boldsymbol{D}_1$满足场源为$\boldsymbol{J}_1$、ρ_1的麦克斯韦方程组，$\boldsymbol{E}_2$、$\boldsymbol{B}_2$、$\boldsymbol{H}_2$、$\boldsymbol{D}_2$满足场源为$\boldsymbol{J}_2$、ρ_2的麦克斯韦方程组。当场源为$\boldsymbol{J}_t = \boldsymbol{J}_1 + \boldsymbol{J}_2$，$\rho_t = \rho_1 + \rho_2$时，什么样的电磁场才能满足麦克斯韦方程组？并加以证明。

2-9 已知自由空间存在着时变电场$\boldsymbol{E} = \boldsymbol{e}_y E_0\cdot\mathrm{e}^{\mathrm{j}(\omega t - kz)}$(V/m)，式中$k = \omega/c$，$c =$

3×10^8 m/s，E_0 为常数。试求空间同一点的磁场强度 $\boldsymbol{H}$。

2-10 在导体平板 $z=0$ 和 $z=d$ 之间的空气中传输的电磁波，其电场强度矢量 $\boldsymbol{E}=\boldsymbol{e}_y E_0\sin\left(\frac{\pi}{d}z\right)\cos(\omega t-k_x x)$，其中 k_x 为常数。试求：

(1) 磁场强度矢量 $\boldsymbol{H}$；

(2) 两导体表面上的面电流密度 $\boldsymbol{J}_s$。

2-11 已知无源、自由空间中的电场强度矢量 $\boldsymbol{E}=\boldsymbol{e}_y E_m\sin(\omega t-kz)$，试求：

(1) 由麦克斯韦方程求磁场强度；

(2) 坡印廷矢量的时间平均值。

2-12 已知正弦电磁场的磁场强度复振幅 $\dot{\boldsymbol{H}}(r)=\boldsymbol{e}_\varphi\frac{H_m}{r}\sin\theta\mathrm{e}^{-\mathrm{j}kr}$，式中 H_m、k 为实常数。又场域中无源，求坡印廷矢量的瞬时值。

2-13 若 $\boldsymbol{E}=(\boldsymbol{e}_x+\mathrm{j}\boldsymbol{e}_y)\mathrm{e}^{-\mathrm{j}z}$，$\boldsymbol{H}=(\boldsymbol{e}_y-\mathrm{j}\boldsymbol{e}_x)\mathrm{e}^{-\mathrm{j}z}$，求用 z 和 ωt 表示的瞬时坡印廷矢量和复数坡印廷矢量。

2-14 已知真空中电场强度 $\boldsymbol{E}=\boldsymbol{e}_y E_0\sin k_0(z-ct)$，式中 $k_0=2\pi/\lambda=\omega/c$。试求：

(1) 磁场强度；

(2) 坡印廷矢量的瞬时值；

(3) 磁场能量密度、电场能量密度；

(4) 坡印廷矢量的时间平均值。

第3章 静态电磁场

静态电磁场是时变电磁场的特殊形式,其电场和磁场都不随时间变化。静止的电荷产生静电场,导电媒质中恒定电流产生恒定的磁场,两者可以独立存在,不需要相互依存。人类认识电磁学是从研究静电现象开始(如库仑定律),随着对宏观电磁现象本质的不断揭示(如毕奥萨伐尔定律、安培环路定律、法拉第电磁感应定律等),麦克斯韦方程组成为认识宏观电磁现象的理论基础,因而学习静态电磁场是研究时变电磁场的基础。本章主要研究静态电磁场中电场和磁场满足的基本方程、边界条件和基本规律,并对电容、电导、电感及电场能量、磁场能量等重要概念进行介绍和分析,为进一步学习其他内容提供理论基础。

3.1 静电场

静电场是由相对于观察者静止且量值不随时间变化的电荷(静电荷)产生,是对电荷有作用力的一种矢量场。从微观上看,所有带电粒子都是运动着的,因而它所产生的电场也是随时间变化的。但是,当这种变化在所观测的时间内引起的宏观效果可以忽略时,我们就认为电荷是静止的。在日常生活中,与静电场相关的静电现象普遍存在,如静电感应、静电放电等现象。在媒质空间中,研究静电场就要研究静电场的分布与变化,这取决于静电荷的分布及周围媒质的特性。描述静电场的基本物理量是电场强度 $\boldsymbol{E}$,考虑到媒质特性的影响时,引入电位移矢量 $\boldsymbol{D}$。

3.1.1 静电场的基本方程

我们知道微分形式的麦克斯韦方程组为

$$\begin{cases}\nabla\times \boldsymbol{H}=\boldsymbol{J}_f+\dfrac{\partial \boldsymbol{D}}{\partial t}\\ \nabla\times \boldsymbol{E}=-\dfrac{\partial \boldsymbol{B}}{\partial t}\\ \nabla\cdot \boldsymbol{B}=0\\ \nabla\cdot \boldsymbol{D}=\rho_f\end{cases}$$

考虑到静态电磁场是时变电磁场的特例,电场和磁场不随时间变化,得到$\dfrac{\partial \boldsymbol{D}}{\partial t}=\dfrac{\partial \boldsymbol{B}}{\partial t}=0$,则得到静态电磁场满足的方程为

$$\begin{cases}\nabla\times \boldsymbol{H}=\boldsymbol{J}\\ \nabla\times \boldsymbol{E}=0\\ \nabla\cdot \boldsymbol{B}=0\\ \nabla\cdot \boldsymbol{D}=\rho_f\end{cases}$$

对于静电场而言,与恒定电流的磁场满足的方程无关,因而静电场满足的基本方程为

$$\nabla\times \boldsymbol{E}=0 \tag{3.1.1}$$

$$\nabla\cdot \boldsymbol{D}=\rho_f \tag{3.1.2}$$

式中，ρ_f 为自由电荷体密度(C/m^3)。上式表明，静电场是有源无旋场。实际应用中，经常考虑矢量场宏观特征表现，可以采用矢量的通量和环量描述，依据高斯散度定理和斯托克斯定理，可以得到静电场基本方程的积分形式：

$$\iint_S \boldsymbol{D}(\boldsymbol{r}) \cdot \mathrm{d}\boldsymbol{S} = q \tag{3.1.3}$$

$$\oint \boldsymbol{E}(\boldsymbol{r}) \cdot \mathrm{d}\boldsymbol{l} = 0 \tag{3.1.4}$$

式(3.1.3)称为静电场的高斯定理，q 为闭合曲面所包围的总自由电荷量，它表示穿出任意闭合面上电位移矢量的通量。式(3.1.4)表明电场强度沿任意闭合路径的环量为0，静电场是无旋场(保守场)。在均匀、线性、各向同性媒质(简单媒质)中，电场强度与电位移矢量之间满足本构关系

$$\boldsymbol{D} = \varepsilon \boldsymbol{E} \tag{3.1.5}$$

上式称为本构关系，ε 称为介电常数，也称为电容率，单位是 F/m。

3.1.2 静电场的边界条件

当静电场中有介质存在时，在介质的不均匀处出现束缚电荷，在导体的表面产生感应电荷，这些束缚电荷和感应电荷又产生电场，改变原来的电场分布，使得界面两侧的电场出现不连续，因而微分形式的静电场方程不能用在分界面上，只能用积分形式的静电场方程。当遇到两种介质时，就需要建立不同介质分界面两侧电场的关系，这就是边界条件。如图 3.1.1 所示，分界面两侧的电场强度和电位移矢量都可以分解为与分界面平行的切向分量和与分界面垂直的法向分量，$\boldsymbol{e}_n$ 为分界面的法向单位矢量。

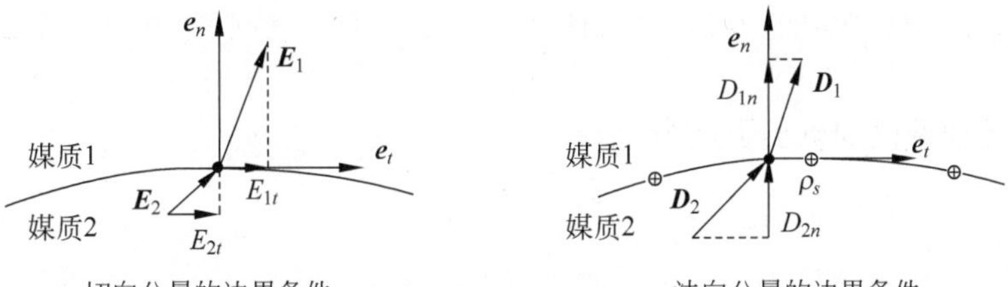

图 3.1.1 静电场边界示意图

与时变电磁场的边界条件推导类似，推导分界面两侧的电位移矢量的关系时，跨分界面取一个很小的圆柱形封闭面，其上下端面与分界面平行，无限靠近分界面，柱高 h 为无限小量，如图 3.1.2 所示。应用静电场高斯定理得到

$$\oiint_S \boldsymbol{D} \cdot \mathrm{d}\boldsymbol{S} = q \tag{3.1.6}$$

考虑到封闭柱面的两个底面 S_1 和 S_2 的面积 ΔS 很小，每个底面上的电场可以看作是相同的，而其圆柱侧面积为无限小量，其通量也是无限小量，因而

$$\oiint_S \boldsymbol{D} \cdot \mathrm{d}\boldsymbol{S} \approx D_{1n}\Delta S - D_{2n}\Delta S \tag{3.1.7}$$

因为柱高 h 为无限小量，如果 ρ_s 为分界面上的自由电荷面密度，则圆柱形封闭曲面包围的电荷量为

$$q=\rho_{sf}\Delta S$$

因此得到 $D_{1n}\Delta S-D_{2n}\Delta S=\rho_{sf}\Delta S$，即

$$D_{1n}-D_{2n}=\rho_{sf} \tag{3.1.8}$$

写成矢量形式为

$$\boldsymbol{e}_n\cdot(\boldsymbol{D}_1-\boldsymbol{D}_2)=\rho_{sf} \tag{3.1.9}$$

式(3.1.8)表明，$\boldsymbol{D}$ 场的法向分量在通过存在面电荷的分界面时是不连续的——不连续的量等于面电荷密度。

同理，为了推导分界面两侧电场强度的关系，跨分界面上取一很小的矩形闭合路径，如图 3.1.3 所示，矩形路径的上下两边与分界面平行，分别在分界面两侧，长度 Δl 很小，在每一条边上的电场可以认为是相同的，矩形的高度 h 为无限小量，电场沿着闭合路径的积分为

$$\oint_l \boldsymbol{E}\cdot\mathrm{d}\boldsymbol{l}=E_{1t}\Delta l-E_{2t}\Delta l=0$$

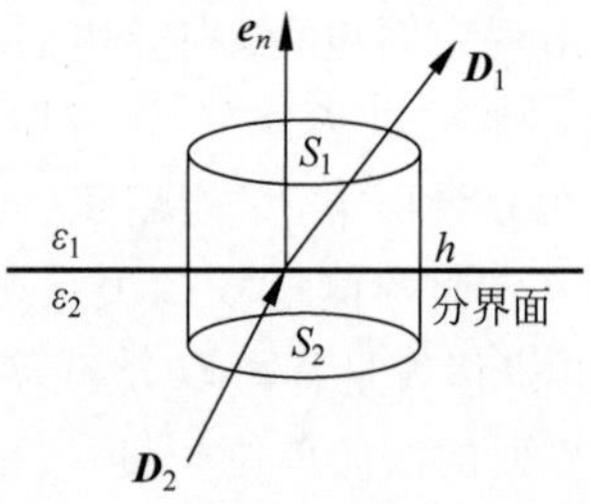

图 3.1.2　电位移矢量 $\boldsymbol{D}$ 的边界条件

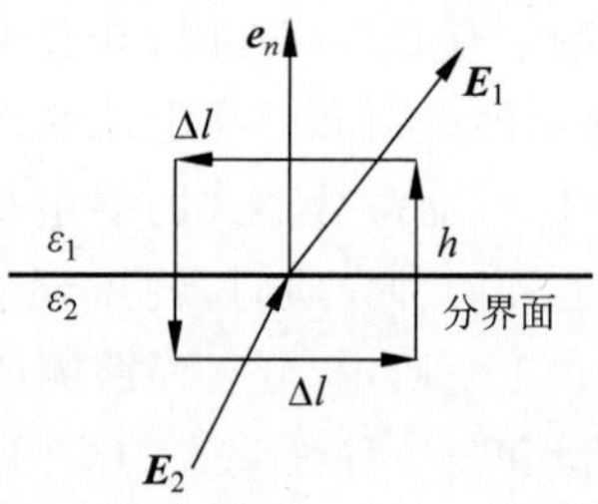

图 3.1.3　电场强度 $\boldsymbol{E}$ 的边界条件

由此得到分界面两侧的电场强度为

$$E_{1t}-E_{2t}=0 \tag{3.1.10}$$

其矢量形式为

$$\boldsymbol{e}_n\times(\boldsymbol{E}_1-\boldsymbol{E}_2)=0 \tag{3.1.11}$$

式(3.1.10)表明，穿过分界面的 E 场的切线分量是连续的。

假定媒质 2 是理想导体，媒质 1 是理想介质，静电场条件下，理想导体内部电场为 0，内部也不存在自由电荷，自由电荷只可以驻留在理想导体的表面，因此理想导体表面（与理想介质分界面）边界条件为

$$\begin{cases}E_{1t}=0\\ \rho_{sf}=D_{1n}\end{cases} \tag{3.1.12}$$

上式说明，导电体表面电场与理想导体表面垂直（只有法向分量），在理想导体表面存在自由电荷面密度 ρ_{sf}，且面电荷密度等于导电体表面的电位移量的法向分量，此式常用于计算面电荷 ρ_{sf}。由于介质没有自由电荷，所以在电磁工程一般认为两种理想介质的分

界面无自由电荷,密度 $\rho_{sf}=0$。

【例 3-1】 电荷按体密度 $\rho_f=\rho_0\left(1-\dfrac{r^2}{a^2}\right)$ 分布于一个半径为 a 的球形区域内,其中 ρ_0 为常数,试计算球内、外的电场。

解:电场明显地具有球面对称性,$\boldsymbol{E}$ 沿半径方向,且只是 r 的函数。所以高斯面必为一同心的球面。我们必须分两个区域求 E 场,如图 3.1.4 所示。

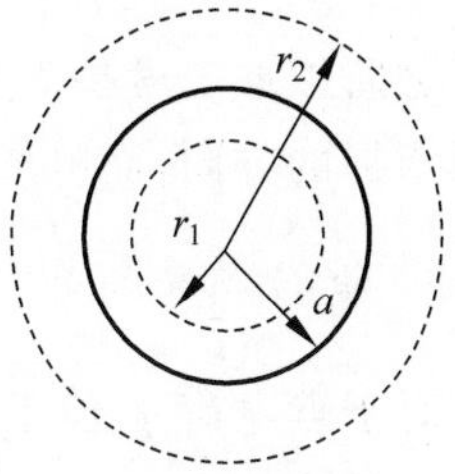

图 3.1.4 球形电荷分布的电场强度

(1) 在 $0\leqslant r\leqslant a$ 区域内。

在球内建立一个 $r<a$ 假想的高斯面 S_i;在此面 E 是径向的,且大小为常量。

$$\boldsymbol{E}=\boldsymbol{e}_rE_r,\quad \mathrm{d}\boldsymbol{S}=\boldsymbol{e}_r\mathrm{d}S$$

总流出 $\boldsymbol{E}$ 通量为

$$\oiint_{S_i}\boldsymbol{E}\cdot\mathrm{d}\boldsymbol{S}=E_r4\pi r^2$$

高斯面内总电荷为

$$Q=\iiint_v\rho_f\mathrm{d}v=\int_0^{\pi}\sin\theta\mathrm{d}\theta\int_0^{2\pi}\mathrm{d}\varphi\int_0^r\rho_0\left(1-\frac{r^2}{a^2}\right)r^2\mathrm{d}r$$

$$=4\pi\rho_0\left(\frac{r^3}{3}-\frac{r^5}{5a^2}\right)(\mathrm{V/m})$$

得到

$$\boldsymbol{E}=\boldsymbol{e}_r\left(\frac{r}{3}-\frac{r^3}{5a^2}\right)\frac{\rho_0}{\varepsilon_0}$$

(2) 在 $r>a$ 的区域内。

在球外建立一个 $r>a$ 假想的高斯面 S_i;在此面上,E 仅有径向分量,且大小为常量。则高斯面内总的电荷量为

$$Q=\iiint_V\rho_f\mathrm{d}V=4\pi\int_0^a\rho_0\left(1-\frac{r^2}{a^2}\right)r^2\mathrm{d}r=4\pi\rho_0\frac{2a^2}{15}$$

得到

$$\boldsymbol{E}=\boldsymbol{e}_r\frac{2\rho_0a^3}{15\varepsilon_0r^2}$$

由此可见,E 是随 r 的变化而变化。所以在给定的电荷分布具有对称性时,试着应用高斯定理求解问题。

3.1.3 电位函数

视频3-1

在静电学中,电位又称电势。其定义为:处于电场中某个位置的单位电荷所具有的电势能。电位只有大小,没有方向,是一个标量,其数值只有相对意义,不具有绝对意义。

根据静电场微分方程

$$\nabla\times \boldsymbol{E}=0 \tag{3.1.13}$$

利用矢量恒等式$\nabla\times\nabla u=0$可知,电场强度可以表示为一个标量的梯度,这个标量记作Φ,该标量就是电位,即

$$\boldsymbol{E}=-\nabla\Phi \tag{3.1.14}$$

此处之所以取负号是为了使Φ有明确的物理意义,电位的梯度是一个矢量,其方向表示电位增加的方向,而电场的方向是从正电荷指向负电荷,刚好与之相反。

1. 电位函数的计算

对于点电荷q,位于r'点,则空间任一点的电场强度(根据库仑定律)为

$$\boldsymbol{E}(\boldsymbol{r})=\frac{q}{4\pi\varepsilon_0}\frac{\boldsymbol{R}}{R^3}=\frac{q}{4\pi\varepsilon_0}\frac{\boldsymbol{r}-\boldsymbol{r}'}{|\boldsymbol{r}-\boldsymbol{r}'|^3}$$

利用矢量恒等式

$$\nabla\left(\frac{1}{|\boldsymbol{r}-\boldsymbol{r}'|}\right)=-\left(\frac{\boldsymbol{r}-\boldsymbol{r}'}{|\boldsymbol{r}-\boldsymbol{r}'|^3}\right)$$

电场强度可以变为

$$\boldsymbol{E}(\boldsymbol{r})=\frac{q}{4\pi\varepsilon_0}\frac{\boldsymbol{r}-\boldsymbol{r}'}{|\boldsymbol{r}-\boldsymbol{r}'|^3}=-\nabla\left(\frac{q}{4\pi\varepsilon_0}\frac{1}{|\boldsymbol{r}-\boldsymbol{r}'|}\right)=-\nabla\Phi$$

所以,

$$\Phi(\boldsymbol{r})=\frac{q}{4\pi\varepsilon_0}\frac{1}{|\boldsymbol{r}-\boldsymbol{r}'|}+C \tag{3.1.15}$$

式中,C是一个任意常数,因而求出的电位函数的值也就不唯一了。对于线分布、面分布、体分布电荷,应用叠加原理,通过积分的方法可以求出它们的电位函数

$$\Phi(\boldsymbol{r})=\frac{1}{4\pi\varepsilon_0}\int_c\frac{\rho_l(\boldsymbol{r}')}{R}\mathrm{d}l'+C \tag{3.1.16}$$

$$\Phi(\boldsymbol{r})==\frac{1}{4\pi\varepsilon_0}\iint_S\frac{\rho_{sf}(\boldsymbol{r}')}{R}\mathrm{d}S'+C \tag{3.1.17}$$

$$\Phi(\boldsymbol{r})==\frac{1}{4\pi\varepsilon_0}\iiint_V\frac{\rho_f(\boldsymbol{r}')}{R}\mathrm{d}V'+C \tag{3.1.18}$$

其中,

$$R=|\boldsymbol{r}-\boldsymbol{r}'|$$

在电位函数的求解过程中,零电位点的选取往往是一个非常重要的问题。零电位点的选取有一个原则:对于有限区域分布的电荷,一般取无穷远处为电位零点;如果电荷分布延伸到无穷远处,则零电位点要视具体情况而定,通常选在有限距离处。

下面通过考察单位正电荷在电场作用下做功,分析标量电位Φ的物理意义。设单位正电荷在电场$\boldsymbol{E}$的作用下从A点到B点,其做功为

$$W=\int_A^B\boldsymbol{E}\cdot\mathrm{d}\boldsymbol{l} \tag{3.1.19}$$

根据 $\boldsymbol{E}=-\nabla\Phi$，代入上式得到

$$W=\int_A^B \boldsymbol{E}\cdot \mathrm{d}\boldsymbol{l}=-\int_A^B \nabla\Phi\cdot \mathrm{d}\boldsymbol{l}=-\int_A^B \frac{\partial\Phi}{\partial l}\mathrm{d}\boldsymbol{l}=-\int_A^B \mathrm{d}\Phi=\Phi(A)-\Phi(B)$$

上式表明，单位正电荷在电场 $\boldsymbol{E}$ 的作用下，从 A 点移动到 B 点，电场力所做的功等于位移起点的标量场值 $\Phi(A)$ 减去终点的标量场值 $\Phi(B)$。将电场和重力场相比较，电场对应的标量 Φ 相当于重力场中的势能，反映了电场的做功能力。换句话说，电场中某一点的标量场 Φ 表示单位正电荷在该点具有的电势能，因此，标量场 Φ 称为电势或电位。两点之间的电位差，就等于正电荷在电场 $\boldsymbol{E}$ 作用下从其中一点移动到另一点时电场力所做的功，称为电压。

根据上式，电场中 A 点的电位为

$$\Phi(A)=\int_A^B \boldsymbol{E}\cdot \mathrm{d}\boldsymbol{l}+\Phi(B)$$

当 B 点为电位零点，即选 B 点为电位参考点，$\Phi(B)=0$，有

$$\Phi(A)=\int_A^B \boldsymbol{E}\cdot \mathrm{d}\boldsymbol{l} \tag{3.1.20}$$

上式说明，在电场中任一点的电位等于把单位正电荷从该点沿任意路径移到电位参考点时，电场力所做的功。在同一电场中，选取不同的电位参考点时，电位不同。

对于电场给定的两点 P 和 Q，两点之间的电位差

$$U_{PQ}=\int_P^Q \boldsymbol{E}\cdot \mathrm{d}\boldsymbol{l} \tag{3.1.21}$$

上式说明，电场中选取的电位参考点并不影响所要计算的电压和对应的电场强度。电位参考点视情况而定。在工程上，由于大地的电位相对稳定，一般选取大地为电位参考点（零电位）。

2. 电位函数满足的方程

在各向同性的均匀线性媒质中，ε 为常数，静电场满足

$$\nabla\cdot \boldsymbol{E}=\frac{\rho_f}{\varepsilon}$$

由于 $\boldsymbol{E}=-\nabla\Phi$，代入上式，得到

$$\nabla\cdot(-\nabla\Phi)=\frac{\rho_f}{\varepsilon}$$

所以有

$$\nabla^2\Phi=-\frac{\rho_f}{\varepsilon} \tag{3.1.22}$$

上式称为静电场电位的泊松方程。

当 $\rho_f=0$ 时，即在无源区（无自由体电荷分布），满足

$$\nabla^2\Phi=0 \tag{3.1.23}$$

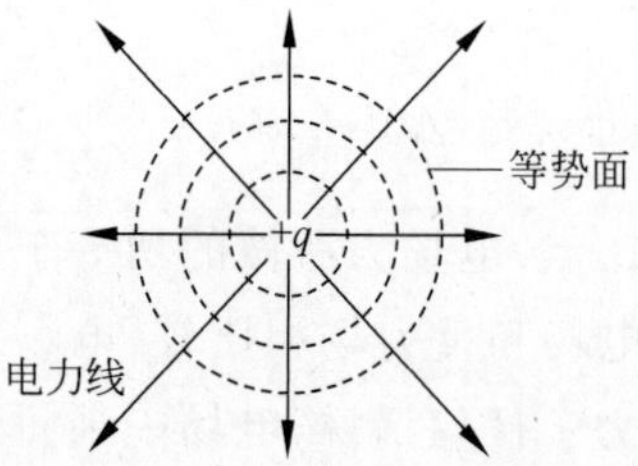

图 3.1.5　点电荷的等位面

上式称为静电场电位的拉普拉斯方程。当已知电荷分布时,求解以上偏微分方程即可以求出电位函数的解。电位函数可以用等位面形象描述,等位面是相邻电位差相等的一系列等位面,电场较强处,等位面间距小;电场强度较弱时,等位面间距大。根据电场与电位的关系,电场方向总是与等位面的法线方向一致,即电场总与等位面处处垂直,并指向电位减少的一侧。如图 3.1.5 所示,正点电荷的等势面是同心球面。

泊松或拉普拉斯方程满足的边界条件有两个:

$$\phi_1 = \phi_2 \tag{3.1.24}$$

即在不同媒质分界面上,电位函数连续。同时,因为可以得到电位的法向导数满足的边界条件

$$\varepsilon_2 \frac{\partial \phi_2}{\partial n} - \varepsilon_1 \frac{\partial \phi_1}{\partial n} = \rho_{sf} \tag{3.1.25}$$

其中法向矢量的方向从媒质 2 指向媒质 1。在介质与导体分界面上,假设导体为媒质 2,因为导体内 $D_{2n}=0$,上式可以简化为

$$-\varepsilon_1 \frac{\partial \phi_1}{\partial n} = \rho_{sf}$$

此式常用于计算导体表面的面电荷密度。

3. 电偶极子

电偶极子是两个等量异号点电荷组成的系统。如图 3.1.6 所示建立球坐标系,原点在电偶极子中心,z 轴与电偶极子轴重合,下面求解的是远离电偶极子的电场。

设电位参考点在无穷远处,空间任一点 p 点的电位为

$$\Phi = \frac{q}{4\pi\varepsilon}\left(\frac{1}{r_1} - \frac{1}{r_2}\right) \tag{3.1.26}$$

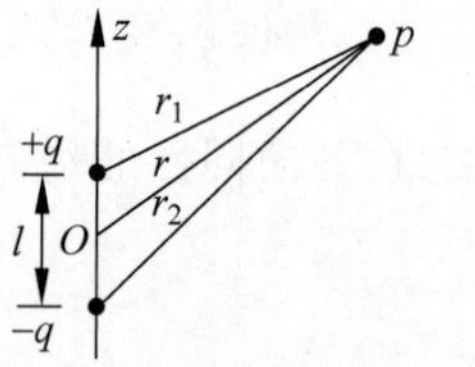

图 3.1.6　电偶极子示意图

利用余弦定理,可得

$$r_1 = \left[r^2 + \left(\frac{l}{2}\right)^2 - rl\cos\theta\right]^{\frac{1}{2}}$$

$$r_2 = \left[r^2 + \left(\frac{l}{2}\right)^2 + rl\cos\theta\right]^{\frac{1}{2}}$$

因为 $r \gg l$,利用二项式展开,略去高阶小项,得

$$r_1 \approx r - \frac{l}{2}\cos\theta$$

$$r_1 \approx r + \frac{l}{2}\cos\theta$$

得到远区电位的表达式

$$\Phi \approx \frac{ql\cos\theta}{4\pi\varepsilon r^2} \tag{3.1.27}$$

为了反映电偶极子的强度，定义电偶极矩，或称为电偶极子的电矩

$$\boldsymbol{p} = q\boldsymbol{l} \tag{3.1.28}$$

其中，l 由负电荷指向正电荷，电位可以表示为

$$\Phi = \frac{\boldsymbol{p} \cdot \boldsymbol{e}_r}{4\pi\varepsilon r^2} = \frac{p\cos\theta}{4\pi\varepsilon r^2} \tag{3.1.29}$$

进一步可以求出电偶极子的远区电场表达式

$$\boldsymbol{E} = -\nabla\Phi = \frac{p}{4\pi\varepsilon r^3}(\boldsymbol{e}_r 2\cos\theta + \boldsymbol{e}_\theta \sin\theta) \tag{3.1.30}$$

图 3.1.7 给出了电偶极子的电力线和等位面的分布情况，其电场和电位具有两个特点：

(1) $\boldsymbol{E}$ 只有 E_r 和 E_θ 分量，没有 E_φ 分量，而且两分量与坐标 φ 无关(轴对称)。

(2) 电位与距离的平方成反比，电场强度与距离的立方成反比。而单个点电荷的电位与距离成反比，电场强度与距离的平方成反比。这是因为对观察者来说，电偶极子的两个符号相反的点电荷相距很近，它们的电位和电场有一部分相互抵消。

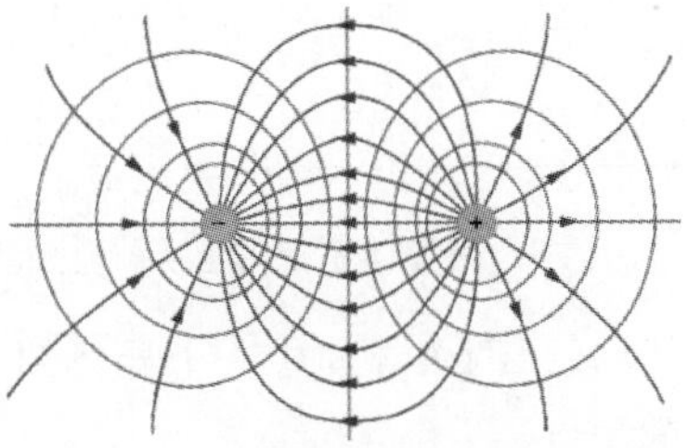

图 3.1.7　电偶极子电力线及等位面

如果电偶极子的中心不在坐标原点，而在空间任一点，其矢径为 $\boldsymbol{r}'$，$\boldsymbol{l}$ 也不平行于 z 轴，则空间任一点的电位函数为

$$\Phi = \frac{\boldsymbol{p} \cdot (\boldsymbol{r} - \boldsymbol{r}')}{4\pi\varepsilon |\boldsymbol{r} - \boldsymbol{r}'|^3} \tag{3.1.31}$$

3.1.4 电容

在线性介质中，一个孤立导体的电位(电位参考点在无限远处)与导体所带的电量成正比。导体所带电量 q 与其电位的比值定义为孤立导体的电容，记为 C，即

$$C = \frac{q}{\Phi} \tag{3.1.32}$$

电容的单位是 F。孤立导体的电容与导体的几何形状、尺寸及周围介质的特性有关，而与导体的电量无关。

我们考虑一个半径为 a，带电量为 q 的导体球放在介电常数为 ε 的无限大均匀介质中，其电容为多少呢？如果取坐标原点为球心，很容易得到空间距离球心为 r 处的电位

$$\Phi = \frac{q}{4\pi\varepsilon r}$$

半径为 a 导体球的电位为

$$\Phi=\frac{q}{4\pi\varepsilon a}$$

孤立导体球的电容为

$$C=\frac{q}{\Phi}=4\pi\varepsilon a$$

可以看到，其比值与导体的大小及周围的介质有关，与电场无关，从而也就与导体所带电量无关。孤立导体这一性质也可以推广到一般的导体系统中。

在线性介质中，如图 3.1.8 所示，定义两个导体之间电容为导体的带电量与两导体之间的电位差之比为，即

$$C=\frac{Q}{|\Phi_1-\Phi_2|} \tag{3.1.33}$$

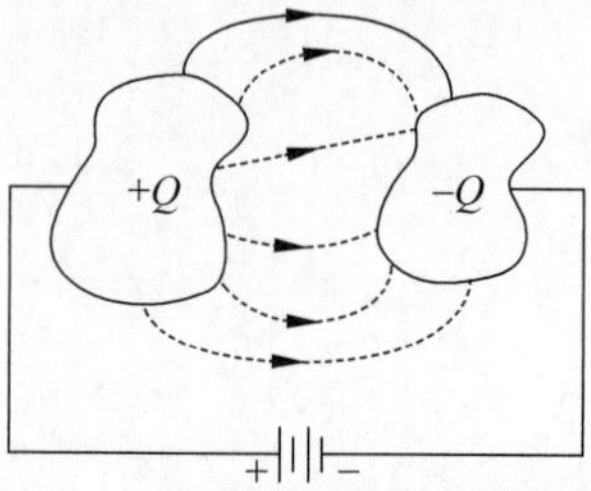

图 3.1.8　两导体系统的电容

两导体之间的电容与导体的几何形状、尺寸及周围介质的特性有关，而与导体的电量无关。孤立导体的电容可以看成两导体系统中一个导体在无限远处情况下的电容。

电容的概念不仅适用于电容器，一根导线与地之间也有电容，反映了两个导体中一个导体对另一个导体电场的影响，体现了两个导体之间电场耦合的程度。

【例 3-2】 两块平行板平行放置，每一块极板的面积都为 S，极板之间填充厚度为 d_1 和 d_2 的两层介质，介电常数分别为 ε_1 和 ε_2，忽略边缘效应，求它们之间的电容。

解：假设两导电板之间的电压为 V，正极板上的电荷面密度分别为

$$\rho_{s1}=D_{1n}=\varepsilon_1 E_1=\frac{\varepsilon_1\varepsilon_2}{\varepsilon_1 d_2+\varepsilon_2 d_1}V$$

由于忽略边缘效应，电荷均匀分布，正极板上的电量为

$$q=\rho_{s1}S=\frac{\varepsilon_1\varepsilon_2 S}{\varepsilon_1 d_2+\varepsilon_2 d_1}V$$

电容为

$$C=\frac{q}{V}=\frac{\varepsilon_1\varepsilon_2 S}{\varepsilon_1 d_2+\varepsilon_2 d_1}$$

视频3-2

3.1.5　电场的能量与能量密度

所谓电场能量是指物体因带电而具有的能量。如果把许多带电微元从远处聚集成一定的带电体系时，需要克服电场力做功，相应的能量就转化为带电体的电场能量。由于电场力做功与路径无关，带电体的电能只与其中各带电微元的相对位置及零点的选取有关，所以电场能量又称为电势能。

如果两个点电荷 q_1 和 q_2 分别位于 M 和 N 点，两点相距 r_{12}，组成带电体，如图 3.1.9 所示。首先将 q_1 移动到 M 点，因无电场，不受力，无须做功。再将 q_2 从无穷远移到与 q_1 相距 r_{12} 的 N 点，在此过程中，克服 q_1 产生的静电场 $\boldsymbol{E}_1$ 对 q_2 的作用力 $\boldsymbol{F}_{12}$ 所做的

功 W_1 即为两点电荷之间的互能，

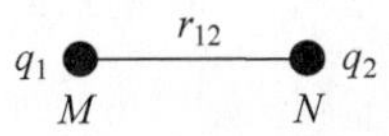

图 3.1.9 两点电荷相互作用

$$W_1=-\int_{\infty}^{N}\boldsymbol{F}_{12}\cdot\mathrm{d}\boldsymbol{l}=-\int_{\infty}^{N}q_2\boldsymbol{E}_1\cdot\mathrm{d}\boldsymbol{l}$$

$$=-q_2\boldsymbol{E}_1\int_{\infty}^{r_{12}}\frac{q_1}{4\pi\varepsilon r^2}\mathrm{d}r=\frac{q_1q_2}{4\pi\varepsilon r_{12}}\qquad(3.1.34)$$

式中，由于电场力 $\boldsymbol{F}_{12}$ 做功与路径无关。为了便于积分，将 q_2 沿 q_1 与 q_2 的连线从无穷远移到与 q_1 相距为 r_{12} 处。因为 q_1 产生的静电场 $\boldsymbol{E}_1$ 在 q_2 所在位置的电位 ϕ_{12}，对于由彼此相隔一定距离的点电荷组成的带电体，其静电势能应包括两部分：一是各个点电荷的自能；二是各个点电荷之间的相互作用能(简称互能)。自能是将电荷微元聚集形成各点电荷时克服电力所做的功。互能是把已经形成的各个点电荷从远处移近到相隔一定距离时，克服彼此间电力所做的功。

$$\phi_{12}=\int_{N}^{\infty}\boldsymbol{E}_1\cdot\mathrm{d}\boldsymbol{l}=\int_{r_{12}}^{\infty}\frac{q_1}{4\pi\varepsilon r^2}\mathrm{d}r=\frac{q_1}{4\pi\varepsilon r_{12}}\qquad(3.1.35)$$

互能可以表示为

$$W_1=q_2\phi_{12}\qquad(3.1.36)$$

若将 q_1 和 q_2 移动的次序颠倒，同理可以得到

$$W_1=q_1\phi_{21}\qquad(3.1.37)$$

ϕ_{21} 是 q_2 产生的静电场 $\boldsymbol{E}_2$ 在 q_1 所在位置的电位

$$\phi_{21}=\frac{q_2}{4\pi\varepsilon r_{12}}\qquad(3.1.38)$$

因此两个点电荷互能可以表示为

$$W_1=\frac{1}{2}(q_1\phi_{21}+q_2\phi_{12})=\frac{q_1q_2}{4\pi\varepsilon r_{12}}\qquad(3.1.39)$$

同理，可以扩展为多个点电荷体系的互能，假设有 n 个点电荷($q_1,q_2,\cdots,q_n$)，每个点电荷所在位置处的电位为 Φ_i，其含义是 n 个点电荷体系中除了 q_i 外，其余 $n-1$ 个点电荷产生的电场在 q_i 所在位置的电位

$$\Phi_i=\sum_{\substack{j=1\\(j\neq i)}}^{n}\phi_{ji}=\frac{1}{4\pi\varepsilon}\sum_{\substack{j=1\\(j\neq i)}}^{n}\frac{q_i}{r_{ji}}\qquad(3.1.40)$$

n 个点电荷体系的互能表示为

$$W_1=\frac{1}{2}\sum_{i=1}^{n}q_i\Phi_i\qquad(3.1.41)$$

当带电体的电荷连续分布时，可以将带电体无限分割为无穷多个电荷微元 $\mathrm{d}q$，将求和改为积分，得到电势能为

$$W_e=\frac{1}{2}\int\Phi\mathrm{d}q\qquad(3.1.42)$$

Φ 的含义是，带电体除了 $\mathrm{d}q$ 之外的其余全部电荷产生的静电场在 $\mathrm{d}q$ 所在位置的电位。若带电体内的电荷为线分布、面分布、体分布，电荷的线密度、面密度、体密度分别为

ρ_l、ρ_{sf} 和 ρ_f，得到连续电荷分布的静电势能表达式

$$W_e=\frac{1}{2}\int\Phi\rho_l\,\mathrm{d}l \tag{3.1.43}$$

$$W_e=\frac{1}{2}\iint\Phi\rho_{sf}\,\mathrm{d}s \tag{3.1.44}$$

$$W_e=\frac{1}{2}\iiint\Phi\rho_f\,\mathrm{d}V \tag{3.1.45}$$

$\mathrm{d}l$、$\mathrm{d}s$、$\mathrm{d}V$ 分别是带电体的线元、面元和体积元，积分范围遍及所有存在电荷的地方，若只有一个带电体，给出的就是自能。

带电体具有静电势能，上述表达式都是用电荷、电势表示。静电势能否用电场来表示呢？根据前面讨论，有电场的地方一定就有电能，因而电场的能量可以用电能密度来表示，记为 w_e，该电能密度为空间坐标的函数。空间某一点的电能密度等于以该点为中心的邻域内单位体积的电场能量，单位为 $\mathrm{J/m^3}$。如果已经知道区域 V 中的电场能量密度 w_e，可以计算出区域 V 中的电能为

$$W_e=\iiint_V w_e\,\mathrm{d}V \tag{3.1.46}$$

电场能量密度与电场强度有直接的关系，下面简单进行推导。如图 3.1.10 所示，由 n 个导体组成的带电系统，其电场能量为

$$W_e=\frac{1}{2}\sum_{i=1}^{n}\iint\Phi_i\rho_{sf}\,\mathrm{d}s \tag{3.1.47}$$

取一个包围 n 个导体的无限大封闭面，其上并无电荷分布，因此对上式面积分求和中加上无限大封闭面 S_{n+1}，其值不变，即

$$W_e=\frac{1}{2}\sum_{i=1}^{n+1}\iint\Phi_i\rho_{sf}\,\mathrm{d}s=\frac{1}{2}\oiint\Phi\rho_{sf}\,\mathrm{d}s \tag{3.1.48}$$

上式中封闭面积分包括了左边求和中的 $n+1$ 个曲面，考虑到导体表面上的面电荷分布为

$$\rho_{sf}=D_n$$

如图 3.1.10 所示曲面 S 的法线方向 $\boldsymbol{e}_n$，上式可以改写为

$$W_e=-\frac{1}{2}\oiint_S\Phi\boldsymbol{D}\cdot\mathrm{d}\boldsymbol{S} \tag{3.1.49}$$

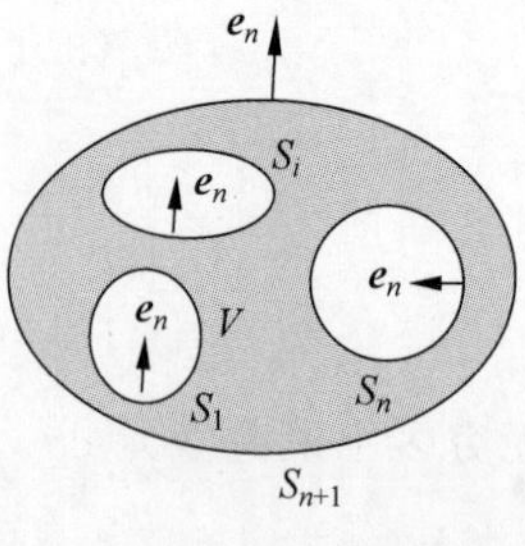

图 3.1.10　多导体系统的电场能量计算用图

利用高斯定理，将封闭面积分转化为体积分

$$\begin{aligned}W_e&=-\frac{1}{2}\iiint_V\nabla\cdot(\Phi\boldsymbol{D})\mathrm{d}V\\&=-\frac{1}{2}\iiint_V(\boldsymbol{D}\cdot\nabla\Phi+\Phi\,\nabla\cdot\boldsymbol{D})\mathrm{d}V\end{aligned} \tag{3.1.50}$$

体积 V 被 S 曲面包围，也就是除了导体之外的整个区域。在场区 V 中，自由电荷体密度为 0，即 $\nabla\cdot\boldsymbol{D}=0$，考虑到 $\boldsymbol{E}=-\nabla\Phi$，所以上式可以变为

$$W_e = \iiint_V \frac{1}{2}\boldsymbol{D}\cdot\boldsymbol{E}\,\mathrm{d}V \tag{3.1.51}$$

电能密度为

$$w_e = \frac{1}{2}\boldsymbol{D}\cdot\boldsymbol{E} = \frac{1}{2}\varepsilon E^2 \tag{3.1.52}$$

【例 3-3】 一均匀带电球，半径为 a，电荷体密度为 ρ_0，计算其电场能量。

解：利用高斯定理，可以计算出带电导体球的电场强度和电位分布

$$\boldsymbol{E} = \begin{cases} \dfrac{\rho_0 r}{3\varepsilon_0}\boldsymbol{e}_r, & r < a \\ \dfrac{\rho_0 a^3}{3\varepsilon_0 r^2}\boldsymbol{e}_r, & r \geqslant a \end{cases}$$

$$\Phi = \begin{cases} \dfrac{\rho_0}{6\varepsilon_0}(3a^2 - r^2), & r < a \\ \dfrac{\rho_0 a^3}{3\varepsilon_0 r}, & r \geqslant a \end{cases}$$

所以电场能量为

$$W_e = \iiint \frac{1}{2}\varepsilon_0 E^2\,\mathrm{d}V = \frac{1}{2}\varepsilon_0\left[\int_0^a \left(\frac{\rho_0 r}{3\varepsilon_0}\right)^2 4\pi r^2\,\mathrm{d}r + \int_a^{+\infty}\left(\frac{a^3}{3\varepsilon_0 r^2}\right)^2 4\pi r^2\,\mathrm{d}r\right] = \frac{4\pi\rho_0^2 a^5}{15\varepsilon_0}$$

或

$$W_e = \frac{1}{2}\iiint \Phi\rho\,\mathrm{d}V = \int_0^a \frac{\rho_0^2}{12\varepsilon_0}(3a^2 - r^2)4\pi r^2\,\mathrm{d}r = \frac{4\pi\rho_0^2 a^5}{15\varepsilon_0}$$

3.2 恒定电流的电场

在导电媒质中，电荷在电场作用下定向移动就形成电流。恒定电流（直流）是不随时间变化的电流。如果在一个导体回路中有恒定电流，回路中必然有一个推动电荷流动的电场，这是有别于静电场之外的另外一种不随时间变化的电场，这个电场是由外电源产生，称为恒定电流的电场。恒定电流的电场主要研究导电媒质中恒定电场的基本方程、边界条件及绝缘电阻等，研究的主要对象是电流密度和电场强度矢量。

3.2.1 恒定电场的基本方程

在导电媒质内部，恒定电场分布不随时间变化，由麦克斯韦方程组可以得到方程

$$\begin{cases} \nabla\cdot\boldsymbol{D} = \rho_f \\ \nabla\times\boldsymbol{E} = 0 \end{cases}$$

上式表明，电荷仍是产生恒定电场的源，恒定电场仍然是无旋场。该微分方程与静

电场基本方程相同，区别在于导电媒质中产生恒定电场的源是运动电荷，而静电场的源是静止电荷。由于导电媒质中的电流是恒定电流，其电荷分布不随时间变化，即$\frac{\partial \rho_f}{\partial t}=0$。根据电荷守恒定律可知

$$\oint\!\!\!\oint_S \boldsymbol{J}_f \cdot \mathrm{d}\boldsymbol{s} = -\frac{\partial q}{\partial t} = -\iiint_\tau \frac{\partial \rho_f}{\partial t}\mathrm{d}\tau = 0 \tag{3.2.1}$$

其物理意义是，单位时间内流入任一闭合面 s 的电荷等于流出该面的电荷，因而电流线是连续的闭合曲线其微分形式为

$$\nabla \cdot \boldsymbol{J}_f = 0 \tag{3.2.2}$$

该式说明，在导电媒质中，恒定电流的电场是一个无源场，电流密度的散度与电荷分布无关。为了与静电场有所区别，用电流密度分析恒定电场更为方便，恒定电流的电场满足的基本方程的微分形式为

$$\begin{cases} \nabla \cdot \boldsymbol{J}_f = 0 \\ \nabla \times \boldsymbol{E} = 0 \end{cases} \tag{3.2.3}$$

其相应的积分形式为

$$\begin{cases} \oint\!\!\!\oint_S \boldsymbol{J}_f \cdot \mathrm{d}\boldsymbol{s} = 0 \\ \oint_l \boldsymbol{E} \cdot \mathrm{d}\boldsymbol{l} = 0 \end{cases} \tag{3.2.4}$$

在导电媒质中，大量自由电子在场力作用下作定向运动的过程中，不断与较重的离子或中性分子发生不规则的碰撞，由此形成传导电流的电子运动速度应当是平均速度。电荷在导电媒质中平均速度与作用于它的电场强度呈正比。定量分析表明 $\boldsymbol{J}_f$ 与 $\boldsymbol{E}$ 呈正比关系：

$$\boldsymbol{J}_f = \sigma \boldsymbol{E} \tag{3.2.5}$$

上式称为导电媒质的本构方程(或媒质特性方程)，又称为欧姆定律的微分形式。比例常数 σ 是媒质的宏观本构参数，称为电导率，单位为 S/m(西门子/米)。

同样，在恒定电场中引入标量电位函数 ϕ，电场强度与电位关系满足 $\boldsymbol{E}=-\nabla\phi$，可得到

$$\nabla \cdot \boldsymbol{J}_f = \nabla \cdot (\sigma \boldsymbol{E}) = \sigma \nabla \cdot \boldsymbol{E} = \sigma \nabla \cdot (-\nabla \phi) = -\sigma \nabla^2 \phi = 0$$

即得到导电媒质中电位函数满足拉普拉斯方程

$$\nabla^2 \phi = 0 \tag{3.2.6}$$

这是一个标量偏微分方程，在某些情况下比直接求解电场强度矢量更为简单。

3.2.2 恒定电流电场的边界条件

当恒定电流通过具有不同电导率 σ_1 和 σ_2 的两种导电媒质的分界面时，在分界面上，$\boldsymbol{J}_f$ 和 $\boldsymbol{E}$ 各自满足的关系称为恒定电场的边界条件。边界条件可由恒定电场基本方程的积分形式导出，见图 3.2.1。

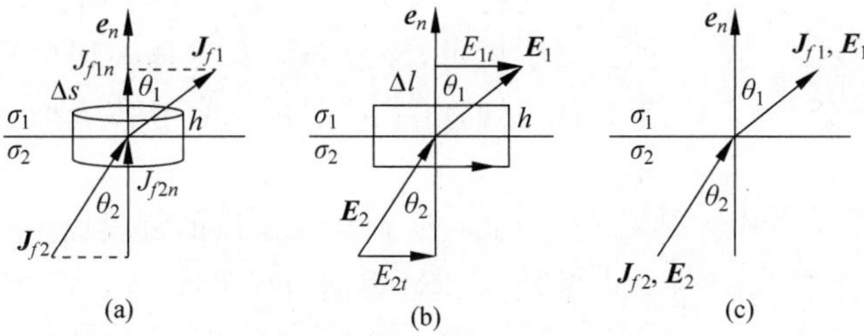

图 3.2.1 恒定电场的边界条件

将电流连续性方程的积分形式应用于图 3.2.1(a)中的圆柱形闭合面上得到

$$\oint_S \boldsymbol{J}_f \cdot \mathrm{d}\boldsymbol{s} = J_{f_{1n}} \Delta s - J_{f_{2n}} \Delta s = 0$$

所以得到

$$J_{f_{1n}} = J_{f_{2n}} \tag{3.2.7}$$

上式说明,在分界面上电流密度 $\boldsymbol{J}_f$ 的法向分量是连续的,根据 $\boldsymbol{J}_f = \sigma \boldsymbol{E}$ 和 $\boldsymbol{E} = -\nabla \phi$,得

$$\sigma_1 E_{1n} = \sigma_2 E_{2n}$$

或

$$\sigma_1 \frac{\partial \phi_1}{\partial n} = \sigma_2 \frac{\partial \phi_2}{\partial n} \tag{3.2.8}$$

将式(3.2.4)积分形式应用图 3.2.1(b)中于矩形闭合路径上得到

$$\oint_l \boldsymbol{E} \cdot \mathrm{d}\boldsymbol{l} = E_{1t} \Delta l - E_{2t} \Delta l = 0$$

即

$$E_{1t} = E_{2t} \tag{3.2.9}$$

说明分界面上的电场强度的切向分量是连续的。拓展得到

$$\frac{J_{f_{1t}}}{\sigma_1} = \frac{J_{f_{2t}}}{\sigma_2}$$

及

$$\phi_1 = \phi_2 \tag{3.2.10}$$

根据边界条件,又可以写成

$$\sigma_1 E_1 \cos\theta_1 = \sigma_2 E_2 \cos\theta_2$$

和

$$E_1 \sin\theta_1 = E_2 \sin\theta_2$$

两式相除得到

$$\frac{\tan\theta_1}{\tan\theta_2} = \frac{\sigma_1}{\sigma_2} \tag{3.2.11}$$

由于两种导电媒质的电导率不同,θ_1 和 θ_2 必然不同。上式表明,分界面上电流线或电力线发生弯折。

综上所述,在一般情况下,当恒定电流通过电导率不同的两种导电媒质分界面时,电

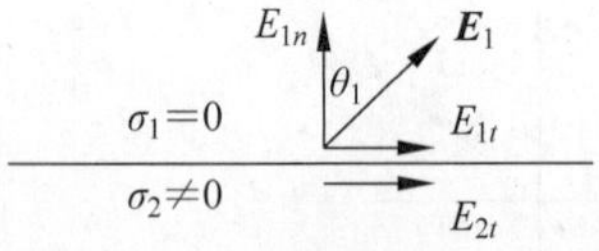

图 3.2.2　理想介质与导体分界面的电场

流和电场都要发生突变，这时分界面上必有电荷分布。如图 3.2.2 所示，理想介质和导体表明的边界条件，根据边界条件可知，电力线不再垂直导体表面，与法线方向的夹角为 θ_1。

再比如在两种金属媒质的分界面上(通常认为金属的介电常数为 ε_0)，根据边界条件

$$D_{1n}-D_{2n}=\varepsilon_0 E_{1n}-\varepsilon_0 E_{2n}=\rho_{sf}$$

所以得到

$$\rho_{sf}=\varepsilon_0(E_{1n}-E_{2n})=\varepsilon_0\left(\frac{\sigma_2}{\sigma_1}-1\right)E_{2n}=\varepsilon_0\left(1-\frac{\sigma_1}{\sigma_2}\right)E_{1n} \tag{3.2.12}$$

所以，只要 $\sigma_2\neq\sigma_1$，分界面上必然有一层自由面电荷。如果导电媒质不均匀，即使在同一种导电媒质中也会有体电荷集聚。

视频3-3

3.2.3　恒定电流的电场与静电场的比拟

理想介质中无源区的静电场与导体内电源外的恒定电流的电场在许多方面有相似之处，具体情况如表 3.2.1 所示。

表 3.2.1　恒定电流的电场与静电场的比较

比 较 项 目	导电媒质中的恒定电场	理想介质中的静电场
基本方程	$\nabla\times\boldsymbol{E}=0$ $\nabla\cdot\boldsymbol{J}_f=0$	$\nabla\times\boldsymbol{E}=0$ $\nabla\cdot\boldsymbol{D}=0$
本构关系	$\boldsymbol{J}_f=\sigma\boldsymbol{E}$	$\boldsymbol{D}=\varepsilon\boldsymbol{E}$
边界条件	$\boldsymbol{e}_n\times(\boldsymbol{E}_1-\boldsymbol{E}_2)=0$ $\boldsymbol{e}_n\cdot(\boldsymbol{J}_{f1}-\boldsymbol{J}_{f2})=0$	$\boldsymbol{e}_n\times(\boldsymbol{E}_1-\boldsymbol{E}_2)=0$ $\boldsymbol{e}_n\cdot(\boldsymbol{D}_1-\boldsymbol{D}_2)=0$
电位函数满足的方程及边界条件	$\nabla^2\phi=0$ $\phi_1=\phi_2$ $\sigma_1\dfrac{\partial\phi_1}{\partial n}=\sigma_2\dfrac{\partial\phi_2}{\partial n}$	$\nabla^2\phi=0$ $\phi_1=\phi_2$ $\varepsilon_1\dfrac{\partial\phi_1}{\partial n}=\varepsilon_2\dfrac{\partial\phi_2}{\partial n}$
常用物理量之间的关系	$I=\oint_s\boldsymbol{J}_f\cdot\mathrm{d}\boldsymbol{s}$ $U=\int_l\boldsymbol{E}\cdot\mathrm{d}\boldsymbol{l}$ $G=\dfrac{I}{U}$	$Q=\oint_s\boldsymbol{D}\cdot\mathrm{d}\boldsymbol{s}$ $U=\int_l\boldsymbol{E}\cdot\mathrm{d}\boldsymbol{l}$ $C=\dfrac{Q}{U}$
对偶量表	电场强度 $\boldsymbol{E}$ 电流密度 $\boldsymbol{J}_f$ 电导率 σ 电位函数 ϕ 电位差 U 电流强度 I 电导 G	电场强度 $\boldsymbol{E}$ 电位移矢量 $\boldsymbol{D}$ 介电常数 ε 电位函数 ϕ 电位差 U 电量 Q 电容 C

可以看出,两种场的基本方程是相似的,只要把 $\boldsymbol{J}_f$ 和 $\boldsymbol{D}$,σ 和 ε 互换,一个场的基本方程就变为另外一个场的基本方程。两种场的电位函数具有相同的定义,而且满足拉普拉斯方程。如果 $\boldsymbol{J}_f$ 和 $\boldsymbol{D}$ 分别在导电媒质和电介质中满足相同边界条件,根据唯一性定理,两个场的电位函数必有相同的解。也就是说,两种场的等位面分布相同,恒定电场的电流线与静电场的电位移线分布相同。这给我们一个启示,在相同的边界条件,如果已知一种场的解,只要对照表将相应的物理量置换一下,就可以得到另一种场的解。例如,当几个导体的几何形状很复杂难于用分析方法计算导体间的电位时,可以把导体放入电导率较小的电解液中,各导体分别接到交流电源以维持它们的电位,另用探针测出等电位的各点就可以得到一系列等位面,这种方法称为静电比拟法。

在许多实际问题中,金属电极之间,如电容器极板之间,同轴线的内导体与外导体之间常常需要填充不导电的材料作电绝缘。虽然绝缘材料的电导率远小于金属材料的电导率,但毕竟不等于0。因此,在电极之间加上直流电压时,总会有微小的电流通过绝缘体。这种微弱的电流称为漏电流,漏电流与两极之间的电压之比称为漏电导,即

$$G=\frac{I}{U} \tag{3.2.13}$$

漏电导的倒数又称为漏电阻,又称为绝缘电阻。

$$R=\frac{1}{G}=\frac{U}{I} \tag{3.2.14}$$

计算绝缘电阻的方法有三种。

(1) 利用电阻的计算公式

$$R=\int_l \frac{\mathrm{d}l}{\sigma s} \tag{3.2.15}$$

式中,$\mathrm{d}l$ 是沿电流方向上的长度元; s 是垂直于电流方向的面积,它可能是坐标变量的函数。

(2) 利用拉普拉斯求出电位 ϕ,依次求出电场强度 $\boldsymbol{E}$,电流密度 $\boldsymbol{J}_f$,电流强度 I,然后利用定义式求出绝缘电阻,其相应公式为

$$\begin{cases}\nabla^2\phi=0\\ \boldsymbol{E}=-\nabla\phi\\ \boldsymbol{J}_f=\sigma\boldsymbol{E}\\ I=\iint_s \boldsymbol{J}_f\cdot\mathrm{d}\boldsymbol{s}\\ R=\dfrac{U}{I}\end{cases} \tag{3.2.16}$$

当极板具有某种对称关系时,也可以假设一个电极1通过绝缘材料到电极2的电流 I,然后依次利用下列公式求解:

$$\begin{cases} J_f = \dfrac{I}{s} \\ E = \dfrac{J_f}{\sigma} \\ U = \displaystyle\int_l \boldsymbol{E} \cdot \mathrm{d}\boldsymbol{l} \\ R = \dfrac{U}{I} \end{cases} \tag{3.2.17}$$

(3) 利用在相同的边界条件下,静电场与恒定电场的相似性,可以得出两导体间的电容和电导之间的关系,从电容可以算出电导或从电导求出电容。由静电场理论可知,两导体之间充满介电常数 ε 的电介质时,导体间的电容为

$$C = \frac{q}{U} = \frac{\oiint_s \rho_s \mathrm{d}s}{\int_1^2 \boldsymbol{E} \cdot \mathrm{d}\boldsymbol{l}} = \frac{\varepsilon \oiint_s \boldsymbol{E} \cdot \mathrm{d}\boldsymbol{s}}{\int_1^2 \boldsymbol{E} \cdot \mathrm{d}\boldsymbol{l}} \tag{3.2.18}$$

式中,s 是紧靠并包围导体 1 的闭合曲面,线积分是从导体 1 沿着任意路径到导体 2 的积分。如果导体间充满漏电的媒质,并设电导率为 σ,由电导的定义式得到

$$G = \frac{I}{U} = \frac{\oiint_s \boldsymbol{J}_f \cdot \mathrm{d}\boldsymbol{s}}{\int_1^2 \boldsymbol{E} \cdot \mathrm{d}\boldsymbol{l}} = \frac{\sigma \oiint_s \boldsymbol{E} \cdot \mathrm{d}\boldsymbol{s}}{\int_1^2 \boldsymbol{E} \cdot \mathrm{d}\boldsymbol{l}}$$

可见

$$\frac{C}{G} = \frac{\varepsilon}{\sigma}$$

所以,绝缘电阻为

$$R = \frac{1}{G} = \frac{\varepsilon}{\sigma C} \tag{3.2.19}$$

在工程应用中,常常需要设备与大地之间有良好的接地。为此,通常把称为接地器的金属物体(如金属球、金属板或金属网等)埋入大地,并将设备上需要接地的点通过导线和接地器连接。电流在大地中所遇到的电阻称为接地电阻,实际上是两个相隔很远的接地器之间土壤的电阻。由于接地器附近电流流通的截面最小,所以接地电阻主要集中在接地器附近。有时为了计算方便,同时又能保证可靠的精度,可以认为电流从接地器流向无限远处。

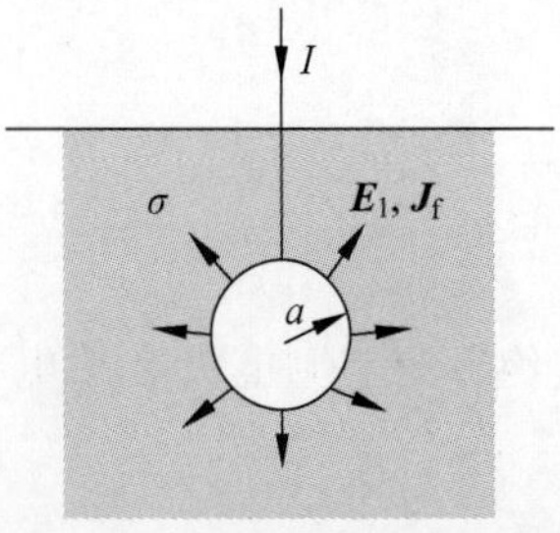

图 3.2.3 接地电阻示意图

如图 3.2.3 所示,深埋地下的半径为 a 的铜球,其接地电阻可用如下方法求出。由于铜球埋得较深,可以忽略地面的影响。铜的电导率远大于土壤的电导率,电流线基本垂直于铜球表面,因此电流密度矢量线具有球对称分布特征。土壤中任一点的电流密度为

$$\boldsymbol{J}_f = \frac{I}{4\pi r^2} \boldsymbol{e}_r$$

其电场强度为

$$\boldsymbol{E}=\frac{\boldsymbol{J}_f}{\sigma}=\frac{I}{4\pi\sigma r^2}\boldsymbol{e}_r$$

假定电流流向无限远处，则电压为

$$U=\int_a^{+\infty}\boldsymbol{E}\cdot \mathrm{d}\boldsymbol{l}=\frac{I}{4\pi\sigma}\int_a^{\infty}\frac{1}{r^2}\mathrm{d}r=\frac{I}{4\pi\sigma a}$$

所以接地电阻为

$$R=\frac{U}{I}=\frac{1}{4\pi\sigma a}$$

为了使得设备与地有良好的接地，要求接地电阻越小越好。从上式可以看出，增大接地器的表面积和接地器附近的土壤中渗入电导率高的物质(如盐)，都可以减少接地电阻。

【例 3-4】 计算同轴电缆单位长度的绝缘电阻 R_1。同轴电缆的内导体(芯线)半径是 a，外导体(外壳)半径是 b，内外导体之间充满一种介电常数为 ε、电导率为 σ 的绝缘材料。

解：假设同轴电缆的内外导体间加一直流电压 U，由于绝缘材料的电导率 σ 不等于 0 而产生漏电流。考虑到轴对称性，漏电流沿径向，而且在绝缘材料中的同一个同轴圆柱面上的电流密度 $\boldsymbol{J}_f$ 的大小相等，所以

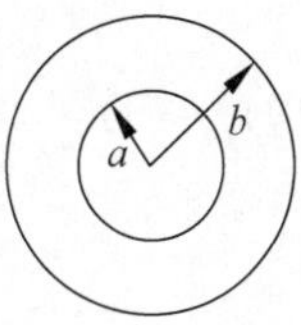

图 3.2.4 示意图

$$\boldsymbol{J}_f=\frac{I}{2\pi\rho\times 1}\boldsymbol{e}_\rho$$

其中，I 是通过半径为的单位长度同轴圆柱面的漏电流。由 $\boldsymbol{J}=\sigma E$，可得

$$\boldsymbol{E}=\frac{\boldsymbol{J}_f}{\sigma}=\frac{I}{2\pi\sigma\rho}\boldsymbol{e}_\rho$$

内外导体之间的电压 U 为

$$U=\int_a^b\boldsymbol{E}\cdot\boldsymbol{e}_\rho\mathrm{d}\rho=\frac{I}{2\pi\sigma}\ln\frac{b}{a}$$

所以，单位长度的绝缘电阻是

$$R_1=\frac{U}{I}=\frac{1}{2\pi\sigma}\ln\frac{b}{a}$$

【例 3-5】 一个有两层媒质 ε_1、ε_2 的平行板电容器，两层媒质都具有电导率，分别为 σ_1 和 σ_2，电容器极板面积为 S。在外加电压 U 时，求通过电容器的(漏)电流和两层介质分界面上的自由电荷密度。

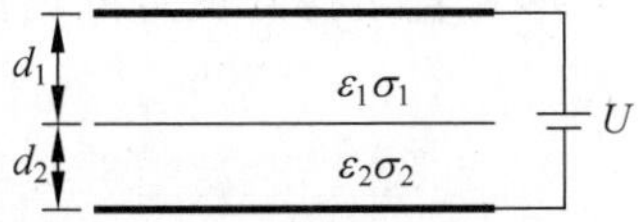

图 3.2.5 平行板电容器示意图

解：设通过电容器的电流为 I，则两种媒质中的电流密度为

$$J_1=J_2=\frac{I}{S}=J_f$$

$$\boldsymbol{J}_f=\sigma\boldsymbol{E}$$

所以，两种媒质中的电场为

$$E_1=\frac{J_f}{\sigma_1},\quad E_2=\frac{J_f}{\sigma_2}$$

$$U=E_1d_1+E_2d_2=\left(\frac{d_1}{\sigma_1}+\frac{d_2}{\sigma_2}\right)J_f=\frac{\sigma_2d_1+\sigma_1d_2}{\sigma_1\sigma_2}\frac{I}{S}$$

所以，

$$I=\frac{\sigma_1\sigma_2}{\sigma_2d_1+\sigma_1d_2}SU$$

$$J_f=\frac{\sigma_1\sigma_2}{\sigma_2d_1+\sigma_1d_2}U$$

利用 $\boldsymbol{D}=\varepsilon\boldsymbol{E}$，得到

$$\boldsymbol{J}_f=\sigma\boldsymbol{E}\rightarrow\boldsymbol{E}=\frac{\boldsymbol{J}_f}{\sigma}$$

所以，

$$D_1=\varepsilon_1E_1=\frac{\varepsilon_1}{\sigma_1}J_f,\quad D_2=\varepsilon_2E_2=\frac{\varepsilon_2}{\sigma_2}J_f$$

而 $D_{1n}-D_{2n}=\rho_{sf}$，所以，

$$\rho_{sf}=D_1-D_2=\left(\frac{\varepsilon_1}{\sigma_1}-\frac{\varepsilon_2}{\sigma_2}\right)J_f=\frac{\sigma_2\varepsilon_1-\sigma_1\varepsilon_2}{\sigma_2d_1+\sigma_1d_2}U$$

为什么在媒质分界面上存在电荷？因为两种媒质均为有耗媒质(导电媒质)，在接通电源后的暂态过程中电荷聚集在媒质分界面上。

3.3 恒定电流的磁场

导体中有恒定电流通过时，在导体内部和它的周围媒质中，不仅有恒定电场，同时还有不随时间变化的磁场，称为恒定电流的磁场。恒定电流的磁场是与静电场性质完全不同的场，但在分析方法上有许多共同之处，本节首先给出恒定磁场满足的基本方程，然后引出矢量磁位的概念，并给出不同媒质分界面上的边界条件，最后分析导体回路的电感和恒定磁场的储能问题。

3.3.1 恒定磁场的基本方程和边界条件

恒定磁场是时变电磁场的特例，可以由麦克斯韦方程微分形式直接得到恒定磁场满足的基本方程，即

$$\nabla\times\boldsymbol{H}=\boldsymbol{J}\tag{3.3.1}$$

$$\nabla\cdot\boldsymbol{B}=0\tag{3.3.2}$$

对简单媒质，$\boldsymbol{B}$ 和 $\boldsymbol{H}$ 之间满足本构关系 $\boldsymbol{B}=\mu\boldsymbol{H}=\mu_0\mu_r\boldsymbol{H}$，$\mu$ 是媒质的磁导率，μ_r 是

媒质的相对磁导率，其中真空或空气的磁导率 $\mu_0=4\pi\times10^{-7}$ H/m。

依据高斯定理和斯托克斯定理，可以得到式(3.3.1)和式(3.3.2)的积分形式

$$\oint_l \boldsymbol{H}\cdot \mathrm{d}\boldsymbol{l}=I \tag{3.3.3}$$

$$\oiint_s \boldsymbol{B}\cdot \mathrm{d}\boldsymbol{s}=0 \tag{3.3.4}$$

式(3.3.3)为安培环路定律的积分形式，式中积分路径 l 是围绕 S 面的围线，而 I 为通过 S 的总电流。路径 l 的走向和电流流动的方向服从右手螺旋法则，安培环路定律表明在自由空间中，磁场强度绕任何一个闭合路径的环量等于流过该路径所围面积的总电流。应用安培环路定理可求电流或磁力线具有特殊对称性(柱对称)分布的问题。式(3.3.4)为磁通连续性定律，表明不存在磁流源，磁通线总是自身闭合的；或者说穿过任何封闭面总的流出磁通量为0。综合恒定磁场的基本方程可以得出：恒定磁场是有旋场，恒定电流是恒定磁场的旋涡源。

在两种不同媒质分界面上，场量 $\boldsymbol{B}$ 和 $\boldsymbol{H}$ 分别满足一定的边界条件。恒定磁场的边界条件可以由式(3.3.3)和式(3.3.4)的积分方程得到，也可以由时变电磁场一般形式的边界条件得到。

磁感应强度的边界条件可参照图3.3.1所示，在不同磁介质的分界面上作一个很小的圆柱形闭合面，它的顶面和底面分别在介质1和介质2中，且无限地靠近分界面，即柱面的高度 h 趋于0。假如分界面的法线方向是由介质2指向介质1，$\boldsymbol{e}_n$ 是法向单位矢量。将磁通连续性定律应用到此闭合曲面上，可以得到

$$B_{1n}=B_{2n} \tag{3.3.5}$$

或

$$\boldsymbol{e}_n\cdot(\boldsymbol{B}_1-\boldsymbol{B}_2)=0 \tag{3.3.6}$$

上式说明，在分界面上磁感应强度 $\boldsymbol{B}$ 的法向分量总是连续的。由于 $\boldsymbol{B}=\mu\boldsymbol{H}$，当 $\mu_1\neq\mu_2$ 时，$H_{1n}\neq H_{2n}$，即磁场强度的法向分量是不连续的。

磁场强度的边界条件参照图3.3.2所示，紧贴分界两侧作一个很小的矩形闭合路径 l，并设它所围面积 s 与穿过它的传导电流方向垂直。由于与传导电流的正交性，分界面两侧的 $\boldsymbol{H}_1$ 和 $\boldsymbol{H}_2$ 也是在 s 面上。矩形闭合路径的长度 Δl 很小，可以认为它上面的 $\boldsymbol{H}$ 是常量。宽度 h 趋于0，$\boldsymbol{H}$ 在它上面的线积分可以忽略不计。依据安培环路定律的积分形式得到

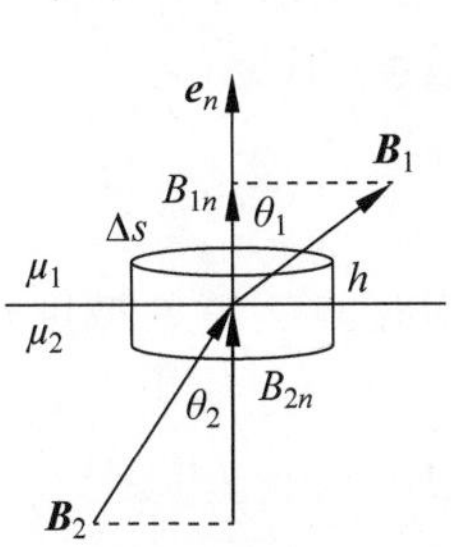

图3.3.1　磁感应强度的边界条件

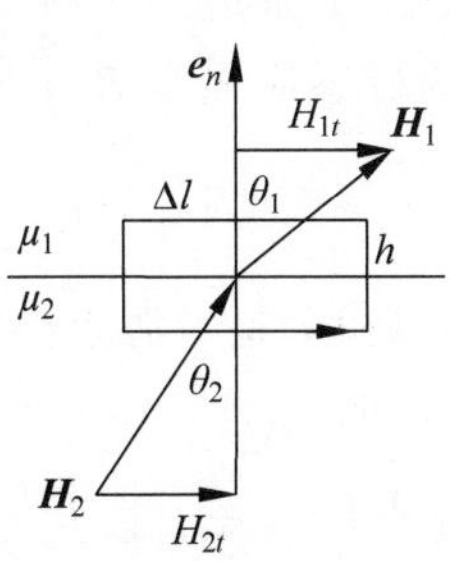

图3.3.2　$\boldsymbol{H}$ 的边界条件

$$H_{1t}-H_{2t}=J_{sf} \tag{3.3.7}$$

或

$$\boldsymbol{e}_n\times(\boldsymbol{H}_1-\boldsymbol{H}_2)=\boldsymbol{J}_{sf} \tag{3.3.8}$$

上式说明，当分界面上有传导电流时，磁场强度 $\boldsymbol{H}$ 的切向分量是不连续的。在此条件下，磁感应强度 $\boldsymbol{B}$ 的切向分量也不连续。

3.3.2 矢量磁位

根据磁通连续性定律，$\nabla\cdot\boldsymbol{B}=0$，根据矢量恒等式，$\boldsymbol{B}$ 可以用一个矢量函数 $\boldsymbol{A}$ 的旋度来表示，即

$$\boldsymbol{B}=\nabla\times\boldsymbol{A} \tag{3.3.9}$$

$\boldsymbol{A}$ 称为矢量磁位。根据毕奥—萨伐尔定律，基于电流体密度的磁感应强度 $\boldsymbol{B}$ 为

$$\boldsymbol{B}(\boldsymbol{r})=\frac{\mu}{4\pi}\iiint_{\tau'}\left[\nabla\left(\frac{1}{|\boldsymbol{r}-\boldsymbol{r}'|}\right)\times\boldsymbol{J}_f(\boldsymbol{r}')\right]\mathrm{d}\tau' \tag{3.3.10}$$

将被积函数展开

$$\nabla\left(\frac{1}{|\boldsymbol{r}-\boldsymbol{r}'|}\right)\times\boldsymbol{J}_f(\boldsymbol{r}')=\nabla\times\frac{\boldsymbol{J}_f(\boldsymbol{r}')}{|\boldsymbol{r}-\boldsymbol{r}'|}-\frac{1}{|\boldsymbol{r}-\boldsymbol{r}'|}\nabla\times\boldsymbol{J}_f(\boldsymbol{r}')$$

由于上式第二项为 0，原因是对场源区的旋度运算为 0，所以得到

$$\boldsymbol{B}(\boldsymbol{r})=\frac{\mu}{4\pi}\iiint_{\tau'}\nabla\times\frac{\boldsymbol{J}_f(\boldsymbol{r}')}{|\boldsymbol{r}-\boldsymbol{r}'|}\mathrm{d}\tau'=\nabla\times\frac{\mu}{4\pi}\iiint_{\tau'}\frac{\boldsymbol{J}_f(\boldsymbol{r}')}{|\boldsymbol{r}-\boldsymbol{r}'|}\mathrm{d}\tau'=\nabla\times\boldsymbol{A}$$

式中，体积分是对源点坐标积分，所以旋度运算符号可以提到积分符号之外。可以得到

$$\boldsymbol{A}(\boldsymbol{r})=\frac{\mu}{4\pi}\iiint_{\tau'}\frac{\boldsymbol{J}_f(\boldsymbol{r}')}{|\boldsymbol{r}-\boldsymbol{r}'|}\mathrm{d}\tau' \tag{3.3.11}$$

同理，可以得到面电流分布和细导线电流回路情况下的矢量磁位表示式

$$\boldsymbol{A}(\boldsymbol{r})=\frac{\mu}{4\pi}\iint_{s'}\frac{\boldsymbol{J}_{sf}(\boldsymbol{r}')}{|\boldsymbol{r}-\boldsymbol{r}'|}\mathrm{d}s' \tag{3.3.12}$$

$$\boldsymbol{A}(\boldsymbol{r})=\frac{\mu}{4\pi}\oint_{l'}\frac{I\mathrm{d}\boldsymbol{l}'}{|\boldsymbol{r}-\boldsymbol{r}'|} \tag{3.3.13}$$

根据亥姆霍兹定理，如果要确定一个 $\boldsymbol{A}(\boldsymbol{r})$ 矢量场，不仅要知道该矢量的旋度，还要知道该矢量的散度，如果边界条件也给定，这个矢量场就可以唯一确定。对于矢量磁位 $\boldsymbol{A}$ 而言，其旋度为磁感应强度 $\boldsymbol{B}$。下面我们来确定其散度，即

$$\nabla\cdot\boldsymbol{A}(\boldsymbol{r})=\frac{\mu}{4\pi}\iiint_{\tau'}\nabla\cdot\left[\frac{\boldsymbol{J}_f(\boldsymbol{r}')}{|\boldsymbol{r}-\boldsymbol{r}'|}\right]\mathrm{d}\tau' \tag{3.3.14}$$

由于右端的体积分是对源点坐标进行积分，所以对场点运算的散度符号可以移入到积分号内。可以证明

$$\nabla\cdot\left[\frac{\boldsymbol{J}_f(\boldsymbol{r}')}{|\boldsymbol{r}-\boldsymbol{r}'|}\right]=-\nabla'\cdot\left[\frac{\boldsymbol{J}_f(\boldsymbol{r}')}{|\boldsymbol{r}-\boldsymbol{r}'|}\right]$$

式中，∇是场点运算；∇'是源点运算，其中$\nabla'\cdot\boldsymbol{J}_f(\boldsymbol{r}')=0$。可以得到

$$\nabla\cdot\boldsymbol{A}(\boldsymbol{r})=-\frac{\mu}{4\pi}\iiint_{\tau'}\nabla'\cdot\left[\frac{\boldsymbol{J}_f(\boldsymbol{r}')}{|\boldsymbol{r}-\boldsymbol{r}'|}\right]\mathrm{d}\tau'$$

上式右端的微分和积分都是对源点坐标运算，应用高斯散度定理，可以得到

$$\nabla\cdot\boldsymbol{A}(\boldsymbol{r})=-\frac{\mu}{4\pi}\oint\!\!\!\oint_{s'}\frac{\boldsymbol{J}_{sf}(\boldsymbol{r}')}{|\boldsymbol{r}-\boldsymbol{r}'|}\mathrm{d}s' \tag{3.3.15}$$

其中，s'是限定电流分布区域的闭合曲面。对于恒定电流分布在有限区域情况下，将闭合曲面 s'任意扩大，除了原有的 $\boldsymbol{J}_f(\boldsymbol{r}')\neq 0$ 的体积外，扩大区域的空间内没有电流分布，因而扩大区域的体积分为 0，扩大区域后并不影响原有的体积分的结果。因而可以把积分区域扩大到无穷远处，在无穷远处的闭合面上，显然有

$$\boldsymbol{J}_{sf}(\boldsymbol{r}')=0$$

因此可以得到

$$\nabla\cdot\boldsymbol{A}(\boldsymbol{r})=0 \tag{3.3.16}$$

引进矢量磁位 $\boldsymbol{A}$ 后，计算磁感应强度 $\boldsymbol{B}$ 更为简单了。同样，在计算磁通量时，可以得到

$$\Phi=\iint_s\boldsymbol{B}\cdot\mathrm{d}\boldsymbol{s}=\iint_s\nabla\times\boldsymbol{A}\cdot\mathrm{d}\boldsymbol{s}=\oint_l\boldsymbol{A}\cdot\mathrm{d}\boldsymbol{l} \tag{3.3.17}$$

上式用到了斯托克斯定理，l 表示面积 s 边缘的闭合曲线。因为磁通量的单位是韦伯，所以矢量磁位 $\boldsymbol{A}$ 的单位是 Wb/m。在计算磁通量时，计算矢量磁位的环量往往比计算 $\boldsymbol{B}$ 的面积分更方便。

由矢量磁位满足的关系式，可以推导出在空间任意一点上满足的微分方程。根据式

$$\nabla^2\boldsymbol{A}(\boldsymbol{r})=\nabla^2\left[\frac{\mu}{4\pi}\iiint_{\tau'}\frac{\boldsymbol{J}_f(\boldsymbol{r}')}{|\boldsymbol{r}-\boldsymbol{r}'|}\mathrm{d}\tau'\right]=\frac{\mu}{4\pi}\iiint_{\tau'}\nabla^2\left[\frac{\boldsymbol{J}_f(\boldsymbol{r}')}{|\boldsymbol{r}-\boldsymbol{r}'|}\right]\mathrm{d}\tau'$$

$$=\frac{\mu}{4\pi}\iiint_{\tau'}\boldsymbol{J}_f(\boldsymbol{r}')\nabla^2\left[\frac{1}{|\boldsymbol{r}-\boldsymbol{r}'|}\right]\mathrm{d}\tau' \tag{3.3.18}$$

式中，$\boldsymbol{r}$ 和 $\boldsymbol{r}'$分别是场点和源点的位置矢径；$\boldsymbol{J}_f(\boldsymbol{r}')$与场点坐标无关。被积函数的二阶微分运算有两种情况：

(1) 当场点在电流分布区域 τ'之外，这时$|\boldsymbol{r}-\boldsymbol{r}'|\neq 0$，得到

$$\nabla^2\left[\frac{1}{|\boldsymbol{r}-\boldsymbol{r}'|}\right]=0$$

可以得到

$$\nabla^2\boldsymbol{A}(\boldsymbol{r})=0 \tag{3.3.19}$$

称为矢量磁位 $\boldsymbol{A}$ 满足拉普拉斯方程。

(2) 当场点在电流分布区域 τ'之内，在积分过程中，总会有场点与源点重合的情况，即$|\boldsymbol{r}-\boldsymbol{r}'|=0$，则被积函数趋于无穷大，使得积分结果无意义。这时可以利用 δ 函数计算积分的数值。

$$\nabla^2\left[\frac{1}{|\boldsymbol{r}-\boldsymbol{r}'|}\right]=-4\pi\delta(\boldsymbol{r}-\boldsymbol{r}')$$

所以有

$$\nabla^2\boldsymbol{A}(\boldsymbol{r})=-\mu\iiint_{\tau'}\boldsymbol{J}_f(\boldsymbol{r}')\delta(\boldsymbol{r}-\boldsymbol{r}')\mathrm{d}\tau'$$

可以得到

$$\nabla^2 \mathbf{A}(\boldsymbol{r}) = -\mu \boldsymbol{J}_f(\boldsymbol{r}) \tag{3.3.20}$$

该式称为矢量磁位的泊松方程。在直角坐标系中，该方程可以分解为三个标量方程，即

$$\begin{cases} \nabla^2 A_x = -\mu J_{fx} \\ \nabla^2 A_y = -\mu J_{fy} \\ \nabla^2 A_z = -\mu J_{fz} \end{cases} \tag{3.3.21}$$

相应的解为

$$\begin{cases} A_x = \dfrac{\mu}{4\pi}\iiint_{\tau'} \dfrac{J_{fx}}{|\boldsymbol{r}-\boldsymbol{r}'|}\mathrm{d}\tau' \\ A_y = \dfrac{\mu}{4\pi}\iiint_{\tau'} \dfrac{J_{fy}}{|\boldsymbol{r}-\boldsymbol{r}'|}\mathrm{d}\tau' \\ A_z = \dfrac{\mu}{4\pi}\iiint_{\tau'} \dfrac{J_{fz}}{|\boldsymbol{r}-\boldsymbol{r}'|}\mathrm{d}\tau' \end{cases} \tag{3.3.22}$$

从上述方程可以看出，积分方程的被积函数都是标量，求解矢量磁位变得更简单。

3.3.3 磁偶极子

磁偶极子是类比电偶极子而建立的物理模型，具有等值异号的两个点磁荷构成的系统称为磁偶极子，但由于至今没有发现单独存在的磁单极子，因此磁偶极子的物理模型不是两个磁单极子，而是用一段封闭电流回路来等效。磁偶极子模型能够很好地描述小尺度闭合电流线圈产生的磁场分布。下面利用矢量磁位来求解磁偶极子产生的磁感应强度。如图 3.3.3(a)所示，磁偶极子是一个中心位于球坐标系，原点半径为 a 且其上通有电流 I 的圆形线圈。设圆形电流线圈位于 xOy 平面上，它的中心与坐标原点重合，采用球坐标系计算远离线圈的任一点的矢量磁位，然后计算出磁感应强度。由于线圈的对称性，矢量磁位 $\mathbf{A}$ 与坐标 φ 无关，因此可以把场点 P 取在 $\varphi=0$ 的平面内，即 xOz 平面内。由

$$\mathbf{A}(\boldsymbol{r}) = \frac{\mu}{4\pi}\oint_{l'} \frac{I\mathrm{d}\boldsymbol{l}'}{|\boldsymbol{r}-\boldsymbol{r}'|} = \frac{\mu}{4\pi}\oint_{l'} \frac{I\mathrm{d}\boldsymbol{l}'}{R} \tag{3.3.23}$$

圆形线圈上的一个电流元 $I\mathrm{d}\boldsymbol{l}'$在场点 P 产生的矢量磁位为

$$\mathrm{d}\boldsymbol{A}' = \frac{\mu}{4\pi}\frac{I\mathrm{d}\boldsymbol{l}'}{R} \tag{3.3.24}$$

在 $\varphi=0$ 平面的两侧为 φ 和 $-\varphi$ 位置处，取两个电流元 $I\mathrm{d}\boldsymbol{l}'$ 和 $I\mathrm{d}\boldsymbol{l}''$，并令 $\mathrm{d}l'=\mathrm{d}l''=\mathrm{d}l$。它们在 P 点产生的矢量磁位 $\mathrm{d}\boldsymbol{A}'$ 和 $\mathrm{d}\boldsymbol{A}''$分别与 $\mathrm{d}\boldsymbol{l}'$ 和 $\mathrm{d}\boldsymbol{l}''$平行，如图 3.3.3(b)所示。

$$\mathrm{d}\boldsymbol{A}' = \frac{\mu}{4\pi}\frac{I\mathrm{d}\boldsymbol{l}'}{R} = \frac{\mu \mathrm{d}l}{4\pi R}(-\boldsymbol{e}_x\sin\varphi + \boldsymbol{e}_y\cos\varphi)$$

$$\mathrm{d}\boldsymbol{A}'' = \frac{\mu}{4\pi}\frac{I\mathrm{d}\boldsymbol{l}''}{R} = \frac{\mu \mathrm{d}\boldsymbol{l}}{4\pi R}(\boldsymbol{e}_x\sin\varphi + \boldsymbol{e}_y\cos\varphi)$$

这一对电流元在 P 点产生的矢量磁位为

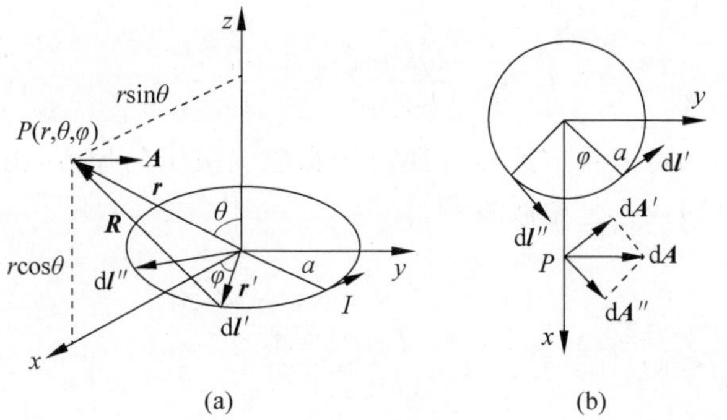

图 3.3.3　计算磁偶极子的场

$$\mathrm{d}\boldsymbol{A}' + \mathrm{d}\boldsymbol{A}'' = \boldsymbol{e}_y \frac{2\mu\,\mathrm{d}l}{4\pi R}\cos\varphi$$

$$R = |\boldsymbol{r} - \boldsymbol{r}'| = (r^2 + a^2 - 2ar\sin\theta\cos\varphi)^{1/2}$$

对于远离小圆环的区域，有 $r \gg a$，所以有

$$\frac{1}{R} = \frac{1}{r}\left[1 + \left(\frac{a}{r}\right)^2 - \frac{2a}{r}\sin\theta\cos\varphi\right]^{-1/2} \approx \frac{1}{r}\left(1 + \frac{a}{r}\sin\theta\cos\varphi\right)$$

所以圆形线圈在 P 点产生的矢量磁位是

$$\begin{aligned}\boldsymbol{A} &= \boldsymbol{e}_y \frac{\mu I a}{2\pi}\int_0^{\pi} \frac{1}{R}\cos\varphi\,\mathrm{d}\varphi \\ &= \boldsymbol{e}_y \frac{\mu I a}{2\pi}\int_0^{\pi} \frac{1}{r}\left(1 + \frac{a}{r}\sin\theta\cos\varphi\right)\cos\varphi\,\mathrm{d}\varphi \\ &= \boldsymbol{e}_y \frac{\mu I S}{4\pi r^2}\sin\theta \end{aligned} \tag{3.3.25}$$

式中，$S = \pi a^2$ 为圆形线圈的面积。根据直角坐标与圆柱坐标单位矢量的变换关系，有

$$\boldsymbol{e}_y = \boldsymbol{e}_\rho \sin\varphi + \boldsymbol{e}_\varphi \cos\varphi$$

当 $\varphi = 0$ 时，有 $\boldsymbol{e}_y = \boldsymbol{e}_\varphi$，所以式(3.3.25)可以变为

$$\boldsymbol{A} = \boldsymbol{e}_\varphi \frac{\mu_0 I \pi a^2}{4\pi r^2}\sin\theta = \boldsymbol{e}_\varphi \frac{\mu_0 I S}{4\pi r^2}\sin\theta \tag{3.3.26}$$

在球坐标系下，可以得到磁感应强度为

$$\begin{aligned}\boldsymbol{B} &= \nabla \times \boldsymbol{A} \\ &= \boldsymbol{e}_r \frac{2\mu_0 I S\cos\theta}{4\pi r^3} + \boldsymbol{e}_\theta \frac{\mu_0 I S\sin\theta}{4\pi r^3}\end{aligned} \tag{3.3.27}$$

仿照电偶极矩，如图 3.3.4 所示，取一磁偶极矩，令

$$\boldsymbol{p}_m = I\boldsymbol{S} \tag{3.3.28}$$

磁感应强度可以表示为

$$\boldsymbol{B} = \boldsymbol{e}_r \frac{2\mu_0 p_m \cos\theta}{4\pi r^3} + \boldsymbol{e}_\theta \frac{\mu_0 p_m \sin\theta}{4\pi r^3}$$

对于电偶极子，其电场强度为

$$\boldsymbol{E}=\boldsymbol{e}_r\frac{2ql\cos\theta}{4\pi\varepsilon_0 r^3}+\boldsymbol{e}_\theta\frac{ql\sin\theta}{4\pi\varepsilon_0 r^3}$$

如图 3.3.5 所示，可以看出远离电偶极子和磁偶极子的地方，由于场解的形式非常相似，电力线和磁感应线也是相似的。

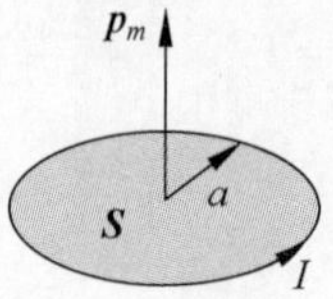

图 3.3.4 磁偶极矩

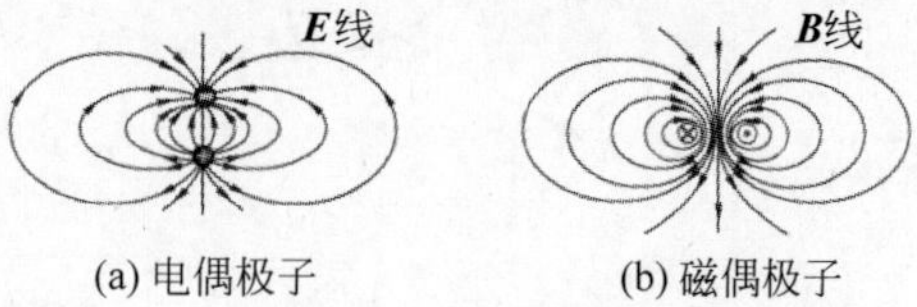

图 3.3.5 电偶极子与磁偶极子的远区场分布

3.3.4 电感

当一个导线回路中电流随时间变化时，要在自己回路中产生感应电动势，这种现象称为自感现象。如果空间有两个或两个以上的导线回路，当其中一个回路中的电流随时间变化时，将在其他的回路中产生感应电动势，称为互感现象。自感和互感现象都是电磁感应现象，遵循法拉第电磁感应定律。正如在静电场中，把导体上所带的电荷量与导体间电位差的比值称为电容 C。在恒定电流电场中，又把电压与电流的比值作为电阻 R 的定义。那么，在恒定磁场中，电感定义为磁通量(磁链)与电流的比值，即

$$L=\frac{\Psi}{I} \tag{3.3.29}$$

式中，Ψ 是磁链(多匝线圈)；I 是导线中的电流。下面从矢量磁位 $\boldsymbol{A}$ 导出自感 L 和互感 M 的一般表达式，并说明它们与导体系统的几何参数以及周围媒质参数的关系。

1. 自感

在各向同性的线性磁介质中，如果磁场是由某一导线回路中的电流 I 产生，则根据前面章节内容，得到该导体线圈产生的磁感应强度为

$$\boldsymbol{B}=\frac{\mu_0 I}{4\pi}\oint_l\frac{\mathrm{d}\boldsymbol{l}\times(\boldsymbol{r}-\boldsymbol{r}')}{|\boldsymbol{r}-\boldsymbol{r}'|^3} \tag{3.3.30}$$

穿过导线线圈回路所围面积的磁通量为

$$\Psi_L=\iint_s\boldsymbol{B}\cdot\mathrm{d}\boldsymbol{s} \tag{3.3.31}$$

或者计算导体线圈产生的矢量磁位

$$\boldsymbol{A}=\frac{\mu_0 I}{4\pi}\oint_l\frac{\mathrm{d}\boldsymbol{l}}{|\boldsymbol{r}-\boldsymbol{r}'|} \tag{3.3.32}$$

其相对应的磁通量为

$$\Psi_L = \oint_l \boldsymbol{A} \cdot \mathrm{d}\boldsymbol{l} \tag{3.3.33}$$

由上述关系式可以看出，Ψ_L 与电流强度 I 呈正比，即

$$L = \frac{\Psi_L}{I} \tag{3.3.34}$$

式中，Ψ_L 称为自感磁链；比例系数 L 称为自感或自感系数。如果载流导线非常细，则 $|\boldsymbol{r}-\boldsymbol{r}'|$ 趋于 0，$\boldsymbol{B}$ 和 $\boldsymbol{A}$ 都趋于无穷大，因而穿过回路的磁链和自感 L 也趋于无穷大，显然不符合实际。因此，在推导电感时，需要考虑导线的线径影响。

对于导线内部，由于存在着磁场，因而穿过导线内部的磁链称为内磁链 Ψ_i，由内磁链计算出的自感称为内自感 L_i。注意在计算内磁链时，认为电流均匀通过导线的横截面，其中任意一条磁感应线只交链导线电流 I 的一部分，即 I'。内自感可以表示为

$$L_i = \frac{\Psi_i}{I'} \tag{3.3.35}$$

对于导线外部的磁链称为外磁链 Ψ_o，由它计算的自感称为外自感 L_0。如图 3.3.6 所示，在计算外磁链的过程中，为了避免它变为无穷大，假设电流集中在导线的几何轴线上，而把导线的内侧边界线看作回路的边界。因而外磁链 Ψ_o 等于 $\boldsymbol{B}$ 在所围面积 s 上的面积分，或为矢量磁位 $\boldsymbol{A}$ 沿 l 的闭合路径积分，即导线轴线 l_0 上的电流 I 在 l 上任意一点产生的矢量磁位为

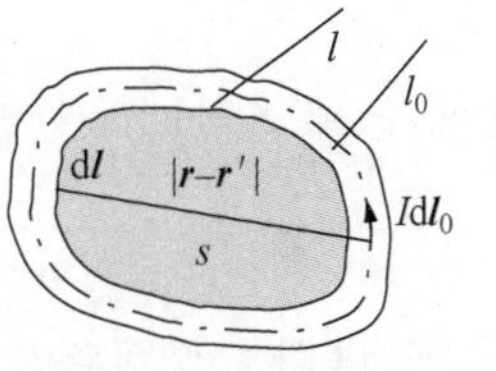

图 3.3.6 外自感的计算

$$\boldsymbol{A} = \frac{\mu_0 I}{4\pi} \oint_{l_0} \frac{\mathrm{d}\boldsymbol{l}_0}{|\boldsymbol{r}-\boldsymbol{r}'|}$$

相应的外磁链为

$$\Psi_o = \oint_l \boldsymbol{A} \cdot \mathrm{d}\boldsymbol{l} = \oint_l \oint_{l_0} \frac{\mu_0 I}{4\pi} \frac{\mathrm{d}\boldsymbol{l}_0 \cdot \mathrm{d}\boldsymbol{l}}{|\boldsymbol{r}-\boldsymbol{r}'|}$$

所以外自感为

$$L_o = \frac{\Psi_o}{I} = \oint_l \oint_{l_0} \frac{\mu_0}{4\pi} \frac{\mathrm{d}\boldsymbol{l}_0 \cdot \mathrm{d}\boldsymbol{l}}{|\boldsymbol{r}-\boldsymbol{r}'|} \tag{3.3.36}$$

这就是计算单匝线圈外自感的一般公式。如果多匝线圈是密绕的，则外自感还要乘以匝数。该式称为计算外自感的诺伊曼公式。从式(3.3.36)可以看出，该外自感仅与线圈的几何形状、尺寸及周围磁介质有关，与线圈中的电流无关。

对于粗导线回路而言，其自感应为内自感和外自感之和，即

$$L = L_i + L_o \tag{3.3.37}$$

上式在实际的电路中，既可以计算实际线圈的电感参量，也易于理解电感的物理意义。

2. *互感*

如图 3.3.7 所示，有两个彼此靠近的导线回路，如果第一个回路中有电流 I_1 通过时，则这一电流所产生的磁感应线，除了要穿过本回路外，还将有一部分与第二个回路相交链。由回路电流 I_1 所产生的和回路 2 相交链的磁链，称为互感磁链 Ψ_{12}。显然，Ψ_{12}

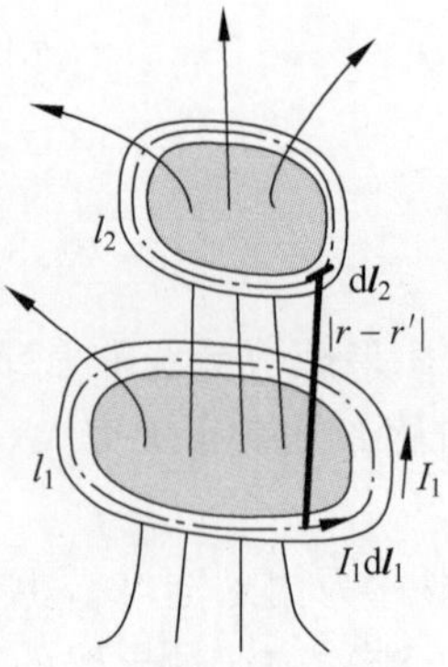

图 3.3.7　两个电流回路之间的电感

与电流 I_1 呈正比，定义互感系数 M_{12}，即

$$M_{12}=\frac{\Psi_{12}}{I_1} \tag{3.3.38}$$

同理，回路 2 对回路 1 的互感 M_{21}，即

$$M_{21}=\frac{\Psi_{21}}{I_2} \tag{3.3.39}$$

假设导线和周围磁介质的磁导率都是 μ_0，第一个回路中的电流 I_1 在第二个回路 $\mathrm{d}\boldsymbol{l}_2$ 所在点的矢量磁位为

$$\boldsymbol{A}_{12}=\oint_{l_1}\frac{\mu_0 I_1}{4\pi}\frac{\mathrm{d}\boldsymbol{l}_1}{|\boldsymbol{r}-\boldsymbol{r}'|} \tag{3.3.40}$$

则穿过第二个回路的互感磁链是

$$\Psi_{12}=\oint_{l_2}\boldsymbol{A}_{12}\cdot\mathrm{d}\boldsymbol{l}_2=\oint_{l_2}\oint_{l_1}\frac{\mu_0 I_1}{4\pi}\frac{\mathrm{d}\boldsymbol{l}_1\cdot\mathrm{d}\boldsymbol{l}_2}{|\boldsymbol{r}-\boldsymbol{r}'|} \tag{3.3.41}$$

所以回路 1 对回路 2 的互感为

$$M_{12}=\frac{\Psi_{12}}{I_1}=\frac{\mu_0}{4\pi}\oint_{l_2}\oint_{l_1}\frac{\mathrm{d}\boldsymbol{l}_1\cdot\mathrm{d}\boldsymbol{l}_2}{|\boldsymbol{r}-\boldsymbol{r}'|} \tag{3.3.42}$$

同理，可以求得回路 2 对回路 1 的互感为

$$M_{21}=\frac{\Psi_{12}}{I_2}=\frac{\mu_0}{4\pi}\oint_{l_1}\oint_{l_2}\frac{\mathrm{d}\boldsymbol{l}_2\cdot\mathrm{d}\boldsymbol{l}_1}{|\boldsymbol{r}-\boldsymbol{r}'|} \tag{3.3.43}$$

比较上面两式可以看出

$$M_{21}=M_{12} \tag{3.3.44}$$

上两式是计算互感的诺埃曼公式，而且互感的大小只与两导线回路的几何形状、尺寸、相对位置及周围磁介质的特性有关，而与回路的电流无关。

视频3-4

3.3.5　磁场的能量与能量密度

电流回路在恒定磁场中要受到作用力而产生运动，说明磁场中存储着能量。如果这个磁场是由另外的一个或几个恒定电流回路所产生，那么磁场的能量就一定是在这些恒定电流的建立过程中，由外电源提供。由于我们研究的是恒定电流磁场的能量，所以它只与各回路电流的终值有关，而与电流的建立过程无关。在理论上可以任意选取一个电流回路建立的过程来计算恒定电流磁场的能量，此过程省略。两个恒定电流回路所具有的磁能为

$$\begin{aligned}W_m&=\frac{1}{2}L_1I_1^2+MI_1I_2+\frac{1}{2}L_2I_2^2\\&=\frac{1}{2}I_1(L_1I_1+MI_2)+\frac{1}{2}I_2(L_2I_2+MI_1)\end{aligned}$$

$$=\frac{1}{2}I_1(\psi_{11}+\psi_{21})+\frac{1}{2}I_2(\psi_{22}+\psi_{12})$$
$$=\frac{1}{2}I_1\psi_1+\frac{1}{2}I_2\psi_2 \tag{3.3.45}$$

式中，ψ_1 和 ψ_2 分别是穿过回路 l_1 和回路 l_2 的总磁链(自感磁链与互感磁链之和)；L_1 和 L_2 是两个线圈的自感；M 是两个线圈的互感；I_1 和 I_2 是两个线圈的电流。如果有 N 个电流回路，则这个系统的总能量为

$$W_m=\frac{1}{2}\sum_{k=1}^{N}I_k\psi_k \tag{3.3.46}$$

只要空间有磁场存在，就有磁能存在。如何表征磁场能量在空间的分布？我们必须寻找磁能与磁场 $\boldsymbol{B}$、$\boldsymbol{H}$ 的关系。

在 N 个电流回路的系统中，穿过第 k 个电流回路的总磁链可以表示为

$$\psi_k=\iint_{s_k}\boldsymbol{B}\cdot\mathrm{d}\boldsymbol{s}=\oint_{l_k}\boldsymbol{A}\cdot\mathrm{d}\boldsymbol{l} \tag{3.3.47}$$

式中，l_k 是第 k 个回路的周长；s_k 是 l_k 所围面积；$\boldsymbol{B}$ 和 $\boldsymbol{A}$ 是所有电流回路(包括第 k 个回路)所产生的。代入磁能表示式，得到

$$W_m=\frac{1}{2}\sum_{k=1}^{N}I_k\psi_k=\frac{1}{2}\sum_{k=1}^{N}I_k\oint_{l_k}\boldsymbol{A}\cdot\mathrm{d}\boldsymbol{l}=\frac{1}{2}\sum_{k=1}^{N}\oint_{l_k}I_k\boldsymbol{A}\cdot\mathrm{d}\boldsymbol{l} \tag{3.3.48}$$

为了使磁能的表示式具有普遍意义，设系统的电流分布在一个有限的体积 τ' 内，可以体电流元 $\boldsymbol{J}_f\mathrm{d}\tau'$ 代替线电流元 $I_k\mathrm{d}\boldsymbol{l}$，并用体积分代替线积分求和，得到

$$W_m=\frac{1}{2}\iiint_{\tau'}\boldsymbol{A}\cdot\boldsymbol{J}_f\mathrm{d}\tau'=\frac{1}{2}\iiint_{\tau'}\boldsymbol{A}\cdot(\nabla\times\boldsymbol{H})\mathrm{d}\tau' \tag{3.3.49}$$

上式可以将体积分区域扩展到整个空间(在 τ' 体积之外的区域，$\boldsymbol{J}_f=0$)，所以上式可以变为

$$W_m=\frac{1}{2}\iiint_{\tau}\boldsymbol{A}\cdot(\nabla\times\boldsymbol{H})\mathrm{d}\tau \tag{3.3.50}$$

应用矢量恒等式

$$\boldsymbol{A}\cdot(\nabla\times\boldsymbol{H})=\nabla\cdot(\boldsymbol{H}\times\boldsymbol{A})+\boldsymbol{H}\cdot(\nabla\times\boldsymbol{A})$$

考虑到 $\boldsymbol{B}=\nabla\times\boldsymbol{A}$，得到

$$W_m=\frac{1}{2}\iiint_{\tau}\boldsymbol{A}\cdot(\nabla\times\boldsymbol{H})\mathrm{d}\tau$$
$$=\frac{1}{2}\iiint_{\tau}\nabla\cdot(\boldsymbol{H}\times\boldsymbol{A})\mathrm{d}\tau+\frac{1}{2}\iiint_{\tau}\boldsymbol{H}\cdot\boldsymbol{B}\mathrm{d}\tau$$
$$=\frac{1}{2}\oiint_{s}(\boldsymbol{H}\times\boldsymbol{A})\cdot\mathrm{d}\boldsymbol{s}+\frac{1}{2}\iiint_{\tau}\boldsymbol{H}\cdot\boldsymbol{B}\mathrm{d}\tau \tag{3.3.51}$$

上式右边第一项的面积分在包围面趋于无穷远处时为 0，所以得到

$$W_m=\frac{1}{2}\iiint_{\tau}\boldsymbol{H}\cdot\boldsymbol{B}\mathrm{d}\tau \tag{3.3.52}$$

上式积分范围为有磁场的全部空间，也就是说有磁场的地方，就有磁能存在。由上式可

以得到磁能密度

$$w_m = \frac{1}{2}\boldsymbol{H} \cdot \boldsymbol{B} \tag{3.3.53}$$

在线性各向同性的磁介质中，$\boldsymbol{B}=\mu\boldsymbol{H}$，所以磁能密度为

$$w_m = \frac{1}{2}\mu H^2 \tag{3.3.54}$$

【例 3-6】 如图 3.3.8 所示，空气填充的同轴传输线有实心内导体(其半径为 a)和很薄的外导体(其内半径为 b)。求单位长度传输线的电感。

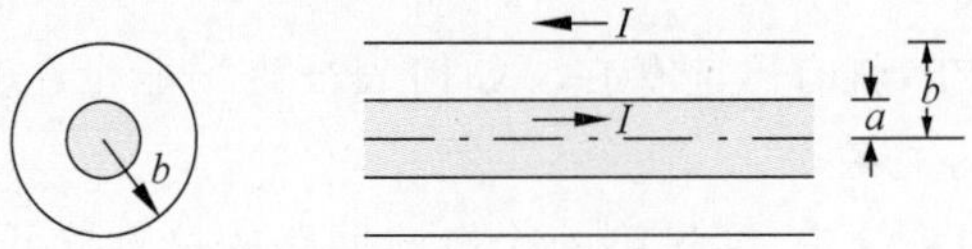

图 3.3.8　同轴传输线的两视图

解：假设电流 I 在内导体流过，通过外导体以相反方向流回来。建立以轴线为 z 轴的极坐标。假设电流 I 在整个内导体截面上是均匀分布的。由于圆柱的轴对称性，$\boldsymbol{B}$ 只有 ϕ 分量，但在两个区域中有不同的表达式。即求解：(1)在内导体内部和(2)在内导体和外导体之间的电感。

(1) 在内导体内部($0 \leqslant \rho \leqslant a$)，由安培环路定律，则有

$$\boldsymbol{B}_1 = \boldsymbol{e}_\varphi \frac{\mu_0 \rho I}{2\pi a^2}$$

(2) 在内外导体之间($a < \rho \leqslant b$)，则有

$$\boldsymbol{B}_1 = \boldsymbol{e}_\varphi \frac{\mu_0 I}{2\pi\rho}$$

现在，考虑在内导体半径 $\rho \sim \rho + \mathrm{d}\rho$ 之间的圆环与流过单位长度圆环柱的电流相交链的磁链，进行面积分得到

$$\begin{aligned}\mathrm{d}\Phi_m &= \int_\rho^b B_\varphi \mathrm{d}\rho = \frac{\mu_0 I}{2\pi a^2}\int_\rho^a \rho \mathrm{d}\rho + \frac{\mu_0 I}{2\pi}\int_a^b \frac{1}{\rho}\mathrm{d}\rho \\ &= \frac{\mu_0 I}{4\pi a^2}(a^2-\rho^2) + \frac{\mu_0 I}{2\pi}\ln\left(\frac{b}{a}\right)\end{aligned}$$

但是，圆环柱中的电流只是总电流 I 的一部分$\left(即 \frac{2\pi\rho \mathrm{d}\rho}{\pi a^2} = \frac{2\rho \mathrm{d}\rho}{a^2}\right)$，因此这个圆环的磁链是

$$\mathrm{d}\Psi' = \frac{2\rho \mathrm{d}\rho}{a^2}\mathrm{d}\Phi_m$$

单位长度的磁链数是

$$\Psi = \int_{\rho=0}^{\rho=a} \mathrm{d}\Psi = \frac{\mu_0 I}{\pi a^2}\left[\frac{1}{2a^2}\int_0^a (a^2-\rho^2)\rho \mathrm{d}\rho + \left(\ln\frac{b}{a}\right)\int_0^a \rho \mathrm{d}\rho\right]$$

$$=\frac{\mu_0 I}{2\pi}\left[\frac{1}{4}+\ln\left(\frac{b}{a}\right)\right]$$

因此，单位长度同轴传输线的电感是

$$L=\frac{\Psi}{I}=\frac{\mu_0}{8\pi}+\frac{\mu_0}{2\pi}\ln\left(\frac{b}{a}\right)\ (\mathrm{H/m})$$

其中，第一项 $\mu_0/8\pi$ 来自实心内导体内部的磁链，称为单位长度内导体的内自感；第二项来自内、外导体之间的磁链，称为单位长度同轴线的外电感。

3.4 静态场的边值问题

自由空间的电磁场完全由电荷、电流两大场源决定，因此其问题处理相对简单。但是，在电磁工程实践中，电磁元件、部件、设备、系统是有边界的，并且随着用户的需要和技术的发展，可以预见未来这些体积、边界会日益缩小。有限空间中的电磁场与自由空间不同，除了空间内的电荷、电流源影响电磁场的时空分布特性以外，空间中的媒质和边界也是影响电磁场时空特性。因此，广义地讲，所有电磁工程问题都是电磁场边值问题，当今电磁技术研究的热点之一就是寻找新的媒质、结构、边界，实现更优的电磁特性。

本节主要讨论静电场的边值问题，根据不同形状的导电体边界条件，采用不同的数学方法，求解计算电位函数 ϕ、电场强度 $\boldsymbol{E}$ 和(或)表面电荷分布。依据矢量场的唯一性定理，不同方法求得的静电场解应该是等效的。

3.4.1 静态场问题的类型和解法

对于静态场问题，其类型一般可以分为两大类：分布型问题和边值型问题。

1. 分布型问题

分布型问题是指已知电荷、电流分布，求解电磁场场量，又可以分为正向问题和反向问题。正向问题是指已知电荷、电流分布，求 $\boldsymbol{E}$、ϕ 等场量。可以用前面学过的方法，利用标量和矢量积分直接求解。例如，求解带电体的电场强度：

$$\boldsymbol{E}=\frac{1}{4\pi\varepsilon}\iiint_{V'}\frac{\rho(r')\boldsymbol{e}_R}{R^2}\mathrm{d}v' \tag{3.4.1}$$

反向问题是指已知 $\boldsymbol{E}$、ϕ 等场量，求解场源电荷、电流分布，通常可以利用场的基本方程和边界条件来求解。例如，利用电位函数满足的泊松方程，求解体电荷密度

$$\rho_f=-\varepsilon\nabla^2\phi \tag{3.4.2}$$

利用边界条件求解分界面上的电荷分布，如理想导体表面的电荷分布

$$\rho_{sf}=D_n=\varepsilon E_n=-\varepsilon\frac{\partial\phi}{\partial n} \tag{3.4.3}$$

2. 边值型问题

边值型问题是指已知给定区域的边界条件，求该区域中的电磁场场量和位函数。归结为求解满足一定边界条件下的泊松方程或拉普拉斯方程。

$$\nabla^2 \phi = -\frac{\rho_f}{\varepsilon} \tag{3.4.4}$$

或

$$\nabla^2 \phi = 0 \tag{3.4.5}$$

根据已知边界条件的不同，边值问题又分为三种类型：

第一类边值问题（狄里赫利问题），已知边界上各点的 ϕ 值。

第二类边值问题（牛曼（诺诶曼）问题），已知边界上各点的$\frac{\partial \phi}{\partial n}$值。对于导体表面，实际上是已知导体表面的电荷面密度 $\rho_{sf} = -\varepsilon \frac{\partial \phi}{\partial n}$。

第三类边值问题（混合型问题）：已知部分边界表面的 ϕ 值，其他边界表面的$\frac{\partial \phi}{\partial n}$值。

3. 静态场边值型问题的解法

静态场边值型问题的解法种类很多，一般可以分为解析法和数值法两大类。

解析法是通过数学推导，得到一个解的函数表达式。常用方法有镜像法、分离变量法、复变函数法、格林函数法等。

数值法是通过建立数学模型，用计算机求解，得到研究区域中离散点的场强或位函数值。常用的数值法有时域有限差分法（FDTD）、有限元法（FEM）、矩量法（MoM）等，由于引入计算机仿真，数值方法能求解许多解析法解决不了的复杂工程问题。

3.4.2 唯一性定理

不同方法得到的电磁场量是否唯一？矢量场分析中的唯一性定理回答了这个问题。在静电场中，亥姆霍兹定理可如下描述：满足同一边界条件的泊松方程（或拉普拉斯方程）的解是唯一的。这个定理的应用意义是，无论采取何种方法，满足相同边界条件的静电场的解是等效的。因而唯一性定理可以表述为，满足给定边界条件的泊松方程或拉普拉斯方程的解是唯一的。

既然泊松方程或拉普拉斯方程在给定边界条件下的解是唯一的，那么，我们任意假设的一个解，只要它既能满足泊松方程或拉普拉斯方程，同时又能满足给定的边界条件，就可以说得出的解是所要求问题的解。唯一性定理的重要意义：①提供求边值问题正确性的衡量标准；②提供求边值问题唯一性的理论依据；③提供建立其他原理的理论基础。

有一类静电问题，如果直接求解拉普拉斯方程的话，看来非常困难；但是这些问题的边界条件，可以用适当的镜像（等效）电荷建立起来，从而直接求出其电位函数。这种灵活地采用适当的镜像电荷代替原来边界条件来求解拉普拉斯方程的方法称为镜像法。镜像法简单方便，更容易写出所要求的解，但是它只能应用于一些特殊边界的情形。

3.4.3 镜像法

视频3-5

镜像法的依据是唯一性定理。由于镜像电荷的引入原则是满足原有的边界条件，而引入镜像电荷后，镜像电荷处在所研究区域之外，在所研究区域内泊松方程或拉普拉斯方程的形式不变，因此所求问题的解没有任何变化。

1. 平面导体与点电荷

考察一个位于无限大的接地导体平面（零电位）上方的区域，距离平面 d 处的正点电荷 q 的情况，如图 3.4.1(a)所示。要求出导体平面之上（$y>0$）区域内每一点的电位函数，在直角坐标中解拉普拉斯方程，即

$$\nabla^2 \phi = 0 \tag{3.4.6}$$

这个方程用于除了点电荷所在位置之外的整个 $y>0$ 区域。求解 $\phi(x,y,z)$ 应满足的条件有：

(1) 地平面的所有点上，电位为 0，即

$$\phi(x,0,z)=0$$

(2) 在 q 所在位置，其电位满足泊松方程

$$\nabla^2 \phi = -\frac{q}{\varepsilon}\delta(0,d,0)$$

构成一个满足所有这些条件的解 ϕ，看来很困难。镜像法则可以简化这些问题。

对于图 3.4.1 中的问题，有一正的点电荷 q，置于零电位的无限大平面导体上方距离为 d 处。假设将导体用在 $y=-d$ 处的镜像电荷 $-q$ 代替，则在 $y>0$ 区域内任一观察点 $P(x,y,z)$ 的电位函数可以为

$$\phi(x,y,z)=\frac{1}{4\pi\varepsilon}\left\{\frac{q}{[x^2+(y-d)^2+z^2]^{1/2}}+\frac{-q}{[x^2+(y+d)^2+z^2]^{1/2}}\right\} \tag{3.4.7}$$

用直接代入法，很容易验证 ϕ 满足拉普拉斯方程，显然，它也满足我们前面所列的两个条件，依据唯一性定理，它是唯一的解。

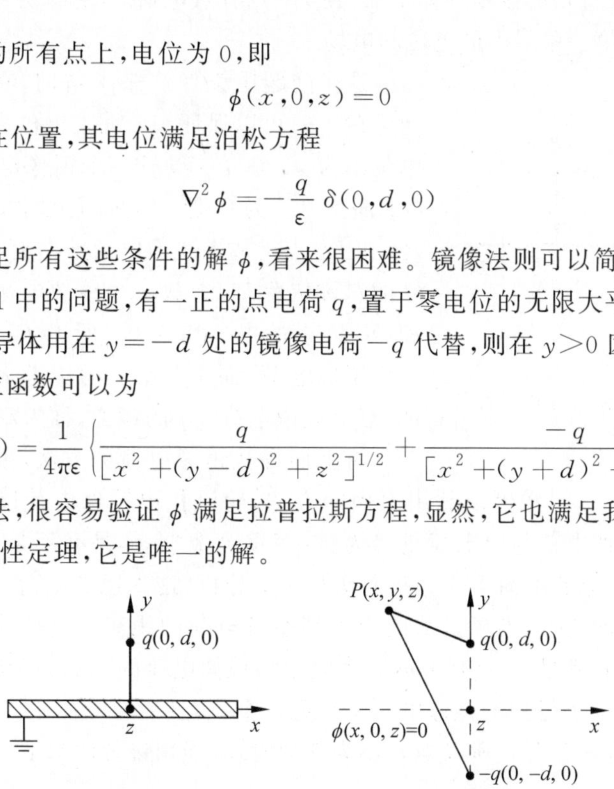

(a) 实际装置图　　(b) 镜像电荷

图 3.4.1　点电荷和接地平面导体系统

导体表面的感应电荷密度为

$$\rho_{sf}=-\varepsilon\left.\frac{\partial\phi}{\partial n}\right|_{y=0}=-\frac{qd}{2\pi(x^2+d^2+z^2)^{3/2}} \tag{3.4.8}$$

为了计算导体平面上的总电量，我们改为极坐标，令 $\rho^2=x^2+z^2$，$\mathrm{d}s=\rho\mathrm{d}\rho\mathrm{d}\varphi$，则对式(3.4.8)面积分

$$q'=\iint_s \rho_{sf}\,\mathrm{d}s=-\frac{qd}{2\pi}\int_0^{2\pi}\int_0^{\infty}\frac{\rho\mathrm{d}\rho\mathrm{d}\varphi}{(\rho^2+d^2)^{3/2}}=\left.\frac{qd}{(\rho^2+d^2)^{1/2}}\right|_0^{\infty}=-q \tag{3.4.9}$$

它恰好与镜像电荷电量相等。用镜像法求解这个静电问题极为简单；但必须强调的是：镜像电荷位于所求场区域的外部，并且在 $y<0$ 区域的 ϕ 和 E 都为 0。同理可得，位于无穷大导体表面上方的线电荷 ρ_l 的电场，也可以根据它的镜像 $-\rho_l$ 求出。

2. 相交无限大导体平面与点电荷

上面讨论的是单个无限大导体平面附近点电荷的镜像问题，每一个点电荷在与之对应的位置上有一个镜像点电荷。下面我们要讨论镜面是两个相交的半无限大接地导体平面的镜像电荷情况，如图 3.4.2 所示。确定镜像电荷的关键仍然是必须满足原有的边界条件以及不破坏原来满足的拉普拉斯方程或泊松方程。

有两个相交成直角的接地导体平面，在 P_1 点有点电荷 q，它与两导体平面的距离分别为 h_1、h_2，计算第一象限内的电位和电场。

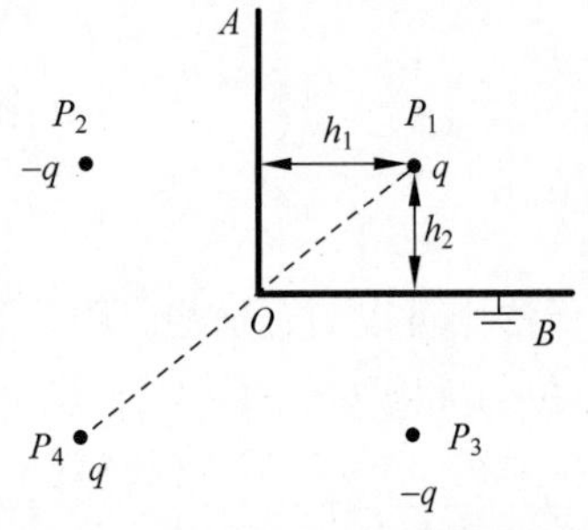

图 3.4.2　相交无限大导体平面与点电荷

这个问题用镜像法来求解时，在 P_2 点放一个镜像电荷 $-q$，可以保证 OA 面上电位为 0，但 OB 面上的电位不为 0；在 P_3 点放一个镜像电荷 $-q$，可以保证 OB 面上电位为 0，但 OA 面上的电位不为 0。如果在 P_2 和 P_3 点上放上镜像电荷 $-q$，而在与 P_1 关于交点 O 的对称位置 P_4 上放一个镜像电荷 q，就能保证 OA 和 OB 面上的电位均为 0。所以 P_1 点的点电荷 q 有三个镜像电荷，而 P_4 点上的电荷 q 可以看成 P_2 和 P_3 点上镜像电荷 $-q$ 的镜像，称为双重镜像。

将上面寻找镜像电荷的方法，推广到两导体平面相交成 α 角的情况。同样可以利用上面的方法，轮流找出镜像电荷以及镜像电荷的镜像，直到最后的镜像电荷与原电荷重合为止(多重镜像)。但是并不是任意情况下，最后的镜像电荷都能与原有电荷重合。我们从几何上分析，这些镜像电荷其实是位于一个圆上，圆心位于边界的交点，半径是从此交点到原有电荷的距离。要使最后的镜像电荷与原有电荷重合，只有满足：$\alpha=180/n$(n 为整数)，镜像电荷的总数为$(2n-1)$个。当 n 不为整数时，用这种方法得到的镜像电荷将有无穷个，而且镜像电荷还将跑到 α 角以内，从而改变了原有的电荷分布。所以当 n 不为整数时，不能用镜像法求解。

3. 接地导体球与点电荷

下面我们再来利用镜像法求解接地导体球与点电荷构成系统的边值问题。设接地导体球半径为 a，在球外与球心相距 d_1 的 P_1 点有一个点电荷 q，极性为正(图 3.4.3)，求球外的电位函数。

由于点电荷电场的作用，在导体球面上要产生感应电荷，因导体球接地，导体球面上只有负的感应电荷，球外任一点的场等于点电荷 q 与球面上感应电荷的场的叠加。采用镜像法的关键是找出镜像电荷的位置、数目、极性及大小。我们如果用一个镜像电荷来等效导体球面上感应电荷对场的贡献，问题是这个镜像电荷应该放在哪里、电量为多少?

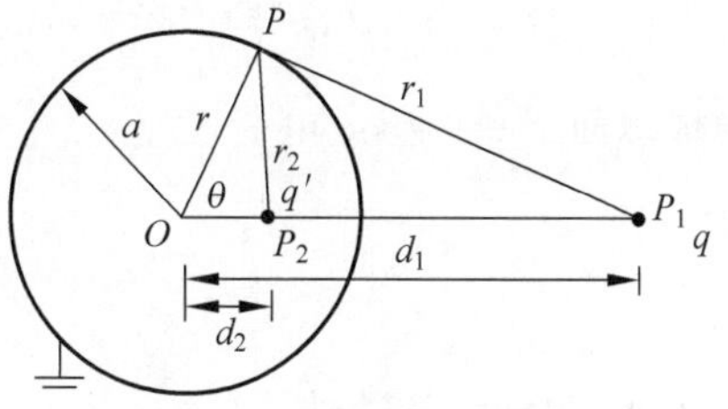

图 3.4.3 接地导体球与点电荷

镜面是球面，镜像电荷必须在我们研究区域之外，即导体球内。由于球的对称性，镜像电荷必须在球心与原有点电荷 q 所在点的连线上。导体球面上任一点的电位

$$\phi(P)=\frac{q}{4\pi\varepsilon r_1}+\frac{q'}{4\pi\varepsilon r_2}=0 \tag{3.4.10}$$

由余弦定理

$$\begin{cases} r_1^2=a^2+d_1^2-2ad_1\cos\theta \\ r_2^2=a^2+d_2^2-2ad_2\cos\theta \end{cases}$$

代入式(3.4.10)，经整理得

$$[q^2(d_2^2+a^2)-q'^2(d_1^2+a^2)]+2a\cos\theta(q'^2d_1-q^2d_2)=0$$

上式对所有 θ 角都成立

$$\begin{cases} q^2(d_2^2+a^2)=q'^2(d_1^2+a^2) \\ q'^2d_1=q^2d_2 \end{cases}$$

解此方程组，得到两组解

$$\begin{cases} d_2=d_1, \quad q'=-q \\ d_2=\dfrac{a^2}{d_1}, \quad q'=-\dfrac{a}{d_1}q \end{cases} \tag{3.4.11}$$

显然，第一组解中镜像电荷与原有电荷重合，无意义；第二组解，由于 $d_1>a$，所以 $d_2<a$，即镜像电荷落在接地的导体球内，正是我们所需要的。球外任一点的电位为

$$\phi=\frac{q}{4\pi\varepsilon r_1}+\frac{q'}{4\pi\varepsilon r_2}=\frac{q}{4\pi\varepsilon}\left(\frac{1}{r_1}-\frac{a}{d_1r_2}\right) \tag{3.4.12}$$

r_1、r_2 分别为原有电荷和镜像电荷到场点的距离

$$\begin{cases} r_1 = \sqrt{d_1^2 + r^2 - 2d_1 r\cos\theta} \\ r_2 = \sqrt{\left(\dfrac{a^2}{d_1}\right)^2 + r^2 - 2r\left(\dfrac{a^2}{d_1}\right)\cos\theta} \end{cases}$$

导体球表面的面电荷密度

$$\rho_{sf} = -\varepsilon \frac{\partial \phi}{\partial r}\bigg|_{r=a} = \frac{-q(d_1^2 - a^2)}{4\pi a(d_1^2 + a^2 - 2d_1 a\cos\theta)^{3/2}} \tag{3.4.13}$$

导体球面上总的感应电荷

$$q' = \iint_s \rho_{sf}\,\mathrm{d}s = -\frac{a}{d_1}q \tag{3.4.14}$$

3.4.4 分离变量法

分离变量法也是求解边值问题的一种常用解法。分离变量法在三种常用坐标系中，求解拉普拉斯方程的具体步骤是：

(1) 根据问题中导体与介质分界面的形状，选择适当的坐标系。

(2) 把待求的电位函数表示为三个未知函数的乘积，其中每一个未知函数仅是一个坐标变量的函数。然后将三个未知函数的乘积代入拉普拉斯方程，并将其变为三个常微分方程。

(3) 用给定的边值(包括场域内不同媒质分界面上的边界条件)确定解的待定常数。唯一性定理保证了用这种方法求出来的解是唯一的。

实际中，我们经常用到平行平面场，这时电位函数仅与平面上的两个坐标有关。研究这种二维场有它的实际意义，而且使用分离变量法解决二维问题简单明了。下面举例说明分离变量法在直角坐标系中求解二维问题的具体步骤。

设电位分布只是 x,y 的函数，而沿着 Z 方向没有变化，则拉普拉斯方程是

$$\frac{\partial^2 \Phi}{\partial x^2} + \frac{\partial^2 \Phi}{\partial y^2} = 0 \tag{3.4.15}$$

把它的解写成

$$\Phi(x,y) = X(x)Y(y) \tag{3.4.16}$$

其中，$X(x)$、$Y(y)$分别是 x,y 的函数，将上式代入拉普拉斯方程得到

$$Y\frac{\mathrm{d}^2 X}{\mathrm{d}x^2} + X\frac{\mathrm{d}^2 Y}{\mathrm{d}y^2} = 0 \tag{3.4.17}$$

如果 $X(x)$、$Y(y)$不等于 0，可以用 $X(x)Y(y)$除上式各项，并得到

$$\frac{1}{X}\frac{\mathrm{d}^2 X}{\mathrm{d}x^2} + \frac{1}{Y}\frac{\mathrm{d}^2 Y}{\mathrm{d}y^2} = 0 \tag{3.4.18}$$

上式的第二项与 x 无关，而在 x,y 取任意值时，上式两项之和又恒等于 0。所以上式第一项必定与 x 无关，而是等于一个常数，即满足

$$\begin{cases}\dfrac{1}{X}\dfrac{\mathrm{d}^2 X}{\mathrm{d}x^2}=C_1\\ \dfrac{1}{Y}\dfrac{\mathrm{d}^2 Y}{\mathrm{d}y^2}=C_2\end{cases} \tag{3.4.19}$$

并且满足

$$C_1+C_2=0 \tag{3.4.20}$$

我们取 $C_1=-K_n^2, C_2=K_n^2$，得到

$$\frac{\mathrm{d}^2 X}{\mathrm{d}x^2}+K_n^2 X=0 \tag{3.4.21}$$

$$\frac{\mathrm{d}^2 Y}{\mathrm{d}y^2}-K_n^2 Y=0 \tag{3.4.22}$$

这样，通过分离变量，把二维拉普拉斯方程变成两个常微分方程。K_n 称为分离常数，取不同值时，解有不同形式。

当 $K_n=0$ 时，两个常微分方程的通解为

$$X_n=A_0+B_0 x \tag{3.4.23}$$

和

$$Y_n=C_0+D_0 y \tag{3.4.24}$$

当 $K_n\neq 0$ 时，两个常微分方程的通解为

$$X_n=A_n\cos K_n x+B_n\sin K_n x \tag{3.4.25}$$

和

$$Y_n=C_n\operatorname{ch} K_n y+D_n\operatorname{sh} K_n y \tag{3.4.26}$$

由于拉普拉斯方程是线性的，K_n 取所有可能值的解的线性组合也是它的解，所以得到电位函数的通解为

$$\begin{aligned}\Phi(x,y)&=X(x)Y(y)\\&=(A_0+B_0 x)(C_0+D_0 y)+\sum_{n=1}^{\infty}(A_n\cos K_n x+B_n\sin K_n x)\cdot\\&\quad(C_n\operatorname{ch} K_n y+D_n\operatorname{sh} K_n y)\end{aligned} \tag{3.4.27}$$

如果取 $C_1=K_n^2, C_2=-K_n^2$，则可以得到另外一个通解为

$$\begin{aligned}\Phi(x,y)&=X(x)Y(y)\\&=(A_0+B_0 x)(C_0+D_0 y)+\sum_{n=1}^{\infty}(A_n\operatorname{ch} K_n y+B_n\operatorname{sh} K_n y)\cdot\\&\quad(C_n\cos K_n x+D_n\sin K_n x)\end{aligned} \tag{3.4.28}$$

到底如何选取分离常数，要由给定边值的具体情况确定。需要注意的是，双曲函数 $\operatorname{sh}x$ 在 x 轴上只有一个零点，而 $\operatorname{ch}x$ 在 x 轴上没有零点。

【例 3-7】 有一很长的金属导体槽如图 3.4.4 所示，它的横截面如图所示，其电位为 0，导体槽上有金属盖板但与导体槽有非常小的间隙以保证与导体槽绝缘，盖板上的电位

为 U_0，试计算导体槽内的电位分布。

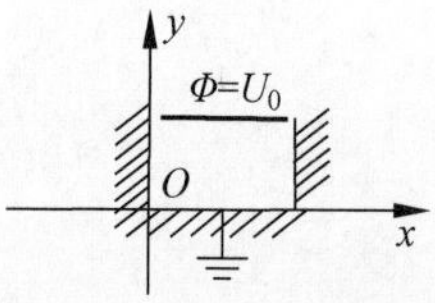

图 3.4.4 金属导体槽

解：因为导体槽很长，边界形状又是直线，所以槽内的电位函数满足二维直角坐标系中的拉普拉斯方程。电位函数满足的边界条件为

$$x = 0, \quad 0 \leqslant y \leqslant b, \quad \Phi = 0 \qquad ①$$

$$x = a, \quad 0 \leqslant y \leqslant b, \quad \Phi = 0 \qquad ②$$

$$y = 0, \quad 0 \leqslant x \leqslant a, \quad \Phi = 0 \qquad ③$$

$$y = b, \quad 0 < x < a, \quad \Phi = U_0 \qquad ④$$

该边值问题是一个狄利赫里边值问题。因为槽内的电位函数 $\Phi(x,y)$ 在 $x = 0, a$ 处取零值，所以其通解为

$$\Phi(x,y) = X(x)Y(y)$$

$$= (A_0 + B_0 x)(C_0 + D_0 y) + \sum_{n=1}^{\infty}(A_n \cos K_n x + B_n \sin K_n x) \cdot$$

$$(C_n \operatorname{ch} K_n y + D_n \operatorname{sh} K_n y)$$

将边界条件①代入上式得到

$$0 = A_0(C_0 + D_0 y) + \sum_{n=1}^{\infty} A_n \cdot (C_n \operatorname{ch} K_n y + D_n \operatorname{sh} K_n y)$$

为了保证上式在 $0 \leqslant y \leqslant b$ 内任意取值都成立，必须满足

$$A_0 = 0, \quad A_n = 0$$

所以电位函数为

$$\Phi(x,y) = B_0 x(C_0 + D_0 y) + \sum_{n=1}^{\infty} B_n \sin K_n x \cdot (C_n \operatorname{ch} K_n y + D_n \operatorname{sh} K_n y)$$

将边界条件②代入上式得到

$$0 = B_0 a(C_0 + D_0 y) + \sum_{n=1}^{\infty} B_n \sin K_n a \cdot (C_n \operatorname{ch} K_n y + D_n \operatorname{sh} K_n y)$$

为了保证上式在 $0 \leqslant y \leqslant b$ 内任意取值都成立，必须满足

$$B_0 = 0, \quad B_n \sin K_n a = 0$$

但 $B_n \neq 0$，否则整个通解为零解，无意义。所以只有

$$\sin K_n a = 0$$

由此得到

$$K_n = \frac{n\pi}{a} \quad (n = 1, 2, \cdots)$$

此时电位函数为

$$\Phi(x,y) = \sum_{n=1}^{\infty} B_n \sin \frac{n\pi}{a} x \cdot \left(C_n \operatorname{ch} \frac{n\pi}{a} y + D_n \operatorname{sh} \frac{n\pi}{a} y\right)$$

将边界条件③代入上式，得到

$$0 = \sum_{n=1}^{\infty} B_n \sin\left(\frac{n\pi}{a} x\right) C_n$$

为了保证上式在 $0\leqslant x\leqslant a$ 内任意取值都成立，且 $B_n\neq 0$，得到

$$C_n=0$$

将上式代入电位函数得到

$$\Phi(x,y)=\sum_{n=1}^{\infty}B_nD_n\sin\left(\frac{n\pi}{a}x\right)\operatorname{sh}\left(\frac{n\pi}{a}y\right)=\sum_{n=1}^{\infty}E_n\sin\left(\frac{n\pi}{a}x\right)\operatorname{sh}\left(\frac{n\pi}{a}y\right)$$

式中，利用边界条件④可以确定待定常数 E_n，即

$$U_0=\sum_{n=1}^{\infty}E_n\sin\left(\frac{n\pi}{a}x\right)\operatorname{sh}\left(\frac{n\pi}{a}b\right)$$

我们采用傅里叶变换的方法，上式两边都乘以 $\sin\left(\frac{m\pi}{a}x\right)$，其中 m 是整数。然后积分

$$\int_0^a U_0\sin\frac{m\pi}{a}x\,\mathrm{d}x=\int_0^a\sum_{n=1}^{\infty}E_n\operatorname{sh}\left(\frac{n\pi}{a}b\right)\sin\left(\frac{m\pi}{a}x\right)\sin\left(\frac{n\pi}{a}x\right)\mathrm{d}x$$

上式左端得到

$$\int_0^a U_0\sin\frac{m\pi}{a}x\,\mathrm{d}x=\begin{cases}\dfrac{2aU_0}{m\pi}, & m\text{ 为奇数}\\ 0, & m\text{ 为偶数}\end{cases}$$

右端为

$$\int_0^a\sum_{n=1}^{\infty}E_n\operatorname{sh}\left(\frac{n\pi}{a}b\right)\sin\left(\frac{m\pi}{a}x\right)\sin\left(\frac{n\pi}{a}x\right)\mathrm{d}x=\begin{cases}0, & n\neq m\\ \left(E_n\operatorname{sh}\dfrac{n\pi b}{a}\right)\dfrac{a}{2}, & n=m\end{cases}$$

可以得到 E_n，即

$$E_n=\begin{cases}\dfrac{4U_0}{n\pi\operatorname{sh}\left(\dfrac{n\pi}{a}b\right)}, & n=1,3,5,\cdots\\ 0, & n=2,4,6,\cdots\end{cases}$$

所以，金属槽内的电位分布为

$$\Phi(x,y)=\frac{4U_0}{\pi}\sum_{n=1}^{\infty}\frac{1}{n\operatorname{sh}\dfrac{n\pi}{a}b}\sin\left(\frac{n\pi}{a}x\right)\operatorname{sh}\left(\frac{n\pi}{a}y\right),\quad n\text{ 为奇数}$$

习题

3-1 一块很薄的无限大带电平板，其面电荷密度是 ρ_s（$\mathrm{C/m^2}$）。试证明在离板 Z_0（m）点的电场强度 E（V/m）有一半是由该点正下方的板上的一个半径 $r_0=\sqrt{3}Z_0$ 的圆内的电荷所产生的。

3-2 自由空间中，两个无限大平面相距为 d，分别均匀分布着电荷密度 ρ、$-\rho$，求空间三个区域的电场强度。

3-3 自由空间中，两根互相平行、相距为 d 的无限长带电细导线，其上均匀分布电

荷分别为 ρ_l、$-\rho_l$，求空间任意一点的电场强度和电位分布。

3-4 半径为 a 的无限长直圆柱导体上，均匀分布的面电荷密度为 ρ_s。计算导体内外的电场分布。

3-5 在真空中，有一个半径为 a 的带电球体，其体电荷密度 $\rho_f=kr$（k 是常数，r 是球坐标系的径向变量），求球内、外的电场强度和电位的表示式。

3-6 电荷分布在内半径为 a，外半径为 $b(a<b)$ 的球形区域内，设体电荷密度为 $\rho=\dfrac{k}{r}$（k 为常数），求空间三个区域内的电场强度。穿过球面 $r=b$ 的总电通量为多少？

3-7 设 $x<0$ 的区域为空气，$x>0$ 区域为电介质，电介质的介电常数为 $3\varepsilon_0$。如果空气中的电场强度 $\boldsymbol{E}_1=3\boldsymbol{e}_x+4\boldsymbol{e}_y+5\boldsymbol{e}_z$（V/m），求电介质中的电场强度 $\boldsymbol{E}_2$。

3-8 设垂直于 x 轴的相距 d 的两平板构成电容器，两极板上分别带有面电荷密度为 ρ_s 和 $-\rho_s$ 的均匀电荷，在两极板间充满介电常数为 $\varepsilon_r=\dfrac{x+d}{d}$ 的非均匀电介质。边缘效应忽略不计，求该平板电容器中的电场强度。

3-9 求如题图 3-9 所示的两种电容器的电容，其基本间距为 1mm。

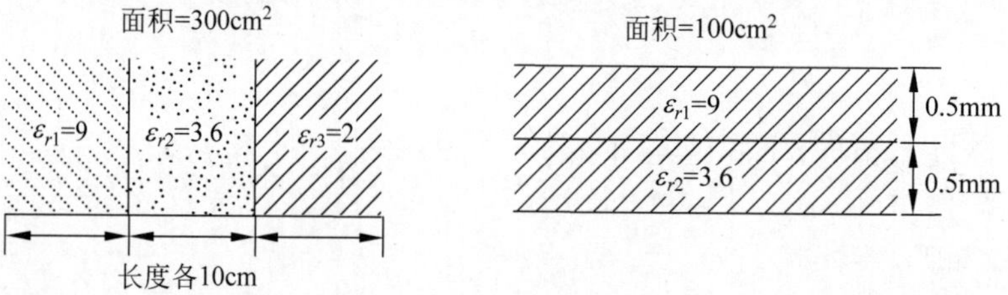

题图 3-9

3-10 两个相距 2mm 的平行板电容中填充相对介电常数为 6 的介质，平板面积为 40cm^2，板间电压为 1.5kV，试求：(1) 介质内部电压；(2) 电场强度；(3) 自由电荷面密度；(4) 电容；(5) 电容储能。

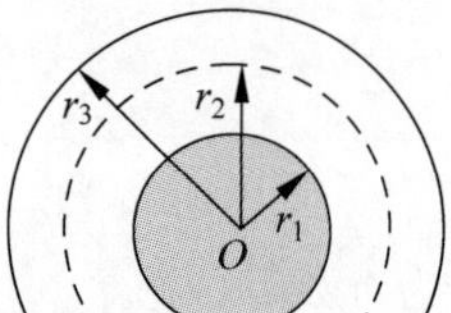

题图 3-11

3-11 用双层理想电介质按照如题图 3-11 所示方法制成的单芯同轴电缆，已知 $\varepsilon_1=4\varepsilon_0$，$\varepsilon_2=2\varepsilon_0$，内外导体单位长度上所带电荷分别为 ρ_l，$-\rho_l$。求：(1) 四个区域内的电场强度分布；(2) 内外导体间电压；(3) 单位长度电缆内外导体间电容。

3-12 自由电荷体密度为 ρ 的球体（半径为 a），球内外的介电常数均为 ε_0，试求：

(1) 球内、外的 $\boldsymbol{D}$ 和 $\boldsymbol{E}$；

(2) 球内、外的电位 φ；

(3) 静电场能量。

3-13 已知半径为 a 的导体球带电荷 q，球心位于两种介质的分界面上如图，试求：

(1) 电场分布；

(2) 球面上的自由电荷分布；

(3) 整个系统的静电场能量。

3-14 一平行板电容器,极板面积为 S,一板接地,另一板平移,当板间间隔为 d 时,将之充电至电压为 U_0,然后移去电源、使极板间隔增至 nd(n 为整数)。忽略边缘效应。试求:

(1) 两极板间的电压;

(2) 计算并证明此时电容器储能的增加等于外力所做的功。

3-15 一个半径为 a 的圆线圈,通有电流 I,将线圈平面沿直径折成 90°(如题图 3-15 所示),求线圈中心的磁感应强度。

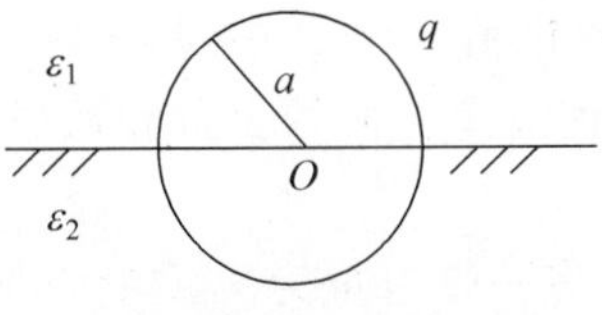

题图 3-14

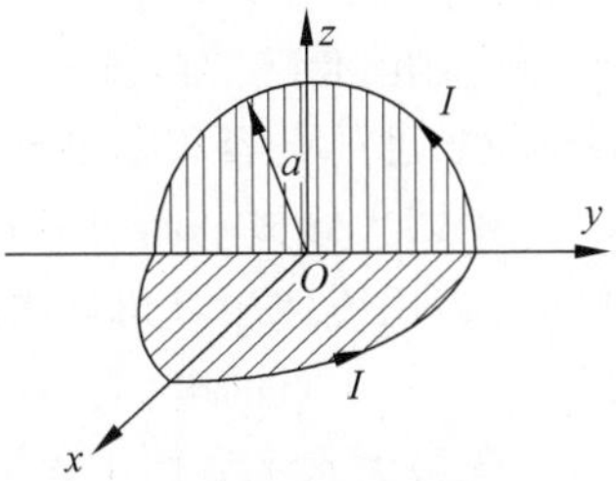

题图 3-15

3-16 两个相距 d 的两根无限长直导线,通过电流分别为 I,$-I$,求空间任一点的磁场强度、磁感应强度以及矢量磁位。

3-17 如题图 3-17 所示的半径为 a 的无限长导体圆柱($\mu=\mu_0$),与内外半径分别为了 b,c($c>b>a$),磁导率为 $\mu=4\mu_0$ 的磁介质套筒同轴,导体中通过电流为 I。求:(1) 空间任意一点的磁场强度和磁感应强度;(2) 套筒中的束缚电流体密度 $\boldsymbol{J}_M$ 以及内外表面的束缚电流面密度 $\boldsymbol{J}_{MS}$;(3) 移去套筒,再次求空间任意一点的磁场强度和磁感应强度。

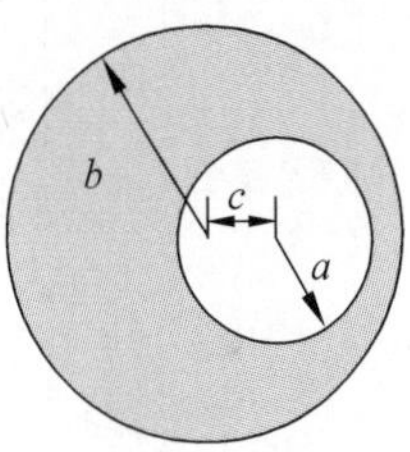

题图 3-17

3-18 已知 $y<0$ 的区域为导磁媒质,磁导率 $\mu_2=5000\mu_0$,$y>0$ 的区域为空气。试求:(1) 当空气中的磁感应强度 $\boldsymbol{B}_1=0.5\boldsymbol{e}_z-10\boldsymbol{e}_y$(mT)时,导磁媒质中的磁感应强度 $\boldsymbol{B}_2$;

(2) 当导磁媒质中的磁感应强度 $\boldsymbol{B}_2=10\boldsymbol{e}_x+0.5\boldsymbol{e}_y$(mT)时,空气中的磁感应强度 $\boldsymbol{B}_1$。

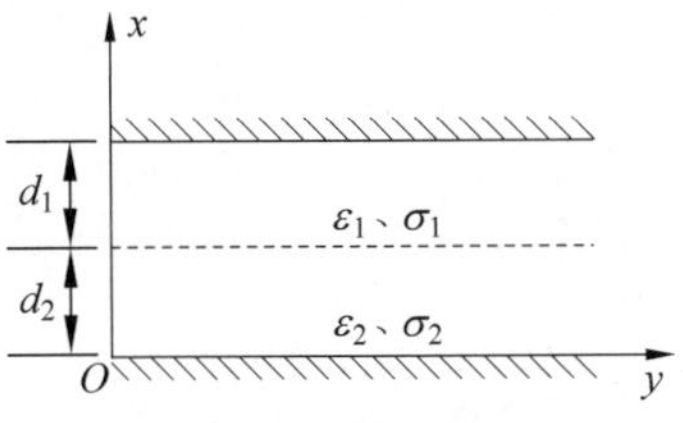

题图 3-19

3-19 一个有两层介质 ε_1、ε_2 的平行板电容器,两层介质都具有电导率,分别为 σ_1 和 σ_2,参见题图 3-19。当外加电压为 ϕ_0 时,求通过电容器的电流和两层介质分界面上的自由电荷面密度。

3-20 两种不同的导电媒质的分界面是一个平面。媒质的参数是:$\sigma_1=10^2\text{S/m}$,$\sigma_2=1\text{S/m}$,$\varepsilon_1=\varepsilon_2=\varepsilon_0$。已知在媒质 1 中的电流密度的数值处处等于 10A/m^2,

方向与分界面的法线成45°。

(1) 求媒质2中的电流密度的大小和方向；

(2) 求分界面上的面电荷密度。

3-21 若两媒质分界面两侧的介电常数及电导率分别为ε_1、ε_2及σ_1、σ_2。已知电流流过这一分界面时法向电流密度为J_n，试证明分界面上的自由电荷密度$\rho_{sf}=J_n\left(\dfrac{\varepsilon_1}{\sigma_1}-\dfrac{\varepsilon_2}{\sigma_2}\right)$。

3-22 两层介质的同轴电缆，介质分界面为同轴的圆柱面，内导体半径为a，分界面半径为b，外导体内半径为c；两层介质的介电常数由内到外分别为ε_1和ε_2，电导率分别σ_1和σ_2。当外加电压U_0时，试求：(1)介质中的电场强度；(2)分界面上的自由电荷面密度；(3)单位长度的电容和漏电导。

3-23 一无限大导体平面折成60°角，角域内有一点电荷q位于$x=1$；$y=1$点，如题图3-23所示。若用镜像法求角域内的电位，试标出所有镜像电荷的位置和数值(包括极性)，并求$x=2$，$y=1$点的电位。

3-24 一无限大水平导体平面的下方，距平面h处有一带电量为q，质量为m的小带电体(可视为点电荷)，如题图3-24所示。若要使带电体所受到的静电力恰好与重力平衡，q应为多少？

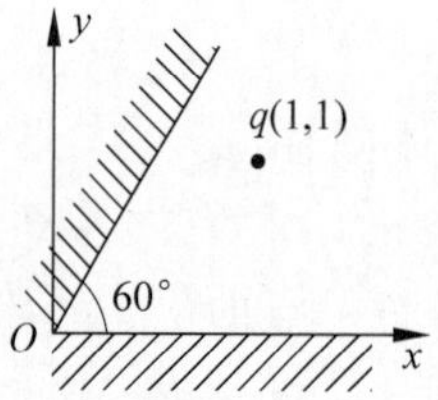

题图 3-23

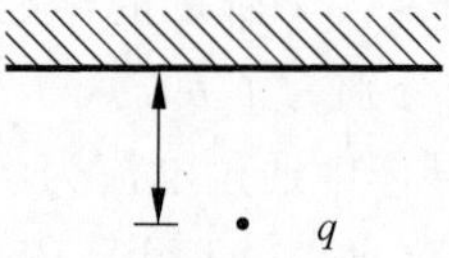

题图 3-24

3-25 在一无限大导体平面上有一个半径为a的导体半球凸起。如题图3-25所示坐标系，设在(x_0,y_0)点有一点电荷q，若用镜像法求解导体外部空间任一点的电位，试计算各个镜像电荷的位置和数值。

3-26 在离地面高为h处有一无限长带正电的水平面细直导线(见题图3-26)，线电荷密度为ρ_l(C/m)证明它在导电的地平面上引起的面电荷密度是$\rho_s=\dfrac{-\rho_1 h}{\pi(x^2+h^2)}$(C/m²)。

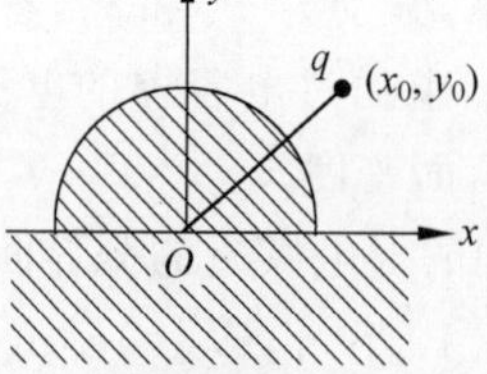

题图 3-25

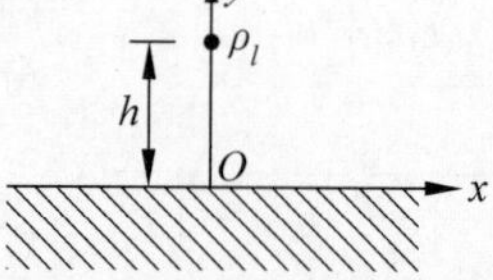

题图 3-26

第4章 均匀平面波的传播、反射与折射

电磁波不仅可以在空气中传播，也可以在水、导体等媒质中传播，在遇到不同媒质分界面时，还会发生电磁波的反射与折射等现象。电磁波按照波阵面的类型通常可以分为球面波、柱面波和平面波。在各种类型的电磁波中，均匀平面电磁波是最简单的电磁波，也是分析复杂类型电磁波的基础，其等相位面（波阵面）是平面，且其上场强处处相等（均匀分布）。在实际应用中，很多天线辐射的电磁波是球面波，由于接收天线距离发射天线较远，接收到的球面波可以近似看成平面波。为了理解电磁波的传播规律，本章首先研究均匀平面波在理想介质中的传播特性，然后过渡到有耗媒质中的传播特性，最后重点介绍均匀平面波在多种媒质分界面上的反射和折射规律。

视频4-1

4.1 理想介质中的均匀平面波

理想介质是指无损耗、无色散、均匀而又各向同性的线性媒质，其介电常数 ε 和磁导率 μ 均为实数，电导率 $\sigma=0$。在实际用应用中，除了真空外，其他媒质都不是严格意义上理想介质，但某些低损耗、弱色散的介质可以近似看成理想介质。在理想介质的无源区域中，既没有电荷，也没有传导电流，电磁场满足麦克斯韦方程组

$$\begin{cases}\nabla\times\boldsymbol{H}=\varepsilon\dfrac{\partial\boldsymbol{E}}{\partial t}\\\nabla\times\boldsymbol{E}=-\mu\dfrac{\partial\boldsymbol{H}}{\partial t}\\\nabla\cdot\boldsymbol{H}=0\\\nabla\cdot\boldsymbol{E}=0\end{cases}\tag{4.1.1}$$

如果对麦克斯韦方程组中的第一、二方程两边分别求旋度可以得到

$$\nabla\times\nabla\times\boldsymbol{E}=-\mu\nabla\times\frac{\partial\boldsymbol{H}}{\partial t}=-\mu\frac{\partial}{\partial t}(\nabla\times\boldsymbol{H})=-\mu\varepsilon\frac{\partial^2\boldsymbol{E}}{\partial t^2}$$

$$\nabla\times\nabla\times\boldsymbol{H}=\varepsilon\nabla\times\frac{\partial\boldsymbol{E}}{\partial t}=\varepsilon\frac{\partial}{\partial t}(\nabla\times\boldsymbol{E})=-\mu\varepsilon\frac{\partial^2\boldsymbol{H}}{\partial t^2}$$

根据矢量恒等式$\nabla\times\nabla\times\boldsymbol{F}=\nabla(\nabla\cdot\boldsymbol{F})-\nabla^2\boldsymbol{F}$，利用麦克斯韦方程第三、四方程，可以得到

$$\begin{cases}\nabla^2\boldsymbol{E}-\mu\varepsilon\dfrac{\partial^2\boldsymbol{E}}{\partial t^2}=0\\\nabla^2\boldsymbol{H}-\mu\varepsilon\dfrac{\partial^2\boldsymbol{H}}{\partial t^2}=0\end{cases}\tag{4.1.2}$$

这是二阶偏微分方程，称为电磁波在三维空间的波动方程，也称为电磁场的亥姆霍兹方程，是时变电磁波在理想介质空间满足的一般方程。由于谐变电磁波在无线通信、导航、雷达等领域的应用极为普遍，可将一般时变电磁波满足的波动方程转换成复数形式

$$\begin{cases}\nabla^2\dot{\boldsymbol{E}}+k^2\dot{\boldsymbol{E}}=0\\\nabla^2\dot{\boldsymbol{H}}+k^2\dot{\boldsymbol{H}}=0\end{cases}\tag{4.1.3}$$

其中，k 称为电磁波波数，满足 $k^2=\omega^2\mu\varepsilon$。

假设均匀平面电磁波沿 $+z$ 方向传播，如图 4.1.1 所示，则在 xOy 平面上的各点电场强度、磁场强度应均匀分布，即沿着 x 轴和 y 轴无变化，满足

$$\begin{cases}\dfrac{\partial \dot{\boldsymbol{E}}}{\partial x}=\dfrac{\partial \dot{\boldsymbol{E}}}{\partial y}=0\\[2ex]\dfrac{\partial \dot{\boldsymbol{H}}}{\partial x}=\dfrac{\partial \dot{\boldsymbol{H}}}{\partial y}=0\end{cases}\tag{4.1.4}$$

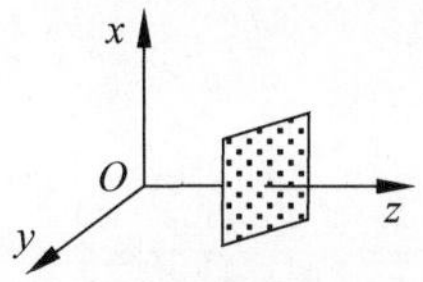

图 4.1.1 平面波的等相位面

如果考虑电磁波在无源区，电场、磁场的散度为零，则有

$$\nabla\cdot\dot{\boldsymbol{E}}=\frac{\partial \dot{E}_x}{\partial x}+\frac{\partial \dot{E}_y}{\partial y}+\frac{\partial \dot{E}_z}{\partial z}=0,\quad \nabla\cdot\dot{\boldsymbol{H}}=\frac{\partial \dot{H}_x}{\partial x}+\frac{\partial \dot{H}_y}{\partial y}+\frac{\partial \dot{H}_z}{\partial z}=0$$

所以有

$$\begin{cases}\dfrac{\partial \dot{E}_z}{\partial z}=0\\[2ex]\dfrac{\partial \dot{H}_z}{\partial z}=0\end{cases}\tag{4.1.5}$$

如果把式(4.1.4)和式(4.1.5)代入式(4.1.3)，化简得到标量微分方程

$$\begin{cases}\dfrac{\mathrm{d}^2\dot{E}_x}{\mathrm{d}z^2}=-\omega^2\mu\varepsilon\dot{E}_x\\[2ex]\dfrac{\mathrm{d}^2\dot{E}_y}{\mathrm{d}z^2}=-\omega^2\mu\varepsilon\dot{E}_y\\[2ex]\dot{H}_z=0\end{cases}\tag{4.1.6}$$

$$\begin{cases}\dfrac{\mathrm{d}^2\dot{H}_x}{\mathrm{d}z^2}=-\omega^2\mu\varepsilon\dot{H}_x\\[2ex]\dfrac{\mathrm{d}^2\dot{H}_y}{\mathrm{d}z^2}=-\omega^2\mu\varepsilon\dot{H}_y\\[2ex]\dot{E}_z=0\end{cases}\tag{4.1.7}$$

从上两式可以看到，在电磁波的传播方向上($+z$ 方向)，$\dot{E}_z=0$，$\dot{H}_z=0$。由此我们得到一个非常重要的结论，均匀平面波在传播方向上没有电磁场分量，这样的电磁波称为横电磁波(TEM 波)。

由于式(4.1.6)和式(4.1.7)是电场和磁场全微分方程，四个场分量满足相同形式的二阶常微分方程。令 $\gamma^2=-\omega^2\mu\varepsilon$，则得到 $\gamma=\pm\mathrm{j}\omega\sqrt{\mu\varepsilon}=\pm\mathrm{j}k$，$\gamma$ 称为传播常数，其中 $k=\omega\sqrt{\mu\varepsilon}$，求解微分方程式(4.1.6)和式(4.1.7)，得到通解形式

$$\begin{cases}\dot{E}_x = A_1 e^{-jkz} + A_2 e^{jkz} \\ \dot{E}_y = B_1 e^{-jkz} + B_2 e^{jkz} \\ \dot{H}_x = C_1 e^{-jkz} + C_2 e^{jkz} \\ \dot{H}_y = D_1 e^{-jkz} + D_2 e^{jkz}\end{cases} \tag{4.1.8}$$

通解中的系数一般是复常数。式中包含 e^{-jkz} 因子的部分，代表向 $+z$ 方向传播的波；包含 e^{jkz} 因子的部分，代表向 $-z$ 方向传播的波。由于我们研究的是向 $+z$ 方向传播的波，所以系数 $A_2=B_2=C_2=D_2=0$，故向 $+z$ 方向传播的均匀平面波在空间任意一点的电场强度和磁场强度为

$$\begin{cases}\dot{E}_x = A_1 e^{-jkz} \\ \dot{E}_y = B_1 e^{-jkz} \\ \dot{H}_x = C_1 e^{-jkz} \\ \dot{H}_y = D_1 e^{-jkz}\end{cases} \tag{4.1.9}$$

由于解中的待定系数为复数，可令该解中的系数为

$$\begin{cases}A_1 = E_1 e^{j\varphi_x} \\ B_1 = E_2 e^{j\varphi_y} \\ C_1 = H_1 e^{j\varphi'_x} \\ D_1 = H_2 e^{j\varphi'_y}\end{cases} \tag{4.1.10}$$

式中，E_1、E_2、H_1、H_2 和 φ_x、φ_y、φ'_x、φ'_y 都是实数，彼此不独立。如果将上两式代入式(4.1.6)和式(4.1.7)，可以得到电场强度和磁场强度各分量之间满足的关系式

$$\begin{cases}\dot{E}_x = \dfrac{k}{\omega\varepsilon}\dot{H}_y = \eta\dot{H}_y \\ \dot{E}_y = -\dfrac{k}{\omega\varepsilon}\dot{H}_x = -\eta\dot{H}_x\end{cases} \tag{4.1.11}$$

式中，η 称为波阻抗，即横向电场与横向磁场的比值

$$\eta = \frac{\dot{E}_x}{\dot{H}_y} = \frac{k}{\omega\varepsilon} = \frac{\omega\mu}{k} = \sqrt{\frac{\mu}{\varepsilon}} \tag{4.1.12}$$

其单位为 Ω。而且，电场强度、磁场强度和传播方向三者满足矢量关系式

$$\dot{\boldsymbol{H}} = \frac{1}{\eta}\boldsymbol{e}_z \times \dot{\boldsymbol{E}} \tag{4.1.13}$$

从上式可以看出，电场强度 $\dot{\boldsymbol{E}}$、磁场强度 $\dot{\boldsymbol{H}}$ 和传播方向 $\boldsymbol{e}_z$ 相互垂直，满足右手螺旋关系。

不失一般性，假定均匀平面波沿着 $+z$ 方向传播，电场强度始终沿着 x 方向振动，均匀平面波的表达式为

$$\dot{\boldsymbol{E}}=\boldsymbol{e}_x E_x \mathrm{e}^{-\mathrm{j}kz+\mathrm{j}\varphi_x} \tag{4.1.14}$$

相应的磁场强度为

$$\dot{\boldsymbol{H}}=\boldsymbol{e}_y \frac{E_x}{\eta} \mathrm{e}^{-\mathrm{j}kz+\mathrm{j}\varphi_x} \tag{4.1.15}$$

电场、磁场相应的瞬时表达式为

$$\boldsymbol{E}=\boldsymbol{e}_x E_x \cos(\omega t-kz+\varphi_x) \tag{4.1.16}$$

$$\boldsymbol{H}=\boldsymbol{e}_y \frac{E_x}{\eta} \cos(\omega t-kz+\varphi_x) \tag{4.1.17}$$

根据电场强度和磁场强度的表达式,我们可以得出均匀平面电磁波的传播特性:

1. 场强的振幅分布和相位分布

理想介质均匀平面波的场强振幅是个常数,沿着传播方向不发生衰减。电场和磁场的相位相同,沿着传播方向连续滞后。

2. 相速度

均匀平面波的等相位面含有时间因子 t,其等相位面为 $\omega t-kz+\varphi_x=C$(常数)时,等相位随着时间的增加沿着 $+z$ 轴方向平移,其速度为

$$v_p=\frac{\mathrm{d}z}{\mathrm{d}t}=\frac{\omega}{k}=\frac{\omega}{\omega\sqrt{\mu\varepsilon}}=\frac{1}{\sqrt{\mu\varepsilon}} \tag{4.1.18}$$

对于自由空间(真空),其相速度为

$$v_p=\frac{\mathrm{d}z}{\mathrm{d}t}=\frac{1}{\sqrt{\mu_0\varepsilon_0}}=3\times10^8(\mathrm{m/s})$$

这正好是光速,这在麦克斯韦所在的时代,为断言光波也是电磁波提供了有力的证据。

3. 波长

波长是指电磁波在一个周期内,以相速 v_p 行走的距离。即

$$\lambda=v_p T=\frac{1}{\sqrt{\mu\varepsilon}}T=\frac{1}{f\sqrt{\mu\varepsilon}}=\frac{2\pi}{\omega\sqrt{\mu\varepsilon}}=\frac{2\pi}{k} \tag{4.1.19}$$

由此可见,同一频率的电磁波,在不同媒质中传播时,其波长是不同的,通常小于真空中的波长。

4. 平均坡印廷矢量

在电磁波的传播过程中,我们还需要关注电磁波的能量传输,根据平均坡印廷矢量的计算关系式,其平均功率密度为

$$\boldsymbol{P}_{\mathrm{av}}=\frac{1}{2}\mathrm{Re}[\dot{\boldsymbol{E}}\times\dot{\boldsymbol{H}}^*]=\frac{1}{2\eta}\boldsymbol{e}_z|\boldsymbol{E}|^2=\frac{1}{2\eta}\boldsymbol{e}_z E_x^2 \tag{4.1.20}$$

式中,$\boldsymbol{e}_z$ 表示电磁波的能量传递方向,与电磁波的传播方向一致,其大小为实数功率。

【例 4-1】 已知在自由空间传播的均匀平面波的磁场强度为

$$H(z,t)=\boldsymbol{e}_x 0.8\cos(6\pi\times10^8 t-2\pi z)$$

求：(1) 该均匀平面波的相速；(2) 求出电场强度 $\boldsymbol{E}(z,t)$；(3) 计算平均坡印廷矢量。

解：(1) 从给定的磁场表达式中，可以得出

$$f=\frac{\omega}{2\pi}=\frac{6\pi\times10^8}{2\pi}=3\times10^8(\mathrm{Hz})$$

$$k=2\pi/\lambda$$

$$\lambda=\frac{2\pi}{k}=\frac{2\pi}{2\pi}=1(\mathrm{m})$$

$$v_p=\frac{\omega}{k}=\frac{6\pi\times10^8}{2\pi}=3\times10^8(\mathrm{m/s})$$

(2) 电场强度为

$$\begin{aligned}\boldsymbol{E}(z,t)&=\eta_0\boldsymbol{H}(z,t)\times\boldsymbol{e}_z=120\pi\times0.8\cos(6\pi\times10^8 t-2\pi z)\boldsymbol{e}_x\times\boldsymbol{e}_z\\&=-96\pi\cos(6\pi\times10^8 t-2\pi z)\boldsymbol{e}_y(\mathrm{V/m})\end{aligned}$$

(3) 平均坡印廷矢量

$$\boldsymbol{P}_{\mathrm{av}}=\frac{1}{2}\mathrm{Re}[\dot{\boldsymbol{E}}\times\dot{\boldsymbol{H}}^*]$$

电场强度的复数形式为

$$\dot{\boldsymbol{E}}=-96\pi\mathrm{e}^{-\mathrm{j}2\pi z}\boldsymbol{e}_y$$

磁场强度的复数形式为

$$\dot{\boldsymbol{H}}=0.8\mathrm{e}^{-\mathrm{j}2\pi z}\boldsymbol{e}_x$$

磁场强度的共轭形式为

$$\dot{\boldsymbol{H}}^*=0.8\mathrm{e}^{\mathrm{j}2\pi z}\boldsymbol{e}_x$$

平均坡印廷矢量为

$$\begin{aligned}\boldsymbol{P}_{\mathrm{av}}&=\frac{1}{2}\mathrm{Re}[\dot{\boldsymbol{E}}\times\dot{\boldsymbol{H}}^*]\\&=\frac{96\pi\times0.8}{2}\boldsymbol{e}_z\\&=38.4\pi\boldsymbol{e}_z\end{aligned}$$

4.2 均匀平面波的极化

前面章节介绍了均匀平面电磁波在理想介质中的传播特性，除此之外，我们还需关注电磁波极化方式。电磁波的极化是指电磁波在传播过程中，在空间给定点上电场矢量随时间变化的方式，在光学上称为偏振。这种变化方式常用电场强度矢量的端点随时间变化的轨迹来描述。通常电磁波的极化可以分为线极化、圆极化和椭圆极化三种，如图 4.2.1 所示。

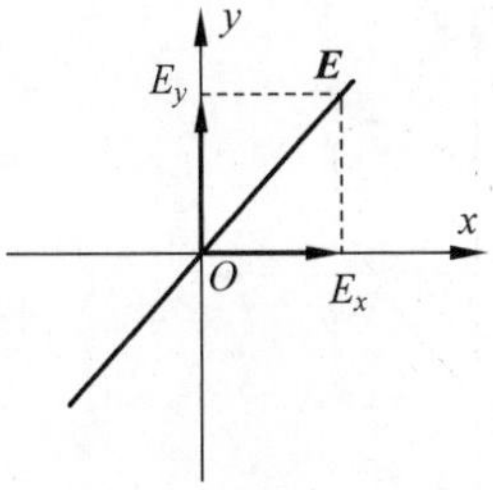

(a) 线极化

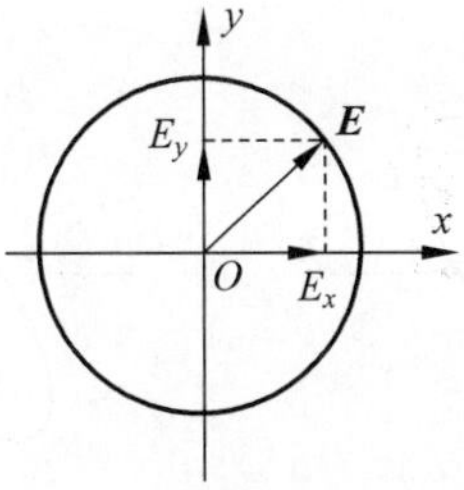

(b) 圆极化

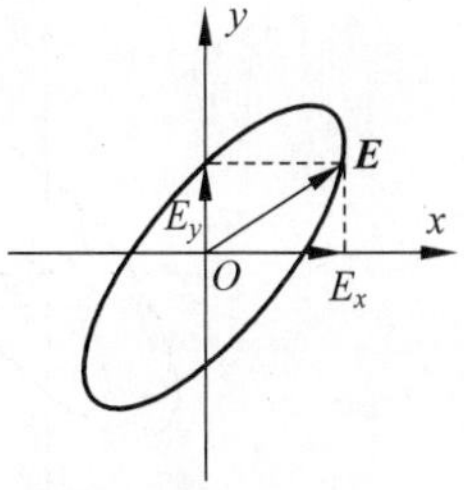

(c) 椭圆极化

图 4.2.1 电磁波的极化形式

电场矢量的振动方式为什么会出现三种极化方式？下面进行详细分析，一般情况下沿 $+z$ 轴传播的均匀平面电磁波的电场强度通常有两个分量，其瞬时值是

$$\begin{cases} E_x(z,t)=E_1\cos(\omega t-kz+\varphi_x) \\ E_y(z,t)=E_2\cos(\omega t-kz+\varphi_y) \end{cases} \tag{4.2.1}$$

为了确定电磁波的极化，需要根据极化的定义，对电场强度的两个分量进行拆分，找出电场强度分量满足的轨迹方程。

4.2.1 均匀平面波的椭圆极化

首先利用三角函数的和差化积关系式，把式(4.2.1)中的 $\omega t-kz$ 和 φ_x、φ_y 拆开，得到电场强度变化的轨迹方程

$$\frac{E_x}{E_1}=\cos(\omega t-kz)\cos\varphi_x-\sin(\omega t-kz)\sin\varphi_x$$

$$\frac{E_y}{E_2}=\cos(\omega t-kz)\cos\varphi_y-\sin(\omega t-kz)\sin\varphi_y$$

把上两式分别乘以 $\sin\varphi_y$ 和 $\sin\varphi_x$，并相减得到

$$\frac{E_x}{E_1}\sin\varphi_y-\frac{E_y}{E_2}\sin\varphi_x=\cos(\omega t-kz)\sin(\varphi_y-\varphi_x) \tag{4.2.2}$$

同理，两式分别乘以 $\cos\varphi_y$ 和 $\cos\varphi_x$，并相减得到

$$\frac{E_x}{E_1}\cos\varphi_y-\frac{E_y}{E_2}\cos\varphi_x=\sin(\omega t-kz)\sin(\varphi_y-\varphi_x) \tag{4.2.3}$$

将式(4.2.2)与式(4.2.3)分别平方求和，得到

$$\left(\frac{E_x}{E_1}\right)^2-2\left(\frac{E_x}{E_1}\right)\left(\frac{E_y}{E_2}\right)\cos(\varphi_y-\varphi_x)+\left(\frac{E_y}{E_2}\right)^2=\sin^2(\varphi_y-\varphi_x) \tag{4.2.4}$$

上式为电场强度两个分量满足的椭圆方程，说明电场在 xOy 平面上扫过的轨迹是一个椭圆，这样的电磁波称为椭圆极化波，如图 4.2.1(c)所示。电磁波除了需要判定其极化形式外，对于椭圆极化波还需判定其旋向。如图 4.2.2 所示，均匀平面波沿着 $+z$ 轴传播，图(a)为右旋极化，图(b)为左旋极化。

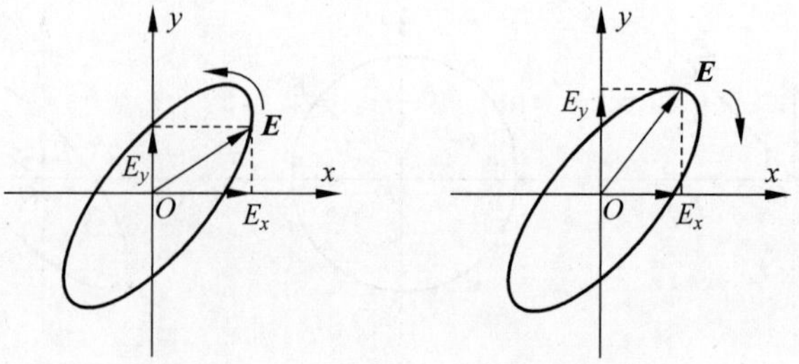

(a) 右旋　　(b) 左旋

图 4.2.2　椭圆极化波电场的旋向

如图 4.2.2(a)所示，若令 $\Delta\varphi=\varphi_y-\varphi_x$，当 $\Delta\varphi=\varphi_y-\varphi_x<0$ 时，E_x 的相位超前，在一个固定点(即 z 为常数时)，E_x 先达到最大值，然后 E_y 才达到最大值。这说明随着时间的推移，电场矢量端点的扫描按逆时针方向扫出一个椭圆，轨迹移动的方向与 z 轴(电磁波的传播方向)符合右手螺旋关系，这种关系的平面电磁波称为右旋椭圆极化波。

如图 4.2.2(b)所示，当 $\Delta\varphi=\varphi_y-\varphi_x>0$ 时，E_y 的相位超前，在一个固定点(即 z 为常数时)，E_y 先达到最大值，然后 E_x 才达到最大值。这说明随着时间的推移，电场矢量端点的扫描按顺时针方向扫出一个椭圆，轨迹移动的方向与 z 轴(电磁波的传播方向)符合左手螺旋关系，这种关系的平面电磁波称为左旋椭圆极化波。

4.2.2　均匀平面波的线极化

线极化是椭圆极化的一种特例。根据式(4.2.4)，当 $\Delta\varphi=\varphi_y-\varphi_x=0$ 时，椭圆方程蜕化为直线方程

$$\left(\frac{E_x}{E_1}-\frac{E_y}{E_2}\right)^2=0$$

或

$$\frac{E_x}{E_1}-\frac{E_y}{E_2}=0 \tag{4.2.5}$$

当平面电磁波在理想介质中传播时，在空间给定点上，在不同时刻的电场强度矢量总是在一条直线上变化。这条直线和 x 轴之间的夹角满足关系式

$$\tan\theta=\frac{E_y}{E_x}=\frac{E_2}{E_1}$$

或

$$\theta=\arctan\left(\frac{E_2}{E_1}\right) \tag{4.2.6}$$

这样的平面电磁波称为线极化波，如图 4.2.3(a)所示。如果电场矢量只在与地面平行的方向上变化，称为水平极化波。如果与地面垂直，则称为垂直极化波。

当 $\Delta\varphi=\varphi_y-\varphi_x=\pi$ 时，椭圆方程(4.2.4)蜕化为直线方程

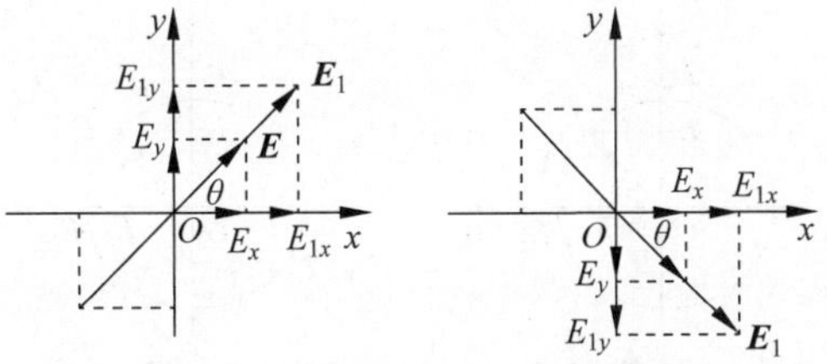

(a) $\Delta\varphi=0$　　(b) $\Delta\varphi=\pi$

图 4.2.3　线极化电场的振动方向

$$\frac{E_x}{E_1}+\frac{E_y}{E_2}=0 \tag{4.2.7}$$

这也是一条直线，与 x 轴之间的夹角满足关系式

$$\tan\theta=\frac{E_y}{E_x}=-\frac{E_2}{E_1} \tag{4.2.8}$$

因而这种平面电磁波也是线极化波，如图 4.2.3(b)所示。

类似地，如果 $E_y=0$，只有 E_x，称为 x 方向的线极化波；如果 $E_x=0$，只有 E_y，称为 y 方向的线极化波。

视频4-2

4.2.3　均匀平面波的圆极化

根据式(4.2.4)，当 $E_1=E_2$，$\Delta\varphi=\varphi_y-\varphi_x=\pm\frac{\pi}{2}$时，椭圆方程(4.2.4)变成为圆方程

$$\left(\frac{E_x}{E_1}\right)^2+\left(\frac{E_y}{E_2}\right)^2=1$$

由式(4.2.1)可以得到

$$\theta=\arctan\left(\frac{E_y}{E_x}\right)=\arctan\left(\frac{\cos\left(\omega t-kz+\varphi_x\pm\frac{\pi}{2}\right)}{\cos(\omega t-kz+\varphi_x)}\right)$$

或

$$\theta=\mp(\omega t-kz+\varphi_x) \tag{4.2.9}$$

当 $\Delta\varphi=\varphi_y-\varphi_x=\frac{\pi}{2}$，$\theta=-(\omega t-kz+\varphi_x)$，当时间 t 增加时，电场矢量的端点沿着顺时针方向旋转，即由相位超前的 E_y 分量朝着相位落后的 E_x 分量旋转，即电场矢量与 x 轴的夹角随时间的增加而减少，如图 4.2.4(a)所示。如果伸开左手，让拇指指向电磁波的传播方向，电场旋转方向就是另外四指旋转方向，这种圆极化称为左旋圆极化。

当 $\Delta\varphi=\varphi_y-\varphi_x=-\frac{\pi}{2}$，$\theta=(\omega t-kz+\varphi_x)$，当时间 t 增加时，电场矢量的端点沿着逆时针方向旋转，即由相位超前的 E_x 分量朝着相位落后的 E_y 分量旋转，即电场矢量与

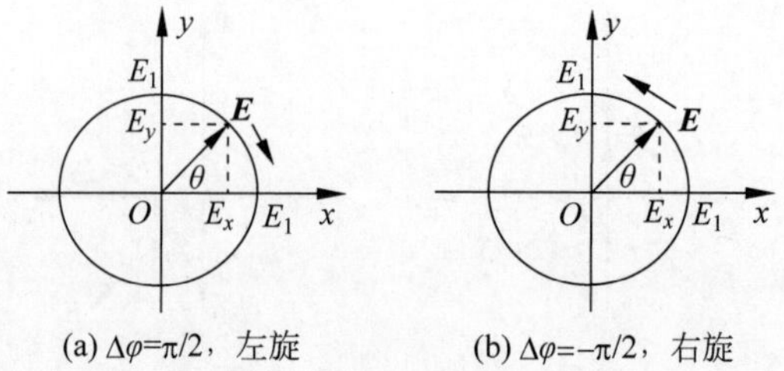

图 4.2.4　圆极化波电场的旋向

x 轴的夹角随时间的增加而增大，如图 4.2.4(b)所示。如果右手伸开，让拇指指向电磁波的传播方向，电场旋转方向就是另外四指的旋转方向，这种圆极化称为右旋圆极化。

在一般情况下，沿着 $+z$ 方向的电磁波的电场有 x 和 y 两个分量，分别代表 x 方向的线极化和 y 方向的线极化，根据对电磁波极化的讨论，这两个线极化波可以合成圆极化和椭圆极化波。反之，任意一个椭圆或圆极化波都可以分解为两个线极化波。类似地，一个线极化波，也可以分解为两个幅度相等但旋向相反的圆极化波。

【例 4-2】 已知某区域内的电场强度表示为

$$\boldsymbol{E}=(\boldsymbol{e}_x 4+\boldsymbol{e}_y 3\mathrm{e}^{-\mathrm{j}\frac{\pi}{2}})\mathrm{e}^{-(0.1z+\mathrm{j}0.3)}$$

试确定该电磁波的极化方式。

解：该电磁波沿着 $+z$ 轴方向的 TEM 电磁波，其电场的两个分量为

$$E_x(z,t)=4\mathrm{e}^{-0.1z}\cos(\omega t-0.3z)$$

$$E_y(z,t)=3\mathrm{e}^{-0.1z}\cos\left(\omega t-0.3z-\frac{\pi}{2}\right)$$

为了讨论极化特性，令 $z=0$，两分量为

$$E_x(0,t)=4\cos(\omega t)$$

$$E_y(0,t)=3\cos\left(\omega t-\frac{\pi}{2}\right)$$

将以上两式平方后再相加，得到

$$\frac{E_x^2}{16}+\frac{E_y^2}{9}=1$$

显然这是一个椭圆方程，由于 E_y 的初始相位滞后 E_x 分量 $\frac{\pi}{2}$，该椭圆极化为右旋极化方式。

4.3　有耗媒质中的均匀平面波

电磁波在媒质中传播时要受到媒质的影响。在理想介质中，电磁波的传播速度由媒质的介电常数和磁导率决定，即 $v_p=1/\sqrt{\mu\varepsilon}$；同样，波阻抗 $\eta=\sqrt{\mu/\varepsilon}$ 又决定了电场和磁场之间的关系。当电磁波在有耗媒质中传播时，媒质的影响将变得更为复杂，出现了衰

减、色散和趋肤效应等现象。为了便于分析问题，本节研究线极化平面电磁波在均匀、线性、无界、无源的有耗媒质中的传播特性。

4.3.1 均匀平面波在有耗媒质中的电磁场

在线性有耗媒质中，如导电媒质中，简谐变化的电磁场满足的微分方程为

$$\begin{cases}\nabla\times\dot{\boldsymbol{H}}=\sigma\dot{\boldsymbol{E}}+\mathrm{j}\omega\varepsilon\dot{\boldsymbol{E}}\\ \nabla\times\dot{\boldsymbol{E}}=-\mathrm{j}\omega\mu\dot{\boldsymbol{H}}\\ \nabla\cdot\dot{\boldsymbol{H}}=0\\ \nabla\cdot\dot{\boldsymbol{E}}=0\end{cases}\tag{4.3.1}$$

引入复介电常数，即

$$\tilde{\varepsilon}=\varepsilon-\mathrm{j}\,\frac{\sigma}{\omega}\tag{4.3.2}$$

式(4.3.1)变为

$$\begin{cases}\nabla\times\dot{\boldsymbol{H}}=\mathrm{j}\omega\tilde{\varepsilon}\dot{\boldsymbol{E}}\\ \nabla\times\dot{\boldsymbol{E}}=-\mathrm{j}\omega\mu\dot{\boldsymbol{H}}\\ \nabla\cdot\dot{\boldsymbol{H}}=0\\ \nabla\cdot\dot{\boldsymbol{E}}=0\end{cases}\tag{4.3.3}$$

有耗媒质满足的麦克斯韦方程组与理想介质满足的麦克斯韦方程组从形式上完全相同，只需将 ε 换成 $\tilde{\varepsilon}$，因而均匀平面波在有耗媒质中的场方程形式上与理想介质满足的场方程一样，其解的形式也完全相同。为此，我们仍以向 $+z$ 方向传播的均匀平面波为例，有耗媒质中的电磁场各分量满足的微分方程为

$$\begin{cases}\dfrac{\mathrm{d}^2\dot{E}_x}{\mathrm{d}z^2}=-\omega^2\mu\tilde{\varepsilon}\dot{E}_x\\ \dfrac{\mathrm{d}^2\dot{E}_y}{\mathrm{d}z^2}=-\omega^2\mu\tilde{\varepsilon}\dot{E}_y\\ \dot{H}_z=0\end{cases}\tag{4.3.4}$$

$$\begin{cases}\dfrac{\mathrm{d}^2\dot{H}_x}{\mathrm{d}z^2}=-\omega^2\mu\tilde{\varepsilon}\dot{H}_x\\ \dfrac{\mathrm{d}^2\dot{H}_y}{\mathrm{d}z^2}=-\omega^2\mu\tilde{\varepsilon}\dot{H}_y\\ \dot{E}_z=0\end{cases}\tag{4.3.5}$$

如果令

$$\gamma^2 = -\omega^2 \mu \tilde{\varepsilon} \tag{4.3.6}$$

微分方程中的场分量与理想介质具有相同形式的解，其 $+z$ 方向的电磁波的场解为

$$\dot{\boldsymbol{E}} = (A_1 \boldsymbol{e}_x + B_1 \boldsymbol{e}_y) \mathrm{e}^{-\gamma z}$$

式中，γ 是复数，称为传播常数，由有耗媒质中的频率和媒质特性决定；A_1 和 B_1 都是积分常数，通常也为复数，它们决定了电磁波的振幅和初始相位。$\dot{\boldsymbol{E}}$ 和 $\dot{\boldsymbol{H}}$ 相互依存，满足关系式

$$\begin{cases} \dot{\boldsymbol{E}} = \tilde{\eta} \dot{\boldsymbol{H}} \times \boldsymbol{e}_z \\ \dot{\boldsymbol{H}} = \dfrac{1}{\tilde{\eta}} \boldsymbol{e}_z \times \dot{\boldsymbol{E}} \end{cases} \tag{4.3.7}$$

式中，$\tilde{\eta}$ 称为有耗媒质中的波阻抗，满足

$$\tilde{\eta} = \frac{\gamma}{\mathrm{j}\omega \tilde{\varepsilon}} = \sqrt{\frac{\mu}{\tilde{\varepsilon}}} \tag{4.3.8}$$

显然，$\tilde{\eta}$ 由媒质的特性和电磁波的频率决定。如同在理想介质中传播一样，在有耗媒质中 γ 和 $\tilde{\eta}$ 都是复数，电场、磁场和传播方向三者相互正交且符合右手螺旋关系。

4.3.2 有耗媒质中的传播特性

为了研究问题方便，均匀平面波沿着 $+z$ 轴方向传播，取电场的方向沿 x 轴方向振动，磁场仅有 y 分量，其表达式为

$$\begin{cases} \dot{E}_x = E_1 \mathrm{e}^{-\gamma z} \\ \dot{H}_y = \dfrac{E_1}{\tilde{\eta}} \mathrm{e}^{-\gamma z} \end{cases} \tag{4.3.9}$$

电磁波在有耗媒质中传播时，有耗媒质中的传播常数 γ 为复数，因此可以令 $\gamma = \alpha + \mathrm{j}\beta$，$\alpha$ 和 β 为实数。由于 $\gamma^2 = -\omega^2 \mu \tilde{\varepsilon}$，可以得到

$$(\alpha + \mathrm{j}\beta)^2 = -\omega^2 \mu \tilde{\varepsilon}$$

化简得到

$$\begin{cases} \alpha^2 - \beta^2 = -\omega^2 \mu \varepsilon \\ 2\alpha\beta = \omega \mu \sigma \end{cases} \tag{4.3.10}$$

解方程得到

$$\alpha = \left(\frac{\omega^2 \mu \varepsilon}{2}\right)^{\frac{1}{2}} \left\{ \left[1 + \left(\frac{\sigma}{\omega \varepsilon}\right)^2 \right]^{\frac{1}{2}} - 1 \right\}^{\frac{1}{2}} \tag{4.3.11}$$

$$\beta = \left(\frac{\omega^2 \mu \varepsilon}{2}\right)^{\frac{1}{2}} \left\{ \left[1 + \left(\frac{\sigma}{\omega \varepsilon}\right)^2 \right]^{\frac{1}{2}} + 1 \right\}^{\frac{1}{2}} \tag{4.3.12}$$

于是电磁场的解可以表示为

$$\begin{cases} \dot{E}_x = E_1 \mathrm{e}^{-\gamma z} = E_1 \mathrm{e}^{-\alpha z} \mathrm{e}^{-\mathrm{j}\beta z} \\ \dot{H}_y = \dfrac{E_1}{\tilde{\eta}} \mathrm{e}^{-\gamma z} = \dfrac{E_1}{\tilde{\eta}} \mathrm{e}^{-\alpha z} \mathrm{e}^{-\mathrm{j}\beta z} \end{cases} \tag{4.3.13}$$

如果令 $\tilde{\eta}=|\tilde{\eta}|e^{j\varphi}$，上式的瞬时表示式为

$$\begin{cases}\dot{E}_x=E_1 e^{-\alpha z}\cos(\omega t-\beta z)\\ \dot{H}_y=\dfrac{E_1}{|\tilde{\eta}|}e^{-\alpha z}\cos(\omega t-\beta z-\varphi)\end{cases}\tag{4.3.14}$$

式中，φ 是波阻抗的相角，也是电场和磁场的相位差。由此可以看出，电磁波在有耗媒质传播，在传播方向上，波的振幅是按指数规律衰减，每前进一个单位长度，振幅衰减为原振幅的 $e^{-\alpha}$ 倍，α 称为衰减常数。在有耗媒质中，这一部分电磁波能量的衰减，实际上是转换为了热能。根据上式，可以得出电磁波的相速度为

$$v_p=\frac{dz}{dt}=\frac{\omega}{\beta}\tag{4.3.15}$$

式中，β 称为相移常数，即单位长度上的相移量，与理想介质中的波数 k 具有相同的意义。由于 β 是频率的函数，在同一媒质中，不同频率的电磁波相速度也不同，在光学中，称为色散。

有耗媒质中的波阻抗为

$$\begin{aligned}\tilde{\eta}&=|\tilde{\eta}|e^{j\varphi}=\left(\frac{\mu}{\varepsilon-j\sigma/\omega}\right)^{\frac{1}{2}}\\&=\left(\frac{\mu}{\varepsilon}\right)^{\frac{1}{2}}\left[1+\left(\frac{\sigma}{\omega\varepsilon}\right)^2\right]^{-1/4}e^{j\frac{1}{2}\arctan\left(\frac{\sigma}{\omega\varepsilon}\right)}\end{aligned}\tag{4.3.16}$$

其中，

$$|\tilde{\eta}|=\left(\frac{\mu}{\varepsilon}\right)^{\frac{1}{2}}\left[1+\left(\frac{\sigma}{\omega\varepsilon}\right)^2\right]^{-1/4}$$

$$\varphi=\frac{1}{2}\arctan\left(\frac{\sigma}{\omega\varepsilon}\right)$$

电磁波在有耗媒质中的传播情况如图 4.3.1 所示。

有耗媒质中，线极化波的平均功率流密度是

$$\boldsymbol{P}_{av}=\frac{1}{2|\tilde{\eta}|}E_1^2 e^{-2\alpha z}\cos\varphi\,\boldsymbol{e}_z\tag{4.3.17}$$

从上式可以看到，由于振幅中含有指数衰减因子 $e^{-2\alpha z}$，随着电磁波在有耗媒质中的传播，电磁波的功率流密度逐渐减少。

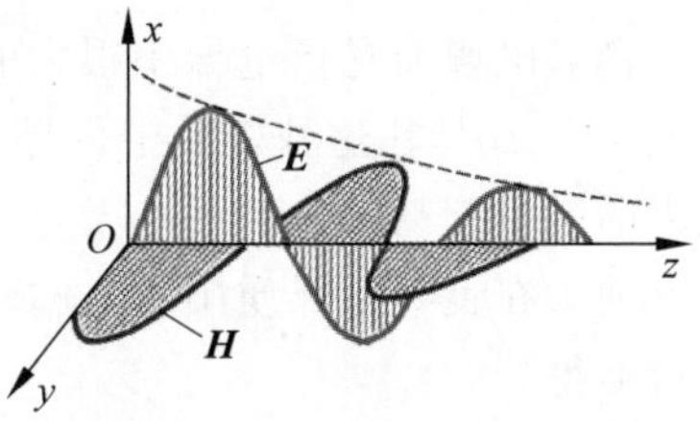

图 4.3.1 有耗媒质中波的传播

由式(4.3.14)可知，存储在有耗媒质中电磁波的电能密度和磁能密度的平均值分别为

$$(w_{av})_e=\frac{1}{4}\varepsilon E_1^2 e^{-2\alpha z}$$

$$(w_{av})_m=\frac{1}{4}\mu\frac{E_1^2}{|\tilde{\eta}|^2}e^{-2\alpha z}=\frac{1}{4}\varepsilon E_1^2 e^{-2\alpha z}\left[1+\left(\frac{\sigma}{\omega\varepsilon}\right)^2\right]^{\frac{1}{2}}$$

由上两式对比可知,有耗媒质中磁能大于电能。只有在 $\sigma=0$ 的情况下,磁能才等于电能。

有耗媒质中的能量传播速度为

$$v_e=\frac{P_{\mathrm{av}}}{(w_{\mathrm{av}})_e+(w_{\mathrm{av}})_m}=v_p=\frac{\omega}{\beta}$$

$$=\left(\frac{2}{\mu\varepsilon}\right)^{\frac{1}{2}}\left\{\left[1+\left(\frac{\sigma}{\omega\varepsilon}\right)^2\right]^{1/2}+1\right\}^{-\frac{1}{2}} \tag{4.3.18}$$

由上式可以看出能量速度等于相速。

对有些低损耗媒质,如有机玻璃、聚乙烯等,因为其电导率极低,在高频和超高频范围内都满足 $\sigma/\omega\varepsilon\ll10^{-2}$ 的条件,这时媒质中的相移常数、衰减常数和波阻抗近似值分别为

$$\alpha=\left(\frac{\omega^2\mu\varepsilon}{2}\right)^{\frac{1}{2}}\left\{\left[1+\left(\frac{\sigma}{\omega\varepsilon}\right)^2\right]^{\frac{1}{2}}-1\right\}^{\frac{1}{2}}\approx\frac{1}{2}\sigma\left(\frac{\mu}{\varepsilon}\right)^{\frac{1}{2}} \tag{4.3.19}$$

$$\beta=\left(\frac{\omega^2\mu\varepsilon}{2}\right)^{\frac{1}{2}}\left\{\left[1+\left(\frac{\sigma}{\omega\varepsilon}\right)^2\right]^{\frac{1}{2}}+1\right\}^{\frac{1}{2}}\approx\omega(\mu\varepsilon)^{\frac{1}{2}} \tag{4.3.20}$$

$$\tilde{\eta}\approx\left(\frac{\mu}{\varepsilon}\right)^{\frac{1}{2}}\left(1+\mathrm{j}\,\frac{\sigma}{2\omega\varepsilon}\right) \tag{4.3.21}$$

由上述公式可见,在低损耗媒质中,除了有微弱的损耗引起的衰减之外,和理想介质基本相同。如聚苯乙烯中 10MHz 的电磁波每 km 仅有 0.5%的衰减,电场和磁场之间的相位差只有 0.003°,所以低损耗介质也称为良介质,近似看成理想介质。

视频4-3

4.3.3 良导电媒质中的平面波

良导电媒质是指电导率很大的媒质,如铜、银、铝等。在整个无线电频率范围内都满足 $\sigma/\omega\varepsilon\gg10^2$,在这种媒质中传导电流远远大于位移电流。良导体在导电媒质传播时有很大的能量损耗。

因为在良导电媒质中,$\sigma/\omega\varepsilon\gg10^2$,所以根据式(4.3.11)、式(4.3.12)和式(4.3.16),可近似得到

$$\alpha\approx\left(\frac{\omega^2\mu\varepsilon}{2}\right)^{\frac{1}{2}}\left(\frac{\sigma}{\omega\varepsilon}-1\right)^{\frac{1}{2}}\approx\left(\frac{1}{2}\omega\mu\sigma\right)^{\frac{1}{2}} \tag{4.3.22}$$

$$\beta\approx\left(\frac{\omega^2\mu\varepsilon}{2}\right)^{\frac{1}{2}}\left(\frac{\sigma}{\omega\varepsilon}+1\right)^{\frac{1}{2}}\approx\left(\frac{1}{2}\omega\mu\sigma\right)^{\frac{1}{2}} \tag{4.3.23}$$

$$\tilde{\eta}\approx\left(\frac{\mathrm{j}\omega\mu}{\sigma}\right)^{\frac{1}{2}}=\left(\frac{1}{2}\,\frac{\omega\mu}{\sigma}\right)^{\frac{1}{2}}(1+\mathrm{j}) \tag{4.3.24}$$

根据上面式子,可以得出电磁波的相速度为

$$v_p=\frac{\omega}{\beta}=\left(\frac{2\omega}{\mu\sigma}\right)^{\frac{1}{2}} \tag{4.3.25}$$

电磁波的波长为

$$\lambda=\frac{v_p}{f}=2\pi\left(\frac{2}{\omega\mu\sigma}\right)^{\frac{1}{2}} \tag{4.3.26}$$

以上式子说明，相速与$\sqrt{\omega}$成正比，说明良导电媒质是一种色散媒质，而且σ越大，相速越小。比如频率$f=1\text{MHz}$的电磁波，在铜中传播速度为$v_p=415\text{m/s}$，与声音在空气中的传播速度同一数量级。在实际应用中，通常我们把同一频率的电磁波在自由空间的传播速度与在媒质中的传播速度之比称为折射率，记为n，因此良导体的折射率很大。

根据式(4.3.22)，可以看出在良导电媒质中，电磁波的衰减常数随着频率、磁导率和电导率的增加而增加。特别是良导体的电导率在10^7的数量级，衰减常数很大，因此电磁波只存在良导体表面，这种现象称为趋肤效应。工程应用中，常用穿透深度δ表示趋肤效应的程度，它等于电磁波场强的振幅衰减到表面值的$1/\text{e}$所经过的距离，即

$$\text{e}^{-\alpha\delta}=\frac{1}{\text{e}}$$

或

$$\delta=\frac{1}{\alpha} \tag{4.3.27}$$

根据穿透深度δ的定义，电磁波的在有耗媒质中衰减与距离l的关系是

$$l=-\delta\ln\frac{E_1}{E_0} \tag{4.3.28}$$

式中，E_0为初始电场强度的值，当考察点的电场强度E_1与初始电场强度之比为10^{-6}时，$l=13.8\delta$，也就是说经过13.8个穿透深度，电场强度的振幅就衰减到原表面值的百万分之一了，根据这个道理，一般厚度的金属板，在无线电频段，就有很好的屏蔽作用。

由式(4.3.24)可以看出，良导电媒质中的波阻抗是一个复数，其电阻和电抗数值相等，其幅角为45°。这说明电场超前磁场45°，其波阻抗的模为

$$|\tilde{\eta}|=\left(\frac{\omega\mu}{\sigma}\right)^{\frac{1}{2}} \tag{4.3.29}$$

由于σ值很大，良导体媒质中的波阻抗比较小，特别是在低频时更是如此。比如铜材料中，频率$f=50\text{Hz}$(工业用电)，$|\tilde{\eta}|=2.6\times10^{-6}\Omega$，当$f=3\text{GHz}$时波阻抗只有$0.02\Omega$。所以我们常说，导电媒质对电磁波具有短路作用，理想导体的波阻抗等于0。

【例4-3】 频率$f=1.8\text{MHz}$的均匀平面波在有耗媒质中传播，已知有耗媒质的参数为：$\mu=1.6\mu_0$，$\varepsilon=25\varepsilon_0$，$\sigma=2.5$，试求：衰减常数、相移常数、波阻抗、相速、穿透深度及磁场强度。

解：当$f=1.8\text{MHz}$，$\dfrac{\sigma}{\omega\varepsilon}=\dfrac{2.5}{2\pi\times1.8\times10^6\times25\times\dfrac{1}{36\pi}\times10^{-9}}=10^3$，该媒质可视为良导体相应参数：$\alpha\approx\sqrt{\pi f\mu\sigma}=\sqrt{\pi\times1.8\times10^6\times4\pi\times10^{-7}\times2.5}=5.33(\text{Np/m})$

$$\beta\approx\sqrt{\pi f\mu\sigma}=5.33(\text{rad/m})$$

$$\tilde{\eta} \approx \sqrt{\frac{\omega\mu}{\sigma}} e^{j45^\circ} = 2.13e^{j45^\circ}(\Omega)$$

$$v_p = \frac{\omega}{\beta} = 2.12 \times 10^6 (\text{m/s})$$

穿透深度

$$\delta = \frac{1}{\alpha} = 0.19(\text{m})$$

媒质中的电场表达式为

$$\boldsymbol{E} = \boldsymbol{e}_x 0.1e^{-5.33z} \cos(2\pi \times 1.8 \times 10^6 t - 5.33z)(\text{V/m})$$

相应的磁场为

$$\boldsymbol{H} = \boldsymbol{e}_y 0.046e^{-5.33z} \cos(2\pi \times 1.8 \times 10^6 t - 5.33z)(\text{A/m})$$

4.4 均匀平面波的反射与折射

电磁波在传播过程中不可避免地会碰到不同媒质的分界面,正如光的反射与折射一样,电磁波在媒质的分界面也会发生反射与折射。其原因在于为了满足电磁场量之间的边界条件,在媒质的分界面上感应生成一层随时间变化的电荷,形成新的波源,在分界面上产生向两种媒质传播的电磁波。在第一种媒质中,向分界面入射的电磁波称为入射波;离开分界面返回第一媒质的电磁波称为反射波;透过分界面,进入到第二种媒质中的电磁波称为折射波,这就是电磁波的反射与折射现象。既然电磁波像光波一样发生反射和折射,当然也遵循光的反射定律和折射定律。

4.4.1 反射定律与折射定律

为了便于讨论向不同方向传播的均匀平面波,就需要一个能够表示向任意方向传播的平面电磁波的表达式。如图 4.4.1 所示,$\boldsymbol{e}_k$ 是一个单位矢量,表示波的传播方向。此时,等相位面 M 就是 $k\boldsymbol{e}_k \cdot \boldsymbol{r} = C$(常数)的平面,它与 $\boldsymbol{e}_k$ 方向垂直。因此向 $\boldsymbol{e}_k$ 方向传播的平面波可以表示为

$$\begin{cases} \dot{\boldsymbol{E}} = \dot{\boldsymbol{E}}_0 e^{-jk\boldsymbol{e}_k \cdot \boldsymbol{r}} \\ \dot{\boldsymbol{H}} = \dfrac{1}{\eta_0} \boldsymbol{e}_k \times \dot{\boldsymbol{E}} \end{cases} \tag{4.4.1}$$

式中,传播方向 $\boldsymbol{e}_k$ 可以用方向余弦表示

$$\boldsymbol{e}_k = \boldsymbol{e}_x \cos\alpha + \boldsymbol{e}_y \cos\beta + \boldsymbol{e}_z \cos\gamma$$

这里的 α、β 和 γ 分别表示传播方向与坐标轴的夹角,矢径 $\boldsymbol{r}$ 表示为

$$\boldsymbol{r} = x\boldsymbol{e}_x + y\boldsymbol{e}_y + z\boldsymbol{e}_z$$

为了证明反射定律和折射定律,将图 4.4.1 简化为图 4.4.2,取入射平面作为直角坐标系 xOz 平面,这样入射波的电场只有 y 分量,它的传播方向是 $\boldsymbol{e}_i$,如果入射波的入射

线与 x 轴的夹角是 θ_i，则反射线与 x 轴的夹角是 θ_r，折射线与 $-x$ 轴的夹角是 θ_t，则入射线、反射线和折射线的传播方向分别表示为

$$\boldsymbol{e}_i = -\boldsymbol{e}_x \cos\theta_i + \boldsymbol{e}_z \sin\theta_i \tag{4.4.2}$$

$$\boldsymbol{e}_r = \boldsymbol{e}_x \cos\theta_r + \boldsymbol{e}_z \sin\theta_r \tag{4.4.3}$$

$$\boldsymbol{e}_t = -\boldsymbol{e}_x \cos\theta_t + \boldsymbol{e}_z \sin\theta_t \tag{4.4.4}$$

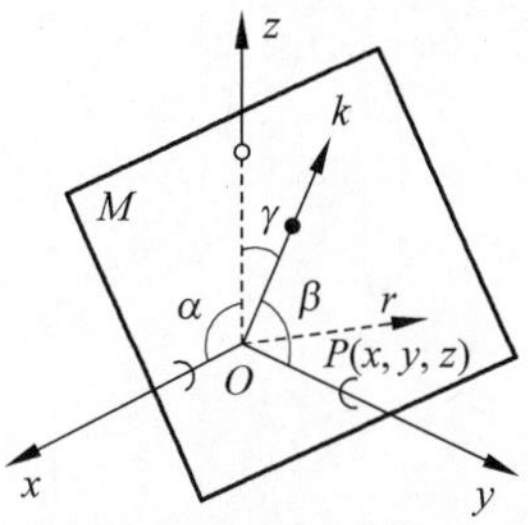

图 4.4.1 任意方向传播的电磁波

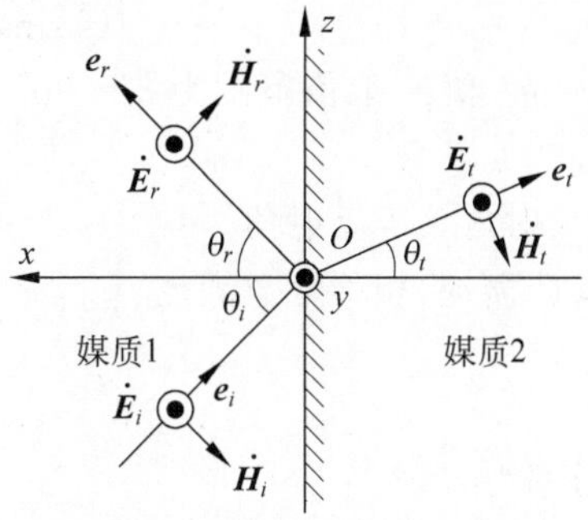

图 4.4.2 电磁波的反射与折射

媒质 1 中入射波的电磁场分量只有 y 分量，可以表示为

$$\begin{cases} \dot{\boldsymbol{E}}_i = \boldsymbol{e}_y \dot{E}_i \mathrm{e}^{-\mathrm{j}k_1 \boldsymbol{e}_i \cdot \boldsymbol{r}} \\ \dot{\boldsymbol{H}}_i = \dfrac{1}{\eta_1} \boldsymbol{e}_i \times \dot{\boldsymbol{E}}_i \end{cases} \tag{4.4.5}$$

媒质 1 中反射波的电磁场分量可以表示为

$$\begin{cases} \dot{\boldsymbol{E}}_r = \boldsymbol{e}_y \dot{E}_r \mathrm{e}^{-\mathrm{j}k_1 \boldsymbol{e}_r \cdot \boldsymbol{r}} \\ \dot{\boldsymbol{H}}_r = \dfrac{1}{\eta_1} \boldsymbol{e}_r \times \dot{\boldsymbol{E}}_r \end{cases} \tag{4.4.6}$$

式中，$\boldsymbol{e}_r$ 表示反射波的传播方向，这里需要与球坐标系中的单位矢量 $\boldsymbol{e}_r$ 区别对待。

媒质 2 中的折射波电磁场分量可以表示为

$$\begin{cases} \dot{\boldsymbol{E}}_t = \boldsymbol{e}_y \dot{E}_t \mathrm{e}^{-\mathrm{j}k_2 \boldsymbol{e}_t \cdot \boldsymbol{r}} \\ \dot{\boldsymbol{H}}_t = \dfrac{1}{\eta_1} \boldsymbol{e}_t \times \dot{\boldsymbol{E}}_t \end{cases} \tag{4.4.7}$$

式中，$\boldsymbol{e}_t$ 表示折射波的传播方向。

式(4.4.5)、式(4.4.6)、式(4.4.7)中的 $\boldsymbol{r}$ 矢量为

$$\boldsymbol{r} = x\boldsymbol{e}_x + y\boldsymbol{e}_y + z\boldsymbol{e}_z$$

依据边界条件，反射波和折射波的电场和入射波一样只有 y 分量，根据电场切向分量连续这一条件，在分界面上($x=0$)满足

$$\dot{\boldsymbol{E}}_i \big|_{x=0} + \dot{\boldsymbol{E}}_r \big|_{x=0} = \dot{\boldsymbol{E}}_t \big|_{x=0}$$

即

$$\dot{E}_i e^{-jk_1 z\sin\theta_i} + \dot{E}_r e^{-jk_1 z\sin\theta_r} = \dot{E}_t e^{-jk_2 z\sin\theta_t} \tag{4.4.8}$$

对于上式成立的必要条件须满足每项指数相等

$$-jk_1 z\sin\theta_i = -jk_1 z\sin\theta_r = -jk_2 z\sin\theta_t$$

化简得到

$$\begin{cases} k_1 \sin\theta_i = k_1 \sin\theta_r \\ k_1 \sin\theta_i = k_2 \sin\theta_t \end{cases} \tag{4.4.9}$$

由于 θ_i、θ_r 和 θ_t 取值范围为 $0°\sim 90°$，因而得到反射定律关系式

$$\theta_i = \theta_r \tag{4.4.10}$$

上式说明，入射角等于反射角。

不计媒质损耗，相移常数满足

$$k = \omega\sqrt{\mu\varepsilon} = \frac{\omega}{v_p} \tag{4.4.11}$$

媒质的折射率为

$$n = \frac{c}{v_p} \tag{4.4.12}$$

式中，c 为光速，得到

$$\frac{k}{n} = \frac{\omega}{c}$$

对于给定电磁波的频率，媒质的相移常数与折射率呈正比。因而两种不同媒质的相移常数之比等于两种媒质的折射率之比，即

$$\frac{k_1}{k_2} = \frac{n_1}{n_2} \tag{4.4.13}$$

由上式可以得到折射定律，并满足

$$n_1 \sin\theta_i = n_2 \sin\theta_t \tag{4.4.14}$$

由反射定律和折射定律可以看出，电磁波与光在本质上是一样的，再一次说明光波也是电磁波。下面讨论几种典型的电磁波入射到不同媒质分界面后的传播特性。

4.4.2 均匀平面波垂直入射到理想导体表面

电磁波垂直入射到理想导体表面时，根据电磁波的反射定律和折射定律，必然满足 $\theta_i = \theta_r = \theta_t = 0$。如果无限大的分界面两边都是均匀线性媒质，可在分界面上取一点作为坐标系的原点，并取 $+z$ 轴与分界面垂直，方向由媒质 1 指向媒质 2，如图 4.4.3 所示。如果均匀平面波的电场强度的方向为 x 轴的正方向，则沿 z 轴传播的均匀平面波的磁场为 $\dot{H}_y$ 分量，在均匀各向同性的媒质中的一般形式为

$$\begin{cases} \dot{E}_x = \dot{E}_1 e^{-j\beta z} + \dot{E}_2 e^{j\beta z} \\ \dot{H}_y = \dfrac{1}{\eta}(\dot{E}_1 e^{-j\beta z} - \dot{E}_2 e^{j\beta z}) \end{cases} \tag{4.4.15}$$

式中，$\beta=\omega\sqrt{\mu\varepsilon}$，$\eta=\sqrt{\mu/\varepsilon}$，$\dot{E}_1$ 和 $\dot{E}_2$ 是复常数；右端第一项表示在媒质1中向 $+z$ 轴传播的波，称为入射波；第二项表示在媒质1中向 $-z$ 轴传播的波，称为反射波。

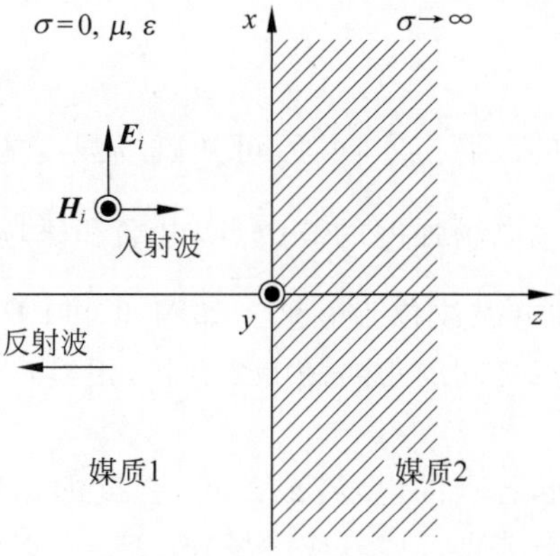

图 4.4.3 均匀平面波垂直入射到理想导体表面

由于媒质1是自由空间，媒质2是理想导体。理想导体的电导率为无限大，电磁波不能进入，在媒质2中的电场强度、磁场强度各分量均为0，根据边界条件，在理想导体的表面上，有

$$\dot{E}_x\big|_{z=0}=\dot{E}_1+\dot{E}_2=0 \tag{4.4.16}$$

所以在 $z<0$ 的左半空间中，电场、磁场分量的解是

$$\begin{cases}\dot{E}_x=-2\mathrm{j}\dot{E}_1\sin\beta_1 z\\[2mm] \dot{H}_y=\dfrac{2\dot{E}_1}{\eta}\cos\beta_1 z\end{cases} \tag{4.4.17}$$

式中，$\dot{E}_1=E_{1m}\mathrm{e}^{\mathrm{j}\varphi_1}$；$\varphi_1$ 是 $\dot{E}_1$ 的初相角。电场和磁场瞬时值为

$$\begin{cases}E_x(z,t)=2E_{1m}\sin\beta_1 z\cos\left(\omega t-\dfrac{\pi}{2}+\varphi_1\right)\\[2mm] H_y(z,t)=\dfrac{2E_{1m}}{\eta}\cos\beta_1 z\cos(\omega t+\varphi_1)\end{cases} \tag{4.4.18}$$

上式余弦函数中不再含有 z 变量，表示电磁波不再沿着 $+z$ 方向或 $-z$ 方向传播。由式(4.4.18)可知，电场的振幅为

$$|\dot{E}_x|=|2E_{1m}\sin\beta_1 z| \tag{4.4.19}$$

磁场强度的振幅为

$$|\dot{H}_x|=\left|\frac{2E_{1m}}{\eta}\cos\beta_1 z\right| \tag{4.4.20}$$

由式(4.4.19)可知，$\beta_1 z=-n\pi(n=0,1,2,\cdots)$，即

$$z=-\frac{n}{2}\lambda \tag{4.4.21}$$

电场强度的振幅等于0，而且这些零点的位置不随时间变化，称为电场的波节点；而在 $\beta_1 z=-\left(m\pi+\frac{1}{2}\pi\right)(m=0,1,2,\cdots)$，即

$$z=-\left(\frac{m}{2}+\frac{1}{4}\lambda\right) \tag{4.4.22}$$

电场的振幅最大，称为电场的波腹点。同理，可知磁场强度的波腹点是电场强度的波节点，而磁场强度的波节点就是电场强度的波腹点，电场和磁场的相位相差 $\frac{1}{2}\pi$，这种波节点和波腹点位置固定不变的电磁波称为驻波。如图4.4.4所示，驻波是驻立不动的，只是一种振动，两个相邻波节点之间的距离是1/2波长，相邻波节点和波腹点之间相距1/4波长。

在两个相邻波节点之间，各点的电场（或磁场）强度的相位相同，只是在不同点有不同的振幅，而且每跨过一个波节点，电场（或磁场）改变一次正负号，也就是相位突变 π，如图4.4.5所示。

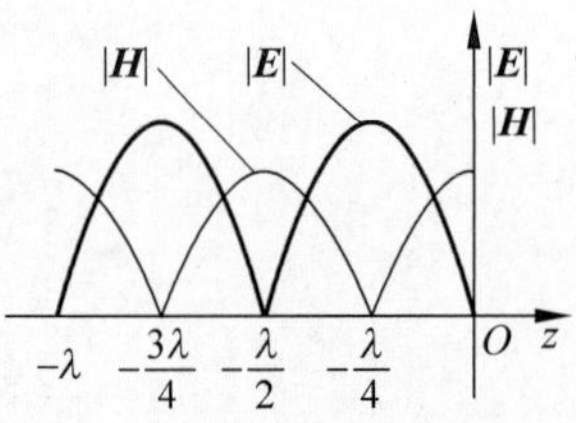

图4.4.4 驻波的振幅分布图

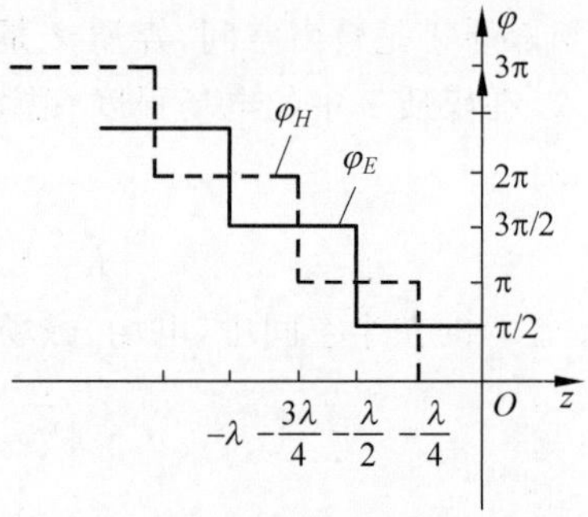

图4.4.5 驻波的相位分布

驻波驻立不动，不传输能量，其平均功率流密度矢量为

$$\begin{aligned}\boldsymbol{P}_{\mathrm{av}}&=\frac{1}{2}\mathrm{Re}[\dot{\boldsymbol{E}}\times\dot{\boldsymbol{H}}^*]\\&=\frac{1}{2}\mathrm{Re}\left[-\mathrm{j}\frac{4E_{1m}^2}{\eta_0}\sin\beta_1 z\cos\beta_1 z\boldsymbol{e}_z\right]\\&=0\end{aligned}$$

因此，驻波所在空间任一点上只有电场能量和磁场能量的相互转换。

根据边界条件，在理想导体表面上有感应电流存在，即

$$\dot{\boldsymbol{J}}_{sf}=\boldsymbol{e}_n\times\dot{\boldsymbol{H}}\big|_{z=0}=-\boldsymbol{e}_z\times\boldsymbol{e}_y\frac{2\dot{E}_1}{\eta_0}=\frac{2\dot{E}_1}{\eta_0}\boldsymbol{e}_x \tag{4.4.23}$$

在 $z<0$ 的左半空间中，驻波电场、磁场分量的振幅之比称为等效波阻抗，即

$$\eta_{\mathrm{ef}}=\frac{\dot{E}_x}{\dot{H}_y}=\mathrm{j}\eta_0\tan\beta_1|z| \tag{4.4.24}$$

由上式可以看出，等效波阻抗为纯虚数，是空间坐标 z 的函数，如图 4.4.6 所示，在 $0<|z|<\dfrac{\lambda}{4}$ 时，η_{ef} 呈现感性；在 $\dfrac{\lambda}{4}<|z|<\dfrac{\lambda}{2}$ 时，η_{ef} 呈现容性，每隔半个波长重复一次。

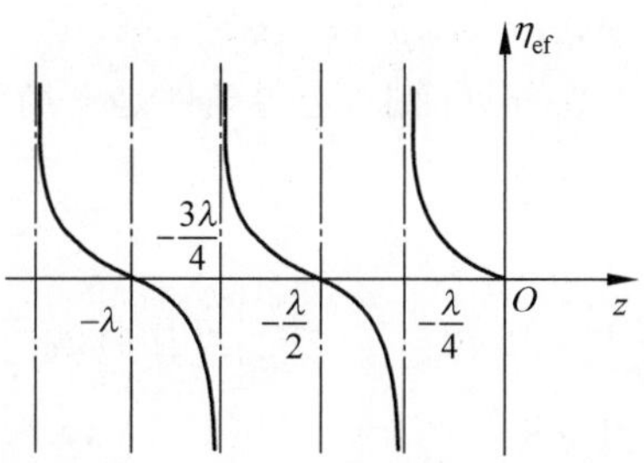

图 4.4.6 驻波的等效波阻抗

如果入射的平面电磁波是圆极化，也就是沿着 x 和 y 方向都有线极化的分量，如入射波为右旋圆极化波，其电场为

$$\dot{\boldsymbol{E}}_i=(\boldsymbol{e}_x-\mathrm{j}\boldsymbol{e}_y)E_m\mathrm{e}^{-\mathrm{j}\beta_1 z} \tag{4.4.25}$$

它垂直入射到理想导体表面后，根据边界条件可得反射波的电场为

$$\dot{\boldsymbol{E}}_r=-(\boldsymbol{e}_x-\mathrm{j}\boldsymbol{e}_y)E_m\mathrm{e}^{\mathrm{j}\beta_1 z} \tag{4.4.26}$$

从反射波可以看出，电场的 x 分量仍然超前 y 分量 $\dfrac{1}{2}\pi$，但传播方向变成了 $-z$ 方向，因而反射波变成左旋圆极化波。它与入射波共同形成了驻波场，即

$$\dot{\boldsymbol{E}}=-(\boldsymbol{e}_x-\mathrm{j}\boldsymbol{e}_y)2E_m\sin\beta_1 z \tag{4.4.27}$$

视频4-4

4.4.3 均匀平面波垂直入射到理想介质表面

当均匀平面波垂直入射到理想介质表面时，根据电磁波的反射定律和折射定律，反射角和折射角同样满足 $\theta_i=\theta_r=\theta_t=0$。设两种理想介质的分界面是一无限大平面，媒质 1 和媒质 2 的介电常数和磁导率分别是 ε_1、μ_1 和 ε_2、μ_2，而两种媒质的电导率 $\sigma_1=\sigma_2=0$，取直角坐标系如图 4.4.7 所示。在媒质 1 中除了向 $+z$ 方向传播的入射波之外，必然还有反射波，而在媒质 2 中只有穿过分界面向 $+z$ 方向传播的透射波。只要不再碰到任何边界，在媒质 2 中的透射波就会一直传播下去。

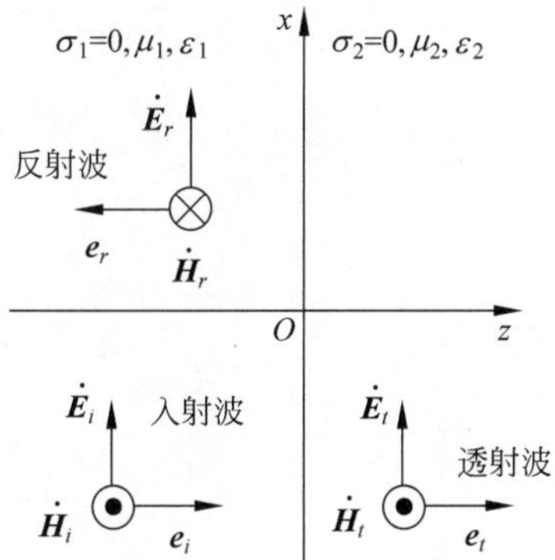

图 4.4.7 平面波对理想介质的垂直入射

如果媒质 1 中的入射波是沿着 x 方向极化的均匀平面波，电场矢量方向如图 4.4.7 所示，于是媒质 1 中的电磁场分量可以表示为

$$\begin{cases}\dot{E}_{x1}=\dot{E}_1\mathrm{e}^{-\mathrm{j}\beta_1 z}+\dot{E}_2\mathrm{e}^{\mathrm{j}\beta_1 z}\\ \dot{H}_{y1}=\dfrac{1}{\eta_1}(\dot{E}_1\mathrm{e}^{-\mathrm{j}\beta_1 z}-\dot{E}_2\mathrm{e}^{\mathrm{j}\beta_1 z})\end{cases} \tag{4.4.28}$$

式中，$\beta_1=\omega\sqrt{\mu_1\varepsilon_1}$；$\eta_1=\sqrt{\mu_1/\varepsilon_1}$；$\omega$ 是入射波的角频率。

在媒质 2 中只有透射波，所以有

$$\begin{cases}\dot{E}_{x2}=\dot{E}_3\mathrm{e}^{-\mathrm{j}\beta_2 z}\\ \dot{H}_{y2}=\dfrac{1}{\eta_2}\dot{E}_3\mathrm{e}^{-\mathrm{j}\beta_2 z}\end{cases} \tag{4.4.29}$$

式中，$\beta_2=\omega\sqrt{\mu_2\varepsilon_2}$；$\eta_2=\sqrt{\mu_2/\varepsilon_2}$。

在分界面上，边界条件是电场和磁场的切向分量连续，即满足

$$\begin{cases}\dot{E}_{x1}\mid_{z=0}=\dot{E}_{x2}\mid_{z=0}=\dot{E}_1+\dot{E}_2=\dot{E}_3\\ \dot{H}_{y1}\mid_{z=0}=\dot{H}_{y2}\mid_{z=0}=\dfrac{1}{\eta_1}(\dot{E}_1-\dot{E}_2)=\dfrac{\dot{E}_3}{\eta_2}\end{cases}\tag{4.4.30}$$

可以求出

$$\frac{\dot{E}_2}{\dot{E}_1}=\frac{\eta_2-\eta_1}{\eta_2+\eta_1}\tag{4.4.31}$$

$$\frac{\dot{E}_3}{\dot{E}_1}=\frac{2\eta_2}{\eta_2+\eta_1}\tag{4.4.32}$$

定义反射系数Γ，即反射波的复振幅与入射波的复振幅之比，反映了反射波振幅相对入射波振幅的变化。同样定义透射系数T，即透射波的复振幅与入射波的复振幅之比，反映了透射波振幅相对入射波振幅的变化情况。因此，可得到反射系数和透射系数

$$\Gamma=\frac{\dot{E}_2}{\dot{E}_1}=\frac{\eta_2-\eta_1}{\eta_2+\eta_1}\tag{4.4.33}$$

$$T=\frac{\dot{E}_3}{\dot{E}_1}=\frac{2\eta_2}{\eta_2+\eta_1}\tag{4.4.34}$$

一般情况下，式(4.4.33)、式(4.4.34)中的反射系数和透射系数为复数。考虑到两种媒质都是理想介质，反射系数和透射系数都为实数。因而在媒质1中的电磁场分量可以表示为

$$\begin{cases}\dot{E}_{x1}=\dot{E}_1(\mathrm{e}^{-\mathrm{j}\beta_1 z}+\Gamma\mathrm{e}^{\mathrm{j}\beta_1 z})\\ \dot{H}_{y1}=\dfrac{\dot{E}_1}{\eta_1}(\mathrm{e}^{-\mathrm{j}\beta_1 z}-\Gamma\mathrm{e}^{\mathrm{j}\beta_1 z})\end{cases}\tag{4.4.35}$$

在媒质2中，电磁场分量的表示式为

$$\begin{cases}\dot{E}_{x2}=\dot{E}_1 T\mathrm{e}^{-\mathrm{j}\beta_2 z}\\ \dot{H}_{y2}=\dfrac{\dot{E}_1 T}{\eta_2}\mathrm{e}^{-\mathrm{j}\beta_2 z}\end{cases}\tag{4.4.36}$$

媒质1中，电场强度和磁场强度的模为

$$|\dot{E}_{x1}|=|\dot{E}_1|(1+\Gamma^2+2\Gamma\cos 2\beta_1 z)^{1/2}\tag{4.4.37}$$

$$|\dot{H}_{1x}|=\frac{|\dot{E}_1|}{\eta_1}(1+\Gamma^2-2\Gamma\cos 2\beta_1 z)^{1/2}\tag{4.4.38}$$

根据参变量Γ的取值范围，可以得到电场强度和磁场强度的最大值和最小值。当

$0<\Gamma\leqslant 1$ 时，我们可以确定，在 $z=-n\lambda/2(n=0,1,2,\cdots)$ 处，电场振幅取得最大值，磁场取得最小值，即

$$|\dot{E}_{x1}|_{\max}=|\dot{E}_1|(1+\Gamma) \tag{4.4.39}$$

$$|\dot{H}_{x1}|_{\min}=\frac{|\dot{E}_1|}{\eta_1}(1-\Gamma) \tag{4.4.40}$$

图 4.4.8(a)给出了 $0<\Gamma\leqslant 1$ 时，电场、磁场振幅随 z 的变化情况。

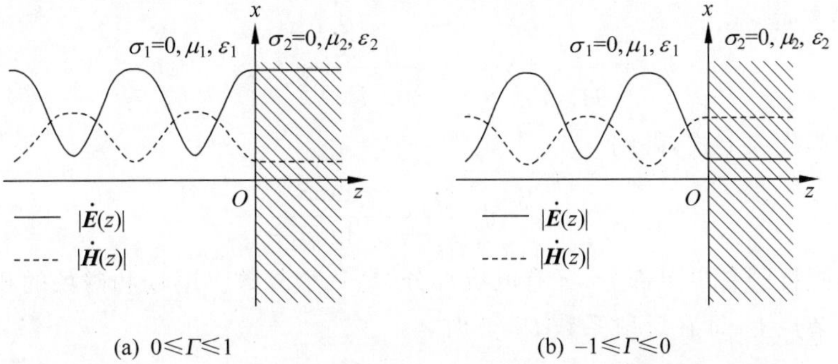

图 4.4.8　垂直入射到理想介质表面的电场、磁场振幅分布图

当 $-1\leqslant\Gamma\leqslant 0$ 时，我们可以确定，在 $z=-n\lambda/2(n=0,1,2,\cdots)$ 处，电场振幅取得最小值，磁场取得最大值，即

$$|\dot{E}_{x1}|_{\min}=|\dot{E}_1|(1+\Gamma) \tag{4.4.41}$$

$$|\dot{H}_{x1}|_{\max}=\frac{|\dot{E}_1|}{\eta_1}(1-\Gamma) \tag{4.4.42}$$

图 4.4.8(b)给出了 $-1\leqslant\Gamma\leqslant 0$ 时，电场、磁场振幅随 z 的变化情况。

在媒质 1 中，向 $+z$ 方向传输的功率，即坡印廷矢量的平均值为

$$\begin{aligned}\boldsymbol{P}_{\mathrm{av}}&=\frac{1}{2}\mathrm{Re}[\dot{\boldsymbol{E}}_{x1}\times\dot{\boldsymbol{H}}_{y1}^{*}]\\&=\frac{|\dot{E}_1|}{2\eta_1}\mathrm{Re}(1-\Gamma^2+2\mathrm{j}\Gamma|\sin 2\beta_1 z|)\boldsymbol{e}_z\\&=\frac{|\dot{E}_1|}{2\eta_1}(1-\Gamma^2)\boldsymbol{e}_z\end{aligned}$$

从上式可以看出，向 $+z$ 方向的传输功率是入射波的功率减去反射波的功率。

在媒质 2 中，向 $+z$ 方向透射的功率，即坡印廷矢量的平均值为

$$\begin{aligned}\boldsymbol{P}_{\mathrm{av}}&=\frac{1}{2}\mathrm{Re}[\dot{\boldsymbol{E}}_2\times\dot{\boldsymbol{H}}_2^{*}]\\&=\frac{|\dot{E}_1|}{2\eta_2}T^2\boldsymbol{e}_z\end{aligned}$$

反射波功率与透射波功率之和为

$$\frac{|\dot{E}_1|}{2\eta_1}\Gamma^2+\frac{|\dot{E}_1|}{2\eta_2}T^2=\frac{|\dot{E}_1|}{2\eta_1}$$

说明反射波功率和透射波功率之和等于入射波功率，满足能量守恒定律。

在媒质 1 中，因为反射波的振幅比入射波小，反射波与入射波叠加形成行驻波(既有行波，又有驻波)。在媒质 1 空间的任一点上，电场复振幅与磁场复振幅的比值称为等效波阻抗

$$\eta_{\mathrm{ef}}=\frac{\dot{E}_{x1}}{\dot{H}_{y1}}=\eta_1\frac{\mathrm{e}^{-\mathrm{j}\beta_1 z}+\Gamma\mathrm{e}^{\mathrm{j}\beta_1 z}}{\mathrm{e}^{-\mathrm{j}\beta_1 z}-\Gamma\mathrm{e}^{\mathrm{j}\beta_1 z}}\quad(z<0)$$

将式(4.4.33)代入上式，得到

$$\eta_{\mathrm{ef}}=\eta_1\frac{\eta_2-\mathrm{j}\eta_1\tan\beta_1 z}{\eta_1-\mathrm{j}\eta_2\tan\beta_1 z}\tag{4.4.43}$$

等效波阻抗既有电阻部分，又有电抗部分，是一个复数。电场和磁场的相位不同，但在电场的波节点上，即在反射系数 $\Gamma>0$ 时，

$$\beta_1 z=-(2m+1)\frac{\pi}{2}$$

等效波阻抗为纯实数

$$\eta_{\mathrm{ef}}=\frac{\eta_1^2}{\eta_2}\tag{4.4.44}$$

同样，在电场的波腹点上，有

$$\eta_{\mathrm{ef}}=\eta_2\tag{4.4.45}$$

上两式说明，行驻波空间的 1/4 波长的阻抗变换和 1/2 波长的阻抗的重复特性。如果分界面两侧是有耗媒质，就要用复介电常数代替实数介电常数，这时波阻抗和传播常数都将是复数。

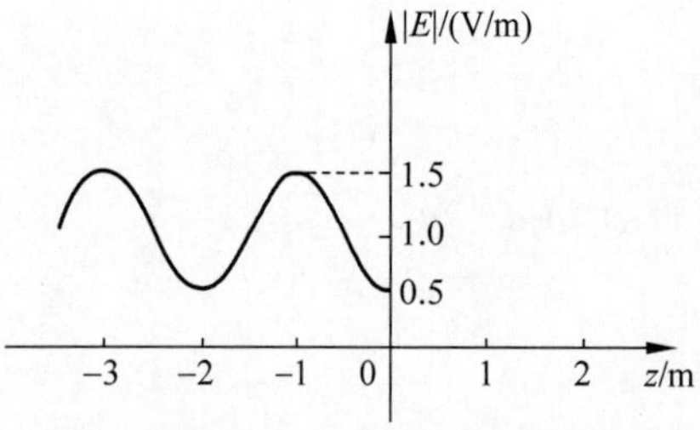

图 4.4.9　例 4-4 图

【例 4-4】　均匀平面波从空气垂直入射到另一介质表面，在此介质前方测得的电场分布如图所示，求：(1) 介质的 $\varepsilon_r(\mu_r=1)$；(2) 电磁波频 f。

解：(1) 由图可知，$|\boldsymbol{E}|_{\max}=1.5$，$|\boldsymbol{E}|_{\min}=0.5$，所以驻波比为

$$\rho=\frac{|\boldsymbol{E}|_{\max}}{|\boldsymbol{E}|_{\min}}=\frac{1+|\Gamma|}{1-|\Gamma|}=3$$

可以求出 $|\Gamma|=\frac{1}{2}$，由 $\Gamma=\frac{\eta_2-\eta_1}{\eta_2-\eta_1}=\frac{\sqrt{\frac{u_0u_r}{\varepsilon_0\varepsilon_r}}-\sqrt{\frac{u_0}{\varepsilon_0}}}{\sqrt{\frac{u_0u_r}{\varepsilon_0\varepsilon_r}}+\sqrt{\frac{u_0}{\varepsilon_0}}}=\frac{\frac{1}{\sqrt{\varepsilon_r}}-1}{\frac{1}{\sqrt{\varepsilon_r}}+1}=-\frac{1}{2}$，可以求出

$\varepsilon_r=9$。

(2) 由图可以看出,相邻电压波节点之间的距离为1/2波长,即$\lambda/2=2$(m),由于空气中电磁波的传播速度为光速,所以有

$$f=\frac{c}{\lambda}=\frac{3\times10^8}{4}=7.5\times10^7\,(\text{Hz})$$

【例4-5】 均匀平面波沿$+z$轴从空气向理想介质($\mu_r=1,\sigma=0$)垂直入射,在分界面上$E_0=16\text{V/m}$,$H_0=0.106\text{A/m}$。试求:(1) 理想介质(媒质2)的ε_r;(2) 入射波、反射波、透射波的振幅(E_i、H_i、E_r、H_r、E_t、H_t);(3) 空气中的驻波比ρ。

解:(1) 在分界面上,E_i为入射波电场的振幅,电场满足$E_0=E_i+\Gamma E_i$,磁场满足

$$H_0=\frac{E_i}{\eta_1}-\frac{\Gamma E_i}{\eta_1}$$

其中,$\eta_1=120\pi$为空气的波阻抗,可以得到

$$\frac{E_0}{H_0}=\frac{1+\Gamma}{1-\Gamma}\eta_1$$

$$\frac{1+\Gamma}{1-\Gamma}=\frac{E_0}{H_0\eta_1}=\frac{2}{5}$$

所以,可以得到反射系数$\Gamma=-\dfrac{3}{7}$,理想介质中的相对介电常数

$$\varepsilon_r=6.25$$

(2) 由于

$$E_i=\frac{E_0}{1+\Gamma}=28$$

入射波:

$$\dot{E}_i=E_i\mathrm{e}^{-\mathrm{j}k_1z}=28\mathrm{e}^{-\mathrm{j}k_1z}\,(\text{V/m}),\quad k_1=\omega\sqrt{\mu_0\varepsilon_0}$$

$$\dot{H}_i=\frac{E_i}{\eta_1}=\frac{28}{377}\mathrm{e}^{-\mathrm{j}k_1z}=0.0743\mathrm{e}^{-\mathrm{j}k_1z}\,(\text{A/m})$$

反射波:

$$\dot{E}_r=\Gamma E_i\mathrm{e}^{+\mathrm{j}k_1z}=-12\mathrm{e}^{\mathrm{j}k_1z}\,(\text{V/m})$$

$$\dot{H}_r=\frac{E_r}{\eta_1}=\frac{12}{377}\mathrm{e}^{\mathrm{j}k_1z}=0.0318\mathrm{e}^{\mathrm{j}k_1z}\,(\text{A/m})$$

透射波:

$$\dot{E}_t=TE_i\mathrm{e}^{-\mathrm{j}k_2z}=16\mathrm{e}^{-\mathrm{j}k_2z}\,(\text{V/m}),\quad k_2=\omega\sqrt{\mu_2\varepsilon_2}=\sqrt{\varepsilon_r}k_1=2.5k_1$$

$$\dot{H}_t=\frac{TE_i}{\eta_2}\mathrm{e}^{-\mathrm{j}k_2z}=0.1061\mathrm{e}^{-\mathrm{j}k_2z}\,(\text{A/m})$$

(3) 驻波比为

$$\rho=\frac{1+|\Gamma|}{1-|\Gamma|}=\frac{1+0.429}{1-0.429}=2.5$$

视频4-5

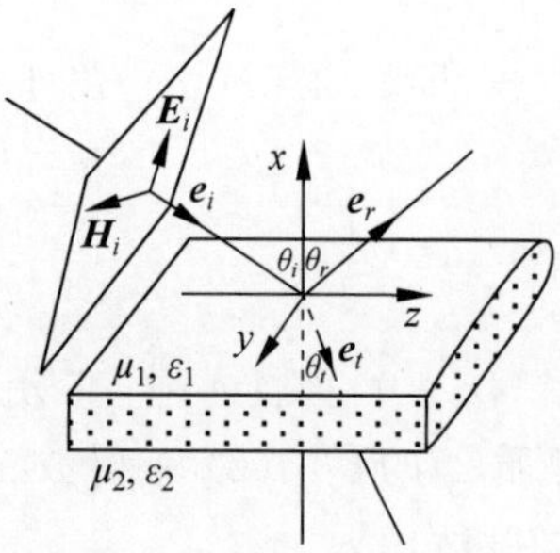

图 4.4.10　均匀平面波的斜入射

4.4.4　均匀平面波斜入射到理想介质表面

当均匀平面波斜入射到理想介质表面时，在媒质 1 中，除了入射波以外还有产生反射波，并在媒质 2 中产生折射波，其反射与折射情况如图 4.4.10 所示。

为了便于分析斜入射下电磁波的传播特性，需要建立电磁波的反射与折射模型。为此，我们把入射波的传播方向与分界面的法线确定的平面称为入射平面。对于均匀平面波而言，入射波的电场强度与传播方向垂直，但不一定与入射平面垂直，而且入射波还可能是圆极化波或椭圆极化波。为了便于分析任意均匀平面波入射，我们可以把入射波分解为两种线极化波，一种线极化波的电场与入射平面垂直，称为垂直极化波；另外一种线极化波的电场与入射平面平行，称为平行极化波。由于边界条件的原因，这两种电磁波斜入射到分界面时，其传播规律有所不同，因而分开讨论。

1. 垂直极化波对理想介质表面的斜入射

如图 4.4.11 所示，取入射平面作为直角坐标系 xOz 平面，这样入射波的电场只有 y 分量，它的传播方向是 $\boldsymbol{e}_i$，设入射波的入射线与 x 轴的夹角是 θ_i，则入射波的传播方向可以表示为

$$\boldsymbol{e}_i = -\boldsymbol{e}_x \cos\theta_i + \boldsymbol{e}_z \sin\theta_i \tag{4.4.46}$$

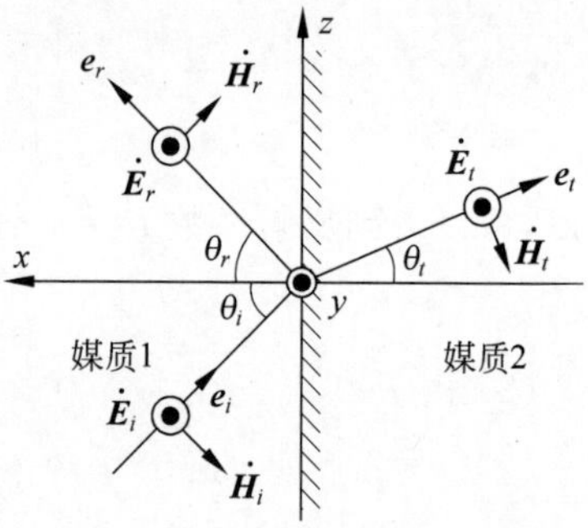

图 4.4.11　垂直极化波的斜入射

媒质 1 中入射波的电磁场分量可以表示为

$$\begin{cases}\dot{\boldsymbol{E}}_i = \boldsymbol{e}_y \dot{E}_i \mathrm{e}^{-\mathrm{j}k_1 \boldsymbol{e}_i \cdot \boldsymbol{r}} = \boldsymbol{e}_y \dot{E}_i \mathrm{e}^{-\mathrm{j}k_1(-x\cos\theta_i + z\sin\theta_i)} \\ \dot{\boldsymbol{H}}_i = \dfrac{1}{\eta_1}\boldsymbol{e}_i \times \dot{\boldsymbol{E}}_i = \dfrac{\dot{E}_i}{\eta_1}\mathrm{e}^{-\mathrm{j}k_1(-x\cos\theta_i + z\sin\theta_i)}(-\cos\theta_i \boldsymbol{e}_z - \sin\theta_i \boldsymbol{e}_x)\end{cases} \tag{4.4.47}$$

其中，$\boldsymbol{e}_i \cdot \boldsymbol{r} = -x\cos\theta_i + z\sin\theta_i$；$\boldsymbol{e}_i \times \boldsymbol{e}_y = -\cos\theta_i \boldsymbol{e}_z - \sin\theta_i \boldsymbol{e}_x$。

媒质 1 中反射波的传播方向可以表示为

$$\boldsymbol{e}_r = \boldsymbol{e}_x \cos\theta_i + \boldsymbol{e}_z \sin\theta_i \tag{4.4.48}$$

媒质 1 中反射波的电磁场分量可以表示为

$$\begin{cases}\dot{\boldsymbol{E}}_r = \boldsymbol{e}_y \Gamma_\perp \dot{E}_i \mathrm{e}^{-\mathrm{j}k_1 \boldsymbol{e}_r \cdot \boldsymbol{r}} = \boldsymbol{e}_y \Gamma_\perp \dot{E}_i \mathrm{e}^{-\mathrm{j}k_1(x\cos\theta_i + z\sin\theta_i)} \\ \dot{\boldsymbol{H}}_r = \dfrac{1}{\eta_1}\boldsymbol{e}_r \times \dot{\boldsymbol{E}}_r = \dfrac{\Gamma_\perp \dot{E}_i}{\eta_1}\mathrm{e}^{-\mathrm{j}k_1(x\cos\theta_i + z\sin\theta_i)}(\cos\theta_r \boldsymbol{e}_z - \sin\theta_r \boldsymbol{e}_x)\end{cases} \tag{4.4.49}$$

式中，$\boldsymbol{e}_r$ 表示反射波的传播方向；$\Gamma_\perp$ 为垂直极化波的反射系数，其中，

$$\boldsymbol{e}_r \cdot \boldsymbol{r} = x\cos\theta_i + z\sin\theta_i, \quad \boldsymbol{e}_r \times \boldsymbol{e}_y = \cos\theta_r \boldsymbol{e}_z - \sin\theta_r \boldsymbol{e}_x$$

媒质 2 中透射波的传播方向为

$$\boldsymbol{e}_t = -\boldsymbol{e}_x \cos\theta_t + \boldsymbol{e}_z \sin\theta_t \tag{4.4.50}$$

媒质 2 中透射波的电磁场分量可以表示为

$$\begin{cases} \dot{\boldsymbol{E}}_t = \boldsymbol{e}_y T_\perp \dot{E}_i \mathrm{e}^{-\mathrm{j}k_2 \boldsymbol{e}_t \cdot \boldsymbol{r}} = \boldsymbol{e}_y T_\perp \dot{E}_i \mathrm{e}^{-\mathrm{j}k_2(-x\cos\theta_t + z\sin\theta_t)} \\ \dot{\boldsymbol{H}}_t = \dfrac{1}{\eta_2} \boldsymbol{e}_t \times \dot{\boldsymbol{E}}_t = \dfrac{T_\perp \dot{E}_i}{\eta_2} \mathrm{e}^{-\mathrm{j}k_2(-x\cos\theta_t + z\sin\theta_t)} (-\cos\theta_t \boldsymbol{e}_z - \sin\theta_t \boldsymbol{e}_x) \end{cases} \tag{4.4.51}$$

式中，$\boldsymbol{e}_t$ 表示透射波的传播方向；$T_\perp$ 是垂直极化波的折射系数；$\boldsymbol{e}_t \cdot \boldsymbol{r} = -x\cos\theta_t + z\sin\theta_t$；$\boldsymbol{e}_t \times \boldsymbol{e}_y = -\cos\theta_t \boldsymbol{e}_z - \sin\theta_t \boldsymbol{e}_x$。

垂直极化波在分界面 $x=0$ 处，满足电场强度、磁场强度的切向分量连续，根据电场切向分量连续得到方程

$$1 + \Gamma_\perp = T_\perp \tag{4.4.52}$$

根据磁场切向分量连续得到方程

$$-\frac{1}{\eta_1}\cos\theta_i + \frac{\Gamma_\perp}{\eta_1}\cos\theta_i = -\frac{T_\perp}{\eta_2}\cos\theta_t \tag{4.4.53}$$

联立方程求解得到反射系数和折射系数

$$\Gamma_\perp = \frac{\eta_2 \cos\theta_i - \eta_1 \cos\theta_t}{\eta_2 \cos\theta_i + \eta_1 \cos\theta_t} \tag{4.4.54}$$

$$T_\perp = \frac{2\eta_2 \cos\theta_i}{\eta_2 \cos\theta_i + \eta_1 \cos\theta_t} \tag{4.4.55}$$

上两式称为垂直极化波的菲涅尔公式。

对于非铁磁性媒质，$\mu_1 = \mu_2$，$\eta_1/\eta_2 = n$（折射率），上两式还可以写成

$$\Gamma_\perp = \frac{\cos\theta_i - \sqrt{n^2 - \sin^2\theta_i}}{\cos\theta_i + \sqrt{n^2 - \sin^2\theta_i}} \tag{4.4.56}$$

$$T_\perp = \frac{2\cos\theta_i}{\cos\theta_i + \sqrt{n^2 - \sin^2\theta_i}} \tag{4.4.57}$$

当 $\theta_i = 0°$ 时，即垂直入射时，为斜入射的一种特例。在图 4.4.12 中，折射率 $n=4$，该图形为反射系数的模和幅角随入射角度的变化曲线。从图中可以看出，反射系数的模值在整个入射角变化范围内变化不大，它的相角也始终保持 180°，即反射波的电场强度与入射波的电场强度的相位总是相反的。

2. 平行极化波对理想介质表面的斜入射

如图 4.4.13 所示，入射波的电场与入射平面平行，这种电磁波称为平行极化波，并以入射角 θ_i 斜入射到理想介质分界面上。入射波是平行极化波，反射波和折射波也为平行极化波。如同垂直极化波的分析步骤，从边界条件可以得出平行极化波满足的菲涅尔公式为

$$\Gamma_\parallel = \frac{\eta_1 \cos\theta_i - \eta_2 \cos\theta_t}{\eta_1 \cos\theta_i + \eta_2 \cos\theta_t} \tag{4.4.58}$$

$$T_{\parallel}=\frac{2\eta_2\cos\theta_i}{\eta_1\cos\theta_i+\eta_2\cos\theta_t} \tag{4.4.59}$$

并得到

$$1+\Gamma_{\parallel}=\frac{\eta_1}{\eta_2}T_{\parallel} \tag{4.4.60}$$

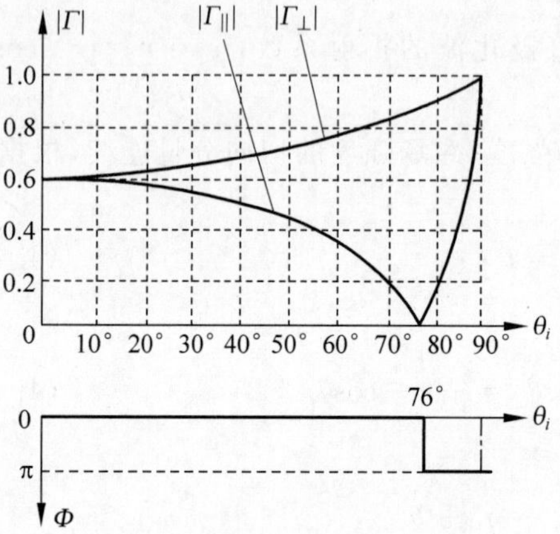

图 4.4.12　反射系数随入射角度变化曲线

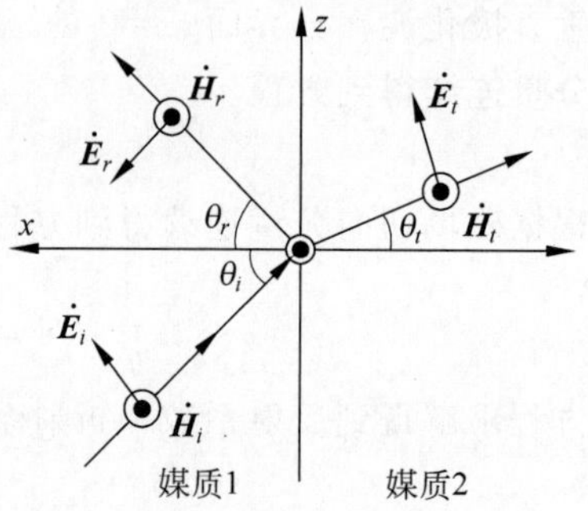

图 4.4.13　平行极化波的斜入射

对于非铁磁性媒质，由于 $\mu_1=\mu_2$，可以得到

$$\Gamma_{\parallel}=\frac{n^2\cos\theta_i-\sqrt{n^2-\sin^2\theta_i}}{n^2\cos\theta_i+\sqrt{n^2-\sin^2\theta_i}} \tag{4.4.61}$$

$$T_{\parallel}=\frac{2n\cos\theta_i}{n^2\cos\theta_i+\sqrt{n^2-\sin^2\theta_i}} \tag{4.4.62}$$

图 4.4.12 所示为在折射率 $n=4$ 时，平行极化波的反射系数的模和相角随入射角度的变化曲线。从图中可以看出，在某一特定入射角时，反射系数为 0，即发生了全折射现象。我们把发生全折射时的入射角称为布儒斯特角，记为 θ_b。根据反射系数的计算公式，令公式的分子等于 0，即

$$n^2\cos\theta_b-\sqrt{n^2-\sin^2\theta_b}=0$$

$$\theta_b=\arcsin\left(\sqrt{\frac{n^2}{n^2+1}}\right)=\arctan(n) \tag{4.4.63}$$

全折射现象只有在平行极化波的斜入射时才会发生，无论电磁波是从疏媒质到密媒质，还是密媒质到疏媒质，布儒斯特角总是有实数解。平行极化波的反射除了有零反射角度外，相位在布儒斯特角时发生突变。利用布儒斯特角的特性，在实际应用中，如果电磁波以任意极化方式并以 θ_b 入射，反射波中只有垂直极化分量，不包含平行极化分量，这就是极化滤除效应。

3. 均匀平面波的全反射

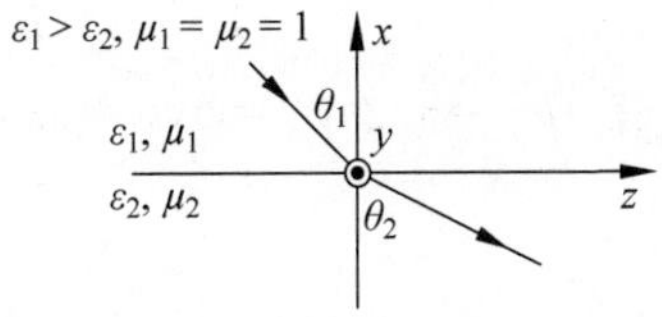

图 4.4.14　入射波在密媒质时，折射角大于入射角

均匀平面波斜入射到理想介质表面时，在一定条件下会发生全反射现象，其条件之一是要从密媒质斜入射到疏媒质中。设入射波在媒质 1 中，媒质 1 的折射率 $n_1 > n_2$，如图 4.4.14 所示。根据折射定律，$n_1 \sin\theta_1 = n_2 \sin\theta_2$，必然满足 $\theta_1 < \theta_2$。若使得入射角度逐渐增大，总有一个小于 90°的入射角使得折射角 $\theta_2 = 90°$，这时的入射角称为临界角，记为 θ_c，根据折射定律，得到

$$\sin\theta_c = \frac{n_2}{n_1}\sin\theta_2 = \frac{n_2}{n_1}\sin 90° = \frac{n_2}{n_1} \tag{4.4.64}$$

如果 $\theta_i > \theta_c$，$n = n_2/n_1$，$\sin\theta_i > n$，则即入射角大于临界角时，垂直极化波的反射系数为

$$\Gamma_{\perp} = \frac{\cos\theta_i - \mathrm{j}\sqrt{\sin^2\theta_i - n^2}}{\cos\theta_i + \mathrm{j}\sqrt{\sin^2\theta_i - n^2}} = \mathrm{e}^{-\mathrm{j}2\delta_{\perp}} \tag{4.4.65}$$

式中，

$$\delta_{\perp} = \arctan\left(\frac{\sqrt{\sin^2\theta_i - n^2}}{\cos\theta_i}\right)$$

平行极化波的反射系数为

$$\Gamma_{\parallel} = \frac{n^2\cos\theta_i - \mathrm{j}\sqrt{\sin^2\theta_i - n^2}}{n^2\cos\theta_i + \mathrm{j}\sqrt{\sin^2\theta_i - n^2}} = \mathrm{e}^{-\mathrm{j}2\delta_{\parallel}} \tag{4.4.66}$$

式中，

$$\delta_{\parallel} = \arctan\left(\frac{\sqrt{\sin^2\theta_i - n^2}}{n^2\cos\theta_i}\right)$$

由上两式可以看出，入射角超过临界角之后，无论垂直极化波还是平行极化波，它们的反射系数的模都等于 1，说明在分界面上发生了全反射现象。只是两种极化波的幅角不相等，即 $\delta_{\perp} \neq \delta_{\parallel}$。

【例 4-6】 一均匀平面波自空气斜入射于 $z=0$ 处 $\varepsilon_r = 9$，$\mu_r = 1$ 的理想介质表面，入射波电场为 $\boldsymbol{E}_i = (\sqrt{3}\boldsymbol{e}_x - \boldsymbol{e}_z)\frac{E_0}{2}\mathrm{e}^{-\mathrm{j}\pi(x+\sqrt{3}z)/2}$，求：

(1) 入射波传播方向 $\boldsymbol{k}_i$，入射角 θ_i、折射角 θ_t，并判断其是否是平行极化波；

(2) 入射波磁场强度 $\boldsymbol{H}_i$ 和反射波电场强度 $\boldsymbol{E}_r$；

(3) 欲使分界面上单位面积的反射功率百分比为 0，应如何选择入射角？

解：(1) 设入射波的波矢量为 $\boldsymbol{k}_i = k_x\boldsymbol{e}_x + k_y\boldsymbol{e}_y + k_z\boldsymbol{e}_z$，由于 $\boldsymbol{r} = x\boldsymbol{e}_x + y\boldsymbol{e}_y + z\boldsymbol{e}_z$，根据入射波电场的表达式，可以得到

$$\boldsymbol{k}_i \cdot \boldsymbol{r} = k_x x + k_y y + k_z z = \pi(x + \sqrt{3}z)/2$$

所以有：$k_x = \pi/2, k_y = 0, k_z = \pi\sqrt{3}z/2$，即入射波的波矢量为

$$\boldsymbol{k}_i = \frac{\pi}{2}\boldsymbol{e}_x + \frac{\pi\sqrt{3}}{2}\boldsymbol{e}_z$$

其单位矢量，即入射波的传播方向为

$$\boldsymbol{e}_i = (\boldsymbol{e}_x + \sqrt{3}\boldsymbol{e}_z)/2$$

根据题意可知分界面为 xOy 平面，其法向方向为 $+z$ 轴，该电磁波为平行极化波，因此其入射角 θ_1 满足

$$\sin\theta_i = \frac{1}{2}, \quad 故\ \theta_i = 30°$$

同样根据反射定律和折射定律

$$k_1 \sin\theta_i = k_2 \sin\theta_t$$

其中，$k_1 = k_i = \pi, k_2 = \omega\sqrt{\mu\varepsilon} = \omega\sqrt{\mu_0\varepsilon_0}\sqrt{\varepsilon_r} = k_1\sqrt{9} = 3\pi$，所以有

$$\sin\theta_t = \frac{1}{6}, \quad \theta_t \approx 9.59°$$

(2) 入射波的磁场强度为

$$\begin{aligned}\boldsymbol{H}_i &= \frac{1}{\eta_1}\boldsymbol{e}_i \times \boldsymbol{E}_i = \frac{1}{\eta_1}(\boldsymbol{e}_x + \sqrt{3}\boldsymbol{e}_z)/2 \times (\sqrt{3}\boldsymbol{e}_x - \boldsymbol{e}_z)\frac{E_0}{2}\mathrm{e}^{-\mathrm{j}\pi(x+\sqrt{3}z)/2} \\ &= \frac{E_0}{4\eta_1}\mathrm{e}^{-\mathrm{j}\pi(x+\sqrt{3}z)/2}(\boldsymbol{e}_y + 3\boldsymbol{e}_y) \\ &= \frac{E_0}{\eta_1}\mathrm{e}^{-\mathrm{j}\pi(x+\sqrt{3}z)/2}\boldsymbol{e}_y\end{aligned}$$

其中，$\eta_1 = 377\Omega$。对于平行极化波反射系数

$$\Gamma_{\parallel} = \frac{\varepsilon_r\cos\theta_i - \sqrt{\varepsilon_r - \sin^2\theta_i}}{\varepsilon_r\cos\theta_i + \sqrt{\varepsilon_r - \sin^2\theta_i}} = \frac{9 \times \sqrt{3}/2 - \sqrt{9 - 1/4}}{9 \times \sqrt{3}/2 - \sqrt{9 - 1/4}} = 0.45$$

反射波的波矢量为

$$\boldsymbol{k}_r = \frac{\pi}{2}\boldsymbol{e}_x - \frac{\pi\sqrt{3}}{2}\boldsymbol{e}_z$$

$$\boldsymbol{k}_r \cdot \boldsymbol{r} = \pi(x - \sqrt{3}z)/2$$

所以反射波电场为

$$\bar{E}_r = -(\sqrt{3}\boldsymbol{e}_x + \boldsymbol{e}_z)\frac{\Gamma_{\parallel}E_0}{2}\mathrm{e}^{-\mathrm{j}\pi(x-\sqrt{3}z)/2}$$

(3) 根据题意，可知反射系数为 0，即此时入射角为布儒斯特角

$$\theta_b = \arctan(\sqrt{\varepsilon_r}) = \arctan(3) = 71.565°$$

4.4.5 均匀平面波斜入射到理想导体表面

理解均匀平面电磁波斜入射到理想导体表面发生的物理现象和规律，有利于学习规

则金属波导和谐振腔理论，其分析方法类似斜入射到理想介质表面，可先分析垂直极化波斜入射到理想导体表面，再分析平行极化波斜入射到理想导体表面。

1. 垂直极化波斜入射到理想导体表面

如同均匀平面波斜入射到理想介质表面，如图 4.4.15 所示，平面电磁波的电场与入射面垂直，并以入射角 θ_i 斜入射到空气与理想导体的分界面上。与向理想介质分界面斜入射的区别只是在理想导体中电场、磁场为 0。取入射平面作为直角坐标系 xOz 平面，这样入射波的电场只有 y 分量，它的传播方向是 $\boldsymbol{e}_i$，设入射波的入射线与 x 轴的夹角是 θ_i，则传播方向可以表示为

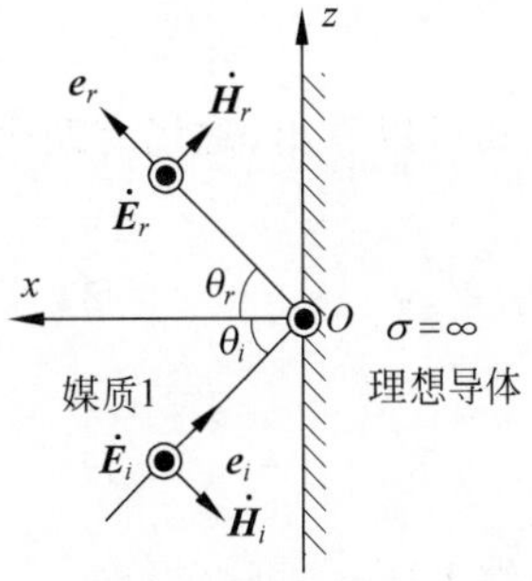

图 4.4.15 垂直极化波对理想导体的斜入射

$$\boldsymbol{e}_i = -\boldsymbol{e}_x\cos\theta_i + \boldsymbol{e}_z\sin\theta_i \tag{4.4.67}$$

媒质 1 中入射波的电磁场分量可以表示为

$$\begin{cases}\dot{\boldsymbol{E}}_i = \boldsymbol{e}_y\dot{E}_i\mathrm{e}^{-\mathrm{j}k_1\boldsymbol{e}_i\cdot\boldsymbol{r}} = \boldsymbol{e}_y\dot{E}_i\mathrm{e}^{-\mathrm{j}k_1(-x\cos\theta_i+z\sin\theta_i)} \\ \dot{\boldsymbol{H}}_i = \dfrac{1}{\eta_1}\boldsymbol{e}_i\times\dot{\boldsymbol{E}}_i = \dfrac{\dot{E}_i}{\eta_1}\mathrm{e}^{-\mathrm{j}k_1(-x\cos\theta_i+z\sin\theta_i)}(-\cos\theta_i\boldsymbol{e}_z - \sin\theta_i\boldsymbol{e}_x)\end{cases} \tag{4.4.68}$$

式中，$\boldsymbol{e}_i\cdot\boldsymbol{r} = -x\cos\theta_i + z\sin\theta_i$；$\boldsymbol{e}_i\times\boldsymbol{e}_y = -\cos\theta_i\boldsymbol{e}_z - \sin\theta_i\boldsymbol{e}_x$。

媒质 1 中反射波的传播方向可以表示为

$$\boldsymbol{e}_r = \boldsymbol{e}_x\cos\theta_i + \boldsymbol{e}_z\sin\theta_i \tag{4.4.69}$$

媒质 1 中反射波的电磁场分量可以表示为

$$\begin{cases}\dot{\boldsymbol{E}}_r = \boldsymbol{e}_y\dot{E}_i\Gamma_\perp\ \mathrm{e}^{-\mathrm{j}k_1\boldsymbol{e}_r\cdot\boldsymbol{r}} = \boldsymbol{e}_y\Gamma_\perp\dot{E}_i\mathrm{e}^{-\mathrm{j}k_1(x\cos\theta_i+z\sin\theta_i)} \\ \dot{\boldsymbol{H}}_r = \dfrac{1}{\eta_1}\boldsymbol{e}_r\times\dot{\boldsymbol{E}}_r = \dfrac{\Gamma_\perp\dot{E}_i}{\eta_1}\mathrm{e}^{-\mathrm{j}k_1(x\cos\theta_i+z\sin\theta_i)}(\cos\theta_r\boldsymbol{e}_z - \sin\theta_r\boldsymbol{e}_x)\end{cases} \tag{4.4.70}$$

式中，$\boldsymbol{e}_r$ 表示反射波的传播方向；$\Gamma_\perp$ 为垂直极化波的反射系数；$\boldsymbol{e}_r\cdot\boldsymbol{r} = x\cos\theta_i + z\sin\theta_i$；$\boldsymbol{e}_r\times\boldsymbol{e}_y = \cos\theta_r\boldsymbol{e}_z - \sin\theta_r\boldsymbol{e}_x$。

根据边界条件，电场切向分量连续，可以得到

$$\dot{\boldsymbol{E}}_i|_{x=0} + \dot{\boldsymbol{E}}_r|_{x=0} = 0$$

即

$$\begin{cases}\Gamma_\perp = -1 \\ T_\perp = 0\end{cases} \tag{4.4.71}$$

媒质 1 空间中的电场为

$$\begin{aligned}\dot{\boldsymbol{E}} &= \dot{\boldsymbol{E}}_i + \dot{\boldsymbol{E}}_r = \boldsymbol{e}_y\dot{E}_i[\mathrm{e}^{-\mathrm{j}k_1(-x\cos\theta_i+z\sin\theta_i)} - \mathrm{e}^{-\mathrm{j}k_1(x\cos\theta_i+z\sin\theta_i)}] \\ &= \boldsymbol{e}_y 2\mathrm{j}\dot{E}_i\sin(k_1x\cos\theta_i)\mathrm{e}^{-\mathrm{j}k_1z\sin\theta_i}\end{aligned} \tag{4.4.72}$$

媒质 1 空间中的磁场为

$$\dot{\boldsymbol{H}}=\dot{\boldsymbol{H}}_i+\dot{\boldsymbol{H}}_r=\frac{\dot{E}_i}{\eta_1}[\mathrm{e}^{-\mathrm{j}k_1(-x\cos\theta_i+z\sin\theta_i)}(-\cos\theta_i\boldsymbol{e}_z-\sin\theta_i\boldsymbol{e}_x)-$$
$$\mathrm{e}^{-\mathrm{j}k_1(x\cos\theta_i+z\sin\theta_i)}(\cos\theta_r\boldsymbol{e}_z-\sin\theta_r\boldsymbol{e}_x)] \tag{4.4.73}$$

从上式可以看出,磁场有两个分量,分别为

$$\dot{H}_x=-2\mathrm{j}\frac{\dot{E}_i}{\eta_1}\sin\theta_i\sin(k_1x\cos\theta_i)\mathrm{e}^{-\mathrm{j}k_1z\sin\theta_i} \tag{4.4.74}$$

$$\dot{H}_z=-2\frac{\dot{E}_i}{\eta_1}\cos\theta_i\cos(k_1x\cos\theta_i)\mathrm{e}^{-\mathrm{j}k_1z\sin\theta_i} \tag{4.4.75}$$

综上所示,可以得出:

(1) 电磁波沿着 $+z$ 方向传播。由于电磁波的每一个分量都含有传播因子 $\mathrm{e}^{-\mathrm{j}k_1z\sin\theta_i}$,$z$ 等于常数的平面就是等相位面,沿着 $+z$ 方向传播的相移常数为

$$\beta_1=k_1\sin\theta_i \tag{4.4.76}$$

如果在真空中,其相应的相速度为

$$v_p=\frac{\omega}{\beta_1}=\frac{\omega}{k_1\sin\theta_i}=\frac{c}{\sin\theta_i}>c \tag{4.4.77}$$

值得注意的是,该电磁波与横电磁(TEM)不同,在传播方向上有磁场分量($\dot{H}_z$),因此这种电磁波称为横电波(TE),又称为 H 波。

(2) 电磁波的每一分量沿着 x 方向呈驻波分布,而与 y 方向无关。电场和磁场分量的振幅都是 x 的函数,当 x 等于常数时,其平面为等振幅面。当 x 取某些特定值时,电场强度和磁场强度会出现波腹点和波节点。在 $k_1x\cos\theta_i=n\pi$,即

$$x=\frac{n\lambda}{2\cos\theta_i}\quad(n=0,1,2,\cdots) \tag{4.4.78}$$

$\dot{H}_x$ 和 $\dot{E}_y$ 等于 0,会出现波节点,而 $\dot{H}_z$ 出现最大值,为波腹点。同理,当

$$x=\frac{1}{\cos\theta_i}\left(\frac{\lambda}{4}+\frac{m\lambda}{2}\right)\quad(m=0,1,2,\cdots) \tag{4.4.79}$$

$\dot{H}_x$ 和 $\dot{E}_y$ 为最大值,这些点为波腹点;而 $\dot{H}_z$ 等于 0,这些点为波节点。这种等振幅面与等相位面不同的平面波称为非均匀平面波。

(3) 非均匀平面波的平均功率流密度为

$$\begin{aligned}\boldsymbol{P}_{\mathrm{av}}&=\frac{1}{2}\mathrm{Re}[\dot{\boldsymbol{E}}\times\dot{\boldsymbol{H}}^*]\\&=\frac{1}{2}\mathrm{Re}[-\boldsymbol{e}_z\dot{E}_y\dot{H}_x^*+\boldsymbol{e}_x\dot{E}_y\dot{H}_z^*]\\&=\frac{2}{\eta_1}|\dot{E}_i|^2\sin\theta_i\sin^2(k_1x\cos\theta_i)\boldsymbol{e}_z\end{aligned}$$

从上式可以看出,合成波的电磁能量是向着 $+z$ 方向传播的,即沿着分界面传输。

2. 平行极化波斜入射到理想导体表面

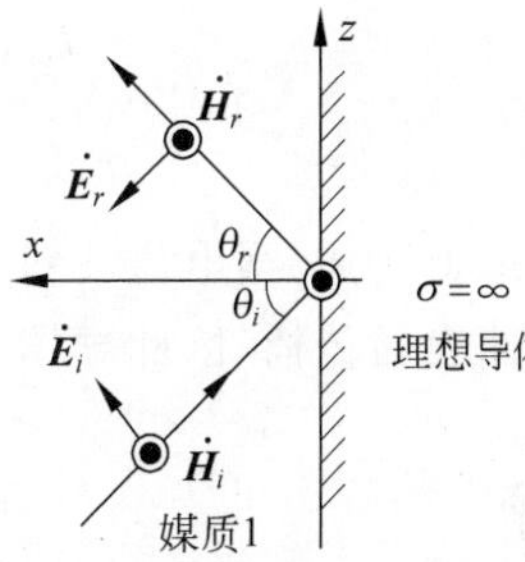

图 4.4.16 平行极化波对理想导体的斜入射

如图 4.4.16 所示，平行极化波对理想导体表面斜入射的情形与垂直极化波推导类似，平面电磁波的磁场与入射面垂直，并以入射角 θ_i 斜入射到空气与理想导体的分界面上。取入射平面作为直角坐标系 xOz 平面，这样入射波的磁场只有 y 分量，它的传播方向是 $\boldsymbol{e}_i$，设入射波的入射线与 x 轴的夹角是 θ_i，则传播方向可以表示为

$$\boldsymbol{e}_i=-\boldsymbol{e}_x\cos\theta_i+\boldsymbol{e}_z\sin\theta_i \tag{4.4.80}$$

媒质 1 中入射波的电磁场分量可以表示为

$$\begin{cases}\dot{\boldsymbol{E}}_i=\eta_1\dot{\boldsymbol{H}}_i\times\boldsymbol{e}_i=\eta_1\dot{H}_i\mathrm{e}^{-\mathrm{j}k_1(-x\cos\theta_i+z\sin\theta_i)}(\cos\theta_i\boldsymbol{e}_z+\sin\theta_i\boldsymbol{e}_x)\\ \dot{\boldsymbol{H}}_i=\boldsymbol{e}_y\dot{H}_i\mathrm{e}^{-\mathrm{j}k_1\boldsymbol{e}_i\cdot\boldsymbol{r}}=\boldsymbol{e}_y\dot{H}_i\mathrm{e}^{-\mathrm{j}k_1(-x\cos\theta_i+z\sin\theta_i)}\end{cases} \tag{4.4.81}$$

其中，$\boldsymbol{e}_i\cdot\boldsymbol{r}=-x\cos\theta_i+z\sin\theta_i$；$\boldsymbol{e}_y\times\boldsymbol{e}_i=\cos\theta_i\boldsymbol{e}_z+\sin\theta_i\boldsymbol{e}_x$。

媒质 1 中反射波的传播方向可以表示为

$$\boldsymbol{e}_r=\boldsymbol{e}_x\cos\theta_i+\boldsymbol{e}_z\sin\theta_i \tag{4.4.82}$$

媒质 1 中反射波的电磁场分量可以表示为

$$\begin{cases}\dot{\boldsymbol{E}}_r=\eta_1\dot{\boldsymbol{H}}_r\times\boldsymbol{e}_r=\eta_1\dot{H}_i\Gamma_{\parallel}\mathrm{e}^{-\mathrm{j}k_1(x\cos\theta_i+z\sin\theta_i)}(-\cos\theta_r\boldsymbol{e}_z+\sin\theta_r\boldsymbol{e}_x)\\ \dot{\boldsymbol{H}}_r=\boldsymbol{e}_y\dot{H}_i\Gamma_{\parallel}\mathrm{e}^{-\mathrm{j}k_1\boldsymbol{e}_r\cdot\boldsymbol{r}}=\boldsymbol{e}_y\dot{H}_i\Gamma_{\parallel}\mathrm{e}^{-\mathrm{j}k_1(x\cos\theta_i+z\sin\theta_i)}\end{cases} \tag{4.4.83}$$

式中，$\boldsymbol{e}_r$ 表示反射波的传播方向；$\Gamma_{\parallel}$ 为水平极化波的反射系数；$\boldsymbol{e}_r\cdot\boldsymbol{r}=x\cos\theta_i+z\sin\theta_i$；$\boldsymbol{e}_y\times\boldsymbol{e}_r=-\cos\theta_r\boldsymbol{e}_z+\sin\theta_r\boldsymbol{e}_x$。

根据边界条件，电场切向分量连续，可以得到

$$\dot{\boldsymbol{E}}_i|_{x=0}+\dot{\boldsymbol{E}}_r|_{x=0}=0$$

即

$$1-\Gamma_{\parallel}=0 \tag{4.4.84}$$

由于理想导体内部没有电场、磁场分量，因此平行极化波的折射系数

$$T_{\parallel}=0 \tag{4.4.85}$$

媒质 1 空间中的电场和磁场各分量为

$$\dot{H}_y=-2\mathrm{j}\dot{H}_i\cos(k_1x\cos\theta_i)\mathrm{e}^{-\mathrm{j}k_1z\sin\theta_i} \tag{4.4.86}$$

$$\dot{E}_x=-2\mathrm{j}\eta_1\dot{H}_i\sin\theta_i\cos(k_1x\cos\theta_i)\mathrm{e}^{-\mathrm{j}k_1z\sin\theta_i} \tag{4.4.87}$$

$$\dot{E}_z=2\eta_1\dot{H}_i\cos\theta_i\sin(k_1x\cos\theta_i)\mathrm{e}^{-\mathrm{j}k_1z\sin\theta_i} \tag{4.4.88}$$

由这个结果可以看出，电磁波仍然是向$+z$ 方向传播，它的相移常数和相速度与垂直极化波相同，但在传播方向上有电场分量，所以这种电磁波称为横磁波(TM)E 波。它的振幅也是随着 x 方向呈驻波分布，因此也是非均匀平面波。其平均功率流密度矢量为

$$\boldsymbol{P}_{\mathrm{av}}=\frac{1}{2}\mathrm{Re}[\dot{\boldsymbol{E}}\times\dot{\boldsymbol{H}}^{*}]$$

$$=2\eta_1|\dot{H}_i|^2\sin\theta_i\cos^2(k_1x\cos\theta_i)\boldsymbol{e}_z \tag{4.4.89}$$

综上所述，当电磁波斜入射到理想导体表面上，入射波与反射波的合成波会沿着理想导体表面传播，因此导体表面具有导行电磁波的能力。

习题

4-1 已知自由空间中均匀平面电磁波的电场强度 $\boldsymbol{E}=\boldsymbol{e}_x100\cos(3\times10^8t-z)$(V/m)，求：

(1) 波长、周期、频率、相速、波阻抗；

(2) 磁场强度；

(3) 平均能流密度。

4-2 一均匀平面波在空气中沿 $+z$ 向传播，其电场强度的瞬时表达式为

$$\boldsymbol{E}(\boldsymbol{r},t)=\boldsymbol{e}_xE_x=\boldsymbol{e}_x5\times10^{-4}\cos\left(2\times10^7\pi t-k_0z+\frac{\pi}{4}\right)(\mathrm{V/m})$$

写出磁场强度的瞬时表达式，求波数 k_0 的值。

4-3 自由空间中，已知一平面波的电磁场强度为 $\boldsymbol{E}(t)=\boldsymbol{e}_x60\pi\cos(10^8\pi t+kz)$(V/m)，$\boldsymbol{H}(t)=\boldsymbol{e}_yH_0\cos(10^8\pi t+kz)$(A/m)。试确定 H_0 及 $k(k>0)$。

4-4 设真空中平面波的磁场强度瞬时值为 $\boldsymbol{H}(y,t)=\boldsymbol{e}_x2.4\pi\cos(6\pi\times10^8t+2\pi y)$(A/m)，试求该平面波的频率、波长、相位常数、相速、电场强度复矢量及复能流密度。

4-5 已知一平面波的工作频率为100MHz时，石墨的穿透深度为0.16mm。求：

(1) 石墨的电导率；(2) 工作频率为100GHz的平面波在石墨中传播多少距离时，场的振幅衰减了20dB?

4-6 当频率分别为10kHz与10GHz的平面波在海水中传播时，求此平面波在海水中的波长、传播常数、相速及特性阻抗。

4-7 试根据以下平面波的电场强度表达式，判断下列均匀平面波的极化形式：

(1) $\boldsymbol{E}(z)=\boldsymbol{e}_xE_0\mathrm{e}^{-\mathrm{j}kz}+\mathrm{j}\boldsymbol{e}_yE_0\mathrm{e}^{-\mathrm{j}kz}$；

(2) $\boldsymbol{E}(z,t)=\boldsymbol{e}_xE_x\sin(\omega t+kz)+\boldsymbol{e}_yE_{y0}\cos(\omega t+kz)$。

4-8 试证一个线极化平面波可以分解为两个旋转方向相反的圆极化波。

4-9 试证一个椭圆极化平面波可以分解为两个旋转方向相反的圆极化平面波。

4-10 已知一垂直极化波以30°的入射角从媒质1($\varepsilon_{r1}=9.6,\mu_{r1}=1,\sigma_1=0$)入射到媒质2(真空)中，入射波的电场强度的幅值 $E_{i0}=5\mu\mathrm{V/m}$。求反射波、透射波的电场强度和磁场强度的幅值 E_{r0},E_{t0},H_{r0} 以及 H_{t0}。

4-11 一沿 x 方向极化，工作频率 $f=300\mathrm{MHz}$ 的平面波沿 $+z$ 向传播，且已知此平面波的电场强度的幅值为10mV/m，此平面波从空气垂直入射到空气-理想介质的平面分界面($z=0$)上，理想介质的参数为 $\varepsilon=4\varepsilon_0,\mu=\mu_0$。求：

(1) 平面波的反射系数、透射系数以及驻波比；

(2) 入射波、反射波和透射波的电场强度和磁场强度复矢量表达式；

(3) 入射波、反射波和透射波的平均功率流密度。

4-12 空气中，一沿$+z$方向传播的均匀平面波正入射到$z=0$处的理想导电平面上，其入射波的电场强度瞬时矢量为

$$\boldsymbol{E}_t(t)=\boldsymbol{e}_x E_{x0}\cos(\omega t-\beta z)+\boldsymbol{e}_y E_{y0}\sin(\omega t-\beta z)(\mathrm{mV/m})$$

(1) 写出入射波的电场强度复矢量的表达式；

(2) 写出入射波的磁场强度瞬时矢量的表达式；

(3) 求出入射波、反射波和透射波的平均功率流密度矢量；

(4) 导出$z<0$空间中合成波的电场强度和磁场强度复矢量及理想导电平面上感应面电流密度的表达式。

4-13 电视台发射的电磁波到达某电视天线处的场强用以该接收点为原点的坐标表示为

$$\boldsymbol{E}=(\boldsymbol{e}_x x+2\boldsymbol{e}_z)E_0,\quad \boldsymbol{H}=\boldsymbol{e}_y H_0$$

已知$E_0=1\mathrm{mA/m}$，求：

(1) 电磁波的传播方向；

(2) H_0；

(3) 平均功率流密度。

4-14 一垂直极化波从空气向一理想介质($\varepsilon_r=4,\mu_r=1$)斜入射，分界面为平面，入射角为60°，入射波电场强度为5V/m，求每单位面积上透射入理想介质的平均功率。

4-15 一圆极化波从理想介质1斜入射到理想介质1与理想介质2的平面交界面上。确定$\varepsilon_1<\varepsilon_2$和$\varepsilon_1>\varepsilon_2$两种情况下，理想介质1中反射波和理想介质2中的透射波的极化方式；当$\varepsilon_2=9\varepsilon_1$时，欲使反射波为线极化波，其入射角应为多少？

4-16 一均匀平面波从自由空间垂直入射到某介质平面$z=0$时，在自由空间形成行驻波，已知其驻波比为2.7且介质平面上出现波节点。求介质的介电常数。

4-17 一平行极化波以75°的布儒斯特角由一理想介质入射到空气中，求此介质的相对介电常数。

4-18 一线极化平面波由自由空间入射于$\varepsilon_r=4,\mu_r=1$的介质分界面。若入射波电场与入射面夹角是45°，试问：

(1) 入射角多大时反射波只有垂直极化波？

(2) 此时反射波的实功率是入射波的百分之几？

第5章 传输线理论

传输线是能够引导电磁波沿一定方向传输的导体、介质或由它们共同组成的导波系统。对传输线的分析表明,电磁波也能沿导体或介质的边界传播,产生由这些导体或介质的边界所导引的波,从而将信号源的电磁能量以被导引波的形式传送至某一系统或负载中。

5.1 引言

5.1.1 传输线的分类

图 5.1.1 表示常用的传输线,包括平行双线、同轴线、矩形波导、圆波导、介质波导、带状线、微带线等。

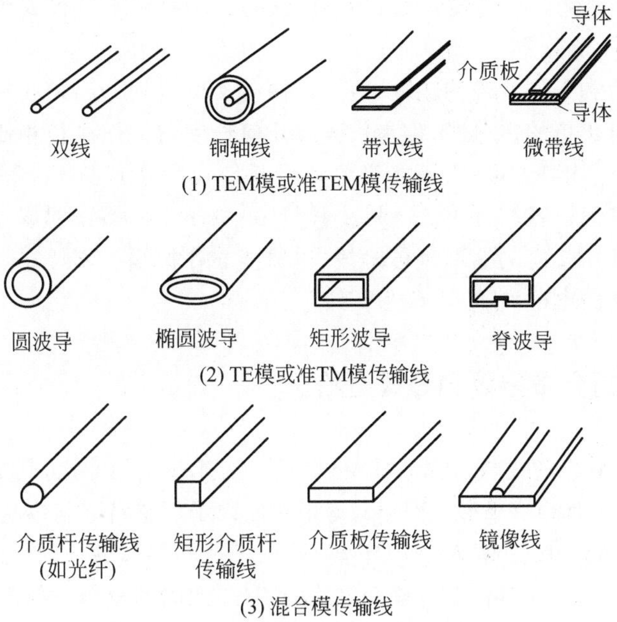

图 5.1.1 各种类型的传输线

按照电磁波沿传输方向是否存在电场或磁场的纵向分量,从电磁波的场结构和导波模式角度,将传输线分为 TEM 模(横电磁波)传输线、TE 模(横电波)传输线、TM 模(横磁波)传输线和 EH 模或 HE 模(混合模)四类。

1. TEM 模传输线

电场和磁场都只有一个分量,且相互正交,并且均与波的传播方向正交。也就是说,电场和磁场的纵向分量均为 0。这类传输线有平行双线、同轴线、带状线、微带线等,属于双导体传输系统。

2. TE 模传输线

波的传播方向上没有电场分量，即电场的纵向分量为 0，而磁场的纵向分量不为 0。

3. TM 模传输线

波的传播方向上没有磁场分量，即磁场的纵向分量为 0，而电场的纵向分量不为 0。TE 模和 TM 模传输线有矩形波导、圆波导、椭圆波导、脊波导等，属于单导体传输系统。

4. EH 模或 HE 模

电磁波聚集在传输线内部及其表面附近，沿轴向传播，一般传播的是混合型波，它们是 TE 模和 TM 模的线性叠加。其纵向电场和纵向磁场都不为 0，但某一横向场分量可以为 0。纵向电场占优势的模式称为 EH 模，纵向磁场占优势的模式称为 HE 模。这类传输线有介质波导、光纤等。

按照几何长度和工作波长的比较关系，传输线又可以划分为长线和短线两类。几何长度与工作波长可比拟的传输线，称为长线。几何长度与工作波长相比可以忽略的传输线，称为短线。从上述概念可知，不能简单地以几何长度来判断某一段传输线属于长线还是短线。例如，50Hz 高压输电线，其波长为 6000km；800Hz 被覆线，其波长也可达 375km。100km 几何长度的这两种传输线，也只能看作短线。相反，0.5m 长的同轴电缆传输频率为 3GHz 的电磁波，可以称为长线。

5.1.2 传输线的分布参数和等效电路

短线对应于低频传输线，它在低频电路中只起到连接线的作用，其本身分布参数引起的效应可忽略不计。所以在低频电路中只考虑时间因子而忽略空间效应，把电路当作集总参数来处理是允许的。长线对应于微波传输线，由于分布参数效应，传输线除了做连接线之外，还形成了分布参数电路，参与整个电路的工作，此时的分布参数就不能忽略了。

也就是说，长线传输线上的电流、电压不仅是时间的函数，还是空间位置的函数，这时必须考虑分布参数效应。当信号源频率升高，特别是达微波波段后，信号通过传输线时，会产生分布参数。导线流过电流时，周围会产生高频磁场，因而沿导线各点会存在串联分布电感 L（单位为 H/m）；两导线间加上电压时，线间会存在高频电场，于是线间会产生并联分布电容 C（单位为 F/m）；电导率有限的导线流过电流时会发热，而且高频时由于趋肤效应，电阻会加大，即表明导线有分布电阻 R（单位为 Ω/m）；导线间介质非理想时有漏电流，这就意味着导线间有分布漏电导 G（单位为 S/m）。这些分布参数在低频时的影响较小，可以忽略；而在高频时引起的沿线电压、电流幅度变化，以及相位滞后是不能忽略的，这就是所谓的分布参数效应。平行板、平行双导线和同轴线的分布参数，如表 5.1.1 所示。表中，ε 和 σ 分别为导体间介质的介电常数和电导率；σ_1 为导体的电导率；μ_0 为导体和介质的磁导率。

表 5.1.1　常见传输线的分布参数

传输线的横截面 / 单位长度的分布参数	平行板 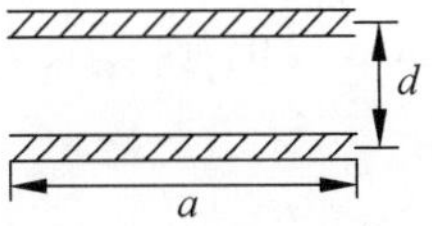	平行双导线 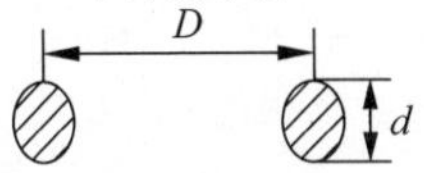	同轴线 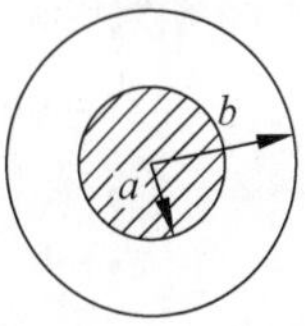
$R/(\Omega\cdot m^{-1})$	$\frac{2}{a}\sqrt{\frac{\pi f\mu_0}{\sigma_0}}$	$\frac{2}{\pi d}\sqrt{\frac{\omega\mu_0}{\sigma_0}}$	$\sqrt{\frac{f\mu_0}{4\pi\sigma_1}}\left(\frac{1}{a}+\frac{1}{b}\right)$
$G/(S\cdot m^{-1})$	$\frac{\sigma a}{d}$	$\frac{\pi\sigma}{\ln\frac{D+\sqrt{D^2-d^2}}{d}}$	$\frac{2\pi\sigma}{\ln\frac{b}{a}}$
$L/(H\cdot m^{-1})$	$\frac{\mu_0 d}{a}$	$\frac{\mu_0}{\pi}\ln\frac{D+\sqrt{D^2-d^2}}{d}$	$\frac{\mu_0}{2\pi}\ln\frac{b}{a}$
$C/(F\cdot m^{-1})$	$\frac{\varepsilon d}{a}$	$\frac{\pi\varepsilon}{\ln\frac{D+\sqrt{D^2-d^2}}{d}}$	$\frac{2\pi\varepsilon}{\ln\frac{b}{a}}$

因此，当分布参数效应无法忽略时，可以将平行双导线或同轴线等效为图 5.1.2(a)的电路。如果 $R=G=0$，则称无耗传输线，其等效电路如图 5.1.2(b)所示。

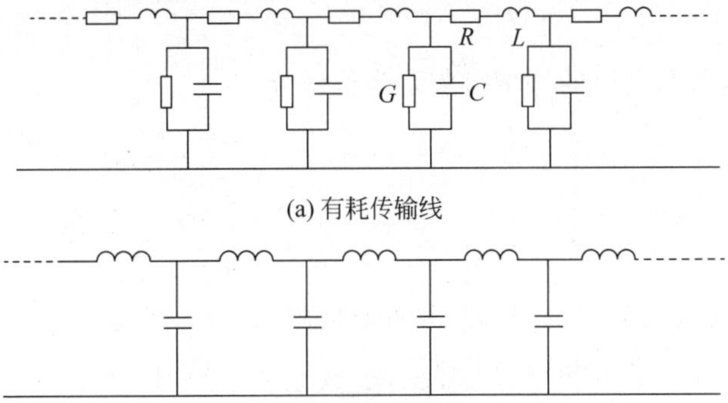

(a) 有耗传输线

(b) 无耗传输线

图 5.1.2　传输线等效电路

5.2　均匀传输线方程及其解

视频5-1

5.2.1　传输线方程

如果传输线的分布参数沿线是均匀的，称作均匀传输线，否则是非均匀传输线。表征均匀传输线上电压、电流的方程式称为传输线方程。下面由平行双导线来导出传输线方程。

在平行双导线上截取长度为无限小的一段 Δz 作为单位长度传输线,传输线 Δz 的集总元件等效电路模型如图 5.2.1 所示,其中,等效电路两端电压、电流分别是 $u(z,t)$、$i(z,t)$、$u(z+\Delta z,t)$、$i(z+\Delta z,t)$,其上有电阻 $R\Delta z$、电感 $L\Delta z$、电容 $C\Delta z$ 和漏电导 $G\Delta z$。

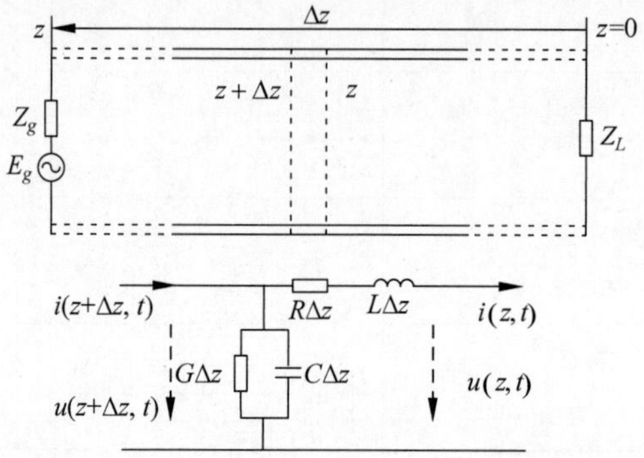

图 5.2.1　长度为 Δz 传输线的分布参数电路

图 5.2.1 中,由基尔霍夫电压和电流定律可得

$$\begin{cases} u(z+\Delta z,t)=\left[Ri(z,t)+L\dfrac{\partial i(z,t)}{\partial t}\right]\Delta z+u(z,t) \\ i(z+\Delta z,t)=\left[Gu(z+\Delta z,t)+C\dfrac{\partial u(z+\Delta z,t)}{\partial t}\right]\Delta z+i(z,t) \end{cases} \tag{5.2.1}$$

Δz 很小时,电压和电流的增量可表示为偏微分

$$\begin{cases} u(z+\Delta z,t)-u(z,t)=\dfrac{\partial u(z,t)}{\partial z}\Delta z \\ i(z+\Delta z,t)-i(z,t)=\dfrac{\partial i(z,t)}{\partial z}\Delta z \end{cases} \tag{5.2.2}$$

将式(5.2.2)代入式(5.2.1)整理,并且取极限 $\Delta z\to 0$,可得

$$\begin{cases} \dfrac{\partial u(z,t)}{\partial z}=Ri(z,t)+L\dfrac{\partial i(z,t)}{\partial t} \\ \dfrac{\partial i(z,t)}{\partial z}=Gu(z,t)+C\dfrac{\partial u(z,t)}{\partial t} \end{cases} \tag{5.2.3}$$

这就是时域的均匀传输线方程。该方程最初是在研究电报线上电压、电流变化规律时推导出来的,故又称为电报方程。

对于时谐电磁波,有时谐因子 $e^{j\omega t}$,ω 是角频率,单位为弧度/秒(rad/s)。且 $d(e^{j\omega t})/dt=j\omega e^{j\omega t}$,因此可以把函数 $u(z,t)$ 和 $i(z,t)$ 中的时间自变量分离出来,即

$$\begin{cases} u(z,t)=\mathrm{Re}[U(z)e^{j\omega t}] \\ i(z,t)=\mathrm{Re}[I(z)e^{j\omega t}] \end{cases} \tag{5.2.4}$$

将式(5.2.4)代入式(5.2.3),可得

$$\begin{cases}\dfrac{dU(z)}{dz}=ZI(z)\\ \dfrac{dI(z)}{dz}=YU(z)\end{cases} \tag{5.2.5}$$

上式称为时谐形式的传输线方程。式中，

$$\begin{cases}Z=R+j\omega L\\ Y=G+j\omega C\end{cases} \tag{5.2.6}$$

Z 和 Y 分别为传输线单位长度串联阻抗(单位为 Ω/m)和单位长度并联导纳(单位为 S/m)。

5.2.2 均匀传输线方程解

为求解方程式(5.2.5),将式两边对 z 微分并互相代换,得

$$\begin{cases}\dfrac{d^2U(z)}{dz^2}-\gamma^2U(z)=0\\ \dfrac{d^2I(z)}{dz^2}-\gamma^2I(z)=0\end{cases} \tag{5.2.7}$$

式中,$\gamma=\alpha+j\beta$ 是传播常数,定义为

$$\gamma^2=ZY=(R+j\omega L)(G+j\omega C) \tag{5.2.8}$$

式(5.2.7)是电压和电流所满足的一维波动方程,电压通解为

$$U(z)=A_1e^{\gamma z}+A_2e^{-\gamma z} \tag{5.2.9}$$

由式(5.2.5),得电流通解为

$$I(z)=\frac{1}{Z_0}(A_1e^{\gamma z}-A_2e^{-\gamma z}) \tag{5.2.10}$$

其中,A_1 和 A_2 为待定系数; Z_0 是传输线特性阻抗,定义为

$$Z_0=\sqrt{\frac{Z}{Y}}=\sqrt{\frac{R+j\omega L}{G+j\omega C}} \tag{5.2.11}$$

根据式(5.2.9)和式(5.2.10),可得传输线上电压和电流的瞬时值表达式为

$$\begin{cases}u(z,t)=A_1e^{\alpha z}\cos(\omega t+\beta z)+A_2e^{-\alpha z}\cos(\omega t-\beta z)=u_i(z,t)+u_r(z,t)\\ i(z,t)=\dfrac{1}{Z_0}[A_1e^{\alpha z}\cos(\omega t+\beta z)-A_2e^{-\alpha z}\cos(\omega t-\beta z)]=i_i(z,t)+i_r(z,t)\end{cases} \tag{5.2.12}$$

上式说明,传输线上电压和电流是以波的形式传播,传输线上任一点的电压或者电流由入射波和反射波叠加形成。入射波是沿 $-z$ 方向传播的衰减行波,反射波是沿 $+z$ 方向传播的衰减行波。

以下区分两种情况,求传输线方程的特解。一是已知传输线终端电压和电流值,二是已知传输线始端电压和电流值,分别将其作为边界条件,来确定待定系数 A_1 和 A_2,从而求出两种情况下的特解。

(1) 已知终端电压 U_L 和终端电流 I_L。

如图 5.2.2 所示，将边界条件 $U(0)=U_L$、$I(0)=I_L$ 代入式(5.2.9)和式(5.2.10)，化简得到

$$\begin{cases} A_1 = \dfrac{U_L + Z_0 I_L}{2} \\ A_2 = \dfrac{U_L - Z_0 I_L}{2} \end{cases} \tag{5.2.13}$$

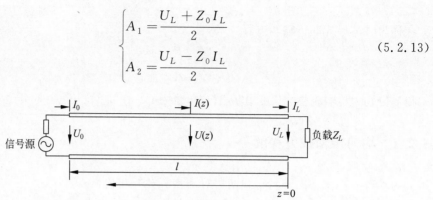

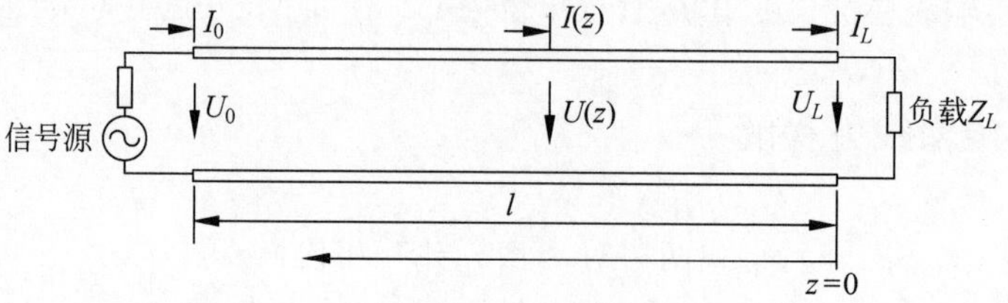

图 5.2.2　由边界条件确定待定系数

将上式代回式(5.2.9)和式(5.2.10)，得到沿线电压和电流的表达式

$$\begin{cases} U(z) = \dfrac{U_L + I_L Z_0}{2}\mathrm{e}^{\gamma z} + \dfrac{U_L - I_L Z_0}{2}\mathrm{e}^{-\gamma z} = U_L \mathrm{ch}\gamma z + I_L Z_0 \mathrm{sh}\gamma z \\ I(z) = \dfrac{U_L + I_L Z_0}{2Z_0}\mathrm{e}^{\gamma z} - \dfrac{U_L - I_L Z_0}{2Z_0}\mathrm{e}^{-\gamma z} = I_L \mathrm{ch}\gamma z + \dfrac{U_L}{Z_0}\mathrm{sh}\gamma z \end{cases} \tag{5.2.14}$$

其中，双曲余弦表示为 $\mathrm{ch}(\gamma z)=\dfrac{\mathrm{e}^{\gamma z}+\mathrm{e}^{-\gamma z}}{2}$；双曲正弦表示为 $\mathrm{sh}(\gamma z)=\dfrac{\mathrm{e}^{\gamma z}-\mathrm{e}^{-\gamma z}}{2}$。

(2) 已知始端电压 U_0 和始端电流 I_0。

如图 5.2.2 所示，将边界条件 $U(l)=U_0$、$I(l)=I_0$ 代入式(5.2.9)和式(5.2.10)，化简得到

$$\begin{cases} A_1 = \dfrac{(U_0 + I_0 Z_0)}{2}\mathrm{e}^{-\gamma l} \\ A_2 = \dfrac{(U_0 - I_0 Z_0)}{2}\mathrm{e}^{\gamma l} \end{cases} \tag{5.2.15}$$

将上式代回式(5.2.9)和式(5.2.10)，得到沿线电压和电流的表达式

$$\begin{cases} U(z) = \dfrac{U_0 + I_0 Z_0}{2}\mathrm{e}^{-\gamma(l-z)} + \dfrac{U_0 - I_0 Z_0}{2}\mathrm{e}^{\gamma(l-z)} = U_0 \mathrm{ch}\gamma(l-z) - I_0 Z_0 \mathrm{sh}\gamma(l-z) \\ I(z) = \dfrac{U_0 + I_0 Z_0}{2Z_0}\mathrm{e}^{-\gamma(l-z)} - \dfrac{U_0 - I_0 Z_0}{2Z_0}\mathrm{e}^{\gamma(l-z)} = I_0 \mathrm{ch}\gamma(l-z) - \dfrac{U_0}{Z_0}\mathrm{sh}\gamma(l-z) \end{cases}$$

(5.2.16)

也就是说，已知终端电压 U_L、终端电流 I_L 及传输线特性参数 γ、Z_0，可以确定传输线上任一点的电压 $U(z)$ 和电流 $I(z)$；同样，已知始端电压 U_0、始端电流 I_0 及传输线特性参数 γ、Z_0，也可以确定传输线上任一点的电压 $U(z)$ 和电流 $I(z)$。

5.3 均匀传输线的特性参数和工作参数

5.3.1 传播常数

由式(5.2.8)可知，传输线的传播常数为 $\gamma=\sqrt{(R+\mathrm{j}\omega L)(G+\mathrm{j}\omega C)}=\alpha+\mathrm{j}\beta$，其中 $1/e^{\alpha}$ 为衰减常数，表明电压或电流经过单位长度传输线后振幅的减少量，定义为减小到原来幅度的 $1/\mathrm{e}^{\alpha}$，单位为 Np/m 或 dB/m；β 为相位常数，表示经过单位长度后电压和电流的相位变化量，单位为 rad/m。

若 $\alpha\neq 0$，则为有耗传输线；若 $\alpha=0$，则为无耗传输线。

由于

$$\gamma=\sqrt{(R+\mathrm{j}\omega L)(G+\mathrm{j}\omega C)}=\mathrm{j}\omega\sqrt{LC}\sqrt{1-\mathrm{j}\left(\frac{R}{\omega L}+\frac{G}{\omega C}\right)-\frac{RG}{\omega^2 LC}} \tag{5.3.1}$$

一般来说，在微波波段，传输线上的分布电阻和分布电导的影响相对于分布电感和分布电容来说很小，即 $R\ll\omega L$，$G\ll\omega C$，$RG\ll\omega^2 LC$，那么上式可简化为

$$\gamma=\mathrm{j}\omega\sqrt{LC}\sqrt{1-\mathrm{j}\left(\frac{R}{\omega L}+\frac{G}{\omega C}\right)} \tag{5.3.2}$$

式中，$\left(\frac{R}{\omega L}+\frac{G}{\omega C}\right)$是相对微小量。对 $\sqrt{1-\mathrm{j}\left(\frac{R}{\omega L}+\frac{G}{\omega C}\right)}$ 做泰勒展开，并取前两项，得到

$$\gamma\approx\mathrm{j}\omega\sqrt{LC}\left[1-\frac{\mathrm{j}}{2}\left(\frac{R}{\omega L}+\frac{G}{\omega C}\right)\right] \tag{5.3.3}$$

因此

$$\alpha\approx\frac{1}{2}\left(R\sqrt{\frac{C}{L}}+G\sqrt{\frac{L}{C}}\right)=\alpha_c+\alpha_d \tag{5.3.4}$$

$$\beta\approx\omega\sqrt{LC} \tag{5.3.5}$$

式中，α_c 和 α_d 分别称为导体衰减常数和介质衰减常数，它们是分别由导体损耗和介质损耗引起的衰减。

对于无耗传输线，由于 $R=0$、$G=0$，易知

$$\alpha=0,\quad \beta=\omega\sqrt{LC} \tag{5.3.6}$$

此时，传输线方程的电压、电流通解可简化为

$$U(z)=A_1\mathrm{e}^{\mathrm{j}\beta z}+A_2\mathrm{e}^{-\mathrm{j}\beta z} \tag{5.3.7}$$

$$I(z)=\frac{1}{Z_0}(A_1\mathrm{e}^{\mathrm{j}\beta z}-A_2\mathrm{e}^{-\mathrm{j}\beta z}) \tag{5.3.8}$$

5.3.2 特性阻抗

特性阻抗 Z_0 为无限长(无反射)传输线上任意点朝向传输线延伸方向看过去的阻抗

值，对于无限长传输线，含有 $\exp(-\gamma z)$ 的项为 0。也就是不存在反射波，只存在沿传输线延伸方向传播的入射波。由式(5.2.9)和式(5.2.10)可得

$$Z_0=\frac{U_i(z)}{I_i(z)}=-\frac{U_r(z)}{I_r(z)} \tag{5.3.9}$$

也就是说，特性阻抗 Z_0 是入射波电压与入射波电流之比，或者说是反射波电压与反射波电流之比的负值。这就是入射波电压、入射波电流与特性阻抗的关系。

均匀传输线的特性阻抗 Z_0 定义为

$$Z_0=\sqrt{\frac{Z}{Y}}=\sqrt{\frac{R+\mathrm{j}\omega L}{G+\mathrm{j}\omega C}} \tag{5.3.10}$$

其中，Z 和 Y 都是均匀传输线的分布参数。从上式可以看出，特性阻抗与工作频率、传输线自身的分布参数有关，而与负载和信号大小无关，故称为特性阻抗，它通常是个复数。对于均匀无耗传输线，$R=G=0$，其特性阻抗为

$$Z_0=\sqrt{\frac{L}{C}} \tag{5.3.11}$$

此时特性阻抗 Z_0 与工作频率无关，为实数。当损耗很小，满足 $R\ll\omega L$、$G\ll\omega C$ 时，上式近似成立。

特性阻抗 Z_0 的倒数称为特性导纳，用 Y_0 表示。

$$Y_0=\frac{1}{Z_0} \tag{5.3.12}$$

5.3.3 相速和波长

沿传输线传播的等相位点所构成的面称为等相位面。相速 v_p 定义为等相位面的传播速度。可以由等相位面方程 $\omega t\pm\beta z=$常数的两边对 t 求微分得到

$$v_p=\frac{\mathrm{d}z}{\mathrm{d}t}=\pm\frac{\omega}{\beta} \tag{5.3.13}$$

式中的正、负号说明传输线上入射波和反射波以相同的速度向相反的方向传播。对于均匀传输线，$\beta=\omega\sqrt{LC}$，则相速 v_p 为

$$v_p=\frac{1}{\sqrt{LC}} \tag{5.3.14}$$

以平行双导线为例，讨论相速 v_p。将表 5.1.1 中的分布电容 C 和分布电感 L 代入上式，得

$$v_p=\frac{1}{\sqrt{\mu\varepsilon}}=\frac{1}{\sqrt{\mu_0\mu_r\varepsilon_0\varepsilon_r}}=\frac{c}{\sqrt{\mu_r\varepsilon_r}} \tag{5.3.15}$$

式中，$c=1/\sqrt{\mu_0\varepsilon_0}$ 为电磁波在空气中的传播速度，即光速；μ_r 为介质的相对磁导率，通常 $\mu_r=1$；ε_r 为介质的相对介电常数。若平行双导线间填充介质为空气，则 $\varepsilon_r=1$，相速 $v_p=c=3\times10^8\,\mathrm{m/s}$，即相速等于电磁波传播速度；若填充其他介质，则传输线上相速是

空气中相速的 $1/\sqrt{\varepsilon_r}$ 倍。

传输线上波长 λ 定义为传输线上行波在一个周期内等相位面沿传输线移动的距离，即

$$\lambda = v_p T = \frac{v_p}{f} = \frac{2\pi}{\beta} \tag{5.3.16}$$

对于无耗或低损耗传输线，传输线上的波长 λ 和真空中电磁波的波长 λ_0 有下面的关系：

$$\lambda = \frac{\lambda_0}{\sqrt{\mu_r \varepsilon_r}} \tag{5.3.17}$$

5.3.4 输入阻抗

输入阻抗定义为传输线上任意一点 z 处的输入电压和输入电流之比，为该点向负载方向看去的输入阻抗，记作 $Z_{\text{in}}(z)$

$$Z_{\text{in}}(z) = \frac{U(z)}{I(z)} \tag{5.3.18}$$

将式(5.2.14)代入上式，可得有耗传输线上 z 处的输入阻抗

$$Z_{\text{in}}(z) = Z_0 \frac{Z_L + Z_0 \operatorname{th}(\gamma z)}{Z_0 + Z_L \operatorname{th}(\gamma z)} \tag{5.3.19}$$

式中，Z_L 为终端负载阻抗

$$Z_L = \frac{U_L}{I_L} \tag{5.3.20}$$

对于均匀无耗传输线，由于 $\gamma = \mathrm{j}\beta$，则 $Z_{\text{in}}(z)$ 为

$$Z_{\text{in}}(z) = Z_0 \frac{Z_L + \mathrm{j}Z_0 \tan(\beta z)}{Z_0 + \mathrm{j}Z_L \tan(\beta z)} \tag{5.3.21}$$

由上式可知，均匀无耗传输线输入阻抗与传输线的特性阻抗 Z_0、传播常数 γ、终端负载阻抗 Z_L 和观察点位置 z 有关。

无耗传输线上的阻抗具有以下两个重要性质：

1. $\lambda/2$ 阻抗重复性

由上式可求出传输线上距终端负载 $\lambda/2$ 处的输入阻抗为

$$Z_{\text{in}}(\lambda/2) = Z_0 \frac{Z_L + \mathrm{j}Z_0 \tan\left(\beta \frac{\lambda}{2}\right)}{Z_0 + \mathrm{j}Z_L \tan\left(\beta \frac{\lambda}{2}\right)} = Z_L \tag{5.3.22}$$

上式说明，传输线上距终端负载 $\lambda/2$ 处的输入阻抗仍为 Z_L。推广到一般情况，传输线上相距 $\lambda/2$ 及其整数倍的任意两点输入阻抗相同，即

$$Z\left(z+n\frac{\lambda}{2}\right)=Z(z),\quad n\ 为正整数 \tag{5.3.23}$$

这就是均匀无耗传输线 $\lambda/2$ 的阻抗重复性。

2. $\lambda/4$ 阻抗变换(倒置)性

由式(5.3.21)可求出传输线上距终端负载 $\lambda/4$ 处的输入阻抗为

$$Z_{\text{in}}(\lambda/4)=Z_0\frac{Z_L+\mathrm{j}Z_0\tan\left(\beta\frac{\lambda}{4}\right)}{Z_0+\mathrm{j}Z_L\tan\left(\beta\frac{\lambda}{4}\right)}=\frac{Z_0^2}{Z_L} \tag{5.3.24}$$

上式说明,传输线上距终端负载 $\lambda/4$ 处的输入阻抗发生了倒置现象,即感性负载经 $\lambda/4$ 长度后,变成容性特性;短路负载经 $\lambda/4$ 长度后,变成开路特性;串联谐振电路经 $\lambda/4$ 长度后,变成并联谐振特性,等等。

推广到一般情况,传输线上相距 $\lambda/4$ 及其奇数倍的任意两点输入阻抗具有倒置性,即

$$Z_{\text{in}}\left[z+(2n-1)\frac{\lambda}{4}\right]=\frac{Z_0^2}{Z(z)},\quad n\ 为正整数 \tag{5.3.25}$$

由于阻抗与导纳互为倒数关系,可得均匀无耗传输线上的输入导纳公式为

$$Y_{\text{in}}(z)=Y_0\frac{Y_L+\mathrm{j}Y_0\tan(\beta z)}{Y_0+\mathrm{j}Y_L\tan(\beta z)} \tag{5.3.26}$$

5.3.5 反射系数

电压反射系数 $\Gamma_u(z)$ 定义为传输线上任意一点 z 处的反射波电压 $U_r(z)$ 与入射波电压 $U_i(z)$ 之比,由式(5.2.14)可得

$$\Gamma_u(z)=\frac{U_r(z)}{U_i(z)}=\frac{Z_L-Z_0}{Z_L+Z_0}\mathrm{e}^{-2\gamma z}=\Gamma_L\mathrm{e}^{-2\gamma z}=\Gamma_L\mathrm{e}^{-2\alpha z}\mathrm{e}^{-\mathrm{j}2\beta z} \tag{5.3.27}$$

式中,Γ_L 称为终端反射系数,即

$$\Gamma_L=\frac{Z_L-Z_0}{Z_L+Z_0}=|\Gamma_L|\mathrm{e}^{\mathrm{j}\phi_L} \tag{5.3.28}$$

同样,电流反射系数 $\Gamma_i(z)$ 定义为传输线上任意一点 z 处的反射波电流 $I_r(z)$ 与入射波电流 $I_i(z)$ 之比。易知 $\Gamma_i(z)=-\Gamma_u(z)$,即与电压反射系统 $\Gamma_u(z)$ 的模相等,相位相差 π。由于电压便于测量,故反射系数通常指的是电压反射系数,记作 $\Gamma(z)$。

由上两式可知,电压反射系数 $\Gamma(z)$ 的模和相位分别为

$$|\Gamma(z)|=|\Gamma_L|\mathrm{e}^{-2\alpha z} \tag{5.3.29}$$

$$\phi(z)=\phi_L-2\beta z \tag{5.3.30}$$

式(5.3.29)表明,有耗传输线上反射系数的模沿传输线指数衰减;式(5.3.30)表明,相位沿反射波方向线性连续滞后并作 $\lambda/2$ 周期变化。

若传输线无耗，此时 $\Gamma(z)$ 表示为

$$\Gamma(z)=\Gamma_L \mathrm{e}^{-\mathrm{j}2\beta z} \tag{5.3.31}$$

其模 $|\Gamma(z)|=|\Gamma_L|$，即传输线上任意一点 z 处反射系数的模均等于终端反射系数的模；其相位 $\phi(z)=\phi_L-2\beta z$，与有耗传输线一致，相位按 $\lambda/2$ 周期变化。这说明，无论是有耗传输线还是无耗传输线，反射系数的相位均具有 $\lambda/2$ 重复性。

引入了反射系数的定义，传输线上任意一点 z 处的电压 $U(z)$ 和电流 $I(z)$ 又可表示为如下形式：

$$U(z)=U_i(z)+U_r(z)=U_i(z)(1+\Gamma(z)) \tag{5.3.32}$$

$$I(z)=I_i(z)+I_r(z)=I_i(z)(1-\Gamma(z)) \tag{5.3.33}$$

输入阻抗 $Z_{\text{in}}(z)$ 可通过反射系数 $\Gamma(z)$ 表示

$$Z_{\text{in}}(z)=\frac{U(z)}{I(z)}=\frac{U_i(z)(1+\Gamma(z))}{I_i(z)(1-\Gamma(z))}=Z_0\frac{1+\Gamma(z)}{1-\Gamma(z)} \tag{5.3.34}$$

反射系数 $\Gamma(z)$ 也可通过输入阻抗 $Z_{\text{in}}(z)$ 表示

$$\Gamma(z)=\frac{Z_{\text{in}}(z)-Z_0}{Z_{\text{in}}(z)+Z_0} \tag{5.3.35}$$

当 $z=0$ 时，$\Gamma(0)$ 即为终端反射系数 Γ_L，通过上式易知 Γ_L 与终端负载阻抗 Z_L 的关系

$$Z_L=Z_0\frac{1+\Gamma_L}{1-\Gamma_L} \tag{5.3.36}$$

$$\Gamma_L=\frac{Z_L-Z_0}{Z_L+Z_0} \tag{5.3.37}$$

这与式(5.3.28)也是一致的。

5.3.6 驻波比和行波系数

传输线上驻波比 ρ 定义为传输线上电压振幅的最大值与最小值之比，即

$$\rho=\frac{|U|_{\max}}{|U|_{\min}} \tag{5.3.38}$$

显然，$1\leqslant\rho\leqslant\infty$。因为传输线上任一点电压是由入射波电压与反射波电压叠加而成的，所以当入射波电压与反射波电压同相位时，电压出现最大值；当入射波电压与反射波电压反相位时，电压出现最小值。因此对于无耗传输线，有

$$|U|_{\max}=|U_i(z)|+|U_r(z)|=|U_i(z)|[1+|\Gamma(z)|] \tag{5.3.39}$$

$$|U|_{\min}=|U_i(z)|-|U_r(z)|=|U_i(z)|[1-|\Gamma(z)|] \tag{5.3.40}$$

因此，驻波比与反射系数的关系为

$$\rho=\frac{1+|\Gamma[z]|}{1-|\Gamma[z]|}=\frac{1+|\Gamma_L|}{1-|\Gamma_L|} \tag{5.3.41}$$

也就是说，驻波比 ρ 能够通过终端反射系数的模 $|\Gamma_L|$ 来表示。当 $|\Gamma_L|=0$ 时，传输线上

无反射，$\rho=1$；当$|\Gamma_L|=1$时，传输线上全反射，ρ 趋于无穷大。

或者

$$|\Gamma(z)|=\frac{\rho-1}{\rho+1} \tag{5.3.42}$$

传输线上的行波系数 K 定义为电压振幅最小值与最大值之比，它与电压驻波比互为倒数，即

$$K=\frac{|U|_{\min}}{|U|_{\max}}=\frac{1}{\rho}=\frac{1-|\Gamma_L|}{1+|\Gamma_L|} \tag{5.3.43}$$

显然，$0\leqslant K\leqslant 1$。行波系数与反射系数有如下关系：

$$|\Gamma(z)|=\frac{1-K}{1+K} \tag{5.3.44}$$

【例 5-1】 设无耗传输线的特性阻抗为 100Ω，负载阻抗为(50－j50)Ω，试求其终端反射系数、驻波比及距离负载 0.15λ 处的输入阻抗。

解：终端反射系数为

$$\Gamma_L=\frac{Z_L-Z_0}{Z_L+Z_0}=\frac{50-\mathrm{j}50-100}{50-\mathrm{j}50+100}=-\frac{1+2\mathrm{j}}{5}$$

驻波比为

$$\rho=\frac{1+|\Gamma_L|}{1-|\Gamma_L|}=2.618$$

距离负载 0.15λ 处的输入阻抗为

$$Z_{\mathrm{in}}(d)=Z_0\frac{Z_L+\mathrm{j}Z_0\tan(\beta d)}{Z_0+\mathrm{j}Z_L\tan(\beta d)}=100\times\frac{50-\mathrm{j}50+\mathrm{j}100\tan\left(\dfrac{2\pi}{\lambda}\times 0.15\lambda\right)}{100+\mathrm{j}(50-\mathrm{j}50)\tan\left(\dfrac{2\pi}{\lambda}\times 0.15\lambda\right)}$$

$$=43.55+\mathrm{j}34.16(\Omega)$$

视频5-2

5.4 无耗传输线的工作状态

均匀无耗传输线的工作状态主要取决于终端负载阻抗的大小和性质。根据终端负载阻抗的不同，传输线将会呈现 3 种工作状态：①行波状态；②驻波状态；③行驻波状态。

5.4.1 行波状态

当负载阻抗等于传输线的特性阻抗，即 $Z_L=Z_0$，此时传输线处于行波状态。由式(5.3.37)可知，行波状态下 $\Gamma_L=0$，传输线上各点的反射系数 $\Gamma(z)$ 均为 0，传输线沿线只有入射的行波而无反射波。

由式(5.2.9)和式(5.2.10)可得，一般情况下的均匀无耗传输线，沿线电压和电流可以表示为

$$\begin{cases} U(z)=A_1 e^{j\beta z}[1+\Gamma_L e^{-j2\beta z}] \\ I(z)=\dfrac{A_1 e^{j\beta z}}{Z_0}[1-\Gamma_L e^{-j2\beta z}] \end{cases} \tag{5.4.1}$$

经整理,进一步表示为

$$\begin{cases} U(z)=A_1(1-\Gamma_L)e^{j\beta z}+2\Gamma_L A_1\cos\beta z \\ I(z)=\dfrac{A_1}{Z_0}(1-\Gamma_L)e^{j\beta z}+2j\Gamma_L\dfrac{A_1}{Z_0}\sin\beta z \end{cases} \tag{5.4.2}$$

通过上式,已知终端入射波电压 A_1 和终端反射系数 Γ_L,可以求出沿线电压和电流的分布。

当 $Z_L=Z_0$ 时,$\Gamma_L=0$,则沿线电压和电流改写为

$$\begin{cases} U(z)=U_i(z)=A_1 e^{j\beta z} \\ I(z)=I_i(z)=\dfrac{A_1}{Z_0}e^{j\beta z} \end{cases} \tag{5.4.3}$$

其瞬时值表示为

$$\begin{cases} u(z,t)=|A_1|\cos(\omega t+\beta z+\phi_0) \\ i(z,t)=\dfrac{|A_1|}{Z_0}\cos(\omega t+\beta z+\phi_0) \end{cases} \tag{5.4.4}$$

式中,$|A_1|$和 ϕ_0 分别是 A_1 的模和相位。

在有耗条件下,传输线上任意一点 z 处的传输功率由式(5.4.1)可得

$$P(z)=\frac{1}{2}\mathrm{Re}[U(z)I^*(z)]=\frac{|A_1|^2}{2Z_0}e^{2\alpha z}[1-|\Gamma_L|^2 e^{-4\alpha z}]=P_i(z)-P_r(z) \tag{5.4.5}$$

式中,$P_i(z)$和 $P_r(z)$分别为入射波功率和反射波功率。

由于行波状态下 $\Gamma_L=0$,并考虑无耗传输线 $\alpha=0$,则式(5.4.5)化简为

$$P(z)=\frac{|A_1|^2}{2Z_0} \tag{5.4.6}$$

可以看到,此时的入射波功率最大,反射波功率为 0。

将行波状态的特点总结如下:

(1) 行波无反射状态,沿线只有入射的行波而没有反射波。

(2) 入射波的能量全被负载所吸收,即负载吸收功率等于入射波功率。

(3) 沿线任意一点的输入阻抗均等于传输线特性阻抗。

(4) 沿线电压和电流的振幅值保持不变。

(5) 沿线电压和电流的相位以 $e^{j(\omega t+\beta z+\phi_0)}$ 的规律变化,在传播方向上连续滞后。

5.4.2 驻波状态

当终端为短路($Z_L=0$)、开路($Z_L=\infty$)或纯电抗负载($Z_L=\pm jX_L$)这三种情况之一

时，传输线处于驻波状态。此时终端反射系数$|\Gamma_L|=1$，入射波在终端产生全反射，沿线入射波与反射波叠加后，电压和电流在时间和空间上都会有$\pi/2$的相位差，形成驻波。

1. 终端短路

终端短路，即终端没有接负载，用短路线把两根传输线连接，负载阻抗$Z_L=0$，终端反射系数$\Gamma_L=-1$。

将$\Gamma_L=-1$代入式(5.4.1)得

$$\begin{cases} U(z)=\mathrm{j}2A_1\sin\beta z \\ I(z)=\dfrac{2A_1}{Z_0}\cos\beta z \end{cases} \tag{5.4.7}$$

其瞬时值表示为

$$\begin{cases} u(z,t)=2\mid A_1\mid\cos\left(\omega t+\phi_0+\dfrac{\pi}{2}\right)\sin\beta z \\ i(z,t)=\dfrac{2\mid A_1\mid}{Z_0}\cos(\omega t+\phi_0)\cos\beta z \end{cases} \tag{5.4.8}$$

式中，$|A_1|$和ϕ_0分别是A_1的模和相位。

此时传输线上任一点z处的输入阻抗为

$$Z_{\mathrm{in}}(z)=Z_0\frac{Z_L+\mathrm{j}Z_0\tan\beta z}{Z_0+\mathrm{j}Z_L\tan\beta z}=\mathrm{j}Z_0\tan\beta z \tag{5.4.9}$$

将$\Gamma_L=-1$、$\alpha=0$(若传输线无耗)，代入式(5.4.5)，可得传输线上任一点z处的传输功率为

$$P(z)=0 \tag{5.4.10}$$

图5.4.1表示终端短路时电压和电流分布特征。

1) 振幅分布

沿线电压、电流的振幅分布如图5.4.1(a)所示。

沿线电压、电流振幅按正余弦变化，其极大值点称为波腹点，极小值点称为波节点。结合图5.4.1(a)和式(5.4.7)，电压波节点振幅为0，位于

$$z=\frac{n\lambda}{2},\quad n=0,1,2,\cdots \tag{5.4.11}$$

该位置为电流波腹点，取最大值为$2|A_1|/Z_0$。

电压波腹点振幅为$2|A_1|$，位于

$$z=\frac{(2n+1)\lambda}{4},\quad n=0,1,2,\cdots \tag{5.4.12}$$

该位置为电流波节点，取最小值为0。

2) 相位分布

沿线电压、电流的相位分布如图5.4.1(b)所示。电压、电流的相位始终相差$\pi/2$。

3) 阻抗分布

沿线阻抗分布如图5.4.1(c)所示。由式(5.4.9)知，沿线任一点z处的输入阻抗为

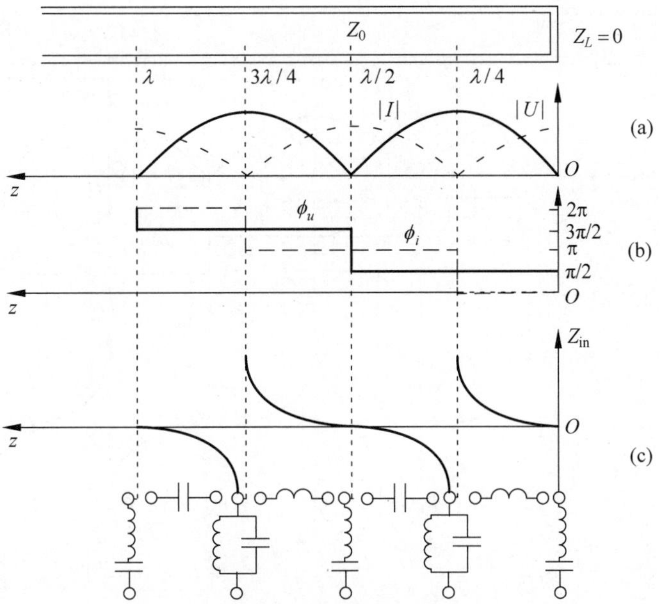

图 5.4.1　终端短路时电压和电流分布特征

纯电抗。在终端 $z=0$ 处,电压位于波节点,输入阻抗 $Z_{in}=0$,相当于串联谐振；在 $0<z<\lambda/4$ 范围内,输入阻抗相当于纯电感；在 $z=\lambda/4$ 处,电压位于波腹点,输入阻抗 $Z_{in}=\infty$,相当于并联谐振；在 $\lambda/4<z<\lambda/2$ 范围内,输入阻抗相当于纯电容。

4）各个参量

输入阻抗 $Z_{in}(z)$、反射系数 $\Gamma(z)$、驻波比 ρ、行波系数 K 等传输线参量为

$$Z_{in}(z)=jZ_0\tan\beta z,\quad \Gamma(z)=-e^{-j2\beta z},\quad \rho=\infty,\quad K=0 \tag{5.4.13}$$

5）传输功率

驻波状态下,传输线上无能量传输,电磁能量在信号源和负载之间来回振荡。

2. 终端开路

终端开路,即负载阻抗 $Z_L=\infty$,终端反射系数 $\Gamma_L=1$。

将 $\Gamma_L=1$ 代入式(5.4.1)得传输线沿线任一点 z 处的电压、电流分布

$$\begin{cases} U(z)=2A_1\cos\beta z \\ I(z)=\dfrac{j2A_1}{Z_0}\sin\beta z \end{cases} \tag{5.4.14}$$

此时传输线上任一点 z 处的输入阻抗为

$$Z_{in}(z)=Z_0\frac{Z_L+jZ_0\tan\beta z}{Z_0+jZ_L\tan\beta z}=-jZ_0\cot\beta z \tag{5.4.15}$$

图 5.4.2 表示终端开路时电压和电流分布特征。可以看到,电压波腹点位于

$$z=\frac{n\lambda}{2},\quad n=0,1,2,\cdots \tag{5.4.16}$$

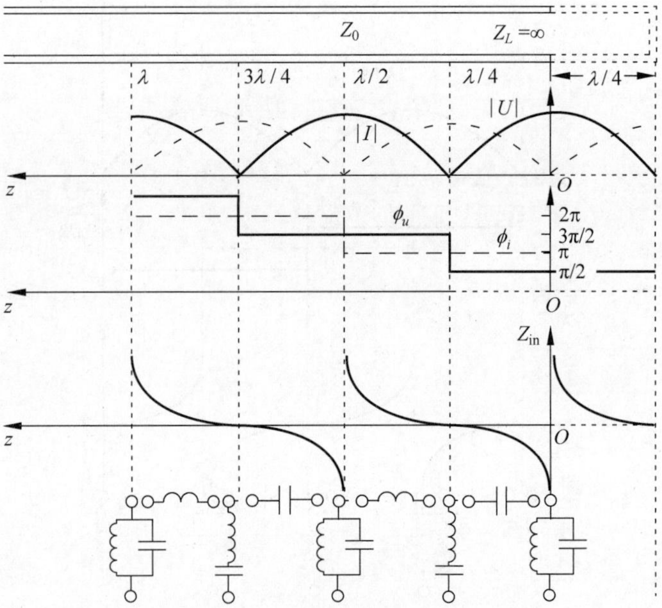

图 5.4.2　终端开路时电压和电流分布特征

该位置是电流波节点。电压波节点位于

$$z=\frac{(2n+1)\lambda}{4},\quad n=0,1,2,\cdots \tag{5.4.17}$$

该位置是电流波腹点。

终端开路可以用一段长度为 $\lambda/4$ 的终端短路线来实现。通过比较图 5.4.2 与图 5.4.1 可知，将终端短路传输线向信号源方向截取 $\lambda/4$ 长度，其电压、电流和阻抗分布即为终端开路时的分布曲线。另外，终端开路时的传输线参量为

$$Z_{\text{in}}(z)=-\text{j}Z_0\cot\beta z,\quad \Gamma(z)=\text{e}^{-\text{j}2\beta z},\quad \rho=\infty,\quad K=0 \tag{5.4.18}$$

3. 终端接纯电抗负载

终端为纯电抗负载时($Z_L=\pm\text{j}X_L$)，由于纯电抗负载不消耗能量，因此在终端也形成全反射，传输线同样工作在驻波状态。

1) 纯电感负载 $Z_L=\text{j}X_L$

由式(5.4.9)可知，可以用小于 $\lambda/4$ 的短路线来等效纯电感，其等效长度为

$$l_{\text{e}}^{\text{sc}}=\frac{\lambda}{2\pi}\arctan\left(\frac{X_L}{Z_0}\right) \tag{5.4.19}$$

2) 纯电容负载 $Z_L=-\text{j}X_L$

由式(5.4.15)可知，可以用小于 $\lambda/4$ 的开路线来等效纯电容，其等效长度为

$$l_{\text{e}}^{\text{oc}}=\frac{\lambda}{2\pi}\text{arccot}\left(\frac{X_L}{Z_0}\right) \tag{5.4.20}$$

采用式(5.4.19)或式(5.4.20)所示等效长度的短路线或开路线来取代纯电抗负载，

即可得到沿线电压、电流和输入阻抗的分布曲线，如图 5.4.3 所示。

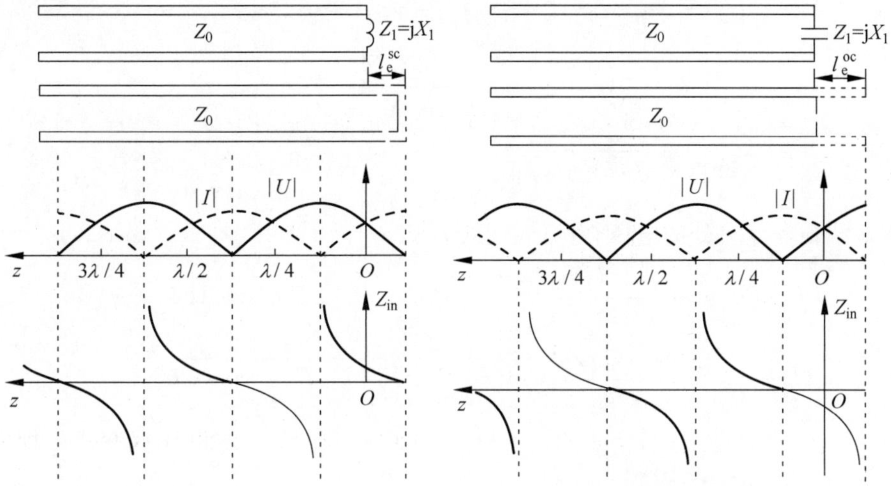

(a) 纯电感负载　　(b) 纯电容负载

图 5.4.3　终端接纯电抗负载时的电压和电流分布特征

在图 5.4.3(a)中纯电感负载情况下，可以看到电压波节点位于

$$z=\frac{n\lambda}{2}-l_e^{sc},\quad n=0,1,2,\cdots \tag{5.4.21}$$

电压波腹点位于

$$z=\frac{(2n+1)\lambda}{4}-l_e^{sc},\quad n=0,1,2,\cdots \tag{5.4.22}$$

在图 5.4.3(b)中纯电容负载情况下，可以看到电压波节点位于

$$z=\frac{(2n+1)\lambda}{4}-l_e^{oc},\quad n=0,1,2,\cdots \tag{5.4.23}$$

电压波腹点位于

$$z=\frac{n\lambda}{2}-l_e^{oc},\quad n=0,1,2,\cdots \tag{5.4.24}$$

5.4.3 行驻波状态

当传输线终端接任意负载 $Z_L=R_L\pm jX_L$ 时，入射波的一部分被终端负载吸收，另一部分被反射，在传输线上由入射波和部分反射波叠加形成行驻波状态。

在行驻波状态下，终端的反射系数 Γ_L 为

$$\Gamma_L=\frac{Z_L-Z_0}{Z_L+Z_0}=\frac{R_L\pm jX_L-Z_0}{R_L\pm jX_L+Z_0}=|\Gamma_L|\,e^{\pm j\phi_L} \tag{5.4.25}$$

式中，

$$|\Gamma_L|=\sqrt{\frac{(R_L-Z_0)^2+X_L^2}{(R_L+Z_0)^2+X_L^2}} \tag{5.4.26}$$

$$\phi_L=\arctan\frac{2X_LZ_0}{R_L^2+X_L^2-Z_0^2} \tag{5.4.27}$$

1. 电压、电流的振幅分布

传输线任一点 z 处的电压、电流表达式为

$$|U(z)|=\left|\frac{U_L+I_LZ_0}{2}\right|\sqrt{1+|\Gamma_L|^2+2|\Gamma_L|\cos(2\beta z-\phi_L)} \tag{5.4.28}$$

$$|I(z)|=\left|\frac{U_L+I_LZ_0}{2Z_0}\right|\sqrt{1+|\Gamma_L|^2-2|\Gamma_L|\cos(2\beta z-\phi_L)} \tag{5.4.29}$$

由式(5.4.28)可知，当 $\cos(2\beta z-\phi_L)=1$ 时，对应的 z 为电压波腹点。即 $2\beta z-\phi_L=2n\pi,n=0,1,2,\cdots$，得到

$$z_{\max}=\frac{\lambda\phi_L}{4\pi}+n\frac{\lambda}{2},\quad n=0,1,2,\cdots \tag{5.4.30}$$

此时，电压为最大值(波腹点)，电流为最小值(波节点)，二者分别为

$$|U|_{\max}=|A_1|[1+|\Gamma_L|] \tag{5.4.31}$$

$$|I|_{\min}=\frac{|A_1|}{Z_0}[1-|\Gamma_L|] \tag{5.4.32}$$

将 $n=0$ 代入式(5.4.30)，得到第一个电压波腹点和负载之间的距离

$$z_{\max 1}=\frac{\lambda\phi_L}{4\pi} \tag{5.4.33}$$

同理可得，当 $\cos(2\beta z-\phi_L)=-1$ 时，对应的 z 为电压波节点。即 $2\beta z-\phi_L=(2n+1)\pi,n=0,1,2,\cdots$，得到

$$z_{\min}=\frac{\lambda\phi_L}{4\pi}+(2n+1)\frac{\lambda}{4},\quad n=0,1,2,\cdots \tag{5.4.34}$$

因此，第一个电压波节点和负载之间的距离为

$$z_{\min 1}=\frac{\lambda\phi_L}{4\pi}+\frac{\lambda}{4} \tag{5.4.35}$$

对应该点的电压、电流分别为

$$|U|_{\min}=|A_1|[1-|\Gamma_L|] \tag{5.4.36}$$

$$|I|_{\max}=\frac{|A_1|}{Z_0}[1+|\Gamma_L|] \tag{5.4.37}$$

传输线终端接任意负载 $Z_L=R_L\pm jX_L$ 时，沿线电压、电流振幅分布如图 5.4.4 所示。根据负载阻抗的具体取值不同，又区分为以下四种情况。

1) 负载 $Z_L=R_L>Z_0$

负载是大于传输线特性阻抗的纯电阻，$\phi_L=0$，$z_{\max 1}=0$。也就是说，终端位置为电

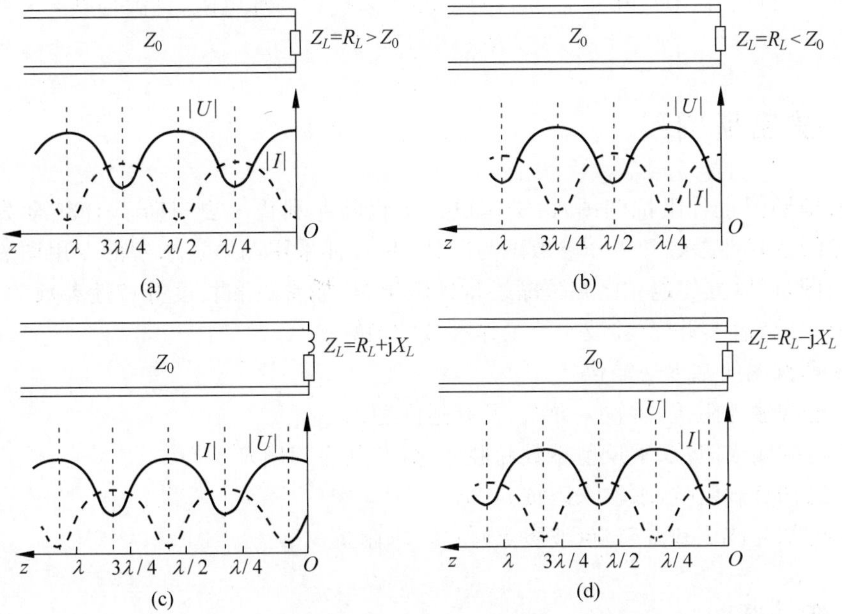

图 5.4.4 终端接任意负载时的电压和电流分布特征

压波腹点、电流波节点，如图 5.4.4(a)所示。

2）负载 $Z_L=R_L<Z_0$

负载是小于传输线特性阻抗的纯电阻，$\phi_L=\pi$，$z_{\max1}=\lambda/4$。根据 $\lambda/4$ 阻抗变化性，终端位置为电压波节点、电流波腹点，如图 5.4.4(b)所示。

3）负载为感性阻抗 $Z_L=R_L+\mathrm{j}X_L$

由式(5.4.27)，可得 $0<\phi_L<\pi$。根据式(5.4.33)，可知 $0<z_{\max1}<\lambda/4$。表明离开终端向信号源方向第一个出现的是电压波腹点、电流波节点，如图 5.4.4(c)所示。

4）负载为容性阻抗 $Z_L=R_L-\mathrm{j}X_L$

由式(5.4.27)，可得 $\pi<\phi_L<2\pi$。根据式(5.4.33)，可知 $\lambda/4<z_{\max1}<\lambda/2$。表明离开终端向信号源方向第一个出现的是电压波节点、电流波腹点，如图 5.4.4(d)所示。

2. 阻抗分布

沿传输线任意点的输入阻抗按公式 $Z_{\text{in}}(z)=Z_0\dfrac{Z_L+\mathrm{j}Z_0\tan(\beta z)}{Z_0+\mathrm{j}Z_L\tan(\beta z)}$求出。在电压波腹点(电流波节点)，其输入阻抗由式(5.4.31)和式(5.4.32)得出

$$R_{\max}=\frac{|U|_{\max}}{|I|_{\min}}=Z_0\frac{1+|\Gamma_L|}{1-|\Gamma_L|}=Z_0\rho>Z_0 \tag{5.4.38}$$

同样，在电压波节点(电流波腹点)的输入阻抗为

$$R_{\min}=\frac{|U|_{\min}}{|I|_{\max}}=Z_0\frac{1-|\Gamma_L|}{1+|\Gamma_L|}=Z_0K<Z_0 \tag{5.4.39}$$

电压波腹点和波节点相距 $\lambda/4$，两点的输入阻抗均为纯电阻，且满足以下关系：

$$R_{\max}R_{\min}=Z_0^2 \tag{5.4.40}$$

*5.5 史密斯圆图

史密斯圆图也称阻抗圆图，由美国电子工程师菲利普·史密斯于 1939 年发明。该图将传输线的特性参数和工作参数融为一体，是一种采用图解法求解的专用图表。利用史密斯圆图，可以方便地在已知传输线特性阻抗、传播常数和长度等特性参数的基础上，进行反射系数、输入阻抗、驻波比等工作参数的换算。

史密斯圆图的基本功能包括：

(1) 已知输入阻抗，求输入导纳(及其逆问题)。

(2) 已知输入阻抗，求反射系数和驻波比(及其逆问题)。

(3) 已知负载阻抗，求输入阻抗。

(4) 已知驻波比和波节点(波腹点)位置，求阻抗。

5.5.1 阻抗圆图

由均匀无耗传输线的输入阻抗计算公式可得

$$\bar{Z}_{\text{in}}(z)=\frac{Z_L+\mathrm{j}Z_0\tan(\beta z)}{Z_0+\mathrm{j}Z_L\tan(\beta z)} \tag{5.5.1}$$

式中，$\bar{Z}_{\text{in}}(z)$为传输线归一化阻抗，定义为传输线输入阻抗与特性阻抗之比，即

$$\bar{Z}_{\text{in}}(z)=\frac{Z_{\text{in}}(z)}{Z_0}=r(z)+\mathrm{j}x(z) \tag{5.5.2}$$

式中，$r(z)$为归一化电阻；$x(z)$为归一化电抗。

为表示传输线归一化阻抗与反射系数之间的关系，由式(5.3.34)可得

$$\bar{Z}_{\text{in}}(z)=\frac{1+\Gamma(z)}{1-\Gamma(z)} \tag{5.5.3}$$

由上式得

$$\Gamma(z)=\frac{\bar{Z}_{\text{in}}(z)-1}{\bar{Z}_{\text{in}}(z)+1} \tag{5.5.4}$$

$\Gamma(z)$一般为复数，可表示为

$$\Gamma(z)=|\Gamma(z)|\mathrm{e}^{\mathrm{j}\phi(z)}=u+\mathrm{j}v \tag{5.5.5}$$

式中，u 和 v 分别表示 $\Gamma(z)$的实部和虚部。

式(5.5.3)和式(5.5.4)表明，归一化阻抗 $\bar{Z}_{\text{in}}(z)$和反射系数 $\Gamma(z)$之间存在一一对应关系。我们可以制成一张阻抗圆图，来反映这种对应关系。

1. 第一步：建立等反射系数圆

建立坐标系，以反射系数的实部 u 为横坐标、虚部 v 为纵坐标，得到反射系数复平

面,也称 Γ 平面,如图 5.5.1 所示。

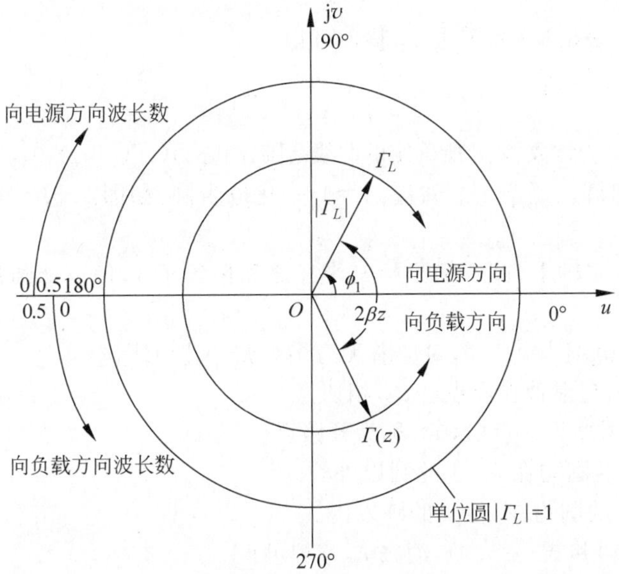

图 5.5.1 等反射系数圆

在 Γ 平面上可以画出等反射系数模和等反射系数相位的曲线。$|\Gamma(z)|$ 对应 Γ 平面上一簇以原点为圆心的同心圆,即等反射系数圆。由于 $0\leqslant|\Gamma(z)|\leqslant1$,故所有的圆均在 $|\Gamma(z)|=1$ 对应的那个最大圆内。$|\Gamma(z)|=1$ 的圆代表全反射状态,$|\Gamma(z)|=0$ 缩为原点,称为阻抗匹配点。圆越大,离原点越远,说明系统匹配性越差。

等反射系数相位曲线是从原点发出的径向线,该径向线与横轴的夹角就是反射系数的相位 $\phi(z)$。

当沿传输线自终端负载向信号源方向移动时,由 $\Gamma(z)=\Gamma_L e^{-j2\beta z}$ 可见,$\Gamma(z)$ 的相位越来越滞后,相当于反射系数沿顺时针方向旋转;从信号源向终端负载方向移动时,反射系数则沿逆时针方向旋转。

沿传输线移动 $\lambda/2$ 时,反射系数的相位变化 2π,对应在反射系数圆上旋转了一圈。

2. 第二步:建立归一化等电阻圆和归一化等电抗圆

将式(5.5.2)代入式(5.5.4),得

$$\Gamma(z)=\frac{r+jx-1}{r+jx+1}=\frac{(r-1)+jx}{(r+1)+jx} \tag{5.5.6}$$

即

$$u+jv=\frac{(r-1)+jx}{(r+1)+jx} \tag{5.5.7}$$

整理上式,得到实部 u 和虚部 v,分别为

$$u=\frac{(r^2-1)+x^2}{(r+1)^2+x^2} \tag{5.5.8}$$

$$v=\frac{2x}{(r+1)^2+x^2} \tag{5.5.9}$$

联立式(5.5.8)和式(5.5.9)，消去 x，整理可得

$$\left(u-\frac{r}{1+r}\right)^2+v^2=\left(\frac{1}{1+r}\right)^2 \tag{5.5.10}$$

上式表明，当 r 为常数，u、v 所确定的曲线是圆，圆心为 $(r/(r+1),0)$，半径为 $1/(1+r)$，称为归一化等电阻圆。每一个 r 对应一个归一化电阻圆，如图 5.5.2 所示。由归一化电阻圆可知：

(1) 圆心都在实轴上，圆心横坐标与半径之和恒等于 1，每一个圆都与直线 $u=1$ 在 $(1,0)$ 点相切。

(2) r 的取值范围为 $0\sim\infty$，对应着无穷多个归一化电阻圆。

(3) $r=1$ 的圆与虚轴在原点 $(0,0)$ 相切。

(4) $r=\infty$ 的圆缩为一点 $(1,0)$，称为开路点。

(5) $0<r<1$ 的圆均在 $r=1$ 的圆以外。

(6) $1<r<\infty$ 的圆均在 $r=1$ 的圆以内。

联立式(5.5.8)和式(5.5.9)，消去 r，整理可得

$$(u-1)^2+\left(v-\frac{1}{x}\right)^2=\left(\frac{1}{x}\right)^2 \tag{5.5.11}$$

上式表明，当 x 为常数，u、v 所确定的曲线同样是圆，圆心为 $(1,1/x)$，半径为 $1/|x|$，称为归一化等电抗圆。每一个 x 对应一个归一化电抗圆，如图 5.5.3 所示。由归一化电抗圆可知：

(1) 圆心都在直线 $u=1$ 上，圆心纵坐标与半径相等，每一个圆都与实轴在 $(1,0)$ 相切。

(2) x 的取值范围为 $-\infty\sim+\infty$，对应着无穷多个归一化电抗圆。

(3) $x=-\infty$ 和 $x=\infty$ 的圆均缩为一点 $(1,0)$，称为开路点。

(4) $x<0$ 的圆都在实轴以下。

(5) $x>0$ 的圆都在实轴以上。

(6) $x=0$ 的圆是实轴，因此实轴又被称为纯电阻线。

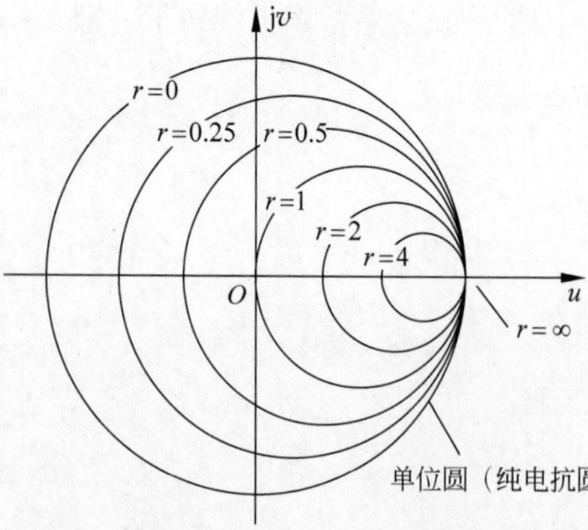

图 5.5.2　归一化电阻圆

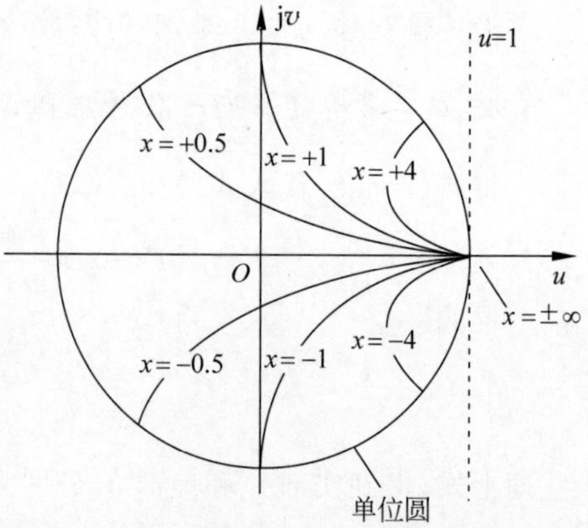

图 5.5.3　归一化电抗圆

3. 第三步：构成阻抗圆图

将等归一化电阻圆和等归一化电抗圆叠加到Γ平面上，即构成阻抗圆图，如图5.5.4所示。对阻抗圆图做如下说明。

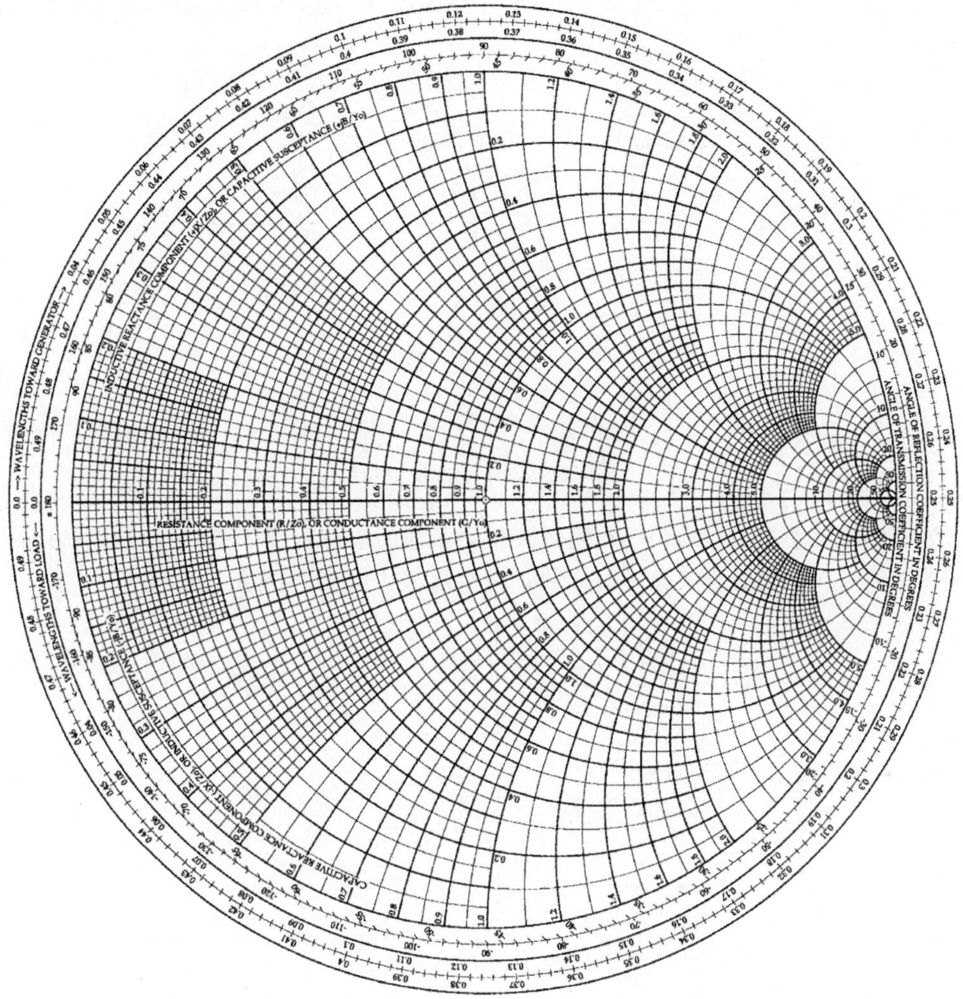

图5.5.4　阻抗圆图

(1) 传输线沿线任意一点的归一化阻抗$\overline{Z}_{\text{in}}(z)=r(z)+\text{j}x(z)$对应于阻抗圆图中归一化等电阻圆和归一化等电抗圆的交点。r值标注在纯电阻线上，x值标注在$|\Gamma|=1$的单位圆内侧等x线与$|\Gamma|=1$的单位圆交点处。

(2) 阻抗圆图上的任意一点都是等反射系数圆、等反射系数相位线、等归一化电阻圆和等归一化电抗圆的交点，即在阻抗圆图上可同时读出对应于传输线上任一点的反射系数(模与相位)、归一化阻抗(电阻和电抗)。为了使所画出的圆图更为清晰，实际的圆图上并不画出等反射系数圆和等反射系数相位线，可以通过直尺测量得到$|\Gamma(z)|$值，通过

读取圆图最外圈标出的相对波长 l/λ 或相位 $2\beta l$ 得到 $\phi(z)$ 值。

(3) 在传输线上的移动对应于圆图中相应点的转动。如图 5.5.5 所示，当沿线由 A 处向负载方向移动至 B 处，反映在圆图上为点 Z_A 沿其等反射系数圆逆时针方向转 $2\beta l_B$ 弧度或 l_B/λ 电长度至点 Z_B。若沿线由 A 处向信号源方向移动至 F 处，则反映在圆图上为点 Z_A 沿其等反射系数圆顺时针方向转 $2\beta l_F$ 弧度或 l_F/λ 电长度至点 Z_F。

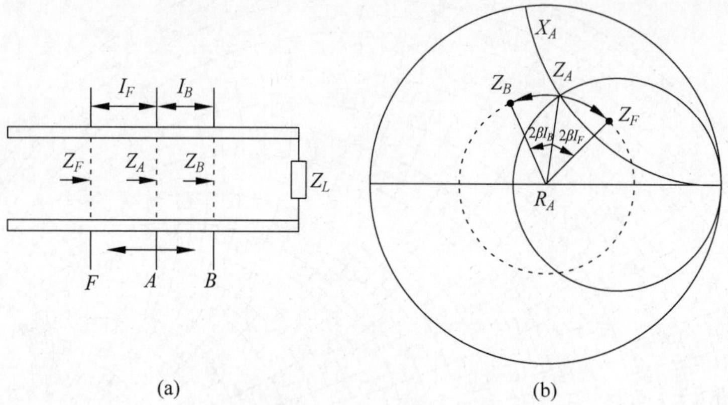

图 5.5.5　沿线位移对应于圆图中相应点的转动

为了熟悉圆图上各点的归一化阻抗及相关参数的取值范围，下面来说明阻抗圆图上一些关键的点、线、面的意义及其对应的各种参数，如图 5.5.6 所示。

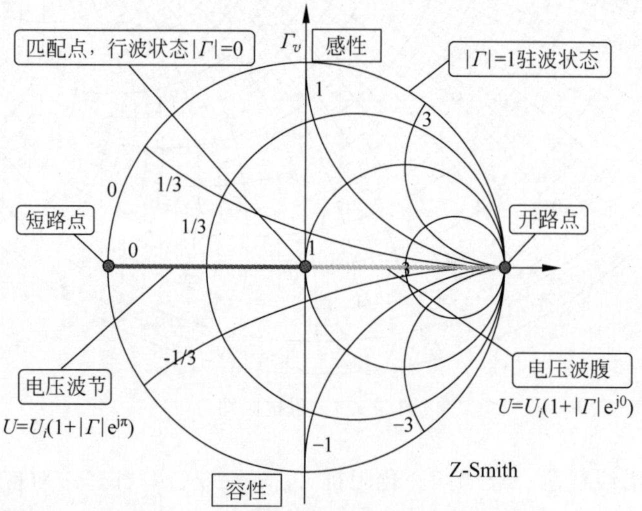

图 5.5.6　阻抗圆图上特殊点、线、面的意义

(1) 匹配点，即阻抗圆图的中心点。该点的 $|\Gamma|=0$、$\bar{Z}_{\text{in}}=1$、$\rho=1$，相应于传输线上的行波状态。

(2) 上纯电抗圆和下纯电抗圆。$|\Gamma|=1$ 的单位圆为纯电抗圆。纯电抗圆的上半部分称为上纯电抗圆，$x>0$；下半部分称为下纯电抗圆，$x<0$。

(3) 短路点和开路点。Γ 平面的负实轴与纯电抗圆的交点为短路点；Γ 平面的正实轴与纯电抗圆的交点为开路点。

(4) 左纯电阻线和右纯电阻线。对于纯电阻线，有 $x=0$，因此 $\bar{Z}_{in}=r$，那么 Γ 也是实数。左纯电阻线指的是实轴上 $-1<u<0$ 的这一部分，$0<r<1$，终端位置为电压波节点，由式(5.4.39)可知

$$\bar{Z}_{in}=r=\frac{1-|\Gamma|}{1+|\Gamma|}=K<1 \tag{5.5.12}$$

也就是说，左纯电阻线上 r 的数值表示行波系数 K 值。

右纯电阻线指的是实轴上 $0<u<0$ 的这一部分，$1<r<\infty$，终端位置为电压波腹点，由式(5.4.38)可知

$$\bar{Z}_{in}=r=\frac{1+|\Gamma|}{1-|\Gamma|}=\rho>1 \tag{5.5.13}$$

也就是说，右纯电阻线上 r 的数值表示驻波比 ρ 值。

(5) 圆图中心点(即匹配点)的 $|\Gamma|=0$，圆图最大圆(即电抗圆)的 $|\Gamma|=1$，因此二者之间的 $|\Gamma|$ 是等分的，可用直尺测量得到。

(6) 由于 Γ 的周期为半波长，因此最大的相对波长为 0.5，相位范围是 $0\sim\pm\pi$。

5.5.2 导纳圆图

归一化输入导纳是归一化输入阻抗的倒数

$$\bar{Y}_{in}=\frac{1}{\bar{Z}_{in}}=\frac{1-\Gamma}{1+\Gamma} \tag{5.5.14}$$

因此

$$\Gamma=\frac{1-\bar{Y}_{in}}{1+\bar{Y}_{in}} \tag{5.5.15}$$

而

$$\bar{Y}_{in}=g+\mathrm{j}b \tag{5.5.16}$$

将式(5.5.16)代入式(5.5.15)中，得

$$\Gamma=\frac{(1-g)-\mathrm{j}b}{(1+g)+\mathrm{j}b} \tag{5.5.17}$$

由于 $\Gamma=u+\mathrm{j}v$，因此

$$u+\mathrm{j}v=\frac{(1-g)-\mathrm{j}b}{(1+g)+\mathrm{j}b}=-\frac{(g-1)+\mathrm{j}b}{(g+1)+\mathrm{j}b} \tag{5.5.18}$$

比较式(5.5.18)与式(5.5.7)发现，两式在形式上一样，只相差一个负号。若将阻抗圆图中的 r 用 g 代替、x 用 b 代替、Γ 用 $-\Gamma$ 代替，则阻抗圆图变为导纳圆图。由于电流反射系数 Γ_i 恰好是电压反射系数 Γ 的负数，因此导纳圆图可以看作是由电流反射系数建立。

由上述讨论可知，图 5.5.4 所示的阻抗圆图可以当作导纳圆图。需要说明的是，图 5.5.4 用作阻抗圆图时，图上的点表示电压反射系数 Γ 和归一化输入阻抗 $\bar{Z}_{in}$；而该

图用作导纳圆图时，图上的点则表示电流反射系数 Γ_i 和归一化输入导纳 $\overline{Y}_{\text{in}}$。

将图 5.5.4 作为导纳圆图使用时，与阻抗圆图上一些点、线、面存在物理意义的区别如表 5.5.1 所示，其中点、线、面的位置参考图 5.5.7。

表 5.5.1　阻抗圆图与导纳圆图上特殊点、线、面的区别

在圆图上的点、线、面	阻抗圆图	导纳圆图
A 点	开路点 $\Gamma=1$	短路点 $\Gamma=-1$
B 点	短路点 $\Gamma=-1$	开路点 $\Gamma=1$
O 点	匹配点 $\Gamma=0$	匹配点 $\Gamma=0$
OA 线	电压波腹	电压波节
OB 线	电压波节	电压波腹
$\lvert\Gamma\rvert=1$ 圆	纯电抗线	纯电纳线
上半圆	感性	容性
下半圆	容性	感性

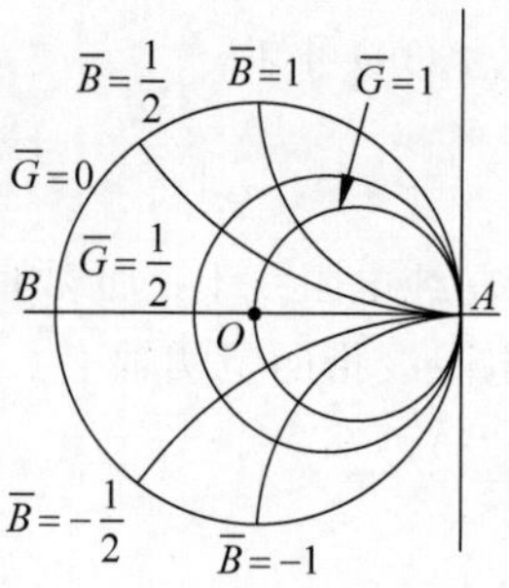

图 5.5.7　导纳圆图上的特殊点、线、面

视频5-3

5.6　阻抗匹配

5.6.1　阻抗匹配的概念

阻抗匹配是使微波传输系统无反射、处于行波或接近行波状态的技术措施。在微波传输系统中，阻抗匹配极其重要，它关系到系统的传输效率、功率容量与工作稳定性，关系到微波元器件的质量等一系列问题。

微波传输系统一般由电源、传输线和负载三部分组成。电源内阻和负载阻抗一般为复数，而无耗传输线的特性阻抗为实数。传输线的作用是将电源的功率传送到负载阻抗。因此，传输线应工作在行波状态。为达到该工作状态需要采用阻抗匹配技术。通常阻抗匹配有三种：负载阻抗匹配、信号源无反射阻抗匹配和信号源共轭阻抗匹配。

1. 负载阻抗匹配

负载阻抗匹配是指负载阻抗 Z_L 与传输线特性阻抗 Z_0 相等，即 $Z_L=Z_0$。此时，负载无反射，传输线上电压和电流呈行波分布，信号源入射的微波功率被负载完全吸收。传输线的传输效率最高。

2. 信号源无反射阻抗匹配

信号源无反射阻抗匹配是指信号源内阻抗 Z_g 与传输线特性阻抗 Z_0 相等，即 $Z_g=Z_0$。此时，信号源输出能量无反射地传送给传输线；另一方面，如传输线上反射波传至信号源，将被信号源全部吸收。实现了这种匹配的信号源称为匹配源。实现的方法是在电源的输出端插入一个隔离器或去耦衰减器，使得只有入射波通过、反射波被吸收。

3. 信号源共轭阻抗匹配

信号源共轭阻抗匹配是指信号源端的传输线输入阻抗 Z_{in} 与信号源内阻抗 Z_g 互为共轭复数，即 $Z_{in}=Z_g^*$。信号源内阻抗 $Z_g=R_g+jX_g$，传输线输入阻抗 $Z_{in}=R_{in}+jX_{in}$，则在信号源共轭阻抗匹配状态下，$Z_{in}=Z_g^*$、$R_g=R_{in}$、$X_g=-X_{in}$。信号源输出最大功率为

$$P_{max}=\frac{1}{2}\frac{|E_g|^2R_{in}}{|Z_g+Z_{in}|^2}=\frac{1}{2}\frac{|E_g|^2R_{in}}{(R_g+R_{in})^2+(X_g+X_{in})^2}$$
$$=\frac{1}{2}|E_g|^2\frac{1}{4R_g} \tag{5.6.1}$$

只有当 $Z_g=Z_0=Z_L$ 均为纯电阻时，三种阻抗匹配能够同时实现，这在实际上很难实现。本书讨论的重点是负载阻抗匹配。

实现负载阻抗匹配的方法是在传输线与负载之间加入一阻抗匹配网络，接入传输线时应尽可能靠近负载，通过匹配网络引入一个新的反射波来抵消原来的反射波，从而完成匹配。匹配网络通常有阻抗变换器和支节匹配器两类。

5.6.2 1/4 波长阻抗变换器

1. 负载阻抗为纯电阻

当负载阻抗为纯电阻 R_L 时，可在负载与主传输线之间插入一节长度为 $\lambda/4$、特性阻抗为 Z_{01} 的传输线实现阻抗匹配，如图 5.6.1 所示。此时，$\lambda/4$ 阻抗变换器输入端的输入阻抗为

$$Z_{in}=Z_{01}\frac{R_L+jZ_{01}\tan(\beta\lambda/4)}{Z_{01}+jR_L\tan(\beta\lambda/4)}=\frac{Z_{01}^2}{R_L} \tag{5.6.2}$$

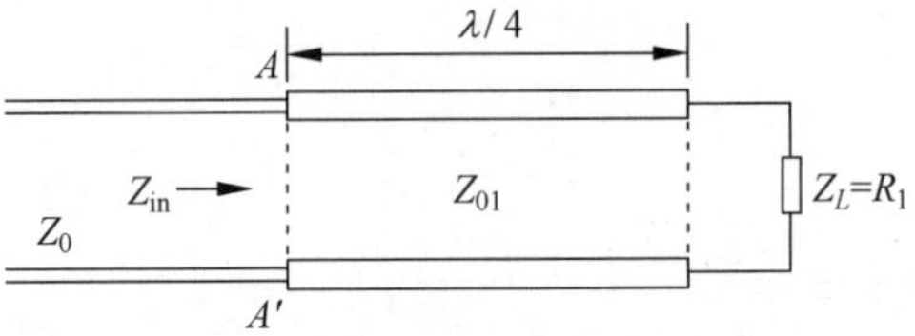

图 5.6.1 1/4 波长阻抗变换器(负载为纯电阻)

要使阻抗变换器输入端与主传输线匹配，必须 $Z_{in}=Z_0$，因此 $Z_0=Z_{01}^2/R_L$，则

$$Z_{01}=\sqrt{Z_0R_L} \tag{5.6.3}$$

2. 负载阻抗为复阻抗

当负载阻抗为复阻抗 $Z_L=R_L+jX_L$ 时，$\lambda/4$ 阻抗变换器不能直接与负载相接，而应接在距负载一段距离的电压波节点或波腹点上，再经 $\lambda/4$ 阻抗变换器后与主传输线匹配，如图 5.6.2 所示。

由式(5.4.38)，电压波腹点阻抗为 $R_{max}=Z_0\rho$，则在电压波腹点上接入的 $\lambda/4$ 阻抗

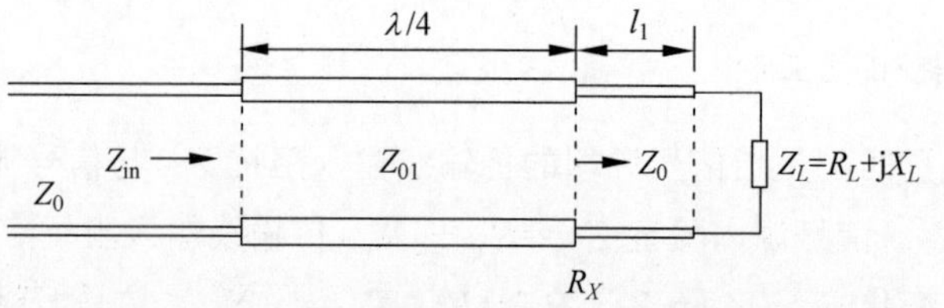

图 5.6.2 1/4 波长阻抗变换器(负载为复阻抗)

变换器的特性阻抗为

$$Z_{01}=\sqrt{Z_0R_{\max}}=Z_0\sqrt{\rho} \tag{5.6.4}$$

由式(5.4.39),电压波节点阻抗为 $R_{\min}=Z_0K$,则在电压波节点上接入的 λ/4 阻抗变换器的特性阻抗为

$$Z_{01}=\sqrt{Z_0R_{\min}}=Z_0\sqrt{K} \tag{5.6.5}$$

【例 5-2】 如图 5.6.3 所示,一无耗传输线的特性阻抗 $Z_0=75\Omega$,终端接负载阻抗 $Z_L=(100-j50)\Omega$,试用 1/4 波长传输线将负载与主传输线匹配。

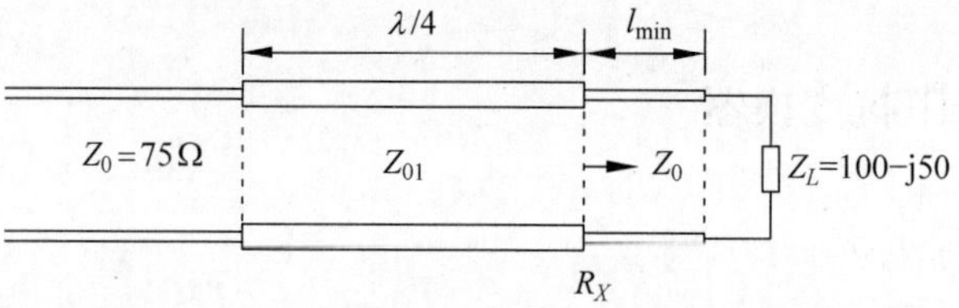

图 5.6.3 1/4 波长阻抗变换器匹配例题

解:1/4 波长传输线完成实阻的变换。在电压波腹点或波节点处阻抗为实阻,以波节点为例:$R_{\min}=\dfrac{Z_0}{\rho}$。则如图所示的 1/4 波长传输线的特性阻抗为

$$Z_{01}=\sqrt{Z_0R_{\min}}=\sqrt{Z_0\frac{Z_0}{\rho}}=\frac{Z_0}{\sqrt{\rho}}$$

由于 $\rho=\dfrac{1+|\Gamma_L|}{1-|\Gamma_L|}$,而 $\Gamma_L=\dfrac{Z_L-Z_0}{Z_L+Z_0}=\dfrac{25-j50}{175-j50}=0.31e^{-j47.5^\circ}$,因此 $\rho=\dfrac{1+|\Gamma_L|}{1-|\Gamma_L|}=\dfrac{1+0.31}{1-0.31}\approx1.9$。则 $Z_{01}=\dfrac{Z_0}{\sqrt{\rho}}=\dfrac{75}{\sqrt{1.9}}\approx54.4(\Omega)$。

接入点位置 $l_{\min}$ 满足 $\varphi_L-2\beta l_{\min}=-\pi$,所以,

$$l_{\min}=\frac{180^\circ-47.5^\circ}{2\beta}=\frac{(180^\circ-47.5^\circ)\lambda}{2\times2\times180^\circ}=0.184\lambda$$

5.6.3 单支节匹配器

支节匹配器的原理是利用在传输线上并联或串联终端短路或开路的分支线,产生新的反射波来抵消原来的反射波,从而达到阻抗匹配。

单支节匹配器如图5.6.4所示，图5.6.4(a)为并联匹配，图5.6.4(b)为串联匹配。单支节匹配有两个可调的参数：支节与负载的距离 d，并联或串联支节的输入电纳或电抗值，即开路或短路支节的长度 l。

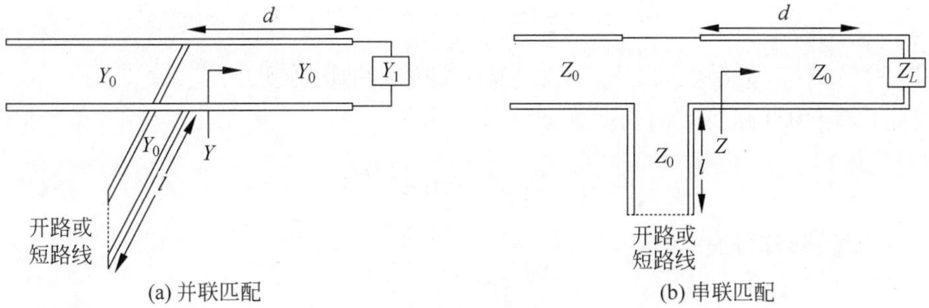

图5.6.4 单支节匹配电路

1. 并联支节

并联支节匹配原理为：通过选择适当的距离 d，在主传输线上找到这样一点，该点向负载方向的输入导纳为 $Y_0+\mathrm{j}B$，在该点并联一个输入导纳为 $-\mathrm{j}B$ 的支节，就可以抵消主传输线负载方向输入导纳的电纳分量，从而达到阻抗匹配。

下面分别介绍实现并联支节匹配的解析法和圆图法。

1）解析法

将负载阻抗表示为 $Z_L=R_L+\mathrm{j}X_L$，距离负载 d 处的传输线输入阻抗为

$$Z_{\mathrm{in}}=Z_0\frac{(R_L+\mathrm{j}X_L)+\mathrm{j}Z_0t}{Z_0+\mathrm{j}(R_L+\mathrm{j}X_L)t} \tag{5.6.6}$$

式中，$t=\tan(\beta d)$。该点的导纳为

$$Y_{\mathrm{in}}=G+\mathrm{j}B=1/Z_{\mathrm{in}} \tag{5.6.7}$$

式中，

$$\begin{cases}G=\dfrac{R_L(1+t^2)}{R_L^2+(X_L+Z_0t)^2}\\[2ex] B=\dfrac{R_L^2t-(Z_0-X_Lt)(X_L+Z_0t)}{Z_0[R_L^2+(X_L+Z_0t)^2]}\end{cases} \tag{5.6.8}$$

若达到匹配，则支节与负载之间的距离确定为 d，使得 $G=Y_0=1/Z_0$，由此得 t 的二次方程

$$Z_0(R_L-Z_0)t^2-2X_LZ_0t+(R_LZ_0-R_L^2-X_L^2)=0 \tag{5.6.9}$$

解出 t

$$\begin{cases}t=\dfrac{X_L\pm\sqrt{R_L[(Z_0-R_L)^2+X_L^2]/Z_0}}{R_L-Z_0}, & R_L\neq Z_0\\[2ex] t=-X_L/2Z_0, & R_L=Z_0\end{cases} \tag{5.6.10}$$

d 的两个解为

$$\begin{cases} d/\lambda = \dfrac{1}{2\pi}\arctan t, & t \geqslant 0 \\ d/\lambda = \dfrac{1}{2\pi}(\pi + \arctan t), & t < 0 \end{cases} \tag{5.6.11}$$

将 t 代入式(5.6.8)，求出 B，则支节输入端的电纳应等于 $-B$。

因此，支节为开路线时的长度为

$$\frac{l_o}{\lambda} = -\frac{1}{2\pi}\arctan\left(\frac{B}{Y_0}\right) \tag{5.6.12}$$

支节为短路线时的长度为

$$\frac{l_s}{\lambda} = \frac{1}{2\pi}\arctan\left(\frac{Y_0}{B}\right) \tag{5.6.13}$$

如果求出的长度为负值，则加上 $\lambda/2$ 即可。

2) 圆图法

圆图法通过如下实例说明。

负载阻抗为 $Z_L=(15+\mathrm{j}10)\Omega$，传输线特性阻抗为 50Ω，设计单支节并联匹配网络，如图 5.6.5(a)所示。

彩图

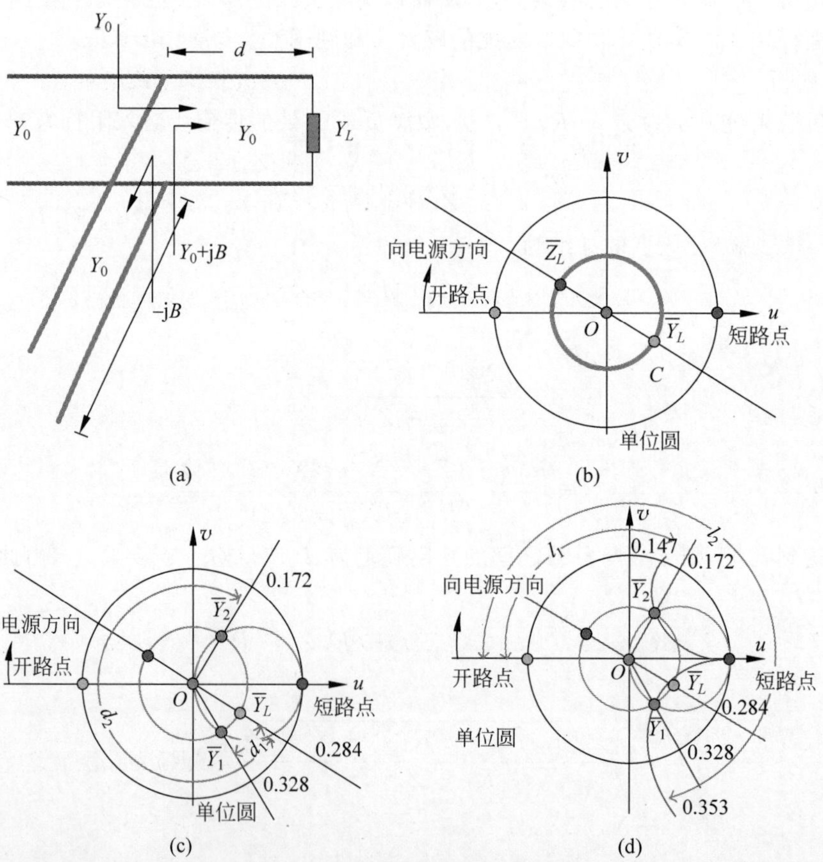

图 5.6.5 圆图法实现并联支节匹配

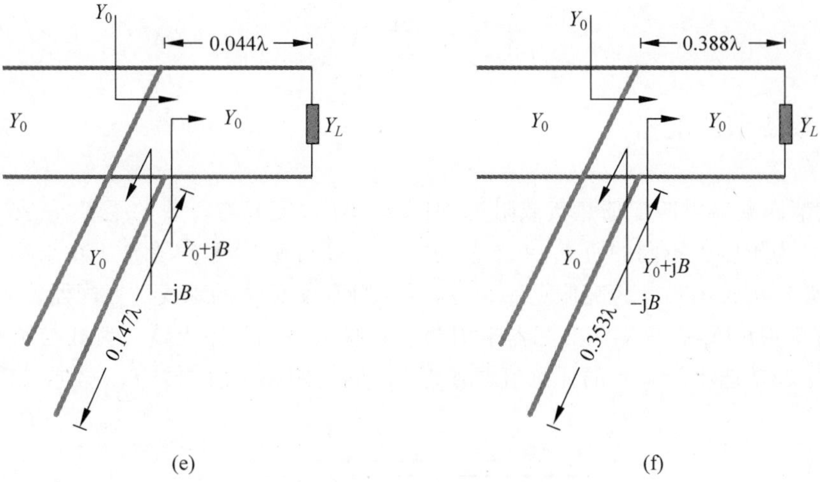

图 5.6.5 （续）

(1) 确定归一化导纳。

首先计算归一化阻抗 $\bar{Z}_L=\dfrac{Z_L}{Z_0}=(0.3+\mathrm{j}0.2)\Omega$，由归一化阻抗旋转 180°得到归一化导纳，如图 5.6.5(b)所示。

(2) 确定负载到支节位置。

从 $\bar{Y}_L$ 出发，与 $g=1$ 的圆相交，有两个交点 $\bar{Y}_1$ 和 $\bar{Y}_2$，分别为 $\bar{Y}_1=1-\mathrm{j}1.33$、$\bar{Y}_2=1+\mathrm{j}1.33$。如图 5.6.5(c)所示，$d_1=(0.328-0.284)\lambda=0.044\lambda$、$d_2=(0.5-0.284)\lambda+0.172\lambda=0.388\lambda$。

(3) 确定并联支节长度。

令开路线的电抗抵消 $\bar{Y}_1$ 和 $\bar{Y}_2$ 的电纳部分，即分别为 $+\mathrm{j}1.33$ 和 $-\mathrm{j}1.33$，所以开路并联支节长度分别为 0.147λ 和 0.353λ，如图 5.6.5(d)所示。

由此设计并联支节匹配电路如图 5.6.5(e)、(f)所示。

2. 串联支节

串联支节匹配原理：通过选择适当的距离 d，在主传输线上找到这样一点，该点向负载方向的输入阻抗为 $Z_0+\mathrm{j}X$，在该点串联一个输入阻抗为 $-\mathrm{j}X$ 的支节，就可以抵消主传输线负载方向输入阻抗的电抗分量，从而达到阻抗匹配。

串联支节匹配的实现方法同样包括解析法和圆图法。解析法的分析方法与并联支节同理，推导过程不再赘述，直接给出支节长度如下。

支节为短路线时的长度为

$$\frac{l_s}{\lambda}=-\frac{1}{2\pi}\arctan\left(\frac{X}{Z_0}\right) \tag{5.6.14}$$

支节为开路线时的长度为

$$\frac{l_o}{\lambda}=\frac{1}{2\pi}\arctan\left(\frac{Z_0}{X}\right) \tag{5.6.15}$$

5.6.4 双支节匹配器

单支节匹配器可匹配任意负载阻抗，但负载不同，支节与负载的距离 d、支节的长度 l 也不同。为了匹配不同的负载，单支节的 d、l 必须可调。通常，调节 l 在结构上容易实现，然而调节 d 较困难。为克服这一缺点，可采用不改变 d 的双支节匹配器。

如图 5.6.6 所示，双支节匹配器采用两个并联短路或开路支节。负载与第一个支节的距离 d_1 通常选小于 $\lambda/4$ 的任意值；两支节之间的距离一般选 $\lambda/8$、$\lambda/4$ 或 $3\lambda/8$。

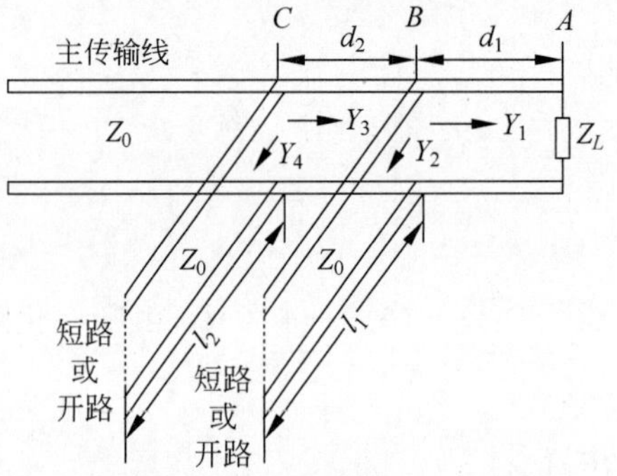

图 5.6.6 并联双支节匹配器

双支节匹配原理：负载导纳 $\bar{Y}_L$ 经长为 d_1 的一段传输线变换到 B 处的导纳为 $\bar{Y}_1$，第一个支节的作用是为 $\bar{Y}_1$ 增加一适当的电纳 $\bar{B}_2$，使 B 处的总导纳为 $\bar{Y}_1+\bar{Y}_2=\bar{Y}_1+\mathrm{j}\bar{B}_2$；该导纳经长为 d_2 的传输线变换到 C 处时导纳为 $\bar{Y}_3=1+\mathrm{j}\bar{B}_3$；第二个支节增加 $\bar{B}_4=-\bar{B}_3$ 的电纳，使 C 处的总电纳为 $\bar{Y}_3+\bar{Y}_4=1+\mathrm{j}(\bar{B}_3+\bar{B}_4)=1$，从而达到匹配。

习题

5-1 传输线长度为 10cm，当信号频率为 937.5MHz 时，此传输线是长线还是短线？当信号频率为 6MHz 时，此传输线是长线还是短线？

5-2 一根特性阻抗为 50Ω、长度为 2m 的无损耗传输线工作于频率 200MHz，终端接有阻抗 $Z_L=40+\mathrm{j}30\Omega$，试求其输入阻抗。

5-3 一根 75Ω 的无损耗线，终端接有负载阻抗 $Z_L=R_L+\mathrm{j}X_L$。

(1) 欲使线上的电压驻波比等于 3，则 R_L 和 X_L 有什么关系？

(2) 若 $R_L=150\Omega$，X_L 等于多少？

(3) 求在(2)情况下，距负载最近的电压最小点的位置。

5-4 考虑一根无损耗传输线，

(1) 当负载阻抗 $Z_L=(40-j30)\Omega$ 时，欲使线上驻波比最小，则传输线的特性阻抗应为多少？

(2) 求出该最小的驻波比及相应的电压反射系数。

(3) 确定距负载最近的电压最小点的位置。

5-5 设一特性阻抗为 50Ω 的均匀传输线终端接负载 $R_L=100\Omega$，求负载反射系数 Γ_L，在离负载 0.2λ、0.25λ 及 0.5λ 处的输入阻抗及反射系数分别为多少？

5-6 设特性阻抗为 Z_0 的无耗传输线的驻波比为 ρ，第一个电压波节点离负载的距离为 l_{min}，试证明此时终端负载应为

$$Z_1=Z_0\frac{1-j\rho\tan\beta l_{min1}}{\rho-j\tan\beta l_{min1}}$$

5-7 有一特性阻抗为 $Z_0=50\Omega$ 的无耗均匀传输线，导体间的媒质参数 $\varepsilon_r=2.25$，$\mu_r=1$，终端接有 $R_L=1\Omega$ 的负载。当 $f=100\text{MHz}$ 时，其线长度为 λ/4。试求：

(1) 传输线实际长度；

(2) 负载终端反射系数；

(3) 输入端反射系数；

(4) 输入端阻抗。

5-8 试证明无耗传输线上任意相距 λ/4 的两点处的阻抗的乘积等于传输线特性阻抗的平方。

5-9 设某一均匀无耗传输线特性阻抗为 $Z_0=50\Omega$，终端接有未知负载 Z_L，现在传输线上测得电压最大值和最小值分别为 100mV 和 20mV，第一个电压波节的位置离负载 $l_{min1}=\lambda/3$，试求该负载阻抗 Z_L。

5-10 设某传输系统如题图 5-10 所示，画出 AB 段及 BC 段沿线各点电压、电流和阻抗的振幅分布图，并求出电压的最大值和最小值(图中 $R=900\Omega$)。

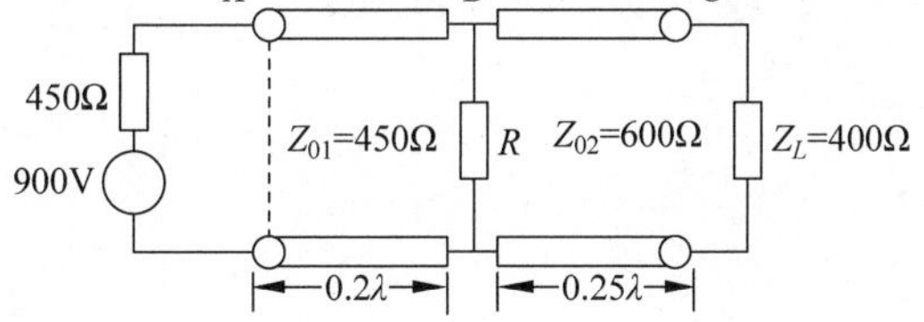

题图 5-10

5-11 特性阻抗为 $Z_0=100\Omega$，长度为 λ/8 的均匀无耗传输线，终端接有负载 $Z_L=200+j300\Omega$，始端接有电压为 500V∠0°，内阻 $R_g=100\Omega$ 的电源。求：

(1) 传输线始端的电压；

(2) 终端的电压。

5-12 特性阻抗为 $Z_0=150\Omega$ 的均匀无耗传输线，终端接有负载 $Z_L=250+j100\Omega$，用 λ/4 阻抗变换器实现阻抗匹配如题图 5-12 所示，试求 λ/4 阻抗变换器的特性阻抗 Z_{01} 及离终端距离。

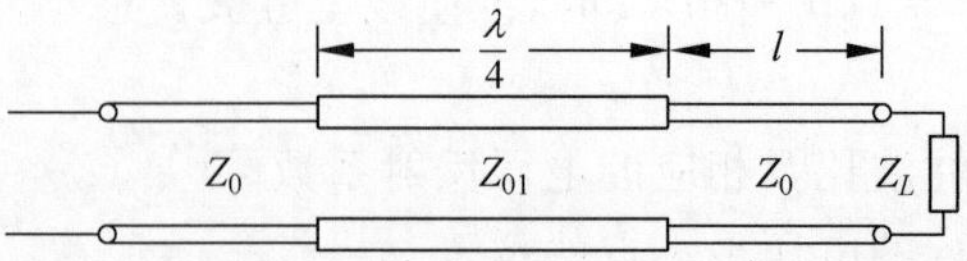

题图 5-12

5-13 设特性阻抗为 $Z_0=150\Omega$ 的均匀无耗传输线，终端接有负载 $Z_L=100+j75\Omega$ 的复阻抗时，可用以下方法实现 $\lambda/4$ 阻抗变换器匹配：在终端或在 $\lambda/4$ 阻抗变换器前并接一段终端短线，如题图 5-13(a)、(b)所示，试分别求这两种情况下 $\lambda/4$ 阻抗变换器的特性阻抗 Z_{01} 及短路线长度 l。

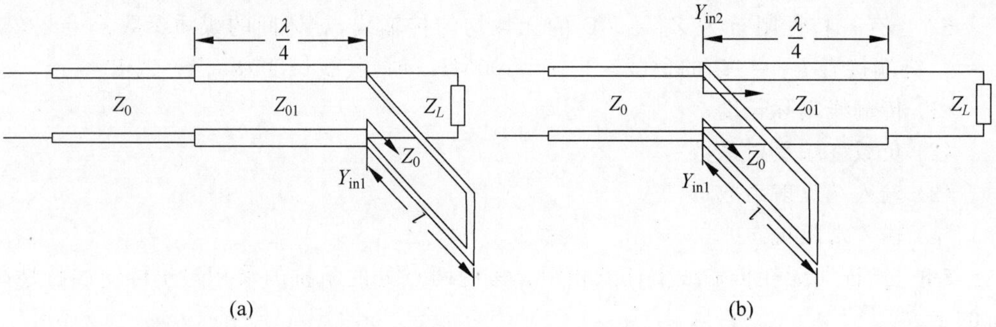

题图 5-13

5-14 在特性阻抗为 600Ω 的无耗双导线上测得 $|U_{max}|$ 为 200V，$|U_{min}|$ 为 40V，第一个电压波节点的位置为 $l_{min1}=0.51\lambda$，求负载 Z_L。今用并联支节进行匹配，求出支节的位置和长度。

5-15 一均匀无耗传输线的特性阻抗为 30Ω，负载阻抗为 $Z_L=70+j140\Omega$，工作波长 $\lambda=20cm$。试设计串联支节匹配器的位置和长度。

第6章 规则金属波导

在电磁波的低频段，可以用平行双导线来传输电磁波能量。但随着工作频率的增加，开放式的结构使辐射损耗大大增加。实际上平行双导线多用于300MHz以下的频率范围。

为了避免辐射而将传输线做成封闭形式，比如同轴线。如频率再进一步提高，同轴线的横截面尺寸必须相应减小，才能保证传输TEM模，这就导致同轴线的导体损耗增加，传输功率容量降低，因此它一般只适用于厘米波以下的频段。

将同轴线的内导体去掉，就变成了空心金属管，即金属波导。理论和实践证明，只要金属波导的横截面尺寸与其波长相比足够大，就可以传输电磁波。能量以波导内电磁波的形式沿金属波导由信号源向负载传播，这就减小了导体的热损耗并提高了功率容量。根据金属管的截面形状可分为矩形波导、圆形波导等。

金属波导和同轴线是封闭式的传输线，不仅有效地防止了辐射损耗，还把微波系统的工作频率由分米波、厘米波上升至毫米波段。目前仍作为大功率和远距离的微波传输线使用，如雷达、微波接力通信等系统。

规则金属波导是指无限长的均匀金属波导。规则特指横截面形状简单且规则，均匀是指横截面形状和尺寸、管壁金属导体及管内填充介质的参数(μ、ε、σ)沿纵向为均匀分布。本章主要介绍矩形波导、圆形波导和同轴线等规则金属波导，下面将对其场结构分布特征和纵向传输特性进行分析。

6.1 纵向场方法

6.1.1 纵向分量的亥姆霍兹方程

对金属波导而言，不仅集中参数概念失效，而且电压概念亦失去确切意义。这时，必须直接研究场与波导上电荷电流的相互作用，求出电磁场，然后解决电磁能量传输问题。研究波导中的电磁场问题，实质上就是求解满足波导内壁边界条件的麦克斯韦方程。所谓纵向场方法，就是先求出电磁场中的纵向分量；然后，利用纵向分量求出其他的横向分量，得到电磁场的全部解。

为使问题简化起见，假设：

(1) 波导管内填充理想介质(介电常数为ε、磁导率为μ_0)，波导壁是理想导体($\sigma_c=\infty$)；

(2) 波导管内为无源区($\rho=0$、$J_c=0$)，无自由电荷和传导电流的存在；

(3) 波导管内的场是时谐场。

实用波导一般都由紫铜制成，并在内壁镀银，且波导内一般无填充物。也就是说，在上述假设条件下所得到的场解与实际情况相比并不会有明显误差。

波导内的电磁场满足麦克斯韦方程

$$\nabla\times \boldsymbol{E}=-\mu\frac{\partial \boldsymbol{H}}{\partial t} \tag{6.1.1a}$$

$$\nabla\times \boldsymbol{H}=\varepsilon\frac{\partial \boldsymbol{E}}{\partial t} \tag{6.1.1b}$$

和矢量亥姆霍兹方程

$$\nabla^2 \boldsymbol{E} + k^2 \boldsymbol{E} = 0 \tag{6.1.2a}$$

$$\nabla^2 \boldsymbol{H} + k^2 \boldsymbol{H} = 0 \tag{6.1.2b}$$

式中，$k=\omega\sqrt{\mu_0\varepsilon}=\dfrac{2\pi}{\lambda}$是电磁波在填充理想介质（$\varepsilon$、$\mu_0$）的无限大空间中传播的波数。

将 $\boldsymbol{E}$ 和 $\boldsymbol{H}$ 分解为横向分量和纵向分量，则 $\boldsymbol{E}=\boldsymbol{E}_t+\boldsymbol{e}_z E_z$、$\boldsymbol{H}=\boldsymbol{H}_t+\boldsymbol{e}_z H_z$，$t$ 表示横向坐标，既可以表示直角坐标系中的（x，y），也可以表示圆柱坐标系中的（ρ，φ），以下假设位于直角坐标系。$\nabla^2 \boldsymbol{E}$ 和 $\nabla^2 \boldsymbol{H}$ 表示为

$$\nabla^2 \boldsymbol{E} = \nabla^2 \boldsymbol{E}_t + \boldsymbol{e}_z \nabla^2 E_z \tag{6.1.3a}$$

$$\nabla^2 \boldsymbol{H} = \nabla^2 \boldsymbol{H}_t + \boldsymbol{e}_z \nabla^2 H_z \tag{6.1.3b}$$

则由矢量亥姆霍兹方程(6.1.2a)和(6.1.2b)可得

$$\nabla^2 \boldsymbol{E}_t + k^2 \boldsymbol{E}_t = 0 \tag{6.1.4a}$$

$$\nabla^2 \boldsymbol{H}_t + k^2 \boldsymbol{H}_t = 0 \tag{6.1.4b}$$

以及

$$\nabla^2 E_z + k^2 E_z = 0 \tag{6.1.5a}$$

$$\nabla^2 H_z + k^2 H_z = 0 \tag{6.1.5b}$$

若规则金属波导为无限长，对于时谐电磁场，选定其时间因子为 $\mathrm{e}^{\mathrm{j}\omega t}$，则沿 z 轴方向传播的行波可表示为

$$\boldsymbol{E} = \boldsymbol{E}_0(x,y)\mathrm{e}^{\mathrm{j}\omega t}\mathrm{e}^{-\mathrm{j}\beta z} \tag{6.1.6a}$$

$$\boldsymbol{H} = \boldsymbol{H}_0(x,y)\mathrm{e}^{\mathrm{j}\omega t}\mathrm{e}^{-\mathrm{j}\beta z} \tag{6.1.6b}$$

因此，

$$\frac{\partial^2 E_z}{\partial z^2} = -\beta^2 E_z \tag{6.1.7a}$$

$$\frac{\partial^2 H_z}{\partial z^2} = -\beta^2 H_z \tag{6.1.7b}$$

由式(6.1.5a)、式(6.1.5b)可得

$$\frac{\partial^2 E_z}{\partial x^2} + \frac{\partial^2 E_z}{\partial y^2} - \beta^2 E_z + k^2 E_z = 0 \tag{6.1.8a}$$

$$\frac{\partial^2 H_z}{\partial x^2} + \frac{\partial^2 H_z}{\partial y^2} - \beta^2 H_z + k^2 H_z = 0 \tag{6.1.8b}$$

令$\nabla_t^2 E_z = \dfrac{\partial^2 E_z}{\partial x^2} + \dfrac{\partial^2 E_z}{\partial y^2}$、$\nabla_t^2 H_z = \dfrac{\partial^2 H_z}{\partial x^2} + \dfrac{\partial^2 H_z}{\partial y^2}$，式(6.1.8)变为

$$\nabla_t^2 E_z + k_c^2 E_z = 0 \tag{6.1.9a}$$

$$\nabla_t^2 H_z + k_c^2 H_z = 0 \tag{6.1.9b}$$

这就是纵向分量的亥姆霍兹方程。式中，$k_c^2 = k^2 - \beta^2$，称为截止波数，是波导系统的本征值；β 是波导内的相移常数。当 $\beta=0$ 时，导波系统不再传播电磁波，此时 $k_c = k$。

6.1.2 横向分量用纵向分量表示

将式(6.1.6a)和式(6.1.6b)代入式(6.1.1a)和式(6.1.1b),可得

$$\nabla\times\boldsymbol{H}=\mathrm{j}\omega\varepsilon\boldsymbol{E} \tag{6.1.10a}$$

$$\nabla\times\boldsymbol{E}=-\mathrm{j}\omega\mu\boldsymbol{H} \tag{6.1.10b}$$

将式(6.1.10a)中的$\nabla\times\boldsymbol{H}$展开

$$\nabla\times\boldsymbol{H}=\mathrm{j}\omega\varepsilon\boldsymbol{E}\Rightarrow\begin{vmatrix}\boldsymbol{e}_x & \boldsymbol{e}_y & \boldsymbol{e}_z\\ \dfrac{\partial}{\partial x} & \dfrac{\partial}{\partial y} & -\mathrm{j}\beta\\ H_x & H_y & H_z\end{vmatrix}=\mathrm{j}\omega\varepsilon(E_x\boldsymbol{e}_x+E_y\boldsymbol{e}_y+E_z\boldsymbol{e}_z) \tag{6.1.11}$$

又由于$\boldsymbol{E}=\boldsymbol{E}_t+\boldsymbol{e}_z\boldsymbol{E}_z=\boldsymbol{e}_xE_x+\boldsymbol{e}_yE_y+\boldsymbol{e}_zE_z$,那么,

$$\begin{cases}\dfrac{\partial H_z}{\partial y}+\mathrm{j}\beta H_y=\mathrm{j}\omega\varepsilon E_x\\ -\mathrm{j}\beta H_x-\dfrac{\partial H_z}{\partial x}=\mathrm{j}\omega\varepsilon E_y\\ \dfrac{\partial H_y}{\partial x}-\dfrac{\partial H_x}{\partial y}=\mathrm{j}\omega\varepsilon E_z\end{cases} \tag{6.1.12}$$

式中,E_x、E_y、H_x、H_y是电场和磁场在横截面内的横向分量。

同样,将式(6.1.10b)中的$\nabla\times\boldsymbol{E}$展开

$$\nabla\times\boldsymbol{E}=-\mathrm{j}\omega\mu\boldsymbol{H}\Rightarrow\begin{vmatrix}\boldsymbol{e}_x & \boldsymbol{e}_y & \boldsymbol{e}_z\\ \dfrac{\partial}{\partial x} & \dfrac{\partial}{\partial y} & -\mathrm{j}\beta\\ E_x & E_y & E_z\end{vmatrix}=-\mathrm{j}\omega\mu(H_x\boldsymbol{e}_x+H_y\boldsymbol{e}_y+H_z\boldsymbol{e}_z) \tag{6.1.13}$$

得到

$$\begin{cases}\dfrac{\partial E_z}{\partial y}+\mathrm{j}\beta E_y=-\mathrm{j}\omega\mu H_x\\ -\mathrm{j}\beta E_x-\dfrac{\partial E_z}{\partial x}=-\mathrm{j}\omega\mu H_y\\ \dfrac{\partial E_y}{\partial x}-\dfrac{\partial E_x}{\partial y}=-\mathrm{j}\omega\mu H_z\end{cases} \tag{6.1.14}$$

将式(6.1.12)和式(6.1.14)中的6个标量方程联立求解,得到横向场分量的一般解

$$\begin{cases}E_x=-\dfrac{1}{k_\mathrm{c}^2}\left(\mathrm{j}\beta\dfrac{\partial E_z}{\partial x}+\mathrm{j}\omega\mu\dfrac{\partial H_z}{\partial y}\right)\\ E_y=-\dfrac{1}{k_\mathrm{c}^2}\left(\mathrm{j}\beta\dfrac{\partial E_z}{\partial y}-\mathrm{j}\omega\mu\dfrac{\partial H_z}{\partial x}\right)\\ H_x=-\dfrac{1}{k_\mathrm{c}^2}\left(\mathrm{j}\beta\dfrac{\partial H_z}{\partial x}-\mathrm{j}\omega\varepsilon\dfrac{\partial E_z}{\partial y}\right)\\ H_y=-\dfrac{1}{k_\mathrm{c}^2}\left(\mathrm{j}\beta\dfrac{\partial H_z}{\partial y}+\mathrm{j}\omega\varepsilon\dfrac{\partial E_z}{\partial x}\right)\end{cases} \tag{6.1.15}$$

对于具体的传输线，只要根据边界条件从纵向分量的亥姆霍兹方程(6.1.9)中解出纵向场分量 E_z 或 H_z，将其代入式(6.1.15)就可以得到各横向分量 E_x、E_y、H_x、H_y。

6.1.3 空腔金属波导内的导波模式

由麦克斯韦方程组可知，磁感应线总是封闭成圈的，且其环绕着传导电流或位移电流。假设空腔金属波导内存在 TEM 模，由于 $H_z=0$，则闭合的磁感应线只能分布在波导的横向平面上，因此波导纵向应有传导电流或位移电流。但是，因纵向为空腔，故不可能存在传导电流；由于 TEM 模的 $E_z=0$，故也不可能存在位移电流。这也就意味着，空腔金属波导的横向平面上不存在磁场分布，从而也就不存在电场分布。因此，空腔金属波导不能传输 TEM 模式的电磁波，可以传播 TE 模和 TM 模。

TE 模又称横电波，即 $E_z=0$、$H_z\neq0$。此时式(6.1.15)简化为

$$\begin{cases} E_x=-\dfrac{\mathrm{j}\omega\mu}{k_c^2}\dfrac{\partial H_z}{\partial y} \\ E_y=\dfrac{\mathrm{j}\omega\mu}{k_c^2}\dfrac{\partial H_z}{\partial x} \\ H_x=-\dfrac{\mathrm{j}\beta}{k_c^2}\dfrac{\partial H_z}{\partial x} \\ H_y=-\dfrac{\mathrm{j}\beta}{k_c^2}\dfrac{\partial H_z}{\partial y} \end{cases} \tag{6.1.16}$$

上式为 TE 模的纵横关系式，即由 H_z 表示出的横向场公式。

TM 模又称横磁波，即 $H_z=0$、$E_z\neq0$。此时式(6.1.15)简化为

$$\begin{cases} E_x=-\dfrac{\mathrm{j}\beta}{k_c^2}\dfrac{\partial E_z}{\partial x} \\ E_y=-\dfrac{\mathrm{j}\beta}{k_c^2}\dfrac{\partial E_z}{\partial y} \\ H_x=\dfrac{\mathrm{j}\omega\varepsilon}{k_c^2}\dfrac{\partial E_z}{\partial y} \\ H_y=-\dfrac{\mathrm{j}\omega\varepsilon}{k_c^2}\dfrac{\partial E_z}{\partial x} \end{cases} \tag{6.1.17}$$

上式为 TM 模的纵横关系式，即由 E_z 表示出的横向场公式。

6.1.4 波导中电磁波的传输特性

1. 截止现象和截止波长

截止波数 k_c 与波数 k 和相移常数 β 的关系为 $k_c^2=k^2-\beta^2$，于是，

$$\beta=\sqrt{k^2-k_c^2}=k\sqrt{1-\frac{k_c^2}{k^2}}>0 \tag{6.1.18}$$

式中,截止波数 k_c 与波导的横截面形状、尺寸及传输模式有关;波数 $k=\omega\sqrt{\mu_0\varepsilon}$ 与波导内填充的介质和工作频率有关。因此,相移常数 β 也与工作频率有关,可分为以下三种情况。

(1) 当频率较高时,$k>k_c$。此时 $\beta=\pm|\beta|$,即正负实数,对应着波导中传播的是沿 $+z$ 轴方向的行波和 $-z$ 轴方向的行波。因此,波导中电磁波的传输条件为

$$k>k_c \tag{6.1.19}$$

(2) 当频率较低时,$k<k_c$。此时 $\beta=\pm \mathrm{j}|\beta|$,即正负虚数。而无耗条件下的传播常数 $\gamma=\mathrm{j}\beta$ 变为实数,说明沿 $+z$ 轴方向的电磁波为衰减波,只存在于激励源附近,这种状态称为截止状态。

(3) $k=k_c$。此时 $\beta=0$,这是传输状态与截止状态的分界点,称为临界状态。这种状态下的工作频率和工作波长,分别称为截止频率 f_c 和截止波长 λ_c。截止波数 k_c 可用截止波长 λ_c 表示为

$$k_c=\frac{2\pi}{\lambda_c} \tag{6.1.20}$$

波导中电磁波的传输条件也可由截止波长 λ_c 表示

$$\lambda<\lambda_c \tag{6.1.21}$$

也就是说,只有工作波长 λ 小于截止波长 λ_c,电磁波才能在波导中传播。注意,任意媒质中的工作波长 λ 与真空中的波长 λ_0 关系为

$$\lambda=\frac{\lambda_0}{\sqrt{\varepsilon_r}} \tag{6.1.22}$$

2. TE 和 TM 模的相移常数、相速、群速、波导波长和波阻抗

1) 相移常数

相移常数 β 可用截止波长 λ_c 表示

$$\beta=k\sqrt{1-\left(\frac{\lambda}{\lambda_c}\right)^2} \tag{6.1.23}$$

2) 相速

相速是指电磁波的等相位面沿波导轴向移动的速度,用 v_p 表示。由 $\omega t-\beta z=$ 常数,可得

$$v_p=\frac{\mathrm{d}z}{\mathrm{d}t}=\frac{\omega}{\beta}=\frac{c}{\sqrt{1-\left(\frac{\lambda}{\lambda_c}\right)^2}} \tag{6.1.24}$$

在传输条件 $\lambda<\lambda_c$ 下,相速 $v_p>c$。相速是等相位面沿轴向移动的速度,而不是物质的真实运动速度,与相对论并不矛盾。

3）群速

群速是由许多频率组成的波群的速度，用 v_g 来表示。根据群速的定义 $v_g = \mathrm{d}\omega/\mathrm{d}\beta$，由式(6.1.18)得

$$\beta = \sqrt{\omega^2 \mu\varepsilon - k_c^2} \tag{6.1.25}$$

对 β 求关于 ω 的导数，得

$$\frac{\mathrm{d}\beta}{\mathrm{d}\omega} = \frac{1}{2}(\omega^2 \mu\varepsilon - k_c^2)^{-\frac{1}{2}} \cdot 2\omega\mu\varepsilon = \frac{v_p}{c^2} \tag{6.1.26}$$

因此，

$$v_g = \frac{\mathrm{d}\omega}{\mathrm{d}\beta} = \frac{c^2}{v_p} = c\sqrt{1-\left(\frac{\lambda}{\lambda_c}\right)^2} \tag{6.1.27}$$

可见，群速与相速的关系

$$v_g \cdot v_p = c^2 \tag{6.1.28}$$

相速与群速都随频率的变化而变化，这种现象称为色散。TE 模和 TM 模是色散波，而 TEM 模无色散。

4）波导波长

波导波长是指某一频率的电磁波等相位面在一个时间周期内沿波导轴向移动的距离，用 λ_g 表示

$$\lambda_g = v_p T = \frac{\omega}{\beta}\frac{2\pi}{\omega} = \frac{2\pi}{\beta} = \frac{\lambda}{\sqrt{1-\left(\frac{\lambda}{\lambda_c}\right)^2}} \tag{6.1.29}$$

5）波阻抗

波阻抗是指某导波模式的横向电场与横向磁场之比值。

对于 TE 模，由式(6.1.16)可得

$$Z_{\mathrm{TE}} = \frac{|E_t|}{|H_t|} = \frac{E_x}{H_y} = \frac{\omega\mu}{\beta} = \frac{\eta}{\sqrt{1-\left(\frac{\lambda}{\lambda_c}\right)^2}} > \eta \tag{6.1.30}$$

式中，$\eta = \sqrt{\mu_0/\varepsilon}$ 是理想介质中平面波的波阻抗。

对于 TM 模，由式(6.1.17)可得

$$Z_{\mathrm{TM}} = \frac{|E_t|}{|H_t|} = \frac{E_x}{H_y} = \frac{\beta}{\omega\varepsilon} = \eta\sqrt{1-\left(\frac{\lambda}{\lambda_c}\right)^2} < \eta \tag{6.1.31}$$

对于 TE 和 TM 模来说，波阻抗具有纯电阻性质。为截止波时，波阻抗应是纯电抗。

6.2 矩形波导

视频6-1

矩形波导是横截面为矩形的规则空腔金属波导，如图 6.2.1 所示。设矩形波导的宽边和窄边尺寸分别为 a、b。

可以这样认为，在平行双导线的两侧连续加对称的 $\lambda_g/4$ 短路支节，直到构成封闭电

路为止，这样就形成了矩形波导，如图 6.2.2 所示。如果导线的宽度是 w，则波导的宽边尺寸为

$$a = w + 2 \cdot \frac{\lambda_g}{4} = w + \frac{\lambda_g}{2} \tag{6.2.1}$$

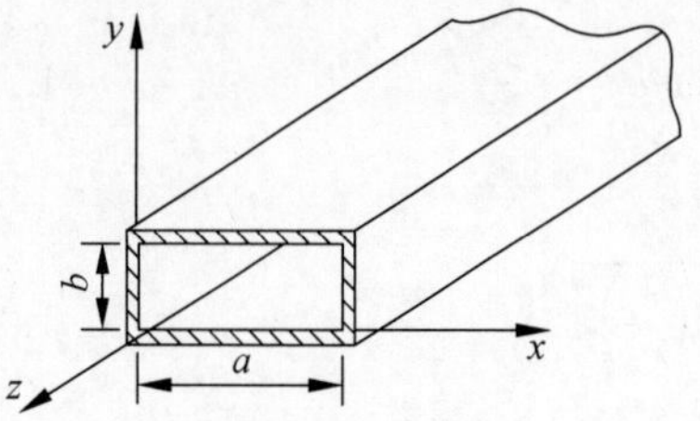

图 6.2.1 矩形波导

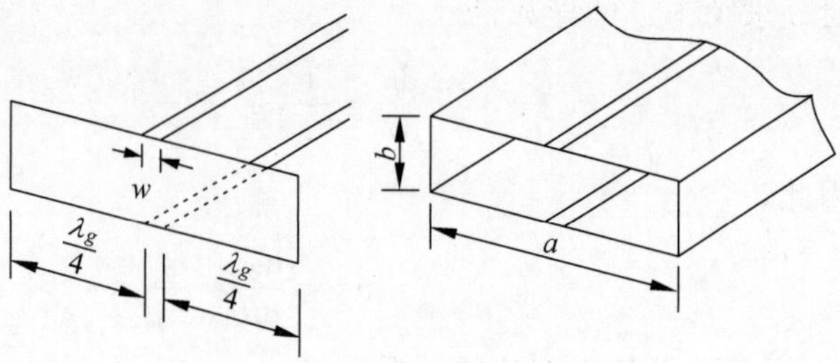

图 6.2.2 从平行双导线到矩形波导

此时，

$$a \geqslant \frac{\lambda_g}{2} \tag{6.2.2}$$

也就是说，若能传输波导波长为 λ_g 的电磁波，波导宽边尺寸应不小于 $\lambda_g/2$。

6.2.1 矩形波导中的 TE 模

对于 TE 模来说，纵向电场强度为 0，即 $E_z=0$。纵向磁场 H_z 满足标量亥姆霍兹方程 $\nabla_t^2 H_z + k_c^2 H_z = 0$，由于 $H_z = H_z(x,y)\mathrm{e}^{-\mathrm{j}\beta z} \neq 0$，则

$$\nabla_t^2 H_z(x,y) + k_c^2 H_z(x,y) = 0 \tag{6.2.3}$$

式中，$\nabla_t^2 = \frac{\partial^2}{\partial x^2} + \frac{\partial^2}{\partial y^2}$ 为二维拉普拉斯算子。于是上式又可写作

$$\left(\frac{\partial^2}{\partial x^2} + \frac{\partial^2}{\partial y^2}\right) H_z(x,y) + k_c^2 H_z(x,y) = 0 \tag{6.2.4}$$

应用分离变量法求解。令 $H_z(x,y)$ 可分离变量，即

$$H_z(x,y) = X(x)Y(y) \tag{6.2.5}$$

将上式代入式(6.2.3)，整理可得

$$\frac{1}{X(x)} \frac{\partial^2 X(x)}{\partial x^2} + \frac{1}{Y(y)} \frac{\partial^2 Y(y)}{\partial y^2} = -k_c^2 \tag{6.2.6}$$

对任何 x、y，为使上式成立，只有左边两项分别等于常数，即

$$\frac{1}{X(x)} \frac{\partial^2 X(x)}{\partial x^2} = -k_x^2 \tag{6.2.7a}$$

$$\frac{1}{Y(y)} \frac{\partial^2 Y(y)}{\partial y^2} = -k_y^2 \tag{6.2.7b}$$

且

$$k_x^2 + k_y^2 = k_c^2 \tag{6.2.8}$$

式中，k_x、k_y 为待定的常数。$X(x)$和$Y(y)$的通解为

$$\begin{cases} X = A_1\cos(k_x x) + A_2\sin(k_x x) \\ Y = B_1\cos(k_y y) + B_2\sin(k_y y) \end{cases} \tag{6.2.9}$$

于是，$H_z(x,y)$的通解为

$$H_z(x,y) = [A_1\cos(k_x x) + A_2\sin(k_x x)][B_1\cos(k_y y) + B_2\sin(k_y y)] \tag{6.2.10}$$

式中，A_1、A_2、B_1、B_2 均为由边界条件决定的待定常数。电场切向分量为0的边界条件为

$$E_x\big|_{y=0,b} = 0,\quad E_y\big|_{x=0,a} = 0 \tag{6.2.11}$$

由式(6.1.16)可得

$$\left.\frac{\partial H_z}{\partial x}\right|_{x=0,a} = 0,\quad \left.\frac{\partial H_z}{\partial y}\right|_{y=0,b} = 0 \tag{6.2.12}$$

将式(6.2.10)代入式(6.2.12)，解得

$$A_2 = 0,\quad B_2 = 0,\quad k_x = \frac{m\pi}{a},\quad k_y = \frac{n\pi}{b} \tag{6.2.13}$$

因此，

$$H_z = H_z(x,y)\mathrm{e}^{-\mathrm{j}\beta z} = H_{mn}\cos\left(\frac{m\pi}{a}x\right)\cos\left(\frac{n\pi}{b}y\right)\mathrm{e}^{-\mathrm{j}\beta z} \tag{6.2.14}$$

式中，H_{mn} 为模式振幅常数，其中 $m=0,1,2,\cdots$，$n=0,1,2,\cdots$，但 m、n 不同时为0。

将式(6.2.14)代入TE模纵横关系式(6.1.16)，得到TE模的场解

$$\begin{cases} E_x = \mathrm{j}\dfrac{\omega\mu}{k_c^2}\dfrac{n\pi}{b}H_{mn}\cos\left(\dfrac{m\pi}{a}x\right)\sin\left(\dfrac{n\pi}{b}y\right)\mathrm{e}^{-\mathrm{j}\beta z} \\ E_y = -\mathrm{j}\dfrac{\omega\mu}{k_c^2}\dfrac{m\pi}{a}H_{mn}\sin\left(\dfrac{m\pi}{a}x\right)\cos\left(\dfrac{n\pi}{b}y\right)\mathrm{e}^{-\mathrm{j}\beta z} \\ E_z = 0 \\ H_x = \dfrac{\mathrm{j}\beta}{k_c^2}\dfrac{m\pi}{a}H_{mn}\sin\left(\dfrac{m\pi}{a}x\right)\cos\left(\dfrac{n\pi}{b}y\right)\mathrm{e}^{-\mathrm{j}\beta z} \\ H_y = \dfrac{\mathrm{j}\beta}{k_c^2}\dfrac{n\pi}{b}H_{mn}\cos\left(\dfrac{m\pi}{a}x\right)\sin\left(\dfrac{n\pi}{b}y\right)\mathrm{e}^{-\mathrm{j}\beta z} \\ H_z = H_{mn}\cos\left(\dfrac{m\pi}{a}x\right)\cos\left(\dfrac{n\pi}{b}y\right)\mathrm{e}^{-\mathrm{j}\beta z} \end{cases} \tag{6.2.15}$$

式中，k_c 为矩形波导的TE模截止波数，表示为

$$k_c^2 = k_x^2 + k_y^2 = \left(\frac{m\pi}{a}\right)^2 + \left(\frac{n\pi}{b}\right)^2 \tag{6.2.16}$$

由式(6.2.15)可见，TE模的各个场分量沿 z 轴呈行波状态，行波的振幅和相位变化

情况由因子 $e^{-j\beta z}$ 表征。在波导的横截面内,电磁波沿 x 轴和 y 轴方向呈驻波状态,按正弦或余弦规律变化。m 和 n 代表场量沿 x 轴和 y 轴方向分布的半驻波个数。一组 m、n 值对应 TE 模的一组场分量方程,而一组场分量方程就代表一种波型,称作TE_{mn} 模。m、n 不能同时为 0。通常取 $a>b$,故TE_{10} 模是最低阶模式,称为主模,其余模式统称为高次模。

6.2.2 矩形波导中的 TM 模

对于 TM 模来说,纵向磁场强度为 0,即 $H_z=0$。纵向电场 E_z 满足标量亥姆霍兹方程$\nabla_t^2 E_z+k_c^2 E_z=0$,由于 $E_z=E_z(x,y)e^{-j\beta z}$,则

$$\nabla_t^2 E_z(x,y)+k_c^2 E_z(x,y)=0 \tag{6.2.17}$$

应用分离变量法,其通解为

$$E_z(x,y)=[A_1\cos(k_x x)+A_2\sin(k_x x)][B_1\cos(k_y y)+B_2\sin(k_y y)] \tag{6.2.18}$$

将电场切向分量为 0 的边界条件

$$E_z\,|_{y=0,b}=0,\quad E_z\,|_{x=0,a}=0 \tag{6.2.19}$$

代入 TM 模的纵横关系式(6.1.17),求得 TM 模的各个场分量

$$\begin{cases} E_x=-\dfrac{j\beta}{k_c^2}\left(\dfrac{m\pi}{a}\right)E_{mn}\cos\left(\dfrac{m\pi}{a}x\right)\sin\left(\dfrac{n\pi}{b}y\right)e^{-j\beta z} \\ E_y=-\dfrac{j\beta}{k_c^2}\left(\dfrac{n\pi}{b}\right)E_{mn}\sin\left(\dfrac{m\pi}{a}x\right)\cos\left(\dfrac{n\pi}{b}y\right)e^{-j\beta z} \\ E_z=E_{mn}\sin\left(\dfrac{m\pi}{a}x\right)\sin\left(\dfrac{n\pi}{b}y\right)e^{-j\beta z} \\ H_x=j\dfrac{\omega\varepsilon}{k_c^2}\left(\dfrac{n\pi}{b}\right)E_{mn}\sin\left(\dfrac{m\pi}{a}x\right)\cos\left(\dfrac{n\pi}{b}y\right)e^{-j\beta z} \\ H_y=-j\dfrac{\omega\varepsilon}{k_c^2}\left(\dfrac{m\pi}{a}\right)E_{mn}\cos\left(\dfrac{m\pi}{a}x\right)\sin\left(\dfrac{n\pi}{b}y\right)e^{-j\beta z} \\ H_z=0 \end{cases} \tag{6.2.20}$$

式中,TM 模截止波数 k_c 为

$$k_c^2=\left(\frac{m\pi}{a}\right)^2+\left(\frac{n\pi}{b}\right)^2 \tag{6.2.21}$$

式中,E_{mn} 为模式振幅常数,其中 $m=1,2,3,\cdots,n=1,2,3,\cdots$,此时,$m\neq 0$、$n\neq 0$。

6.2.3 矩形波导的传输特性

由前述讨论可知,$\beta=\sqrt{k^2-k_c^2}$。当 $k=k_c$ 时,$\beta=0$,这是传输状态与截止状态的分界点,称为临界状态。由式(6.2.16)和式(6.2.21)可得矩形波导中TE_{mn} 和TM_{mn} 模的截止波数 k_{cmn}

$$k_c=\sqrt{\left(\frac{m\pi}{a}\right)^2+\left(\frac{n\pi}{b}\right)^2} \tag{6.2.22}$$

由 $k_c=\frac{2\pi}{\lambda_c}$，可得矩形波导中$TE_{mn}$ 和TM_{mn} 模的截止波长λ_c

$$\lambda_c=\frac{2\pi}{k_c}=\frac{2}{\sqrt{\left(\frac{m}{a}\right)^2+\left(\frac{n}{b}\right)^2}} \tag{6.2.23}$$

以及截止频率 f_c

$$f_c=\frac{v_p}{\lambda_c}=\frac{k_c}{2\pi\sqrt{\mu\varepsilon}}=\frac{1}{2\sqrt{\mu\varepsilon}}\sqrt{\left(\frac{m}{a}\right)^2+\left(\frac{n}{b}\right)^2} \tag{6.2.24}$$

当 $k>k_c$，矩形波导处于传输状态。此时，

$$\lambda<\lambda_c=\frac{2}{\sqrt{\left(\frac{m}{a}\right)^2+\left(\frac{n}{b}\right)^2}} \tag{6.2.25a}$$

$$f>f_c=\frac{1}{2\sqrt{\mu\varepsilon}}\sqrt{\left(\frac{m}{a}\right)^2+\left(\frac{n}{b}\right)^2} \tag{6.2.25b}$$

这就是矩形波导的电磁波传输条件。上式表明，波导的传输条件不仅与波导的尺寸 a、b 有关，还与模式指数 m、n 有关。当 $\lambda<\lambda_c$ 或 $f>f_c$ 时，电磁波才能在波导中传播，故波导具有高通特性。对相同的 m、n，TE_{mn} 和TM_{mn} 模具有相同的截止波长，称为“简并模”。图 6.2.3 为标准 BJ-100 矩形波导的截止波长分布图。

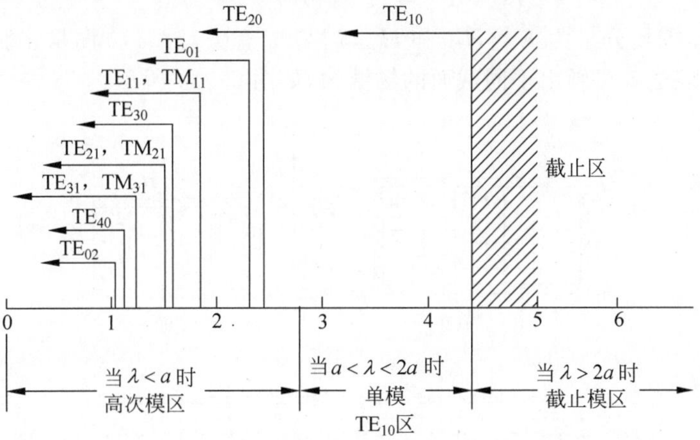

图 6.2.3 标准 BJ-100 矩形波导的截止波长分布图

由式(6.2.23)可知，对于给定尺寸 a、b 的矩形波导，m、n 越大，则截止波长越短。在矩形波导的所有模式中，TE_{10} 模的截止波长最长，称为主模，主模之外的其他模式称为高次模。

波导可看作是一只高通滤波器，波长大于最大截止波长 $\lambda_{c(TE_{10})}$ 的低频信号无法通过。如果在波导内只传输TE_{10} 模，则实现单模传输的条件是

$$\lambda_{c(TE20)}<\lambda<\lambda_{c(TE10)} \tag{6.2.26a}$$

$$\lambda_{c(TE01)} < \lambda \tag{6.2.26b}$$

即 $a<\lambda<2a$、$2b<\lambda$，因此波导尺寸 a、b 应满足以下条件：

$$\max(a, 2b) < \lambda < 2a \tag{6.2.27}$$

式中，$\max(a, 2b)<\lambda<2a$ 表示取 a 和 $2b$ 中的较大者。

6.2.4 矩形波导的主模 TE_{10} 模

1. 场结构

矩形波导中的主模为 TE_{10} 模，其截止波长最长、截止频率最低，与邻近的高次模相隔的频率距离较大，单模工作频带范围宽。实际中的矩形波导多采用 TE_{10} 模单模工作。

对于 TE_{10} 模，将 $m=1$、$n=0$ 代入式(6.2.16)得到 $k_c=\pi/a$，再代入式(6.2.15)得到各场分量

$$\begin{cases} E_y = -\mathrm{j}\,\dfrac{\omega\mu a}{\pi} H_{10} \sin\left(\dfrac{\pi}{a}x\right) \mathrm{e}^{-\mathrm{j}\beta z} \\ H_x = \dfrac{\mathrm{j}\beta a}{\pi} H_{10} \sin\left(\dfrac{\pi}{a}x\right) \mathrm{e}^{-\mathrm{j}\beta z} \\ H_z = H_{10} \cos\left(\dfrac{\pi}{a}x\right) \mathrm{e}^{-\mathrm{j}\beta z} \\ E_x = E_z = H_y = 0 \end{cases} \tag{6.2.28}$$

如上式可见，非零场分量为 E_y、H_x 和 H_z，均与 x 有关，沿 x 方向呈正弦或余弦分布。根据各场分量表达式可画出不同截面的场结构，如图 6.2.4 所示。

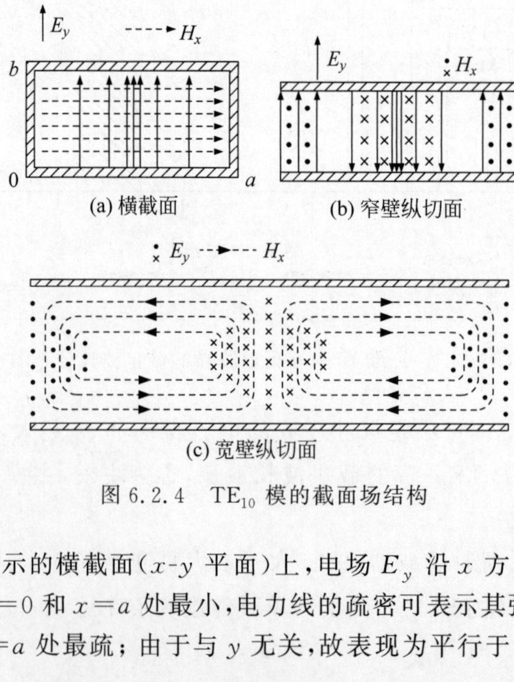

图 6.2.4 TE_{10} 模的截面场结构

在图 6.2.4(a)所示的横截面(x-y 平面)上，电场 E_y 沿 x 方向以正弦规律变化，在 $x=a/2$ 处最大，在 $x=0$ 和 $x=a$ 处最小，电力线的疏密可表示其强弱，可以看到 $x=a/2$ 处最密而 $x=0$ 和 $x=a$ 处最疏；由于与 y 无关，故表现为平行于 y 方向的直线，起自上

壁而止于下壁或相反。磁场 H_x 分量与 y 无关，平行于 x 轴且沿 y 方向均匀分布。在图 6.2.4(b)所示的垂直纵截面(y-z 平面)和图 6.2.4(c)所示的水平纵截面(x-z 平面)上，电场分布和磁场分布可同样分析得出。由此可画图 TE_{10} 模的立体场结构图，如图 6.2.5 所示。

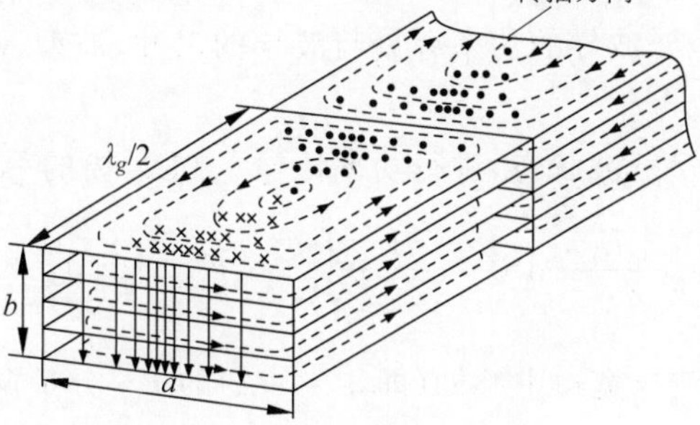

图 6.2.5　TE_{10} 模的立体场结构

2. 传输参量

(1) 截止波长：

$$\lambda_{c(TE_{10})}=\frac{2\pi}{k_c}=\left.\frac{2}{\sqrt{\left(\frac{m}{a}\right)^2+\left(\frac{n}{b}\right)^2}}\right|_{m=1,n=0}=2a \tag{6.2.29}$$

(2) 波导波长：

$$\lambda_g=\frac{\lambda}{\sqrt{1-\left(\frac{\lambda}{2a}\right)^2}} \tag{6.2.30}$$

(3) 相移常数：

$$\beta=\frac{2\pi}{\lambda_g}=\frac{2\pi}{\lambda}\sqrt{1-\left(\frac{\lambda}{2a}\right)^2} \tag{6.2.31}$$

(4) 相速与群速：
相速 v_p 为

$$v_p=\frac{c}{\sqrt{1-\left(\frac{\lambda}{2a}\right)^2}} \tag{6.2.32}$$

群速 v_g 为

$$v_g=\frac{d\omega}{d\beta}=c\sqrt{1-\left(\frac{\lambda}{2a}\right)^2} \tag{6.2.33}$$

(5) 波阻抗：

$$Z_{TE_{10}}=\frac{120\pi}{\sqrt{1-\left(\frac{\lambda}{2a}\right)^2}} \tag{6.2.34}$$

3. 传输功率与衰减

波导能够传输的最大功率称为波导的功率容量。传输功率不能超过波导的功率容量。波导传输的功率越大，波导中的电场强度就越大，当达到填充介质的击穿强度时，会发生击穿现象，因高热而损坏波导内壁，并且由于气体电离形成短路面而发生强烈的反射，影响系统和设备安全。波导的功率容量与波导的尺寸、波型、波长和波导中填充介质的击穿强度等因素有关。

矩形波导中沿纵向呈行波状态，进行功率传输。TE_{10} 模的平均传输功率为

$$P=\frac{1}{2}\int_S \frac{|E|^2}{Z_{TE_{10}}}dS=\frac{1}{2Z_{TE_{10}}}\int_0^a\int_0^b|E_y|^2dxdy=\frac{abE_{10}^2}{4Z_{TE_{10}}} \tag{6.2.35}$$

式中，$E_{10}=\frac{\omega\mu a}{\pi}H_{10}$ 为波导宽边中心处（即 $x=a/2$）的 E_y 分量振幅值，也是该分量最大振幅值。又由式(6.2.34)，得

$$P=\frac{abE_{10}^2}{4Z_{TE_{10}}}=\frac{abE_{br}^2}{480\pi}\sqrt{1-\left(\frac{\lambda}{2a}\right)^2} \tag{6.2.36}$$

式中，E_{br} 为波导中介质的击穿场强。填充介质一般为空气，其击穿场强为 3×10^6 V/m。由上式可见，波导的截面尺寸越大，频率越高，则传输的功率容量就越大。

电磁波沿波导传输时，其幅值或功率将不断衰减。波导金属壁不可能是理想导体，其热损耗是不能忽略的；波导内填充的不是理想介质，也会产生损耗。相比介质损耗，由波导金属壁产生的损耗更为显著。

在波导中传播的电磁波经过单位长度后，功率由 P 衰减为 $Pe^{-2\alpha}$，α 为衰减常数。矩形波导 TE_{10} 模的衰减常数为

$$\alpha=\frac{8.686R_s}{120\pi b\sqrt{1-\left(\frac{\lambda}{2a}\right)^2}}\left[1+\frac{2b}{a}\left(\frac{\lambda}{2a}\right)^2\right]\ (\text{dB/m}) \tag{6.2.37}$$

式中，$R_s=\sqrt{\pi f\mu/\sigma}$ 为波导壁表面电阻。图 6.2.6 给出了衰减常数 α 与频率 f 的关系。当矩形波导材料和尺寸一定时，随着频率的提高，衰减先是减小，再逐渐上升。

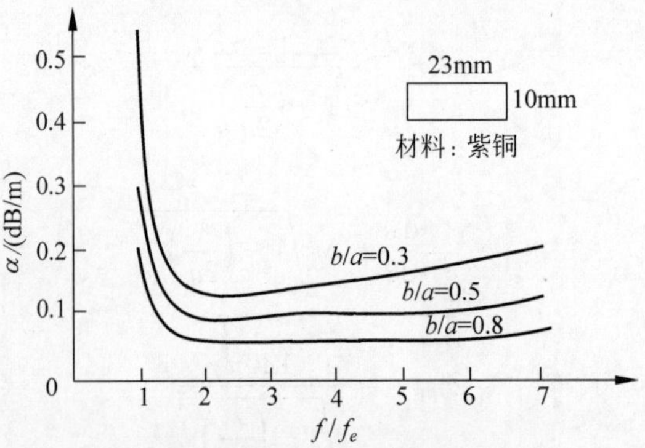

图 6.2.6　衰减常数与频率的关系曲线

4. 壁电流分布

波导内的电磁场将在金属波导内壁面上产生感应电流。在微波频率下，由于趋肤效应，这种管壁电流将集中在波导内壁的表面层流动。

根据边界条件，波导内壁上的高频面电流密度等于导体表面附近媒质内的切向磁场，即面电流密度为

$$\boldsymbol{J}_s = \boldsymbol{n} \times \boldsymbol{H}_\tau \tag{6.2.38}$$

式中，$\boldsymbol{n}$ 是内壁的法向单位矢量；$\boldsymbol{H}_\tau$ 为表面处的切向磁场强度。上式说明，$\boldsymbol{J}_s$ 的大小等于$\boldsymbol{H}_\tau$ 的大小，方向则与$\boldsymbol{H}_\tau$ 垂直，其指向满足右手定则。因此，电流线与波导内表面的磁力线是相互正交的两个曲线簇，即两簇曲线处处互相垂直、疏密相应，如图 6.2.7 所示。可以看到，在宽壁中央某处的管壁电流趋向于 0，似乎电流发生了不连续。事实上，当管壁上的传导电流沿中央逐渐减小的同时，与之相应的位移电流是逐渐增加的，两者构成了全电流。

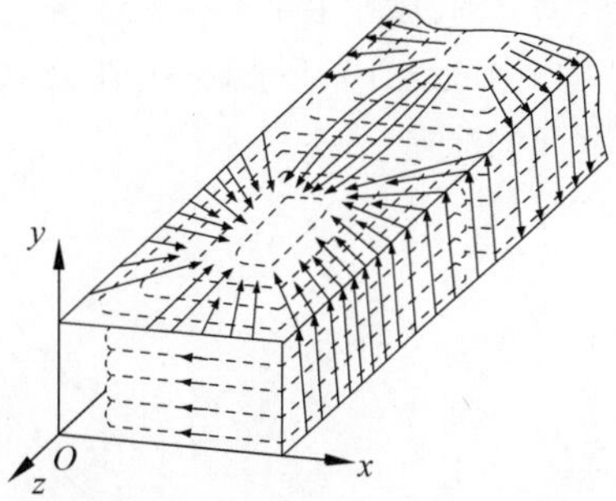

图 6.2.7 TE_{10} 模的波导壁电流分布

分析管壁电流分布有着实际意义。在实际应用中，波导元件要相互连接，有时需要在波导壁上开槽或打孔。此时，接头与槽孔的位置就不应破坏管壁电流的通路，在波导中凡是切断电流都要引起辐射和损耗。若要实现缝隙天线，或将一个波导内的能量通过开缝耦合到另一波导中，则应尽可能多地割断电流。

5. TE_{10} 模的激励

波导中建立某种波形的过程称为“激励”，用来建立某种波形的装置称为激励装置或激励元件。从波导中取出所需波形能量的过程称为“耦合”，其装置称为耦合装置或耦合元件。激励和耦合是可逆的，激励装置也可作为耦合装置。

激励波导的方法主要有电场激励和磁场激励两种。

(1) 电场激励：在波导的某一截面处建立电力线，这些电力线的形状和方向与所需波形的电力线形状和方向一致。

(2) 磁场激励：在波导中建立磁力线，这些磁力线形状和方向与所需波形的磁力线形状和方向一致。

常用的激励装置包括探针、小环、孔缝等。

1) 探针激励装置

如图 6.2.8 所示，它由电场最强处平行于电力线方向伸入到波导内的电偶极子构成。该电偶极子是由同轴线内导体延伸一小段构成的。延伸段插入波导内，同轴线外导体与波导壁有良好的电接触，另一端接微波信号源。

2) 小环激励装置

如图 6.2.9 所示，它由在磁场分布最强处伸入波导内的磁偶极子构成。该磁偶极子

是由同轴线内导体与其外导体闭合成小圈所构成。

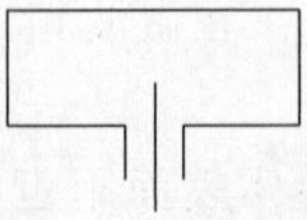

图 6.2.8　探针激励 TE_{10} 模

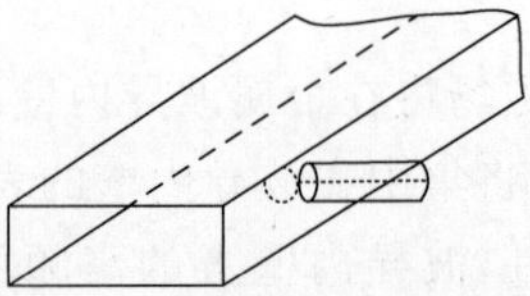

图 6.2.9　小环激励 TE_{10} 模

3）小孔激励装置

如图 6.2.10 所示，它由在公共波导壁上开孔或开有缝隙而构成。常用于波导与波导之间的激励。

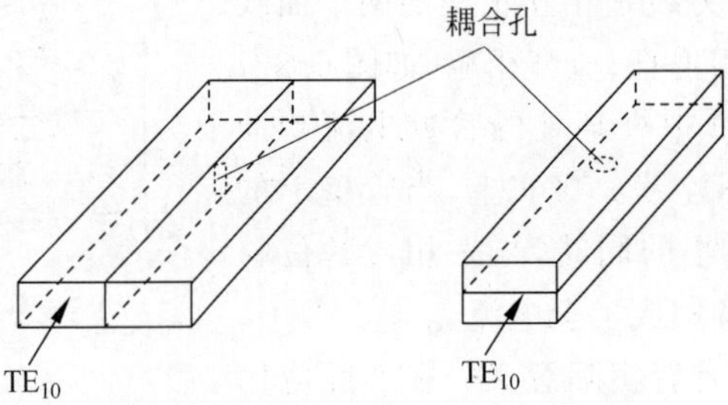

图 6.2.10　小孔激励 TE_{10} 模

【例 6-1】　矩形波导的横截面尺寸为 $a\times b=22.86\text{mm}\times 10.16\text{mm}$，将自由空间波长为 2cm 的信号接入此波导，是否能够传输？如果能传输，则有哪些模式？

解：分别计算 TE_{10}、TE_{01}、TE_{20}、TE_{11}、TM_{11} 模式的截止波长。

TE_{10} 模：$\lambda_c=2a=45.72\text{mm}$；$TE_{01}$ 模：$\lambda_c=2b=20.32\text{mm}$；$TE_{20}$ 模：$\lambda_c=a=22.86\text{mm}$；$TE_{11}$、$TM_{11}$ 模：$\lambda_c=\dfrac{2}{\sqrt{1/22.86^2+1/10.16^2}}=18.56\text{mm}$

因此，自由空间波长为 2cm 的信号可以传输，模式包括 TE_{10}、TE_{01}、TE_{20}。

视频6-2

6.3　圆形波导

圆形波导就是截面为圆形的波导，简称圆波导，具有加工方便、低损耗、双极化的优点，广泛应用于远距离通信、双极化馈线以及微波圆形谐振器等。考虑到圆波导的边界条件，对于圆波导的分析应采用圆柱坐标系。设圆波导的内半径为 a，建立如图 6.3.1 所示的坐标系。

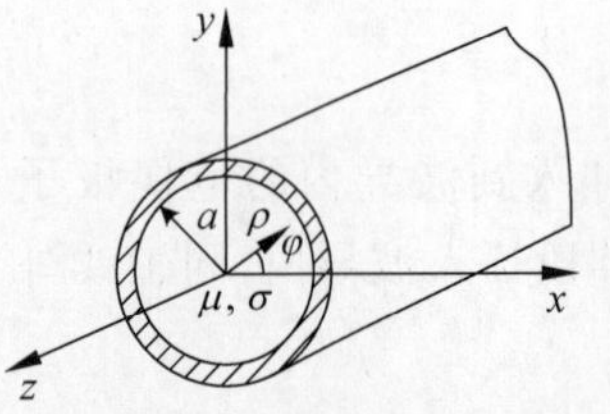

图 6.3.1　圆形波导

分析圆波导仍然采用纵向场方法。首先根据边界条件求纵向场分量 E_z 或 H_z 的解，然后利用纵横关系式求得各个场分量的表示式。

将麦克斯韦方程式(6.1.1a)和式(6.1.1b)在圆柱坐标系中展开,可得到圆波导中各场量的纵横关系式

$$\begin{cases} E_\rho = \dfrac{-\mathrm{j}}{k_\mathrm{c}^2}\left(\beta \dfrac{\partial E_z}{\partial \rho} + \dfrac{\omega\mu}{\rho}\dfrac{\partial H_z}{\partial \varphi}\right) \\ E_\varphi = \dfrac{-\mathrm{j}}{k_\mathrm{c}^2}\left(\dfrac{\beta}{\rho} \dfrac{\partial E_z}{\partial \varphi} - \omega\mu\dfrac{\partial H_z}{\partial \rho}\right) \\ H_\rho = \dfrac{-\mathrm{j}}{k_\mathrm{c}^2}\left(\dfrac{\omega\varepsilon}{\rho} \dfrac{\partial E_z}{\partial \varphi} - \beta\dfrac{\partial H_z}{\partial \rho}\right) \\ H_\varphi = \dfrac{-\mathrm{j}}{k_\mathrm{c}^2}\left(-\omega\varepsilon \dfrac{\partial E_z}{\partial \rho} + \dfrac{\beta}{\rho}\dfrac{\partial H_z}{\partial \varphi}\right) \end{cases} \tag{6.3.1}$$

上式已假设无耗,即 $\gamma=\mathrm{j}\beta$。

6.3.1 圆波导中的TE模

TE模电磁波的纵向电场分量 $E_z=0$,磁场分量 $H_z=H_z(\rho,\varphi)\mathrm{e}^{-\mathrm{j}\beta z}\neq 0$,满足标量亥姆霍兹方程

$$\nabla_t^2 H_z(\rho,\varphi)+k_\mathrm{c}^2 H_z(\rho,\varphi)=0 \tag{6.3.2}$$

式中,圆柱坐标系中的二维拉普拉斯算子

$$\nabla_t^2=\frac{\partial^2}{\partial\rho^2}+\frac{1}{\rho}\frac{\partial}{\partial\rho}+\frac{1}{\rho^2}\frac{\partial^2}{\partial\varphi^2} \tag{6.3.3}$$

于是,式(6.3.2)写作

$$\left(\frac{\partial^2}{\partial\rho^2}+\frac{1}{\rho}\frac{\partial}{\partial\rho}+\frac{1}{\rho^2}\frac{\partial^2}{\partial\varphi^2}\right)H_z(\rho,\varphi)+k_\mathrm{c}^2 H_z(\rho,\varphi)=0 \tag{6.3.4}$$

应用分离变量法,令

$$H_z(\rho,\varphi)=R(\rho)\Phi(\varphi) \tag{6.3.5}$$

式中,$R(\rho)$仅是 ρ 的函数,$\Phi(\varphi)$仅是 φ 的函数。将上式代入式(6.3.4),得

$$\frac{1}{R(\rho)}\left[\rho^2\frac{\mathrm{d}^2R(\rho)}{\mathrm{d}\rho^2}+\rho\frac{\mathrm{d}R(\rho)}{\mathrm{d}\rho}+\rho^2k_\mathrm{c}^2R(\rho)\right]=-\frac{1}{\Phi(\varphi)}\frac{\mathrm{d}^2\Phi(\varphi)}{\mathrm{d}\varphi^2} \tag{6.3.6}$$

上式两边的变量彼此独立无关,若使其相等,两边必等于一个常数,将该常数设为 m^2。整理后得两微分方程

$$\rho^2\frac{\mathrm{d}^2R(\rho)}{\mathrm{d}\rho^2}+\rho\frac{\mathrm{d}R(\rho)}{\mathrm{d}\rho}+(\rho^2k_\mathrm{c}^2-m^2)R(\rho)=0 \tag{6.3.7a}$$

$$\frac{\mathrm{d}^2\Phi(\varphi)}{\mathrm{d}\varphi^2}+m^2\Phi(\varphi)=0 \tag{6.3.7b}$$

式(6.3.7a)可改写为

$$(k_\mathrm{c}\rho)^2\frac{\mathrm{d}^2R(\rho)}{\mathrm{d}(k_\mathrm{c}\rho)^2}+k_\mathrm{c}\rho\frac{\mathrm{d}R(\rho)}{\mathrm{d}(k_\mathrm{c}\rho)}+[(k_\mathrm{c}\rho)^2-m^2]R(\rho)=0 \tag{6.3.8}$$

上式表示以截止波数 k_c 为参变量,以 ρ 为自变量的贝塞尔方程,其通解为

$$R(\rho)=A_1 J_m(k_c\rho)+A_2 N_m(k_c\rho) \tag{6.3.9}$$

式中，$J_m(k_c\rho)$、$N_m(k_c\rho)$分别是第一类和第二类 m 阶贝塞尔函数；A_1、A_2 为待定系数。

二阶常微分方程(6.3.7b)的通解为

$$\Phi(\varphi)=B_1\cos m\varphi+B_2\sin m\varphi=B\begin{pmatrix}\cos m\varphi\\ \sin m\varphi\end{pmatrix} \tag{6.3.10}$$

式中，$m=0,1,2,\cdots$。上式表示，当 $m\neq 0$ 时，$\Phi(\varphi)=B_1\cos m\varphi$ 和 $\Phi(\varphi)=B_2\sin m\varphi$ 可以同时存在，并具有相同的截止波长和传输特性，但是 φ 方向的极化不同，这种现象称为极化简并。

针对式(6.3.5)表示的通解，可进一步写作

$$H_z(\rho,\varphi)=R(\rho)\Phi(\varphi)=[A_1 J_m(k_c\rho)+A_2 N_m(k_c\rho)]B\begin{pmatrix}\cos m\varphi\\ \sin m\varphi\end{pmatrix} \tag{6.3.11}$$

以下采用圆波导中场量的有限值条件、边界条件确定待定系数。

(1) 有限值条件：波导中任一处的场量必须是有限值。

由于 $\rho\to 0$ 时，$N_m(k_c\rho)\to -\infty$。根据有限值条件，$A_2=0$。则通解化为

$$H_z(\rho,\varphi)=A_1 B J_m(k_c\rho)\begin{pmatrix}\cos m\varphi\\ \sin m\varphi\end{pmatrix} \tag{6.3.12}$$

(2) 边界条件：波导壁假定为理想导体，其上的切向电场为 0。因此，在 $\rho=a$ 处有 $E_\varphi=0$，则$\left.\dfrac{\partial H_z}{\partial\rho}\right|_{\rho=a}=0$，代入上式得

$$J'_m(k_c a)=0 \tag{6.3.13}$$

设 $J'_m(x)=0$ 的第 n 个根为 μ'_{mn}，则

$$k_{c(\mathrm{TE}_{mn})}=\mu'_{mn}/a,\quad n=1,2,\cdots \tag{6.3.14}$$

由此可得 TE 模的纵向磁场 H_z 分量的解

$$H_z(\rho,\varphi,z)=H_{mn}J_m\left(\frac{\mu'_{mn}}{a}\rho\right)\begin{pmatrix}\cos m\varphi\\ \sin m\varphi\end{pmatrix}\mathrm{e}^{-\mathrm{j}\beta z},\quad m=0,1,2,\cdots,n=1,2,\cdots \tag{6.3.15}$$

式中，$H_{mn}=A_1 B$ 为模式振幅。将上式代入圆柱坐标系下的纵横关系式(6.3.1)，可得圆波导 TE 模的各个场分量

$$\begin{cases}
E_\rho=\pm\dfrac{\mathrm{j}\omega\mu m}{k_c^2\rho}H_{mn}J_m\left(\dfrac{\mu'_{mn}}{a}\rho\right)\begin{pmatrix}\sin m\varphi\\ \cos m\varphi\end{pmatrix}\mathrm{e}^{-\mathrm{j}\beta z}\\
E_\varphi=\dfrac{\mathrm{j}\omega\mu}{k_c}H_{mn}J'_m\left(\dfrac{\mu'_{mn}}{a}\rho\right)\begin{pmatrix}\cos m\varphi\\ \sin m\varphi\end{pmatrix}\mathrm{e}^{-\mathrm{j}\beta z}\\
E_z=0\\
H_\rho=\dfrac{-\mathrm{j}\beta}{k_c}H_{mn}J'_m\left(\dfrac{\mu'_{mn}}{a}\rho\right)\begin{pmatrix}\cos m\varphi\\ \sin m\varphi\end{pmatrix}\mathrm{e}^{-\mathrm{j}\beta z}\\
H_\varphi=\pm\dfrac{\mathrm{j}\beta m}{k_c^2\rho}H_{mn}J_m\left(\dfrac{\mu'_{mn}}{a}\rho\right)\begin{pmatrix}\sin m\varphi\\ \cos m\varphi\end{pmatrix}\mathrm{e}^{-\mathrm{j}\beta z}\\
H_z=H_{mn}J_m\left(\dfrac{\mu'_{mn}}{a}\rho\right)\begin{pmatrix}\cos m\varphi\\ \sin m\varphi\end{pmatrix}\mathrm{e}^{-\mathrm{j}\beta z}
\end{cases} \tag{6.3.16}$$

不同的 m、n 代表不同的模式，记作 TE_{mn} 模。因此，理论上圆波导内可以有无穷多个 TE 模式。由上式可知，场量沿圆周方向（φ 方向）和半径方向（ρ 方向）都呈驻波分布。沿 φ 方向按正弦或余弦规律分布，沿 ρ 方向按贝塞尔函数或其导数的规律分布。m 除表示贝塞尔函数的阶数之外，还表示场量沿 φ 方向分布的整驻波个数；n 除表示贝塞尔函数其导数的根序号，还表示场量沿 ρ 方向分布的半驻波或最大值个数。

6.3.2 圆波导中的 TM 模

TM 模电磁波的纵向电场分量 $H_z=0$，电场分量 $E_z=E_z(\rho,\varphi)e^{-j\beta z}\neq 0$，只需求 E_z。应用与 TE 模相同的方法，得

$$E_z(\rho,\varphi,z)=E_{mn}J_m(k_c\rho)\begin{pmatrix}\cos m\varphi\\ \sin m\varphi\end{pmatrix}e^{-j\beta z} \tag{6.3.17}$$

边界条件为 $E_z|_{\rho=a}=0$，则

$$J_m(k_c\rho)=0 \tag{6.3.18}$$

设 μ_{mn} 是 m 阶贝塞尔函数 $J_m(x)$ 的第 n 个根，那么

$$k_{c(TM_{mn})}=\mu_{mn}/a,\quad n=1,2,\cdots \tag{6.3.19}$$

代入式(6.3.17)，得

$$E_z(\rho,\varphi,z)=E_{mn}J_m\left(\frac{\mu_{mn}}{a}\rho\right)\begin{pmatrix}\cos m\varphi\\ \sin m\varphi\end{pmatrix}e^{-j\beta z} \tag{6.3.20}$$

上式代入圆柱坐标系下的纵横关系式(6.3.1)可得

$$\begin{cases}E_\rho=-\dfrac{j\beta}{k_c}E_{mn}J'_m\left(\dfrac{\mu_{mn}}{a}\rho\right)\begin{pmatrix}\cos m\varphi\\ \sin m\varphi\end{pmatrix}e^{-j\beta z}\\[2ex] E_\varphi=\pm\dfrac{j\beta m}{k_c^2\rho}E_{mn}J_m\left(\dfrac{\mu_{mn}}{a}\rho\right)\begin{pmatrix}\sin m\varphi\\ \cos m\varphi\end{pmatrix}e^{-j\beta z}\\[2ex] E_z=E_{mn}J_m\left(\dfrac{\mu_{mn}}{a}\rho\right)\begin{pmatrix}\cos m\varphi\\ \sin m\varphi\end{pmatrix}e^{-j\beta z}\\[2ex] H_\rho=\mp\dfrac{j\omega\varepsilon m}{k_c^2\rho}E_{mn}J_m\left(\dfrac{\mu_{mn}}{a}\rho\right)\begin{pmatrix}\sin m\varphi\\ \cos m\varphi\end{pmatrix}e^{-j\beta z}\\[2ex] H_\varphi=-\dfrac{j\omega\varepsilon}{k_c}E_{mn}J'_m\left(\dfrac{\mu_{mn}}{a}\rho\right)\begin{pmatrix}\cos m\varphi\\ \sin m\varphi\end{pmatrix}e^{-j\beta z}\\[2ex] H_z=0\end{cases} \tag{6.3.21}$$

这就是圆波导中 TM 模的各场分量。

6.3.3 圆波导的传输特性

圆波导的传输条件也为 $\lambda<\lambda_c$。具体来说，由式(6.3.14)和式(6.3.19)，TE 模和

TM 模的传输条件分别为

$$\lambda_{c(TE_{mn})} = 2\pi a / \mu'_{mn} \tag{6.3.22a}$$

$$\lambda_{c(TM_{mn})} = 2\pi a / \mu_{mn} \tag{6.3.22b}$$

式中，μ_{mn} 为 m 阶贝塞尔函数的第 n 个根；μ'_{mn} 为 m 阶贝塞尔函数一阶导数的第 n 个根。部分 TM 模式的 μ_{mn} 值和 TE 模式的 μ'_{mn} 值如表 6.3.1 和表 6.3.2 所示。由此给出如图 6.3.2 所示的各模式截止波长分布图。

表 6.3.1　TM 模式的 μ_{mn} 和 λ_c 值

模　式	μ_{mn}	λ_c	模　式	μ_{mn}	λ_c
TM_{01}	2.405	$2.61a$	TM_{31}	6.379	$0.984a$
TM_{11}	3.832	$1.64a$	TM_{12}	7.016	$0.90a$
TM_{21}	5.135	$1.22a$	TM_{22}	8.417	$0.75a$
TM_{02}	5.520	$1.14a$	TM_{03}	8.654	$0.72a$

表 6.3.2　TE 模式的 μ'_{mn} 和 λ_c 值

模　式	μ'_{mn}	λ_c	模　式	μ'_{mn}	λ_c
TE_{11}	1.841	$3.41a$	TE_{12}	5.332	$1.18a$
TE_{21}	3.054	$2.06a$	TE_{22}	6.705	$0.94a$
TE_{01}	3.832	$1.64a$	TE_{02}	7.016	$0.90a$
TE_{31}	4.201	$1.50a$	TE_{32}	8.015	$0.78a$

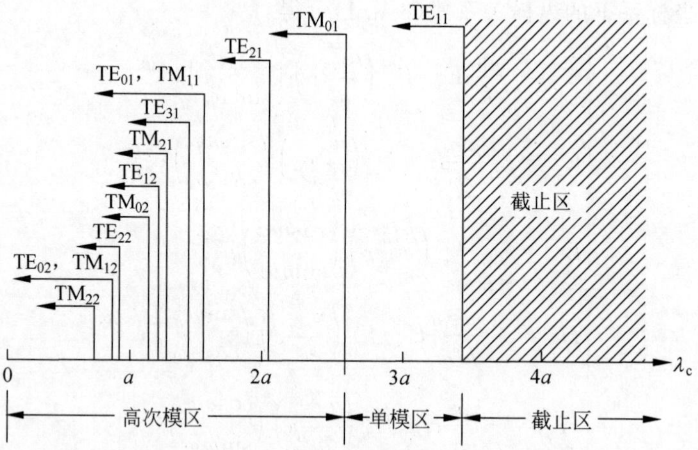

图 6.3.2　圆波导中各模式截止波长分布图

可以看到，TE_{11} 模截止波长最长，为 $3.41a$，是圆波导中的主模；其次是 TM_{01} 模，截止波长为 $2.61a$。因此，当满足 $2.61a<\lambda<3.41a$ 时，圆波导可传输 TE_{11} 模。

圆波导中有两种简并现象：

(1) 模式简并。TE_{0n} 和 TM_{1n} 存在简并。由于贝塞尔函数存在 $J'_0(x) = -J_1(x)$ 的性质，故这两种模式的截止波长相同。例如，$\lambda_{c(TE_{01})} = \lambda_{c(TM_{11})} = 1.64a$。

(2) 极化简并。圆波导结构具有轴对称性,场的极化方向具有不确定性,使场在 φ 方向存在 $\cos\varphi$ 和 $\sin\varphi$ 两种可能的分布。这两种分布的 m、n 值相同,场分布也相同,只是极化面旋转了 90°。

关于圆波导中电磁波的衰减,这里仅给出主模TE_{11} 模的衰减常数计算公式

$$a=\frac{R_s}{ak\eta\beta}\left(k_c^2+\frac{k^2}{\mu_{11}'^2-1}\right)(\mathrm{Np/m}) \tag{6.3.23}$$

6.3.4 圆波导中的三个主要模式

圆波导中的三个主要模式是TE_{11}、TE_{01} 和TM_{01} 模。

1. TE_{11} 模

TE_{11} 模是圆波导中的主模,将 $m=1$、$n=1$、$\mu_{11}'=1.841$、$\lambda_c=3.41a$ 代入式(6.3.16),得出该模式场分量表达式,并据此绘出如图 6.3.3 所示的场结构和壁面电流分布图。

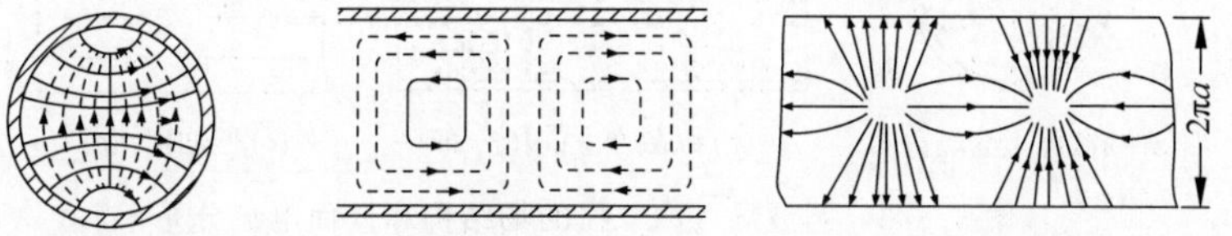

(a) 横截面上的场分布　(b) 纵截面上的场分布　(c) 壁面电流分布

图 6.3.3　圆波导 TE_{11} 模的场结构和壁面电流分布

由于存在极化简并,实际的传输系统不采用这种模式。但是,利用其场分布与矩形波导TE_{10} 模的相似性,可以做成矩形波导到圆波导的转换器,实现方圆过渡;利用极化简并现象可制成一些特殊元件,如极化衰减器、极化变换器、微波铁氧体环形器等。

2. TE_{01} 模

对于TE_{01} 模,将 $m=0$、$n=1$、$\mu_{11}'=3.832$、$\lambda_c=1.64a$ 代入式(6.3.16),得出该模式场分量表达式,并据此绘出如图 6.3.4 所示的场结构和壁面电流分布图。

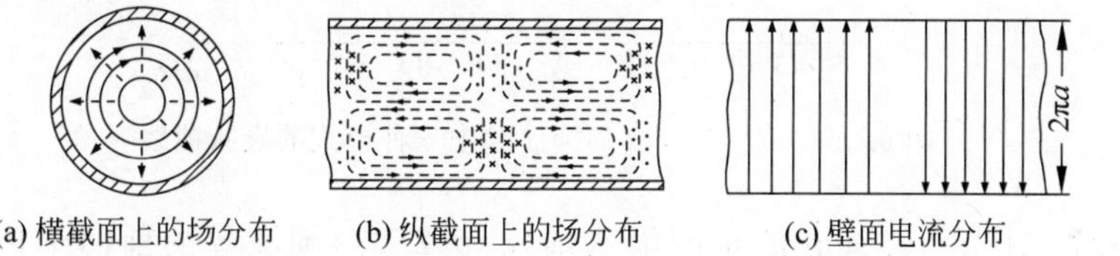

(a) 横截面上的场分布　(b) 纵截面上的场分布　(c) 壁面电流分布

图 6.3.4　圆波导 TE_{01} 模的场结构和壁面电流分布

可以看到,该模式为圆对称模,故无极化简并。与壁面相切的只有 H_z 分量,故波导管壁电流无纵向分量,只有周向电流。当传输功率一定时,随着频率升高,管壁的热损耗

将单调下降，故其损耗相对其他模式来说是较低的。因此可将工作在TE_{01}模的圆波导用于毫米波的远距离传输或制作高Q值的谐振腔。

TE_{01}模不是圆波导的最低模式，而且TE_{01}模和TM_{11}模式互为简并模，因此采用TE_{01}模作为工作模式时，应设法抑制其他模式。

3. TM_{01}模

对于TM_{01}模，将$m=0$、$n=1$、$\mu_{11}=2.405$、$\lambda_c=2.61a$代入式(6.3.16)，得出该模式场分量表达式，并据此画出如图6.3.5所示的场结构和壁面电流分布图。由于TM_{01}模具有轴对称性场结构，故不存在极化简并模，因此常作为雷达天线与馈线的旋转关节中的工作模式。另外，因其磁场只有H_φ分量，故波导内壁电流只有纵向分量，因此它可以有效地和轴向流动的电子流交换能量，故将其应用于微波电子管中的谐振腔及直线电子加速器中的工作模式。

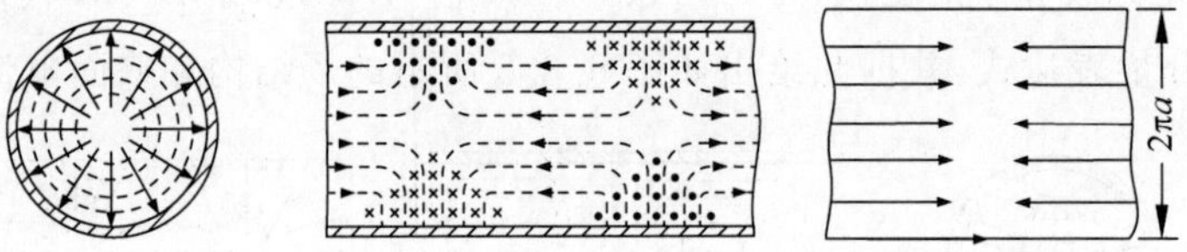

(a) 横截面上的场分布　(b) 纵截面上的场分布　(c) 壁面电流分布

图6.3.5　圆波导TM_{01}模的场结构和壁面电流分布

图6.3.6给出了$a=2.5$cm的圆波导中三种模式的导体衰减随频率变化曲线。

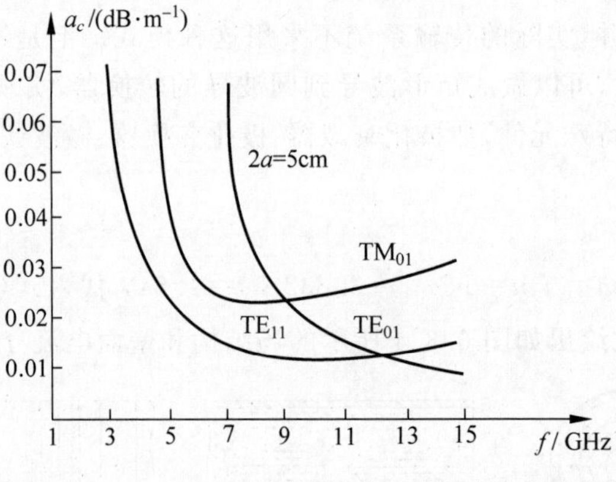

图6.3.6　$a=2.5$cm的圆波导中三种模式的衰减曲线

【例6-2】　求$a=0.5$cm的聚四氟乙烯($\varepsilon_r=2.08$)圆波导的前两个传输模的截止频率。

解：截止频率与截止波长的关系为

$$f_c=\frac{v}{\lambda_c}=\frac{c}{\lambda_c\sqrt{\varepsilon_r}}$$

其中，c 为光速，v 为同一频率的电磁波在介质中的传播速度。前两个传输模为TE_{11}和TM_{01}。

$$TE_{11}\text{ 模：} f_c=\frac{v_{11}c}{2\pi a\sqrt{\varepsilon_r}}=\frac{1.841\times 3\times 10^8}{2\pi\times 0.005\times\sqrt{2.08}}=12.19(\text{GHz})$$

$$TM_{01}\text{ 模：} f_c=\frac{u_{01}c}{2\pi a\sqrt{\varepsilon_r}}=\frac{2.405\times 3\times 10^8}{2\pi\times 0.005\times\sqrt{2.08}}=15.92(\text{GHz})$$

视频6-3

6.4 同轴线

同轴线由共轴的内、外导体构成。如图 6.4.1 所示，内、外导体半径分别为 a、b，内、外导体之间填充相对介电常数为 ε_r 的介质。

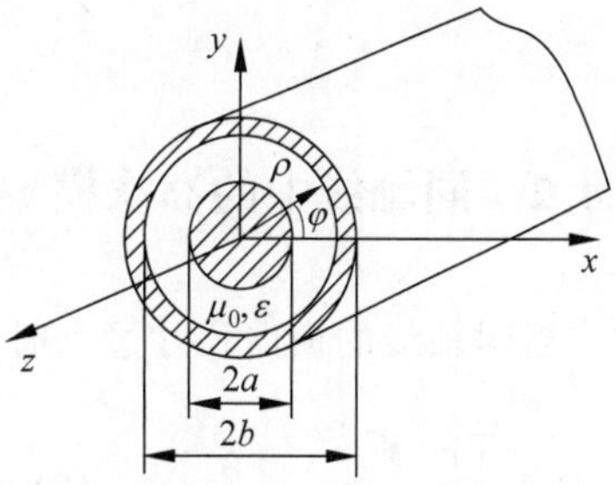

图 6.4.1 同轴线结构

6.4.1 TEM 模

对 TEM 模，由于 $E_z=0$、$H_z=0$，由式(6.1.15)可知，只有 $k_c=0$，其他分量才不为 0。$k_c=0$，则 $f_c=0$，也就是说任何频率的电磁波均能够沿同轴线以 TEM 模传播。

当 $k_c=0$ 时，亥姆霍兹方程变为拉普拉斯方程，则求解同轴线 TEM 模场分量等同于求解相应静态场。将拉普拉斯方程在圆柱坐标系中展开，由边界条件 $E_\varphi|_{\rho=a}=0$、$H_\rho|_{\rho=b}=0$，解得 TEM 模场分量

$$\begin{cases} E_\rho=E_0\ \dfrac{a}{\rho}\mathrm{e}^{-\mathrm{j}\beta z} \\ H_\varphi=\dfrac{E_0 a}{\eta\rho}\mathrm{e}^{-\mathrm{j}\beta z} \\ E_\varphi=E_z=0 \\ H_\rho=H_z=0 \end{cases} \tag{6.4.1}$$

式中，E_0 为 $z=0$ 和 $\rho=a$ 处的电场，由激励源决定；$\eta=\sqrt{\mu/\varepsilon}$ 为介质的波阻抗。图 6.4.2 所示为同轴线中 TEM 模的场结构。

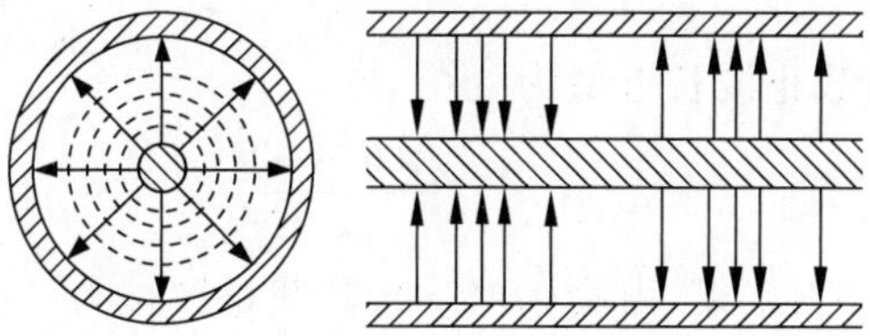

图 6.4.2 同轴线中 TEM 模的场结构

同轴线内导体上的轴向电流为

$$I=\oint H_{\varphi}\mathrm{d}l=\frac{2\pi E_0 a}{\eta}\mathrm{e}^{-\mathrm{j}\beta z} \tag{6.4.2}$$

内外导体之间的电压为

$$U=\int_a^b E_{\rho}\mathrm{d}\rho=E_0 a\ln\frac{b}{a}\mathrm{e}^{-\mathrm{j}\beta z} \tag{6.4.3}$$

因此得到特性阻抗

$$Z_0=\frac{U}{I}=\frac{60}{\sqrt{\varepsilon_r}}\ln\frac{b}{a}=\frac{138}{\sqrt{\varepsilon_r}}\lg\frac{b}{a} \tag{6.4.4}$$

6.4.2 同轴线中的高次模

当同轴线的横向尺寸过大时，同轴线中还将出现高次模，即存在 TE、TM 模。

1. TE 模

由式(6.3.11)，同轴线中 TE 模的 H_z 分量为

$$H_z=[AJ_m(k_c\rho)+BN_m(k_c\rho)]\binom{\cos m\varphi}{\sin m\varphi}\mathrm{e}^{-\mathrm{j}\beta z} \tag{6.4.5}$$

同轴线边界条件为 $E_{\varphi}\big|_{\rho=a,b}=0$，由式(6.3.16)，边界条件转化为$\dfrac{\partial H_z}{\partial\rho}\Big|_{\rho=a,b}=0$，将上式代入，得

$$\begin{cases}AJ'_m(k_c a)+BN'_m(k_c a)=0\\AJ'_m(k_c b)+BN'_m(k_c b)=0\end{cases} \tag{6.4.6}$$

由上式可得

$$\frac{J'_m(k_c a)}{J'_m(k_c b)}=\frac{N'_m(k_c a)}{N'_m(k_c b)} \tag{6.4.7}$$

上式称为同轴线 TE 模的特征方程，可将截止波数 k_c 解出，再进一步得到截止波长 λ_c。这是一个超越方程，一般用图解法或数值法求解。

$m\neq 0$、$n=1$ 时，TE_{m1} 模的截止波长近似为

$$\lambda_{c(TE_{m1})}=\frac{\pi(b+a)}{m} \tag{6.4.8}$$

$m=0$ 时，TE_{0n} 模的截止波长近似为

$$\lambda_{c(TE_{0n})}=\frac{2(b-a)}{n} \tag{6.4.9}$$

TE 模的最低次模是TE_{11} 模，由式(6.4.8)，其截止波长为

$$\lambda_{c(TE_{11})}=\pi(b+a) \tag{6.4.10}$$

2. TM 模

同轴线中 TM 模的 E_z 分量为

$$E_z = [AJ_m(k_c\rho) + BN_m(k_c\rho)]\binom{\cos m\varphi}{\sin m\varphi}\mathrm{e}^{-\mathrm{j}\beta z} \tag{6.4.11}$$

由边界条件 $E_z|_{\rho=a,b}=0$，得同轴线 TM 模的特征方程

$$J_m(k_c a)/J_m(k_c b) = N_m(k_c a)/N_m(k_c b) \tag{6.4.12}$$

解得截止波数 k_c，再进一步得到截止波长 λ_c。

对 TM 模，截止波长 λ_c 近似为

$$\lambda_{c(TM_{mn})} = 2(b-a)/n \tag{6.4.13}$$

可见，TM 模的最低次模是TM_{01} 模，其截止波长为

$$\lambda_{c(TM_{01})} = 2(b-a) \tag{6.4.14}$$

6.4.3 同轴线单模传输条件

同轴线主模是 TEM 模，截止波长最长的高次模是TE_{11} 模。为了保证同轴线 TEM 模的单模传输，必须使TE_{11} 模截止，工作波长满足条件

$$\lambda > \lambda_{c(TE_{11})} = \pi(a+b) \tag{6.4.15}$$

或

$$a+b < \frac{\lambda}{\pi} \tag{6.4.16}$$

同轴线传输 TEM 模的平均功率可表示为

$$P = \frac{|U|^2}{2Z_0} \tag{6.4.17}$$

将式(6.4.3)表示的 U 和式(6.4.4)表示的 Z_0 代入上式，得

$$P = \sqrt{\varepsilon_r}\,\frac{a^2E_0^2}{120}\ln\frac{b}{a} \tag{6.4.18}$$

设同轴线击穿场强为 E_{br}，因同轴线在内导体表面 $\rho=a$ 处电场最强，故 $E_{br}=E_0$，则上式也可写作

$$P = \sqrt{\varepsilon_r}\,\frac{a^2E_{br}^2}{120}\ln\frac{b}{a} \tag{6.4.19}$$

由$\dfrac{\mathrm{d}P}{\mathrm{d}(b/a)}=0$，可得

$$\frac{b}{a} = 1.65 \tag{6.4.20}$$

此时同轴线的功率容量最大，相应的特性阻抗为

$$Z_0 = \frac{30}{\sqrt{\varepsilon_r}} \tag{6.4.21}$$

由上式可知，为使空气同轴线功率容量最大，其特性阻抗应取 30Ω。

同轴线的衰减常数 α_{TEM} 为每单位长度内外导体所消耗的平均功率与总的单位长度传输的平均功率之比，表达式为

$$\alpha_{\text{TEM}} = R_s\left(1+\frac{b}{a}\right)\bigg/\left(2\eta b\ln\frac{b}{a}\right) \tag{6.4.22}$$

由$\dfrac{d\alpha}{d(b/a)}=0$,可得

$$\frac{b}{a}=3.592 \tag{6.4.23}$$

此时同轴线的衰减最小,相应的特性阻抗为

$$Z_0=\frac{77}{\sqrt{\varepsilon_r}} \tag{6.4.24}$$

由上式可知,为使空气同轴线衰减最小,其特性阻抗应取 77Ω。

由同轴线的功率容量最大和衰减最小这两个要求得出的特性阻抗并不相同。实际中为兼顾二者,取折中值 $b/a=2.303$,对应的特性阻抗为 50Ω。常用的同轴线特性阻抗为 50Ω 和 75Ω 两种。

*6.5 其他波导

6.5.1 脊波导

脊波导又称凸缘波导,通常有单脊波导和双脊波导两种,如图 6.5.1 所示。脊波导是矩形波导的变型,只存在 TE 和 TM 模,其主模为 TE_{10} 模。与矩形波导相比,脊波导的特点包括:由于凸缘的作用,相当于将波导的宽边加大,因此 TE_{10} 模的截止波长更长,单模工作的频带更宽。在同一频率下,脊波导的尺寸更小;等效阻抗低,易与低阻抗同轴线、微带线匹配,可以作为矩形波导与同轴线、微带线的过渡连接装置。其缺点为:功率容量小、损耗大,加工也不方便。

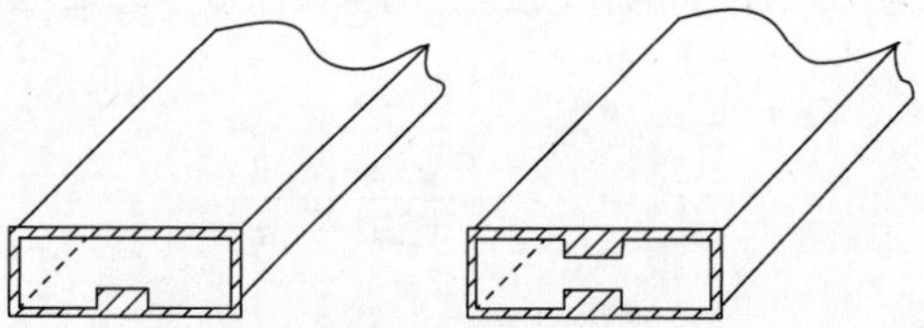

图 6.5.1 单脊波导和双脊波导

6.5.2 椭圆波导

椭圆波导是一种厘米波传输线,容易加工,不会因结构和尺寸的微小变化而引起传输波形的变化或极化面的旋转,容易与圆波导和矩形波导连接,容易制作成可弯曲性波导,适用于长距离传输。

6.5.3 鳍线

鳍线主要包括单鳍线、双鳍线和正反对鳍线三种。在矩形波导中 E 面放置介质基片，金属鳍印制在介质基片上。鳍线的优点包括弱色散性、单模工作频带宽、损耗不大和易于集成等。

习题

6-1 试证明工作波长 λ、波导波长 λ_g 和截止波长 λ_c 满足以下关系：

$$\lambda = \frac{\lambda_g \lambda_c}{\sqrt{\lambda_g^2 + \lambda_c^2}}$$

6-2 已知矩形波导的横截面尺寸为 $a \times b = 23\text{mm} \times 10\text{mm}$，试求当工作波长 $\lambda = 10\text{mm}$ 时，波导中能传输哪些波形？

6-3 已知空气填充的铜质矩形波导尺寸为 7.2cm×3.4cm，工作于主模，工作频率 $f = 3\text{GHz}$。试求截止频率和波导波长。

6-4 已知空气填充的矩形波导尺寸为 20mm×10mm，工作频率 $f = 10\text{GHz}$。若空气的击穿场强为 $3 \times 10^6 \text{V/m}$，试求该波导能够传输的最大功率。

6-5 矩形波导截面尺寸为 $a \times b = 72\text{mm} \times 30\text{mm}$，波导内充满空气，信号源频率为 3GHz，试求：

(1) 波导中可以传播的模式；

(2) 该模式的截止波长 λ_c、相移常数 β、波导波长 λ_g、相速 v_p、群速 v_g 和波阻抗 η。

6-6 矩形波导的横截面尺寸为 $a = 22.86\text{mm}$，$b = 10.16\text{mm}$，将自由空间波长为 20mm、30mm 和 50mm 的信号接入此波导，问能否传输？若能，出现哪些模式？

6-7 矩形波导截面尺寸为 $a \times b = 23\text{mm} \times 10\text{mm}$，波导内充满空气，信号源频率为 10GHz，试求：

(1) 波导中可以传播的模式；

(2) 该模式的截止波长 λ_c、相移常数 β、波导波长 λ_g 及相速 v_p。

6-8 一圆波导的半径 $a = 3.8\text{cm}$，空气介质填充。试求：

(1) TE_{11}、TE_{01}、TM_{01} 三种模式的截止波长；

(2) 当工作波长为 $\lambda = 10\text{cm}$ 时，求最低次模的波导波长 λ_g；

(3) 求传输模单模工作的频率范围。

6-9 已知工作波长 $\lambda = 5\text{mm}$，要求单模传输，试确定圆波导的半径，并指出是什么模式。

6-10 已知圆波导的直径为 50mm，填充空气介质。试求：

(1) TE_{11}、TE_{01}、TM_{01} 三种模式的截止波长；

(2) 当工作波长分别为 70mm、60mm、30mm 时，波导中出现上述哪些模式？

(3) 当工作波长为 $\lambda=70\text{mm}$ 时，求最低次模的波导波长 λ_g。

6-11 已知空气填充的铜质圆波导直径 $d=50\text{mm}$，工作于主模，工作频率 $f=4\text{GHz}$，试求截止频率和波导波长。

6-12 已知内充空气的同轴线外导体内半径 $b=30\text{mm}$，内导体半径 $a=5\text{mm}$，试求仅传输 TEM 波的上限频率。

6-13 同轴线的外导体半径 $b=32\text{mm}$，内导体半径 $a=10\text{mm}$，填充介质分别为空气和 $\varepsilon_r=2.25$ 的无耗介质，试计算其特性阻抗。

6-14 矩形波导、圆形波导和同轴线单模传输的条件各是什么？

第7章 天线基础知识

无线电技术是通过无线电波实现通联的一种方式。相比于有线技术，无线技术可以实现任意距离的通联，小到只有数厘米的 RFID，大到超过数百万千米的深空网络。图 7.0.1 是典型无线通信系统简图，一个完整的通信链路包括：信号经过发射机处理变成高频电流信号，由导波系统将高频电流信号传输到发射天线，发射天线将高频电流信号转换成适合在空间中传播的自由电磁波，接收天线将自由电磁波信号转换成高频电流信号，再通过导波系统传输到接收机进行信号处理。可以看出，天线是发射或接收电磁波(信息)的装置，它把导行波变换成空间自由电磁波或者进行相反的变换。本章将介绍天线的基础知识。

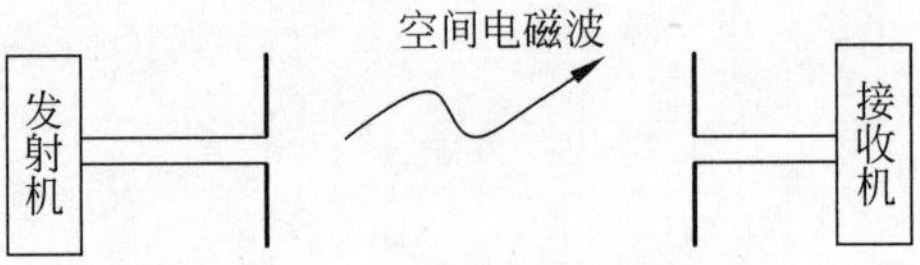

图 7.0.1　无线通信系统简图

7.1　电磁波的辐射机理

电磁波的辐射机理是理解天线工作原理的基础。天线工作需满足两个条件：①产生时变的电磁场，时变的电场产生磁场，时变的磁场产生电场，时变的电磁扰动才能辐射电磁波；②具有开放的结构，封闭的导波结构只能传输束缚的电磁波，自由电磁波传播需要天线具有开放辐射结构。

分析天线原理要从时变电磁场，即麦克斯韦方程入手。由天线的源(电流、电荷)分布可获得天线周围的场(电场、磁场)分布。由源求场，需要逆旋度、逆散度运算，数学过程相对复杂。因此，一般采用辅助位函数法，即先由源求得空间的位(电标位、磁矢位)分布，然后根据电场、磁场与辅助位函数的关系求得场分布。源→位函数，采用的是积分运算；位函数→场，采用的是微分运算。

麦克斯韦方程组的瞬时微分非限定形式的四个方程分别如下：

$$\nabla\times \boldsymbol{H}=\boldsymbol{J}_f+\frac{\partial \boldsymbol{D}}{\partial t} \tag{7.1.1a}$$

$$\nabla\times \boldsymbol{E}=-\frac{\partial \boldsymbol{B}}{\partial t} \tag{7.1.1b}$$

$$\nabla\cdot \boldsymbol{B}=0 \tag{7.1.1c}$$

$$\nabla\cdot \boldsymbol{D}=\rho_f \tag{7.1.1d}$$

获得源与位函数的关系，需从麦克斯韦方程入手，学习达朗贝尔方程及滞后位的概念。

7.1.1　达朗贝尔方程的推导

静态场问题的求解，引入了辅助电位函数 ϕ 和矢量磁位 $\boldsymbol{A}$。时变场情况下，同样可

以引入动态矢位 $\boldsymbol{A}$ 和动态标位 ϕ，它们统称为动态位。根据矢量分析中的“旋无散”，由麦克斯韦第三方程(7.1.1c)，可令动态矢位 $\boldsymbol{A}$ 满足

$$\boldsymbol{B}=\nabla\times\boldsymbol{A} \tag{7.1.2}$$

将式(7.1.2)代入麦克斯韦第二方程(7.1.1b)，得到

$$\nabla\times\boldsymbol{E}=-\frac{\partial}{\partial t}(\nabla\times\boldsymbol{A})=-\nabla\times\frac{\partial\boldsymbol{A}}{\partial t} \tag{7.1.3}$$

化简整理得到

$$\nabla\times\left(\boldsymbol{E}+\frac{\partial\boldsymbol{A}}{\partial t}\right)=0 \tag{7.1.4}$$

根据矢量分析中的“梯无旋”，上式可令动态标位 ϕ 满足

$$\boldsymbol{E}+\frac{\partial\boldsymbol{A}}{\partial t}=-\nabla\phi \tag{7.1.5}$$

从式(7.1.5)可以看出，在求解出动态位函数(电位函数 ϕ 和矢量磁位 $\boldsymbol{A}$)后，就可以求出电场强度 $\boldsymbol{E}$。下面我们推导动态位函数所满足的波动方程，即达朗贝尔方程。

由麦克斯韦第一方程(7.1.1a)：$\nabla\times\boldsymbol{H}=\boldsymbol{J}_f+\dfrac{\partial\boldsymbol{D}}{\partial t}$，考虑本构关系 $\boldsymbol{D}=\varepsilon\boldsymbol{E}$，两边同乘以磁导率后可得

$$\nabla\times\boldsymbol{B}=\mu\boldsymbol{J}_f+\mu\varepsilon\frac{\partial\boldsymbol{E}}{\partial t} \tag{7.1.6}$$

根据上两式和 $\boldsymbol{B}=\nabla\times\boldsymbol{A}$，得到

$$\nabla\times\nabla\times\boldsymbol{A}=\mu\boldsymbol{J}_f-\mu\varepsilon\frac{\partial^2\boldsymbol{A}}{\partial t^2}-\nabla\left(\mu\varepsilon\frac{\partial\phi}{\partial t}\right) \tag{7.1.7}$$

根据矢量恒等式：$\nabla\times\nabla\times\boldsymbol{A}=\nabla(\nabla\cdot\boldsymbol{A})-\nabla^2\boldsymbol{A}$，整理得到

$$\nabla^2\boldsymbol{A}-\mu\varepsilon\frac{\partial^2\boldsymbol{A}}{\partial t^2}=-\mu\boldsymbol{J}_f+\nabla\left(\nabla\cdot\boldsymbol{A}+\mu\varepsilon\frac{\partial\phi}{\partial t}\right) \tag{7.1.8}$$

辅助位函数的边界可以是任意的，为了方便，令电位函数 ϕ 和矢量磁位 $\boldsymbol{A}$ 满足关系

$$\nabla\cdot\boldsymbol{A}=-\mu\varepsilon\frac{\partial\phi}{\partial t} \tag{7.1.9}$$

上式称为洛伦兹条件。洛伦兹条件是人为引入的电磁位条件，在静电场中蜕变为 $\nabla\cdot\boldsymbol{A}=0$，称为库仑规范。引入洛伦兹条件后，方程(7.1.8)可以化简为

$$\nabla^2\boldsymbol{A}-\mu\varepsilon\frac{\partial^2\boldsymbol{A}}{\partial t^2}=-\mu\boldsymbol{J}_f \tag{7.1.10}$$

该式为关于动态矢位 $\boldsymbol{A}$ 的达朗贝尔方程。

关于动态电位 ϕ，可由麦克斯韦第四方程(7.1.1d)，根据本构关系 $\boldsymbol{D}=\varepsilon\boldsymbol{E}$，得到

$$\nabla\cdot\boldsymbol{E}=\frac{\rho_f}{\varepsilon} \tag{7.1.11}$$

将式(7.1.5)左右两边取散度后，代入式(7.1.11)，替换 $\nabla\cdot\boldsymbol{E}$ 后，得到

$$\nabla^2\phi+\frac{\partial}{\partial t}(\nabla\cdot\boldsymbol{A})=-\frac{\rho_f}{\varepsilon} \tag{7.1.12}$$

代入洛伦兹条件式(7.1.9),替换$\nabla \cdot \boldsymbol{A}$后,得到

$$\nabla^2 \phi - \mu\varepsilon \frac{\partial^2 \phi}{\partial t^2} = -\frac{\rho_f}{\varepsilon} \tag{7.1.13}$$

该式为关于动态标位ϕ的达朗贝尔方程。

综上,辅助位函数的达朗贝尔方程,建立了源与位函数的关系,是来源于麦克斯韦的四个时变方程。不难得到,在谐变场情况下辅助位函数、磁场、电场的相互关系,以及洛伦兹条件分别满足

$$\dot{\boldsymbol{H}} = \frac{1}{\mu} \nabla \times \dot{\boldsymbol{A}} \tag{7.1.14}$$

$$\dot{\boldsymbol{E}} = -\mathrm{j}\omega \dot{\boldsymbol{A}} - \nabla \dot{\phi} \tag{7.1.15}$$

$$\nabla \cdot \dot{\boldsymbol{A}} = -\mathrm{j}\omega\varepsilon\mu\dot{\phi} \tag{7.1.16}$$

所以,可得到复数形式的达朗贝尔方程

$$\nabla^2 \dot{\boldsymbol{A}} + k^2 \dot{\boldsymbol{A}} = -\mu \dot{\boldsymbol{J}}_f \tag{7.1.17}$$

$$\nabla^2 \dot{\phi} + k^2 \dot{\phi} = -\frac{\dot{\rho}_f}{\varepsilon} \tag{7.1.18}$$

其中,$k=\omega\sqrt{\mu\varepsilon}$,为电磁波波数。

7.1.2 达朗贝尔方程的解

求解时变场源的辐射场问题,根据达朗贝尔方程,可先求辅助位函数,然后再求场。时变场的位函数求解需要通过类比静电场/恒定磁场获得。求解达朗贝尔方程的解,最简单的是时变点电荷源产生的辐射场。

1. 时变点电荷源的达朗贝尔方程的解

如图7.1.1所示,假设空间某点有一个随时间变化的点电荷$q(t)$,除了$r=0$的点之外,空间任意点的电标位ϕ均满足齐次达朗贝尔方程,即

$$\nabla^2 \phi - \mu\varepsilon \frac{\partial^2 \phi}{\partial t^2} = 0 \tag{7.1.19}$$

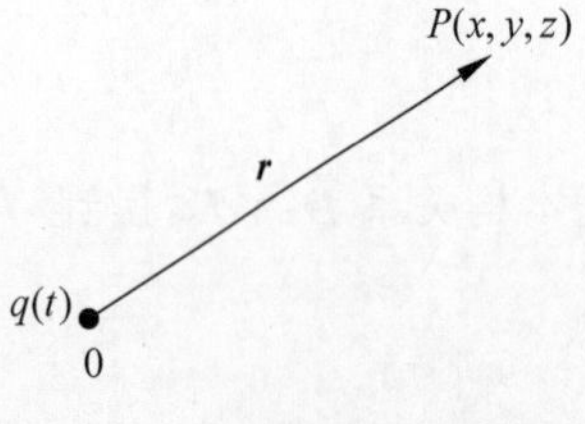

图7.1.1 随时间变化的点电荷

考虑点电荷产生的ϕ是球对称的,仅仅为$\boldsymbol{r}$方向的变化,而随θ、φ都不变。所以球坐标系下的二阶微分的第一项就剩下对r的偏微分部分。并且根据

$$v = \frac{1}{\sqrt{\mu\varepsilon}} \tag{7.1.20}$$

方程改写为

$$\frac{1}{r^2}\frac{\partial}{\partial r}\left(r^2 \frac{\partial \phi}{\partial r}\right) = \frac{1}{v^2}\frac{\partial^2 \phi}{\partial t^2} \tag{7.1.21}$$

等式两边同乘以 r 得到

$$\frac{1}{r}\frac{\partial}{\partial r}\left(r^2\frac{\partial \phi}{\partial r}\right)=\frac{r}{v^2}\frac{\partial^2 \phi}{\partial t^2}=\frac{1}{v^2}\frac{\partial^2 (r\phi)}{\partial t^2} \tag{7.1.22}$$

等式右边的变换是因为 r 与时间无关的量，进而得到

$$\frac{\partial^2 (r\phi)}{\partial r^2}=\frac{1}{v^2}\frac{\partial^2 (r\phi)}{\partial t^2} \tag{7.1.23}$$

上式是一个关于 $r\phi$ 的波动方程（弦振动方程），它的通解形式为

$$r\phi=f_1\left(t-\frac{r}{v}\right)+f_2\left(t+\frac{r}{v}\right) \tag{7.1.24}$$

其中，f_1，f_2 为存在二阶偏导数的任意函数。

借用静电场的电位，用类比方法得到时变场的标量电位的解。在静电场中标量电位的泊松方程是

$$\nabla^2\phi=-\frac{\rho_f}{\varepsilon} \tag{7.1.25}$$

其解是

$$\phi=\frac{q}{4\pi\varepsilon r} \tag{7.1.26}$$

所以，

$$r\phi=\frac{q}{4\pi\varepsilon} \tag{7.1.27}$$

由于动态电标位的达朗贝尔方程为式(7.1.19)，考虑到其通解形式是式(7.1.24)，所以 $r\phi$ 的通解就是

$$r\phi=\frac{q\left(t-\frac{r}{v}\right)}{4\pi\varepsilon}+\frac{q\left(t+\frac{r}{v}\right)}{4\pi\varepsilon} \tag{7.1.28}$$

进而得到标量电位的解是

$$\phi=\frac{q\left(t-\frac{r}{v}\right)}{4\pi\varepsilon r}+\frac{q\left(t+\frac{r}{v}\right)}{4\pi\varepsilon r} \tag{7.1.29}$$

2. 时变分布型场源达朗贝尔方程的解

相比于时变点电荷场源，时变分布型场源在实际应用中更有意义。分布型场源可以借用时变点电荷场源的解，利用微积分概念进行求解。

如果时变电荷以密度 $\rho_f(t)$ 分布在体积 τ' 内，如图7.1.2所示，分布型场源的微分元 $\mathrm{d}\tau'$ 的标量电位为

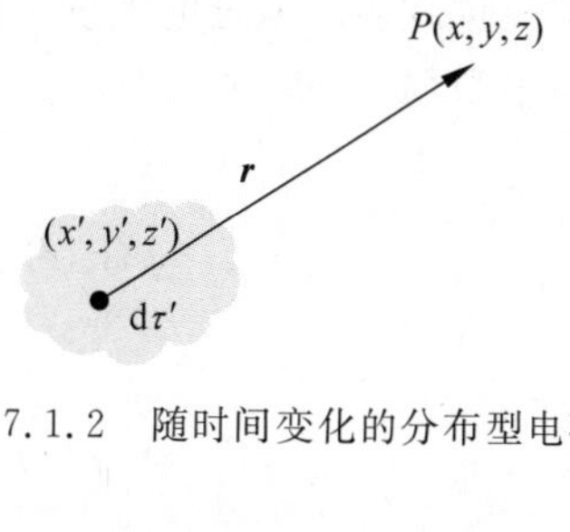

图7.1.2 随时间变化的分布型电荷

$$d\phi(\boldsymbol{r},t)=\frac{\rho_f\left(t-\frac{r}{v}\right)d\tau'}{4\pi\varepsilon r}+\frac{\rho_f\left(t+\frac{r}{v}\right)d\tau'}{4\pi\varepsilon r} \tag{7.1.30}$$

对分布型场源进行体积分，即得到分布型场源的标量电位为

$$\phi(\boldsymbol{r},t)=\frac{1}{4\pi\varepsilon}\iiint_{\tau'}\frac{\rho_f\left(x',y',z',t-\frac{r}{v}\right)}{r}d\tau'+\frac{1}{4\pi\varepsilon}\iiint_{\tau'}\frac{\rho_f\left(x',y',z',t+\frac{r}{v}\right)}{r}d\tau' \tag{7.1.31}$$

同理，借用恒定磁场中的矢量磁位，用类比方法得到时变场的矢量磁位的解为

$$\boldsymbol{A}(\boldsymbol{r},t)=\frac{\mu}{4\pi}\iiint_{\tau'}\frac{\boldsymbol{J}_f\left(x',y',z',t-\frac{r}{v}\right)}{r}d\tau'+\frac{\mu}{4\pi}\iiint_{\tau'}\frac{\boldsymbol{J}_f\left(x',y',z',t+\frac{r}{v}\right)}{r}d\tau' \tag{7.1.32}$$

7.1.3 滞后位及其物理意义

从上述达朗贝尔方程的解，可以看出如下物理意义：

(1) 动态标位和动态矢位解的第一项表示，空间任一点在 t 时刻的解，由 t 时刻之前，即 $\left(t-\frac{r}{v}\right)$ 时刻的场源分布决定，该项称为滞后位。时间相差 $\frac{r}{v}$(s)，正好是源的扰动以速度 v 传播到达场点 P 所需的时间，该项表示向正 r 方向传播的波。

(2) 动态标位和动态矢位解的第二项表示，空间任一点在 t 时刻的解，由 t 时刻之后的场源分布决定，该项称为超前位。

(3) 在无限大媒质空间中，超前位无意义，但在有限空间内，可用于表示反射波。

(4) 滞后位是麦克斯韦方程在无穷大媒质空间的一组具体的解，它说明任何电磁扰动在空间都是以一个有限的速度传播。在自由空间当中，这个速度就是光速，即

$$c=v_0=\frac{1}{\sqrt{\mu_0\varepsilon_0}}=3\times10^8\,(\mathrm{m/s})$$

(5) 电磁场随时间的变化及有限的速度是产生电磁波辐射的直接原因，频率越高，辐射的能量越多。恒定电磁场不随时间变化，根本不辐射。低频场或缓变场，变化很慢，辐射也很微弱。

$$\phi(\boldsymbol{r},t)=\frac{1}{4\pi\varepsilon}\iiint_{\tau'}\frac{\rho_f\left(x',y',z',t-\frac{r}{v}\right)}{r}d\tau' \tag{7.1.33}$$

$$\boldsymbol{A}(\boldsymbol{r},t)=\frac{\mu}{4\pi}\iiint_{\tau'}\frac{\boldsymbol{J}_f\left(x',y',z',t-\frac{r}{v}\right)}{r}d\tau' \tag{7.1.34}$$

在谐变电磁场的情况下，滞后位的复数形式为

$$\dot{\phi}(\boldsymbol{r})=\frac{1}{4\pi\varepsilon}\iiint_{\tau'}\frac{\dot{\rho}_f(x',y',z')\mathrm{e}^{-\mathrm{j}kr}}{r}\mathrm{d}\tau' \tag{7.1.35}$$

$$\dot{\boldsymbol{A}}(\boldsymbol{r})=\frac{\mu}{4\pi}\iiint_{\tau'}\frac{\dot{\boldsymbol{J}}_f(x',y',z')\mathrm{e}^{-\mathrm{j}kr}}{r}\mathrm{d}\tau' \tag{7.1.36}$$

有了达朗贝尔方程的解和滞后位，就可以已知源分布计算由其产生的辐射电磁场。例如，根据式(7.1.34)，由给定的 $\boldsymbol{J}_f$，求出 $\boldsymbol{A}$，再根据式(7.1.2)$\boldsymbol{B}=\nabla\times\boldsymbol{A}$ 求得 $\boldsymbol{B}$，最后由 $\nabla\times\boldsymbol{H}=\mathrm{j}\omega\varepsilon\boldsymbol{E}$ 求得 $\boldsymbol{E}$。考虑到复数形式的公式与实数形式的公式之间存在明显的区别，将表示复数形式的“·”去掉，并不会引起混淆，在后文中，用复数形式时不再打“·”号。

接下来，就根据辅助位函数法，分析天线的基本辐射元，包括电流元、磁流元、缝隙元和惠更斯面元。

7.2 电流元的辐射

视频7-1

电流元是最简单的天线，是构成复杂天线系统的基本要素。如图 7.2.1 所示载流导线，沿 z 轴原点对称放置，观察点为 M 点，其直径可以忽略不计，其长度 l 远小于波长 λ。电流元非常短，其上电流分布可以认为等幅同相。电流元辐射场的求解思路为：$\boldsymbol{J}\rightarrow\boldsymbol{A}\rightarrow\boldsymbol{H}\rightarrow\boldsymbol{E}$。

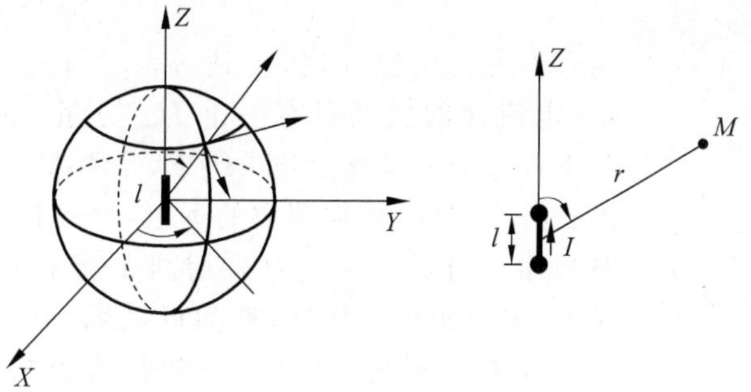

图 7.2.1　电流元

电流元为线电流分布，所以有

$$\boldsymbol{J}_f\mathrm{d}\tau'=\boldsymbol{e}_zI\mathrm{d}l' \tag{7.2.1}$$

由上一节可知，该电流元在空间产生的矢量磁位为

$$\boldsymbol{A}=\frac{\mu}{4\pi}\int_{\Delta z}\frac{\boldsymbol{e}_zI\mathrm{d}l'\mathrm{e}^{-\mathrm{j}kR}}{R} \tag{7.2.2}$$

其中，R 表示电流元上的任意微小线元到远区观察点的距离；r 表示坐标原点到远区观察点的距离。由于 $l\ll\lambda$，所以可以认为 $R\approx r$，所以有

$$\boldsymbol{A}=\boldsymbol{e}_zA_z=\boldsymbol{e}_z\frac{\mu Il\mathrm{e}^{-\mathrm{j}kr}}{4\pi r} \tag{7.2.3}$$

在球坐标系中，$\boldsymbol{A}$ 与坐标变量 φ 无关，根据球坐标系和直角坐标系的关系

$$\boldsymbol{e}_z=\boldsymbol{e}_r\cos\theta-\boldsymbol{e}_\theta\sin\theta \tag{7.2.4}$$

所以 $\boldsymbol{A}$ 的三个坐标分量为

$$A_r = A_z \cos\theta = \frac{\mu I l \mathrm{e}^{-\mathrm{j}kr}}{4\pi r}\cos\theta \tag{7.2.5a}$$

$$A_\theta = -A_z \sin\theta = -\frac{\mu I l \mathrm{e}^{-\mathrm{j}kr}}{4\pi r}\sin\theta \tag{7.2.5b}$$

$$A_\varphi = 0 \tag{7.2.5c}$$

依据 $\boldsymbol{H} = \frac{1}{\mu}\nabla\times\boldsymbol{A}$，得到 $\boldsymbol{H}$ 的三个坐标分量为

$$H_r = 0 \tag{7.2.6a}$$

$$H_\theta = 0 \tag{7.2.6b}$$

$$H_\varphi = \frac{Ilk^2\sin\theta}{4\pi}\left[\frac{\mathrm{j}}{kr} + \frac{1}{(kr)^2}\right]\mathrm{e}^{-\mathrm{j}kr} \tag{7.2.6c}$$

在无源区，依据 $\boldsymbol{E} = \frac{1}{\mathrm{j}\omega\varepsilon}\nabla\times\boldsymbol{H}$，得到 $\boldsymbol{E}$ 的三个坐标分量为

$$E_r = \frac{2Ilk^3\cos\theta}{4\pi\omega\varepsilon}\left[\frac{1}{(kr)^2} - \frac{\mathrm{j}}{(kr)^3}\right]\mathrm{e}^{-\mathrm{j}kr} \tag{7.2.7a}$$

$$E_\theta = \frac{Ilk^3\sin\theta}{4\pi\omega\varepsilon}\left[\frac{\mathrm{j}}{kr} + \frac{1}{(kr)^2} - \frac{\mathrm{j}}{(kr)^3}\right]\mathrm{e}^{-\mathrm{j}kr} \tag{7.2.7b}$$

$$E_\varphi = 0 \tag{7.2.7c}$$

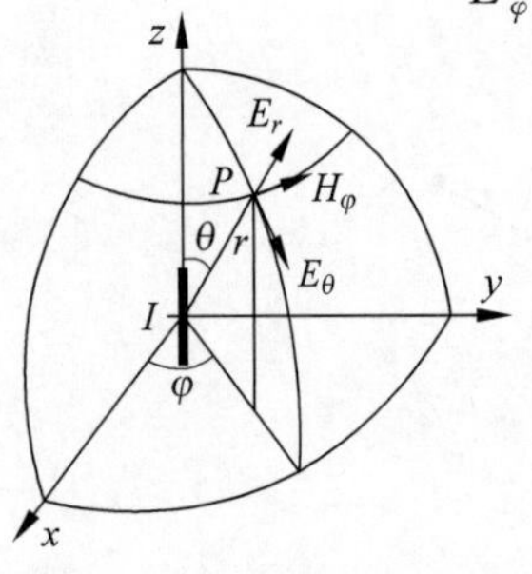

图 7.2.2　电流元的场分布

当为自由空间时，上述 $\mu=\mu_0$，$\varepsilon=\varepsilon_0$。如图 7.2.2 所示，电流元的磁场只有一个 H_φ 分量，电场有两个分量 E_r 和 E_θ，每个分量都由几项组成，是距离 r 的复杂函数。考虑工程应用实际，根据距离的远近，分区讨论天线周围的场分布规律。当研究天线对发射机的干扰以及电磁兼容问题时，一般分析近区特性，称为近区场；当研究天线的远距离通信和雷达探测问题时，一般需要分析远区特性，称为远区场。

7.2.1　近区场

在靠近电流元的区域（$kr\ll 1$，即 $r\ll\lambda/2\pi$），由于 kr 很小，

$$\frac{1}{kr} \ll \frac{1}{(kr)^2} \ll \frac{1}{(kr)^3} \tag{7.2.8}$$

故只需保留式中 $\frac{1}{kr}$ 的高次幂项 $\frac{1}{(kr)^3}$，同时令 $\mathrm{e}^{-\mathrm{j}kr}=1$，电流元的近区场表达式为

$$E_r = -\mathrm{j}\frac{Il\cos\theta}{2\pi\omega\varepsilon r^3} \tag{7.2.9a}$$

$$E_\theta = -\mathrm{j}\frac{Il\sin\theta}{4\pi\omega\varepsilon r^3} \tag{7.2.9b}$$

$$H_\varphi = \frac{Il\sin\theta}{4\pi r^2} \tag{7.2.9c}$$

从以上公式可以看出,电流元近区场满足以下规律:

(1) 电流元近区的电场表达式与静电场中电偶极子的电场表达式相同。静电场中电偶极子的电场表达式为

$$\boldsymbol{E} = \boldsymbol{e}_r E_r + \boldsymbol{e}_\theta E_\theta = \boldsymbol{e}_r \frac{p_e\cos\theta}{2\pi\varepsilon r^3} + \boldsymbol{e}_\theta \frac{p_e\sin\theta}{4\pi\varepsilon r^3} \tag{7.2.10}$$

根据电偶极子的电荷与电流的关系 $I=\mathrm{j}\omega q$,电偶极子电偶极矩的振幅为 $p_e=ql$,故可将电偶极矩 p_e 用 $-\dfrac{\mathrm{j}Il}{\omega}$ 代替,代入式(7.2.10),就可获得式(7.2.9a,b)。可见,电流元是谐变电偶极子,电荷以角频率 ω 振荡,故也称振荡电偶极子,简称电基本振子或振子。

(2) 电流元的磁场表达式与恒定电流元激励的磁场表达式相同。根据毕奥-萨伐尔定律,微小的恒定电流元激励的磁感应强度表达式为

$$\mathrm{d}\boldsymbol{B} = \frac{\mu}{4\pi} \cdot \frac{I\mathrm{d}\boldsymbol{l} \times \boldsymbol{r}_0}{r^2} \tag{7.2.11}$$

可以得到微小的恒定电流元的磁场表达式为

$$\mathrm{d}\boldsymbol{H} = \frac{1}{4\pi} \cdot \frac{I\mathrm{d}l}{r^2} \cdot (\boldsymbol{e}_z \times \boldsymbol{e}_r) \tag{7.2.12}$$

根据球坐标系和直角坐标系的关系式(7.2.4),积分后可得恒定电流元的磁场表达式为

$$\boldsymbol{H} = \boldsymbol{e}_\varphi \frac{Il\sin\theta}{4\pi r^2} \tag{7.2.13}$$

可见,电流元在近区场的磁场表达式(7.2.9c)与恒定电流元激励的磁场式(7.2.13)相同。

(3) 电流元近区场基本公式与静态场相同,所以近区场又称为准静态场或似稳场。

(4) 由式(7.2.9)可得近区场的平均功率流密度为

$$\boldsymbol{S}_{\mathrm{av}} = \frac{1}{2}\mathrm{Re}[\boldsymbol{E} \times \boldsymbol{H}^*] = 0 \tag{7.2.14}$$

因为电场与磁场相位相差 $\pi/2$,所以坡印廷矢量的平均值近似为0。说明在近区场,只有电磁能量的振荡,没有向外的功率输出。在一个周期内,前半周期电基本振子周围的电磁场输送能量,后半周期电基本振子又把能量回收。计算平均功率流密度矢量时,忽略的较小的低次幂项产生的功率正是向外辐射的净功率。

7.2.2 远区场

当 $kr \gg 1$ 时,$r \gg \lambda/2\pi$,即场点 M 与源点所在距离 r 远大于波长 λ 的区域,将该区域称为电流元的远区。在远区中,

$$\frac{1}{kr} \gg \frac{1}{(kr)^2} \gg \frac{1}{(kr)^3} \tag{7.2.15}$$

忽略电磁场中的高次幂项，得到

$$E_{\theta}=\frac{\mathrm{j}Ilk^{2}\sin\theta}{4\pi\omega\varepsilon r}\mathrm{e}^{-\mathrm{j}kr}=\frac{\mathrm{j}Il\sin\theta}{2\lambda r}\sqrt{\frac{\mu}{\varepsilon}}\mathrm{e}^{-\mathrm{j}kr} \tag{7.2.16a}$$

$$H_{\varphi}=\frac{\mathrm{j}Ilk\sin\theta}{4\pi r}\mathrm{e}^{-\mathrm{j}kr}=\frac{\mathrm{j}Il\sin\theta}{2\lambda r}\mathrm{e}^{-\mathrm{j}kr} \tag{7.2.16b}$$

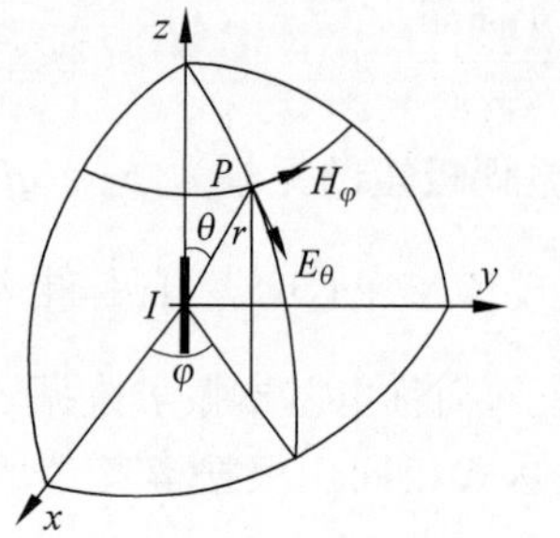

图 7.2.3　电流元的远区场分布

如图 7.2.3 所示电流元的远区场分布，结合上式可以看出，电流元的远区场满足以下规律：

(1) TEM 波：电场只有 E_{θ} 分量，磁场只有 H_{φ} 分量，两者互相垂直，并都与传播方向 $\boldsymbol{e}_r$ 相垂直，电基本振子的远区场是横电磁波(TEM 波)。

(2) 球面波：无论 E_{θ} 或 H_{φ}，其空间相位传播因子都是 $\mathrm{e}^{-\mathrm{j}kr}$，即其空间相位随离源点的距离 r 增大而滞后，等相位面是 r 为常数的球面，远区辐射场是球面波。

(3) 辐射场：远区场与近区场完全不同，场强只有两个相位相同的分量 E_{θ} 和 H_{φ}，坡印廷矢量的平均值不再为 0，电流元的远区场有能量辐射，所以远区场又称为辐射场。

(4) 波阻抗：由于远区场的等相位面上的电场振幅不同，所以远区场的辐射电磁波是非均匀球面波，但其波阻抗

$$\eta=E_{\theta}/H_{\varphi} \tag{7.2.17}$$

是一常数，等于媒质的波阻抗。

(5) 电长度：场的振幅与 I,l,k 呈正比。如果定义电长度为 $\frac{l}{\lambda}$，这时需要注意场的振幅与电长度 $\frac{l}{\lambda}$ 有关，而不是仅与几何尺寸 l 有关。远区场的振幅与 r 呈反比，这是由于电流元由源点向外辐射，其能量逐渐扩散。

(6) 方向性：从远区场的表达式可以看出，远区场的振幅还正比于 $\sin\theta$，在垂直于天线轴的方向($\theta=90°$)，辐射场最大；沿着天线轴的方向($\theta=0°$)，辐射场为 0。这说明电流元的辐射具有方向性。为了形象地描绘这种方向性，经常使用方向图。所谓方向图就是远区任一方向的场强与同一距离的最大场强之比跟空间方向角的关系。很显然，描述电流元方向性的函数为

$$f(\theta)=\sin\theta \tag{7.2.18}$$

其归一化函数为 $F(\theta)=\sin\theta$，将其图形化，如图 7.2.4 所示。

图 7.2.4(a)表示的为电流元在 E 面(电场矢量所在 θ 平面)的方向图，图 7.2.4(b)表示的为电流元在 H 面(磁场矢量所在 φ 平面)的方向图，图 7.2.4(c)表示立体方向图。

(7) 辐射功率：如果以电流元为球心，用一个半径为 r 的球面把它包围起来，那么从电流元辐射出来的电磁能量必然全部通过这个球面，故平均坡印廷矢量在此球面上的积分值就是电流元辐射出来的功率 P_{Σ}。因为复坡印廷矢量为

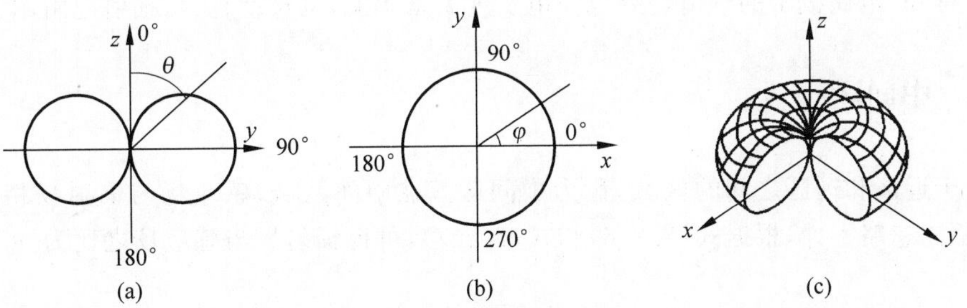

图 7.2.4　电流元的方向图

$$\boldsymbol{S}_{\mathrm{av}}=\frac{1}{2}\mathrm{Re}[\boldsymbol{e}_\theta\boldsymbol{E}_\theta\times\boldsymbol{e}_\rho H_\varphi^*]=\boldsymbol{e}_r\ \frac{1}{2}\ \frac{|\boldsymbol{E}_\theta|^2}{\eta}\tag{7.2.19}$$

电流元在远区辐射的功率为

$$\begin{aligned}P_\Sigma&=\oint\!\!\!\oint_S\boldsymbol{S}_{\mathrm{av}}\cdot\mathrm{d}\boldsymbol{S}\\&=\int_0^{2\pi}\int_0^{\pi}\frac{1}{2\eta}|\boldsymbol{E}|^2\cdot r^2\sin\theta\mathrm{d}\theta\mathrm{d}\varphi\\&=\int_0^{2\pi}\int_0^{\pi}\frac{1}{2}\eta|\boldsymbol{H}|^2\cdot r^2\sin\theta\mathrm{d}\theta\mathrm{d}\varphi\\&=\int_0^{2\pi}\int_0^{\pi}\frac{1}{2}\eta\left(\frac{Il}{2\lambda r}\sin\theta\right)^2\cdot r^2\sin\theta\mathrm{d}\theta\mathrm{d}\varphi\\&=\frac{\eta}{3}I^2\pi\left(\frac{l}{\lambda}\right)^2\end{aligned}\tag{7.2.20}$$

因为空气中的波阻抗

$$\eta=\eta_0=\sqrt{\frac{\mu_0}{\varepsilon_0}}=120\pi\tag{7.2.21}$$

代入式(7.2.20)可得

$$P_\Sigma=40I^2\left(\frac{\pi l}{\lambda}\right)^2\tag{7.2.22}$$

式中，I 的单位为 A 且是复振幅值；辐射功率 P_Σ 的单位为 W；空气中的波长 λ_0 的单位为 m。电流元的辐射功率与电长度 l/λ 相关，电长度越大，辐射功率越大。

(8) 辐射电阻：电流元辐射的电磁能量不能返回波源，因此对波源而言也是一种损耗。利用电路理论的概念，引入一个等效电阻 R_Σ，设此电阻消耗的功率等于辐射功率，则有

$$P_\Sigma=\frac{1}{2}|I|^2R_\Sigma\tag{7.2.23}$$

式中，R_Σ 称为辐射电阻。辐射电阻的大小可用来衡量天线的辐射能力，是天线的重要电参数之一。

$$R_\Sigma=\frac{2P_\Sigma}{|I|^2}=80\pi^2\left(\frac{l}{\lambda}\right)^2\tag{7.2.24}$$

由上式可知，电偶极子的辐射功率也与电长度 l/λ 相关，电长度越大，辐射电阻越大。

7.2.3 中间区

介于近区和远区之间的区域，称为中间区。在中间区域，感应场与辐射场相差不明显，都不能忽略不计，根据式(7.2.6)和式(7.2.7)，可得辐射场与感应场之比为

$$C_0=\frac{1/\frac{\lambda}{2\pi}}{1/r}=\frac{2\pi r}{\lambda}=kr \tag{7.2.25a}$$

$$C_0=20\lg\left(\frac{2\pi r}{\lambda}\right)(\text{dB}) \tag{7.2.25b}$$

如果要求辐射场远远大于感应场，则距离 r 应该远远大于工作波长。例如，辐射场高出感应场 30dB 时，需满足 $r\geqslant 5\lambda$；辐射场高出感应场 36dB 时，需满足 $r\geqslant 10\lambda$。因此在测量天线远场方向图时，对于电尺寸很小的天线，收发天线的距离也应取 $5\sim 10\lambda$；对于电尺寸比较大的天线，测试距离则更复杂。

【例 7-1】 一电流元中心在坐标原点，轴线与 y 轴重合，试求其方向性函数 $F(\theta,\phi)$。

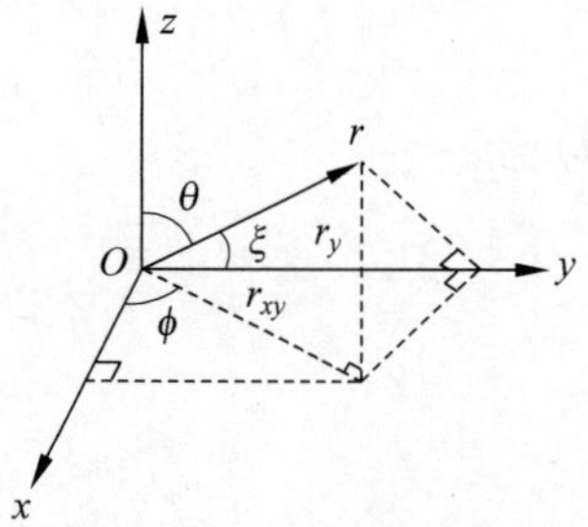

图 7.2.5 例 7-1 的图

解：设场点矢径与 y 轴(正方向)夹角为 ξ，则该电流元的归一化方向性函数为

$$F(\xi)=\sin\xi$$

利用图 7.2.5 所示的几何关系得

$\boldsymbol{r}_y=\boldsymbol{a}_y\cdot\boldsymbol{r}=r\cos\xi=r_{xy}\sin\phi=r\sin\theta\sin\phi$，即 $\cos\xi=\sin\theta\sin\phi$ 故 $F(\theta,\phi)=\sin\xi=\sqrt{1-\cos^2\xi}=\sqrt{1-\sin^2\theta\sin^2\phi}$。

可以验证：沿电流元轴线方向(y 轴)，$\theta=\frac{\pi}{2}$，$\phi=\pm\frac{\pi}{2}$，$F=0$，无辐射；沿垂直于电流元轴线方向(在 zOx 坐标面内)，$\phi=0$(或 $\phi=\pi$)，$F=1$，辐射最强。

7.3 磁流元的辐射

磁流元又称磁基本振子。迄今为止，还不能肯定在自然界中是否有孤立的磁流存在，但是它可以用小电流环来等效。如图 7.3.1 所示，电流小环的直径足够细，它的周长远远小于波长，环上谐变电流的振幅和相位可以认为处处相同。

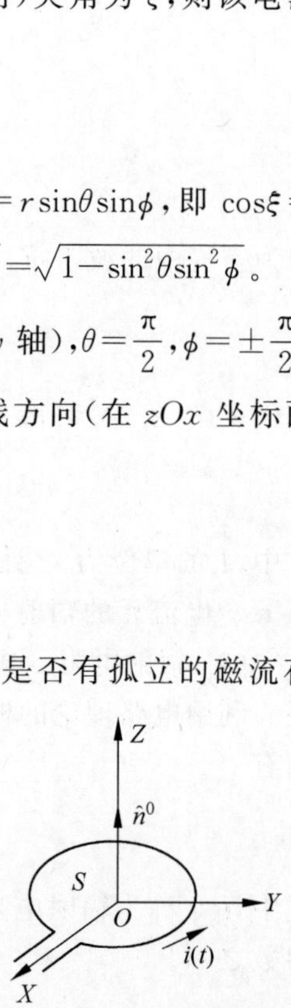

图 7.3.1 小电流环

分析磁流元的场分布规律，有两种求解方法：一是直接积分法，也就是按照电流元的辅助位函数方法，求解思路为：$\boldsymbol{J}\rightarrow\boldsymbol{A}\rightarrow\boldsymbol{H}\rightarrow\boldsymbol{E}$。与电基本振子唯一的区别是积分路径由直线变成了圆环。二是对偶原理法，自由空间的电流元与磁流元之间存在着对偶关系。可以用对偶原理求出磁流元的场，而不必求解达朗贝尔

方程。

所谓对偶性原理，指的是，如果描述物理现象的方程具有相同的数学形式，则其解也将具有相同的数学形式，此相同数学形式的方程称为对偶性方程，在方程中对应位置的物理量称为对偶量，如果已经得到一个方程的解，就可以得到另外一个方程的解。

在7.2节已经得到电流元解的前提下，利用对偶性原理可求出磁流元的解。首先引入磁荷与磁流，麦克斯韦方程组可以写成对称形式，即

$$\nabla\times\boldsymbol{H}=\boldsymbol{J}+\varepsilon\frac{\partial\boldsymbol{E}}{\partial t}\tag{7.3.1a}$$

$$\nabla\times\boldsymbol{E}=-\boldsymbol{J}_M-\mu\frac{\partial\boldsymbol{H}}{\partial t}\tag{7.3.1b}$$

$$\nabla\cdot\boldsymbol{B}=\rho_M\tag{7.3.1c}$$

$$\nabla\cdot\boldsymbol{D}=\rho\tag{7.3.1d}$$

其中，$\boldsymbol{J}_M$ 和 ρ_M 分别表示磁流密度和磁荷密度。

根据线性媒质中电磁场的叠加定理，电磁场可以分解为电荷、电流产生的场 $\boldsymbol{E}_E$ 和 $\boldsymbol{H}_E$；磁荷与磁流产生场 $\boldsymbol{E}_M$ 和 $\boldsymbol{H}_M$，所以有

$$\boldsymbol{E}=\boldsymbol{E}_E+\boldsymbol{E}_M\tag{7.3.2a}$$

$$\boldsymbol{H}=\boldsymbol{H}_E+\boldsymbol{H}_M\tag{7.3.2b}$$

它们分别满足麦克斯韦方程，即

$$\nabla\times\boldsymbol{H}_E=\boldsymbol{J}+\varepsilon\frac{\partial\boldsymbol{E}_E}{\partial t}\tag{7.3.3a}$$

$$\nabla\times\boldsymbol{E}_E=-\mu\frac{\partial\boldsymbol{H}_E}{\partial t}\tag{7.3.3b}$$

$$\nabla\cdot\boldsymbol{B}_E=0\tag{7.3.3c}$$

$$\nabla\cdot\boldsymbol{D}_E=\rho\tag{7.3.3d}$$

和

$$\nabla\times\boldsymbol{H}_M=\varepsilon\frac{\partial\boldsymbol{E}_M}{\partial t}\tag{7.3.4a}$$

$$\nabla\times\boldsymbol{E}_M=-\boldsymbol{J}_M-\mu\frac{\partial\boldsymbol{H}_M}{\partial t}\tag{7.3.4b}$$

$$\nabla\cdot\boldsymbol{B}_M=\rho_M\tag{7.3.4c}$$

$$\nabla\cdot\boldsymbol{D}_M=0\tag{7.3.4d}$$

比较上述两组方程，完全对称，其对偶量关系为

$$\boldsymbol{E}_E\rightarrow\boldsymbol{H}_M\tag{7.3.5a}$$

$$\boldsymbol{H}_E\rightarrow-\boldsymbol{E}_M\tag{7.3.5b}$$

$$\boldsymbol{J}\rightarrow\boldsymbol{J}_M\tag{7.3.5c}$$

$$\rho\rightarrow\rho_M\tag{7.3.5d}$$

$$\varepsilon\rightarrow\mu\tag{7.3.5e}$$

如果电场和磁场的边界条件也满足对偶性原理,则相应解中可用上述对偶量进行互换。在前面章节中,电流元的解已经求出,磁流元的解就可以利用对偶原理求出。

如图 7.3.2 所示,图 7.3.2(a)为一段长为 l 的电流元 I 在 M 点产生的电磁场,图 7.3.2(b)为一段长度为 l 的磁流元 I_M 在 M 点产生的电磁场。这里以考察远区场为例。

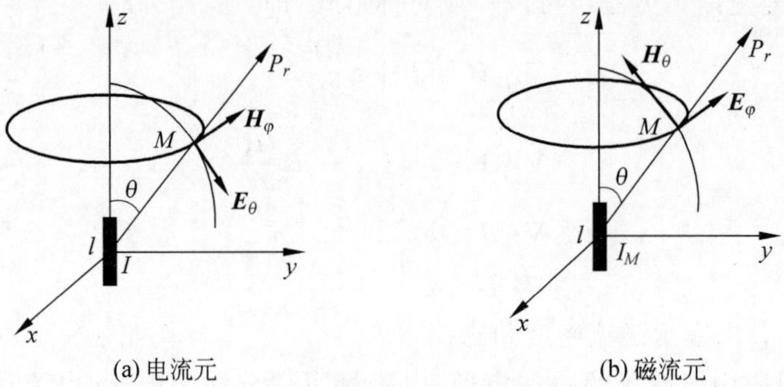

图 7.3.2 电流元与磁流元

由上一小节推导可知,长度 l 的电流元 I 在 M 点产生的远区电磁场分量[图 7.3.2(a)]为式(7.2.16(a))和式(7.2.16(b)),即

$$E_\theta = \frac{\mathrm{j}Ilk^2\sin\theta}{4\pi\omega\varepsilon r}\mathrm{e}^{-\mathrm{j}kr} = \frac{\mathrm{j}Il\sin\theta}{2\lambda r}\sqrt{\frac{\mu}{\varepsilon}}\,\mathrm{e}^{-\mathrm{j}kr} \tag{7.3.6a}$$

$$H_\varphi = \frac{\mathrm{j}Ilk\sin\theta}{4\pi r}\mathrm{e}^{-\mathrm{j}kr} = \frac{\mathrm{j}Il\sin\theta}{2\lambda r}\mathrm{e}^{-\mathrm{j}kr} \tag{7.3.6b}$$

根据对偶性原理,可以得到长度为 l 的磁流元 I_M 在 M 点产生的电磁场分量为

$$H_\theta = \frac{\mathrm{j}I_M l\sin\theta}{2\lambda r}\sqrt{\frac{\varepsilon}{\mu}}\,\mathrm{e}^{-\mathrm{j}kr} \tag{7.3.7a}$$

$$-E_\varphi = \frac{\mathrm{j}I_M l\sin\theta}{2\lambda r}\mathrm{e}^{-\mathrm{j}kr} \tag{7.3.7b}$$

即

$$H_\theta = \frac{\mathrm{j}I_M l\sin\theta}{2\lambda r}\sqrt{\frac{\varepsilon}{\mu}}\,\mathrm{e}^{-\mathrm{j}kr} \tag{7.3.8a}$$

$$E_\varphi = -\frac{\mathrm{j}I_M l\sin\theta}{2\lambda r}\mathrm{e}^{-\mathrm{j}kr} \tag{7.3.8b}$$

考虑到自然界中并不真正存在磁流 I_M,而是用载有电流 I 的小环等效。所以要获得 I_M 和 I 的关系,根据静态场的知识,电流环的磁矩 $\boldsymbol{p}_m$ 与环上电流 i 之间的关系为

$$\boldsymbol{p}_m = \mu i\boldsymbol{S} \tag{7.3.9}$$

式中,$\boldsymbol{S}$ 是小环的环面积矢量,如图 7.3.1 所示,其方向由电流 i 按照右手螺旋法则确定。

$$\boldsymbol{S} = \boldsymbol{n}^0 S = \boldsymbol{e}_z S \tag{7.3.10}$$

把磁矩看成一个随时间变化的磁偶极子。磁偶极子上的磁荷分别为 $+q_M$ 和 $-q_M$,两

磁荷之间的距离为 l，磁极之间有假想的磁流 i_M，以满足磁流的连续性，磁偶极子的磁矩为

$$\boldsymbol{p}_m=q_M\boldsymbol{l}=\mu i\boldsymbol{S} \tag{7.3.11}$$

其中，$\boldsymbol{l}$ 的方向与小电流环的面积矢量 $\boldsymbol{S}$ 的方向一致。故可以得到磁荷

$$q_M=\frac{\mu iS}{l} \tag{7.3.12}$$

可得磁流为

$$i_M=\frac{\mathrm{d}q_M}{\mathrm{d}t}=\frac{\mu S}{l}\frac{\mathrm{d}i}{\mathrm{d}t} \tag{7.3.13}$$

将上式转化成复数形式，可得磁流元与电流元的关系为

$$I_M=\frac{\mathrm{j}\omega\mu S}{l}I \tag{7.3.14}$$

需要区分的是，上面用 i 和 i_M 表示电流和磁流的瞬时形式，而用 I 和 I_M 表示相应的复数形式。将式(7.3.14)代入式(7.3.8a)和式(7.3.8b)，可得电流小环，即磁流元的远区场为

$$H_\theta=-\frac{\omega\mu IS\sin\theta}{2\lambda r}\sqrt{\frac{\varepsilon}{\mu}}\mathrm{e}^{-\mathrm{j}kr}=\frac{-\pi IS\sin\theta}{\lambda^2 r}\mathrm{e}^{-\mathrm{j}kr} \tag{7.3.15a}$$

$$E_\varphi=\frac{\omega\mu IS\sin\theta}{2\lambda r}\mathrm{e}^{-\mathrm{j}kr}=\eta\frac{\pi IS\sin\theta}{\lambda^2 r}\mathrm{e}^{-\mathrm{j}kr} \tag{7.3.15b}$$

将上式与电流元的远区场式(7.2.16a、b)进行对比，可知：

(1) 相同点：磁流元的辐射电场与磁场两者互相垂直，并都与传播方向 $\boldsymbol{e}_r$ 相垂直。磁流元远区场也是横电磁波(TEM 波)，其空间相位传播因子都是 $\mathrm{e}^{-\mathrm{j}kr}$，空间相位随离源点的距离 r 增大而滞后，等相位面 r 为常数的球面，所以远区辐射场也是球面波。电场与磁场同相，因此坡印廷矢量的平均值不为 0，磁流元远区场也是辐射场占优势。等相位面上的电场振幅不同，所以远区辐射电磁波也是非均匀球面波，其波阻抗

$$\eta=E_\varphi/H_\theta \tag{7.3.16}$$

是一常数，等于媒质的波阻抗。

远区场幅度与 I、S 成正比，与电尺寸$\dfrac{S}{\lambda^2}$有关，与 r 成反比，这说明磁流元由源点向外辐射，其也是逐渐扩散的。远区场的振幅也正比于 $\sin\theta$，所以方向函数 $f(\theta)=\sin\theta$。

(2) 不同点：磁流元辐射电场只有 E_φ 分量，磁场只有 H_θ 分量，所以磁流元的 E 面方图与电流元的 H 面方向图相同，而 H 面方向图与电流元的 E 面方向图相同。图 7.3.3(a)为磁流元 H 面(电场矢量所在 θ 平面)方向图，图 7.3.3(b)为电流元 E 面(磁场矢量所在 φ 平面)方向图，图 7.3.3(c)表示立体方向图。

(3) 辐射功率：磁偶极子的辐射功率为

$$\begin{aligned}P_\Sigma&=\oint\!\!\!\oint_S\boldsymbol{S}_{\mathrm{av}}\cdot\mathrm{d}\boldsymbol{S}\\&=\int_0^{2\pi}\int_0^{\pi}\frac{1}{2}\eta\left(\frac{\pi IS\sin\theta}{\lambda^2 r}\right)^2\cdot r^2\sin\theta\mathrm{d}\theta\mathrm{d}\varphi\end{aligned}$$

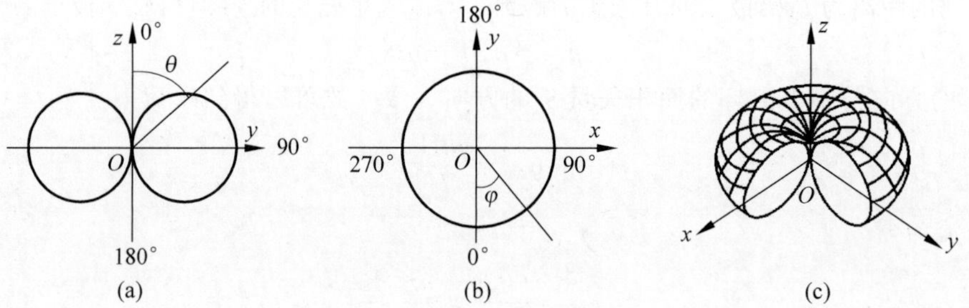

图 7.3.3　磁流元的方向图

$$=160\pi^4 I^2\left(\frac{S}{\lambda^2}\right)^2 \tag{7.3.17}$$

其中，I 是电流环上谐变电流的振幅；S 是小环的面积。

（4）辐射电阻：

$$R_\Sigma=\frac{2P_\Sigma}{I^2}=320\pi^4\left(\frac{S}{\lambda^2}\right)^2 \tag{7.3.18}$$

由上式可知，磁流元的辐射功率与电尺寸$\frac{S}{\lambda^2}$相关，电尺寸越大，辐射电阻越大。

*7.4　缝隙元的辐射

缝隙元，也称基本缝隙振子，是在一块无穷大且无限薄的理想导体平面上开的窄缝隙。如图 7.4.1(a)所示，尺寸 $l\ll\lambda$ 和 $d\ll l$。设想在缝隙外加电源，在缝隙中将产生电场。考虑到 $d\ll l$，再忽略两端的边沿效应，认为缝隙场分布均匀。与电流元类似，缝隙近处的场为似稳场，电场分布将和相同边界下的静电场相似，如图 7.4.1(b)所示。

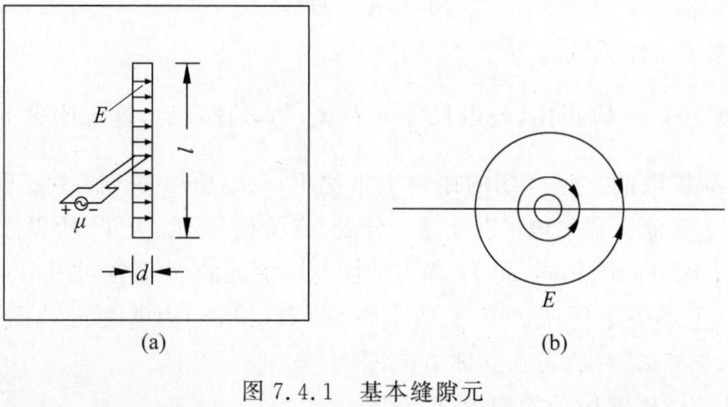

图 7.4.1　基本缝隙元

将缝隙中心置于直角坐标系原点，如图 7.4.2(a)所示，根据理想导体边界条件，在 xOz 平面上缝隙以外的区域，电场切向分量处处为 0，只在缝隙中电场的切线分量是 $E_x=U/d$。

引入片状直线磁流元(长为 l,宽为 d,厚度为 0),如图 7.4.2(b)所示,根据对偶性,由全电流定律,可得全磁流定律

$$-I_M=\oint_l \boldsymbol{E}_M\cdot \mathrm{d}\boldsymbol{l} \tag{7.4.1}$$

选定积分路径紧贴磁流源,则有 $I_M=E_M\cdot 2d$。若使 $E_M=E_x$,则 $I_M=2dE=2U$。

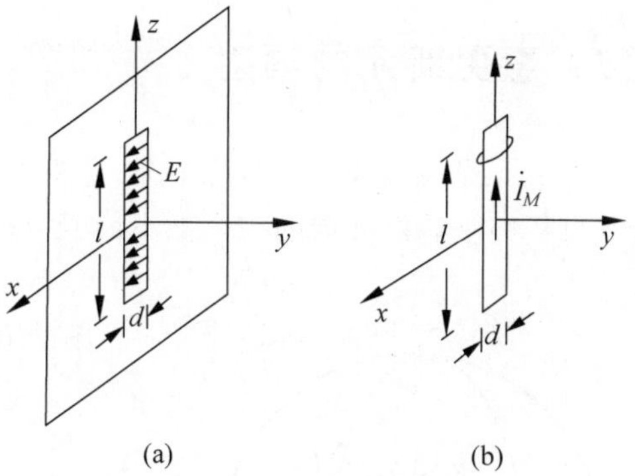

图 7.4.2 基本缝隙与磁流元

直线磁流元在右半空间($y>0$)激励的电磁场就是缝隙激励的电磁场;在左半空间($y<0$)的场与右半空间的场两者相差一个负号,因为磁流激励的电场和缝隙电场大小相等、方向相反。根据对偶原理,片状直线磁流元的辐射场可从片状直线电流元的辐射场求得。

由磁流元辐射场表达式(7.3.8),可得基本缝隙在右半空间($y>0$)的远区电磁场为

$$E_\varphi=-\frac{\mathrm{j}Ul\sin\theta}{\lambda r}\mathrm{e}^{-\mathrm{j}kr} \tag{7.4.2a}$$

$$H_\theta=\frac{\mathrm{j}Ul\sin\theta}{\lambda r}\sqrt{\frac{\varepsilon}{\mu}}\,\mathrm{e}^{-\mathrm{j}kr} \tag{7.4.2b}$$

因此基本缝隙在左半空间($y<0$)的远区电磁场为

$$E_\varphi=\frac{\mathrm{j}Ul\sin\theta}{\lambda r}\mathrm{e}^{-\mathrm{j}kr} \tag{7.4.3a}$$

$$H_\theta=-\frac{\mathrm{j}Ul\sin\theta}{\lambda r}\sqrt{\frac{\varepsilon}{\mu}}\,\mathrm{e}^{-\mathrm{j}kr} \tag{7.4.3b}$$

因为 $l\ll\lambda$ 和 $d\ll l$,片状电流元的辐射场就是电流元的辐射场。基本缝隙与磁流元的场分布如图 7.4.3 所示,不再赘述。为了避免现代快速飞行器的突出部分所带来的空气阻力,常在飞行器的金属外壳切开缝隙作为飞行器的雷达天线,这种天线称为缝隙天线,缝隙元就是缝隙天线的基本单元。

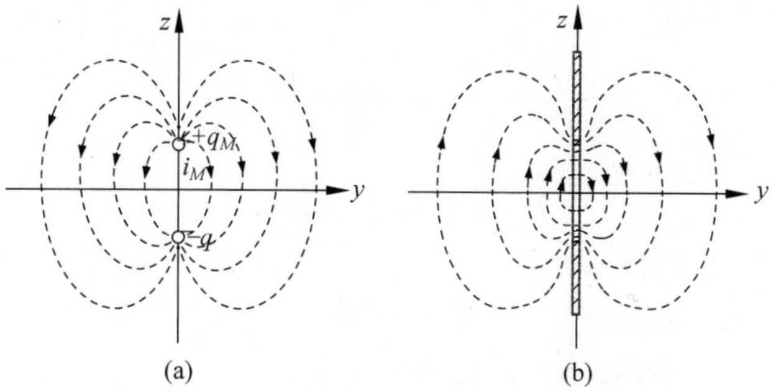

图 7.4.3 磁流元(a)和缝隙振子(b)的场分布

视频7-2

7.5 惠更斯元的辐射

电流元是线天线的基本辐射元，惠更斯面元是口径天线的基本辐射元。它实际上是天线口径面上传播波前的一个微小面元 $dS=e_z dx dy$（$dx\ll\lambda$，$dy\ll\lambda$），该面元上场的振幅和相位都是均匀的，$E_{0y}/H_{0x}=120\pi$，电场和磁场的方向处处相互垂直，如图 7.5.1 所示。

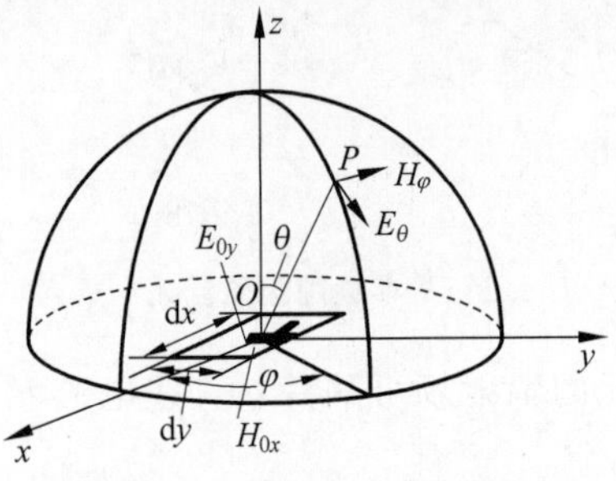

图 7.5.1　惠更斯面元示意图

根据电磁场的等效原理，惠更斯面元上的磁场可用等效电流来代替，而电场则可用等效磁流来代替。口径面上电场和磁场是相互垂直的，因此等效的磁流和电流也是互相垂直的。惠更斯面元可以等效为一对相互正交的电流元（$-y$ 方向）与磁流元（x 方向）的叠加，如图 7.5.2 所示。根据电磁场的边界条件，面上等效电流密度为

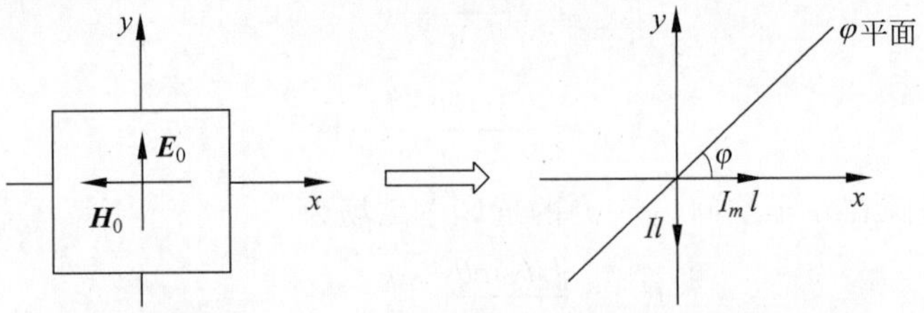

(a) 惠更斯面元　　(b) 电流元与磁流元的叠加

图 7.5.2　惠更斯面元的等效

$$\boldsymbol{J}=\boldsymbol{n}\times\boldsymbol{H}=\boldsymbol{e}_z\times\frac{E_{0y}}{120\pi}(-\boldsymbol{e}_x)=-\frac{E_{0y}}{120\pi}\boldsymbol{e}_y \tag{7.5.1}$$

面上等效磁流密度为

$$\boldsymbol{J}_m=-\boldsymbol{n}\times\boldsymbol{E}=-\boldsymbol{e}_z\times E_{0y}\boldsymbol{e}_y=E_{0y}\boldsymbol{e}_x \tag{7.5.2}$$

因此，等效的电流元为

$$\boldsymbol{I}dy=-\left(\frac{E_{0y}}{120\pi}dx\right)dy\boldsymbol{e}_y \tag{7.5.3}$$

等效的磁流元为

$$\boldsymbol{I}_m dx=(E_{0y}dy)dx\boldsymbol{e}_x \tag{7.5.4}$$

等效电流元在空间产生的辐射场为

$$d\boldsymbol{E}_e=j\frac{E_{0y}dxdy}{2\lambda r}\sin\theta_e e^{-jkr}\boldsymbol{\theta}_e \tag{7.5.5}$$

等效磁流元在空间产生的辐射场为

$$d\boldsymbol{E}_m=-j\frac{E_{0y}dxdy}{2\lambda r}\sin\theta_m e^{-jkr}\boldsymbol{\varphi}_m \tag{7.5.6}$$

其中，θ_e 表示射线与电流元轴线之间的夹角；θ_m 表示射线与磁流元轴线之间的夹角；$\boldsymbol{\theta}_e$ 表示沿 θ_e 增加方向的单位矢量；$\boldsymbol{\varphi}_m$ 表示在与磁流元轴线相垂直的平面内沿方位角 φ_m 增加方向的单位矢量。

惠更斯面元在空间任意一点(r, θ, φ)的场，对于任意 φ 值确定的一个 φ 平面，可将等效的电流元和磁流元各分解为两个分量，一个与 φ 平面平行，另一个与 φ 平面垂直，然后组成两组正交的电流元和磁流元，一组乘 $\cos\varphi$，另一组乘 $\sin\varphi$。然后在空间任意点叠加获得惠更斯面元的辐射场，如图 7.5.3 所示。电流元与磁流元的分解如表 7.5.1 所示。

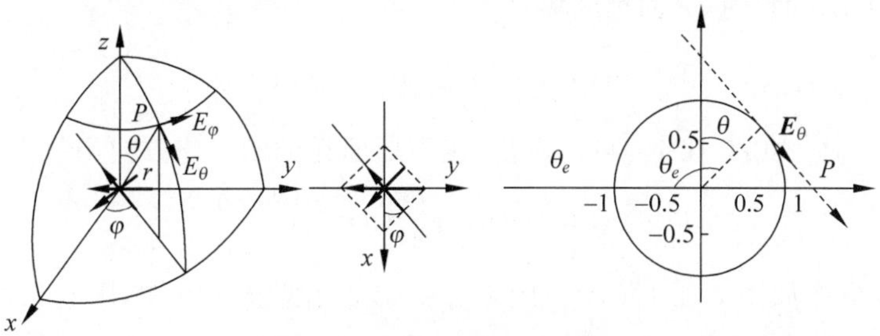

图 7.5.3　惠更斯面元的等效

表 7.5.1　电流元与磁流元的分解

类　型	分 解 分 量	乘积因子	$\sin\theta_e$ 或 $\sin\theta_m$	$\boldsymbol{\theta}_e$ 或 $\boldsymbol{\varphi}_m$
电流元	与 φ 平行分量	$\sin\varphi$	$\sin\left(\frac{\pi}{2}\pm\theta\right)=\pm\cos\theta$	$\pm\boldsymbol{e}_\theta$
	与 φ 垂直分量	$\cos\varphi$	$\sin\frac{\pi}{2}=1$	$\pm\boldsymbol{e}_\varphi$
磁流元	与 φ 平行分量	$\cos\varphi$	$\sin\left(\frac{\pi}{2}\mp\theta\right)=\mp\cos\theta$	$\mp\boldsymbol{e}_\varphi$
	与 φ 垂直分量	$\sin\varphi$	$\sin\frac{\pi}{2}=1$	$\mp\boldsymbol{e}_\theta$

由于电流元与 φ 平面平行的分量在 φ 平面内产生的远区场有方向性 $\pm\cos\theta$，且极化方向为 $\pm\boldsymbol{e}_\theta$（正 φ 轴取＋，负 φ 轴取－）；电流元与 φ 平面垂直的分量在 φ 平面内产生的远区场无方向性，且极化方向为 $\pm\boldsymbol{e}_\varphi$（正 φ 轴取＋，负 φ 轴取－）；磁流元与 φ 平面平行的分量在 φ 平面内产生的远区场有方向性 $\pm\cos\theta$，且极化方向为 $\mp\boldsymbol{e}_\varphi$（正 φ 轴取－，负 φ 轴取＋）；磁流元与 φ 平面垂直的分量在 φ 平面内产生的远区场无方向性，且极化方向为 $\mp\boldsymbol{e}_\theta$（正 φ 轴取－，负 φ 轴取＋）。

由四个分量在空间产生场的叠加可得到惠更斯面元在(r, θ, φ)点产生的远区辐射场为

$$\mathrm{d}\boldsymbol{E}=\mathrm{d}\boldsymbol{E}_\theta+\mathrm{d}\boldsymbol{E}_\varphi$$

$$\mathrm{d}\boldsymbol{E}_\theta=\mathrm{j}\frac{1}{2\lambda r}E_{0y}\,\mathrm{d}x\,\mathrm{d}y(1+\cos\theta)\sin\varphi\,\mathrm{e}^{-\mathrm{j}kr}\boldsymbol{e}_\theta \tag{7.5.7a}$$

$$\mathrm{d}\boldsymbol{E}_\varphi=\mathrm{j}\frac{1}{2\lambda r}E_{0y}\,\mathrm{d}x\,\mathrm{d}y(1+\cos\theta)\cos\varphi\,\mathrm{e}^{-\mathrm{j}kr}\boldsymbol{e}_\varphi \tag{7.5.7b}$$

惠更斯面元在空间远区任意点产生的辐射场振幅应等于

$$
\begin{aligned}
\mathrm{d}E &= \sqrt{|\mathrm{d}E_\theta|^2 + |\mathrm{d}E_\varphi|^2} \\
&= \mathrm{j}\,\frac{1}{2\lambda r}E_{0y}(1+\cos\theta)\mathrm{d}x\,\mathrm{d}y
\end{aligned} \tag{7.5.8}
$$

由式(7.5.7)、式(7.5.8)可得两个主平面的远区辐射场，在 $\varphi=90^\circ$(yOz 面)的 E 面远区场

$$\mathrm{d}E_\theta = \mathrm{j}\,\frac{1}{2\lambda r}E_{0y}\,\mathrm{d}x\,\mathrm{d}y(1+\cos\theta)\mathrm{e}^{-\mathrm{j}kr} \tag{7.5.9}$$

在 $\varphi=0^\circ$(x-z 面)的 H 面远区场

$$\mathrm{d}E_\varphi = \mathrm{j}\,\frac{1}{2\lambda r}E_{0y}\,\mathrm{d}x\,\mathrm{d}y(1+\cos\theta)\mathrm{e}^{-\mathrm{j}kr} \tag{7.5.10}$$

由式(7.5.8)～式(7.5.10)可以看出，惠更斯面元的归一化方向函数为

$$F(\theta)=F_E(\theta)=F_H(\theta)=\frac{1+\cos\theta}{2} \tag{7.5.11}$$

计算的方向图如图 7.5.4 所示。图 7.5.4(a)表示立体方向图，图 7.5.4(b)为平面方

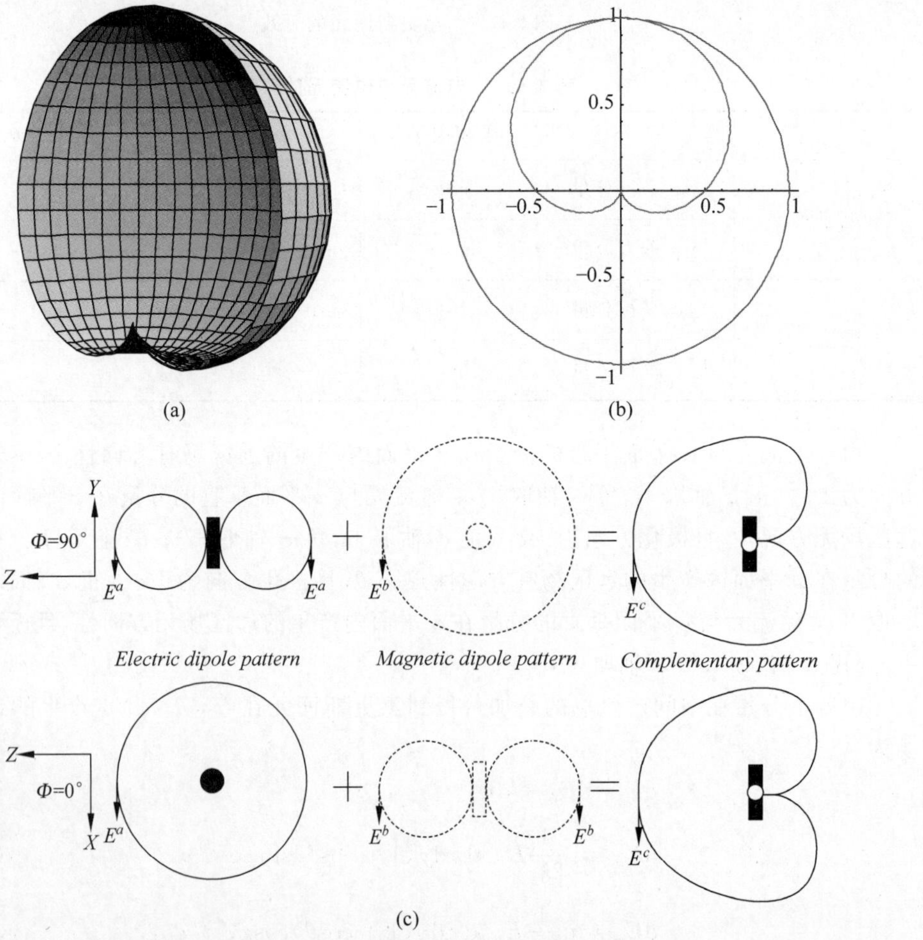

图 7.5.4　惠更斯面元的方向图

向图，图 7.5.4(c)表示 E 面和 H 面方向图的叠加示意图。可以看出，惠更斯面元的 E 面方向图是电流元和磁流元的 E 面方向图线性叠加，惠更斯面元的 H 面方向图是电流元和磁流元的 H 面方向图线性叠加。

如果惠更斯面元上场矢量方向是任意的，表示式如下：

$$\boldsymbol{E}_0 = E_{0x}\boldsymbol{e}_x + E_{0y}\boldsymbol{e}_y \tag{7.5.12a}$$

$$\boldsymbol{H}_0 = -\frac{E_{0y}}{120\pi}\boldsymbol{e}_x + \frac{E_{0x}}{120\pi}\boldsymbol{e}_y \tag{7.5.12b}$$

用前面的分析方法同样可以得到惠更斯面元在空间远区任意点产生的辐射场表达式：

$$\mathrm{d}\boldsymbol{E}_\theta = \mathrm{j}\,\frac{1}{2\lambda r}(1+\cos\theta)\,\mathrm{d}x\,\mathrm{d}y\,\mathrm{e}^{-\mathrm{j}kr}\left[E_{0x}\cos\varphi + E_{0y}\sin\varphi\right]\boldsymbol{e}_\theta \tag{7.5.13a}$$

$$\mathrm{d}\boldsymbol{E}_\varphi = \mathrm{j}\,\frac{1}{2\lambda r}(1+\cos\theta)\,\mathrm{d}x\,\mathrm{d}y\,\mathrm{e}^{-\mathrm{j}kr}\left[-E_{0x}\sin\varphi + E_{0y}\cos\varphi\right]\boldsymbol{e}_\varphi \tag{7.5.13b}$$

有了惠更斯面元的辐射场表达式，平面口径的辐射就可以看作无穷多个惠更斯面元产生辐射的叠加。后面章节将讨论平面口径的辐射，进而获得面天线的辐射特性。

天线的种类繁多，大体是由上述几种基本辐射元构成，理解基本辐射元工作机理是分析具体单元或阵列天线的基础，如表 7.5.2 所示。

7.5.2 基本辐射元与天线种类

基本辐射元	电流元单元天线	电流元阵列天线	磁流元单元天线	磁流元阵列天线	缝隙元单元天线	缝隙元阵列天线	惠更斯元单元天线	惠更斯元阵列天线
天线种类	对称振子天线、环形天线、螺旋天线、行波单导线、鞭天线、菱形天线、折合振子天线等	偶极子阵列天线、八木天线、对数周期天线、蝙蝠翼天线等	微带天线等	微带阵列天线等	微带缝隙天线、波导缝隙天线等	微带缝隙阵列天线、波导缝隙阵列天线等	喇叭天线等	喇叭阵列天线、反射器天线、透镜天线等

7.6 天线的电参数

描述天线工作特性的参数称为天线的电参数，又称电指标，是衡量天线性能的尺度。天线的电参数往往根据发射状态规定，通常包括方向特性、阻抗特性、带宽特性和极化特性。

7.6.1 方向特性

视频7-3

天线的方向特性，是指在远区相同距离 r 的条件下，天线辐射场的相对值与空间方向(方位角 φ、俯仰角 θ)的关系。可以用方向函数、方向图、方向系数及增益指标来描述。

1. 方向函数

在前面章节中,电流元产生的辐射场为

$$E_\theta = \frac{\mathrm{j}Ilk^2\sin\theta}{4\pi\omega\varepsilon r}\mathrm{e}^{-\mathrm{j}kr} = \frac{\mathrm{j}Il\sin\theta}{2\lambda r}\sqrt{\frac{\mu}{\varepsilon}}\mathrm{e}^{-\mathrm{j}kr} \tag{7.6.1a}$$

$$H_\varphi = \frac{\mathrm{j}Ilk\sin\theta}{4\pi r}\mathrm{e}^{-\mathrm{j}kr} = \frac{\mathrm{j}Il\sin\theta}{2\lambda r}\mathrm{e}^{-\mathrm{j}kr} \tag{7.6.1b}$$

可以看出,电流元辐射场中与空间方向关系的因子为 $\sin\theta$,我们定义其方向函数为

$$f(\theta,\varphi) = \sin\theta \tag{7.6.2}$$

如果天线方向函数的最大值为 $f_{\max}$,相应的归一化方向函数为

$$F(\theta,\varphi) = \frac{f(\theta,\varphi)}{f_{\max}} = \sin\theta \tag{7.6.3}$$

同理,也可以得到磁流元和惠更斯面元的(归一化)方向函数。

2. 方向图

对于复杂天线系统,很难求解出方向函数解析表达式,这时可以用方向图来描述天线的方向特性。方向图也叫方向性图或波瓣图,是方向函数 $F(\theta,\varphi)$ 的图形化,其形象、直观,弥补了方向函数的抽象性,可借助建模仿真或者测量数据得到。

(1) 功率方向图:在实际应用中,除了使用场强方向图外,有时也采用功率方向图,它们之间是平方的关系,即

$$\Phi(\theta,\varphi) = F^2(\theta,\varphi) \tag{7.6.4}$$

(2) 坐标系:可以采用平面方向图或立体方向图,参考坐标系可以采用直角坐标或极坐标,也可以根据需要使用线性坐标或对数坐标,如图 7.6.1 所示。

彩图

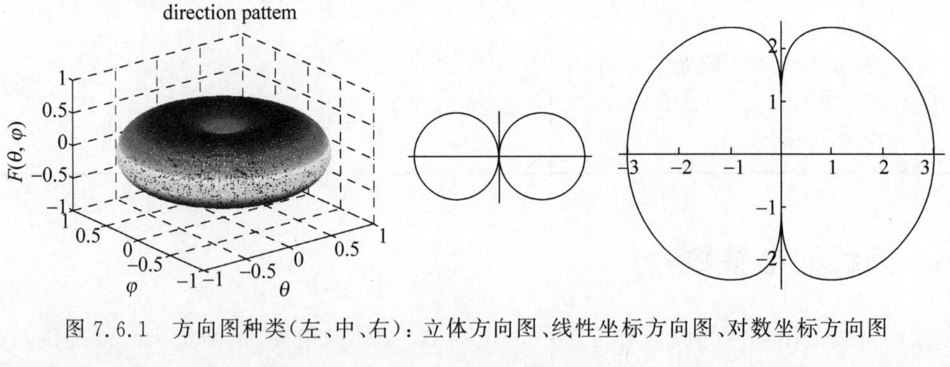

图 7.6.1 方向图种类(左、中、右):立体方向图、线性坐标方向图、对数坐标方向图

(3) 波瓣图:对于任意实际天线,其方向图呈现花瓣状,其最大辐射方向所在的瓣称为主瓣,其余的瓣称为旁瓣或后瓣。主瓣有宽有窄,我们用主瓣宽度定义其宽度。主瓣宽度又分为半功率波瓣宽度和零功率波瓣宽度,具体情况见图 7.6.2。

(4) 零功率波瓣宽度:指主瓣最大值两边两个零辐射方向的夹角,记为 BW_0 或 $2\theta_0$。

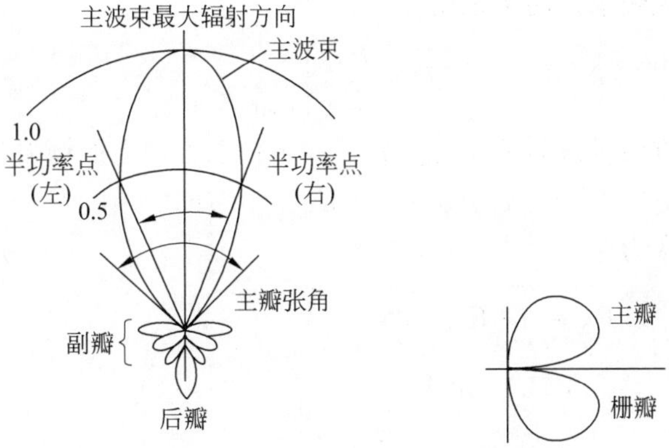

图 7.6.2 天线方向图参数

常用 $2\theta_{0E}$ 和 $2\theta_{0H}$ 分别表示 E 面和 H 面的零功率波瓣宽度。

(5) 半功率波瓣宽度：半功率波瓣宽度，也称主瓣宽度，是指在主瓣最大值两侧，功率密度下降一半$\left(场强下降\frac{\sqrt{2}}{2}\right)$的两个方向之间的夹角，记为 $BW_{0.5}$ 或 $2\theta_{0.5}$。显然，主瓣宽度表示了电磁能量辐射的集中程度。

(6) 旁瓣电平：一般希望旁瓣越小越好，为了表示旁瓣相对强弱，我们用第一旁瓣电平来表示，记为 FSLL，通常用分贝表示，即

$$\mathrm{FSLL}=10\lg\left(\frac{S_{\mathrm{av2}}}{S_{\mathrm{av1}}}\right)=20\lg\left(\frac{E_2}{E_1}\right)(\mathrm{dB}) \tag{7.6.5}$$

式中，S_{av} 表示功率密度；下标 1、2 表示主瓣和旁瓣的最大值。

(7) 栅瓣：栅瓣的幅值等于主瓣的幅值。

(8) 前后比 FBR：指主瓣最大值 S_0 与后瓣最大值 S_b 之比，通常也用分贝表示。

$$\mathrm{FBR}=10\lg\left(\frac{S_0}{S_b}\right)(\mathrm{dB}) \tag{7.6.6}$$

在实际应用中，无方向性的天线是不存在的。在理论研究中，我们认为理想点源是无方向性(等方向性)天线，即在相同距离处，沿任意方向产生的场强大小是相同的。电流元 H 面方向图是全向的，但不同于无方向性天线，因为其 E 面方向图是有方向性的。

3. 方向系数

为了简单定量描述天线的方向性，可以使用方向系数 D。方向系数是指在同一距离及相等的辐射功率条件下，某一天线在其最大辐射方向上辐射的功率密度和理想的无方向性天线(点源)在同一点产生的功率密度的比值，即

$$D=\left.\frac{S_{\max}}{S_0}\right|_{P_\Sigma 相同}=\left.\frac{E_{\max}^2}{E_0^2}\right|_{P_\Sigma 相同} \tag{7.6.7}$$

式中，$S_{\max}$ 为天线在最大辐射方向上的功率密度；S_0 为理想点源的辐射功率密度。

同时，方向系数也可以表示为任何方向都受到与最大辐射方向等强度的辐射时所需

的辐射功率与实际天线辐射功率之比。

$$D=\left.\frac{P_{\Sigma 0}}{P_{\Sigma}}\right|_{E\text{相同}} \tag{7.6.8}$$

天线的归一化方向函数为 $F(\theta,\varphi)$，则天线在任意方向上的场强为

$$|E(\theta,\varphi)|=|E_{\max}|F(\theta,\varphi) \tag{7.6.9}$$

天线的辐射功率为

$$\begin{aligned}P_{\Sigma}&=\oiint_S \boldsymbol{S}_{\mathrm{av}}\cdot \mathrm{d}\boldsymbol{S}\\&=\oiint_S \frac{1}{2}\frac{E^2(\theta,\varphi)}{\eta_0}\mathrm{d}s\\&=\frac{1}{240\pi}\int_0^{2\pi}\int_0^{\pi}E_{\max}^2F^2(\theta,\varphi)r^2\sin\theta\mathrm{d}\theta\mathrm{d}\varphi\\&=\frac{E_{\max}^2r^2}{240\pi}\int_0^{2\pi}\int_0^{\pi}F^2(\theta,\varphi)\sin\theta\mathrm{d}\theta\mathrm{d}\varphi\end{aligned} \tag{7.6.10}$$

所以天线最大辐射方向上的场强满足

$$E_{\max}^2=\frac{240\pi P_{\Sigma}}{r^2\int_0^{2\pi}\int_0^{\pi}F^2(\theta,\varphi)\sin\theta\mathrm{d}\theta\mathrm{d}\varphi} \tag{7.6.11}$$

无方向性点源的功率密度为

$$S_0=\frac{P_{\Sigma}}{4\pi r^2}=\frac{E_0^2}{2\eta} \tag{7.6.12}$$

所以，无方向性天线的场强为

$$E_0^2=\frac{60P_{\Sigma}}{r^2} \tag{7.6.13a}$$

$$|E_0|=\frac{\sqrt{60P_{\Sigma}}}{r} \tag{7.6.13b}$$

根据方向系数的定义

$$\begin{aligned}D&=\left.\frac{E_{\max}^2}{E_0^2}\right|_{P_{\Sigma}\text{相同}}\\&=\frac{4\pi}{\int_0^{2\pi}\int_0^{\pi}F^2(\theta,\varphi)\sin\theta\mathrm{d}\theta\mathrm{d}\varphi}\end{aligned} \tag{7.6.14}$$

上式表明，方向系数与辐射功率在全空间的分布状态有关。天线主瓣越窄，同时全空间的副瓣电平越小，天线的方向系数越大。

将式(7.6.14)的分母单独拿出来可得到另外一个描述方向性的参数，即波束立体角 Ω_A，表示以功率方向函数为立体角元的权重因子对全空域的积分值。

$$\Omega_A=\int_0^{2\pi}\mathrm{d}\varphi\int_0^{\pi}|F(\theta,\varphi)|^2\sin\theta\mathrm{d}\theta \tag{7.6.15}$$

可得方向系数与波束立体角的关系为

$$D=\frac{4\pi}{\Omega_A} \tag{7.6.16}$$

综上,方向函数是核心,它通过数学函数全面地描述天线的辐射特性;方向图是在工程常用的,通过图形比较直观地反映了天线的方向特性;方向系数,则用一个数字定量地描述天线方向性的强弱。

4. 天线效率

在无线电系统中,发射机发射出的功率为资用功率 P_0,经过导波系统(传输线)到达天线后,一部分作为反射功率反射回发射机,另一部分作为天线的输入功率 P_{in}。

$$P_{in}=(1-\Gamma^2)P_0 \tag{7.6.17}$$

由于载有高频电流的天线导体及其绝缘介质的非理想性,都会产生损耗,因此输入天线的功率并不能全部作为辐射功率转化成电磁波能量。用天线效率来表示这种能量转换的有效程度(图 7.6.3)。天线效率定义为天线的辐射功率 P_Σ 与输入功率 P_{in} 的比值,表示为

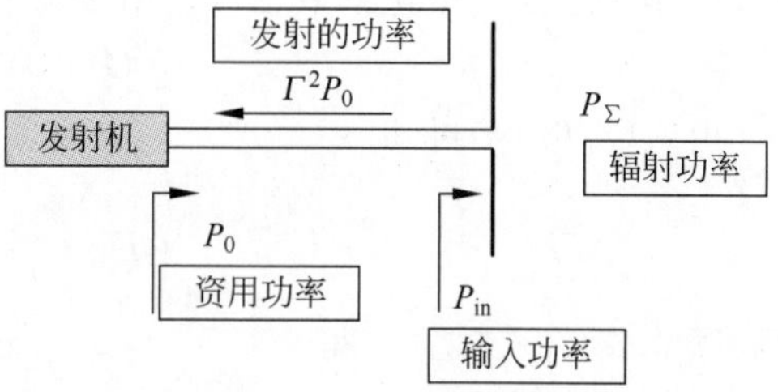

图 7.6.3 天线的效率

$$\eta_A=\frac{P_\Sigma}{P_{in}}=\frac{P_\Sigma}{P_\Sigma+P_d} \tag{7.6.18}$$

式中,P_d 为天线的总损耗功率,通常包括天线导体中的损耗和介质材料中的损耗。若把天线向外辐射的功率看作被某个电阻吸收的功率,该电阻称为辐射电阻 R_Σ。同样,把总损耗功率也看作电阻上的损耗功率,该电阻称为损耗电阻 R_d,则有

$$\begin{cases} P_\Sigma=\dfrac{1}{2}I^2R_\Sigma \\ P_d=\dfrac{1}{2}I^2R_d \end{cases} \tag{7.6.19}$$

$$\eta_A=\frac{P_\Sigma}{P_\Sigma+P_d}=\frac{R_\Sigma}{R_\Sigma+R_d} \tag{7.6.20}$$

由上式可知,若要提高天线效率,必须尽可能地减小损耗电阻,提高辐射电阻。一般来说,长波、中波及电尺寸很小的天线,辐射电阻 R_Σ 较小,天线效率很低,仅有百分之几;超短波和微波天线的电尺寸很大,辐射能力强,其效率可以很高,甚至接近于 1。

5. 增益系数

天线的增益定义为:在相同的输入功率下,天线在其最大辐射方向上产生的功率密度与一理想的无方向性天线在同一点产生的功率密度的比值。

$$G=\left.\frac{S_{max}}{S_0}\right|_{P_{in}\text{相同}}=\left.\frac{E_{max}^2}{E_0^2}\right|_{P_{in}\text{相同}} \tag{7.6.21}$$

天线增益还可以定义为：任何方向都受到与最大辐射方向等强度的辐射时所需的辐射功率与实际天线输入功率之比。

$$G=\left.\frac{P_{\text{in0}}}{P_{\text{in}}}\right|_{E\text{相同}} \tag{7.6.22}$$

可以证明，以上两种天线增益的定义方式是等效的。理想无方向性天线本身的增益系数为1。增益系数与方向系数不同之处在于：方向系数是从辐射功率出发，增益系数则是从输入功率出发；增益系数定义中，理想点源的效率为1，即 $P_{\text{in0}}=P_{\Sigma 0}$。有了效率的概念，增益可理解为考虑效率因素后的方向系数，即

$$G=\left.\frac{P_{\text{in0}}}{P_{\text{in}}}\right|_{E\text{相同}}=\frac{P_{\text{in0}}}{P_{\Sigma}}\frac{P_{\Sigma}}{P_{\text{in}}}=\frac{P_{\Sigma 0}}{P_{\Sigma}}\frac{P_{\Sigma}}{P_{\text{in}}}=D\eta_A \tag{7.6.23}$$

一般不特别说明，某天线的增益系数是指在最大辐射方向的增益系数，通常是以理想点源作为基准。增益系数也可以用分贝表示：

$$G(\text{dB})=10\lg G \tag{7.6.24}$$

由式(7.6.14)可知

$$|E_{\max}|=\frac{\sqrt{60DP_{\Sigma}}}{r} \tag{7.6.25a}$$

联立式(7.6.23)，可得

$$|E_{\max}|=\frac{\sqrt{60DP_{\Sigma}}}{r}=\frac{\sqrt{60GP_{\text{in}}}}{r} \tag{7.6.25b}$$

对于增益系数为20、输入功率为5和增益系数为10、输入功率为10的两个天线在最大方向上具有同样的辐射效果，所以在工程上定义 DP_{Σ} 或 GP_{in} 为天线的有效辐射功率。卫星通信等领域有一个常见概念，即等效全向辐射功率(Equivalent Isotropically Radiated Power，EIRP)，它指的是在某个指定方向上的辐射功率，理想状态下等于功放的发射功率乘以天线的增益。以对数方式计算时则可表示为

$$\text{EIRP}=P_T-L_{\text{c}}+G_a \tag{7.6.26}$$

单位为dBW，其中 P_T 表示功放发送功率，G_a 表示天线的增益，L_{c} 则表示馈线上的损失。

从应用的角度看，天线增益体现了其能量放大器的作用。通常增益系数是以理想点源作为对照标准，称为绝对增益，可用单位 dBi(dB)。采用其他天线作对比时，称为相对增益。例如，采用后面将介绍的半波对称振子作为参照对象时，可用单位 dBd。因为半波对称振子增益为1.64，折合分贝为2.15dB，所以0dBd相当于2.15dBi(dB)。

6. 有效长度

有效长度是衡量天线辐射能力的一个参量(图7.6.4)。天线的有效长度是一假想的天线的长度，假想的天线上的电流处处等幅同相，电流大小和实际天线的馈电点电流(波腹电流)相同，在远场区最大辐射方向上和实际天线的最大辐射方向的场强相同。

实际天线的辐射场的大小为

$$E=\int_0^l \mathrm{d}E=\int_0^l \frac{KI(l)}{r_0}\mathrm{d}l \tag{7.6.27}$$

式中,K 为场强系数,与媒质电磁参数 ε 和 μ、电磁波波数 k、工作频率 f、工作距离 r 等有关。

假想天线的辐射场的大小为

$$E=\int_0^{l_e} \mathrm{d}E=\int_0^{l_e} \frac{KI(0)}{r_0}\mathrm{d}l=\frac{KI(0)}{r_0}l_e \tag{7.6.28}$$

所以有效长度的计算式为

$$l_e=\frac{1}{I(0)}\int_0^l I(l)\mathrm{d}l \tag{7.6.29}$$

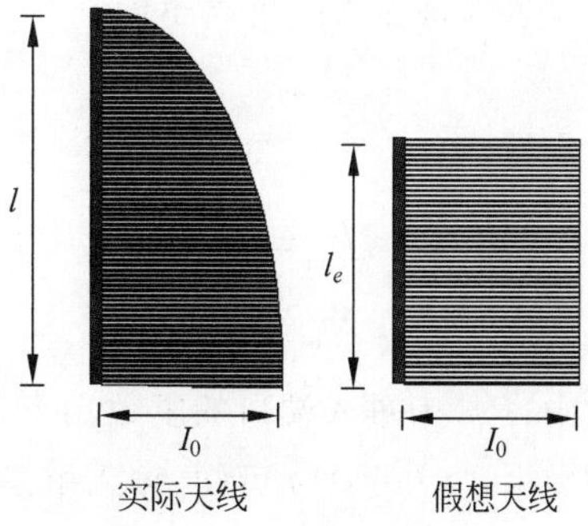

图 7.6.4　天线的有效长度

如图 7.6.4 所示,从几何角度来看,有效长度就是满足面积相等时的等效长度。

【例 7-2】 请计算电流元方向系数。

解:电流元的方向函数为 $F(\theta,\varphi)=\sin\theta$,根据方向系数的计算公式得到

$$\begin{aligned}D&=\frac{4\pi}{\int_0^{2\pi}\int_0^{\pi}F^2(\theta,\varphi)\sin\theta\mathrm{d}\theta\mathrm{d}\varphi}\\&=\frac{4\pi}{\int_0^{2\pi}\int_0^{\pi}\sin\theta^3\mathrm{d}\theta\mathrm{d}\varphi}\\&=1.5\end{aligned}$$

折合分贝为 1.76dBi。

7.6.2 阻抗特性

阻抗特性是天线的重要电参数。发射机通过传输线与天线相连,天线可以作为传输线的负载,根据传输线理论,天线存在阻抗匹配问题。因此,需要理解:

(1) 输入阻抗与复数功率间的关系;

(2) 输入电阻、辐射电阻和天线效率的关系;

(3) 阻抗匹配关系。

1. 输入阻抗与复数功率间的关系

天线的输入阻抗是指天线馈电点呈现的阻抗值。它直接决定了天线和馈电系统之间的匹配状态,影响馈入到天线的功率和馈电系统的效率,定义为天线输入端电压与电流的比值,即

$$Z_{\text{in}}=\frac{U_{\text{in}}}{I_{\text{in}}}=R_{\text{in}}+\mathrm{j}X_{\text{in}} \tag{7.6.30}$$

式中,R_{in} 表示输入电阻;X_{in} 表示输入电抗。天线的输入阻抗取决于天线的结构、工作频率及周围环境的影响。直接计算天线的输入阻抗需要知道天线上激励的电流,这有一定难度。在工程应用中,采用近似计算或实验测定。

可以将输入阻抗表示为

$$Z_{in} \equiv R_{in} + jX_{in} = \frac{U_{in}}{I_{in}} = \frac{U_{in}I_{in}^*}{I_{in}I_{in}^*} = \frac{2\widetilde{P}_{in}}{|I_{in}|^2} = \frac{2(P_{in} + jQ_{in})}{|I_{in}|^2} \tag{7.6.31a}$$

$$R_{in} \Leftrightarrow P_{in} = P_{\Sigma} + P_d \tag{7.6.31b}$$

$$X_{in} \Leftrightarrow Q_{in} \tag{7.6.31c}$$

式中，$\widetilde{P}_{in}$ 为进入端口的复数功率，P_{in} 为其实部，Q_{in} 为其虚部；I_{in} 代表电流振幅。

由式(7.6.31)可知，输入电阻 R_{in} 和输入电抗 X_{in} 是用输入电流 I_{in} 归算的有功功率 P_{in} 和无功功率 Q_{in}。P_{in} 包含两部分，即辐射功率 P_{Σ} 和损耗功率 P_d，P_d 主要是因为该导电的导电不畅、该绝缘的绝缘不良，由以下因素构成：① 天线欧姆损耗；② 介质漏电损耗；③ 加载元件损耗；④ 接地电阻损耗。

2. 输入电阻、辐射电阻和天线效率的关系

天线的效率公式为

$$\eta_A = \frac{P_{\Sigma}}{P_{in}} = \frac{P_{\Sigma}}{P_{\Sigma} + P_d} = \frac{R_{\Sigma}}{R_{\Sigma} + R_d} \times 100\% \tag{7.6.32}$$

式中，R_d 是损耗电阻，与计算辐射电阻 R_{Σ} 时使用相同的归算电流。输入功率是辐射功率和损耗功率之和，所以当都用输入端电流为归算电流时，可得输入电阻与辐射电阻的关系为

$$R_{in} = R_{\Sigma} + R_d \tag{7.6.33}$$

3. 阻抗匹配

把天线作为一个终端器件，天线的输入阻抗与导波系统的特性阻抗的关系影响到天线的发送与接收效果。当天线的输入阻抗等于导波系统的特性阻抗，即 $Z_{in} = Z_0$，此时阻抗匹配，无反射波，天线的能量利用效率最高；当二者不相等时，即 $Z_{in} \neq Z_0$，则为阻抗失配，存在反射波，部分或全部能量反射，能量利用率受到影响，此时馈线处于行驻波状态时，其电压波腹点的电压振幅为入射波电压的$(1+|\Gamma|)$倍，使得馈线在波腹点位置处容易发生击穿现象。后面的天线接收理论将进一步讨论。

7.6.3 带宽特性

天线的工作带宽是天线性能最为重要的指标之一。天线所有的电参数都和工作频率有关。例如，当工作频率偏离中心工作频率时，往往引起天线方向特性的变化，如波瓣宽度增大、旁瓣电平升高、方向系数下降等。通常，天线带宽相对于具体某个参量而言，可以称为阻抗带宽、增益带宽、轴比带宽、隔离度带宽等。

通常系统限定天线的电参数的允许值，天线的电参数不超过允许值的频率变化范

围，称为天线的频带宽度，简称带宽。在工程应用中，我们常用到－10dB 阻抗带宽、3dB 轴比带宽、1dB 增益带宽等。如果同时对几个天线参量提出性能要求时，应该取天线所有参量都满足设计要求的频率范围才是天线的带宽。

在应用中，根据频带宽度的不同，将天线分为窄频带天线、宽频带天线和超宽频带天线。若天线的最高频率为 f_U，最低工作频率为 f_L，中心频率为 f_C，对于窄频带天线，常采用相对带宽描述，对于宽频带天线可以采用倍率带宽表示。

相对带宽：

$$B_p = \frac{f_U - f_L}{f_C} \times 100\% \tag{7.6.34}$$

倍率带宽：

$$B_r = \frac{f_U}{f_L} \times 100\% \tag{7.6.35}$$

在后面的章节中，我们会学习到相对带宽只有百分之几的窄频带天线，比如对称振子天线、八木天线等；相对带宽达到百分之几十的宽频带天线，比如螺旋天线等；倍率带宽达到几个倍程的超宽频带天线，比如对数周期天线等。

7.6.4 极化特性

极化特性是天线的一项重要参数。天线的极化特指天线在其最大辐射方向上辐射电磁波的极化，即在最大辐射方向上电场矢量端点运动的轨迹。事实上，天线的极化随着偏离最大辐射方向而改变，不同辐射方向可以有不同的极化特性。

根据电磁场理论，电磁波的极化按轨迹形状分为线极化、圆极化和椭圆极化。相应地，天线也可以分为线极化天线、圆极化天线和椭圆极化天线。

(1) 线极化又分为水平极化和垂直极化。电磁场理论中，将由电场矢量与入射平面(入射线、法线与反射线构成的平面)平行的极化称为平行极化波，与入射平面垂直的称为垂直极化波。而在天线工程中，命名方法则有所不同，水平极化指与地面平行，而垂直极化则与地面垂直。辐射线极化波的天线称为线极化天线，电流元、磁流元、缝隙元和惠更斯面元均可以看成线极化天线。

(2) 如果电磁波在传播过程中电场的方向是旋转的，就称为椭圆极化波。定义椭圆极化中的长轴与短轴之比为轴比。其中，椭圆的长轴为 $2A$，短轴为 $2B$，其轴比 AR (Axial Ratio)值通常用分贝表示

$$\mathrm{AR} = 20\lg \frac{A}{B}(\mathrm{dB}) \tag{7.6.36}$$

(3) 在旋转过程中，如果电场的幅度，即大小保持不变，我们就叫它为圆极化波。向传播方向看去顺时针方向旋转的叫右旋圆极化波，反时针方向旋转的称为左旋圆极化波。椭圆极化的旋向定义与圆极化类似。如果将两个尺寸相同、激励电流的幅度相同但

相位相差 90°的电流元或磁流元正交放置，则可以构成一副圆极化天线。显然，纯圆极化的轴比为 0dB。工程应用中，一般天线的轴比在 3dB 以下，说明圆极化的性能较好。

(4) 在天线应用中，在垂直于矢径 $\boldsymbol{r}$ 的平面上，可将电场矢量分解为两互相正交的极化分量，而椭圆极化可分解为两个旋向相反的圆极化。一般地，将所需极化称为主极化分量，与主极化正交的非所需的极化分量称为交叉极化或寄生极化。

(5) 如果接收天线与空间传来的电磁波极化形式一致，则称为极化匹配，否则称为极化失配。由于空间电磁波的极化形式是由发射天线以及传播过程中的条件决定，因此在设计通信两端的收、发天线时，需要考虑天线极化形式，满足极化匹配的要求。天线不能接收与其正交的极化分量。线极化不能接收与其极化方向垂直的线极化波。圆极化天线不能接收来波中与其旋向相反的圆极化分量。对于椭圆极化来波，其中与接收天线极化正交或旋向相反的分量不能被接收。极化失配意味着功率损失，为了衡量这种损失，定义极化失配因子 v_p，其值在 0～1。

(6) 在应用中，应尽可能减少交叉极化分量，以避免不必要的能量损失。有时我们也可以利用两种不同的相互正交的极化，实现收与发之间的隔离或频率复用的目的。

(7) 不同的应用场合，需要不同极化特性的天线。收音机、电视广播与接收、移动通信等场合大多采用线极化天线；在卫星通信等场合，圆极化天线更受欢迎。

综上，在工程应用中一般规定天线的参数如下：

① 口径尺寸：××mm＊××mm；

② 工作频段：××××～××××MHz；

③ 水平面方向(阵面法线方向)：

波束宽度：≥5.5°；

副瓣电平：≤－18dB；

④ 垂直面方向：

波束宽度：≥30°；

⑤ 天线增益(阵面法线方向)：≥19dB；

⑥ 波束覆盖范围：±20°；

⑦ 极化方向：垂直；

⑧ 驻波比：≤1.8。

可以看出，①为结构特性，②为带宽特性，③④⑤⑥为方向特性，⑦为极化特性，⑧为阻抗特性。

需要指出的是，天线的四大特性之间并不是相互独立的，其内涵是相互关联的。例如，天线的方向特性、阻抗特性、极化特性也同时会体现出带宽特性，比如天线的带宽除了满足匹配的阻抗带宽，也满足方向特性的增益带宽和满足极化特性的轴比带宽等；同时，与描述方向特性的场强方向图一样，天线的极化也具有方向性，如图 7.6.5 所示，天线的轴比(极化)在不同方向取值区别很大，体现出了明显的方向性。

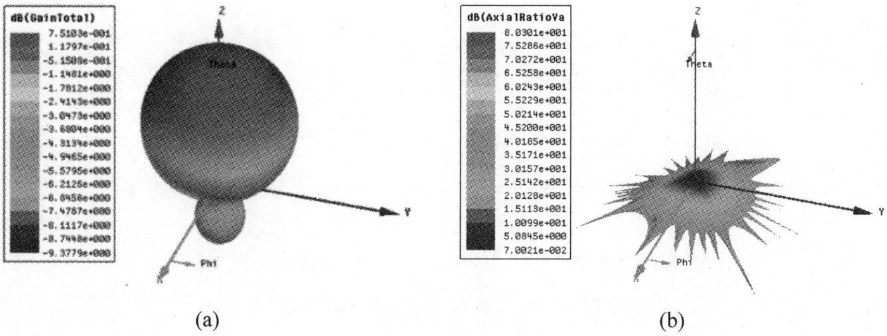

彩图

图 7.6.5　圆极化天线的增益方向图(a)和轴比方向图(b)

7.7　对称振子

自由空间的对称振子是一种由中间馈电、两臂等长等粗导线构成的线状天线，其结构简单、体积小、重量轻、成本低、携带方便，是最为简单的典型实用天线。对称振子既可单独使用，也可作为天线阵的单元使用，应用广泛。

7.7.1　对称振子的辐射原理

如图 7.7.1 所示，假设对称振子沿 Z 轴放置在自由空间，忽略振子的粗细，其长度为 $2h$。

根据电流元的辐射机理，分析对称振子的辐射特性，须知道振子上的电流分布。如果已知振子的电流分布，可以将振子分割成无限多个首尾相接的电基本振子，空间任一点的场就是这些电基本振子辐射场在该点干涉叠加的结果。实际上，获得振子上的精确电流分布，再通过边值问题严格求解积分方程非常困难。工程上一般采用近似方法：传输线法。

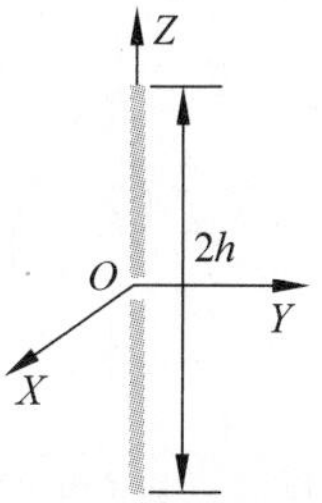

图 7.7.1　自由空间对称振子结构图

工程应用中，细对称振子天线可以看成末端开路的传输线张开形成，其电流分布与末端开路传输线的电流分布相同，接近于正弦驻波分布。图 7.7.2(a)为开路传输线上的驻波电流分布，图 7.7.2(b)是传输线张开成天线后的电流分布，工程上近似认为没有改变。

对称振子在中间两个端点之间进行馈电，且以中间馈电点为中心而左右对称。因此，对称振子上的驻波电流分布表达式为

$$I(z)=I_m\sin[k(h-|z|)],\quad |z|\leqslant h \tag{7.7.1}$$

其中，I_m 是驻波电流的波腹电流。依据上式，可以得到半波振子(对称振子总长度为 1/2 波长)的电流分布为

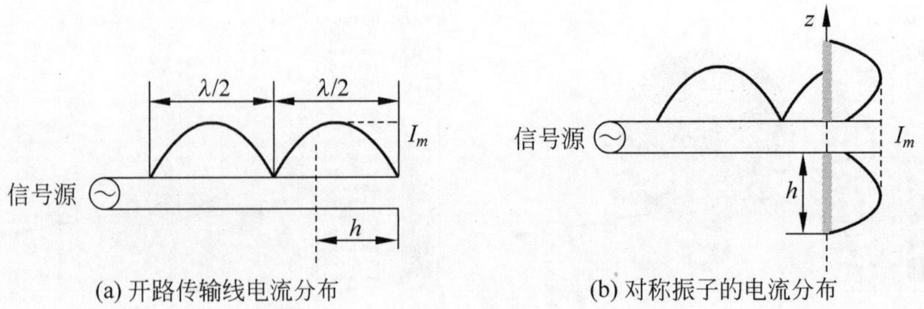

图 7.7.2　对称振子电流分布的近似

$$I(z)=I_m\sin\left[k\left(\frac{\lambda}{4}-|z|\right)\right],\quad |z|\leqslant h \tag{7.7.2}$$

全波振子(对称振子总长度为一个波长)的电流分布为

$$I(z)=I_m\sin\left[k\left(\frac{\lambda}{2}-|z|\right)\right],\quad |z|\leqslant h \tag{7.7.3}$$

它们的电流分布如图 7.7.3 所示,其中图 7.7.3(a)为半波振子电流分布,天线上电流为同相分布,馈电点为电流波腹点;图 7.7.3(b)为全波振子电流分布,天线上电流为同相分布,馈电点为电流波节点。

将对称振子看成电流元首尾连接而成,根据电磁场的叠加原理,其远区辐射场应为电流元辐射场的矢量和,如图 7.7.4 所示。

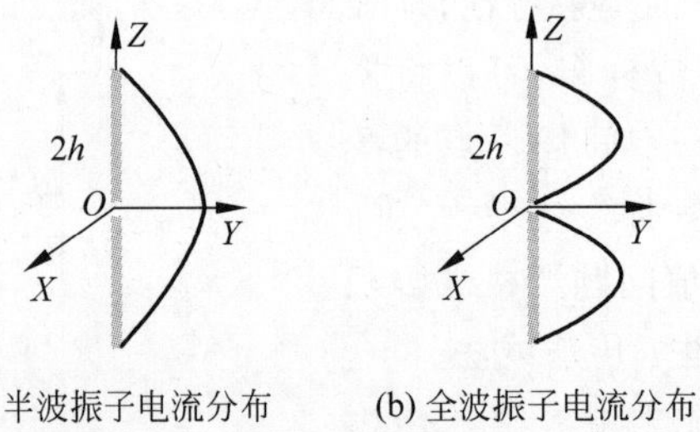

图 7.7.3　对称振子的电流分布

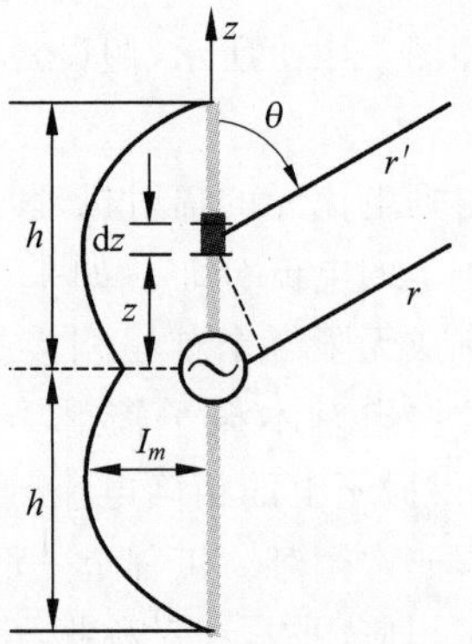

图 7.7.4　对称振子的辐射场示意图

在距中心点为 z 处取电流元段 $\mathrm{d}z$，它对远区场的贡献为

$$\mathrm{d}E_\theta=\mathrm{j}\,\frac{60\pi}{\lambda}\sin\theta I_m\sin k(h-|z|)\,\frac{\mathrm{e}^{-\mathrm{j}kr'}}{r'}\mathrm{d}z \tag{7.7.4}$$

考虑到远区场,$\boldsymbol{r}'$为所取电流元段 $\mathrm{d}z$ 到远区观察点的距离,r 为对称振子中心点到远区观察点的距离,根据平行近似条件,分母上,距离近似相等,即

$$\frac{1}{r'}=\frac{1}{r} \tag{7.7.5}$$

分子上,距离会有差别,即

$$r' = r - z\cos\theta \tag{7.7.6}$$

所以相位也有差别，因为是由空间距离带来的，kr'一般称为空间相位差。将式(7.7.5)和式(7.7.6)代入式(7.7.4)，可得

$$\mathrm{d}E_\theta = \mathrm{j}\,\frac{60\pi}{\lambda}\sin\theta I_m \sin k(h - |z|)\,\frac{\mathrm{e}^{-\mathrm{j}k(r - z\cos\theta)}}{r}\mathrm{d}z \tag{7.7.7}$$

将上式在$|z| \leqslant h$ 范围内进行积分，可得对称振子的远区辐射场为

$$E_\theta = \int_{-h}^{h} \mathrm{d}E_\theta \tag{7.7.8a}$$

$$E_\theta = \mathrm{j}\,\frac{I_m 60\pi}{\lambda}\,\frac{\mathrm{e}^{-\mathrm{j}kr}}{r}\sin\theta \int_{-h}^{h} \sin k(h - |z|)\,\mathrm{e}^{+\mathrm{j}kz\cos\theta}\,\mathrm{d}z \tag{7.7.8b}$$

将分段函数展开，可得

$$E_\theta = \mathrm{j}\,\frac{I_m 60\pi}{\lambda}\,\frac{\mathrm{e}^{-\mathrm{j}kr}}{r}\sin\theta \int_{0}^{h} \sin k(h - z)(\mathrm{e}^{-\mathrm{j}kz\cos\theta} + \mathrm{e}^{\mathrm{j}kz\cos\theta})\,\mathrm{d}z \tag{7.7.9}$$

由函数

$$\int \mathrm{e}^{ax}\sin(bx + c)\,\mathrm{d}x = \frac{\mathrm{e}^{ax}}{a^2 + b^2}[a\sin(bx + c) - b\cos(bx + c)] \tag{7.7.10}$$

最终得到

$$E_\theta = \mathrm{j}\,\frac{60 I_m}{r}\mathrm{e}^{-\mathrm{j}kr}\,\frac{\cos(kh\cos\theta) - \cos kh}{\sin\theta} \tag{7.7.11}$$

7.7.2 对称振子的电参数

1. 方向特性

下面从方向函数、方向图和方向系数等电参数研究自由空间对称振子的方向性。

1）方向函数

根据式(7.7.11)，可以得到对称振子的方向函数

$$F(\theta) = \frac{\cos(kh\cos\theta) - \cos kh}{\sin\theta} \tag{7.7.12}$$

由式(7.7.12)可得半波振子和全波振子的方向函数分别如下：

$$f(\theta) = \frac{\cos\left(\dfrac{\pi}{2}\cos\theta\right)}{\sin\theta} \tag{7.7.13a}$$

$$f(\theta) = \frac{\cos(\pi\cos\theta) + 1}{\sin\theta} \tag{7.7.13b}$$

2）方向图

根据方向函数表达式(7.7.12)，可以画出对称振子的方向图。从图7.7.5可以看出，随着对称振子长度的增加，其方向性发生明显变化，最大辐射方向发生偏离，出现了旁瓣，甚至出现了栅瓣。当$2h/\lambda \leqslant 1$时，振子最大辐射方向在垂直振子轴的方向上，无旁

瓣，随着振子长度的增加，方向性越来越强；当 $1\leqslant 2h/\lambda\leqslant 1.25$ 时，振子最大辐射方向同样在垂直振子轴的方向上，但出现旁瓣，随着振子长度的增加，方向性越来越强；当 $1.25\leqslant 2h/\lambda$ 时，振子最大辐射方向偏离 90°方向，并出现栅瓣。

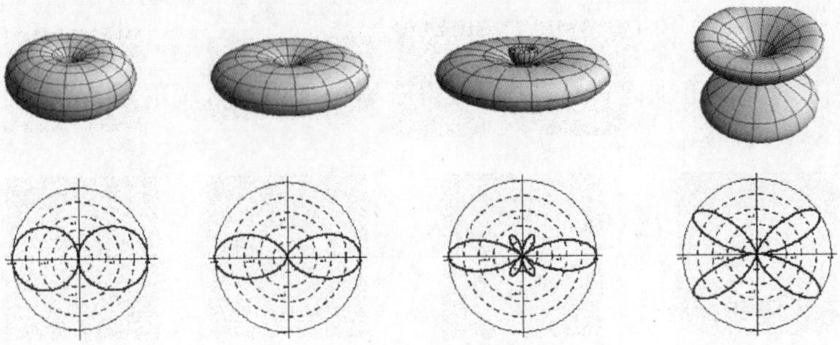

图 7.7.5　对称振子的方向图变化

为什么在一个波长内，振子方向图随长度增加而尖锐？因为同向电流辐射场在最大方向同相叠加，而在其他方向不同相，因而削弱。为什么超过一个波长的振子方向图会多瓣？因为有了反向电流，造成相互抵消，如图 7.7.6 所示。

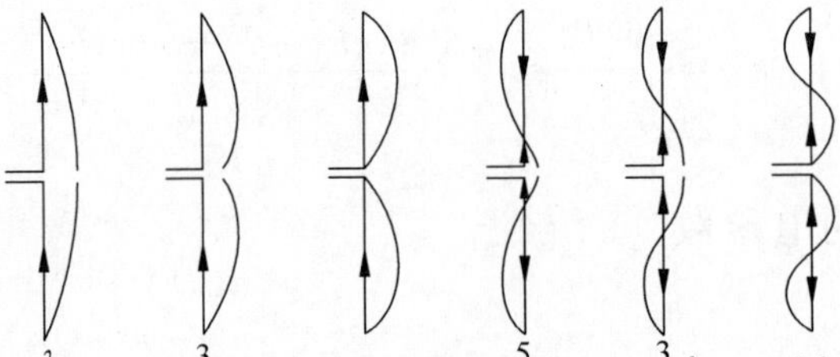

图 7.7.6　对称振子电流分布随电长度变化的趋势

以半波振子为例，其 E 面方向图为 8 字形，零功率波瓣宽度 $2\theta_0\approx 180°$，相比于电基本振子不变；半功率波瓣宽度 $2\theta_{0.5}\approx 78°$，相比于电基本振子的 $2\theta_{0.5}\approx 90°$，要窄一些，进一步说明半波振子的方向性得到增强。振子法向各射线行程相等，故 H 面方向图为一圆。

3）方向系数

方向系数可定量描述天线方向性，其计算式

$$D=\frac{4\pi}{\int_0^{2\pi}\int_0^{\pi}F^2(\theta,\varphi)\sin\theta\,\mathrm{d}\theta\,\mathrm{d}\varphi}\tag{7.7.14}$$

将式(7.7.12)代入上式，当电长度发生变化时，其方向系数可用图 7.7.7 表示。从图中可以看出，对称振子的长度约为 1/2 波长时，其方向系数为 1.64(折合分贝为 2.15dB)，相比于电基本振子的方向系数 1.5(折合分贝为 1.76dB)，半波振子的方向系数增强了。当对称振子的长度为 1.25 个波长时，方向系数为最大值，其值约为 3.28。在一些特殊电长度上,对称振子其方向系数的值由表 7.7.1 给出。

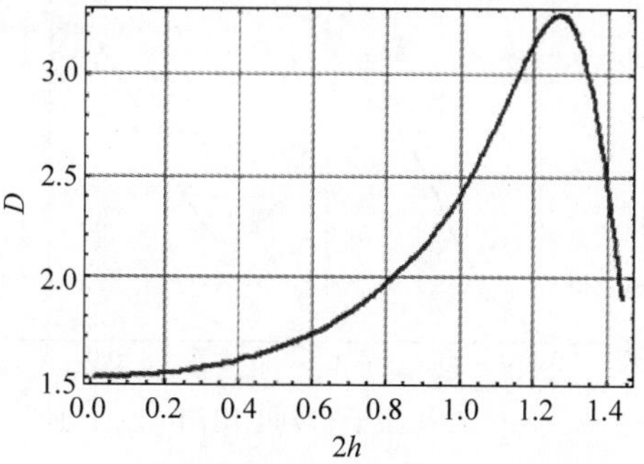

图 7.7.7 对称振子方向系数随电长度变化的趋势

表 7.7.1 特殊长度对称振子的方向系数

振子长度 $2h$	0.5λ	1.0λ	1.25λ	2λ
方向系数 D	1.64	2.41	3.28	2.52

2. 阻抗特性

对称振子天线的阻抗特性,包括辐射功率、辐射电阻、辐射电抗和输入阻抗等。

1) 辐射功率

根据坡印廷矢量法,将式(7.7.11)代入式(7.2.20),得出对称振子在远区的辐射功率为

$$\begin{aligned}P_{\Sigma} &= \oint\!\!\!\oint_S \boldsymbol{S}_{\mathrm{av}} \cdot \mathrm{d}\boldsymbol{S}\\ &=\int_0^{2\pi}\int_0^{\pi} \frac{1}{2\eta} |\boldsymbol{E}|^2 \cdot r^2 \sin\theta \mathrm{d}\theta \mathrm{d}\varphi\\ &= \frac{1}{240\pi}\int_0^{2\pi}\int_0^{\pi} |E_\theta|^2 \cdot r^2 \sin\theta \mathrm{d}\theta \mathrm{d}\varphi\\ &= 30 |I_m|^2 \int_0^{\pi} \frac{[\cos(kh\cos\theta) - \cos kh]^2}{\sin\theta} \mathrm{d}\theta\end{aligned} \tag{7.7.15}$$

2) 辐射阻抗

根据辐射电阻与辐射功率的关系

$$P_{\Sigma} = \frac{1}{2} |I_m|^2 R_{\Sigma} \tag{7.7.16}$$

取波腹电流 I_m 作归算电流,得辐射电阻为

$$R_{\Sigma} = 60\int_0^{\pi} \frac{[\cos(kh\cos\theta) - \cos kh]^2}{\sin\theta} \mathrm{d}\theta \tag{7.7.17}$$

辐射电阻随电长度的变化可以由图 7.7.8 给出。由图可以看出,半波振子的辐射电阻近似为 73.1Ω,而全波振子的辐射电阻约为 200Ω。

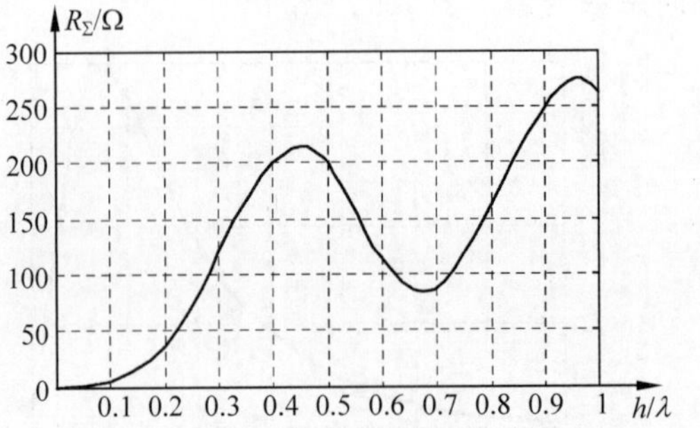

图 7.7.8　对称振子辐射电阻随 h/λ 的曲线

在远区,采用坡印廷矢量法积分获得天线辐射实功率,仅能得出辐射电阻。如果将积分封闭面缩小到恰与天线的表面重合,则通过此封闭面的总功率为

$$P_\Sigma = \oiint_S (\boldsymbol{E} \times \boldsymbol{H}^*) \cdot \mathrm{d}\boldsymbol{S} \tag{7.7.18}$$

在天线近区,由于 $\boldsymbol{E}$ 和 $\boldsymbol{H}$ 不同相,上式得到的功率为复数,包含有功功率(辐射功率)和无功功率(在天线周围振荡的功率)。

因为理想导体表面切向电场为 0,因此在导体表面应用坡印廷矢量法时要触及天线辐射功率的过程,称为感应电动势法,其基础仍为坡印廷定理。设对称振子的电流 $I(z')$ 集中于振子的轴线上,在振子导体表面产生切向电场 E_z,此切向电场在线元 $\mathrm{d}z'$ 上感应的电动势为 $E_z\mathrm{d}z'$。为了满足边界条件,外加电动势产生的切向场(或称外加场)E'_z 必须满足 $E'_z=-E_z$,此时在线元上感应的电动势为 $E'_z\mathrm{d}z'=-E_z\mathrm{d}z'$,为维持此电动势,电流流过外电动势所消耗的功率为

$$P_\Sigma = \frac{1}{2}\int_{-h}^{h} I^*(z')(-E_z)\mathrm{d}z' \tag{7.7.19}$$

设振子的电流为正弦分布,则归算于波腹电流的辐射阻抗为

$$\begin{aligned} Z_{\Sigma m} &= \frac{2P_\Sigma}{|I_m|^2} \\ &= \frac{1}{|I_m|^2}\int_{-h}^{h} I^*(z')(-E_z)\mathrm{d}z' \\ &= R_{\Sigma m} + \mathrm{j}X_{\Sigma m} \end{aligned} \tag{7.7.20}$$

由上式计算的辐射阻抗随振子长度的变化曲线如图 7.7.9 所示。当电流按正弦分布时,感应电动势法计算得到的实部 $R_{\Sigma m}$ 与坡印廷矢量法计算结果一致,虚部即辐射电抗 $X_{\Sigma m}$ 的数值随导线半径的增大而减小。因为粗天线有较低的电抗,其品质因数 Q 也较低,这对展宽天线的阻抗频带宽度有利,采用加粗振子半径的方法可实现宽频带天线。当电尺寸很小时,天线的辐射电抗(容性)很高,这种天线的 Q 值很高,辐射能力很低。半波振子的 $Z_{\Sigma m}=73.1+\mathrm{j}42.5\Omega$。更复杂的结构可以由图 7.7.9(c) 查出辐射电抗值。

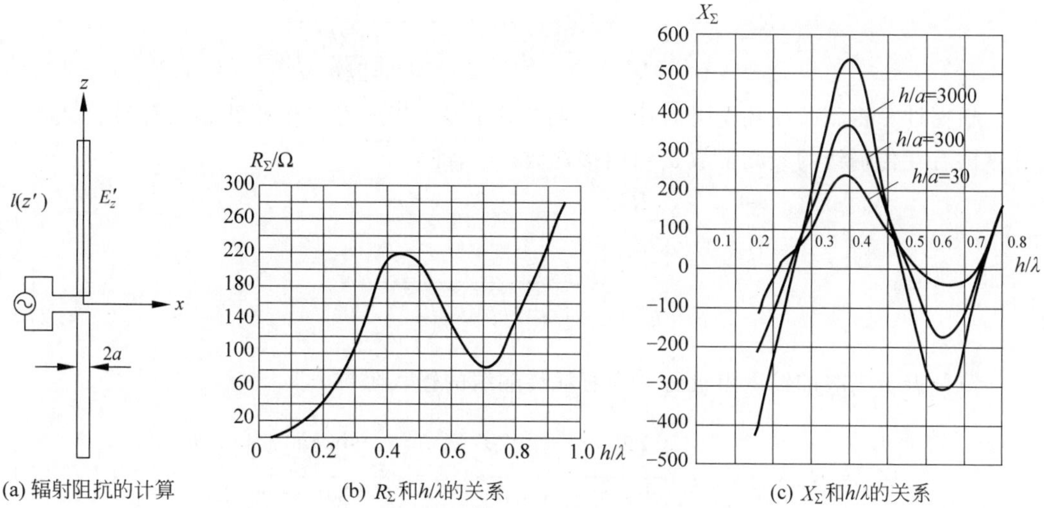

图 7.7.9 对称振子的辐射阻抗计算与曲线

3）输入阻抗

工程上计算对称振子输入阻抗最简单的方法为等效传输线法，即将对称振子等效为终端开路的有耗传输线并应用有耗开路传输线的输入阻抗进行计算。

均匀传输线（平行双导线）沿线分布参数是均匀的，其特性阻抗为

$$Z_0 = 120\ln\frac{D}{a} \tag{7.7.21}$$

式中，D 为平行双线之间的间距；a 为导线的半径。因为对称振子上对应线段之间的距离是变化的，因而其特性阻抗也是变化的，可用平均特性阻抗 $\overline{Z}_0$ 来代替传输线的特性阻抗 Z_0。对称振子 z 处的特性阻抗为

$$Z_0(z) = 120\ln\frac{2z}{a} \tag{7.7.22}$$

取 $Z_0(z)$沿着对称振子的平均值作为对称振子的平均特性阻抗 $\overline{Z}_0$，有

$$\overline{Z}_0 = \frac{1}{2h}\int_{-h}^{h} Z_0(z)\,\mathrm{d}z = 120\ln\left(\frac{2h}{a} - 1\right) \tag{7.7.23}$$

对称振子上的电流沿着振子传输的过程中不断有能量向外辐射，其电流幅值不断减少，因此可将振子天线辐射功率等效为沿着传输线的损耗电阻，其均匀分布在传输线上。

设传输线单位长度损耗电阻为 $\overline{R}$，则整个振子的损耗功率应等于天线的辐射功率，即

$$P_r = \frac{1}{2}\int_0^h |I(z)|^2 \overline{R}\,\mathrm{d}z = \frac{1}{2}|I_m|^2 R_\Sigma \tag{7.7.24}$$

式中，I_m 为波腹电流；R_Σ 为辐射电阻。

将 $I(z) = I_m \sin[k(h-z)]$代入上式，得到损耗电阻

$$\bar{R}=\frac{R_{\Sigma}}{\int_0^h \sin^2[k(h-z)]\mathrm{d}z}=\frac{2R_{\Sigma}}{\left(1-\frac{\sin 2kh}{2kh}\right)h} \tag{7.7.25}$$

根据计算得到的损耗电阻 $\bar{R}$ 和平均特性阻抗 $\bar{Z}_0$ 代入有耗传输线相关计算公式中，计算出有耗传输线的衰减常数 α 和相移常数 β 中，即

$$\alpha=\frac{\bar{R}}{2\bar{Z}_0} \tag{7.7.26}$$

$$\beta=k\sqrt{\frac{1}{2}\left[1+\sqrt{1+4\left(\frac{\alpha}{k}\right)^2}\right]} \tag{7.7.27}$$

对称振子天线的输入阻抗等效为有耗传输线的输入阻抗，即

$$Z_{\text{in}}=R_{\text{in}}+\mathrm{j}X_{\text{in}}=\frac{\operatorname{sh}2\alpha h-\frac{\alpha}{\beta}\sin 2\beta h}{\operatorname{ch}2\alpha h-\cos 2\beta h}\bar{Z}_0-\mathrm{j}\frac{\frac{\alpha}{\beta}\operatorname{sh}2\alpha h+\sin 2\beta h}{\operatorname{ch}2\alpha h-\cos 2\beta h}\bar{Z}_0 \tag{7.7.28}$$

由上式可以看出，对称振子的输入阻抗为一复数阻抗，包含实部电阻和虚部电抗。

分析输入阻抗的变化规律，绘制图 7.7.10，其中图 7.7.10(a)、(c)表示电阻的变化；图 7.7.10(b)、(d)表示电抗的变化。对称振子的输入阻抗 $Z_{\text{in}}=R_{\text{in}}+\mathrm{j}X_{\text{in}}$ 有如下规律：

(1) 对称振子存在一系列的谐振点。如当 $h/\lambda\approx 0.25$ 和 $h/\lambda\approx 0.5$ 时，对称振子处于谐振状态，对称振子的输入阻抗都为纯电阻，输入电抗为 0，近区电场和磁场无功能量是相等的。

(2) 在 $h\approx\lambda/4$ 附近，输入阻抗是一个不大的纯电阻，随频率变化平缓，此时对称振子总长度约 1/2 波长，称为半波振子。半波振子的优点是通过微调能够实现零输入电抗，阻抗匹配容易实现，因此其广泛应用于短波和超短波波段，它既可作为独立天线使用，也可作为天线阵的阵元。在微波波段，还可用作抛物面天线馈源。根据图 7.7.10 可知，半波振子输入阻抗为 73+j42.5Ω。可见，根据感应电动势法获得的贴近振子表面的

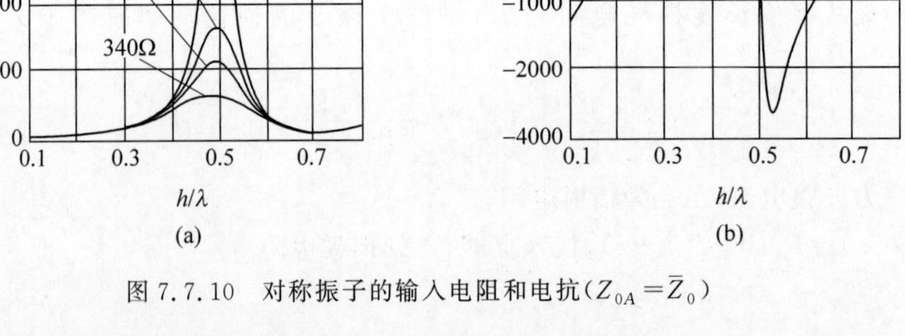

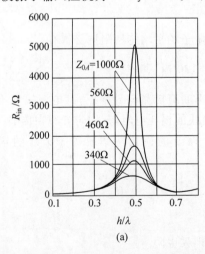

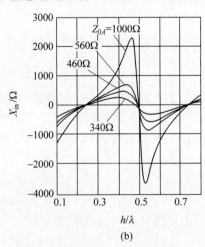

图 7.7.10　对称振子的输入电阻和电抗($Z_{0A}=\bar{Z}_0$)

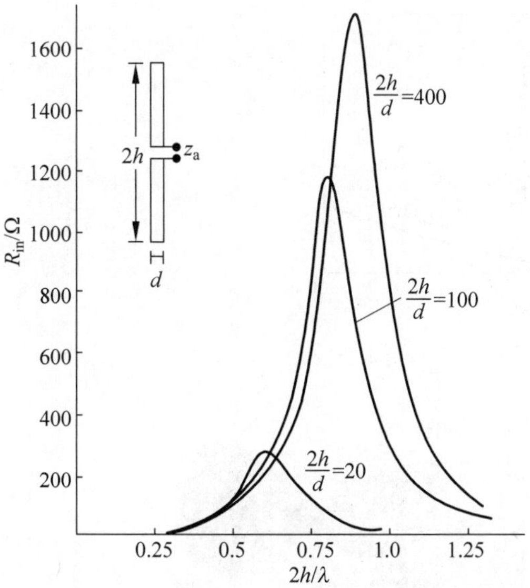

(c)

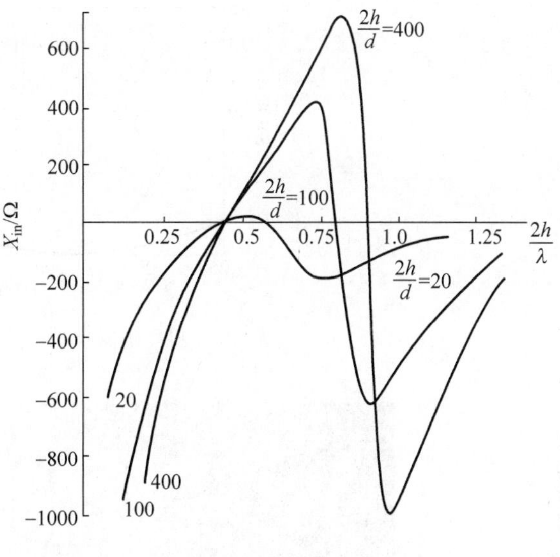

(d)

图 7.7.10 （续）

辐射阻抗与采用等效传输线法计算的输入阻抗近似相等。

(3) 在第二个谐振点处 $h \approx \lambda/2$，为全波振子，虽然此时的输入电阻很大，但是频带特性不好，谐振峰非常陡峭，所以全波振子不利于匹配。

(4) 实际振子末端具有较大的端面电容，末端电流实际上不为 0，使得振子的等效长度增加，相当于波长缩短，这种现象称为末端效应。天线越粗，波长缩短现象越严重。表 7.7.2 为不同粗细半波振子的谐振长度。随着振子的加粗及谐振长度的缩短，输入电阻将小于 73Ω。

表 7.7.2 半波振子的谐振长度

长径比 $2h/d$	缩短率/%	谐振长度 $2h$	线径分类
5000	2	0.49λ	很细
500	4	0.48λ	细
50	5	0.475λ	粗
10	9	0.455λ	很粗

(5) 对称振子的长径比越小，即振子越粗，特性阻抗 $Z_{0A} = \bar{Z}_0$ 越小，R_{in} 和 X_{in} 随频率的变化越平缓，其频率特性越好。例如，对于中心频率为 300MHz 的半波振子，VSWR（电压驻波比）随频率的变化如图 7.7.11 所示。可以看出，若要求 VSWR 不劣于 2∶1，粗振子的带宽要优于细振子。所以，欲展宽对称振子的带宽，常采用加粗振子直径、降低输入阻抗的办法。如图 7.7.12 所示，笼形天线、双锥天线、盘锥天线均是宽带化振子天线的变型。

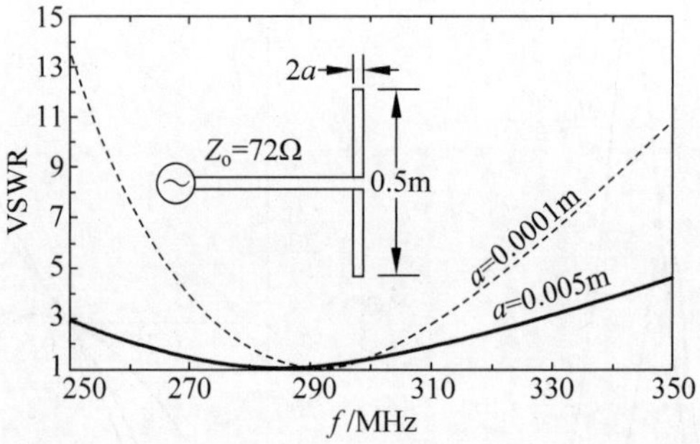

图 7.7.11　半波振子的驻波比随频率变化曲线

彩图

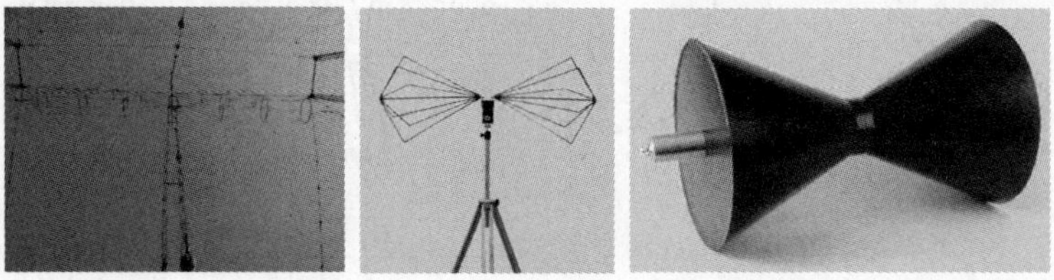

图 7.7.12　笼形天线与双锥天线

7.7.3　短振子

当对称振子的电长度远小于 1 个波长，称为短振子。因为开路传输线导线末端电流为 0，短振子是靠近导线末端的一小段，如图 7.7.13 所示，其电流幅度分布近似于一个等腰三角形，电流的相位是同相的，中心馈电点电流为 I_0，长度仍为 $2h$。

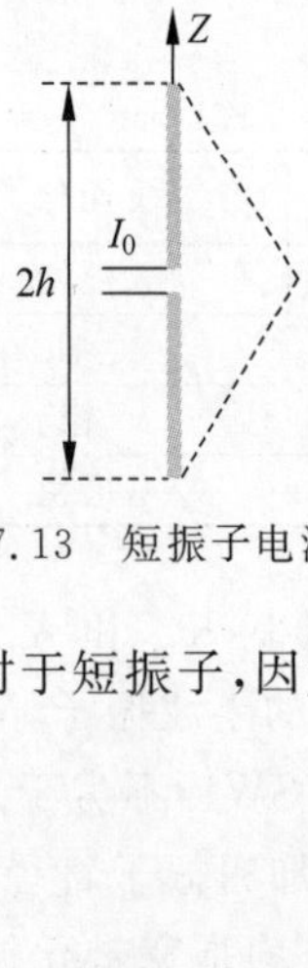

图 7.7.13　短振子电流分布

短振子的电流分布可以表示为

$$I(z)=I_0\left(1-\frac{|z|}{h}\right),\quad |z|\leqslant h \tag{7.7.29}$$

短振子的辐射场为

$$\begin{aligned}E_\theta&=\frac{\mathrm{j}\eta_0}{2\lambda r}\sin\theta\int_{-h}^{h}I(z')\mathrm{e}^{-\mathrm{j}k(r-z'\cos\theta)}\mathrm{d}z'\\&=\frac{\mathrm{j}\eta_0}{2\lambda}\frac{\mathrm{e}^{-\mathrm{j}kr}}{r}\sin\theta\int_{-h}^{h}I(z')\mathrm{e}^{\mathrm{j}kz'\cos\theta}\mathrm{d}z'\end{aligned} \tag{7.7.30}$$

对于短振子，因为 $h<\frac{\lambda}{10}$，所以，

$$kz'\cos\theta=\frac{2\pi}{\lambda}z'\cos\theta<\frac{\pi}{5}\approx 0 \tag{7.7.31}$$

$$\mathrm{e}^{\mathrm{j}kz'\cos\theta}\approx 1 \tag{7.7.32}$$

通过积分后，得到短振子的远场表达式

$$E_\theta \approx \mathrm{j}\,\frac{\eta_0 I_0}{2\lambda}\,\frac{\mathrm{e}^{-\mathrm{j}kr}}{r}\sin\theta \cdot \int_{-h}^{h}\left(1-\frac{|z'|}{h}\right)\mathrm{d}z'$$

$$=\mathrm{j}\,\frac{\eta_0 I_0 h}{2\lambda}\,\frac{\mathrm{e}^{-\mathrm{j}kr}}{r}\sin\theta \tag{7.7.33}$$

该式和电流元的远区场表达式基本一样，只是长度由 $2h$ 变成 h，原因是短振子的电流分布不是均匀分布，而是近似三角形分布。

短振子的方向函数

$$F(\theta)=\sin\theta \tag{7.7.34}$$

短振子的辐射电阻

$$R_\Sigma = 20\pi^2\left(\frac{2h}{\lambda}\right)^2 \tag{7.7.35}$$

短振子的辐射电阻仅仅是相同长度电流元辐射电阻的 1/4。

(1) 短振子的优点在于体积小、重量轻、成本低、便于携带，因此用途非常广泛。部分电视机、收音机天线就是短振子，如图 7.7.14 所示。

(2) 短振子的缺点在于电小天线的效率(辐射能力)很低。电流分布不均匀，使得线天线的有效长度小于几何长度。这是所有天线共同的属性，对口径天线也适用。

(3) 提高短振子辐射能力的解决办法是设法让电流分布变得均匀些，例如在末端装金属盘，称为电容极板天线，或者戴帽天线，如图 7.7.15 所示。根据传输线理论，一段短的开路线(小于 1/4 波长)的输入阻抗为容性，因此在振子天线的顶端加载电容，相当于替代了一段短开路线，从而减小天线长度。加载电容的形式通常是圆盘、十字或开路线。

图 7.7.14 短振子天线

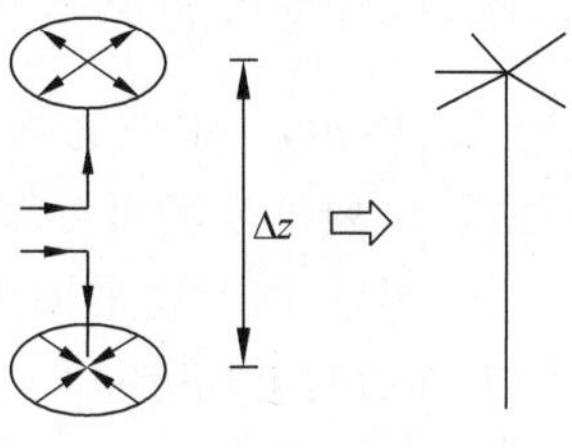

图 7.7.15 短振子天线顶端加载电容

表 7.7.3 总结了基本辐射元、短振子、半波振子和全波振子的辐射特性。

表 7.7.3 基本辐射元、短振子、半波振子和全波振子的辐射特性

类　型	长度	电流	方向图函数	HP	D	D/dB	R_r/Ω
电基本振子	$L \ll \lambda$	均匀	$\sin\theta$	90°	1.5	1.76	$80\pi^2\left(\frac{L}{\lambda}\right)^2$
磁基本振子	$2\pi a \ll \lambda$	均匀	$\sin\theta$	90°	1.5	1.76	$320\pi^4\left(\frac{S}{\lambda^2}\right)^2$

续表

类　型	长度	电流	方向图函数	HP	D	D/dB	R_r/Ω
惠更斯元	L 和 $W \ll \lambda$	均匀	$\frac{1+\cos\theta}{2}$	130°	3	4.77	—
短振子	$L \ll \lambda$	三角形	$\sin\theta$	90°	1.5	1.76	$20\pi^2\left(\frac{L}{\lambda}\right)^2$
半波振子	$L=0.5\lambda$	正弦波	$\frac{\cos\left(\frac{\pi}{2}\cos\theta\right)}{\sin\theta}$	78°	1.64	2.15	约 70
全波振子	$L=\lambda$	正弦波	$\frac{\cos(\pi\cos\theta)+1}{\sin\theta}$	47°	2.4	3.80	约 200

7.8 天线的接收理论

同一天线用作收发时，其电参数具有相同的性质，称为天线的收发互易性。接收天线是发射天线的逆过程。其物理过程是天线导体在外电场作用下激励产生感应电动势并在天线回路中产生电流，此电流流入负载（接收机），接收机便接收到了信号。如何让天线负载（接收机）获得最大接收功率，是设计接收天线考虑的一个核心问题。

视频7-4

7.8.1 天线的最佳接收条件

1. 天线接收信号的物理过程

如图 7.8.1 所示，入射波为均匀平面波，斜入射到振子天线表面，其入射角度与振子轴线夹角为 θ。入射波电场可分解为两个分量：一个是垂直于射线与天线轴所构成平面的分量 E_1，另一个是在上述平面内的分量 E_2。根据电磁场理论，只有沿天线导体表面的电场分量 E_z（切向电场分量）才能在天线上激起感应电动势，即

$$E_z = E_2 \sin\theta \tag{7.8.1}$$

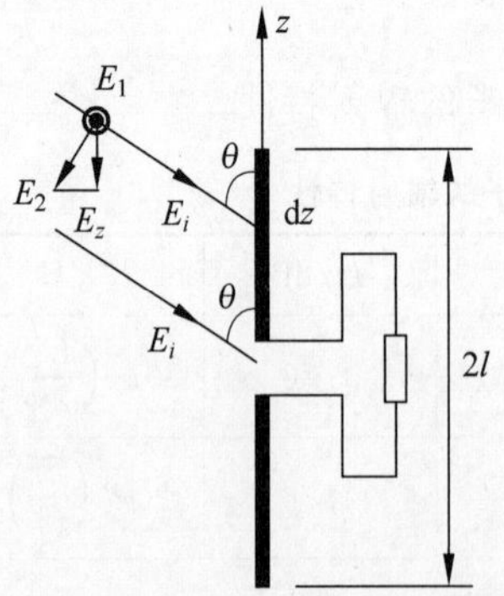

图 7.8.1　接收天线示意图

在切向电场分量的作用下，dz 段天线元上产生感应电动势

$$\mathrm{d}V = E_z \mathrm{d}z = E_2 \sin\theta \mathrm{d}z \tag{7.8.2}$$

该感应电动势 dV 在回路中产生的电流为 dI，整个天线产生的感应电流为

$$I = \int \mathrm{d}I \tag{7.8.3}$$

从图中可知，入射波的射线与振子轴有夹角，射线并不是同时到达天线上，它们之间存在波程差，造成了天线上各微分元上的电场切向分量的相位不同，即与入射波角度 θ

有关,说明接收天线也是有方向性的,其最大接收方向就是作为发射天线时的最大辐射方向。

2. 天线接收最佳条件

根据天线接收信号的物理过程,为了保证天线接收机负载获得最大有用信号功率,首先要保证天线能激励起最大感应电动势。如图 7.8.2(a)所示,当振子轴线平行于来波方向放置,即接收天线的最大接收方向与来波方向垂直,天线上无法激励起感应电动势,因为此时来波的电场矢量与振子表面垂直,没有切向电场分量激励感应电动势。即使接收天线的最大接收方向对准来波方向,如果电场矢量方向仍与振子的表面垂直,仍然激励不起感应电动势。由于振子天线的极化是线极化,其极化方向与振子的轴向一致,当来波极化与振子的极化匹配时,才能激励起最大感应电动势。天线正确的姿态应如图 7.8.2(b)所示,此时来波的电场矢量方向与振子的表面完全相切,才能激励起最大感应电动势。

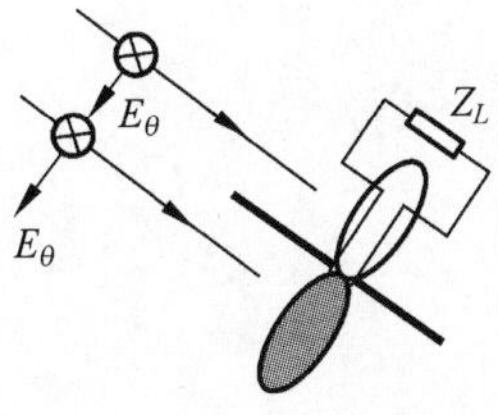

(a) 最大接收方向没有对准来波

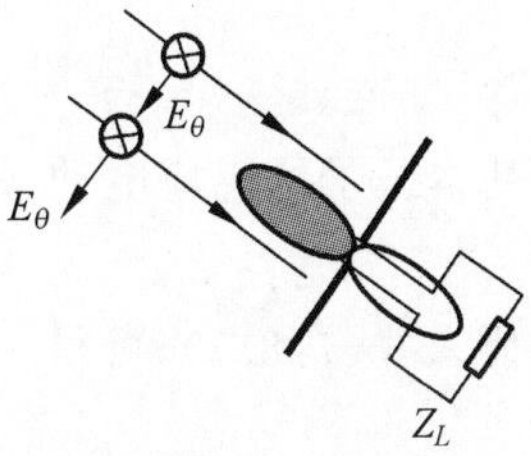

(b) 最大接收方向对准来波

图 7.8.2　接收天线的最大接收方向

因此,为了保证接收天线获得最大感应电动势,需要调整天线的姿态:①调整天线方位角和俯仰角,保证接收天线最大接收方向对准来波方向;②调整接收天线的极化,保证接收天线的极化与来波极化匹配。

在保证天线获得最大感应电动势的条件下,需要计算出天线负载的最大接收功率。任一天线均可以采用如图 7.8.3 所示的等效电路。图中,V_A 表示天线的感应电动势,Z_A 表示天线的自阻抗($Z_A=R_{\text{in}}+\text{j}X_{\text{in}}$),$Z_L$ 表示天线的负载阻抗($Z_L=R_L+\text{j}X_L$)。

根据电路分析,只有满足天线自阻抗与负载阻抗共轭匹配时,即

$$Z_L=Z_A^*=R_{\text{in}}-\text{j}X_{\text{in}} \tag{7.8.4}$$

天线负载获得最大接收功率

$$P_L=\frac{1}{2}I_A^2R_{\text{in}}=\frac{1}{2}\frac{V_A^2}{(2R_{\text{in}})^2}R_{\text{in}}=\frac{V_A^2}{8R_{\text{in}}} \tag{7.8.5}$$

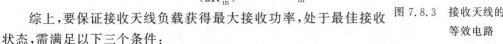

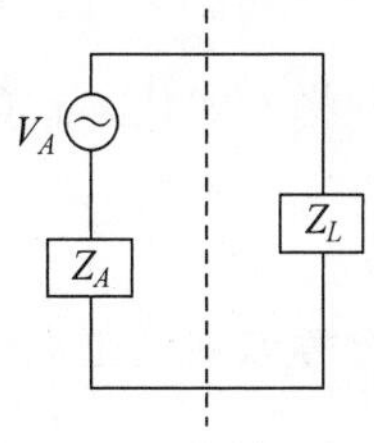

图 7.8.3　接收天线的等效电路

综上,要保证接收天线负载获得最大接收功率,处于最佳接收状态,需满足以下三个条件:

(1) 天线的最大接收方向对准来波方向(方向对准);

(2) 天线的极化与来波极化匹配(极化匹配);

(3) 接收天线的自阻抗与负载阻抗共轭匹配(阻抗匹配)。

前两个条件为了感应电动势最大化,后一个条件为了获取最大接收功率。

视频7-5

7.8.2 有效接收面积

天线的有效接收面积又称为有效面积或实效面积,用于衡量天线接收无线电波的能力。其定义为:在满足最佳接收条件的情况下,天线在最大接收方向所接收的功率 P_{re} 与入射波的功率谱密度 S 之比,称为天线的最大有效口径面积。

$$A_{\text{em}}=\frac{P_{\text{re}}}{S} \tag{7.8.6}$$

下面以电基本振子为例,推导其最大有效口径面积。满足最佳接收条件时,获得最大接收功率为式(7.8.5),考虑到天线的效率 $\eta_A\approx 1$ 时,$R_{\text{in}}=R_r$,即

$$P_{\text{re}}=\frac{1}{8}\frac{V_A^2}{R_{\text{in}}}=\frac{1}{8}\frac{V_A^2}{R_r} \tag{7.8.7}$$

其中,长度 l 的电基本振子的感应电动势为

$$V_A=E^i l \tag{7.8.8}$$

将式(7.8.8)代入式(7.8.7),可得

$$P_{\text{re}}=\frac{1}{8}\frac{|E^i|^2}{R_r}l^2 \tag{7.8.9}$$

又根据坡印廷定理,可知电基本振子功率谱密度 S 为

$$S=\frac{1}{2}|\boldsymbol{E}\times\boldsymbol{H}^*|=\frac{1}{2}\frac{|E^i|^2}{\eta_0} \tag{7.8.10}$$

将式(7.8.9)和式(7.8.10)两式代入式(7.8.6),可得

$$A_{\text{em}}=\frac{P_{\text{re}}}{S}=\frac{1}{4}\frac{\eta_0}{R_r}(l)^2 \tag{7.8.11}$$

根据空气波阻抗为 $\eta_0=120\pi$,以及电基本振子的辐射电阻为式(7.2.24),即

$$R_r=80\pi^2\left(\frac{l}{\lambda}\right)^2 \tag{7.8.12}$$

将上式代入式(7.8.11),可得

$$A_{\text{em}}=\frac{3}{8\pi}(\lambda)^2 \tag{7.8.13}$$

考虑到电基本振子的方向系数为

$$D=\frac{3}{2}=\frac{4\pi}{\lambda^2}\left[\frac{3}{8\pi}\lambda^2\right] \tag{7.8.14}$$

可得

$$A_{\text{em}}=\frac{\lambda^2}{4\pi}D \tag{7.8.15}$$

一般地，天线的效率 η_A 不一定为1。此时可定义天线的有效口径面积 A_e 为

$$A_e=\frac{\lambda^2}{4}G=\frac{\lambda^2}{4\pi}D\eta_A \tag{7.8.16}$$

当效率 $\eta_A=1$ 时，$A_e=\frac{\lambda^2}{4\pi}D=A_{em}$，此时获得最大有效口径面积。

$$A_{em}=\frac{\lambda^2}{4\pi}G=\frac{\lambda^2}{4\pi}D\eta_A=\frac{\lambda^2}{4\pi}D$$

式(7.8.16)中，$\frac{\lambda^2}{4\pi}$具有面积的量纲；G 和 D 分别是天线的增益和方向系数。上述推导过程是以电基本振子为例，但结论适用于所有天线：在波长一定的条件下，方向系数越大，最大有效口径面积越大。下面考虑两个简单例子，说明有效接收面积。

无方向点源：

$$A_{em}=\frac{\lambda^2}{4\pi}\approx 0.0796\lambda^2 \tag{7.8.17}$$

电流元：

$$A_{em}=\frac{3\lambda^2}{8\pi}\approx 0.119\lambda^2 \tag{7.8.18}$$

从上面两式可以看出，电流元比无方向点源的有效口径面积要大，接收能力更强。理论上，电流元没有物理面积，但它也能接收到电磁能量，因而也就有"有效接收面积"了。

因为

$$D=\frac{4\pi}{\Omega_A} \tag{7.8.19}$$

由式(7.8.16)，可得

$$A_{em}\Omega_A=\lambda^2 \tag{7.8.20}$$

可得结论：

(1) 若工作波长给定，有效口径(天线尺寸)增大时，波束立体角必然减小，这意味着功率的空间分布更加集中，即方向系数变大；

(2) 给定有效口径，当波长减小(频率增加)时波束立体角也将减小，这也将导致方向系数的增加；

(3) 一味加大天线的几何尺寸而不辅以其他技术措施，则有效口径面积未必增大。

7.8.3 弗利斯传输公式

视频7-6

对于一个完整的通信链路，通常采用弗利斯(Friis)传输公式估算链路中的功率传输。

在满足最佳接收条件下，假定发射天线的输入功率为 P_t，增益为 G_t，接收天线的增益为 G_r，通信两端的距离为 R，作为无方向点源其在空间任意位置的功率流密度是

$$S=\frac{P_t}{4\pi R^2} \tag{7.8.21}$$

其分母是球面面积，只有功率是均匀的辐射才满足上面公式。而实际的发射天线是有方向性的，在最大辐射方向上，由于发射天线的增益为 G_t，最大方向上功率流密度是

$$S=\frac{G_t P_t}{4\pi R^2} \tag{7.8.22}$$

接收天线的功率流密度、接收功率、有效接收面积之间满足

$$A_e=\frac{P_r}{S} \tag{7.8.23}$$

所以接收功率为

$$P_r=SA_e=P_t\frac{G_t}{4\pi R^2}A_e \tag{7.8.24}$$

根据有效口径面积的计算式

$$A_e=\frac{\lambda^2}{4\pi}G_r \tag{7.8.25}$$

可得

$$P_r=P_t\frac{G_t G_r\lambda^2}{(4\pi R)^2} \tag{7.8.26}$$

上式即为弗利斯传输公式，也叫功率传输方程。表明：接收天线的接收功率与发射功率成正比，与收发天线增益的乘积成正比，与工作波长平方成正比，与收发天线距离平方成反比。

在工程应用中，经常采用分贝形式的弗利斯传输公式，即

$$\begin{aligned}P_r(\text{dBm})=&P_t(\text{dBm})+G_t(\text{dB})+G_r(\text{dB})-\\&20\lg R(\text{km})-20\lg f(\text{MHz})-32.44\end{aligned} \tag{7.8.27}$$

式中，dBm 是以毫瓦为基准的分贝表示，距离 R 的单位为 km，电磁波频率 f 的单位为 MHz。这个形式常用于通信系统信号电平的估算。后三项是自由空间损耗，是指在无耗的空间中，由于发射波的球面波特性而导致的信号的衰减。

上述弗利斯传输公式给出的功率是理想化的情况，考虑到实际应用中可能出现极化失配和阻抗失配等情况，非最佳接收情况下负载(接收机)的功率应为

$$P_D=pqP_r \tag{7.8.28a}$$

$$P_D=P_t\frac{G_t G_r\lambda^2}{(4\pi R)^2}pq \tag{7.8.28b}$$

其中，P_D 为实际吸收功率；p 为极化失配因子；q 为阻抗失配因子。

【例 7-3】 卫星通信系统的传输损耗，主要是自由空间传输损耗。如果某一同步卫星，其上行频率 $f_1=6\text{GHz}$，下行频率 $f_2=4\text{GHz}$，若地球站与卫星的距离为 $r=40\,000\text{km}$，请计算出卫星通信系统上/下行链路的自由空间损耗：

解：

$$P_r(\text{dBm})=P_t(\text{dBm})+G_t(\text{dB})+G_r(\text{dB})-20\lg R(\text{km})-20\lg f(\text{MHz})-32.44$$

$$L_{bf}=20\lg R(\text{km})+20\lg f(\text{MHz})+32.44$$

上行链路：$L_{bf}=200.05(\text{dB})$

下行链路：$L_{bf}=196.53(\text{dB})$

如何补偿这个损耗呢？①增大天线发射功率；②使用大增益的口径天线或天线阵。

7.9 天线阵

单个天线的方向性较弱，为了增强天线的方向性或形成特定的方向图，可以采用天线阵。定义为：由若干个单元天线按照一定方式排列起来的辐射系统称为天线阵，构成天线阵的单元天线称为阵元。根据天线的排列方式，可以将天线阵分为直线阵、平面阵、圆环阵、共形阵和立体阵等；根据阵元的个数，可以分为二元阵、三元阵、多元阵等；按阵距离、馈电振幅是否相等、相位是否呈线性变化，可以分为均匀阵（均匀直线阵、均匀圆环阵、均匀平面阵等）、非均匀阵（振幅不均匀阵、间距不固定阵等）。图 7.9.1 为一些典型应用的天线阵。

所有阵元的类型、结构、尺寸、取向整齐划一的天线阵称为相似阵，其单元天线的方向函数相同。本节研究的天线阵为均匀直线阵，为天线阵种类中最简单的类型。为了更清楚地了解天线阵的辐射特性，本书从最简单的二元阵入手，探讨天线阵的方向性。

彩图

图 7.9.1　典型天线阵应用（5G 基站平面阵、立体阵、共形相控阵雷达、深空探测天线阵）

7.9.1 二元天线阵

视频7-7

1. 方向图乘积原理

二元天线阵是最简单的天线阵，由两个单元天线组成。如图 7.9.2 所示，放置在 z 轴上的两个相似元间距为 d，其中阵元 1 为参考天线，阵元 2 相对于天线 1 的电流，满足关系

$$I_2=mI_1e^{j\xi} \tag{7.9.1}$$

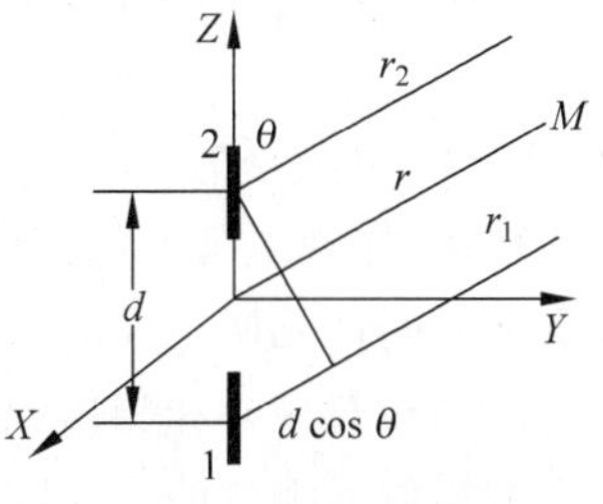

图 7.9.2　二元阵的空间坐标

式中，m 表示阵元 2 电流振幅为阵元 1 的 m 倍，考虑到相

似元，取 $m=1$；ξ 表示两者的相位差。

由于两阵元空间取向一致，结构完全相同，因此对于远区辐射场而言，它们到观察点的电波射线足够平行，两者在观察点 M 处产生的电场矢量方向相同，且相应的方向函数相等。

$$E_1=E_m f_0(\theta,\varphi)\frac{\mathrm{e}^{-\mathrm{j}kr_1}}{r_1} \tag{7.9.2a}$$

$$E_2=E_m f_0(\theta,\varphi)\frac{\mathrm{e}^{-\mathrm{j}kr_2}}{r_2}\mathrm{e}^{\mathrm{j}\xi} \tag{7.9.2b}$$

式中，E_m 为阵元 1、2 的幅度；$f_0(\theta,\varphi)$为阵元 1 的方向函数；r_1、r_2 分别为阵元 1、2 到远区观察点的距离。两阵元的合成场为

$$\begin{aligned}E&=E_1+E_2\\&=E_m f_0(\theta,\varphi)\left[\frac{\mathrm{e}^{-\mathrm{j}kr_1}}{r_1}+\frac{\mathrm{e}^{-\mathrm{j}kr_2}}{r_2}\mathrm{e}^{\mathrm{j}\xi}\right]\end{aligned} \tag{7.9.3}$$

根据远区条件和平行近似条件可知，分母中$\frac{1}{r_1}\approx\frac{1}{r_2}$；分子中，表示相位特性为 $r_2=r_1-d\cos\theta$，代入上式，可得

$$E=E_m f_0(\theta,\varphi)\frac{\mathrm{e}^{-\mathrm{j}kr_1}}{r_1}[1+\mathrm{e}^{\mathrm{j}kd\cos\theta}\mathrm{e}^{\mathrm{j}\xi}] \tag{7.9.4}$$

对上式取模，可得

$$|E|=\frac{2E_m}{r_1}f_0(\theta,\varphi)\cos\left(\frac{kd\cos\theta+\xi}{2}\right) \tag{7.9.5}$$

$kd\cos\theta$ 为两阵元的空间(波程)相位差，ξ 为初始相位差。若令

$$\psi=\xi+kd\cos\theta \tag{7.9.6}$$

则式(7.9.5)变为

$$|E|=\frac{2E_m}{r_1}f_0(\theta,\varphi)\cos\left(\frac{\psi}{2}\right) \tag{7.9.7}$$

二元天线阵的方向函数为

$$f(\theta,\varphi)=f_0(\theta,\varphi)\cos\left(\frac{kd\cos\theta+\xi}{2}\right) \tag{7.9.8}$$

上式表明，天线阵的方向函数由两项相乘而得

$$f(\theta,\varphi)=f_0(\theta,\varphi)f_2(\theta,\varphi) \tag{7.9.9}$$

第一项 $f_0(\theta,\varphi)$称为元因子，表示组成天线阵的阵元的方向函数，其值仅取决于阵元本身的结构，体现了阵元的方向性对天线阵方向性的影响。第二项 $f_2(\theta,\varphi)$称为阵因子，表示各向同性元所组成的天线阵的方向性，其值取决于天线阵的排列方式及其阵元上激励电流的相对振幅和相位，与阵元本身的结构无关。

由相似元组成的二元阵，其方向函数(方向图)等于元因子的方向函数(方向图)与阵因子的方向函数(方向图)的乘积，这就是方向图乘积原理。值得一提的是，方向图乘积

原理从二元阵推导而来，但是结论适用于所有均匀直线阵。在阵元相同的条件下，天线阵的方向函数是元因子与阵因子的乘积。

2. 二元阵阵因子

若阵元为无方向性点源时，整个天线阵的方向函数就等于阵因子，为

$$f(\theta,\varphi)=1\cdot\cos\left(\frac{kd\cos\theta+\xi}{2}\right) \tag{7.9.10}$$

1）等幅同相

两阵元同相激励时，$\xi=0$，阵因子为

$$F_2(\theta)=\cos\left(\frac{\pi d\cos\theta}{\lambda}\right) \tag{7.9.11}$$

方向图如图 7.9.3 所示。

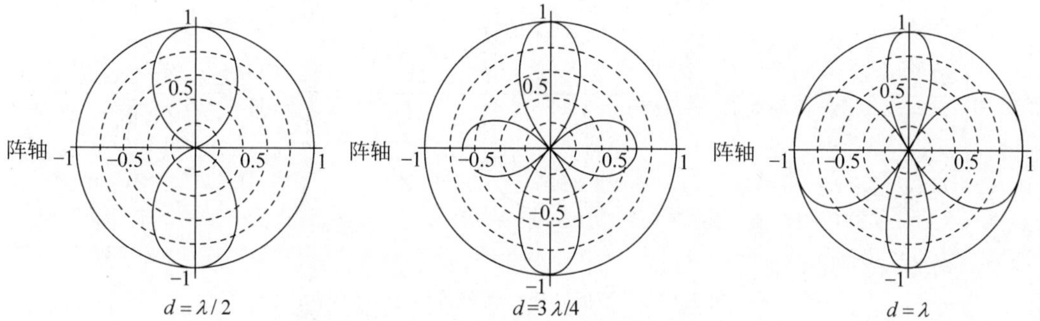

图 7.9.3 等幅同相二元阵阵因子方向图

从方向图可以看出，阵因子的最大辐射方向垂直阵轴（z 轴）；零辐射方向为轴向；随着间距 d 的增大，波瓣逐渐增多；当 $d=0.5\lambda$，主瓣只有一个，最大辐射方向垂直阵轴；$0.5\lambda<d<\lambda$ 时，旁瓣出现且电平逐渐上升；$d=\lambda$ 时，出现栅瓣。

2）等幅反相

两阵元反相激励时，$\xi=\pm\pi$，阵因子为

$$F_2(\theta)=\sin\left(\frac{\pi d\cos\theta}{\lambda}\right) \tag{7.9.12}$$

方向图如图 7.9.4 所示。

从方向图可以看出，阵因子的零辐射方向垂直阵轴方向（z 轴）；随着间距 d 的增大，波瓣逐渐增多；当 $d=0.5\lambda$，主瓣只有一个，最大辐射方向在阵轴方向；$d=\lambda$，出现栅瓣，最大方向偏离阵轴方向。

3）等幅异相

两阵元反相激励时，$\xi=\pm\frac{\pi}{2}$，取 $\xi=\frac{\pi}{2}$，阵因子为

$$F_2(\theta)=\cos\left(\frac{\pi}{4}+\frac{kd\cos\theta}{2}\right) \tag{7.9.13}$$

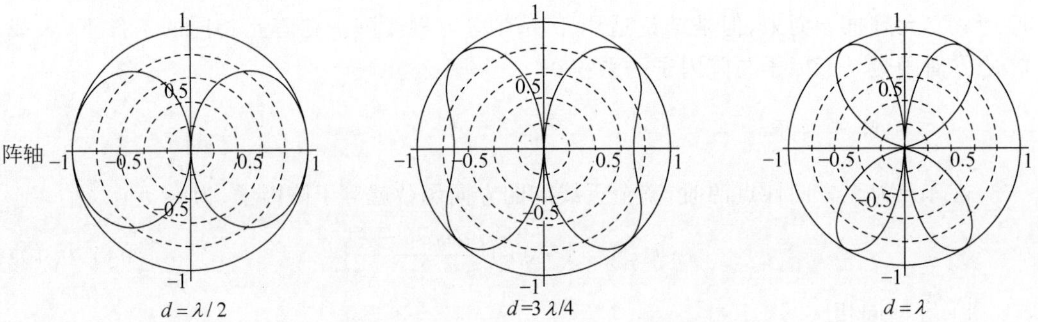

图 7.9.4　等幅反相二元阵阵因子方向图

方向图如图 7.9.5 所示。

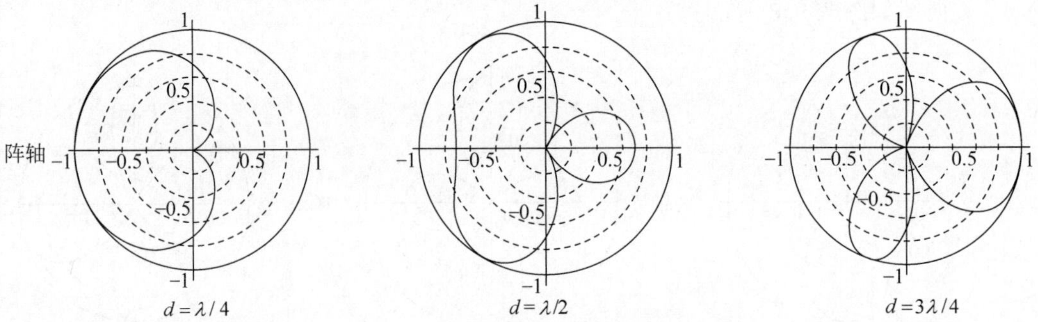

图 7.9.5　等幅异相二元阵阵因子方向图

从方向图可以看出，当 $d=\lambda/4$ 时，最大辐射方向为 $-z$ 轴方向；当 $d>\lambda/4$ 时，阵因子最大辐射方向偏离 $-z$ 轴方向，并出现后瓣；当 $d=3\lambda/4$ 时，零辐射方向出现在 $+z$ 轴方向，并出现栅瓣。

【例 7-4】　有两个平行于 z 轴并沿 x 轴方向排列的半波振子，若：(1) $d=\lambda/4$，$\xi=\pi/2$；(2) $d=3\lambda/4$，$\zeta=\pi/2$ 时，试求其 E 面和 H 面方向函数，并画出方向图。

解：半波振子的方向函数：$\dfrac{\cos\left(\dfrac{\pi}{2}\cos\theta\right)}{\sin\theta}$；阵因子：$\cos\left(\dfrac{\psi}{2}\right)$，其中，$\psi=kd\sin\theta\cos\varphi+\xi$。

由方向图乘积定理知，二元阵的方向函数等于二者的乘积。

(1) $d=\lambda/4$，$\xi=\pi/2$，令 $\varphi=0°$ 得 E 面方向函数为

$$F_E(\theta)=\left|\frac{\cos\left(\dfrac{\pi}{2}\cos\theta\right)}{\sin\theta}\right|\left|\cos\frac{\pi}{4}(1+\sin\theta)\right|$$

令 $\theta=90°$，则 H 面方向函数为

$$F_H(\varphi)=\left|\cos\frac{\pi}{4}(1+\cos\varphi)\right|$$

其 E 面和 H 面方向图如图 7.9.6(a) 所示。

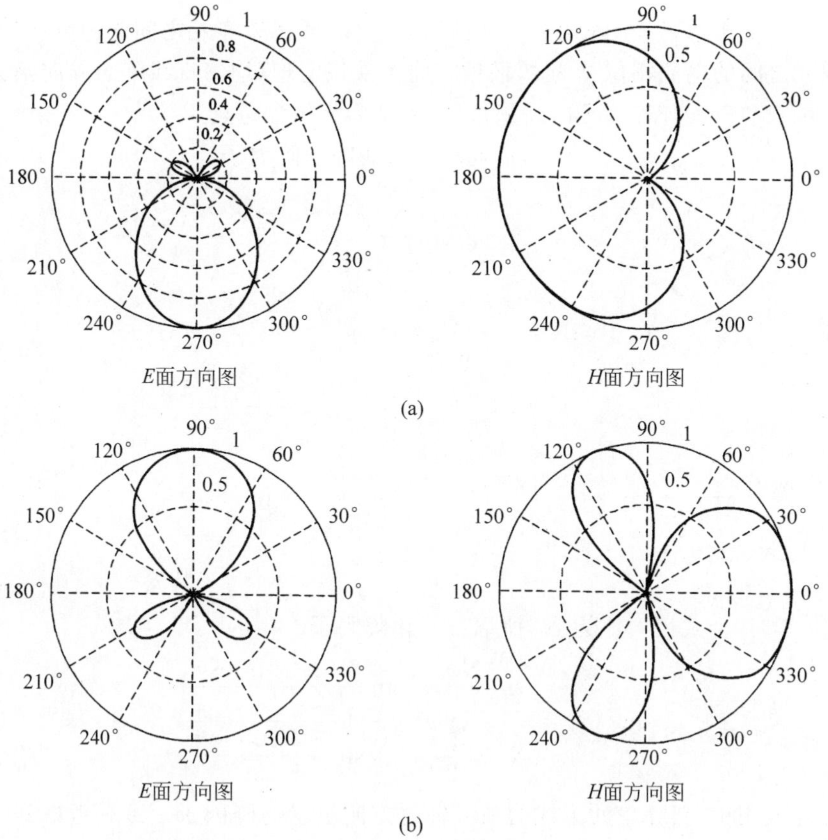

图 7.9.6　例 7-4 的方向图

（2）$d=3\lambda/4, \xi=\pi/2$，令 $\varphi=0°$ 得 E 面方向函数为

$$F_E(\theta)=\left|\frac{\cos\left(\frac{\pi}{2}\cos\theta\right)}{\sin\theta}\right|\left|\cos\frac{\pi}{4}(1+3\sin\theta)\right|$$

令 $\theta=90°$，则 H 面方向函数为

$$F_H(\varphi)=\left|\cos\frac{\pi}{4}(1+3\cos\varphi)\right|$$

方向图如图 7.9.6(b)所示。

视频7-8

7.9.2　均匀直线阵

1. 均匀直线阵的基本概念

最简单的多元阵是均匀直线阵：若干个阵元均匀排列在一条直线上，馈入各阵元的电流振幅相等、相位呈等差级数分布。可见，均匀直线阵的所有阵元结构相同，等间距、等幅激励，相位沿阵轴线呈依次等量递增或递减。

如图 7.9.7 所示，N 个阵元沿 z 轴排列成一行，且相邻阵元之间的距离相等都为 d，相邻两阵元之间的电流相位差为 ξ，根据方向图乘积定理，均匀直线阵的方向函数等于阵元的方向函数与直线阵阵因子的乘积，以阵元 1 为相位参考点。

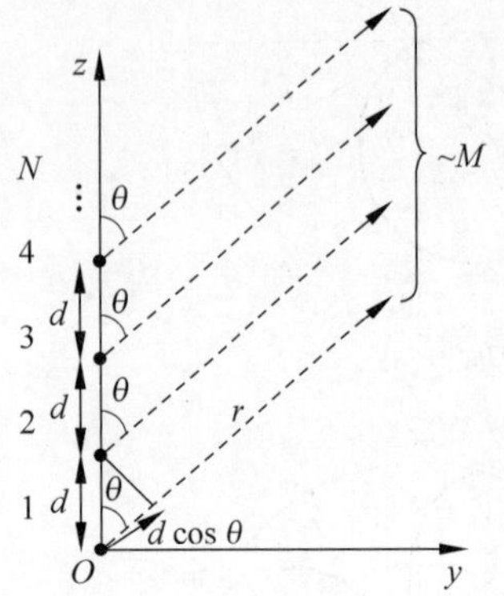

图 7.9.7 N 元均匀直线阵

N 元均匀直线阵的阵因子为

$$f_N(\theta)=\sum_{n=1}^{N}\mathrm{e}^{[\mathrm{j}(n-1)(\xi+kd\cos\theta)]}=\sum_{n=1}^{N}\mathrm{e}^{\mathrm{j}(n-1)\psi} \tag{7.9.14}$$

其中，$\psi=\xi+kd\cos\theta$；

$$f_N(\theta)=\sum_{n=1}^{N}\mathrm{e}^{\mathrm{j}(n-1)\psi}=\frac{\mathrm{e}^{\mathrm{j}N\psi}-1}{\mathrm{e}^{\mathrm{j}\psi}-1}=\frac{\mathrm{e}^{\mathrm{j}N\frac{\psi}{2}}}{\mathrm{e}^{\mathrm{j}\frac{\psi}{2}}}\frac{\mathrm{e}^{\mathrm{j}N\frac{\psi}{2}}-\mathrm{e}^{-\mathrm{j}N\frac{\psi}{2}}}{\mathrm{e}^{\mathrm{j}\frac{\psi}{2}}-\mathrm{e}^{-\mathrm{j}\frac{\psi}{2}}}$$

$$=\mathrm{e}^{\mathrm{j}(N-1)\frac{\psi}{2}}\frac{\sin\frac{N\psi}{2}}{\sin\frac{\psi}{2}} \tag{7.9.15}$$

在 $\psi=0$ 时，上式极大值为 N，所以归一化阵因子

$$F_N(\theta)=\frac{\sin\frac{N\psi}{2}}{N\sin\frac{\psi}{2}}=\frac{\sin\frac{N(\xi+kd\cos\theta)}{2}}{N\sin\frac{\xi+kd\cos\theta}{2}} \tag{7.9.16}$$

在实际应用中，要让单元天线的最大辐射方向尽量与阵因子一致。考虑到单元天线多采用弱方向性天线，均匀直线阵的方向性调控主要通过调控阵因子来实现。

N 元均匀直线阵的归一化阵因子随 ψ 的变化图形，称为均匀直线阵的通用方向图，见图 7.9.8。由阵因子的分析可以得知，归一化阵因子是 ψ 的周期函数，周期为 2π。在 $\psi\in 0\sim 2\pi$ 的区间内，函数最大值为 1，位于 $\psi=0,2\pi$ 处，对应着方向图的主瓣或栅瓣；除此之外，阵因子还有 $N-2$ 个函数值小于 1 的极大值，发生在阵因子分子为 1 的条件下，即

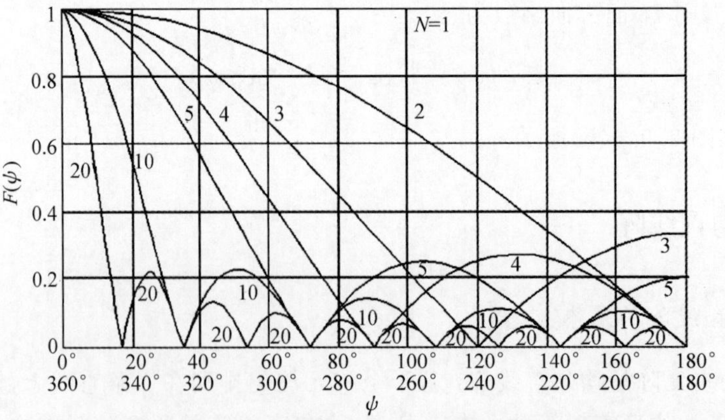

图 7.9.8 N 元均匀直线阵的归一化阵因子通用方向图

$$\psi_m = \frac{2m+1}{N}\pi, \quad m = 1,2,\cdots,N-2 \tag{7.9.17}$$

这些位置对应着方向图副瓣。图 7.9.9 所示为 $N=10$ 的均匀直线阵的阵因子通用方向图。

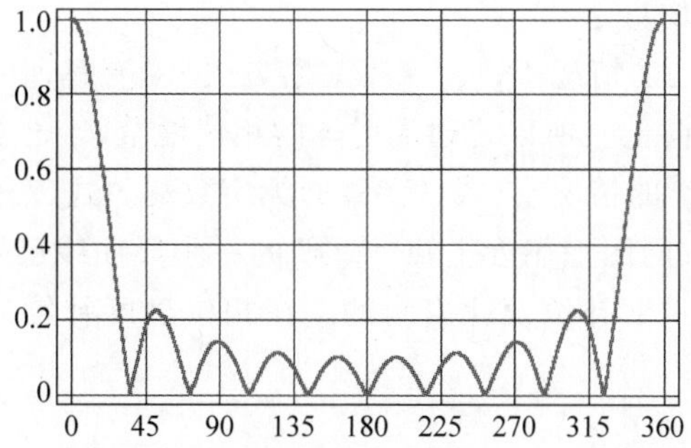

图 7.9.9　10 元均匀直线阵的阵因子通用方向图（横轴为 ψ 的度数）

另外，分子为 0 而分母不为 0 时，有 $N-1$ 个零点，发生在

$$\psi_0 = \frac{2m}{N}\pi, \quad m = 1,2,\cdots,N-1 \tag{7.9.18}$$

其中，第 1 个零点位于

$$\psi_{01} = \frac{2}{N}\pi \tag{7.9.19}$$

由于 $\cos\theta$ 的可取值范围为 $-1\sim+1$，与此对应的 ψ 变化范围为

$$\xi - kd \leqslant \psi \leqslant \xi + kd \tag{7.9.20}$$

这个变化范围称为天线阵的可见区。因此，只有可见区中 ψ 所对应的 $F_N(\psi)$ 才是均匀直线阵的阵因子。通用方向图上只有落在可见区内的那一段曲线才会映射到实际的方向图上去，与 θ 一一对应。

2. 主波束的调控

$\psi=0$ 时，对应阵因子通用方向图最大方向，此时对应的实际空间最大辐射方向为 θ_{max}。

$$\xi + kd\cos\theta_{max} = 0 \tag{7.9.21}$$

分两种情况：

(1) 给定最大方向 θ_{max}，则配相时的相位增量应取

$$\xi = -kd\cos\theta_{max} = -\frac{2\pi}{\lambda}d\cos\theta_{max} \tag{7.9.22}$$

(2) 给定相位增量 ξ，则最大方向为

$$\theta_{max} = \arccos\left(-\frac{\xi}{kd}\right) \tag{7.9.23}$$

对于第二种情况，将相位增量的绝对值 $|\xi|$ 与 kd 比较大小，并称 $|\xi|<kd$ 的情况为“欠补偿”，称 $|\xi|=kd$ 的情况为“完全补偿”，称 $|\xi|>kd$ 的情况为“过度补偿”。

(1) 在相位欠补偿的情况下，式(7.9.23)有解，且 $0°<\theta_{max}<180°$，即主波束不在阵轴方向上。特别地，当 $\xi=0$ 时“无补偿”，即电流的初始相位完全不提供对于波程差导致的相位差的补偿，因而波程差为 0 的方向(与阵轴垂直的边射方向)是阵因子的最大方向。所以边射阵的相位增量 $\xi=0$。

(2) 在相位完全补偿的情况下，$|\xi|=kd$，式(7.9.23)有解，且 $\theta_m=0°$ 或者 $\theta_m=180°$，即主波束出现在阵轴方向上。所以普通端射阵的相位增量 $\xi=\pm\beta d$。

(3) 在相位过度补偿的情况下，式(7.9.23)无实数解。式(7.9.21)不再成立，参量 ψ 始终未经历零点，通用方向图上靠近主峰“峰顶”的一小段曲线已不在可见区内。强方向性端射阵正是基于相位过度补偿设计出来的。在相位过度补偿的情况下式(7.9.16)不再是归一化的。

3. 边射阵

当 $\xi=0$ 时，$\psi=kd\cos\theta$，对应的最大辐射方向发生在 $\psi=0$ 处，即 $\theta_{max}=\dfrac{\pi}{2}$。由于最大辐射方向垂直于阵轴，因而这种同相均匀直线阵称为边射阵。边射阵的阵因子为

$$F_N(\theta)=\frac{\sin\dfrac{N\pi d\cos\theta}{\lambda}}{N\cdot\sin\dfrac{\pi d\cos\theta}{\lambda}} \tag{7.9.24}$$

边射阵的特点和电参数包括：

(1) 各阵元的电流呈等幅同相分布。

(2) 边射阵的可见区为 $-kd\leqslant\psi\leqslant kd$。

(3) 为了保证天线不出现栅瓣，应满足

$$kd<2\pi \quad 或 \quad -kd>-2\pi \tag{7.9.25}$$

所以有

$$d<\lambda \tag{7.9.26}$$

(4) 边射阵元间距的推荐值：在保证不出现栅瓣的前提下，为了获得最好的方向性，即主瓣最窄，元间距 d 不能太小，推荐 d 的取值范围

$$d=\left(1-\frac{1}{N}\right)\lambda \tag{7.9.27}$$

以图 7.9.10 所示 10 元阵为例，较好的选择是让 kd 达到栅瓣那座峰($\psi=360°$)的“山脚”下($\psi=324°$)，即取 $d=0.9\lambda$。

(5) 主瓣张角 BW_0，又称零功率波瓣宽度，是包围主瓣的两条切线间的夹角。

$$\sin\frac{N\pi d\cos\theta}{\lambda}=0 \tag{7.9.28a}$$

$$\frac{N\pi d\cos\theta}{\lambda}=k\pi,\quad k=0,\pm1,\pm2,\cdots \tag{7.9.28b}$$

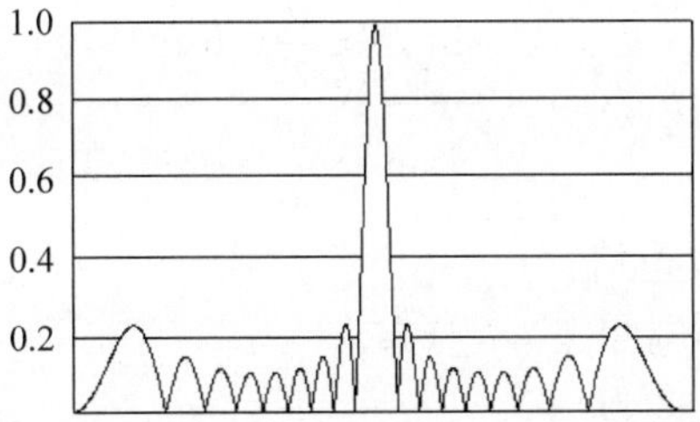

图 7.9.10　10 元均匀直线边射阵的阵因子方向图(直角坐标，$d=0.9\lambda$)

$k=\pm 1$ 对应围绕主瓣的一对零点，就是主瓣张角

$$\mathrm{BW}_0=\arccos\frac{-\lambda}{Nd}-\arccos\frac{\lambda}{Nd}=2\cdot\arcsin\frac{\lambda}{Nd} \tag{7.9.29}$$

当天线阵的长度 $L=Nd\gg\lambda$ 时，

$$\mathrm{BW}_0\approx 2\frac{\lambda}{Nd}=2\frac{\lambda}{L} \tag{7.9.30a}$$

$$\mathrm{BW}_0=144^\circ\frac{\lambda}{L} \tag{7.9.30b}$$

(6) 主瓣宽度 $\mathrm{BW}_{0.5}$，又称半功率波瓣宽度，记作 HP。令归一化阵因子为 0.707，即

$$|F_N(\theta)|=\left|\frac{\sin\dfrac{N\pi d\cos\theta}{\lambda}}{N\cdot\sin\dfrac{\pi d\cos\theta}{\lambda}}\right|=\frac{1}{\sqrt{2}} \tag{7.9.31}$$

当天线阵的长度 $L=Nd\gg\lambda$，主瓣宽度近似为

$$\mathrm{BW}_{0.5}\approx 51^\circ\frac{\lambda}{Nd}=51^\circ\frac{\lambda}{L} \tag{7.9.32}$$

(7) 第一旁瓣电平 FSLL，由归一化阵因子，第一旁瓣的极大值出现两次，发生在

$$\theta_1=\arccos\frac{\pm 1.5\lambda}{Nd} \tag{7.9.33}$$

可近似计算 FSLL 为

$$\mathrm{FSLL}=\frac{1}{\left|N\sin\dfrac{1.5\pi}{N}\right|}\approx\frac{1}{1.5\pi}\approx 0.212 \tag{7.9.34}$$

$$\mathrm{FSLL_{dB}}\approx 20\lg 0.212=-13.5(\mathrm{dB}) \tag{7.9.35}$$

4. 普通端射阵

当 $\xi=\pm kd$ 时，$\psi=\pm kd+kd\cos\theta$，对应的最大辐射方向发生在 $\psi=0$ 处，即 $\theta_{\max}=0$ 或 $\theta_{\max}=\pi$。由于最大辐射方向位于阵轴，因而这种同相均匀直线阵称为端射阵。考虑 $\xi=-kd$ 的普通端射阵的阵因子，其最大辐射方向位于 $+z$ 轴

$$F_N(\theta)=\frac{\sin\left[N\pi\dfrac{d}{\lambda}(\cos\theta-1)\right]}{N\sin\left[\pi\dfrac{d}{\lambda}(\cos\theta-1)\right]} \tag{7.9.36}$$

端射阵的特点和电参数包括：

(1) 各阵元的电流呈等幅相差 kd 分布。

(2) 普通端射阵的可见区为

$$-2kd\leqslant\psi\leqslant 0 \tag{7.9.37}$$

(3) 为了保证天线不出现栅瓣，应满足

$$-2kd>-2\pi \tag{7.9.38}$$

所以有

$$d<\frac{\lambda}{2} \tag{7.9.39}$$

(4) 端射阵元间距的推荐值：在保证不出现栅瓣的前提下，为了获得最好的方向性，即主瓣最窄，元间距 d 不能太小，推荐 d 的取值范围

$$d=\left(1-\frac{1}{2N}\right)\frac{\lambda}{2} \tag{7.9.40}$$

以图 7.9.11 所示 10 元阵为例，为了让 $-2kd$ 到达栅瓣那座峰($\psi=-360°$)的“半山腰”($\psi=-342°$)，即取 $d=0.475\lambda$。如果不想要图 7.9.11 中那个隆起的后瓣，可选择让 $-2kd$ 到达栅瓣那座峰($\psi=-360°$)的“山脚”下($\psi=-324°$)，即取 $d=0.45\lambda$，对应的方向图如图 7.9.12 所示，后瓣已经不在可见区范围内了。图 7.9.13 为普通端射阵的实际方向图。

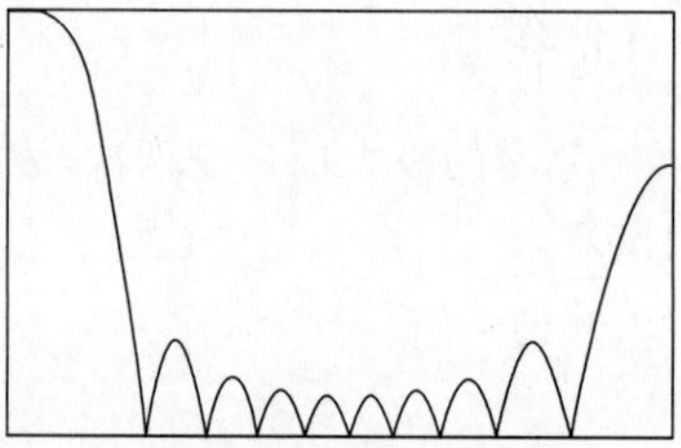

图 7.9.11 10 元普通端射阵的阵因子方向图（直角坐标，$d=0.475\lambda$）

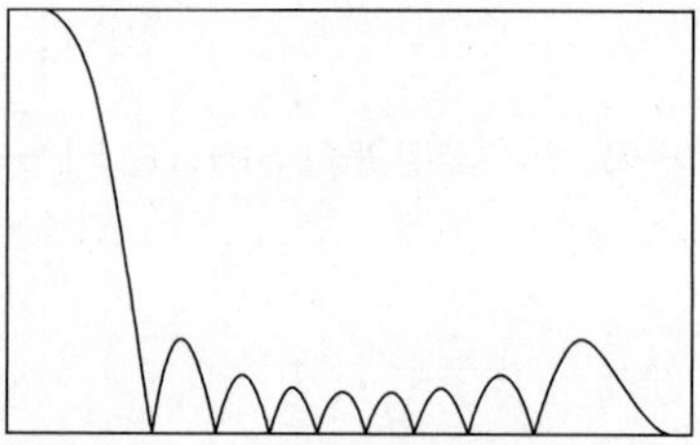

图 7.9.12 10 元普通端射阵的阵因子方向图（直角坐标，$d=0.45\lambda$）

(5) 主瓣张角 BW_0。令式(7.9.36)分子为 0，可求出主瓣零点：

$$\sin\left[N\pi\frac{d}{\lambda}(\cos\theta-1)\right]=0 \tag{7.9.41a}$$

$$\theta_0=\arccos\left(1-\frac{\lambda}{Nd}\right)=\arcsin\sqrt{\frac{\lambda}{Nd}\left(2-\frac{\lambda}{Nd}\right)} \tag{7.9.41b}$$

主瓣张角或零功率波瓣宽度为

$$BW_0=2\theta_0\approx 2\arcsin\sqrt{\frac{2\lambda}{Nd}}\approx\sqrt{\frac{8\lambda}{L}}\approx 162°\sqrt{\frac{\lambda}{L}} \tag{7.9.42}$$

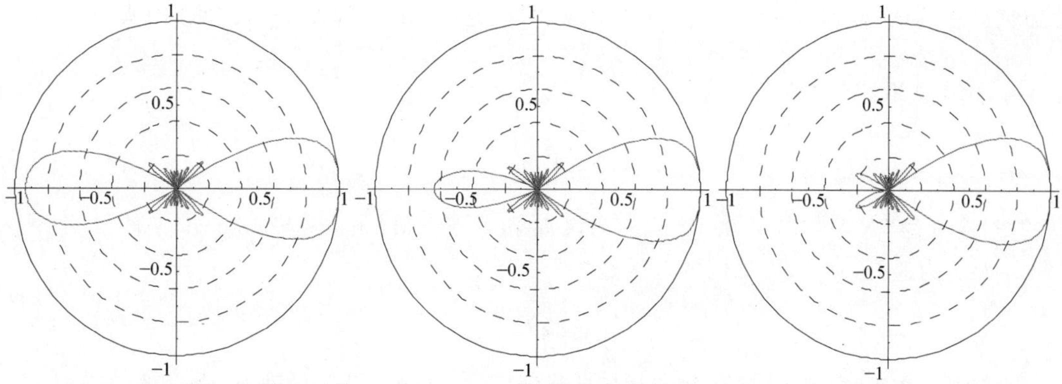

(a) d=0.495λ，主瓣窄，后瓣电平高　(b) d=0.475λ，主瓣较窄，后瓣较小　(c) d=0.45λ，主瓣较宽，后瓣电平为0

图 7.9.13　10 元普通端射阵方向图

(6) 主瓣宽度 $BW_{0.5}$。令归一化阵因子等于 0.707，则

$$|F_N(\theta)| = \left|\frac{\sin\frac{N\pi d(\cos\theta-1)}{\lambda}}{N\cdot\sin\frac{\pi d(\cos\theta-1)}{\lambda}}\right| = \frac{1}{\sqrt{2}} \tag{7.9.43}$$

当天线阵的长度 $L=Nd\gg\lambda$，主瓣宽度近似为

$$BW_{0.5}\approx 108^\circ\sqrt{\frac{\lambda}{Nd}}=108^\circ\sqrt{\frac{\lambda}{L}} \tag{7.9.44}$$

(7) 第一旁瓣电平 FSLL。由归一化阵因子，可知第一旁瓣的极大值出现在

$$\theta_1=\arccos\left(1-\frac{1.5\lambda}{Nd}\right)\approx\arcsin\sqrt{\frac{3\lambda}{L}} \tag{7.9.45}$$

第一旁瓣电平为

$$\mathrm{FSLL}=\frac{1}{\left|N\sin\frac{1.5\pi}{N}\right|}\approx\frac{1}{1.5\pi}\approx 0.212 \tag{7.9.46}$$

$$\mathrm{FSLL_{dB}}\approx 20\lg 0.212=-13.5(\mathrm{dB}) \tag{7.9.47}$$

可见，均匀直线阵无论是边射阵还是端射阵，第一旁瓣电平都是−13.5dB。

5. 强方向性端射阵

普通端射阵的主波束较宽。实际方向图的主瓣与 $\psi=0^\circ$对应，意味着通用图上宽而平的峰顶被映射到实际方向图上形成了很宽的主瓣。不妨设想，假如割除图中的主瓣，则后瓣就自动升格为新的主瓣，较窄的主瓣当然意味着方向性的增强。这是强方向性端射阵的思想。

强方向性端射阵的特点和电参数包括：

(1) 强方向性端射阵的相位增量 ξ。普通端射阵选取$|\xi|=\beta d$ 是为了确保到达通用

方向图主峰的“峰顶”($\psi=0$)。现在不登顶、只到达“半山腰”$\left(\psi=\frac{\pi}{N}\right.$,注意“山脚”在 $\psi=\left.\frac{2\pi}{N}\right)$,故应选取相位增量

$$\xi=\mp\left(kd+\frac{\pi}{N}\right) \tag{7.9.48}$$

的“过度补偿”方案。式(7.9.48)也称为汉森-伍德亚德(Hansen-Woodyard)条件。

(2) 为避开 $\psi=0$,可见区的范围是

$$\left[\frac{\pi}{N},2kd+\frac{\pi}{N}\right] \tag{7.9.49}$$

(3) 方向函数:将汉森-伍德亚德条件(只取了 ξ 为负、$\theta_m=0$ 的情况)代入式(7.9.15),经化简后得到强方向性端射阵的方向函数

$$f_N(\theta)=\frac{\cos\dfrac{N\pi d(1-\cos\theta)}{\lambda}}{\sin\left[\dfrac{\pi}{2N}+\dfrac{\pi d(1-\cos\theta)}{\lambda}\right]} \tag{7.9.50}$$

最大辐射方向上($\theta_m=0$),上式的值为

$$f_N(\theta_m)=f_N(0)=\frac{1}{\sin\dfrac{\pi}{2N}}\approx\frac{2N}{\pi} \tag{7.9.51}$$

由此可见强方向性端射阵的归一化方向函数

$$F_N(\theta)=\frac{\sin\dfrac{\pi}{2N}\cos\dfrac{N\pi d(1-\cos\theta)}{\lambda}}{\sin\left[\dfrac{\pi}{2N}+\dfrac{\pi d(1-\cos\theta)}{\lambda}\right]} \tag{7.9.52}$$

(4) 强方向性端射阵元间距的推荐值:从主峰的“半山腰”到栅瓣的“山脚”作为可见区范围是较为理想的,该可见区的宽度

$$2kd=\left(2\pi-\frac{2\pi}{N}\right)-\frac{\pi}{N}=2\pi\left(1-\frac{3}{2N}\right) \tag{7.9.53}$$

由此导出 d 为

$$d=\left(1-\frac{3}{2N}\right)\frac{\lambda}{2} \tag{7.9.54}$$

(5) 主瓣张角或零功率波瓣宽度 BW_0。从式(7.9.52)不难求出所有零辐射方向

$$\theta_0=\arccos\left[1-\left(k-\frac{1}{2}\right)\frac{\lambda}{Nd}\right],\quad k=1,2,\cdots,N-1 \tag{7.9.55}$$

取 $k=1$ 代入上式并乘以 2 则得到主瓣张角

$$BW_0=2\arccos\left(1-\frac{\lambda}{2Nd}\right)\approx 2\arcsin\sqrt{\frac{\lambda}{Nd}} \tag{7.9.56}$$

(6) 主瓣宽度 HP 或半功率波瓣宽度 $BW_{0.5}$。

$$BW_{0.5}=2\theta_{0.5}\approx 2\sqrt{\frac{0.28\lambda}{Nd}}\approx 61^{\circ}\sqrt{\frac{\lambda}{L}} \tag{7.9.57}$$

(7) 第一旁瓣电平 FSLL。

$$\mathrm{FSLL}=\frac{\left|\sin\frac{\pi}{2N}\right|}{\left|\sin\frac{3\pi}{2N}\right|} \tag{7.9.58}$$

通常情况下,均匀直线阵的第一旁瓣电平是-13.5dB。然而,强方向性端射阵因为实施了电流相位的"过度补偿",将通用方向图上的最大方向区域移出了可见区。根据式(7.9.51),"半山腰"的高约为 $2/\pi\approx 0.637(-3.92\mathrm{dB})$,即使得实际方向图上的主瓣电平下降了约3.9dB,也就相当于旁瓣电平升高了3.9dB,所以强方向性端射阵的第一旁瓣电平为

$$\mathrm{FSLL}_{\mathrm{dB}}=-13.5+3.9=-9.6(\mathrm{dB}) \tag{7.9.59}$$

【例 7-5】 设有一个五元均匀直线阵,间隔距离 $d=0.35\lambda$,电流激励相位差 $\xi=\frac{\pi}{2}$,绘出均匀直线阵阵因子方向图,同时计算极坐标方向图中的第一副瓣位置、第一零点位置。

解:因为

$$\psi=\xi+kd\cos\theta=\frac{\pi}{2}+0.7\pi\cos\theta$$

所以天线阵的可见区为

$$-0.2\pi\leqslant\psi\leqslant 1.2\pi$$

阵因子为

$$F_a[\psi(\theta)]=\frac{1}{5}\left|\frac{\sin\frac{5\psi}{2}}{\sin\frac{\psi}{2}}\right|=\frac{1}{5}\left|\frac{\sin\frac{5(0.5\pi+0.7\pi\cos\theta)}{2}}{\sin\frac{(0.5\pi+0.7\pi\cos\theta)}{2}}\right|$$

在均匀直线阵的通用方向图中截取相应的可见区,即可得到五元阵阵因子归一化通用方向图,见图7.9.14(a);并可以绘出极坐标方向图,见图7.9.14(b)。

第一副瓣位置

$$\psi_1=\frac{2m+1}{N}\pi=\frac{3}{5}\pi$$

所以有

$$\psi_1=\frac{\pi}{2}+0.7\pi\cos\theta=\frac{3}{5}\pi$$

$$\theta_1=\arccos\frac{1}{7}=81.8^{\circ}$$

第一零点位置

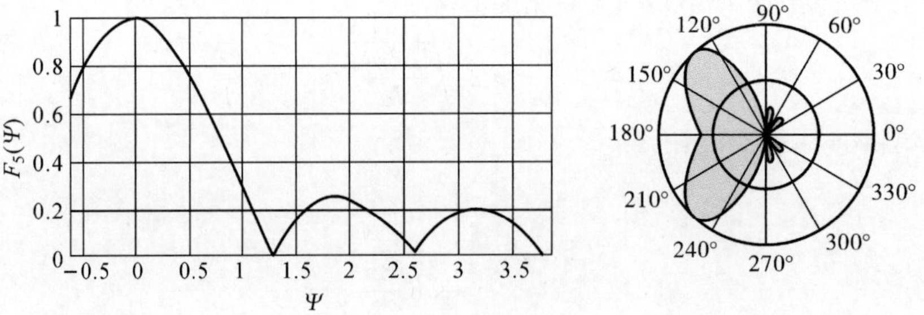

(a) (b)

图 7.9.14　5 元均匀直线阵的归一化阵因子方向图及极坐标方向图

$$\psi_{01}=\frac{2}{N}\pi=\frac{2}{5}\pi$$

$$\psi_{01}=\frac{\pi}{2}+0.7\pi\cos\theta=\frac{2}{5}\pi$$

$$\theta_{01}=\arccos\left(-\frac{1}{7}\right)=98.2^\circ$$

【例 7-6】 6 元均匀直线阵，各元间距为 $\lambda/2$。(1) 求出天线阵相对于 ψ 的归一化阵方向函数；(2) 分别画出工作于边射状态和端射状态的方向图，并计算其主瓣半功率波瓣宽度和第一旁瓣电平。

解：(1) 如图 7.9.15(a)所示，6 元均匀直线阵的归一化方向函数为

$$|A(\psi)|=\frac{1}{6}\left|\frac{\sin 3\psi}{\sin\frac{\psi}{2}}\right|,\quad \psi=kd\cos\varphi+\xi$$

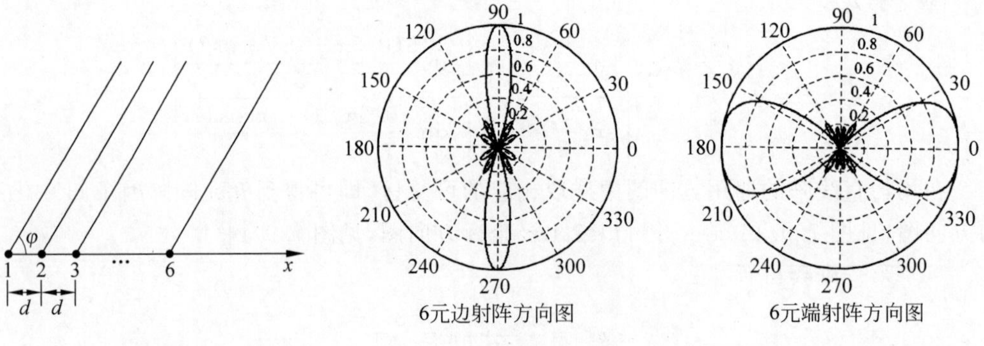

(a) (b)

图 7.9.15　6 元均匀直线阵方向图

(2) $\xi=0$ 时为边射阵的归一化方向函数，即

$$|A(\psi)|=\frac{1}{6}\left|\frac{\sin(3\pi\cos\varphi)}{\sin\left(\frac{\pi}{2}\cos\varphi\right)}\right|$$

$\xi=kd=\pi$ 时为端射阵的归一化方向函数，即

$$|A(\psi)|=\frac{1}{6}\left|\frac{\sin 3\pi(\cos\varphi+1)}{\sin\dfrac{\pi}{2}(\cos\varphi+1)}\right|$$

方向图如图 7.9.15(b)所示。

令

$$|A(\psi)|=\frac{1}{6}\left|\frac{\sin(3\pi\cos\varphi)}{\sin\left(\dfrac{\pi}{2}\cos\varphi\right)}\right|=\frac{\sqrt{2}}{2}$$

求得边射阵的主瓣半功率波瓣宽度为 17.2°，第一个次最大值发生在 60°，第一旁瓣的函数值为

$$|A(\psi)|=\frac{1}{6}\left|\frac{\sin(3\pi\cos 60^\circ)}{\sin\left(\dfrac{\pi}{2}\cos 60^\circ\right)}\right|=\frac{\sqrt{2}}{6}$$

第一旁瓣电平为

$$20\lg\frac{6}{\sqrt{2}}=12.6(\mathrm{dB})$$

同样，令

$$|A(\psi)|=\frac{1}{6}\left|\frac{\sin 3\pi(\cos\varphi+1)}{\sin\dfrac{\pi}{2}(\cos\varphi+1)}\right|=\frac{\sqrt{2}}{6}$$

求得端射阵的主瓣半功率波瓣宽度为 63.4°，第一个次最大值发生在 60°，故第一旁瓣电平为 12.6dB。这里的第一旁瓣电平都不等于 −13.5dB，是因为 $N=6$ 为有限值。

*7.9.3 非均匀直线阵

研究非均匀直线阵的原因：

(1) 在某些特定的用途中对天线的第一旁瓣(甚至远离主波束的所谓远旁瓣)的电平有相当苛刻的要求，而均匀直线阵是不能满足的，因其第一旁瓣电平达 −13.5dB(强方向性设计时第一旁瓣更是高达 −9.6dB)；

(2) 方向图的赋形设计(天线综合)首先要求弄清各种参数对方向图会带来何种影响，特别是阵元激励振幅变化的影响；

(3) 振幅的各种典型分布是口径天线学习的一个重要知识点。

本小节仅限于研讨振幅分布不均匀的等间距边射阵，元间距 d 为常数、相位增量 ξ 为零、电流振幅 I_n 允许不等。下面研究 5 元非均匀直线阵的方向特性。图 7.9.16 给出了 4 种典型的振幅分布情况(阵元电流)(原点都定义在中央阵元上)，其对应的方向图如图 7.9.17 所示。

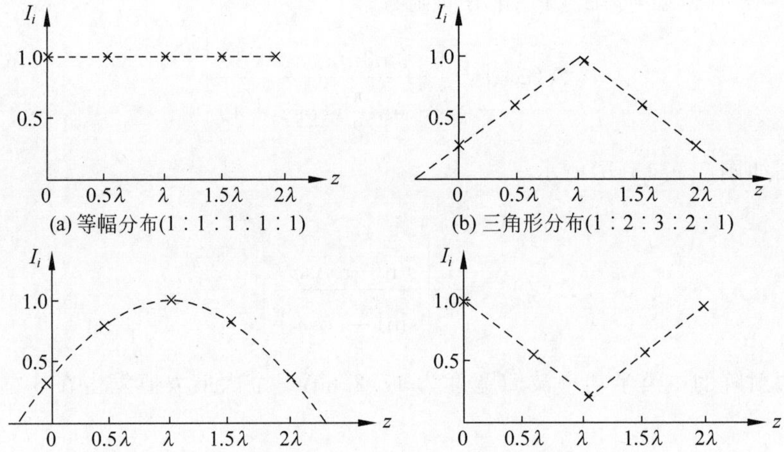

(a) 等幅分布(1 : 1 : 1 : 1 : 1)　(b) 三角形分布(1 : 2 : 3 : 2 : 1)

(c) 二项式分布(1 : 4 : 6 : 4 : 1)　(d) 倒三角分布(3 : 2 : 1 : 2 : 3)

图 7.9.16　电流振幅分布不同的 5 元非均匀直线阵

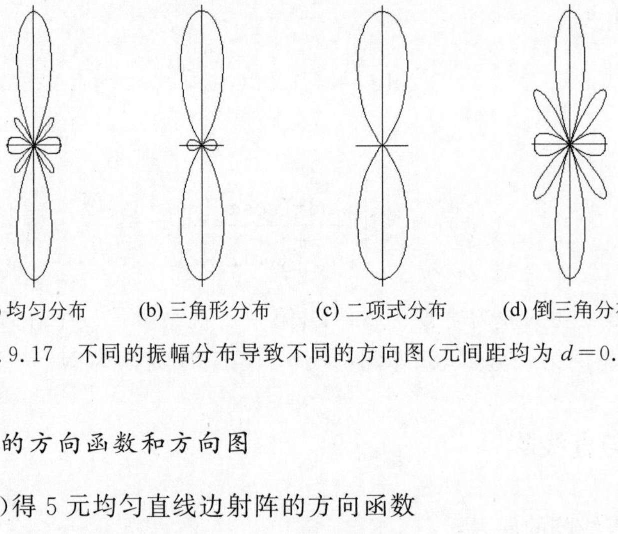

(a) 均匀分布　(b) 三角形分布　(c) 二项式分布　(d) 倒三角分布

图 7.9.17　不同的振幅分布导致不同的方向图(元间距均为 $d=0.5\lambda$)

1. 均匀分布的方向函数和方向图

由式(7.9.15)得 5 元均匀直线边射阵的方向函数

$$f(\theta)=\frac{\sin\dfrac{5\psi}{2}}{\sin\dfrac{\psi}{2}} \tag{7.9.60}$$

因为相位增量 $\xi=0$,故式中参数

$$\psi=kd\cos\theta \tag{7.9.61}$$

据此绘出的阵因子方向图如图 7.9.17(a)所示。为了有可比性,图 7.9.17 的 4 幅图都是按照元间距等于 1/2 波长即 $d=0.5\lambda$ 进行绘制的。

2. 三角形分布的方向函数和方向图

把三角形振幅分布代入式(7.9.15),进行化简。结果如下:

$$f(\theta)=3+4\cos\psi+2\cos2\psi \tag{7.9.62}$$

三角形分布也可以采用“阵中阵”的方法。如果以等幅同相三元阵(1∶1∶1)作为阵元,那么这个三角形分布就可以看成又一个(1∶1∶1)的阵,有点像下面的竖式加法:

$$\begin{array}{rccccc} & 1 & 1 & 1 & & \\ & & 1 & 1 & 1 & \\ + & & & 1 & 1 & 1 \\ \hline & 1 & 2 & 3 & 2 & 1 \end{array}$$

根据方向图乘积定理,总的方向函数应等于内层的阵因子乘上外层的阵因子,当然它们都是等幅同相3元阵的阵因子,故

$$f(\theta)=\left[\frac{\sin(3\psi/2)}{\sin(\psi/2)}\right]^2 \tag{7.9.63}$$

可以验证此式与式(7.9.62)是恒等的。据此绘出的阵因子方向图如图7.9.17(b)所示。

3. 二项式分布的方向函数和方向图

同理,两种方法、两种结果,但二者为恒等式。按通式(7.9.15)的结果是

$$f(\theta)=6+8\cos\psi+2\cos2\psi \tag{7.9.64}$$

若按“阵中阵”的思路,可组成(1∶1)的4重阵,反复利用方向图乘积定理得

$$f(\theta)=\left[\frac{\sin\psi}{\sin(\psi/2)}\right]^4=16\cos^4\left(\frac{\psi}{2}\right) \tag{7.9.65}$$

据此绘出的阵因子方向图如图7.9.17(c)所示。

4. 倒三角分布的方向函数和方向图

按通式(7.9.15)的结果是

$$f(\theta)=1+4\cos\psi+6\cos2\psi \tag{7.9.66}$$

据此绘出的阵因子方向图如图7.9.17(d)所示。

参看表7.9.1中几种非均匀5元阵的特性参数,可以得出以下结论。

表7.9.1　振幅非均匀5元阵的阵因子方向图特性参数

电流振幅:	均匀分布	三角形分布	二项式分布	倒三角分布
主瓣宽度 $BW_{0.5}$	20.8°	26.0°	30.3°	18.2°
第一旁瓣 dB	−12.0	−19.1	$-\infty$	−6.3
方向系数 D	5.00	4.26	3.66	4.48

(1) 等幅同相分布时的方向系数最大,锥削或反锥削分布时的方向系数都不及均匀分布情况下的方向系数大。均匀分布的方向系数最大,因为每个阵元对于最大辐射方向的贡献不仅相等而且同步。几何空间只有在均匀分布下才能得到100%的利用。对于直线阵,阵长度被充分利用;对于口径天线,口径的几何面积将被充分利用。

(2) 当电流呈锥削(由中心向两侧递减分布)时,主瓣变宽、旁瓣电平降低;锥削的极

端就是二项式分布，此时主瓣最宽、旁瓣消失；反之，若电流振幅由中心向两侧递增分布，则主瓣变窄、旁瓣电平升高。

(3) 振幅呈二项式分布时符合$(1+1)^{N-1}$按杨辉三角形展开后各项的系数，所以它相当于(N－1)重的“阵中阵”。因为都是等幅同相二元阵的阵因子，该因子无旁瓣，总的阵因子也就无旁瓣。二项式分布主瓣最宽因为它锥削得特别快，电流分布的粗线条、大轮廓决定了主瓣宽度，电流分布的精细结构决定了方向图上从近旁瓣到远旁瓣的全部细节。

(4) 反锥削(如倒三角形)分布主瓣窄、旁瓣大。

【例 7-7】 已知非均匀的同相 5 元直线阵的电流振幅比为 1∶2∶2∶2∶1，单元天线之间的间距为 1/2 波长，试求该天线阵的阵因子。

解：第 2、3、4 单元天线分别看成两个电流等幅同相的单元天线并列合成，则 5 元直线阵可看成两个均匀直线式四元阵；两个四元阵又构成一个均匀直线式二元阵，且间距也为 1/2 波长，则阵因子为

$$f(\theta,\phi)=f_4(\theta,\phi)f_2(\theta,\phi)=\left\{\frac{\sin(2kd\cos\theta)}{\sin\left[\frac{1}{2}(kd\cos\theta)\right]}\right\}\left\{\frac{\sin(kd\cos\theta)}{\sin\left[\frac{1}{2}(kd\cos\theta)\right]}\right\}$$

由于 $d=\frac{\lambda}{2}$，则 $kd=\pi$，因此，

$$f(\theta,\phi)=2\frac{\cos\left(\frac{\pi}{2}\cos\theta\right)\sin(2\pi\cos\theta)}{\sin\left(\frac{\pi}{2}\cos\theta\right)}=8\cos^2\left(\frac{\pi}{2}\cos\theta\right)\cos(\pi\cos\theta)$$

7.9.4 天线阵的阻抗特性

除了方向特性，天线阵的阻抗特性也很重要。单个天线的阻抗特性(辐射阻抗)，可以根据单个天线上的电流分布，得到场分布规律，由场得到辐射功率，进而得到辐射电阻，来表征天线的辐射能力。当两个或多个天线组成天线阵时，任一个单元天线除了受到本身电流产生的电磁场作用，还要受到阵中其他天线单元上电流产生的电磁场的影响。此时，单元天线的阻抗由两部分组成：一是自辐射阻抗，即不考虑耦合作用时的自身阻抗；二是互辐射阻抗，即由阵元的相互耦合作用产生的阻抗。单元天线间的电磁耦合作用会随着单元间距的减少而逐渐增大，影响到天线阵的电流分布和阻抗特性。

获得互阻抗的方法有很多，感应电动势法是比较精确的方法。若天线阵的单元之间的空间媒质是线性的，且没有其他源存在，则可以等效为线性无源端口网络模型。若是二元阵，则可以采用二端口网络(微波工程)，在电路工程中也习惯称为四端口网络。若是多元阵，则可采用多端口网络进行分析。

1. 感应电动势法

感应电动势法(Induced Electromotive Force,EMF)是研究对称振子互辐射阻抗的经典方法。EMF 物理意义清楚、运算量不大,特别适合半波振子间互辐射阻抗的精确计算。

参看图 7.9.18,两个相似阵元,对称振子 1、2,长度相等($L=2h$,h 为臂长)、直径较细,取向一致。把中心在原点的振子 1 视作"发射"天线,将另一振子 2 视为"接收"天线,对振子 2 在振子 1 的耦合作用下获得的感应电动势进行定量计算。振子 2 获得的感应电动势 V_{21} 并不是 $\int \boldsymbol{E}_{21}\cdot \mathrm{d}\boldsymbol{l}_2$,而应以振子 2 的电流分布作为权重因子:

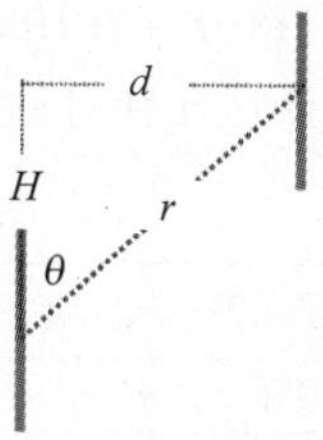

图 7.9.18 水平距离为 d、垂直距离为 H 的两个半波振子示意图

$$V_{21}=\int_{l_2}\boldsymbol{E}_{21}(\bar{I}_1)\cdot \bar{I}_2\mathrm{d}\boldsymbol{l}_2 \qquad (7.9.67)$$

式中,$\bar{I}_1$、$\bar{I}_2$ 分别是振子 1、2 用波腹电流归算后的电流分布函数;$\boldsymbol{E}_{21}(\bar{I}_1)$表示载有电流 $\bar{I}_1$ 的振子 1 在振子 2 处的场强完整解。因为振子 2 就在振子 1 附近,所以不能作远区场近似。归一化电流分布

$$\bar{I}_1=\bar{I}_2=\sin\left[\beta\left(\frac{L}{2}-|z|\right)\right] \qquad (7.9.68)$$

如果研究的是半波振子间的互阻抗,参看式(7.7.2),归一化电流分布简化为 $\bar{I}_1=\bar{I}_2=\cos\beta z$。

位于原点沿 z 轴电流正弦分布($I_m=1\mathrm{A}$)理想对称振子 1 场强 $\boldsymbol{E}_{21}$ 的 z 分量完整解为

$$E_z=-\mathrm{j}30\left[\frac{\mathrm{e}^{-\mathrm{j}\beta R_1}}{R_1}+\frac{\mathrm{e}^{-\mathrm{j}\beta R_2}}{R_2}-2\frac{\mathrm{e}^{-\mathrm{j}\beta r}}{r}\cos\frac{\beta L}{2}\right](\mathrm{V}\cdot\mathrm{m}^{-1}) \qquad (7.9.69)$$

式中,r 表示振子 1 中心(原点)到场点的距离;R_1,R_2 表示振子 1 末端到场点的距离;

$$R_1=\sqrt{d^2+\left(z-\frac{L}{2}\right)^2},\quad r=\sqrt{d^2+z^2},\quad R_2=\sqrt{d^2+\left(z+\frac{L}{2}\right)^2}$$

其中,d 为场点到 z 轴的距离。若求半波振子间的互阻抗,则式(7.9.69)方括号中最后一项为 0。在相似阵情况下,受感应的振子 2 平行于振子 1 也即平行于 z 轴,故不涉及振子 1 发出的 E_ρ 分量。将式(7.9.68)和式(7.9.69)代入式(7.9.67),得到振子 2 的感应电动势

$$V_{21}=-\mathrm{j}30\int_{H-\frac{L}{2}}^{H+\frac{L}{2}}\left(\frac{\mathrm{e}^{-\mathrm{j}\beta R_1}}{R_1}+\frac{\mathrm{e}^{-\mathrm{j}\beta R_2}}{R_2}-2\frac{\mathrm{e}^{-\mathrm{j}\beta r}}{r}\cos\frac{\beta L}{2}\right)\sin\left[\beta\left(\frac{L}{2}-|z-H|\right)\right]\mathrm{d}z \qquad (7.9.70)$$

因振子 2 的中心位于 $z=H$ 处,故其归一化电流表示式应调整为 $\sin\left[\beta\left(\frac{L}{2}-|z-H|\right)\right]$。又因为以上过程中,振子 1、2 上的电流已按波腹归一化,故上式

变号后即为互辐射阻抗 Z_{21}（因电压降 U_{21} 跟电动势 V_{21} 是相反概念），于是对称振子间的互辐射阻抗

$$Z_{12}=Z_{21}=\mathrm{j}30\int_{H-\frac{L}{2}}^{H+\frac{L}{2}}\left(\frac{\mathrm{e}^{-\mathrm{j}\beta R_1}}{R_1}+\frac{\mathrm{e}^{-\mathrm{j}\beta R_2}}{R_2}-2\frac{\mathrm{e}^{-\mathrm{j}\beta r}}{r}\cos\frac{\beta L}{2}\right)\sin\left[\beta\left(\frac{L}{2}-|z-H|\right)\right]\mathrm{d}z \tag{7.9.71}$$

以上积分存在闭合解，计算过程较为复杂，涉及正弦积分和余弦积分函数。依据EMF，可计算几种对称振子的辐射阻抗，如表 7.9.2 所示。

表 7.9.2 几种对称振子的辐射阻抗（感应电动势法）

振子名称	振子长度 L	导线半径 a	辐射阻抗
半波振子	0.50λ	0	73.13+j42.54Ω
全波振子	1.00λ	0	199.1+j125.4Ω
最大边射振子	1.27λ	0.001λ	100.5−j245.5Ω
一般对称振子	1.50λ	0	105.5+j45.54Ω
一般对称振子	2.00λ	0	259.6+j133.1Ω

下面以半波振子为例，根据 EMF，画出互辐射阻抗曲线，如图 7.9.19～图 7.9.21 所示。从曲线中能够得出以下结论：

(1) 由图 7.9.19 知，由于单元间的电磁耦合作用随着间距的增加逐渐减弱，平行半波振子之间的互阻抗随着单元间距的增加逐渐减少。工程上，当 $d>5\lambda$ 时，互阻抗可以忽略不计。

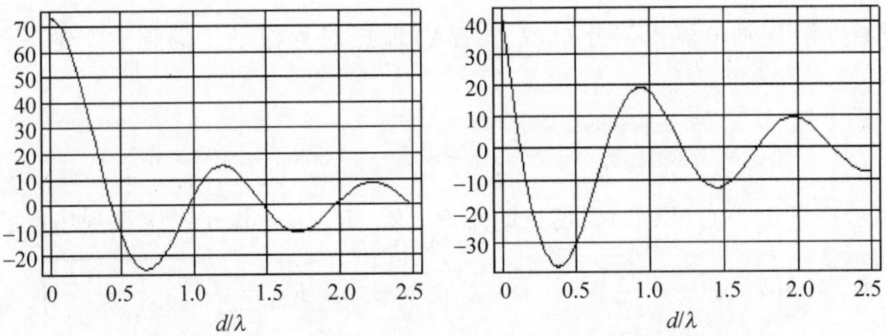

(a) 互电阻　　(b) 互电抗

图 7.9.19　互阻抗（$H=0, 0<d/\lambda<2.5$）

(2) 由图 7.9.20 知，因为沿半波振子阵轴方向的辐射最弱，共线半波振子之间的电磁耦合很弱，相比于平行半波振子，其互阻抗更小。当 $d>2.5\lambda$ 时，互阻抗可以忽略不计。

(3) 二重合振子的互阻抗等于自阻抗，当 $a/l=0.0001$ 时，半波振子的自阻抗约等于 73.1+j42.5Ω，与前文吻合。

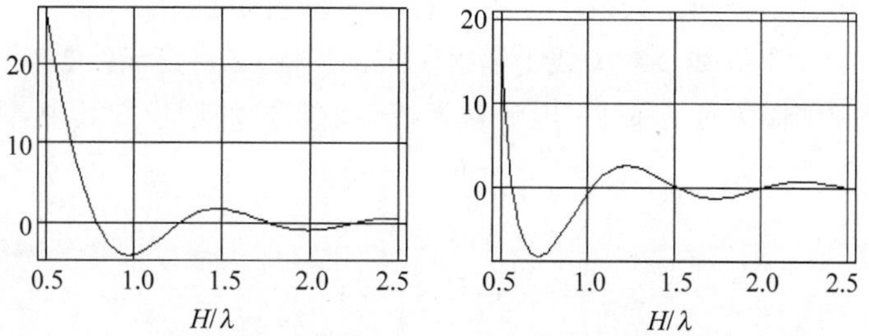

(a) 互电阻　　(b) 互电抗

图 7.9.20　互阻抗($d=0, 0.5<H/\lambda<2.5$)

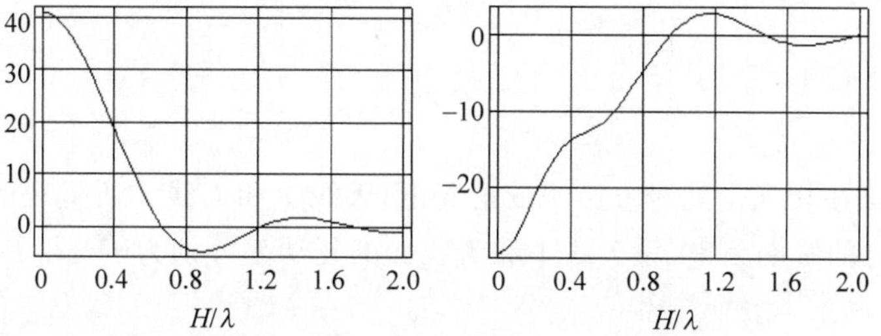

(a) 互电阻　　(b) 互电抗

图 7.9.21　互阻抗($d=0.25\lambda, 0<H/\lambda<2$)

2. 二元阵的辐射阻抗

EMF 的不足之处在于预设了振子上的电流呈(纯驻波的)正弦分布,有时这与实际情况存在较大出入。下面探讨天线阵辐射阻抗的一般规律。以二元阵为例,若二元阵的单元之间的空间媒质是线性的,而且没有其他电磁场的源存在,则二元阵可以等效为一个线性无源二端口网络模型,端口分别是两个单元的输入端口,如图 7.9.22 所示。

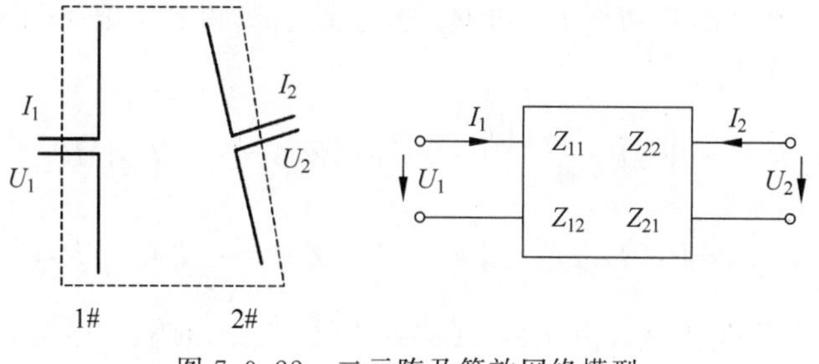

图 7.9.22　二元阵及等效网络模型

二端口网络特性的阻抗方程为

$$\begin{cases} U_1 = Z_{11} I_1 + Z_{12} I_2 \\ U_2 = Z_{21} I_1 + Z_{22} I_2 \end{cases} \tag{7.9.72}$$

其中,U_1 和 U_2 分别是天线端口 1、2 的电压(复振幅);I_1 和 I_2 分别是端口 1、2 的电流

(复振幅)；Z_{11} 和 Z_{22} 分别是天线 1、2 独立存在时的自阻抗；Z_{12} 和 Z_{21} 就是它们之间的互辐射阻抗。Z_{12} 是天线 2 对天线 1 辐射阻抗的影响，Z_{21} 是天线 1 对天线 2 辐射阻抗的影响。这里的影响，指的是每 1A 电流对天线辐射阻抗的增量。其中，

$$Z_{11}=R_{11}+\mathrm{j}X_{11} \tag{7.9.73a}$$

$$Z_{22}=R_{22}+\mathrm{j}X_{22} \tag{7.9.73b}$$

$$Z_{12}=R_{12}+\mathrm{j}X_{12} \tag{7.9.73c}$$

$$Z_{21}=R_{21}+\mathrm{j}X_{21} \tag{7.9.73d}$$

根据互易定理，对于无源简单线性媒质，得 $Z_{12}=Z_{21}$，从式(7.9.72)可以得到

$$\begin{aligned} Z_1&=\frac{U_1}{I_1}=Z_{11}+Z_{12}\frac{I_2}{I_1} \\ Z_2&=\frac{U_2}{I_2}=Z_{22}+Z_{21}\frac{I_1}{I_2} \end{aligned} \tag{7.9.74}$$

Z_1 和 Z_2 是在相互受到对方影响的情况下，天线 1 和天线 2 所呈现的辐射阻抗。为了分析辐射阻抗的影响因素，设天线 1 和天线 2 的复功率分别为 P_1 和 P_2，则

$$P_1=\frac{1}{2}|I_1|^2Z_1 \tag{7.9.75a}$$

$$P_2=\frac{1}{2}|I_2|^2Z_2 \tag{7.9.75b}$$

其中，

$$Z_1=R_1+\mathrm{j}X_1 \tag{7.9.76a}$$

$$Z_2=R_2+\mathrm{j}X_2 \tag{7.9.76b}$$

二元天线阵的总复功率为

$$P=P_1+P_2=\frac{1}{2}(|I_1|^2Z_1+|I_2|^2Z_2) \tag{7.9.77}$$

对天线 1 和天线 2 的复功率 P_1 和 P_2 分别取实部，得到天线 1 和天线 2 辐射的实功功率分别为 $P_{\Sigma1}$ 和 $P_{\Sigma2}$

$$P_{\Sigma1}=\mathrm{Re}\{P_1\}=\frac{1}{2}|I_1|^2\mathrm{Re}\{Z_1\}=\frac{1}{2}|I_1|^2R_{\Sigma1} \tag{7.9.78a}$$

$$P_{\Sigma2}=\mathrm{Re}\{P_2\}=\frac{1}{2}|I_2|^2\mathrm{Re}\{Z_2\}=\frac{1}{2}|I_2|^2R_{\Sigma2} \tag{7.9.78b}$$

式中，$R_{\Sigma1}$ 和 $R_{\Sigma2}$ 分别是天线 1 和天线 2(在组阵情况下) 的辐射电阻，为 Z_1 和 Z_2 的实部。利用式(7.9.75) 可以得到

$$R_{\Sigma1}=R_{11}+\left|\frac{I_2}{I_1}\right|[R_{12}\cos(\alpha_2-\alpha_1)-X_{12}\sin(\alpha_2-\alpha_1)] \tag{7.9.79a}$$

$$R_{\Sigma2}=R_{22}+\left|\frac{I_1}{I_2}\right|[R_{21}\cos(\alpha_1-\alpha_2)-X_{21}\sin(\alpha_1-\alpha_2)] \tag{7.9.79b}$$

其中，α_1 和 α_2 分别为电流 I_1 和 I_2 的相角(即配相)。可以得到总的辐射功率为

$$P_{\Sigma}=\frac{1}{2}[|I_1|^2R_{11}+|I_2|^2R_{22}+2|I_1I_2|R_{12}\cos(\alpha_2-\alpha_1)] \quad (7.9.80)$$

从上式可以看出，二元阵的辐射功率由三部分组成：①天线 1 单独辐射时的辐射功率；②天线 2 单独辐射时的辐射功率；③互耦带来的附加辐射功率。前两项为不存在互耦时的辐射功率，第三项的大小与电流 I_1，I_2 的相位差有关。不失一般性，取阵元 1 上的电流作为归算基准，可得到二元阵的辐射电阻为

$$R_{\Sigma}=R_{11}+2R_{12}\left|\frac{I_2}{I_1}\right|\cos(\alpha_2-\alpha_1)+R_{22}\left|\frac{I_2}{I_1}\right|^2 \quad (7.9.81)$$

天线阵总的辐射电阻与以下因素有关：①天线阵单元天线的辐射电阻；②天线阵各个单元之间的互辐射电阻；③天线阵各单元天线的激励电流分布。

3. 多元阵的辐射阻抗

将二元阵的阻抗理论进一步推广到阵元数为 $N>2$ 的多元阵。N 元阵的阻抗方程为

$$\begin{cases}U_1=Z_{11}I_1+Z_{12}I_2+\cdots+Z_{1N}I_N\\ U_2=Z_{21}I_1+Z_{22}I_2+\cdots+Z_{2N}I_N\\ \vdots\\ U_N=Z_{N1}I_1+Z_{N2}I_2+\cdots+Z_{NN}I_N\end{cases} \quad (7.9.82)$$

式中，I_i，U_i，Z_{ii}，Z_{ij}（$i=1,2,3,\cdots,N$；$j=1,2,3,\cdots,N$）分别是第 i 个振子的波腹电流、等效电压、自阻抗，其与第 j 个单元天线的互阻抗，且满足 $Z_{ij}=Z_{ji}$。

N 元阵各阵元的辐射阻抗为

$$\begin{cases}Z_1=\dfrac{U_1}{I_1}=Z_{11}+Z_{12}\dfrac{I_2}{I_1}+\cdots+Z_{1N}\dfrac{I_N}{I_1}\\ Z_2=\dfrac{U_2}{I_2}=Z_{21}\dfrac{I_1}{I_2}+Z_{22}+\cdots+Z_{2N}\dfrac{I_N}{I_2}\\ \vdots\\ Z_1=\dfrac{U_N}{I_N}=Z_{N1}\dfrac{I_1}{I_N}+Z_{N2}\dfrac{I_2}{I_N}+\cdots+Z_{NN}\end{cases} \quad (7.9.83)$$

上式写成矩阵形式

$$[U]=[Z][I] \quad (7.9.84)$$

式中，$[U]$和$[I]$为 N 阶列矩阵；$[Z]$为 $N\times N$ 方阵。第 i 个单元的等效电压也可以写为

$$U_i=\sum_{j=1}^{N}Z_{ij}I_j,\quad i=1,2,\cdots,N \quad (7.9.85)$$

进入第 i 个端口的复功率为

$$P_i=\frac{1}{2}I_i^*U_i=\frac{1}{2}\sum_{j=1}^{N}I_i^*Z_{ij}I_j,\quad i=1,2,\cdots,N \quad (7.9.86)$$

馈源向天线阵提供的总复功率为

$$P=\sum_{i=1}^{N}P_i=\frac{1}{2}\sum_{i=1}^{N}\sum_{j=1}^{N}I_i^*Z_{ij}I_j \tag{7.9.87}$$

天线阵的总辐射功率 P_Σ 是上式的实部，故

$$\begin{aligned}P_\Sigma&=\mathrm{Re}\{P\}=\mathrm{Re}\sum_{i=1}^{N}P_i=\frac{1}{2}\mathrm{Re}\sum_{i=1}^{N}\sum_{j=1}^{N}I_i^*Z_{ij}I_j\\&=\frac{1}{2}\sum_{i=1}^{N}R_{ii}|I_i|^2+\frac{1}{2}\sum_{i=2}^{N}\sum_{j=1}^{i-1}\mathrm{Re}\{Z_{ij}(I_i^*I_j+I_j^*I_i)\}\end{aligned} \tag{7.9.88}$$

最后一步用到了阻抗的互易性 $Z_{ji}=Z_{ij}$。

上式的物理意义是：第一项为不计阵元间互耦情况下 N 个单元天线总的辐射功率；第二项为阵元间互耦引起的附加辐射功率。

因为圆括弧中是一对共轭复数，所以，

$$I_i^*I_j+I_j^*I_i=2|I_i|\cdot|I_j|\cos(\alpha_i-\alpha_j) \tag{7.9.89}$$

式中，α_i、α_j 分别为第 i、j 号阵元电流的相位。将上式代入式(7.9.88)，得

$$P_\Sigma=\frac{1}{2}\sum_{i=1}^{N}R_{ii}|I_i|^2+\sum_{i=2}^{N}\sum_{j=1}^{i-1}R_{ij}|I_i|\cdot|I_j|\cos(\alpha_i-\alpha_j) \tag{7.9.90}$$

此处不再用阵元1的电流作为归算辐射电阻的标准，而用 N 个电流振幅的最大公约数 I_0 作归一标准。于是，天线阵的总辐射电阻

$$R_\Sigma=R_{11}\sum_{i=1}^{N}\left|\frac{I_i}{I_0}\right|^2+2\sum_{i=2}^{N}\sum_{j=1}^{i-1}R_{ij}\left|\frac{I_i}{I_0}\right|\cdot\left|\frac{I_j}{I_0}\right|\cos(\alpha_i-\alpha_j) \tag{7.9.91}$$

对于相似阵，所有阵元的自辐射电阻相同(即 $R_{11}=R_{22}=\cdots=R_{NN}$)，故 R_{ii} 可提到求和号外，用典型阵元1的自辐射电阻表示。

对于均匀直线阵，振幅相等，相位增量 ξ 为常数，上式中电阻元素 R_{ij} 表示中心距为 $|i-j|\cdot d$ 的两阵元间的互辐射电阻 $R_{12}(|i-j|d)$，其中 d 仍表示阵元间最小距离，从而上式可进一步简化：

$$R_\Sigma=NR_{11}+2\sum_{i=2}^{N}\sum_{j=1}^{i-1}R_{12}(|i-j|d)\cos(i-j)\xi \tag{7.9.92}$$

上式暗示应将 $|i-j|$ 作为求和指标处理，调整求和顺序后得到

$$R_\Sigma=NR_{11}+2\sum_{m=1}^{N-1}(N-m)R_{12}(md)\cos m\xi \tag{7.9.93}$$

下标 i、j 之差等于 m 的元素有 $(N-m)$ 个。上式满足理想点源组阵的情况。更一般地，式中互电阻并不只取决于中心距 md。例如，对称振子间的互阻抗还取决于其他参数：水平距离，垂直距离以及单元天线与阵轴之间的夹角。

互辐射阻抗理论有以下应用：①天线阵的辐射阻抗及方向系数的计算；②天线阵各阵元馈电状况分析；③含寄生振子的天线阵(后文将介绍的八木——宇田天线)性能分析；④理想导电地对天线或天线阵性能的影响。

视频7-9

7.10 天线的镜像法应用

前面章节所讨论的问题，都是假设天线位于无穷大自由空间中。实际应用中，天线经常要安置在导体之上，如安装在大地上的天线以及车载、舰载、机载天线等。良导体受到天线产生的电磁场作用要激励起电流，这种感应电流在空间激发电磁场，称为二次场。不同于自由空间的场，实际空间任一点的场是天线直接激发的场与二次场的叠加。根据电磁场理论，严格分析实际边界对天线电性能的影响非常复杂，而当地面或金属导体面可以看成无限大导电平面时，则可以用镜像法来求解。在本节中，用镜像理论探讨架设在理想导电地上方的天线的电特性，并且将其用于分析实际应用场合中的天线。

7.10.1 天线的镜像理论

1. 电流元的镜像法

根据电磁场理论中的镜像法原理，在有边界的情况下，电荷或者电流元在边界上会产生感应电荷或者感应电流。可以引入镜像电荷或者镜像电流代替感应电荷或者感应电流，使得初始源和镜像源共同作用下满足边界条件，从而根据唯一性定理，两种情况在研究的空间中具有相同的解。

无限大理想导电平面上电流元的辐射场，应满足理想导电平面上的切向电场处处为0的边界条件。为此，可在导电平面的另一侧设置一镜像电流元，代替导电平面上的感应电流，使得真实电流元和镜像电流元的合成场在理想导电平面上的切向值处处为0。从而根据唯一性定理，在关注空间区域，可以用真实电流元和镜像电流元的合成场表示实际的场。

如图7.10.1所示的几种情况，为无限大理想导电平面上水平、垂直和倾斜放置的电流元及其镜像电流元。图中的箭头表示某一瞬时间电流元及其镜像电流元的方向。

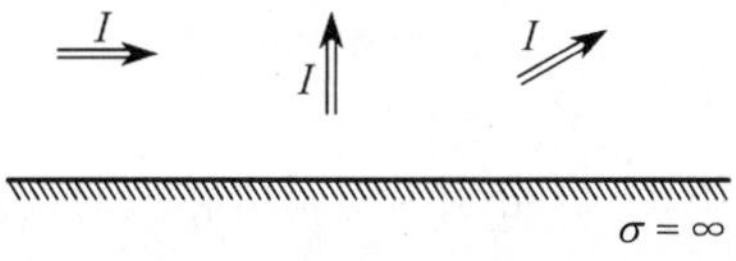

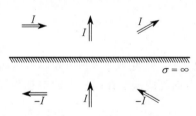

图7.10.1 电流元的镜像

(1) 在水平放置时，水平电流元的镜像为理想导电平面另一侧对称位置处的等幅反向电流元，称为负镜像；

(2) 在垂直放置时，垂直电流元的镜像为理想导电平面另一侧对称位置处的等幅同相电流元，称为正镜像；

(3) 倾斜放置时，初始电流元可以分解为垂直分量和水平分量两个部分，其中垂直分量为正像，水平分量为负像，两部分镜像分量合成后，也是倾斜的，倾斜电流元的镜像与水平电流元的镜像相同，也为对称位置处的负镜像。

值得强调的是，镜像法只在真实电流元所处的半空间内有效。

垂直放置的电基本振子，如图7.10.2(a)所示，根据电流元近区场表达式(7.2.9a、b)，原振子在导电平面上的两个电场分量可以表示为

$$E_{r1}=A\cos\theta_1 \tag{7.10.1a}$$

$$E_{\theta1}=B\sin\theta_1 \tag{7.10.1b}$$

式中，A，B 分别为与幅值有关的量。考虑到垂直放置的电基本振子为正镜像，$I_1=I_2$，$r_1=r_2$，则镜像振子在同一点的电场为

$$E_{r2}=A\cos\theta_2 \tag{7.10.2a}$$

$$E_{\theta2}=B\sin\theta_2 \tag{7.10.2b}$$

因为 $\theta_1=180°-\theta_2$，所以 $\cos\theta_1=\cos(180°-\theta_2)=-\cos\theta_2$，故 $E_{r1}=-E_{r2}$，$E_{\theta1}=E_{\theta2}$。可见，径向分量 r 在边界上的切向分量相互抵消，θ 分量在边界上的投影也相互抵消。综上，在导电平面上切向方向的电场为0，满足边界条件，故垂直电基本振子的镜像应该就是正像。

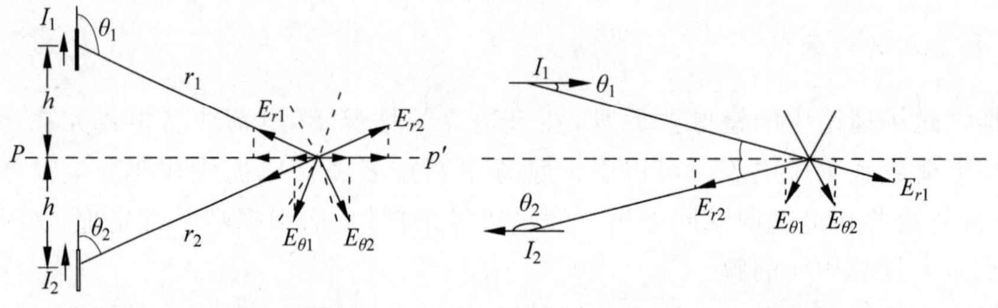

(a) 垂直振子　　(b) 水平振子

图7.10.2　电流元镜像的说明

水平放置的电基本振子，如图7.10.2(b)所示，根据电流元近区场表达式，原振子在导电平面上的电场可以表示为

$$E_{r1}=C\cos\theta_1 \tag{7.10.3a}$$

$$E_{\theta1}=D\sin\theta_1 \tag{7.10.3b}$$

式中，C，D 分别为与幅值有关的量。考虑到水平放置的电基本振子为负镜像，$I_1=I_2$，$r_1=r_2$，则镜像振子在同一点的电场为

$$E_{r2}=C\cos\theta_2 \tag{7.10.4a}$$

$$E_{\theta2}=D\sin\theta_2 \tag{7.10.4b}$$

因为 $\theta_1=180°-\theta_2$，所以 $\cos\theta_1=\cos(180°-\theta_2)=-\cos\theta_2$，故 $E_{r1}=-E_{r2}$，$E_{\theta1}=E_{\theta2}$。可见，径向分量 r 在边界上的切向分量相互抵消，θ 分量在边界上的投影也相互抵消。综上，在导电平面上切向方向的电场为0，满足边界条件，故水平电基本振子的镜像应该就是负像。

2. 天线的镜像法

对于电流分布不均匀的实际天线，可以把它分解成一系列电流元，所有电流元的镜

像元集合起来即为整个天线的镜像。图 7.10.3 所示为驻波单导线和对称振子天线的电流分布及其镜像电流分布。水平放置的线天线的镜像一定为负镜像。而垂直放置的线天线的镜像取决于电流的状态：当为半波长偶数倍的驻波单导线天线时，为负镜像；其他情况时，为正镜像。

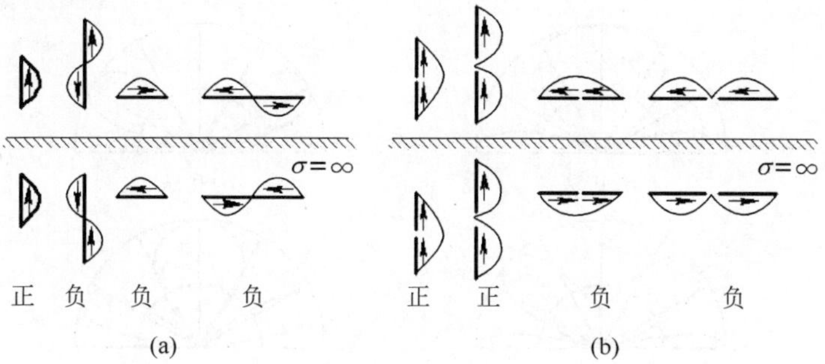

图 7.10.3 电流分布不均匀的实际天线的镜像

3. 无限大理想导电平面对天线性能的影响

无限大理想导电平面上的天线可以通过二元阵的理论进行分析。为分析无限大理想导电平面对天线性能的影响，建立模型如图 7.10.4 所示，实际天线的电流为 I，天线架设高度为 H，根据镜像理论，镜像天线位于实际天线对称位置，实际天线则与镜像天线构成二元阵，两阵元间距为 $2H$，Δ 为射线与地面之间的仰角。

因为垂直架设时，镜像天线为正像，实际天线与镜像天线构成等幅同相二元阵，二元阵的归一化阵因子为

$$F_2^+(\Delta)=\cos(kH\sin\Delta) \qquad (7.10.5)$$

因为水平架设时，镜像天线为负像，实际天线与镜像天线构成等幅反相二元阵，二元阵的归一化阵因子为

$$F_2^-(\Delta)=\sin(kH\sin\Delta) \qquad (7.10.6)$$

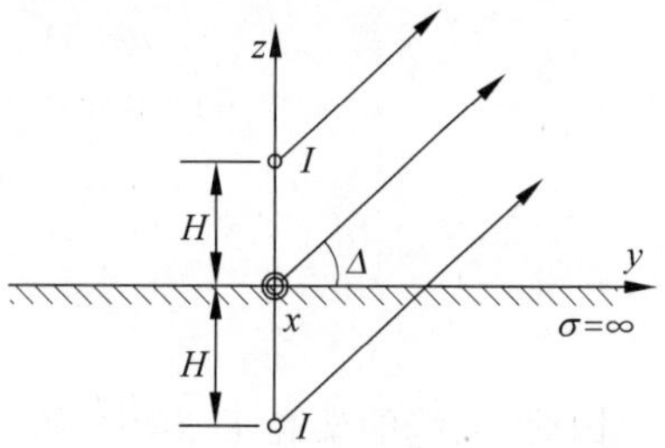

图 7.10.4 实际天线的镜像示意图

正、负镜像时的阵因子随天线架高的变化如图 7.10.5 所示，可以看出：

(1) 天线架得越高，阵因子的波瓣个数越多；

(2) 沿导电平面方向，正镜像始终是最大辐射，负镜像始终是零辐射；

(3) 考虑到$[F_2^+(\Delta)]^2+[F_2^-(\Delta)]^2=1$，负镜像阵因子的零辐射方向和正镜像阵因子的最大辐射方向互换位置，反之亦然；

(4) 在水平架设天线时，可以利用架设高度来控制天线的最大辐射方向的仰角，通信距离越远，要求架设越高；

(5) 负镜像情况下，最靠近导电平面的第一最大辐射方向的波束仰角满足

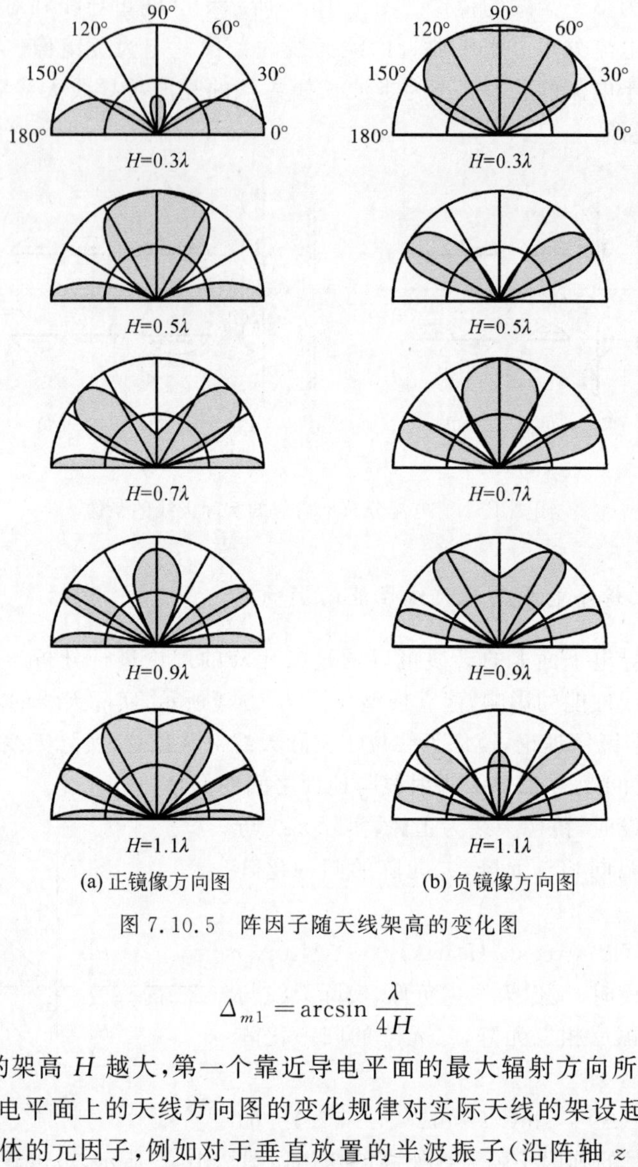

图 7.10.5 阵因子随天线架高的变化图

$$\Delta_{m1}=\arcsin\frac{\lambda}{4H} \tag{7.10.7}$$

因此，天线的架高 H 越大，第一个靠近导电平面的最大辐射方向所对应的波束仰角 Δ 越低。理想导电平面上的天线方向图的变化规律对实际天线的架设起着指导作用。

如果考虑具体的元因子，例如对于垂直放置的半波振子（沿阵轴 z 轴），其元因子为式(7.7.13a)，考虑到 $\Delta=90°-\theta$，则

$$F_0(\Delta)=\frac{\cos\left(\frac{\pi}{2}\sin\Delta\right)}{\cos\Delta} \tag{7.10.8}$$

根据方向图乘积原理，总的归一化方向函数为

$$F(\Delta)=F_0(\Delta)\cdot F_2^{+}(\Delta)=\frac{\cos\left(\frac{\pi}{2}\sin\Delta\right)}{\cos\Delta}\cdot\cos(kH\sin\Delta) \tag{7.10.9}$$

7.10.2 基于镜像理论的实际天线应用

单极天线或单极子天线是指将一个偶极子天线从中间的馈电点处分成两部分，并且通过地平面进行馈电。单极天线常常由穿过接地板的同轴线进行馈电，如图 7.10.6 所示。

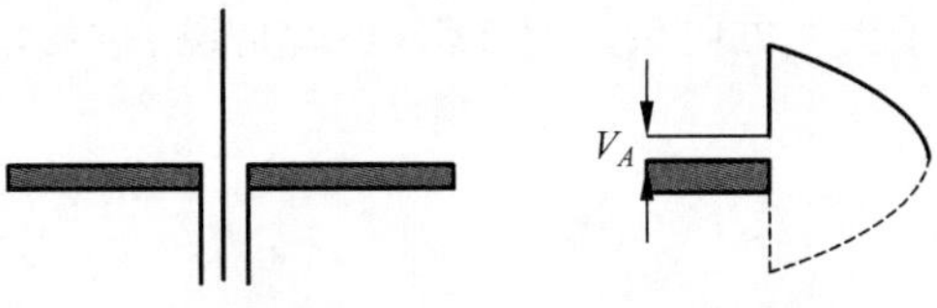

图 7.10.6 单极子天线

从图可以看出，单极天线上的电流分布与对应的偶极天线的上半部分相同，而且下半部由于在地面以下不予考虑。以偶极子天线作为参考，可获得单极子天线的电参数特性。

(1) 输入阻抗：如果单极子天线的端口电压为 V_A，则偶极子天线的端口电压为 $2V_A$，单极子天线是偶极天线的 1/2。此时，单极子天线的输入阻抗为

$$Z_{A,\text{mono}}=\frac{V_{A,\text{mono}}}{I_{A,\text{mono}}}=\frac{\frac{1}{2}V_{A,\text{dipole}}}{I_{A,\text{dipole}}}=\frac{1}{2}Z_{A,\text{dipole}} \tag{7.10.10}$$

即单极子天线的输入阻抗等于对应的偶极天线的 1/2。例如，无限细 1/4 波长单极天线的输入阻抗理论值为

$$Z_{A,\text{mono}}=\frac{1}{2}(73.1+\text{j}42.5)=36.5+\text{j}21.3(\Omega) \tag{7.10.11}$$

(2) 辐射电阻：考虑到单极天线的辐射场只在上半空间内分布，而且辐射场强相同，因此在上半空间任一点的功率流密度相同，方向函数也相同。在相同的电流分布下，辐射功率只是偶极天线的 1/2，单极天线的辐射电阻为对应偶极天线的 1/2，即

$$R_{\Sigma\text{mono}}=\frac{1}{2}R_{\Sigma\text{dipole}} \tag{7.10.12}$$

短单极天线的辐射阻抗，可从式(7.2.24)得到

$$R_{\Sigma\text{mono}}=40\pi^2\left(\frac{h}{\lambda}\right)^2,\quad h\ll\lambda \tag{7.10.13}$$

其中，h 是单极天线的长度。

(3) 方向系数：理想地平面上的单极天线波束立体角是对应的自由空间偶极天线的 1/2。

$$\Omega_{\text{dipole}}=\int_0^{2\pi}\text{d}\varphi\int_0^{\pi}|F(\theta,\varphi)|^2\sin\theta\text{d}\theta \tag{7.10.14}$$

$$\Omega_{\text{mono}}=\int_0^{2\pi}\mathrm{d}\varphi\int_0^{\pi/2}|F(\theta,\varphi)|^2\sin\theta\mathrm{d}\theta \tag{7.10.15}$$

所以单极子天线的方向系数为

$$D_{\text{mono}}=\frac{4\pi}{\Omega_{\text{mono}}}=\frac{4\pi}{\frac{1}{2}\Omega_{\text{dipole}}}=2D_{\text{dipole}} \tag{7.10.16}$$

即单极子天线的方向系数为偶极子天线的 2 倍。例如，一个 1/4 波长单极天线的方向系数是自由空间中半波振子天线方向系数的 2 倍，也就是说 $D=2\times1.64=3.28$。

习题

7-1 电基本振子如图放置在 z 轴上(见题图 7-1)，请解答下列问题：

(1) 指出辐射场的传播方向、电场方向和磁场方向；

(2) 辐射的是什么极化的波？

(3) 指出过 M 点的等相位面的形状；

(4) 若已知 M 点的电场 $\boldsymbol{E}$，试求该点的磁场 $\boldsymbol{H}$；

(5) 辐射场的大小与哪些因素有关？

(6) 指出最大辐射的方向和最小辐射的方向；

(7) 指出 E 面和 H 面，并概画方向图。

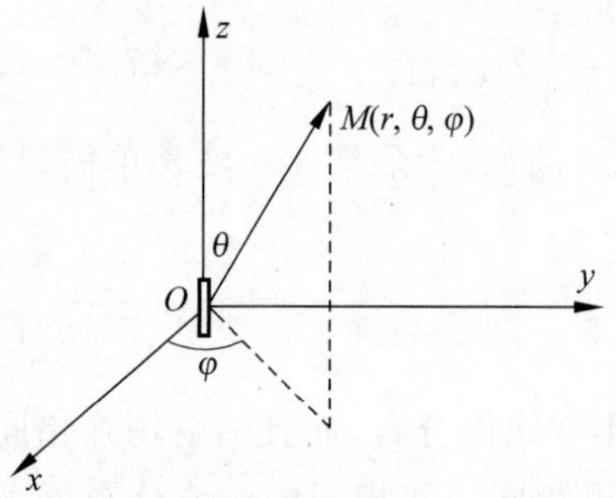

题图 7-1

7-2 一电基本振子的辐射功率为 25W，试求 $r=20\text{km}$ 处，$\theta=0°,60°,90°$ 的场强(电场和磁场)，θ 为射线与振子轴之间的夹角。

7-3 一基本振子密封在塑料盒中作为发射天线，用另一电基本振子接收，按天线极化匹配的要求，它仅在与之极化匹配时感应产生的电动势为最大，你怎样鉴别密封盒内装的是电基本振子还是磁基本振子？

7-4 一小圆环与一电基本振子共同构成一组合天线，环面和振子轴置于同一平面内，两天线的中心重合。试求此组合天线 E 面和 H 面的方向图。设两天线在各自的最大辐射方向上远区同距离点产生的场强相等。

7-5 计算电基本振子和磁基本振子 E 面方向图的半功率点波瓣宽度 $2\theta_{0.5\text{E}}$ 和零功率点波瓣宽度 $2\theta_{0\text{E}}$。

7-6 某天线在 yOz 面的方向图如题图 7-6 所示，已知 $2\theta_{0.5}=78°$，求点 $M_1=(r_0,51°,90°)$与点 $M_2=(2r_0,90°,90°)$的辐射场的比值。

7-7 如果振荡频率分别为 50Hz 和 50MHz，问在距电流元多远处，辐射场等于感应场？

7-8 在自由空间内，电流元的远区辐射场 $\boldsymbol{E}=\boldsymbol{e}_\theta\dfrac{E_0}{r}\sin\theta\mathrm{e}^{-\mathrm{j}kr}$ 和 $\boldsymbol{H}=\boldsymbol{e}_p\dfrac{E_0}{\eta_0 r}$

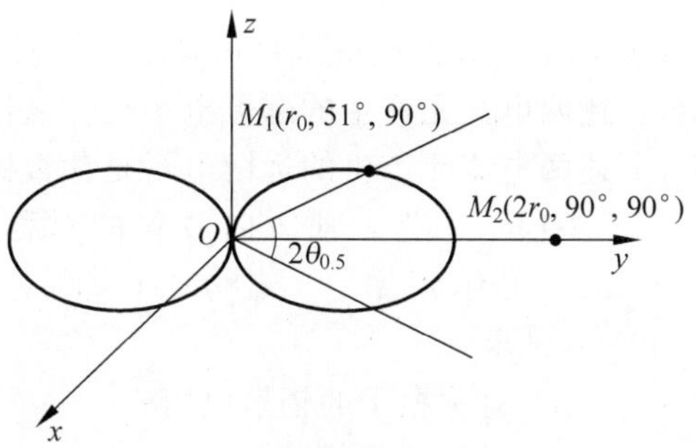

题图 7-6

$\sin\theta e^{-jkr}$ 是否严格满足麦克斯韦方程？简要证明或说明之。

7-9 设由电流元构成的天线(称为元天线)的轴线平行于地平面,在远方有一移动接收电台接收元天线发射的电磁波。当电台沿以元天线为中心的圆周在地平面上移动时,于正东方收到的信号(对应于电场强度)最强,试求:

(1) 元天线的轴线沿何方向;

(2) 移动电台偏离正东方向多少角度,接收到的电场强度减小到最大值的 1/2 倍(不考虑地面的互耦)?

7-10 设元天线的轴线沿东西方向放置,在远方有一移动接收台停在正南方收到最大电场强度。当电台沿以元天线为中心的圆周在地面上移动时,电场强度渐渐减小。问当电场强度减小到最大值的 $1/\sqrt{2}$ 时,电台的位置偏离正南方多少角度?

7-11 已知某天线的归一化方向函数为

$$F(\theta)=\begin{cases}\cos^2\theta, & |\theta|\leqslant\dfrac{\pi}{2}\\ 0, & |\theta|>\dfrac{\pi}{2}\end{cases}$$

试求其方向系数 D。

7-12 已知某天线在 z 轴方向产生的远区电场如下(时间因子为 $e^{j\omega t}$): $E=C\dfrac{e^{-jkz}}{2}\dfrac{a_x-ja_y}{\sqrt{2}}$。

(1) 试说明该电场的极化特性;

(2) 设用此天线分别接收平面电磁波: $E_1=E_0e^{jkz}\dfrac{a_x-ja_y}{\sqrt{2}}$, $E_2=E_0e^{jkz}\dfrac{a_x+ja_y}{\sqrt{2}}$, $E_3=E_0e^{jkz}(a_x\cos\alpha+a_y\sin\alpha)$,三种情况下天线接收到的功率分别为 P_1,P_2,P_3,求 $\dfrac{P_1}{P_2}$、$\dfrac{P_3}{P_2}$ 之值。

7-13 在原点(0,0,0)沿 x 轴方向放一电流元 $I_1 dl$,沿 y 轴方向放一电流元 $I_2 dl$(题图 7-13),且 $I_1=I_2e^{j\frac{\pi}{2}}e^{j\omega t}$,问:

(1) 在 x 轴方向上,上述两电流元产生的远区电场是什么极化?

(2) 在 y 轴方向上，上述两电流元产生的远区电场是什么极化？

(3) 在 $+z$ 轴方向上，上述两电流元产生的远区电场是什么极化？

(4) 在 $-z$ 轴方向上，上述两电流元产生的远区电场是什么极化？

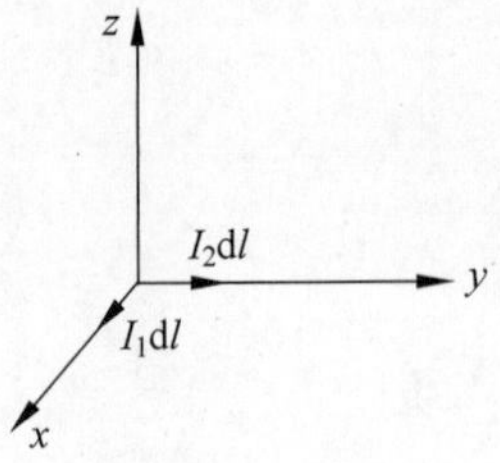

题图 7-13

7-14 一沿 z 轴方向放置的对称振子，其导线半径 $a=10\text{mm}$，工作频率 $f=180\text{MHz}$，设对称振子的一臂长度为 40cm，试求：

(1) 对称振子的辐射电阻；

(2) 对称振子的输入阻抗；

(3) 画出对称振子的 E 面方向图。

7-15 设以半波振子为接收天线，用来接收波长为 λ、极化方向与振子平行的线极化平面波，试求其与振子细线垂直平面内的有效接收面积。

7-16 某天线的增益为 20dB，工作波长为 1m，试求其有效接收面积 A。

7-17 设在相距 1.5km 的两个站之间进行通信，每站均以半波振子为天线，工作频率为 300MHz。若一个站发射的功率为 100W，则另一个站的匹配负载中能收到多少功率？

7-18 有一广播卫星，其下行中心频率为 $f=700\text{MHz}$，卫星天线的输入功率为 200W，发射天线在接收天线方向的增益系数为 26dB，接收点至卫星的距离为 37 740km，接收天线的增益系数为 30dB，试计算接收机的最大接收功率。

7-19 已知二元阵由两个 x 方向的电流元组成，天线阵的轴线沿 z 轴放置，间距 $d=\dfrac{\lambda}{2}$。若要求 $\theta=60°$，$\phi=90°$方向上获得最强辐射，确定两个电流元的电流相位差。

7-20 有两个平行于 z 轴并沿 x 轴方向排列的半波振子，若：(1) $d=\lambda/4$，$\xi=\pi/2$；(2) $d=3\lambda/4$，$\xi=\pi/2$ 时，试求其 xOz 面和 xOy 面方向函数，并画出方向图。

7-21 若将上述两个半波振子沿 y 轴排列，试求其 E 面和 H 面方向函数，并画出方向图。

7-22 两个半波振子等幅同相激励，如题图 7-22 所示，间距分别为 $\lambda/2$ 和 λ，试计算 E 面和 H 面方向函数并绘出其方向图。

7-23 两个半波振子等幅反相激励，如题图 7-23 所示，间距分别为 $\lambda/2$ 和 λ，试计算 E 面和 H 面方向函数并绘出其方向图。

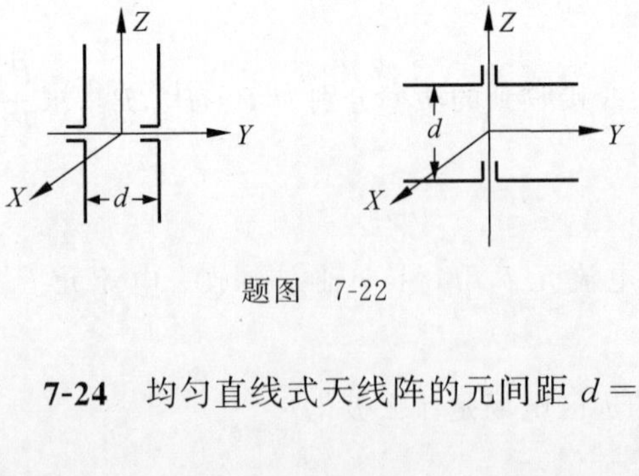

题图 7-22

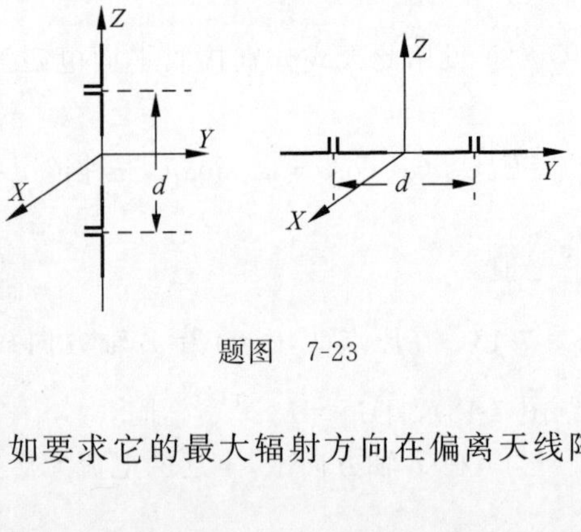

题图 7-23

7-24 均匀直线式天线阵的元间距 $d=\dfrac{\lambda}{2}$，如要求它的最大辐射方向在偏离天线阵的轴线±60°的方向，问单元之间的相位差应为多少？

7-25 设均匀三元直线阵由三个半波振子组成，其排列如题图 7-25 所示，求：

(1) 此阵列的阵方向函数；

(2) 若它们的相位差 $\xi=0°$，画出它们的阵方向图；

(3) 若它们的相位差 $\xi=90°$，再画出它们的阵方向图。

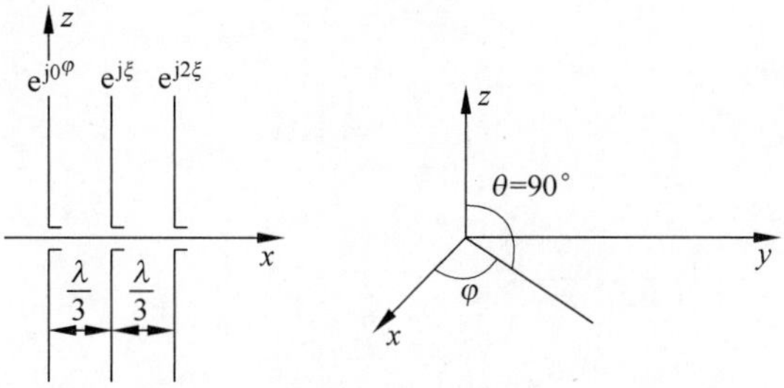

题图 7-25

7-26 5 个无方向性理想点源沿 z 轴排列成均匀直线阵。已知 $d=0.25\lambda$，$\xi=0.5\pi$，应用归一化阵因子绘出含 z 轴平面及垂直 z 轴平面的方向图。

7-27 五元二项式天线阵，其电流振幅比为 1∶4∶6∶4∶1，各元间距为 $\lambda/2$，试：

(1) 画出天线阵方向图；

(2) 计算其主瓣半功率波瓣宽度，并与相同间距的均匀五元阵比较。

7-28 一无穷大接地导体平面上有一电基本振子天线，如题图 7-28 所示，当电基本振子无限接近导体平面时，求远区辐射场。

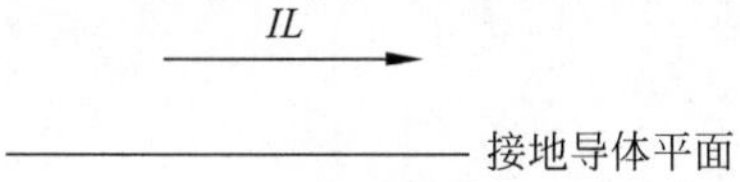

题图 7-28

7-29 一半波振子水平架设地面上空，距地面高度为 $h=0.75\lambda$，设地面为理想导体，试画出该振子的镜像，写出 E 面、H 面的方向函数，并概要画出其方向图。

第8章 电波传播概论

天线将导波系统送过来的高频电流能量转化为无线电波后，电波并非在理想的自由空间传播，在传播的路径上，不同的媒质对无线电波的影响各有不同，可能会伴随着损耗、衰落、失真、散射、反射与折射等现象。本章主要介绍电波传播的基础知识以及主要电波传播方式的特点及规律，主要包括地波传播、天波传播、视距传播及散射传播。

8.1 电波传播基础知识

视频8-1

8.1.1 无线电波及传播环境

频谱范围从几十赫兹到3000GHz的电磁波称为无线电波。发射天线或自然辐射源所辐射的无线电波，在媒质（如地表、地球大气层或宇宙空间等）中的传播过程就称为无线电波传播。电磁波谱是承载信息的载体。电波传播媒质是信息传播的环境。电磁波在不同的媒质中具有不同的传播特性，对信息传播质量至关重要。

电磁波波谱涵盖了无线电波和光波。其中，无线电波划分可以用表8.1.1给出。从波长来看，包括极长波、超长波、特长波、甚长波、长波、中波、短波、超短波和微波频段，其中微波频段包括了分米波、厘米波、毫米波和亚毫米波。

表 8.1.1 无线电波的划分

波段名	亚毫米波	毫米波	厘米波	分米波	超短波	短波	中波	长波	甚长波	特长波	超长波	极长波
	微波											
波长	0.1～1mm	1～10mm	1～10cm	10～100cm	1～10m	10～100m	100～1000m	1～10km	10～100km	100km～1000km	10^3～10^4km	10^4km以上
频率	3000～300GHz	300～30GHz	30～3GHz	3000～300MHz	300～30MHz	30～3MHz	3000～300kHz	300～30kHz	30～3kHz	3000～300Hz	300～30Hz	30Hz以下
频段名		EHF 极高频	SHF 超高频	UHF 特高频	VHF 甚高频	HF 高频	MF 中频	LF 低频	VLF 甚低频	ULF 特低频	SLF 超低频	ELF 极低频

无线电波通常在地球的外围空间活动，地球外围空间概况是影响电波传播的主要因素。如图8.1.1所示，习惯上把地球的外围空间分为四层。

(1) 对流层。它由地表延伸至10～12km的高空。对流层主要由氧气、氮气和水蒸气组成。对流层的温度、压力、湿度会随高度的增加而减少。比如高度增加100m，气温平均下降0.65℃，离地面越高，空气越稀薄。有时在局部区域会出现温度随高度增加而增加的现象，形成逆温层。由于空气的湍流运动，使得对流层的温度、压力、湿度有随机的小尺度起伏。对流层中的雷电、云、雾、雨、雪等自然现象，对电磁波的传播特别是微波有较大的影响，会出现电波衰减、反射、折射与散射等现象。

(2) 平流层。位于地面10～12km到60km的高度，空气稀薄，几乎没有水汽，不存在对流天气。由于该层有臭氧层，它能强烈吸收太阳投射过来的紫外线。平流层内的大气主要是水平移动。该层对电波传播影响小，也是飞机平稳飞行航线的主要区域。

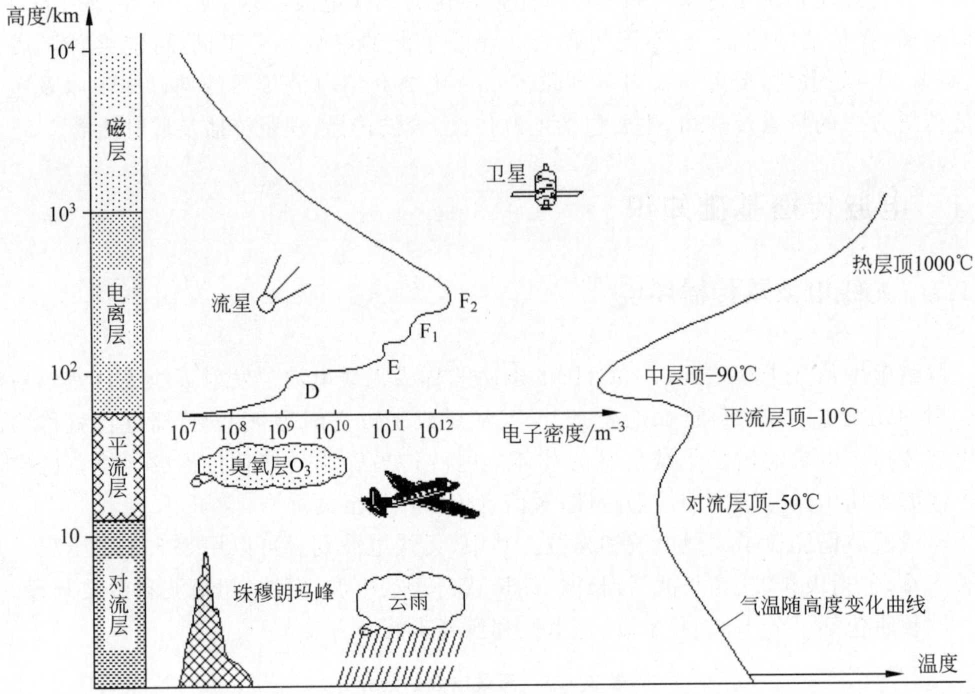

图 8.1.1　地球外围空间概况

(3) 电离层。处于离地面 50～1000km 的高度,受太阳辐射的射线及太阳风中带电粒子的作用而形成的等离子体。凡部分或全部电离了的气态物质,其中带负电的电子、离子和带正电的离子具有相等的电量,称等离子体,宏观上呈现中性。实测表明,在电离层内有 4 个电子浓度不同的区域,分别称为 D、E、F_1 和 F_2 区域。电子浓度不均匀的区域,影响电波传播,特别是在太阳黑子的活跃期,电离层会被严重扰乱,造成通信中断。

(4) 磁层。电离层之外的空间称为磁层。太阳表面物质在极高温度下发生电离,并不断向宇宙空间辐射密度很高的带电离子流,也称为太阳风,当到达地球外层空间时,受洛伦兹力的影响而改变了方向,大部分带电粒子未能进入大气层。磁层正是太阳风与地磁场相互作用,使地磁场结构变型的那部分区域。

8.1.2　电波传播的主要方式

电波根据工作频率、传播环境和应用场合的需要总是以某种方式实现信息的有效传播。实际工作中往往取其中一种作为主要的电波传播途径,在某些条件下可能几种传播方式并存。表 8.1.2 给出了无线电波传播方式与主要应用。可见,几乎所有的波谱都有其应用场景。

表 8.1.2 无线电波的传播方式与主要应用

<table>
<tr><th colspan="2">波　段</th><th>频　率</th><th>传播方式</th><th>主要用途</th></tr>
<tr><td colspan="2">极长波</td><td>30Hz 以下</td><td>声、电磁、光</td><td>对潜通信、地下通信、地下遥感、电离层与磁层研究</td></tr>
<tr><td colspan="2">超长波</td><td>300～30Hz</td><td>声、电磁、光</td><td>地震探测、对潜通信</td></tr>
<tr><td colspan="2">特长波</td><td>3000～300Hz</td><td>声、电磁、光</td><td>海上导航、水下通信</td></tr>
<tr><td colspan="2">甚长波</td><td>30～3kHz</td><td>声、电磁、光</td><td>美国 Omega、俄罗斯 α 超远程及水下相位差导航系统、全球电报通信及对潜指挥通信、地质探测</td></tr>
<tr><td colspan="2">长波</td><td>300～30kHz</td><td>地波</td><td>美国 Loran-C 及我国长河二号远程脉冲相位差导航系统、时间频率标准传递、超远程无线电通信和导航、远程通信广播</td></tr>
<tr><td colspan="2">中波</td><td>3000～300kHz</td><td>地波和天波</td><td>调幅(AM)无线电广播、电报、通信、导航(机场着陆系统)</td></tr>
<tr><td colspan="2">短波</td><td>30～3MHz</td><td>天波和地波</td><td>调频(FM)无线电远距离广播、电视、导航、远距离通信、超视距天波及地波雷达、超视距地—空通信</td></tr>
<tr><td colspan="2">超短波</td><td>300～30MHz</td><td>视距、散射(对流层)</td><td>移动通信(包括卫星移动通信)、语音广播、调频广播、雷达、接力通信(～50km)、航空导航信标</td></tr>
<tr><td rowspan="4">微波</td><td>分米波</td><td>3000～300MHz</td><td>视距、散射</td><td>电视广播、飞机导航和着陆、卫星导航、数传及指令网、蜂窝无线电通信、中继与卫星通信、警戒雷达</td></tr>
<tr><td>厘米波</td><td>30～3GHz</td><td>视距</td><td>多路语音与电视信道、雷达、卫星遥感、中继与卫星通信(固定及移动)</td></tr>
<tr><td>毫米波</td><td>300～30GHz</td><td>视距</td><td>短路径通信、微波通信、雷达、卫星遥感</td></tr>
<tr><td>亚毫米波</td><td>3000～300GHz</td><td>视距</td><td>短路径通信</td></tr>
</table>

总的来说,可以把常见的电波传播方式归类为 4 种。

(1) 地波传播：无线电波沿着地球表面的传播就称为地波传播。如图 8.1.2 所示,工作频段为超长波、长波、中波和短波波段。主要用于远距离无线电导航、标准频率和时间信号的广播、对潜通信等业务。其主要的传播特点是：信号质量好,传输损耗小,作用距离远；受电离层扰动影响小,传播情况稳定；有较强的穿透海水及土壤的能力；但大气噪声电平高,工作频带窄,信号衰减严重。

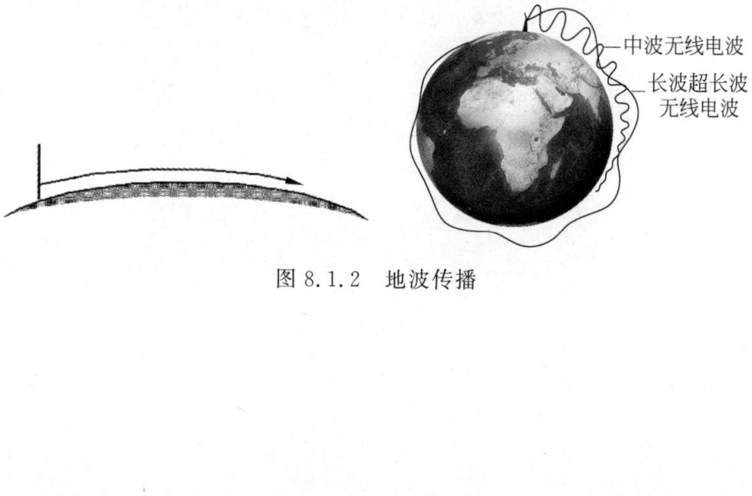

图 8.1.2　地波传播

(2) 天波传播：发射天线向高空辐射的电波在电离层内经过连续折射返回地面到达接收点的传播方式称为天波传播，如图 8.1.3 所示。中波、短波都可以采用，但以短波为主。主要用于远距离广播、通信，船岸间航海移动通信，飞机地面间航空移动通信等业务。其主要传播特点是：传播损耗小，能以较小功率进行远距离传播(数千千米)；天波传播的规律与电离层密切相关，但电离层是一种随机色散的媒质，天波传播的信号衰落现象比较严重；短波传播受电离层扰动影响大。

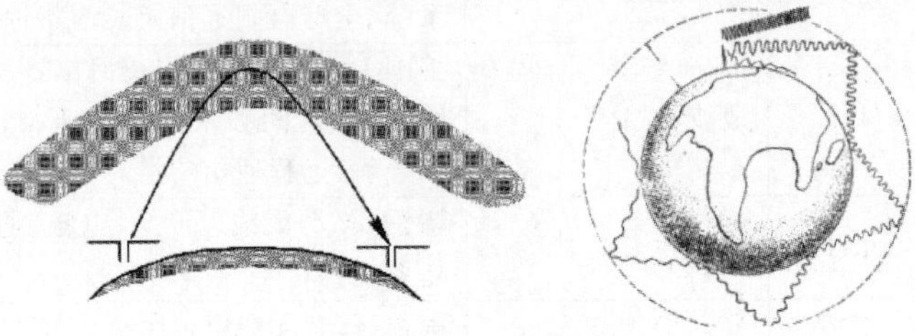

图 8.1.3　天波传播

(3) 视距传播：电波在发射与接收天线之间以直射波的方式进行传播，称为视距传播。如图 8.1.4 所示，视距传播可分为地-地视距传播、地-空视距传播、空-空视距传播等。工作频段为超短波、微波波段。主要用于微波中继通信、甚高频和超高频广播、电视、雷达等业务。其主要传播特点是：传播距离限于视距，一般为 10～50km；频率越高受地形地物影响越大；微波衰落现象严重；10GHz 以上电波，大气吸收及雨衰减严重。

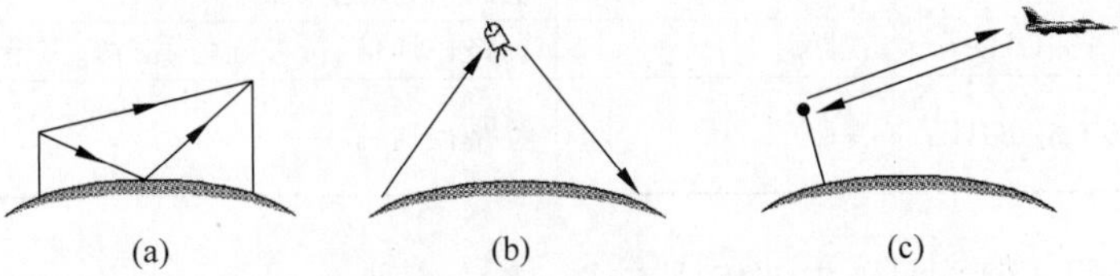

图 8.1.4　视距传播

(4) 散射传播：利用大气层中传输媒介的不均匀性对电波的散射作用而实现的一种超视距传播。如图 8.1.5 所示，根据传播环境可以分为对流层、电离层散射传播和流星

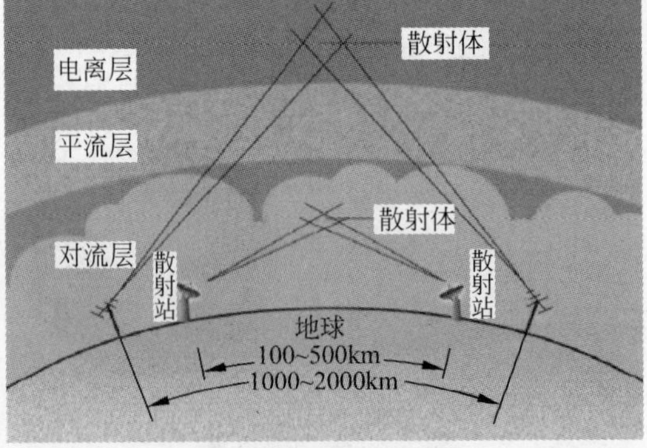

图 8.1.5　散射传播

电离余迹散射传播。主要用于超短波和微波。其主要传播特点是：单跳跨距可达300～800km，特别适用于无法建立微波中继站的地区，例如海岛之间或需跨越湖泊、沙漠、雪山等的地区。散射波微弱，传输损耗大，需要大功率发射机、高灵敏度接收机及高增益天线等设备。

8.1.3 电波传播特点与规律

在利用电波传递信息，掌握电波传播的特点及其规律，进行必要的传输特性估算，是研究各种无线电信道特性和正确论证、设计、组织使用各种无线电系统的重要依据。

1. 自由空间电波传播

理想的自由空间为实际的电波传播环境提供了一个参考标准，理解自由空间电波传播特点和规律是分析实际空间的基础。场强、接收功率是描述电波传播特性的重要参量。

由式(7.6.25(b))可知，自由空间一天线在其最大辐射方向上，距离为 d 的接收点处的场强(V/m)为

$$|E_0|=\frac{\sqrt{60P_tG_t}}{d} \tag{8.1.1}$$

式中，P_t 为发射天线输入功率(W)；G_t 为发射天线增益；E_0 为自由空间场强振幅值。

由天线接收理论的弗利斯传输公式可知，自由空间传输损耗表达式为

$$L_f=\frac{P_t}{P_r}=\left(\frac{4\pi d}{\lambda}\right)^2 \tag{8.1.2a}$$

$$L_f(\mathrm{dB})=32.44+20\lg f(\mathrm{MHz})+20\lg d(\mathrm{km}) \tag{8.1.2b}$$

自由空间的传输损耗是球面波的扩散损耗，即随着传播距离的增大，能量的自然扩散而引起的损耗。当电波频率提高一倍或传播距离增加一倍时，自由空间传输损耗增加6dB。

2. 媒质对电波传播的影响

实际上，电波是在各种空间场所内(如沿地表、低空大气层、电离层内)传播的。在传播过程中，媒质的不均匀性、地貌地物的影响、多径传输等会带来损耗、衰落、失真、反射、折射、绕射和散射，影响传播质量。

(1) 损耗：无耗媒质是不存在的。由于传输媒质对电波有吸收作用，导致电波的衰减。如果实际情况下接收点的场强为 E，而自由空间传播的场强为 E_0，定义比值 $|E/E_0|$ 为衰减因子，记为 A

$$A=\left|\frac{E}{E_0}\right| \tag{8.1.3}$$

相应的衰减损耗为

$$[L_s]_{\mathrm{dB}}=20\lg\frac{1}{A}=20\lg\left|\frac{E_0}{E}\right| \tag{8.1.4}$$

衰减因子 A 与工作频率、媒质参数、地貌地物情况、传播方式等因素有关。综合考虑自由空间传播损耗和衰减损耗之后，增益为 1 的发射天线的输入功率 P_t 与增益为 1 的接收天线的输出功率 P_r 之比为路径传输损耗（基本传输损耗）L_b

$$[L_b]_{\text{dB}}=[L_s]_{\text{dB}}+[L_f]_{\text{dB}} \tag{8.1.5}$$

对于实际的传输信道，发射天线输入功率与接收天线输出功率之比，定义为信道传输损耗 L。由于收发天线增益通常大于 1，故实际信道的传输损耗往往小于路径传输损耗 L_b。

$$L=\frac{P_t}{P_r}=\left(\frac{4\pi d}{\lambda}\right)^2\frac{1}{A^2G_tG_r} \tag{8.1.6a}$$

$$[L]_{\text{dB}}=[L_s]_{\text{dB}}+[L_f]_{\text{dB}}-[G_r]_{\text{dB}}-[G_t]_{\text{dB}} \tag{8.1.6b}$$

(2) 衰落：一般是指信号电平随时间而随机起伏的现象。信号电平在几秒或几分钟内有快速的变化，也有几十分钟或几小时以至几天、几个月内出现缓慢的变化。根据衰落快慢，可以分为快衰落和慢衰落。信号的快衰落和慢衰落往往同时存在，引起衰落的原因是吸收和干涉。

(3) 失真：又称"畸变"，指信号在传输过程中与原有信号或标准相比所发生的偏差。对模拟信号而言，振幅失真和相位失真将使信号畸变，信号逼真度下降；对数字信号来说，则导致误码率上升。产生失真的原因：①媒质的色散现象；②多径传输效应。

(4) 折射、反射、绕射和散射：当电波在无限大均匀各向同性媒质中传播时，是沿直线传播的。实际电波传播空间是非常复杂的。例如，球形地面和障碍物将使电波产生绕射；地貌地物等将对电波产生折射、反射或散射；对流层中的湍流团、雨滴等水凝物对微波段电波产生散射、折射等。

3. 电波传播的菲涅耳区

无边际的理想自由空间是不存在的，要考虑障碍物对传播的影响，可用菲涅尔区分析。

根据惠更斯-菲涅尔原理：波在传播过程中，波阵面上每一点都可以看作新的子波源，在其后的任一时刻，由这些子波源产生的球面波包络可以决定新的波阵面。如图 8.1.6 所示，t 时刻的波面为 AA'，经过 Δt 时间后的波面为 BB'，BB' 就是原来 AA' 面上无数个小波源 $a_1, a_2, \cdots$ 在时刻 t 发出的球面波，经过 Δt 之后到达 $b_1, b_2, b_3, \cdots$ 等点所形成的子波包络面。

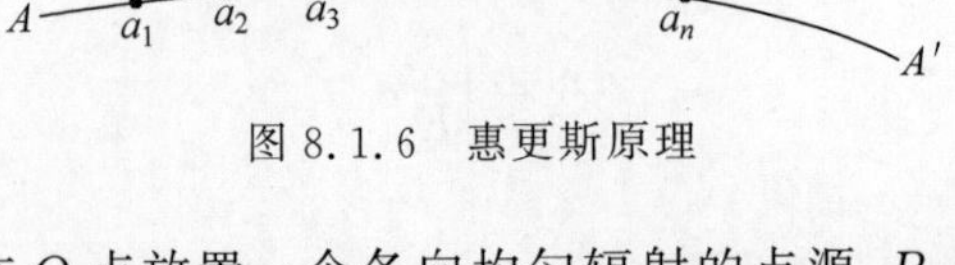

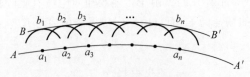

图 8.1.6 惠更斯原理

如图 8.1.7 所示，在 Q 点放置一个各向均匀辐射的点源，P 点为场点。取封闭面 S 为点源所辐射的球面波的一个波面，其半径为 ρ_0，r_0 为场点 P 至波面的垂直距离，设 ρ_0

和 r_0 均远大于波长 λ。以场点 P 为中心，依次用 $r_0+\lambda/2, r_0+\lambda, r_0+3\lambda/2, r_0+2\lambda, \cdots, r_0+n(\lambda/2)$ 为半径作球面，与 S 面相交截出许多环带 $z_1, z_2, \cdots, z_n$。这些环带就称为菲涅耳带，$z_1, z_2, \cdots, z_n$ 就分别称为第一、第二、…第 n 个菲涅耳带。每个环带外边缘与其内边缘上任一点发出的子波，在到达 P 点时具有恒定的反相相位差。P 点的辐射场就是各菲涅耳带辐射场的总和。

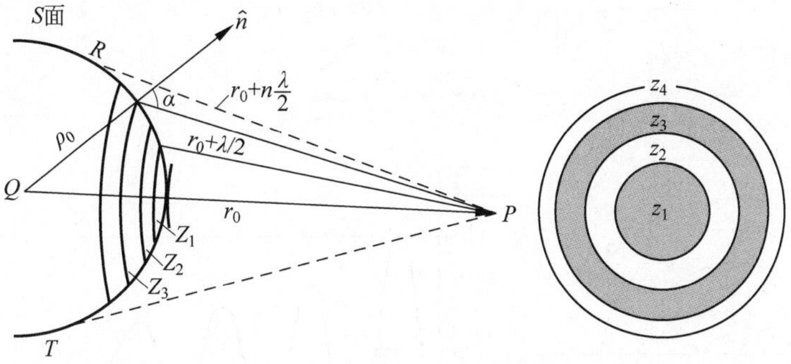

图 8.1.7 菲涅耳带示意图

第一菲涅耳带 z_1 是一小凸圆面，从其中心与其边缘到达 P 点的波程差为 $\lambda/2$。由它辐射到 P 点的场强，可以看成是许多幅度相同、相位由 0 到 π 依次变化的诸矢量之和，其总矢量的长度等于一个半圆弧由起点至终点的长度 B_1，参看图 8.1.8(a)，取半圆弧与 π 的最大相差吻合。用类似方法可以求出第二菲涅耳带 z_2 辐射场的矢量长度 B_2。由划分菲涅耳带的原则可知，两相邻菲涅耳带在 P 点产生的辐射场相位是相反的。因此，当计及 z_2 的作用后 P 点的场强反而是削弱了，如图 8.1.8(b)所示。由于各环带上二次波源在 P 点产生的场强，与射线行程($r_0+n\lambda/2$)及角度 α 有关，α 表示环带面元的法线方向 $\hat{n}$ 与该点至 P 点的射线间的夹角。显然，S 面上半径越大的环带，在 P 点产生的场强振幅就越小，因此 $B_2<B_1$。同理，z_3 的辐射场又削弱了 z_2 的场从而使 P 点的场强增强。其余各环带的作用依此类推。尽管相邻两环带在 P 点的场强有 180°的相位差，且其振幅又相差得很小，但二者场强却不能完全抵消。随着环带数目的增多，P 点场强呈波动变化，但波动的幅度却越来越小。这样，所有菲涅耳带在 P 点产生的总场强 B_0，可以用 n 项交错级数之和来表示，即

$$\begin{aligned} B_0 &= B_1 - B_2 + B_3 - B_4 + B_5 - B_6 + \cdots \\ &= \frac{B_1}{2} + \left(\frac{B_1}{2} - B_2 + \frac{B_3}{2}\right) + \left(\frac{B_3}{2} - B_4 + \frac{B_5}{2}\right) + \cdots \end{aligned} \tag{8.1.7}$$

由于级数中每一项与它相邻两项算术平均值相差甚小，所以上式可近似为

$$B_0 \approx \frac{B_1}{2} \tag{8.1.8}$$

如图 8.1.8(c)所示，自由空间内 P 点场强振幅值可以用内卷螺线来表示，随着环带数目的增加，场强振幅值将越来越趋近于 $B_1/2$。换句话说，第一菲涅耳带 z_1 在 P 点产生的辐射场近似为自由空间场强的 2 倍。若要使 P 点场强等于自由空间场强，不一定需

要很多的菲涅耳带，取第一菲涅耳带面积的 1/3 即可，这 1/3 的中心带在 P 点产生的场强，在图 8.1.8(c)中用矢量 $\overline{ON}$ 来表示，其长度等于 $B_1/2$，而相位与 B_1 相差 60°。图 8.1.8(d)示出了 P 点场强随环带数目 n 的变化情况。

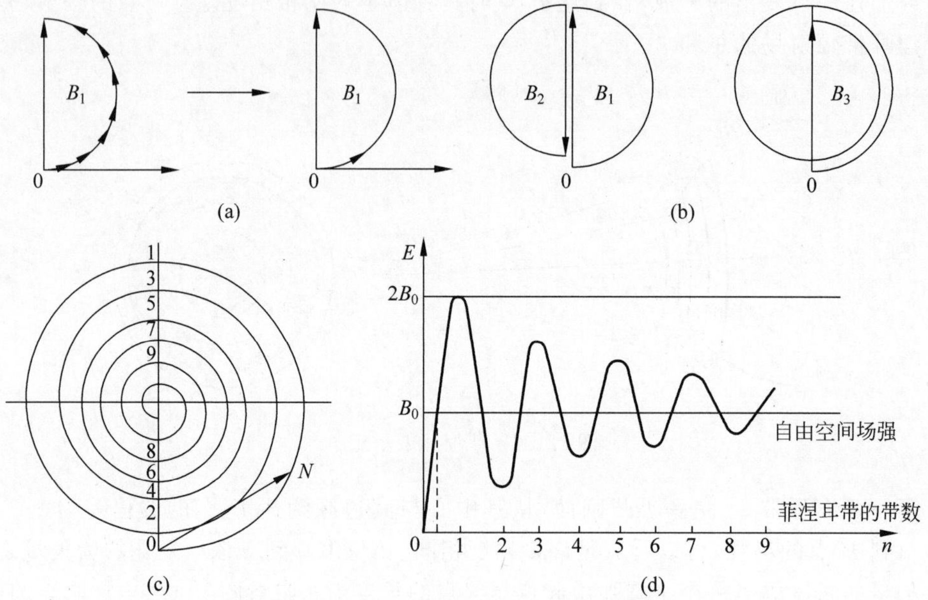

图 8.1.8　各菲涅耳带在 P 点的辐射场

下面讨论空间菲涅耳区。若在 P、Q 两点之间插入一块假想的无限大平面 S，它垂直于 PQ 连线，如图 8.1.9 所示，相当于以无限大的球面包围波源 Q，上述方法仍然适用。在 S 面上划分菲涅耳带，有如下关系式：

$$\rho_1 + r_1 - d = \frac{\lambda}{2};\ \rho_2 + r_2 - d = 2 \cdot \frac{\lambda}{2};\ \cdots;\ \rho_n + r_n - d = n \cdot \frac{\lambda}{2} \tag{8.1.9}$$

式中，ρ_n 及 r_n 分别为 Q 和 P 点到 S 面上第 n 个菲涅耳带的距离；d 为 Q、P 间的直线距离。图中，距离 d 及波长 λ 都是固定值，且 ρ_n、r_n 及 d 均远大于波长。由式(8.1.9)可得，$\rho_n + r_n = d + n \cdot \lambda/2 =$ 常数。若 S 面位置左右平移，ρ、r 虽为变数，但它们之和仍为常数。根据几何知识可知，这些点的轨迹正是以 Q、P 为焦点的旋转椭球面。这些椭球面所包围的空间区域就称为菲涅耳区。根据序号 $n=1,2,\cdots$ 就分别称为第一、第二、……菲涅耳区，它们与 S 面相截，就在该平面上出现相应的第一、第二、……菲涅耳带。在自由空间内，波源 Q 的辐射到达接收点 P 的电磁能量，是通过以 Q、P 为焦点的一系列菲涅耳椭球区来传播。

工程上常把第一菲涅耳区和“最小”菲涅耳区（系指 S 面上所截面积为第一菲涅耳带面积 1/3 的那个相应的空间区域），当作对电波传播起主要作用的空间区域，称为传播主区。令第一菲涅耳区半径为 F_1（图 8.1.9），根据式(8.1.9)有

$$\sqrt{d_1^2 + F_1^2} + \sqrt{d_2^2 + F_1^2} = (d_1 + d_2) + \frac{\lambda}{2} \tag{8.1.10}$$

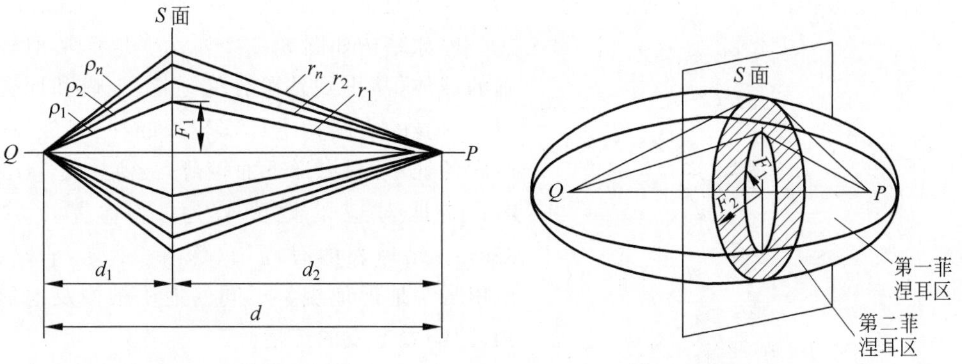

(a) 平面上菲涅耳带　　(b) 空间菲涅耳区

图 8.1.9　菲涅耳区

在视距通信系统中，d、d_1、d_2 均远大于 λ。将上式用二项式定理展开，并略去高阶小项，则 F_1 表示式为

$$F_1=\sqrt{\frac{\lambda d_1 d_2}{d}} \tag{8.1.11}$$

若 $d_1=d_2=d/2$，此时第一菲涅耳区的半径最大，得

$$F_{1\max}=\frac{1}{2}\sqrt{\lambda d} \tag{8.1.12}$$

令最小菲涅耳区半径为 F_0，根据其定义，有

$$\pi F_0^2=\frac{1}{3}\pi F_1^2 \tag{8.1.13}$$

$$F_0=0.577F_1=0.577\sqrt{\frac{\lambda d_1 d_2}{d}} \tag{8.1.14}$$

上式中各量均取相同单位。由上式可见，当距离 d 一定时，波长 λ 越小，则传播主区半径越小，菲涅耳椭球区也就越扁，最后蜕化为一直线，这就是几何光学中“光线沿直线传播”的证明。可见，工作频率越低，波长越长，电波的绕射能力越强，如图 8.1.10 所示。

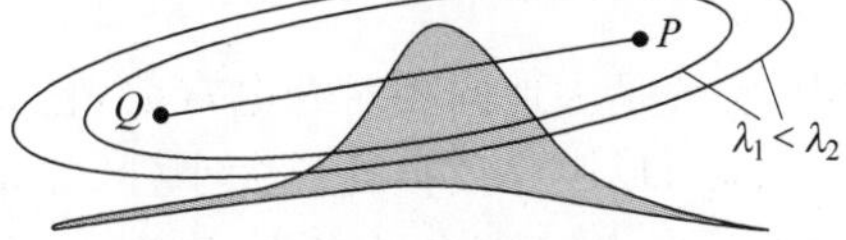

图 8.1.10　电波绕射现象

8.2　地波传播

视频8-2

地波传播是指无线电波沿着地球表面传播。需要了解地球表面特性和地波传播特性。

8.2.1　地球表面特性

地波是沿着空气与大地交界面处传播的，其传播情况主要取决于地面条件。概括地说，地面对电波传播的影响主要表现为两个方面：①地面的结构特性；②地质的电磁特性。

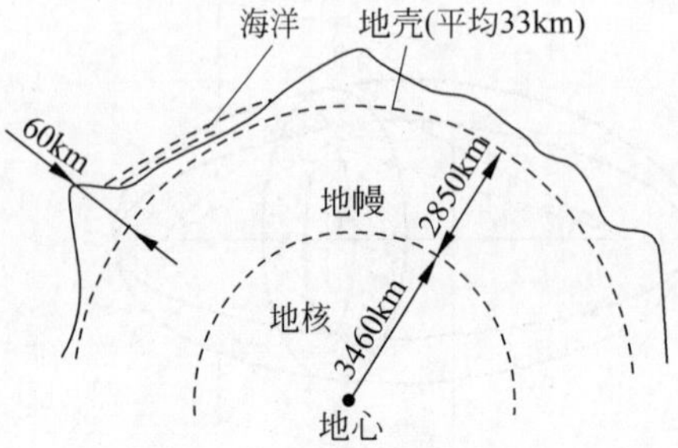

图 8.2.1　地球结构示意图

地球结构如图 8.2.1 所示。地球形似一略扁的球体，从里到外可分为地核、地幔和地壳三层。地壳的表层是电导率较大的冲积层。地壳厚度各处不同，海洋下面较薄，最薄处仅 5km 左右；陆地对应的地壳较厚，平均厚度约为 33km。地球表面有高山、深谷、江河、平原、城镇田野等地形地貌。不同的地质结构及地形地物，影响着电波的传播。

地质的电磁特性同样影响着电波传播情况。描述大地电磁性质的主要参数是介电常数 ε（或相对介电常数 ε_r）、电导率 σ 和磁导率 μ。根据实测，绝大多数地质的磁导率 μ 接近于真空磁导率 μ_0。表 8.2.1 列出了几种不同地质的电参数。

表 8.2.1　几种常见地质的电参数

电参数 / 地质	相对介电常数 ε_r		电导率 σ/(S/m)	
	均　值	变化范围	均　值	变化范围
海水	80	80	4	0.66～6.6
淡水(湖泊等)	80	80	10^{-3}	10^{-3}～2.4×10^{-3}
湿土	20	10～30	10^{-2}	3×10^{-3}～3×10^{-2}
干土	4	2～6	10^{-3}	1.1×10^{-5}～2×10^{-3}
森林			10^{-3}	
山地			7.5×10^{-4}	

根据电磁场的有耗媒质理论，地波传播时，电参数可用相对复介电常数 $\tilde{\varepsilon}_r$ 表示，即

$$\tilde{\varepsilon}_r=\varepsilon_r-\mathrm{j}\frac{\sigma}{\omega\varepsilon_0}=\varepsilon_r-\mathrm{j}60\lambda_0\sigma \tag{8.2.1}$$

式中，实部是大地的相对介电常数，它反映媒质的极化特性；虚部为负说明是有耗媒质，而($\sigma/\omega\varepsilon_0$)反映媒质损耗的大小(区分介质、导体、半导体半介质)。表 8.2.2 列出了常见地质这一比值随频率的变化(均值)。由表可见，对海水来说，在中长波波段是良导体，到了微波段以上为介质性质；湿土和干土在长波波段呈良导体性质，在短波以上则呈现介质性质；岩石几乎在整个无线电波频段都呈现介质性质。

表 8.2.2　几种常见地质($60\lambda_0\sigma/\varepsilon_r$)的平均值

频率 / 地质	300MHz	30MHz	3MHz	300kHz	30kHz	3kHz
海水($\varepsilon_r=80$, $\sigma=4$)	3	30	300	3000	3×10^4	3×10^5
湿土($\varepsilon_r=20$, $\sigma=10^{-2}$)	0.03	0.3	3	30	300	3000
干土($\varepsilon_r=4$, $\sigma=10^{-3}$)	0.015	0.15	1.5	15	150	1500
岩石($\varepsilon_r=6$, $\sigma=10^{-7}$)	10^{-6}	10^{-5}	10^{-4}	0.001	0.01	0.1

8.2.2 地波传播特性

地波传播受到地球表面特性的影响，具有特殊的传播特性。

(1) 绕射特性：地球表面呈现球形，地貌具有起伏不平的特性，这就使得电波不能像在均匀媒质中那样以一定速度沿直线路径传播，而是按绕射的方式进行。根据菲涅耳区的划分原理，只有当电波波长大于或接近障碍物高度时，才具有明显的绕射现象，当工作波长小于障碍物尺寸时，电波将不能绕射障碍物。因此，实际应用中，地波传播一般选取长波、中波以及短波低频段，可以实现地表面远距离的绕射传播。对于短波高频段、超短波或者微波段，由于地面障碍物高度大于波长，因而绕射能力很弱。

(2) 衰减特性：由于地表面地质多样，不同的地质在不同的频段可能呈现介质、导体、半导体半介质特性。然而，理想介质和理想导体条件苛刻，半导电性质具有更一般性。由于地表面的半导电性质，使得电波的场结构不同于自由空间传播的情况而发生变化，导致电波吸收，带来传播损耗。理论和实验证明，地面波不宜采用水平极化波进行传播。图 8.2.2 所示为水平极化和垂直极化地面波在不同传播距离的衰减因子。由图可以看出，水平极化波的衰减因子 A_h 远远大于垂直极化波的衰减因子 A_v，数量超过了 30dB。这是因为当电场为水平极化波，电场方向与地面平行，传播过程中产生了较大的感应电流，电波能量被吸收，从而引起很大的衰减。对于垂直极化波，由于电场方向与地面垂直，其在地面上感应的电流远小于水平极化波，从而只吸收很小的能量。因此地面波传播通常采用直立天线，因为该类天线辐射垂直极化的电磁波。

(3) 波前倾斜现象：由于地面具有损耗特性，将造成电场向传播方向倾斜的现象，就称为波前倾斜现象。为分析该现象，需要定性分析地面波传播的场分量。

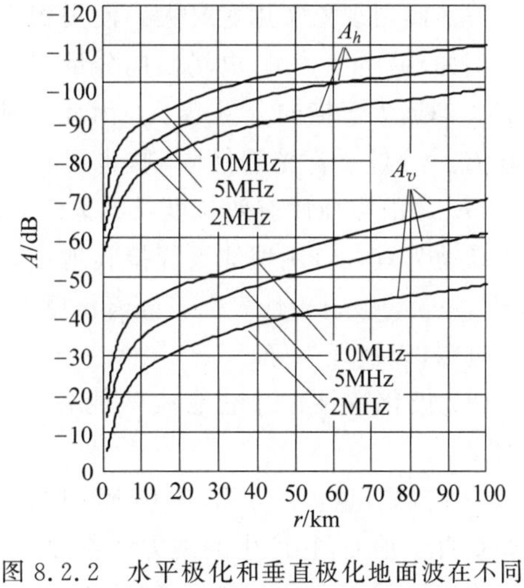

图 8.2.2 水平极化和垂直极化地面波在不同传播距离的衰减因子

假设地面是光滑的、均匀的、良导电的($60\lambda_0\sigma/\varepsilon_r \gg 1$)几何平面。对于中、长波地波传播，沿一般地质传播时良导电条件是满足的。使用低架直立天线，辐射垂直极化波。如图 8.2.3 所示，设天线沿 x 轴放置，其辐射电磁场有 E_{x1} 和 H_{y1} 分量，电波能量沿 z 轴方向(即沿地面)传播。由于地面是有损耗媒质，电波沿地面传播时产生衰减，这就意味着有一部分电磁能量由空气层进入大地内。由坡印廷矢量可知，朝着地下传播的能流必然是由 E_{z1} 和 H_{y1} 分量产生的。可见，电波沿地面传播过程中，附带产生出 E_{z1} 分量。根据麦克斯韦方程及其边界条件可知，在地表两侧(一侧是空气，另一侧是有耗媒质)的电磁场必须满足一定的边值关系，即：电场 $\boldsymbol{E}$、磁场 $\boldsymbol{H}$ 的切向分量保持连续；电位移矢量

$\boldsymbol{D}=\varepsilon \boldsymbol{E}$、磁感应强度 $\boldsymbol{B}=\mu \boldsymbol{H}$ 的法向分量保持连续。如图 8.2.3 所示，在地表 $x=0$ 两侧，应有

$$E_{z1}=E_{z2} \tag{8.2.2}$$

$$H_{y1}=H_{y2}=H_y \tag{8.2.3}$$

$$\varepsilon_1 E_{x1}=\varepsilon_2 E_{x2} \tag{8.2.4}$$

$$\mu_1 H_{x1}=\mu_2 H_{x2} \tag{8.2.5}$$

式中，下脚标“1”表示在空气一侧；下脚标“2”表示在大地一侧。

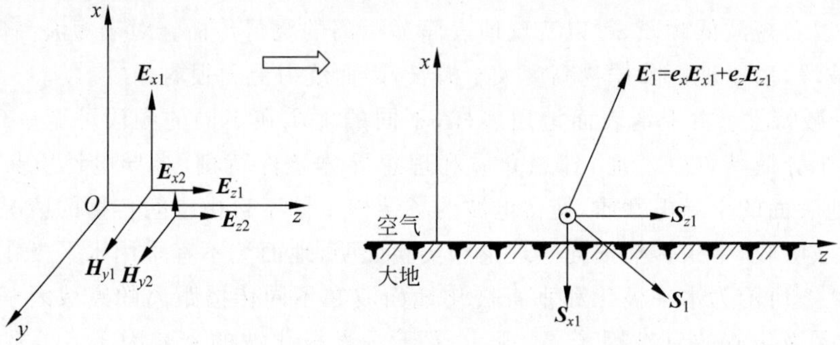

图 8.2.3　地面波的场结构和波面倾斜现象

由于大地对电波能量的吸收作用，产生了沿电波传播方向上的电场纵向分量 E_{z1}，致使合成场强 $E_1=\boldsymbol{e}_x E_{x1}+\boldsymbol{e}_z E_{z1}$ 极化方向朝地面倾斜，这就是波面倾斜现象，如图 8.2.3 所示。

波面倾斜现象实用意义大。使用相应类型的接收天线，可有效地利用电场的各种分量。例如，沿空气一侧，电场横向分量 E_{x1} 远大于纵向分量 E_{z1}；而在地表以下，纵向分量 E_{z2} 却远大于横向分量 E_{x2}。因此在地面以上接收地波时，最好选用直立天线，以便接收 E_{x1} 分量。若受条件限制，也可使用低架或铺地水平天线接收 E_{z1} 分量，但由于 $E_{z1} \ll E_{x1}$，故需使用有效长度长的天线来接收，并且接收天线附近地质选择 ε_r 及 σ 较小的干燥地为宜。若用埋地天线接收地波，则必须采用水平天线接收 E_{z2} 分量(因垂直分量 E_{x2} 更小)。由于地表以下随着深度的增加，场强是按指数规律衰减的，因此天线埋地不宜过深，以浅埋为好。

(4) 极化特性：讨论地表两侧各个场分量之间的定量关系可分析地面波的极化特性。

① 磁场分量：一方面，磁场无法向分量，即 $H_{x1}=H_{x2}=0$。这是因为天线沿 x 轴放置即垂直于地面，它产生的磁力线都是与地表平行的闭合平面曲线，导电地的存在也不可能改变这一点。另一方面，磁场无纵向(即波的传播方向)分量，即 $H_{z1}=H_{z2}=0$。有耗地面上方的垂直天线发射的是 TM 模式，所以磁场不存在纵向分量。因此，于是磁场只有 y 分量，且如式(8.2.4)所示，$H_{y1}=H_{y2}=H_y$。

② 电场分量：因为在远区可将地波视为局部平面波，磁场与电场间有以下关系：

$$\boldsymbol{E}=\boldsymbol{H}\times \eta \boldsymbol{k} \tag{8.2.6}$$

式中，η 为媒质的特性阻抗；$\boldsymbol{k}$ 为波矢量即沿传播方向的单位矢量。在空气侧，$\eta=120\pi\Omega$，$\boldsymbol{k}\approx\boldsymbol{z}$（暂忽略其 x 分量），代入式(8.2.6)得到

$$E_{x1}=120\pi H_y \tag{8.2.7}$$

大地一侧电场的 x 分量 E_{x2} 可通过式(8.2.4)，即电位移的法向连续性表示出来

$$E_{x2}=\frac{\varepsilon_1}{\varepsilon_2}E_{x1}=\frac{1}{\tilde{\varepsilon}_r}E_{x1}=\frac{120\pi}{\varepsilon_r-\mathrm{j}60\lambda_0\sigma}H_y \tag{8.2.8}$$

由式(8.2.2)，可知 $E_{z1}=E_{z2}$。在有耗媒质中式(8.2.6)仍成立，只是 η 应理解为复特性阻抗。根据电磁场理论，透射到良导体内部的那部分波的传播方向与分界面垂直（不妨把良导体想象成折射率极大的介质），所以 $\boldsymbol{k}_2=-\boldsymbol{x}$，将它代入式(8.2.6)并考虑式(8.2.2)，得

$$E_{z1}=E_{z2}=\eta_2 H_y=\sqrt{\frac{\mu_2}{\varepsilon_2}}H_y=\sqrt{\frac{\mu_0}{\varepsilon_0\tilde{\varepsilon}_r}}H_y=\frac{120\pi}{\sqrt{\varepsilon_r-\mathrm{j}60\lambda_0\sigma}}H_y \tag{8.2.9}$$

至此空气一侧电场的横向分量 E_{x1} 和纵向分量 E_{z1} 都已求得。如果将式(8.2.7)代入，可消去中间变量 H_y，得到

$$E_{z1}=\frac{E_{x1}}{\sqrt{\varepsilon_r-\mathrm{j}60\lambda_0\sigma}} \tag{8.2.10}$$

由上式可定量研究波面倾斜现象。在良导体假设下，被开方式的模很大，故空气一侧电场的横向分量远大于纵向分量，因为当电导率 $\sigma\to\infty$，纵向分量 $E_{z1}\to 0$，TM 模→TEM 模。应当指出，由于被开方式含虚部，故电场的横向分量与纵向分量并不同相。在地表附近空气一侧电场的横向分量远大于纵向分量，二者大小不等，相位不同，因而合成场必为一椭圆极化波。沿一般地质传播时可以近似认为合成场是在椭圆长轴方向上的线极化波，如图 8.2.4 所示。电场的倾角，即椭圆极化波长轴与 z 轴夹角为

$$\psi=\arctan\sqrt[4]{\varepsilon_r^2+(60\lambda_0\sigma)^2} \tag{8.2.11}$$

对于良导电地，这是一个非常接近于 90°的锐角。

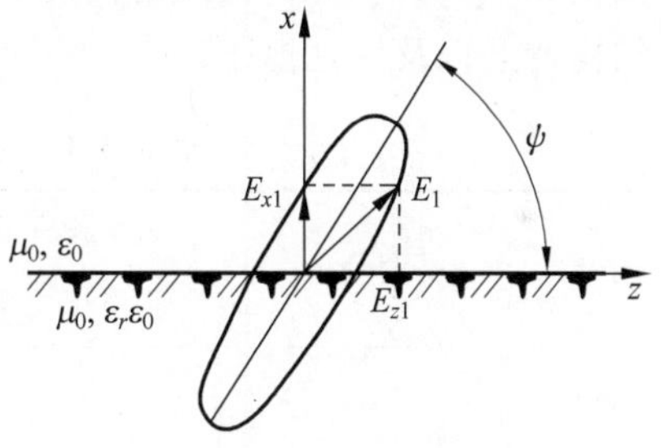

图 8.2.4　贴地面传播的椭圆极化波

(5) 地面波传播稳定：地波是沿着地表传播的，由于大地的电特性及地貌地物等并不随时间很快地发生变化，并且基本上不受气候条件的影响，特别是无多径传输现象，因而地波传播信号稳定，这是地波传播的突出优点。

8.3　天波传播

视频8-3

天波传播是经由电离层反射的一种传播方式。需要了解电离层特性和天波传播特性。

8.3.1 电离层特性

电离层是一种随机的、色散及各向异性的有耗媒质，若按信道分类，属于随参信道。电离层结构特点、变化规律和介质特性直接影响到天波传播的特性。

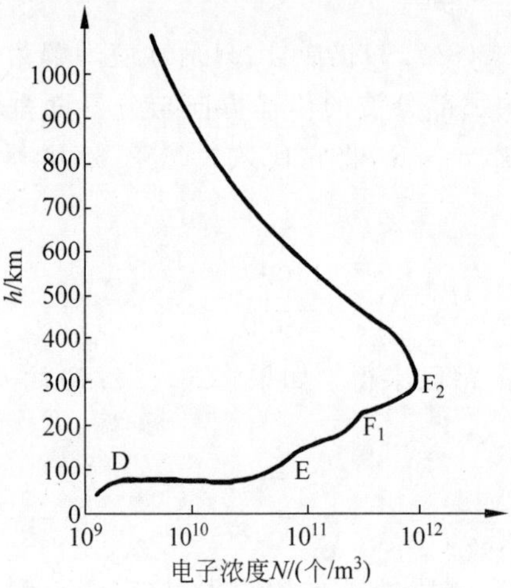

图 8.3.1 电离层电子浓度的高度分布

1. 电离层的结构特点

电离层的电离现象十分显著。通常用电子浓度 N（电子数/m^3）来描述其电离程度。事实上，大气分子在不断地被电离的同时，自由电子和正离子又不断地复合成中性原子或分子，在动态平衡状态下的电子浓度 N 值是电离层的重要参数之一。

电离层电子浓度的高度分布有几个峰值区域，按这些峰值区域划分，电离层可分为 4 个区域，从低到高分别称 D 区、E 区、F_1 区和 F_2 区，如图 8.3.1 所示。各区之间并无明显的分界线，也没有未电离的中性气体间隙。每一个区都有一个电子浓度最大值，整个电离层的最大电子浓度发生在 F_2 区，在此以上随着高度的增加，电子浓度缓慢下降。表 8.3.1 总结了电离层的结构特点以及变化规律。

表 8.3.1 电离层的结构特点及变化规律

分层	高度/km	最大电子浓度 N_{max}/（电子数/m^3）	变化规律
D 区	60～90	2.5×10^9	夜晚太阳辐射减弱，N 值逐渐减小，深夜 D 区完全消失，变化特点具有季节性
E 区	90～150	2×10^{11}	夜间电子浓度下降，下降幅度可达一个量级
E_s 区	≈110	1×10^{12}	电离层中的不均匀体（尺度不等的电离“云块”），其电子浓度相对于周围的电子浓度要大并有随机的起伏，厚几百米至 2～3km，宽数千米至上百千米
F_1 区	170～220	$(2\sim4)\times10^{11}$	电子浓度夏季白天达到最高，夜间及冬季常消失
F_2 区	225～450	$8\times10^{11}\sim2\times10^{12}$	电子浓度白天高、夜间低，而且是冬季大、夏季小，距离太阳最近，与太阳的活动特性关系密切

2. 电离层的变化规律

电离层的变化可以分为两种：一方面，受到太阳能源的影响，电离层中值（小时中值、日中值、月中值和年中值等）有着明显的昼夜、季节、年度变化的规律，称之为正常（规则）变化；另一方面，电离层还有不可预测的不规则变化，称之为异常（不规则）变化，具有非周期性的随机特性。

1）电离层的正常变化

（1）日夜变化。日出之后，各区的电子浓度不断增加，到正午稍后时分达最大值，而后又逐渐减小。深夜间D区消失，E层高度比白天低，电子浓度也比白天小。到拂晓时，各层电子浓度达到最小。一日之内，在黎明和黄昏时分，电子浓度变化最快。

（2）季节变化。这是由地球围绕太阳公转引起的。例如，F_1 区多出现在夏季白天，F_2 区的高度夏季高冬季低，而电子浓度却冬季大夏季小，并且在一年的春分和秋分两度达到最大值。这可能是由于 F_2 层的大气在夏季变热向高空膨胀，导致电子浓度减小的缘故。

（3）随太阳黑子11年周期的变化。太阳黑子是指太阳光球表面经常出现的黑斑，是太阳表面温度较低但磁场很强的局部区域。据天文观测，黑子的数目和面积大小经常变化，有以11年为周期的变化规律。图8.3.2所示为太阳黑子随年份的变化规律，太阳黑子数最大的年份为太阳活动的高年，电离层的电子浓度明显增大，F_2 区受太阳活动影响最大。

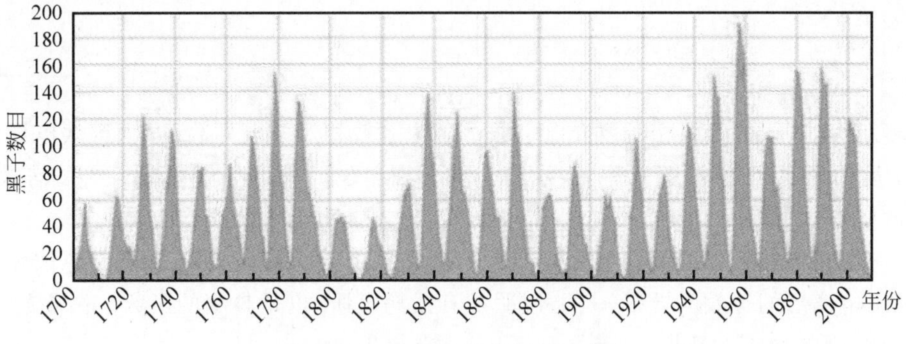

图8.3.2 太阳黑子随年份的变化

（4）随地理位置变化。在地球上，由于地理位置的不同，太阳光照强度也不相同。在低纬度的赤道附近，太阳光照最强，电子浓度最大。越靠近南北极，太阳的光照越弱，电子浓度也越小。我国处于北半球，南方距离赤道近，其电子浓度就比北方的大。

2）电离层的异常变化

（1）电离层骚扰：当太阳耀斑爆发时，辐射出极强的紫外线和X射线，以光速传播到地球，即电离层骚扰。如图8.3.3所示，电离层骚扰使得各层的电子浓度均突然增加，尤其是D层，电子浓度将提高1～2个量级。当其穿透高层大气到达D区，电子浓度突然增大，增加了对电波的吸收，可能造成通信中断。电离层骚扰持续时间为几分钟到数小时。

（2）电离层暴变：太阳耀斑爆发时还喷射出大量带电粒子流，若进入电离层，则使电离层结构发生剧烈变动，称为电离层暴变。此时，F_2 区受影响最甚，可能使频率较高的短

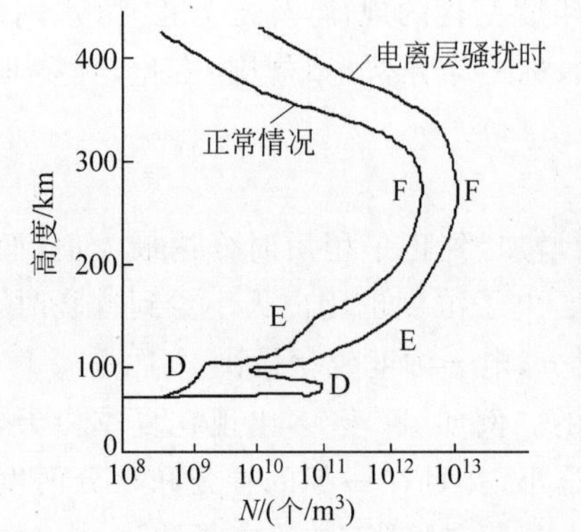

图 8.3.3　电离层骚扰时电子浓度的变化

波信号穿透 F_2 区而不再返回地面，造成通信中断。电离层暴变持续时间为数小时至几天。

(3) 突发 E_s 层：在 E 层中 110km 上下的不正常电离层，简称 E_s 层，其电子密度大大超过 E 层，将使电波难以穿过 E_s 层而被反射下来，产生“遮蔽”现象，将影响 F 层的正常工作，使得通信中断。一般 E_s 层在我国夏季出现比较频繁，但是时间持续不长，仅几个小时。

3. 电离层的介质特性

电离层中的麦克斯韦第一方程可写为

$$\nabla\times \boldsymbol{H}=\mathrm{j}\omega\varepsilon_0\boldsymbol{E}+\boldsymbol{J}_e=\mathrm{j}\omega\varepsilon_0\boldsymbol{E}+\frac{Ne^2}{\mathrm{j}\omega m+mv}\boldsymbol{E}=\mathrm{j}\omega\varepsilon_0\tilde{\varepsilon}_r\boldsymbol{E} \tag{8.3.1a}$$

$$\tilde{\varepsilon}_r=\varepsilon_r-\mathrm{j}\frac{\sigma}{\omega\varepsilon_0} \tag{8.3.1b}$$

$$\varepsilon_r=1-\frac{Ne^2}{m\varepsilon_0(\nu^2+\omega^2)} \tag{8.3.1c}$$

$$\sigma=\frac{Ne^2\nu}{m(\nu^2+\omega^2)} \tag{8.3.1d}$$

其中，$\tilde{\varepsilon}_r$ 为电离层的等效相对复介电常数；ε_r 为等效相对介电常数；σ 为等效电导率；ν 为电子运动速度；v 为碰撞频率，表示一个电子在单位时间内与中性分子的平均碰撞次数；m 为电子质量；$\boldsymbol{J}_e$ 为电子运动的运流电流密度。由以上公式可以看出：

(1) 电离层的等效相对介电常数 $\varepsilon_r<1$，且是频率的函数，说明电离层是色散媒质。

(2) 电离层的等效电导率 $\sigma\neq 0$，说明是有损耗媒质，也是频率的函数。高度越高，气体越稀薄，碰撞频率 ν 越小。

(3) 由于地磁场的存在，电离层实际上还是个磁化等离子体。运动电子的洛伦兹力为

$$\boldsymbol{F}_B=-e\boldsymbol{\nu}\times\boldsymbol{B}_0 \tag{8.3.2}$$

式中，$\boldsymbol{\nu}$ 为电子运动速度；$\boldsymbol{B}_0$ 为地磁场的磁感应强度。由上式可知，运动电子受地磁场的作用力不仅与电子运动速度及地磁场强度有关，还和它们之间的相对方向有关。显然，不同的传播方向和不同的极化形式，电子运动表现出不同的电磁效应，这时电离层就显现出各向异性的媒质特性，等效介电常数具有张量的性质。

8.3.2　天波传播特性

天波传播特性涉及面很广，这里主要讨论电离层的反射和吸收问题。为简化讨论而又能建立起基本概念，可作如下假设：①电离层为各向同性媒质（忽略地磁场的影响）；

②电子浓度 N 沿高度 h 的变化较之沿水平方向的变化快得多，即认为 N 只是高度 h 的一元函数；③在各区电子浓度最大值 N_{max} 附近，$N(h)$分布近似为抛物线状。

1. 电离层的反射

当不考虑地磁场影响时，由式(8.3.1c)，电离层等效相对介电常数 ε_r 为一标量，将电子质量 $m=9.106\times10^{-31}$kg，电子电量 $e=1/(36\pi)\times10^{-9}$F/m 和真空介电常数 $\varepsilon_0=1.602\times10^{-19}$C 的值代入上式，并假设角频率 ω 远大于碰撞频率 v，得

$$\varepsilon_r=1-\frac{80.8N}{f^2} \tag{8.3.3}$$

其中，f 为频率(Hz)。通常认为电离层的磁导率仍是 μ_0，于是电离层的相对折射率

$$n=\sqrt{\varepsilon_r}=\sqrt{1-\frac{80.8N}{f^2}} \tag{8.3.4}$$

假设电离层是由许多厚度极薄的平行薄片构成，每一薄片内电子浓度是均匀的。设空气中电子浓度为0，而后由低到高，各薄层的电子浓度依次为 $N_1,N_2,N_3,\cdots$，相应的折射率为 $n_1,n_2,n_3,\cdots$。注意：N 越大，n 越小。

$$0<N_1<N_2<\cdots<N_{n-1}<N_n \tag{8.3.5a}$$

$$n_0>n_1>n_2>\cdots>n_{n-1}>n_n \tag{8.3.5b}$$

当频率为 f 的电波以一定的入射角 θ_0 自空气射入电离层后，电波在通过每一薄层时就折射一次，当薄片层数无限增多时，电波的轨迹变成一条光滑的曲线。根据折射定理，有

$$n_0\sin\theta_0=n_1\sin\theta_1=\cdots=n_n\sin\theta_n \tag{8.3.6}$$

如图8.3.4所示，随着高度的增加，折射率 n 逐渐减小，因此在射线的上升段折射角恒大于入射角。当电波深入到电离层的某一高度，恰使折射角 $\theta_n=90°$，即电波轨迹达到最高点；而后进入下降段，射线将沿着折射角恒小于入射角的轨迹从电离层深处逐渐折射回地面。由于电子浓度 $N(h)$分布是连续的，所以电波传播的轨迹是一条光滑的曲线。由式(8.3.6)得出电波从电离层内被反射回来的条件是 $n_0\sin\theta_0=n_n\sin\theta_n$，式中，薄层0即大气底层，其折射率 $n_0=1$；薄层 n 即反射层，折射角 $\theta_n=90°$，于是，

$$\sin\theta_0=n_n=\sqrt{1-\frac{80.8N_n}{f^2}} \tag{8.3.7}$$

这就是电波在电离层发生反射的条件。由反射条件可得到以下结论：

(1) 电离层反射电波的能力与频率有关。在入射角 θ_0 一定时，频率越高，要求的反射点处电子浓度 N_n 值就越大，于是射线只有在电离层的较深处才能折回，如图8.3.5(a)所示。当电波频率过高，致使满足反射条件所要求的 N_n 值超过电离层的最大电子浓度 N_{max}，则电波将穿透电离层射入太空一去不复返，这就是天波传播频率存在上限的原因。电离层的D、E、F层反射电波的大致情况如图8.3.6所示。可以看出，长波在D层就能实现全反射，实现较低高度的天波通信，中波则一般在E层就能实现全反射，而更高的短波则一般依靠F层(F_1 或 F_2 层)实现全反射。当波长更短或者频率进一步升高，到了微

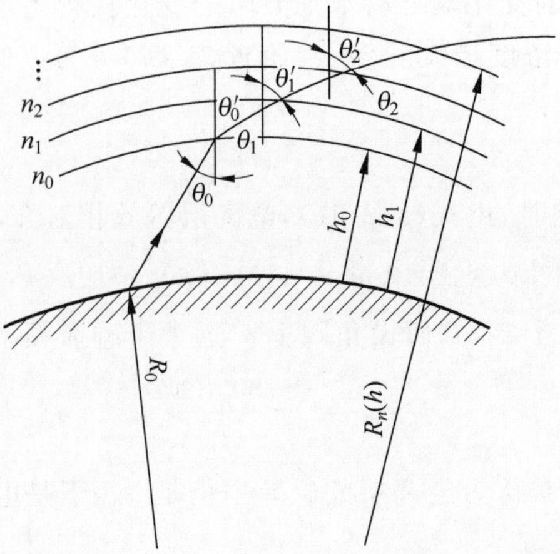

图 8.3.4　电波在电离层中的连续折射(R_0 为地球半径)

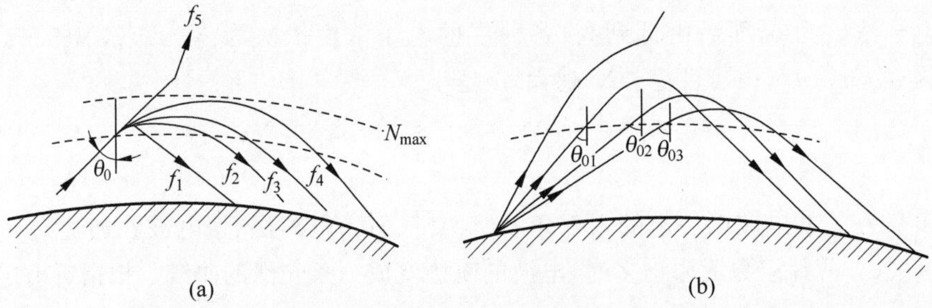

图 8.3.5　不同频率(设入射角 θ_0 相同)和不同入射角(设频率相同)的电波传播轨迹

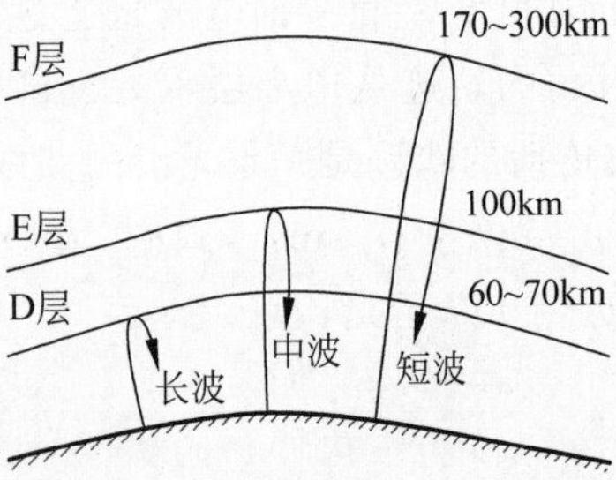

图 8.3.6　长、中、短波从不同高度反射

波段,满足反射条件所要求的 N_n 值超过电离层的最大电子浓度,电波将穿透电离层射入太空,此时已经不能再通过天波进行传播,这个时候将采用视距传播,比如卫星通信。

(2) 电波被电离层反射的情况还与入射角 θ_0 有关。如图 8.3.5(b)所示,当电波频率给定,入射角越大,进入电离层后相应的折射角也就越大,稍经折射就满足 $\theta_n=90°$的条件,电波很快就从电离层反射下来。

令入射角 $\theta_0=0°$,$N_n=N_{max}$,即让电波垂直地射向天空,由反射条件式(8.3.7)得到

$$f_c=\sqrt{80.8N_{max}} \tag{8.3.8}$$

式中,f_c 表示垂直入射($\theta_0=0°$)时能被电离层反射的临界频率。用 f_c^2 取代式(8.3.7)中的 $80.8N_n$,并经三角函数化简后得

$$f_{max}=\sqrt{\frac{80.8N_{max}}{\cos^2\theta_0}}=f_c\cdot\sec\theta_0 \tag{8.3.9}$$

上式是天波传播中著名的正割定律。能被电离层反射的最高频率 $f_{\max}$ 看来还是入射角 θ_0 的函数，因 $\sec\theta_0 \geqslant 1$，故除了垂直入射外，$f_{\max}$ 总是大于临界频率 f_c。又因 $\sec\theta_0$ 随着 $\theta_0 \to \pi/2$ 而趋于无穷大，容易造成天波传播无频率上限的错觉。其实因地球是圆的，即使以零仰角发射电波，对于高度为 h 的电离层反射点来说 θ_0 远小于 90°。

因为临界频率 f_c 与电子浓度 N 的平方根成正比，而电子浓度 N 存在显著的昼夜变化，所以临界频率 f_c 有以一昼夜为周期的变化。白天电子浓度大，临界频率高，则允许工作的频率就高；夜间电子浓度小，则必须降低频率才能保证天波传播。

2. 电离层的吸收

无线电波在电离层中传播时，自由电子在入射波电场作用下作简谐运动。由于电离层内有着大量作无规则热运动的中性分子、离子等，电子在运动过程中必然与中性分子等碰撞，于是部分电波能量转换为热能，产生焦耳损耗。这样，电波的一部分能量就被电离层吸收掉了。这是天波传播有衰减的物理原因。电离层的吸收可分为偏移吸收和非偏移吸收。

非偏移区是指电离层中折射率 n 接近于 1 的区域。在该区域中电波射线几乎是直线传播的，故称为非偏移区。例如短波，通常是在 F_2 区反射，除反射区附近外，其他区域（D、E、F_1 层）均可视为非偏移区。特别是在 D 区，空气密度大，碰撞频率可达 $10^6 \sim 10^7$ 次/s，因此电波通过 D 区时损失相当多的能量，也就是说非偏移吸收主要是指 D 区吸收。当然，也应包括 E 区和 F 区下缘的吸收。计算非偏移吸收，可根据有耗媒质的介电常数 ε_r（式 8.3.1c）和电导率 σ（式 8.3.1d），求出衰减常数 α 为

$$\alpha = \omega\sqrt{\frac{\mu_0\varepsilon_0}{2}\left[\sqrt{\varepsilon_r^2 + (60\lambda\sigma)^2} - \varepsilon_r\right]} \tag{8.3.10}$$

对于短波通信，通常满足 $\sigma/\omega\varepsilon \ll 1$ 条件，则有

$$\alpha \approx \frac{60\pi\sigma}{\sqrt{\varepsilon_r}} = \frac{60\pi N e^2 \nu}{\sqrt{\varepsilon_r}\, m(\nu^2 + \omega^2)} \tag{8.3.11}$$

然后根据电离层电子浓度和碰撞频率随高度的分布以及电波传播的轨迹，按 $\exp\left[-\int \alpha\, \mathrm{d}l\right]$ 求出波在电离层中传播时的总衰减，其中积分元 $\mathrm{d}l$ 是电波轨迹的长度元。但是这种理论计算方法是非常困难的，通常都采用半经验公式计算。通常这个吸收比较小，由电离层参数的中值计算结果表明，电离层吸收损耗仅为几分贝，通常在 10 分贝以下。

偏移区是指在电离层中折射率 n 很小的区域，在该区域内射线轨迹弯曲，故称为偏移区。在 F 区或 E 区反射点附近产生的吸收就称为偏移吸收或称反射吸收。对于在 F 区反射的短波电波，因 F 区的碰撞频率较低，一般来说，它比非偏移吸收要小得多。因此，在工程计算中，通常把该项吸收和其他一些随机因素引起的吸收合在一起进行估算。

准确地计算电离层吸收损耗是非常困难的，目前均采用半经验公式计算。电离层对电波的吸收与频率、入射角以及电子浓度有关，满足规律：①电离层的碰撞频率越大或者

电子浓度越大，电离层对电波的吸收越大。这是由于总的碰撞机会增多导致吸收也越大。②电波频率越低，吸收越大。由于电波的频率越低，其周期就越长，自由电子受单方向电场力的时间越长，运动速度也就越大，走过的路程也更长，与其他粒子碰撞的机会也越大，碰撞消耗的能量也越多，因此电离层对电波的吸收就越大。

8.3.3 短波天波传播

最常见的天波传播是短波天波传播，因为该频段能够以较小的功率借助电离层反射完成传播，且可以传播到几百到两万 km 的距离，甚至环球传播。通常短波天波传播方式具有两个突出的优点：①电离层这种传输媒质抗毁性好，只有在高空核爆炸时才会在一定时间内遭到一定程度的破坏；②传输损耗小，因而能以较小的功率进行远距离通信。

1. 传输模式的选择

传输模式是指传播的路径样式。短波天线波束发散性较大，加上电离层是分层的，电波传播时可能多次反射。在一条通信链路中通常存在着多种传播路径，即多种传输模式。

当电波以与地球表面相切的方向即射线仰角为 0°的方向发射时，可得到电波经电离层一次反射(称一跳)时最长的地面距离。按平均情况来说，从 E 区反射的一跳最远距离约为 2000km，从 F 区反射的一跳最远距离约 4000km。若通信距离更远时，必须经过几跳才能到达。例如，通信距离小于 2000km 时，电波可能通过 F 区一次反射到达接收点，也可能通过 E 区一次反射到达接收点，前者称 1F 传播模式，后者称 1E 传输模式，当然也可能存在 2F 或 2E 模式等，如图 8.3.7 所示。对某一通信链路可能存在的传输模式与通信距离、工作频率、电离层状态等因素有关。表 8.3.2 列出了各种距离可能存在的传输模式。

表 8.3.2 天波传输模式

通信距离/km	可能存在的传输模式
0～2000	1E,1F,2E
2000～4000	2E,1F,2F,1F1E
4000～6000	3E,4E,2F,3F,4F,1E1F,2E1F
6000～8000	4E,2F,3F,4F,1E2F,2E2F

对于一定的通信距离即使是单一传输模式，也存在着不同传播路径，如图 8.3.8 所示，低仰角射线 Δ_2 由于以较大的入射角投射电离层，故在较低的高度上就从电离层反射下来；而高仰角射线 Δ_1 由于入射角小，则需在较大的电子浓度处才得以反射回来。

以上现象说明，对一定的传播距离而言，可能同时存在着几种传输模式和几条射线路径，接收点场强则是这些射线的场强之和，这将带来短波通信中的多径传输效应。

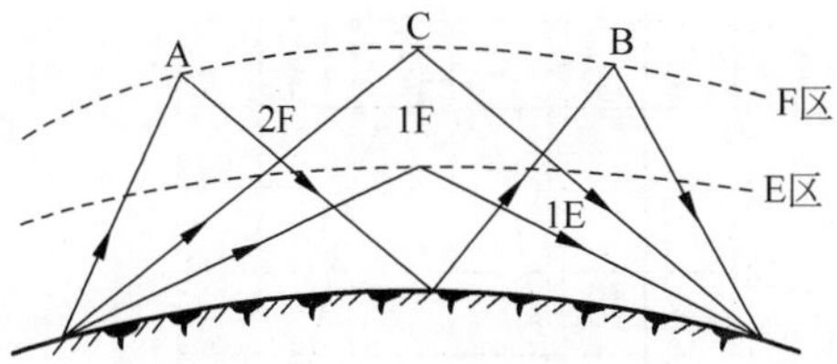

图 8.3.7 天波传输模式示意图

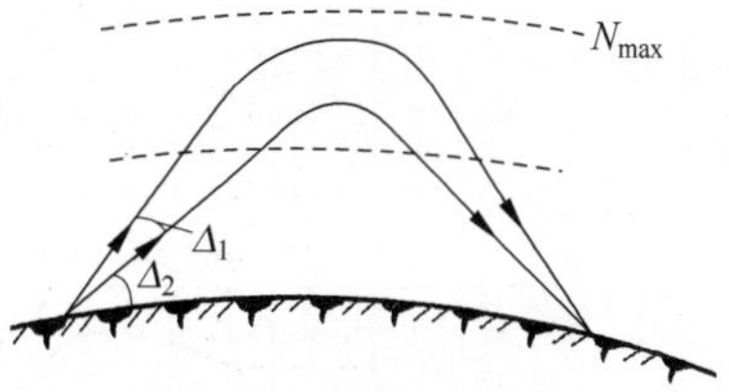

图 8.3.8 高角波与低角波(同一频率)

2. 工作频率的选择

工作频率的选择是影响短波通信质量的关键性问题之一。若选用频率太高,虽然电离层的吸收小,但电波容易穿出电离层;若选用频率太低,虽然能被电离层反射,但电波将受到电离层的强烈吸收。一般来说,选择工作频率应根据下述原则考虑:

(1) 不能高于最高可用频率 f_{MUF}(Maximum Usable Frequency)。f_{MUF} 是指当工作距离一定时,能被电离层反射回来的最高频率。f_{MUF} 与电离层的电子密度及电波入射角有关。电子密度越大,f_{MUF} 值越高。而电子密度随年份、季节、昼夜、地点等因素而变化,所以 f_{MUF} 也随这些因素变化。另外,对于一定的电离层高度,通信距离越远,f_{MUF} 就越高。这是因为通信距离越远,其电波入射角就越大,由正割定律知频率可以用得高些。图 8.3.9(a)给出了不同距离时 MUF 的昼夜变化曲线簇,表示在不同的通信距离,f_{MUF} 昼夜变化的一般规律。

(2) 不能低于最低可用频率 f_{LUF}(Lowest Usable Frequency)。通常定义 f_{LUF} 为保证所需信噪比的最低可用频率。根据电离层的吸收规律,频率越低,电离层吸收越大,接收点信号电平越低。f_{LUF} 也与电子密度有关,白天电离层的电子密度大,对电波的吸收就大,所以 f_{LUF} 就高些。另外,f_{LUF} 还与发射机功率、天线增益、接收机灵敏度等因素有关。图 8.3.9(b)给出了某链路最高可用频率和最低可用频率的典型日变化曲线。在保证可以反射回来的条件下,尽量把频率选得高些,这样可以减少电离层对电波能量的吸收。但是,不能把频率选在 f_{MUF},因为电离层很不稳定,当电子密度变小时,电波很可能穿出电离层。通常最佳工作频率选最高可用频率的 85%,用 f_{OWF} 表示,$f_{OWF}=85\% f_{MUF}$。

(3) 一日之内适时改变工作频率。由于电离层的电子密度随时变化,相应地,最佳工作频率也随时变化,但电台的工作频率不可能随时变化,通常选用两个或三个频率为该电路的工作频率,白天适用的频率称为"日频",夜间适用的频率称为"夜频"。换频时间通常是在电子密度急剧变化的黎明和黄昏时刻适时地改变工作频率。为了适应电离层的时变性,使用先进的实时选频系统即时确定信道的最佳工作频率,可极大提高短波通信的质量。

3. 短波天波传播的主要问题

短波天波传播时,受电离层的影响较大,信号不稳定。即使传输模式和工作频率选

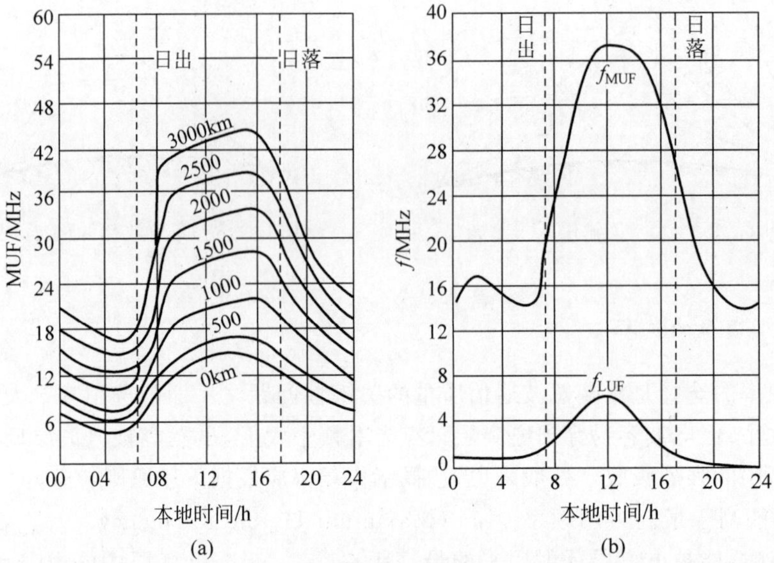

图 8.3.9 MUF 不同距离的昼夜变化曲线(a)以及 f_{MUF} 和 f_{LUF} 昼夜变化曲线(b)

择得正确,有时也难以正常工作。下面简单介绍影响短波天波传播正常工作的几个主要问题。

1) 损耗

根据引起传输损耗的因素,将影响电波传播的基本传输损耗 L_b 分成四个部分:自由空间传输损耗 L_{bf},电离层吸收损耗 L_a,地面反射损耗 L_g,额外损耗 Y_p。

$$L_b = L_{bf} + L_a + L_g + Y_p \,(\text{dB}) \tag{8.3.12}$$

它们是工作频率、传输模式、通信距离和时间的函数。

(1) 自由空间传输损耗 L_{bf}:是基本传输损耗的主要分量,前文已分析。

(2) 电离层吸收损耗 L_a:在基本传输损耗中占第二位。对短波而言,主要是指 D 区、E 区的非偏移吸收。前文已经对电离层衰减系数和吸收损耗给出了近似计算公式(8.3.11)。在工程计算中常采用半经验公式,所涉及的各参数可以通过电离层预报和作图等方式得到。

(3) 地面反射损耗 L_g:是电波经地面反射后引起的损耗,这种损耗只是在多跳传输模式的情况下才存在。与电波的极化、频率、射线仰角以及地质情况等因素有关。严格计算 L_g 值比较困难。工程上处理的办法是对圆极化波进行计算。假设入射电波是圆极化波,即水平极化分量和垂直极化分量相等,则地面反射损耗为

$$L_g = 10\lg\left(\frac{|\Gamma_V|^2 + |\Gamma_H|^2}{2}\right)(\text{dB}) \tag{8.3.13}$$

式中,Γ_V 和 Γ_H 分别是垂直极化和水平极化的地面反射系数,由下式给出:

$$\Gamma_V = \frac{(\varepsilon_r - \text{j}60\lambda\sigma)\sin\Delta - \sqrt{(\varepsilon_r - \text{j}60\lambda\sigma) - \cos^2\Delta}}{(\varepsilon_r - \text{j}60\lambda\sigma)\sin\Delta + \sqrt{(\varepsilon_r - \text{j}60\lambda\sigma) - \cos^2\Delta}} \tag{8.3.14a}$$

$$\Gamma_H = \frac{\sin\Delta - \sqrt{(\varepsilon_r - \mathrm{j}60\lambda\sigma) - \cos^2\Delta}}{\sin\Delta + \sqrt{(\varepsilon_r - \mathrm{j}60\lambda\sigma) - \cos^2\Delta}} \tag{8.3.14b}$$

式中，Δ 为射线仰角；$\varepsilon_r - \mathrm{j}60\lambda\sigma$ 为大地相对复介电系数。

(4) 额外损耗 Y_p：除上述三种以外的其他所有原因引起的损耗。例如，非偏移吸收损耗、E_s 层损耗、极化损耗、电离层非镜面反射损耗等。它是一项综合估算值，是由大量链路实测的天波传输损耗数据，扣除已指明的三项损耗后而得到的。一般的额外损耗为15～18dB。更详细的短波天波传播的信号电平、可用频率和预计可靠性的预测方法，可以参考国际电信联盟推荐的ITU_R P.533_9 HF电路性能的预测方法。

2）衰落

短波通信的衰落现象很严重。衰落时信号强度有几十倍到几百倍的变化。

短波慢衰落是由D区吸收特性的缓慢变化引起的。这种缓慢变化通常是用小时中值曲线即日变化曲线来描述的。这种吸收衰落可能使接收点中值电平变化10dB左右。此外，信号电平随季节变化和太阳黑子11年周期性的变化也都属慢衰落。对于慢衰落，可以在接收设备中采取自动增益控制技术进行抑制。

干涉性衰落是快衰落的一种主要形式。如图8.3.10所示，图(a)表示不同传输模式的电波间干涉引起的衰落；图(b)表示受到地磁场的影响，在同一接收地点可以收到由不同反射点到达的寻常波和非常波，二者干涉形成的衰落现象；图(c)表示因电离层的非镜面反射，到达接收点的多条射线场强的干涉而引起衰落。

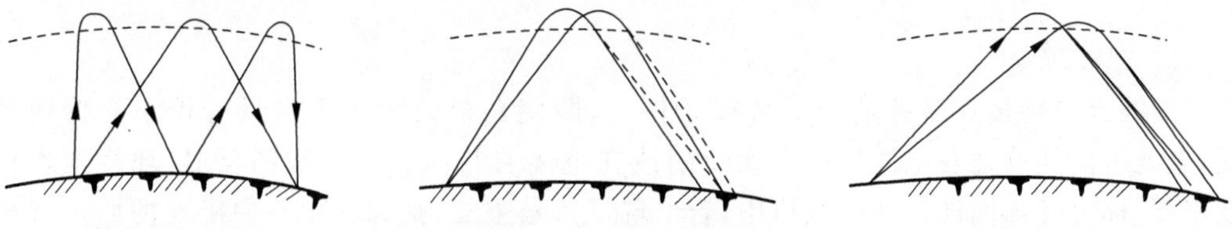

(a) 不同传输模式的干涉　(b) 在地磁场影响下寻常波与非常波的干涉　(c) 电离层的漫反射

图8.3.10　短波干涉性衰落

此外，还有极化衰落和跳越衰落等现象。由于电离层具有各向异性的性质，线极化平面波经电离层反射后变为一椭圆极化波，当电离层电子浓度随机变化时，椭圆主轴方向及轴比也随之改变，从而影响接收点场强的稳定，由这种原因引起的快衰落就称为极化衰落，一般占快衰落出现率的10%～15%。跳越衰落主要发生在日出和日落时分。由于电离层电子浓度和日照情况密切相关，所以在日出日落时电子浓度发生显著的变化，因此接收点信号出现时断时续的“衰落”，这种现象称为跳越衰落。克服干涉性快衰落较为行之有效的办法是分集接收法。较普遍使用的分集方式有空间分集、频率分集、时间分集和极化分集等。

3）多径时延

短波天波传播中，随机多径传输现象是严重的，它不仅引起信号幅度的快衰落，还使得信号产生失真或使信道的传输带宽受到限制。多径时延是指在多径传输中，最大传输时延与最小传输时延之差，以 τ 表示。据理论分析与实际测量，τ 值大小与通信距离、工作频率、时间等都有关系。多径时延是衡量短波传播质量的重要指标之一，要完全避免多径时延的影响几乎是不可能的。只有正确地选择工作频率，以减小其不利的影响。

4）静区

静区指收不到信号的地区，是短波传播特有的重要现象。在短波波段，地面波随距离的增加衰减得很快，信号能达到的最远距离设为 d_1，而天波传播反射下来的最小距离为 d_2，则静区就是内半径为 d_1、外半径为 d_2 的环形区域，如图 8.3.11 所示。为了减小静区的范围，一方面可以降低频率，使得地波传播距离更远，即 d_1 增大；另一方面，以较小的入射角投射，天波能够到达更近的距离，即 d_2 减小，因而静区范围也可以缩小。

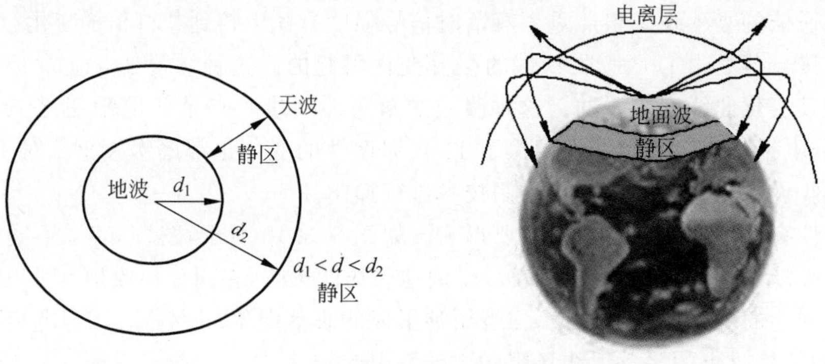

图 8.3.11　静区示意图

5）回波现象

短波天波传播在某些适当的传播条件下，即使在很大距离上也只有较小的传输损耗，电波可能连续地在电离层内多次反射或在电离层与地表之间来回反射，环绕地球再度出现，称为环球回波。在接收机中，若出现了信号重复，犹如在山谷中出现的回声现象那样，这往往是由于出现了回波。环球回波可以分为正回波和反回波，如图 8.3.12 所示。设 A 点和 B 点分别为发射台和接收台，正常情况是按射线“1”传播的。B 点收到由

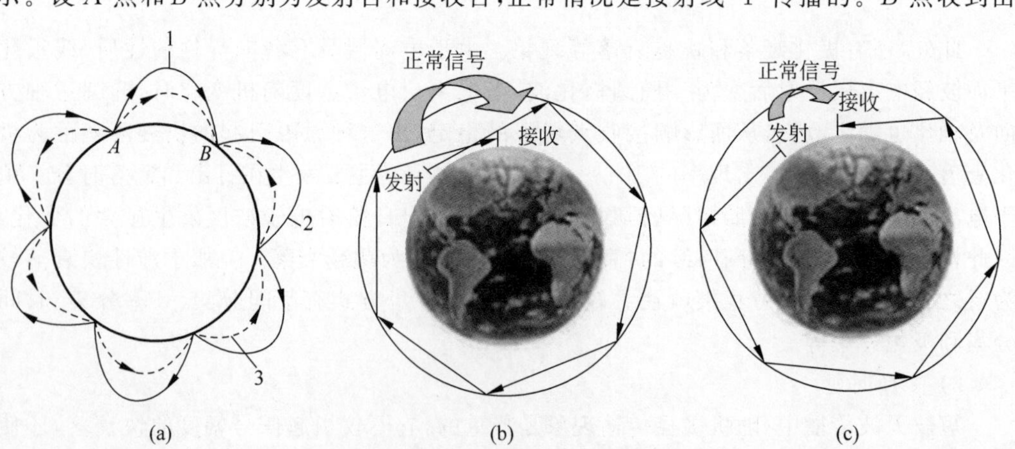

图 8.3.12　环球回波现象示意图

射线“2”传来的信号,因为它是顺着正常传播方向环绕地球一次再次到达接收地点的,故称为正回波,如图8.3.12(b)所示。与正常传播方向相反的环球波就称为反回波,如射线“3”,如图8.3.12(c)所示。无论是正回波还是反回波,环绕地球一次滞后的时间约为0.13s。用强方向性的收、发天线可以消除反回波;可以通过适当降低辐射功率和选择适当的工作频率来抑制正回波现象。

8.4 视距传播

视频8-4

视距传播是指电波在发射与接收天线之间以直射波的方式进行传播的方式。按收、发天线所处的空间位置不同,视距传播大体上可分为三类:第一类是指地面上的视距传播(地-地视距传播),例如中继通信、电视、广播以及地面上的移动通信等;第二类是指地面与空中目标之间的视距传播(地-空视距传播),如飞机、通信卫星等;第三类是指空间飞行体之间的视距传播(空-空视距传播),如飞机间、宇宙飞行器间的电波传播等。

无论哪类视距传播方式,电波传播会受到两类媒质的影响:①地面(自然的或人为的障碍物);②对流层(低空大气层)。因此需要讨论地面和对流层对电波传播的影响。

8.4.1 地面对视距传播的影响

前文已分析地面对电波传播的影响,主要体现在地质的电特性和地球表面的几何结构。由于视距传播中,天线高架(即天线架高远大于波长),完全可以忽略地波成分。相对而言,地面结构对电波传播的影响才是主要的。实际的地球是一个近似球面体,地球曲率对视距传播影响明显,主要体现在视线距离、天线等效高度和球面的扩散作用。

1. 视线距离

地球凸起的地表面会阻挡视线。视线所能到达的最远距离称为视线距离,以 d_V 表示。

如图8.4.1所示,设地球半径为 R_0,发射及接收天线架高分别为 h_1 和 h_2。收发之间的连线 $\overline{PQ}$ 与地表相切于 C 点,$d_V=d_1+d_2$ 为直射波所能到达的最远距离,即视线距离。在直角三角形△QCO 和△PCO 中,根据勾股定理,可得

$$\overline{QC}=\sqrt{(R_0+h_1)^2-R_0^2}=\sqrt{2R_0h_1+h_1^2} \tag{8.4.1a}$$

$$\overline{PC}=\sqrt{(R_0+h_2)^2-R_0^2}=\sqrt{2R_0h_2+h_2^2} \tag{8.4.1b}$$

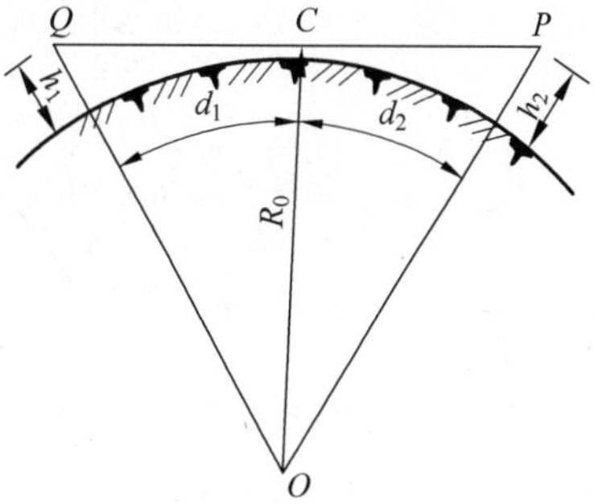

图8.4.1 视线距离 d_V

由于地球半径 R_0 远大于天线架高 h_1 或 h_2,因此,

$$d_1 \approx \overline{QC} \approx \sqrt{2R_0 h_1} \tag{8.4.2a}$$

$$d_2 \approx \overline{PC} \approx \sqrt{2R_0 h_2} \tag{8.4.2b}$$

则视距 d_V 为

$$d_V = \sqrt{2R_0}(\sqrt{h_1} + \sqrt{h_2}) \tag{8.4.3}$$

将 $R_0 = 6370\text{km}$ 代入，并规定 h_1、h_2 单位为 m，视距 d_V 以 km 为单位，则

$$d_V = 3.57(\sqrt{h_1} + \sqrt{h_2})(\text{km}) \tag{8.4.4}$$

若考虑到大气不均匀性对电波传播轨迹的影响，标准大气折射情况下，上式可修正为

$$d_V = 4.12(\sqrt{h_1} + \sqrt{h_2})(\text{km}) \tag{8.4.5}$$

由于地球凸起高度的影响，使得在不同距离处的接收点场强有着不同的特点。通常，根据接收点离开发射天线的距离 d 可分为三个区域：

(1) $d < 0.7d_V$ 的区域，称为亮区；

(2) $0.7d_V < d < (1.2\sim1.4)\,d_V$ 的区域，称为半阴影区；

(3) $d > (1.2\sim1.4)\,d_V$ 的区域，称为阴影区。

2. 天线的等效高度

考虑到球面的影响，影响电波传播的天线高度也受到影响。如图 8.4.2 所示，通过反射点 C 作地球的切面，这样把球面的几何关系换成平面地，此时由 A、B 向切平面作垂线后，能得到高度 H'，H_2'，即为天线的等效高度或折合高度。在反射点 C 位置确定情况下，地面距离为 $d = d_1 + d_2 \approx r_{10} + r_{20}$，其中，$r_{10}$，$r_{20}$ 是天线架高分别为 ΔH_1 和 ΔH_2 时的极限距离，根据视线距离的估算公式，可得

$$\begin{cases} \Delta H_1 \approx \dfrac{d_1^2}{2R} \\ \Delta H_2 \approx \dfrac{d_2^2}{2R} \end{cases} \tag{8.4.6}$$

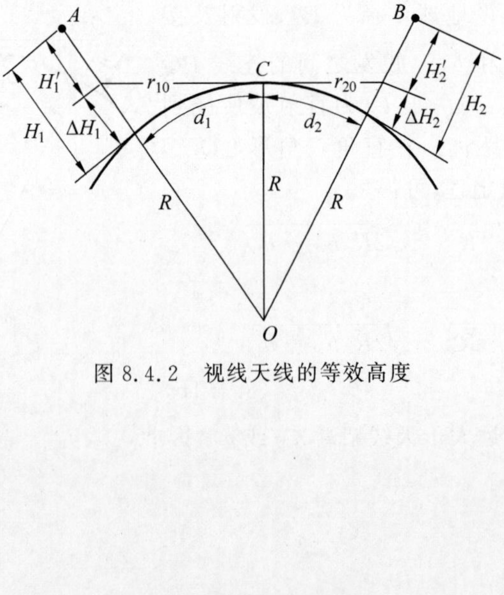

图 8.4.2 视线天线的等效高度

因此,天线的等效高度为

$$H'_1 \approx H_1 - \Delta H_1 = H_1 - \frac{d_1^2}{2R}, \quad H'_2 \approx H_2 - \Delta H_2 = H_2 - \frac{d_2^2}{2R} \tag{8.4.7}$$

将天线实际高度换成等效高度,就是对球面地条件下的修正,以满足平面地条件下的规律。

3. 球面地的扩散作用

电波在传播过程中遇到两种不同媒质的光滑界面,而界面的尺寸又远大于波长时,就会发生镜面反射。实际上,天线辐射的是球面波,但当波源与反射区相距很远时,到达反射区的电波可视为平面波,因而可以应用平面波的反射定律。当通信距离较远时,必须考虑地球曲率的影响,此时应计入电波在球面地上反射时能量的扩散效应。相比于平面地的反射系数,球面地的反射系数要更小,原因是球面地的反射有扩散作用。描述这种扩散程度的物理量是扩散因子。如图 8.4.3 所示,假设入射波场强为 E_i,平面地反射时的场强为 E_r,平面地反射系数的模值为$|\Gamma|$,若球面地反射时的场强为 E_{dr},则定义球面地的扩散因子为

$$D_f = \frac{E_{dr}}{E_r} = \frac{E_{dr}}{|\Gamma| E_i} < 1 \tag{8.4.8}$$

扩散因子的具体表达式为

$$D_f = \frac{1}{\sqrt{1 + \frac{2d_1^2 d_2}{RdH'_1}}} = \frac{1}{\sqrt{1 + \frac{2d_1 d_2^2}{RdH'_2}}} \tag{8.4.9}$$

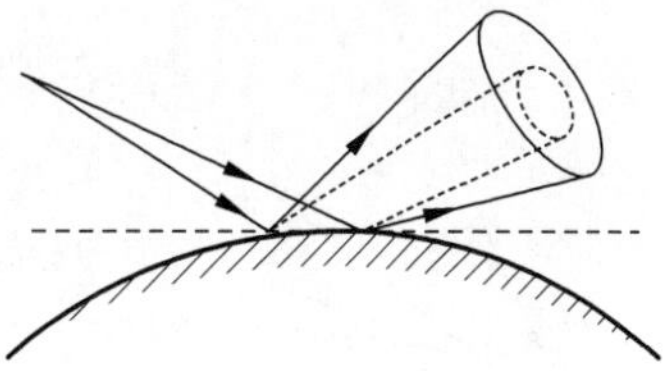

图 8.4.3 球面地的扩散

引入扩散因子之后,可将视距传播中有关计算公式中的反射系数 Γ 替换成 $D_f\Gamma$ 就完成了球面地条件下的另一个修正。

8.4.2 低空大气层对视距传播的影响

对流层对视距传播影响很大,体现在大气对电波的折射、吸收,降雨的吸收衰减、散射干扰和去极化现象,云雾引起的衰减,大气噪声等。

1. 大气对电波的折射作用

对流层可视为一种电参数随高度而变化的不均匀媒质。大气折射率 n 近似满足公式

$$(n-1) \times 10^6 = \frac{77.6}{T}P + \frac{3.73 \times 10^5}{T^2}e \tag{8.4.10}$$

其中,P 为大气压强(毫巴 mb,1mb=100Pa);T 为大气绝对温度(K);e 为大气的水汽压强(mb)。通常大气压强和水汽压强随高度的增加下降很快,而温度随高度的升高下

降得比较缓慢。因此，折射率 n 随高度 h 的增加而减小。

实际上大气折射率只比 1 稍微大一点，临近地面的典型值为 $n=1.0003$。工程上引入折射指数 $N(N=(n-1)\times10^6)$ 这个物理量描述大气折射特性。在标准大气条件下，$dN/dh=-0.039$N/m。可见，折射指数随高度增加而减小，电波射线轨迹将向下弯曲。显然，大气折射指数的垂直分布不同，射线的传播轨迹也就不同。我国各地的大气折射率也有地域区别，表 8.4.1 给出了我国具有代表性的 8 个地区的地面折射指数年平均值。

表 8.4.1 我国各地大气折射率

地　区	N_a
海南岛	350～380
华南、华东	330～360
四川盆地	320～340
华北	310～330
华东	280～320
云南、贵州	260～320
内蒙古、新疆	260～300
青海、西藏	170～220

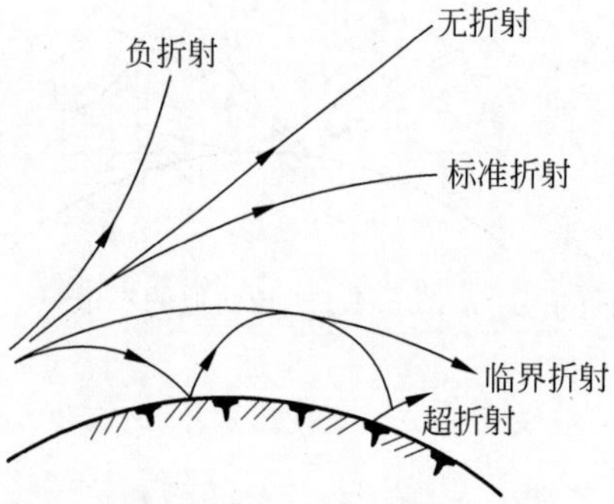

图 8.4.4 大气的折射分类
（只给出射线轨迹）

按大气折射的分类情况，大致可分为正折射、负折射和无折射三种，参看图 8.4.4。

(1) 正折射($dN/dh<0$)时，电波射线轨迹自下弯曲。由于射线弯曲方向与球形地面一致，故称为正折射。正折射又可细分为三种情况：①如果电波射线的曲率恰好等于地球表面曲率，称为临界折射；②如果对流层的折射能力急剧增加，可能使电波在一定高度的大气层内连续折射，称超折射(波导效应)；③如果是国际航空委员会“标准大气”的典型情况，则称为标准大气折射。

(2) 无折射($dN/dh=0$)时，对流层表现为均匀媒质的特性，故电波射线沿直线传播。

(3) 负折射($dN/dh>0$)，折射率随高度而增加，电波射线的轨迹向天空方向弯曲。

实际的大气参数(P、T、e)都是随机变化的，使得大气折射指数 N 在其中值附近而随机波动，接收点场强相应地起伏变化，导致微波信号的衰落现象，影响了传输信号的稳定性。

2. 大气对电波的吸收

大气成分除水蒸气外，还有氮、氧、氩等。其中，水蒸气和氧分子对微波起主要的吸收作用。水蒸气分子具有固有的电偶极矩，氧分子具有固定的磁偶极矩，它们都有各自特定的谐振频率。若来波频率与其固有的谐振频率相同，就会产生强烈的吸收。如图 8.4.5 所示，氧分子的吸收峰为 60GHz 和 118GHz；水蒸气的吸收峰为 22GHz 和 183GHz。如果把大气吸收最小的频段称为电波传播的“窗口”，那么在 100GHz 以下频段共有三个“窗口”频率，分别为 19GHz、35GHz 和 90GHz。在 20GHz 以下，氧分子的吸收作用与频率关系较小，在 4GHz 时仅为 0.0062dB/km，而水蒸气的吸收则与频率有明显的关系：2GHz 时为 0.000 12dB/km，8GHz 时为 0.0012dB/km，20GHz 时为 0.12dB/km。频率 $f<10$GHz 时大气对电波的吸收非常小，可忽略不计。

3. 降雨对电波传播的影响

雨滴对电波产生的影响主要是吸收衰减、散射干扰和去极化现象。

(1) 吸收衰减。图 8.4.6 显示了不同强度的雨对电波的衰减率，可以得到结论：①在频率低于 3GHz 时衰减很小，一般可以忽略不计。当频率继续升高，电波在雨中的衰减将随着频率的增高迅速增大，并且雨的强度越大，电波衰减越大。②频率小于 10GHz 时，雨衰的概率很低，因此降雨衰减可以不考虑，在电路设计中，无须提供电平储备以补偿降雨衰减。③当频率为 10GHz 以上时，必须提供降雨的电平储备，以应付严重的降雨衰减。④雨区分布水平方向较长，而垂直方向(高度)一般只有 4～6km，且 4km 以上高度降雨率明显下降。⑤在地面视距传播中，30GHz 以上频段降雨衰减是非常严重的；而在地空视距传播的卫星通信系统中，穿过雨区的路径长度有限，故雨衰更小。⑥当进入 THz 频段(>100GHz)时，衰减仍然很大，但趋于平缓。

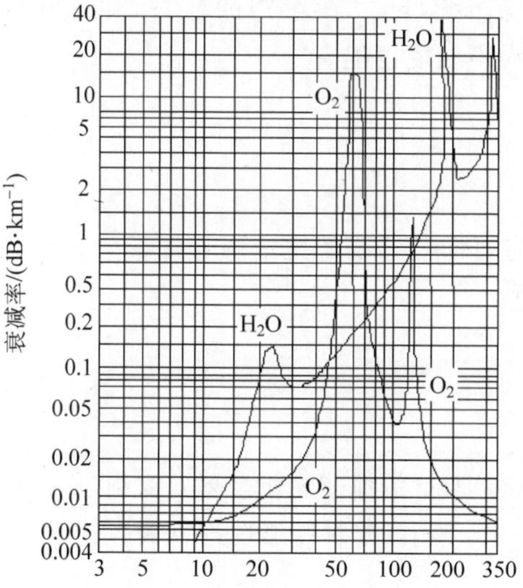

图 8.4.5 氧和水汽的衰减系数

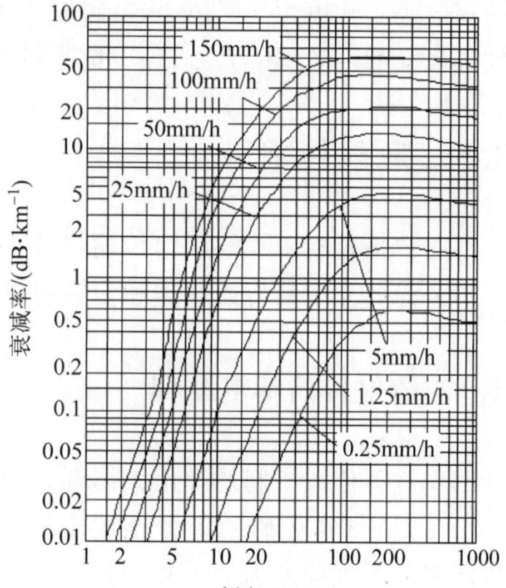

图 8.4.6 雨的衰减系数

(2) 散射干扰。除了吸收，雨滴对电波还有散射作用。吸收与散射在总衰减中所占比例的大小与雨滴尺寸的关系：①$\lambda>2$cm 的电波，雨滴的散射作用明显小于吸收作用。

例如，$\lambda=5.6\text{cm}$ 时，即使雨滴很大 $2a=6\text{mm}$，也是吸收为主，占 94%左右。②$\lambda<1.55\text{cm}$ 的电波，小雨滴的散射效应也要加以考虑。一般来说，只要不是大雨，雨滴直径不超过 2.5mm，频率低于 20GHz 的电波，雨滴的散射衰减可以忽略，其引入误差一般不超过 10%。③波长越短、雨滴越大，散射效应越明显。④雨滴对电波的散射可能造成台站间的相互干扰。一旦在两个站波束交叉区内降雨，就有可能由于雨滴散射造成两站信号之间的相互干扰。

(3) 去极化现象。去极化现象是指电磁能量由一种极化状态转移到另一种与之正交的极化状态，也称退极化。降雨引起的去极化现象，是由于雨滴的非球形，以及风的影响使得雨滴相对于波的传播方向有一倾斜角度而引起的。由去极化效应引起的交叉极化分量，不仅引起附加传输损耗，而且使得两个正交极化信道之间产生干扰或串音，降低通信质量。

4. 云雾引起的衰减

云、雾经常是由直径为 0.001～0.1mm 的液态水滴和冰晶粒子群所组成。由于这些水粒子的直径很小，对 100GHz 范围内的无线电波来说，它们的归一化直径（$2a/\lambda$）都远小于 1，因此，云、雾对电波的衰减主要是由吸收引起的，散射效应可以忽略不计。

5. 大气噪声

大气中的氧、水分子以及雨、云、雾等都对微波有吸收作用，因此它们也是热噪声功率的辐射源。凡由大气气体、水凝物等产生的噪声统归于大气噪声的范围。通常用噪声温度来表征噪声功率的大小，噪声电平越高则噪声温度也越高。

*8.5　散射传播

散射传播是利用大气层中传输媒介的不均匀性对电波产生散射作用的一种传播方式。本节简要介绍其传播原理和传输损耗分析。

8.5.1　散射传播基本原理

解释散射传播机制的理论大体有 3 种：散射理论（湍流非相干散射）、反射理论（稳定层相干反射）和多模理论（不规则层非相干反射）。其中，散射传播理论发展得比较完善，有较严密的大气湍流理论为基础。

1. 散射理论

散射理论认为，电波在对流层中的散射传播是湍流不相干散射传播，如图 8.5.1 所示。由于在对流层中不断产生大气涡流（湍流），使温度、湿度和气压发生随机变化，引起大气折射指数 N 的变化。当电磁波进入这种折射指数不断起伏的区域（散射体）时，由大气的不均匀性产生散射。部分前向散射波落到接收天线的波束内,从而形成超视距传播。这种散射机理假设,散射体内的大量有极分子相当于一个个小偶极子天线,它们受到发射电波的激励后按照偶极子天线的方向图产生二次辐射。这些"偶极子天线"的排列是无序、杂乱无章的,而且随机变化。其中只有少量与发射波的波前相切的"偶极子天线"(即"偶极子天线"的轴向与发射天线的线极化方向一致)才能受到最大的激励,它们的二次辐射波最强,形成前向散射波。同理,也只有这少量"偶极子天线"的轴向与接收天线的线极化方向一致,因而其落到接收天线的主波束内的二次辐射波(前向散射波)才能被接收天线有效接收。接收到的信号是这些"偶极子天线"二次辐射信号的矢量和。

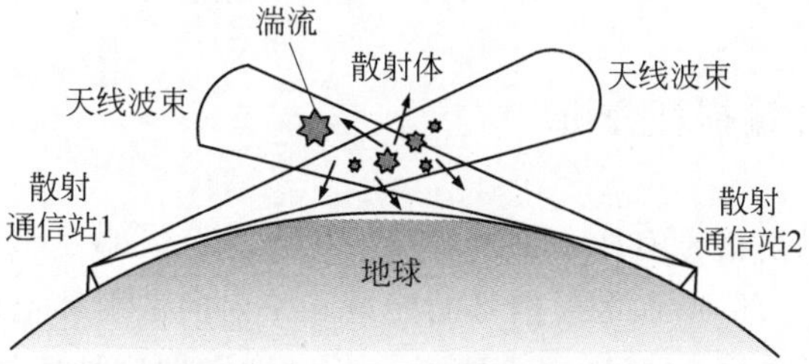

图 8.5.1　散射理论示意图

2. 反射理论

反射理论认为,在对流层中经常存在折射指数的不均匀层,接收信号是这些不均匀层反射信号的矢量和。由于各层相对稳定,所以各层反射的电波有确定的相位关系,因此是相干反射。采用这种反射机理很容易解释只有通信方向上存在反射波,该反射波在接收天线主波束内被有效接收,如图 8.5.2 所示。

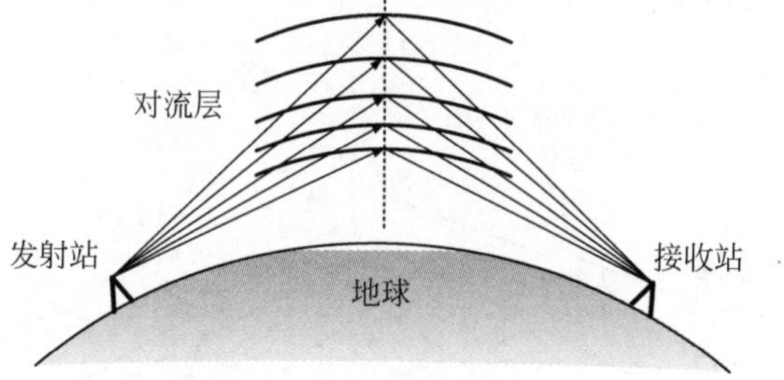

图 8.5.2　反射理论示意图

3. 多模理论

多模理论认为,某些条件下大气中会形成一种折射指数锐变层,这种锐变层很多,形状强度不一,位置取向极不规则,并随气流做无规则运动。这种不规则的锐变层对入射的电波产生部分反射。由于各层在电气性能上互相独立,这种反射是不相干的,因此也有学者称这种传播为不规则层的非相干反射。既然同样是反射机理,所以只有通信方向上存在的反射波在接收天线主波束内被有效接收,如图 8.5.3 所示。

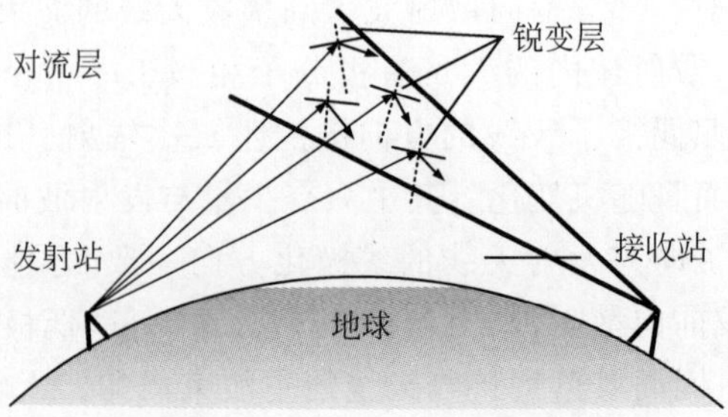

图 8.5.3　多模传播机理示意图

8.5.2　散射传播传输损耗分析

根据理论分析，散射信号有两个主要特点：一是“弱”，接收天线所捕捉到的信号能量只是散射信号能量的一部分，而散射信号的能量又是射向散射体电磁波能量中极微小的一部分，其功率往往只能以 pW(10^{-12} W)计；二是“变”，即这种信号很不稳定，总在作随机起伏的变化，即为衰落。决定散射通信效果的因素主要是传输损耗。估算传输损耗，对于建立任何通信线路来说都是首要任务之一，因为它直接影响着接收信噪比的大小。

图 8.5.4 所示为对流层散射的传输损耗示意图，传输损耗 L_D 主要包括自由空间传输损耗 L_f、散射损耗 L_s、天线低架损耗 L_T、天线偏向损耗 L_a、天线口面介质耦合损耗 L_c 和大气吸收损耗 L_A 等。其中，L_f 与 L_s 是最主要的传输损耗，称为基本传输损耗 L_b。则 L_D 为

$$L_D = L_f + L_s + L_T + L_a + L_c + L_A \text{(dB)} \tag{8.5.1}$$

式中，L_f 和 L_A 与其他传播方式情况类似，这里只分析散射通信的几个特殊损耗。

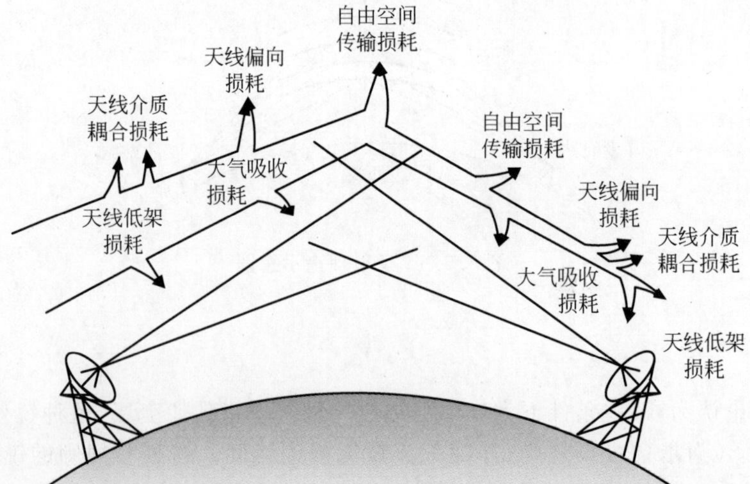

图 8.5.4　对流层散射通信链路中传输损耗示意图

1. 散射损耗 L_s

散射损耗是散射体未能把入射无线电波的能量全部再辐射出去而造成的损耗。目前还没有找到精确的理论计算公式。根据实验发现，工作频率越高、通信距离越远、收发天线仰角越大，则散射损耗 L_s 就越大。据此，人们总结出了不少经验公式，其中常用的一个为

$$L_s = 21.0 + 10\lg f + 10(\theta_1 + \theta_2) + 6.741 \times 10^{-2} d - 0.2(N_s - 310)(\text{dB}) \quad (8.5.2)$$

式中，f 为工作频率，单位为 MHz；θ_1、θ_2 分别为收、发天线的仰角，单位为(°)；d 为传输距离，一般用地面通信距离代替，单位为 km；N_s 为公共体所处位置的大气折射系数。根据自由空间传播损耗公式，$L_f = 32.45 + 20\lg d + 20\lg f(\text{dB})$，可得基本传输损耗 $L_b = L_s + L_f$ 为

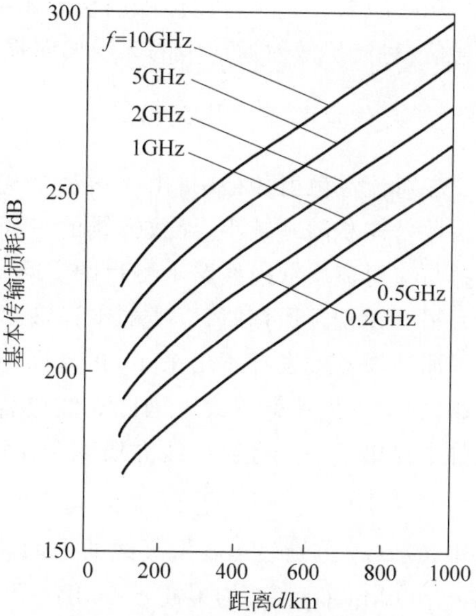

图 8.5.5 基本传输损耗随工作频率和通信距离变化曲线

$$L_b = 53.45 + 30\lg f + 10(\theta_1 + \theta_2) + 6.741 \times 10^{-2} d + 20\lg d - 0.2(N_s - 310)(\text{dB}) \quad (8.5.3)$$

根据式(8.5.3)，针对典型情况($N_s = 323$、平地设站等)可计算出基本传输损耗 L_b 随工作频率和通信距离而变化的曲线，如图 8.5.5 所示。频率越高或者距离越远，传输损耗越大。

2. 天线低架损耗 L_T

天线低架损耗是由于天线架高不够高，地面反射波和天线正前方的障碍物的影响所产生的损耗，严重时每端会造成 3dB 的附加损耗。当天线架高为 10m 时，对于 2GHz 工作频率，只要通信距离大于 150km，则每端天线的损耗就会小于 1dB。不过，若前方有障碍物时，还是要求将天线适当架高，否则障碍物的阻挡将使每端有 3dB 左右的损耗。同样，若地面很粗糙、反射很严重时，天线也应适当架高，否则也可能造成每端 3dB 左右的损耗。

3. 天线偏向损耗 L_a

天线偏向损耗是天线未指向最佳方向时所造成的损耗。视距通信要求收发天线波束的轴线应该位于同一条直线上。对于散射通信来说，两天线波束的轴线不可能在同一直线上，但就方位角来说，收发天线波束显然以相互对准为最佳。而就仰角来说，天线波束过高，由式(8.5.1)可知，散射损耗就会增大；若压得过低，则又会使一部分辐射能量被地球所遮挡，因此有一个最佳的天线仰角，偏离最佳仰角或方位角没有对准都会使接收

信号功率减弱。需要通过仔细调整天线指向来减少天线偏向损耗。实验表明，相比于视距通信，对流层散射通信中的天线偏向损耗没有那么严重。

4. 天线口面介质耦合损耗 L_c

在对流层散射传播中，由于多径效应，随着天线增益升高（>30dB 时）或波束变窄，有效散射体积随之减小，导致天线的平面波增益不能完全实现，天线在自由空间的理论增益与在对流层散射线路上测得的实际增益之差即为口面介质耦合损耗，又称无线电增益亏损。在视距通信时，天线的平面波增益是可以体现出来的，但是在散射通信时天线的平面波增益就发挥不出来了，正是因为口面介质耦合损耗。天线口径越大，平面波增益越大，这种损耗就越大。国际无线电咨询委员会（CCIR，现为 ITU-R）在其 1974 年的文件中提出了一个计算天线介质耦合损耗的经验公式：

$$L_c = 7 \times 10^{-2} \cdot e^{5.5\times10^{-2}}(G_t + G_r)\ (\mathrm{dB}) \tag{8.5.4}$$

式中，G_t、G_r 分别表示收发天线的平面波增益，单位为分贝（dB）；适用条件为通信距离 150～500km，G_t、G_r 均不高于 50dB。天线的平面波增益越高，其介质耦合损耗就越大。

习题

8-1 推导自由空间传播损耗的公式，并说明其物理意义。

8-2 在收发天线架设高度分别为 50m 和 100m，水平传播距离为 20km，频率为 80MHz 的条件下，求第一菲涅尔区半径的最大值，并说明其含义。

8-3 为什么电波具有绕射能力？绕射能力与波长有什么关系？

8-4 为什么地面波会出现波前倾斜现象？波前倾斜的程度与哪些因素有关？为什么？

8-5 在短波天波传播中，频率选择的基本原则是什么？为什么在可能条件下，频率选择得高一些？

8-6 什么是静区？短波天波静区的大小随频率和昼夜时间有什么关系？为什么？

8-7 什么是衰落？短波天波传播中产生衰落的原因有哪些？克服衰落的一般方法有哪些？

8-8 简述视距传播的主要类型。

8-9 什么是大气折射效应？大气折射有哪几种类型？

8-10 对流层散射通信链路中的传输损耗主要包括哪些？

8-11 散射传播有哪几种传播媒介？

8-12 简述电波传播的基本传播方式，它们各自的主要适用波段是什么？

第9章 天线技术及其应用

天线作为必备的射频终端组成部分，被赋予了越来越多的应用重任。不同的应用场景，对天线的需求有所不同，导致天线的结构和电磁特性也不同，如图 9.0.1 所示。天线种类繁多，分类方法不同，则名称不一。为了方便理解天线的工作机理，往往从分析结构入手。根据结构特性分类，天线主要包括线天线和面天线。截面半径远小于波长的金属导体（导线或金属塔）构成的天线是线天线；通过天线开口口径面来发射和接收电磁波的天线是口径天线，也叫面天线。本书无法涵盖所有的天线，本章将以应用为牵引，重点介绍短波通信、广播电视、移动通信、中继通信天线技术及其应用。

彩图

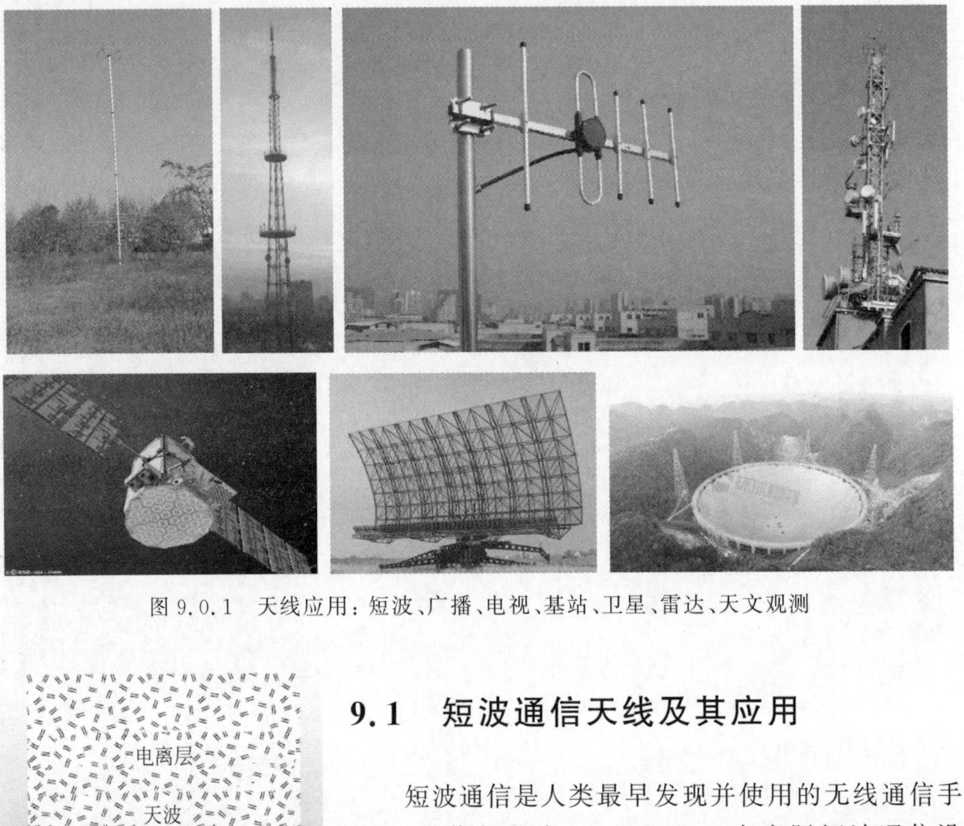

图 9.0.1　天线应用：短波、广播、电视、基站、卫星、雷达、天文观测

9.1　短波通信天线及其应用

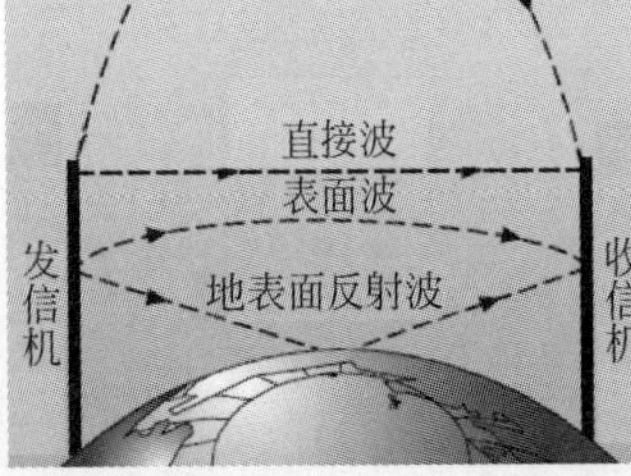

图 9.1.1　短波传播路径

短波通信是人类最早发现并使用的无线通信手段之一，工作频段为 3～30MHz。在实际短波通信设备中，其频段范围常向下扩展，为 1.5～30MHz。短波通信具有抗毁能力强、通信距离远、运行成本低等优点，在公共应急通信和军事通信保障中发挥着重要作用。如图 9.1.1 所示，根据前面章节可知，短波电波传播有两种基本模式：地波和天波。地波又可以分成地表面波、直接波和地面反射波。地波传播距离与大地传导性有关，在陆地一般为 30～70km。天波传播距离与入射角度及反射次数有关，一般一跳最近距离在 100km 左右，多跳则可以实现数千千米的通信距离。

短波天馈线系统是短波通信系统的重要组成部分。短波天线分地波天线和天波天线两大类。典型的地波天线包括鞭状天线及其变型结构，辐射全向方向图，常用于近距离通信。天波天线分为定向天波天线和全向天波天线两类。典型的定向天波天线有双极天线、双极笼形天线、菱形天线、对数周期天线等，辐射单向或双向方向图，用天线的架设高度来控制发射仰角。典型的全向天波天线有倒V形天线、竖笼形天线等，辐射全向方向图，用天线的高度或斜度来控制发射仰角。本节重点介绍全向地波天线和定向天波天线。

9.1.1 短波地波天线

地波传播要求天线辐射垂直极化波，须采用垂直地面的直立架设天线。短波地波天线的典型代表是鞭状天线(简称鞭天线)，其体积小，结构简单，易于安装和拆卸，广泛应用在各种车载、舰载和个人背负通信设备上。图9.1.2展示了几种实际应用中的鞭天线。常见的鞭天线就是一根金属棒，在棒的底部与地之间进行馈电。为了携带方便，可将棒分数节，节间可采取螺接、卡接、拉伸等连接方法。现阶段多采用1.8m底馈和3m中馈的鞭状天线等。

图9.1.2 常见的鞭状天线

1. 鞭天线的电特性

分析鞭天线的电特性可以采用镜像法。当对称振子的一个臂变成一个导电面时，就形成了单极天线，单极天线垂直于地面架设就构成了最简单的鞭天线，如图9.1.3所示。

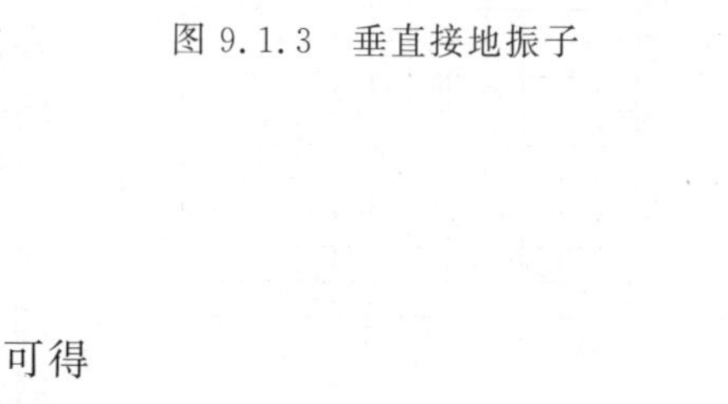

图9.1.3 垂直接地振子

(1) 辐射场：由镜像法可得其辐射场为

$$E_\theta=\begin{cases}\mathrm{j}\dfrac{60I_m}{r}\mathrm{e}^{-\mathrm{j}kr}f(\theta), & 0\leqslant\theta\leqslant\pi/2\\ 0, & \pi/2<\theta\leqslant\pi\end{cases}\tag{9.1.1}$$

(2) 方向函数：由对称振子的方向函数公式可得

$$F(\theta)=\begin{cases}\dfrac{\cos(kh\cos\theta)-\cos kh}{\sin\theta}, & 0\leqslant\theta\leqslant\pi/2\\ 0, & \pi/2<\theta\leqslant\pi\end{cases}\tag{9.1.2}$$

鞭天线电场在水平面上均匀分布，为全向辐射特性，如图9.1.4(a)所示，在垂直面上，各仰角电场强度并不相同，沿着地面方向的发射强度高，随着仰角的增加，强度逐渐减弱。鞭天线对于特定频率，天线高度的不同，方向性有着较大差别，如图 9.1.4(b)所示。

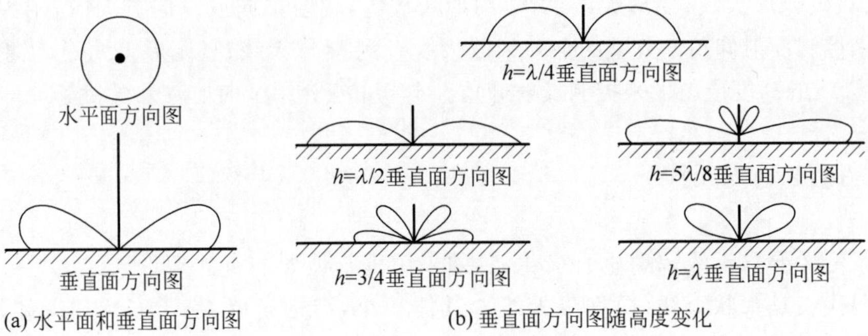

图 9.1.4　鞭天线方向图

(3) 方向系数、辐射电阻、输入阻抗、有效长度：由镜像法知，垂直接地振子(鞭天线)方向系数是自由空间对称振子方向系数的 2 倍；其辐射电阻、输入阻抗和有效长度均是相应对称振子的 1/2。

(4) 辐射效率：鞭状天线的效率由下式求得：

$$\eta=\frac{P_t}{P_t+P_s}=\frac{R_t}{R_t+R_s}\times 100\% \tag{9.1.3}$$

式中，P_t 为天线的辐射功率；P_s 为天线损耗功率；R_t 为天线辐射电阻；R_s 为天线损耗电阻。鞭天线的效率随 h/λ 的增大而提高。短波鞭天线的电尺寸很小，效率一般只有百分之几甚至不到 1%。图 9.1.5 给出了高度 $h=4.8\text{m}$ 的典型鞭天线效率变化曲线。

(5) 极化特性：在理想导电面上，鞭天线辐射场垂直于地面，在实际地面上虽有波前倾斜现象，但仍属于垂直极化波。

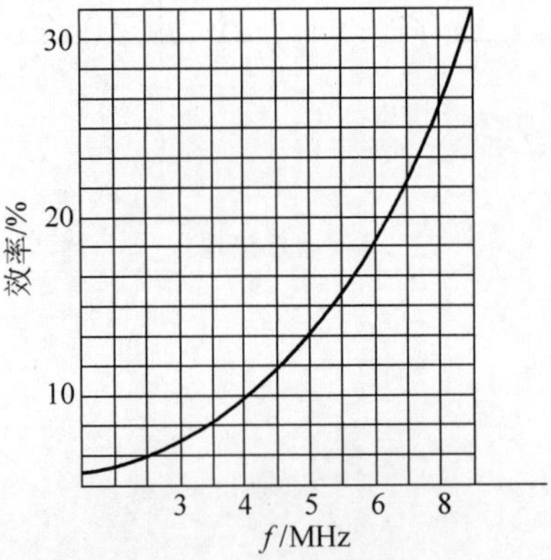

图 9.1.5　鞭天线的效率

2. 短波鞭天线性能改进方案

针对效率有限的问题，为提高鞭状天线辐射效率，必须增大辐射电阻和减小损耗电阻，可以采用容性加载、感性加载、埋设地线或地网或架设平衡网等方法改善鞭天线辐射特性。

(1) 容性加载。容性加载指的是加顶负载，就是在天线顶端增加小球、圆盘或辐射叶等负载器，加顶负载的鞭状天线如图 9.1.6(a)所示。加顶负载使得天线的顶端辐射面积增大。相应地天线体与地之间的等效分布电容增大，顶端辐射电流增大，整个天线上的传导电流分布变得均匀，相当于增加了天线的有效高度，相当于增加了一段等效长度 h'，从而提高了鞭天线的效率。增加的等效长度 h' 计算公式为

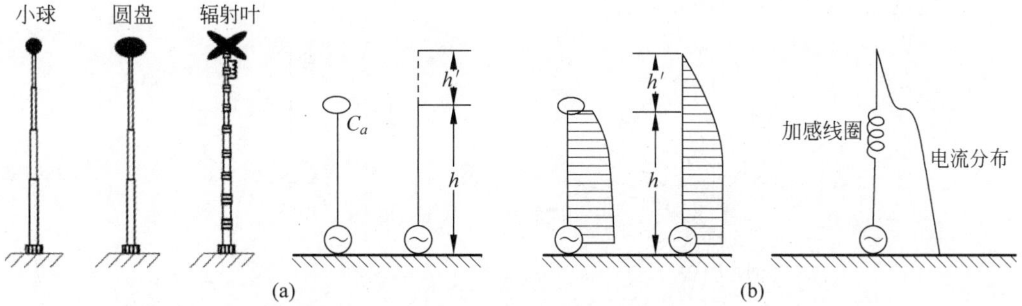

图 9.1.6　加顶负载鞭天线示意图(a)和加顶负载改善天线电流分布示意图(b)

$$Z_{0A}\cot kh'=\frac{1}{\omega C_a} \tag{9.1.4a}$$

$$h'=\frac{1}{k}\arctan(Z_{0A}\omega C_a) \tag{9.1.4b}$$

$$Z_{0A}=60\left(\ln\frac{2h}{a}-1\right) \tag{9.1.4c}$$

式中，h 为鞭天线高度；a 为导线半径；Z_{0A} 为单根垂直导线的特性阻抗；C_a 为顶端加载电容。可见，加顶负载天线可以等效成高度为 $h_0=h+h'$ 的无顶负载天线。例如，当星形辐射叶片的长度为鞭天线高度 h 的 1/5～3/10 时，$h'\approx(0.1\sim0.2)h$。工程上顶负载一般不会太大，例如在短波移动电台上，太大的负载将影响机动效果。

(2) 感性加载。感性加载指的是加电感线圈，就是在天线最上一节的底部增加一个电感线圈，从等效电路角度来看，可以抵消天线的一部分容抗，因而改善天线的传导电流分布，增加有效高度，提高天线效率。需要注意的是，电感线圈的电感量不能太大，否则其等效损耗电阻很大，天线效率会降低；或在某些频率上，天线的输入阻抗变为感抗，使得电台的调谐发生困难。综合考虑线圈的电流分布、重量、损耗等因素，电感加载点一般选择在(1/3～1/2)h 处(h 为天线的实际高度)，如图 9.1.6(b)所示。

无论是容性加载还是感性加载，既可以集总元件加载，也可以分布式加载；既可以局部加载，也可以整体加载，例如螺旋鞭天线，可看成是细螺旋线代替整个金属棒的鞭天线。

(3) 埋设地线和地网。鞭天线的损耗，除较小的导线损耗和绝缘损耗外，主要是地面损耗。地面损耗的大小取决于地面的导电性能。因此，针对固定台站一般埋设地线或地网，以减小地面损耗，改善等效地平面的导电性能。用来作为地线的材料一般使用金属板、金属管或导线等金属物体。为避免生锈，地线通常用铜线或镀锌导线。地线埋地深度一般为 0.2～0.5m，为了改善接地效果，可以选择较为湿润的地面或在埋设地线的区域灌注淡盐水。减小地面损耗的更好方法是在天线底部的地面下敷设地网。工程上地网通常由 15 根(或更多)辐射状导线组成，长度应接近 $\lambda/2$，至少应不短于天线高度。图 9.1.7(a)为常用地网结构示意图。敷设地网对提升天线效率效果明显。例如，某工作波长为 300m 的直立天线，高 15m，不敷地网时，效率为 6.5%；架设 120 根直径 3mm、长

90m 的地网后，效率提高到 93.3%。

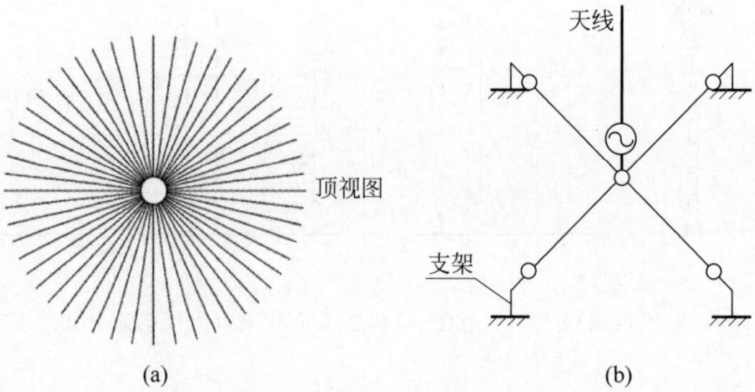

图 9.1.7　辐射地网(a) 和平衡网 (b) 示意图

(4) 架设平衡网。对于移动台站和不便于敷设地网的固定站(如：多岩石地区)，一般采用敷设平衡网代替地网。平衡网是安置在天线和地之间的导体，有时也直接敷设于地面上，可由多根导线或者金属板构成。通常由 4～8 根导线组成的平衡网，架高一般为 0.5～1m，导线长度为(0.15～0.2)λ，机动方便。平衡网的架设如图 9.1.7(b)所示。对于需要"动中通"的短波通信车，可以利用车体外壳代替平衡网，或者在车顶敷设几根辐射线作为平衡网。驻车通信时，还可将平衡网辐射线拉直引到车外地面上，以提高天线增益。

3. 鞭天线的变型结构

鞭天线的变型结构有很多。当工作频率位于短波低端及以下频段时，常采用 T 形天线、Γ 形天线、伞形天线、斜天线和螺旋鞭天线等。T 形和 Γ 形天线在垂直线上端加水平横线，横线可以是一根，也可以是几根并联，改善垂直部分的电流分布，可以提高天线的效率。T 形和 Γ 形天线结构以及电流分布如图 9.1.8 所示。

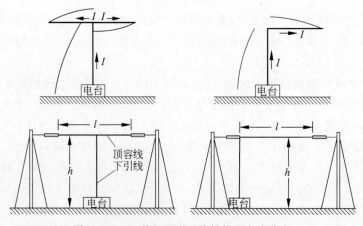

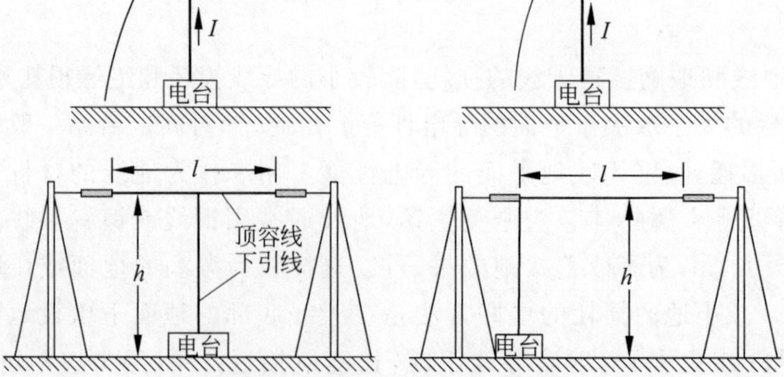

图 9.1.8　T 形和 Γ 形天线结构和电流分布

伞形天线是在垂直线上端引下斜线，如图 9.1.9 所示，这些下斜线不宜过长，因为斜线上面电流的垂直分量与垂直线上电流方向相反，有减小垂直线辐射的作用。为了减小斜线的影响，要求斜线与垂直线的夹角不小于 50°。伞形天线的顶端加载也是大分布电容，使得垂直振子上的电流分布更加均匀，从而提高天线的有效高度。斜天线是倾斜架设的直立软天线，一端挂在树木或其他较高物体上，另一端接在电台上。考虑地波传播的波前倾斜现象，天线水平面内具有微弱的方向性，垂直面内有明显的方向性。因此，该天线也可以用于天波传播。

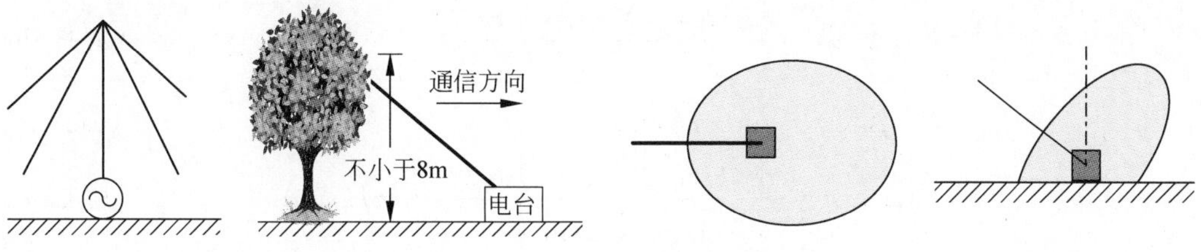

图 9.1.9　伞形和斜天线结构

除了短波，更低频段的长波、中波以及更高频段的超短波、微波也常选择使用鞭天线。鞭天线的设计朝着宽带化、小型化和高增益方向发展。然而这三方面互相制约，互相影响，是鞭天线技术发展的难点问题。

9.1.2　短波天波天线

常用的短波天波天线种类繁多，这里主要介绍双极天线、菱形天线和对数周期天线。

1. 双极天线

视频9-1

1）双极天线基本特性

双极天线也称为对称振子天线，前面 7.7 节已经对对称振子进行了详细分析，不再赘述。在短波通信应用中，常使用水平放置天线，水平架设天线的优点：①架设和馈电方便；②地面电导率对水平天线的影响较垂直天线小；③辐射水平极化波。

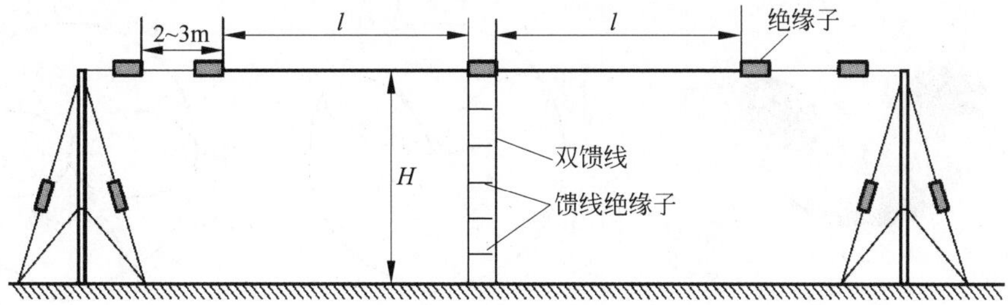

图 9.1.10　双极天线的结构示意图

实际应用中，地面是不容忽视的“边界条件”。理想导电地上的水平放置对称振子是典型的应用模型。如图 9.1.10 所示，振子臂用硬拉铜线，铜线直径一般为 3～6cm。天线臂与支架用高频绝缘子隔开，为避免紧拉振子臂的拉线感应电流过大，必须在离振子臂终端 2～3m 处另外加一处绝缘子。两支柱间的距离必须大于 $2l+2(2\sim3)$m。支柱的拉线应适当加入绝缘子，每段拉线长度小于 $\lambda/4$。一般采用 600Ω 特性阻抗的双导线对振子馈电。根据镜像理论，地面（当成理想导电面）的影响可以用双极天线的镜像天线代替，镜像天线与原来的双极天线组成了一个二元阵。根据天线阵的方向图乘积定理可得（双极天线臂延 y 轴放置，垂直地面为 $+z$ 轴）

$$F(\Delta,\varphi)=F_0(\Delta,\varphi)F_2(\Delta,\varphi) \tag{9.1.5a}$$

$$F_0(\Delta,\varphi)=\frac{\cos(kl\cos\Delta\sin\varphi)-\cos kl}{\sqrt{1-\cos^2\Delta\sin^2\varphi}} \tag{9.1.5b}$$

$$F_2(\Delta,\varphi)=\sin(kH\sin\Delta) \tag{9.1.5c}$$

$$F(\Delta,\varphi)=\frac{\cos(kl\cos\Delta\sin\varphi)-\cos kl}{\sqrt{1-\cos^2\Delta\sin^2\varphi}}\sin(kH\sin\Delta) \tag{9.1.5d}$$

从图 9.1.11～图 9.1.14 的水平面方向图可以看出，在不同仰角时，双极天线的水平面方向图与天线架设高度基本无关。在垂直面方向图中，随着天线架设高度的变化出现多个波瓣，贴近地面的波瓣为第一波瓣，其最大辐射仰角为 Δ_{m1}

$$\Delta_{m1}=\arcsin\frac{\lambda}{4H} \tag{9.1.6}$$

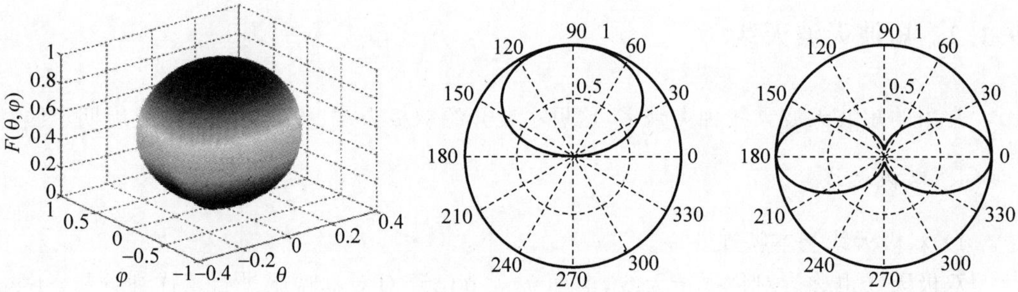

立体方向图　　垂直面方向图　　水平面方向图

图 9.1.11　$H=0.25\lambda$ 的方向图 *

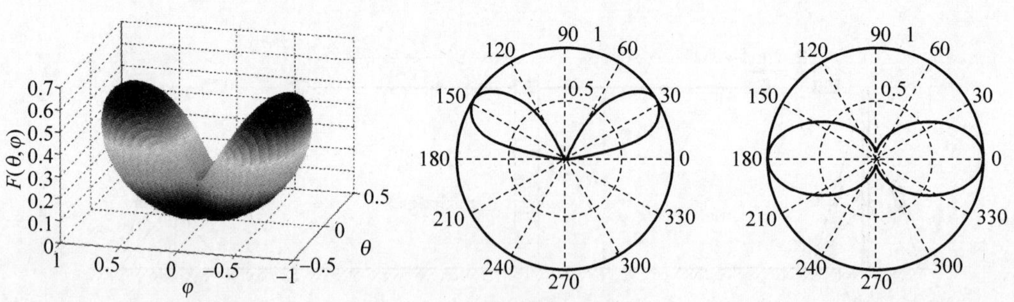

立体方向图　　垂直面方向图　　水平面方向图

图 9.1.12　$H=0.5\lambda$ 的方向图

---

* $\Delta=90°-\theta$

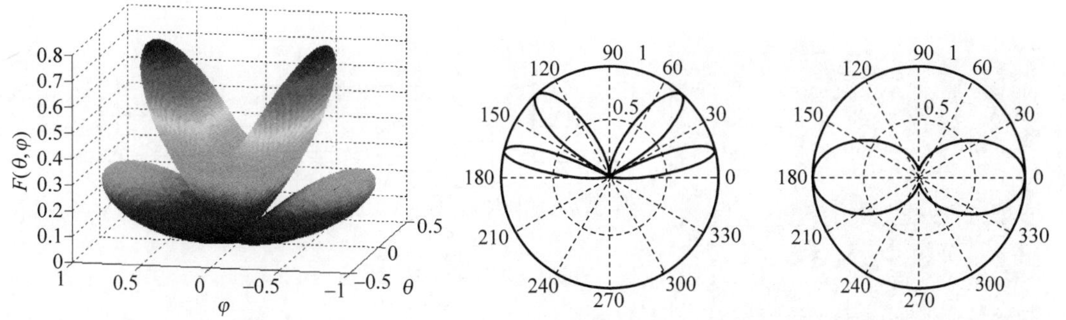

立体方向图　　垂直面方向图　　水平面方向图

图 9.1.13　$H=1\lambda$ 的方向图

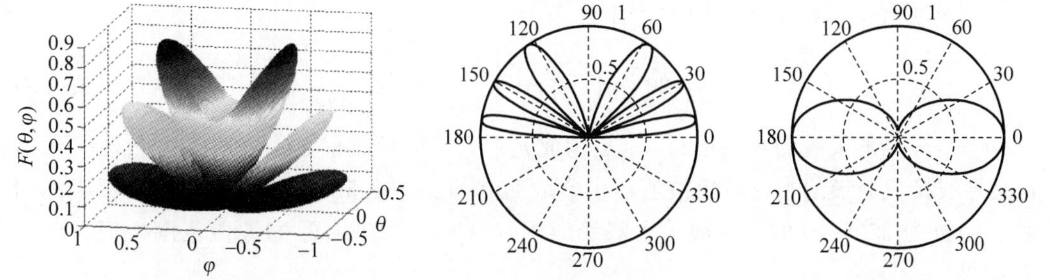

立体方向图　　垂直面方向图　　水平面方向图

图 9.1.14　$H=1.5\lambda$ 的方向图*

短波通信中可以利用第一波瓣最大辐射仰角进行通信，显然可以通过改变天线的架设高度来控制天线的最大辐射方向。①当 $H<\lambda/4$ 时，最大辐射方向在 $\Delta=90°$方向上，呈高仰角辐射特性，这种低架天线称为"高射天线"，一般用作 0～300km 的近距离通信。②当 H/λ 较大时，架设天线时应保持将 $\varphi=0°$方向指向通信。随着架高增加，为了保证天线在工作频率范围内，天线的最大辐射方向不发生变动，应适当选择振子的臂长。λ_{min} 为最短工作波长，当满足 $l<0.7\lambda_{min}$，最大辐射方向始终在 $\varphi=0°$的平面内。同样，为了保证天线的增益，必须使其 $l>0.2\lambda_{max}$，因此天线的臂长通常要求为

$$0.2\lambda_{max}<l<0.7\lambda_{min} \tag{9.1.7}$$

2）笼形天线

根据对称振子电特性（7.7.2 节）可知，增大振子半径，可以降低特性阻抗，增大带宽。基于这个原理，实现了笼形天线。如图 9.1.15 所示，笼形天线采用数根导线排成筒形，类似"笼形"结构，增大振子的等效半径，以降低特性阻抗，实现带宽展宽。为了减小结构突变引起的反射，实现笼形振子与馈线的良好匹配，结构半径从馈电点 3～4m 处开始逐渐减小，做成圆锥形。为了结构牢固，便于架设，在笼形的末端也做成圆锥形。笼形天线的工作原理与双极天线类似，辐射场也差别不大。笼形天线的方向性与水平对称振子天线相同，当 $l/\lambda=0.25$ 时，增益 $G=4.24$；当 $l/\lambda=0.5$ 时，增益 $G=6.9$。

* $\Delta=90°-\theta$

彩图

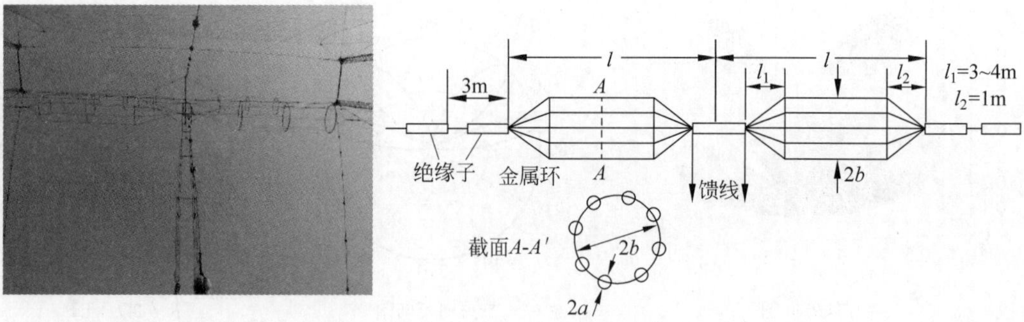

图 9.1.15　笼形天线

笼形天线的特性阻抗可用下式计算：

$$Z'_0 = 120\left[\ln\left(\frac{2l}{a_e}\right) - 1\right], \quad a_e = b\sqrt{\frac{na}{b}} \tag{9.1.8}$$

式中，a_e 为笼形天线的等效半径；n 是构成笼形天线的导线根数；a 是单根导线的半径，b 是导线排成笼形的半径。短波通信中常取 $2b$ 为 0.5～1.5m，n 为 6～8 根，可得天线的特性阻抗为 250～400Ω。一般采用双线匹配，$l/\lambda=(0.2\sim0.6)$ 的波段范围内可得到满意结果。

3）双极天线短波应用

实际应用的双极天线会进行一定的变型。下面介绍两款短波双极天线的实用变型结构。三线水平宽带天线属于短波宽带免调谐天线，辐射方向为高仰角，能解决普通短波天线盲（静）区问题。如图 9.1.16 所示，天线两极分别采用独特的三线偶极结构，由三组平行金属合金线组合构成一对仿真粗振子，采用水平架设方式，克服了普通宽带双极天线重心偏斜、随风摇摆、易损坏的缺点，能够提升通信质量。短波扇锥形宽带天线主要应用于短波固定通信台站，可与工作频率在 3～30MHz、发射功率在 2kW 以下的各类短波电台配套使用。该天线由多根振子构成水平对称扇锥辐射体结构。天线电气和力学性能优良，全方向、高效率工作，环境适应性强，架设方便快捷、维护方便，能在恶劣环境条件下正常工作。与笼形天线相比，在同样地面积的条件下，具有工作频带宽，增益高等优点，是固定台站进行中远距离可靠通信的优选天线。

彩图

(a)　(b)

图 9.1.16　短波三线宽带天线（水平及倒 V）(a)和短波扇锥形宽带天线(b)

视频9-2

2. 菱形天线

菱形天线广泛应用于中、远距离的短波通信，在米波和分米波中也有应用。菱形天线属于行波天线，其具有结构简单、造价低、维护方便、方向性强等优点。

对于振子类型的线天线，例如沿 z 轴放置的双极天线，上半部分电流可以写为

$$I_m \sin\left[\beta\left(\frac{L}{2}-z\right)\right]=\frac{I_m}{2\mathrm{j}}\mathrm{e}^{\mathrm{j}\left(\frac{\beta L}{2}\right)}\left(\mathrm{e}^{-\mathrm{j}\beta z}-\mathrm{e}^{\mathrm{j}\beta z}\right) \tag{9.1.9}$$

括号中的第一项是外向行波电流（入射波），第二项是反射波。双极天线终端开路，电流从馈电点出发到达天线末端发生反射，形成驻波电流分布，因此也称为驻波天线；同时其输入阻抗具有明显的谐振特性；又称为谐振天线，因为此类天线带宽较窄，相对带宽为百分之几到百分之十几，所以又称为窄带天线。例如，半波振子天线的带宽仅为 8%～16%（当驻波比 VSWR 不劣于 2.0）。

具有行波电流分布的天线称为行波天线。行波天线的带宽要比驻波天线宽得多，为宽带天线。工作在行波状态，频率变化时，天线输入阻抗近似不变，方向图随频率变化较缓慢。为了获得行波电流，可在导线末端接匹配负载，或用很长的天线辐射大部分功率，仅有少数功率传输到末端。通常行波天线有相当一部分能量被负载吸收，其天线效率远低于谐振天线。常见的行波天线有行波单导线、V 形行波天线、菱形天线等。

行波单导线是最简单的行波线天线。如图 9.1.17 所示，行波单导线为直线状，导线长度大于 1/2 波长，末端接一个匹配负载 R_L 以抑制反射波。精确分析这类天线比较难，可以进行简化处理：①忽略地面影响，假设天线工作在自由空间，地面的影响可以用镜像法进行处理；②忽略馈电点的技术细节，同轴线馈电且 $d \ll L$，忽略长为 d 的垂直部分对辐射场的贡献；③忽略沿线衰减，假设沿线的辐射和焦耳损耗很小。

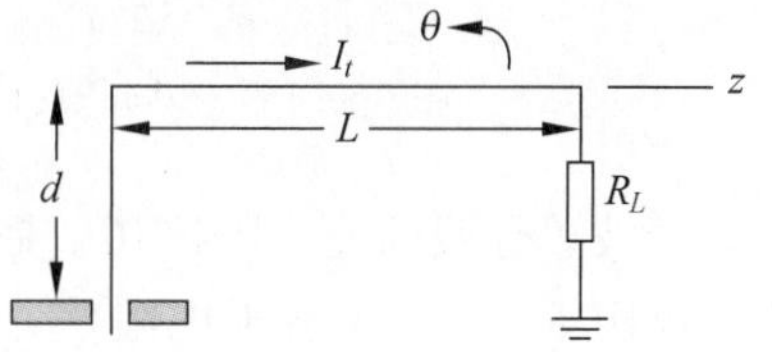

图 9.1.17 行波单导线

电流振幅 I_m 是常数，相速等于自由空间的光速。于是电流可以写成

$$I_t(z)=I_m \mathrm{e}^{-\mathrm{j}\beta z} \tag{9.1.10}$$

它代表沿 $+z$ 轴传输的无衰减等幅行波，β 是自由空间的相位常数。行波单导线完整的辐射方向图函数为

$$F(\theta)=K\sin\theta\,\frac{\sin\left[\dfrac{\beta L}{2}(1-\cos\theta)\right]}{\dfrac{\beta L}{2}(1-\cos\theta)} \tag{9.1.11}$$

式中，K 是归一化常数，主要取决于长度 L。由式(9.1.11)解出最大辐射角近似为

$$\theta_m=\arccos\left(1-\frac{\lambda}{2L}\right) \tag{9.1.12}$$

图 9.1.18 给出了不同长度的行波单导线方向图。若 $L=n\lambda$，则在前向($0<\theta_m<90°$)会有 n 个波瓣。根据式(9.1.12)可得图 9.1.19。

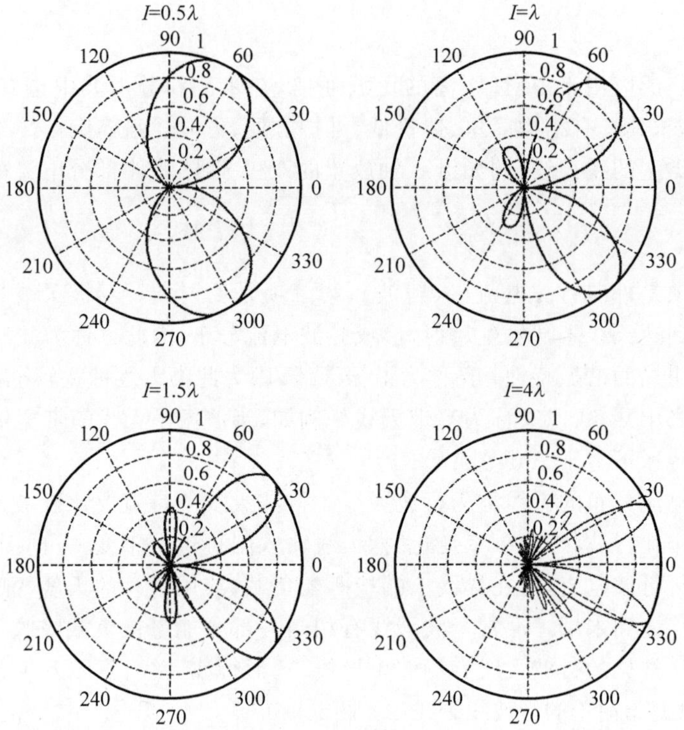

图 9.1.18　不同长度的行波单导线方向图，其中 $L=6\lambda$ 时，$\theta_m=20°$

行波单导线的输入阻抗几乎是纯电阻。长的行波单导线的辐射电阻为 200～300Ω，终端电阻 R_L 一般取辐射电阻值。由图 9.1.18 和图 9.1.19 可知，行波单导线的方向性特点：①随着导线长度 L 增加，最大辐射方向与导线间的夹角越来越小，主瓣变窄，副瓣变多；②沿导线轴向没有辐射，这与基本振子轴向无辐射相同；③当导线很长时，主瓣方向随工作波长 λ 变化趋缓，可见天线方向性具有宽频带特性。

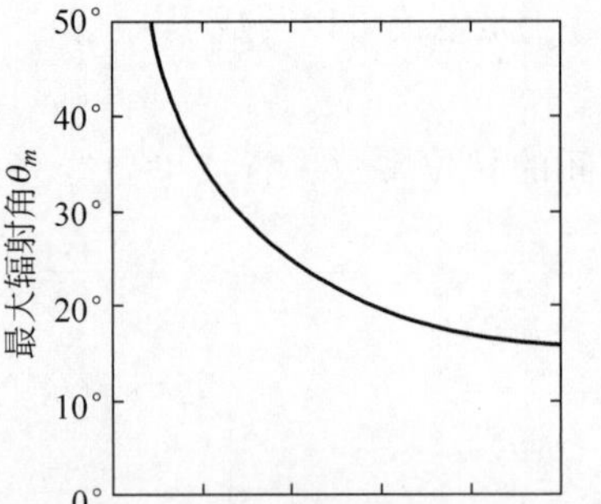

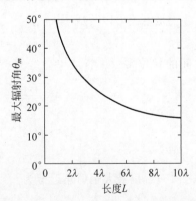

图 9.1.19　自由空间中长为 L 的行波单导线辐射方向图的最大辐射角

V 形行波天线是两根行波单导线组成，如图 9.1.20 所示。V 形行波天线方向图由两根单导线方向图合成。当 V 字的半张角 $\alpha\approx\theta_m$ 时，每一臂的最大波束在正前方将会产生叠加。V 形行波天线较精确的分析还应包括两臂空间距离的影响。计算表明，获得理想的 V 形行波天线方向图，应满足 $\alpha\approx0.8\theta_m$。最大的副瓣来源于 V 形天线每一臂产生的方向图中不参与叠加的另半个主波束。如果允许 V 形行波天线两臂对称地适度弯曲，则天线增益还能有所提升。V 形天线具有以下特点：①最大辐射方向在过角平分线的垂直平面内，具有单向辐射特性；②终端接匹配负载，其阻值等于天线的特性阻抗(400Ω)；③天线倾斜架设在地面上，彼此不平行，电波极化比较复杂。

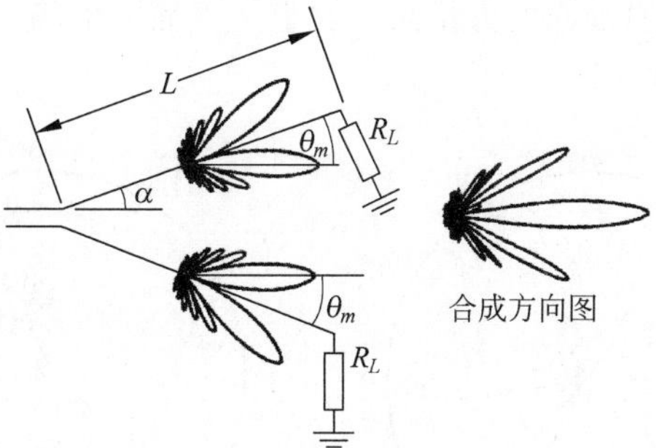

图 9.1.20 V形天线，$L=6\lambda$，$\alpha\approx0.8\theta_m=16°$

菱形天线是用4根导线构成的行波天线，能够进一步增加天线增益，如图9.1.21所示。自由空间中的菱形天线可以看成两个连在一起的V形天线，也可以看成被掰开的双导线，这样其特征阻抗便增大了。菱形天线水平悬挂在4根支柱上，从菱形天线的一只锐角馈电，另一个锐角接匹配负载，使导线上形成行波电流。终端负载 R_L 用来与传输线进行匹配，于是天线上传输的行波电流最后被负载吸收。因为两线掰开的平均距离远大于一个波长，所以菱形天线是一种有利于辐射的开放式结构。

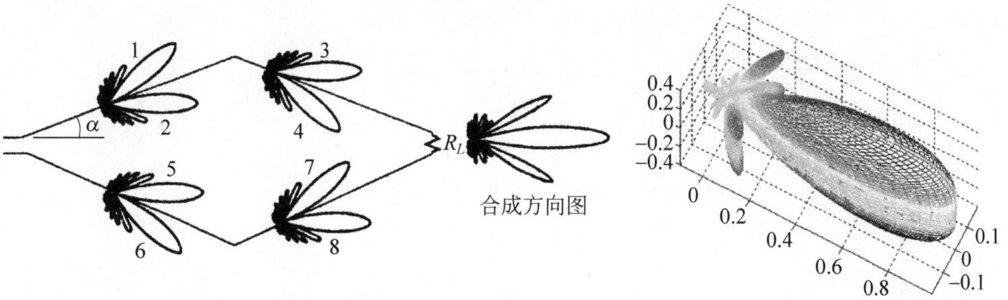

图 9.1.21 菱形天线，每一边长为 L，波束2、3、5、8合成形成主波束(立体方向图，菱形的边长为29m，导线半径为0.0025m，张角为82°)

由图9.1.21可知，四段行波单导线上的2、3、5、8波瓣构成菱形天线的主瓣。实际地面上的菱形天线可以用镜像法来解决。菱形天线及其镜像构成等幅二元反相阵，因而沿地面方向辐射几乎为0，过长轴的垂直平面的方向函数为

$$f(\Delta)=\left\{\frac{8\cos\Phi_0}{1-\sin\Phi_0\cos\Delta}\sin^2\left[\frac{kL}{2}(1-\sin\Phi_0\cos\Delta)\right]\sin(kH\sin\Delta)\right\} \quad (9.1.13)$$

式中，Φ_0 为菱形的半钝角；Δ 为仰角；H 为天线的架设高度。当 Δ 取天线的最大辐射仰角 Δ_0 时，天线的水平面方向函数为

$$f(\phi)=\left\{\left[\frac{\cos(\Phi_0+\phi)}{1-\sin(\Phi_0+\phi)\cos\Delta_0}+\frac{\cos(\Phi_0-\phi)}{1-\sin(\Phi_0-\phi)\cos\Delta_0}\right]\right.$$

$$\times \sin\left[\frac{kL}{2}(1-\sin(\Phi_0+\phi)\cos\Delta_0)\right]\times \sin\left[\frac{kL}{2}(1-\sin(\Phi_0-\phi)\cos\Delta_0)\right]\Bigg\} \quad (9.1.14)$$

式中，Φ 为从菱形长对角线量起的方位角。在上述平面上电场仅有水平分量。图 9.1.22 给出了菱形天线的平面方向图。

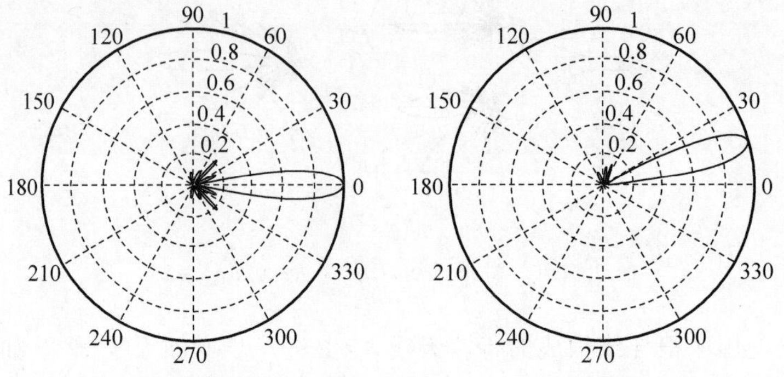

图 9.1.22　菱形天线的平面方向图

对于实际的地面菱形天线，可以采用“调整法”，让最大辐射出现在预定仰角 Δ 方向并获得较大增益。天线的架高(即离开地面的垂直距离)应为

$$H=\frac{\lambda}{4\sin\Delta} \quad (9.1.15)$$

菱形每一条边的长度应为

$$L=\frac{0.371\lambda}{\sin^2\Delta} \quad (9.1.16)$$

此外，菱形角 α 应等于预定主辐射仰角 Δ。例如，若 $\Delta=\alpha=14.4°$，则 $L=6\lambda$，$H=1\lambda$。

菱形天线的特点：

方向特性：①菱形天线具有单向辐射特性。最大辐射方向位于通过两锐角定点的垂直平面内，指向终端负载方向。②自由空间的菱形天线方向图带宽比较宽。当工作频率变化时，由于 L/λ 较大，最大辐射方向基本没有多大变化。③菱形天线每边的电长度越长，波瓣越窄，仰角变小，副瓣增多。④架设在地面上的菱形天线垂直平面方向图与频率相关，其最大辐射方向的仰角随着架设电高度 H/λ 的改变而变化。⑤方向图的后瓣低。匹配负载将没有来得及辐射掉的行波电流吸收了，使得后瓣大大减小。

阻抗特性：宽阻抗带宽，输入阻抗的电抗部分非常小，工作带宽可为 2～5 倍频。菱形天线从锐角到钝角处的特性阻抗不等(600～800Ω)，将引起天线局部的反射，破坏天线的行波电流。为了减少特性阻抗的变化，在菱形天线的钝角处并接 2～3 根导线，使得天线导线的等效直径变粗，如图 9.1.23 所示。

功率特性：可用于较大功率，驻波成分小，不会出现电压或电流过大的问题。

效率特性：副瓣多，电平高，效率低，为 50％～80％。

应用特性：结构庞大、占地面积大，只适用于大型固定电台作远距离通信使用。

为了提高菱形天线的增益和效率，常应用其他形式的菱形天线。如图 9.1.23 所示，双菱天线由两个水平菱形天线组成，增益系数为单菱形天线的 1.5～2 倍。将两副双菱形天线并联同相馈电，可以进一步提高天线的方向性，增益和效率比双菱形天线增加 1.7～2 倍。回授式菱形天线没有终端吸收电阻，它是将终端剩余能量送回输入端，再激励天线，使回授至输入端的馈源电流相位相同，将剩余能量也辐射出去，达到提升效率的目的。

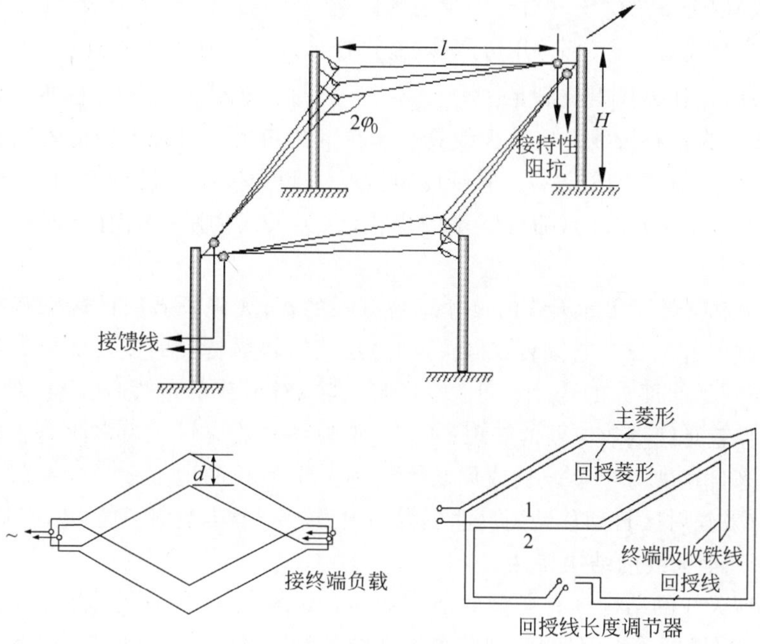

图 9.1.23　实际的菱形天线示意图

3. 对数周期天线

菱形天线虽能达到数个倍频的带宽，但仍难以满足短波通信的所有场合需求。如何进一步提升天线的工作带宽，则要用到非频变天线。带宽达到 10∶1 或更高的天线称为非频变天线。理想的非频变天线的方向图、阻抗、极化以及相位中心都应是与频率无关的常数，现实中几乎没有天线能达到这些标准。然而通过合理设计，使得天线的方向图在很宽的频率范围内基本保持不变，则认为天线性能接近非频变特性。这是可以实现的，对数周期天线就是非频变天线的典型代表，已成为短波天馈线系统的重要组成部分。

1）非频变天线原理

传统天线的电性能取决于它的电尺寸，所以当几何尺寸一定时，频率的变化导致电尺寸的变化，因而天线的性能也将随之变化。非频变天线则基于相似原理：若天线的所有尺寸和工作频率（或波长）按相同比例变化时，天线的特性保持不变。非频变天线由拉姆西（Rumsey）于 1957 年提出。相比于传统天线，非频变天线需满足几个条件。

(1) 角度条件。非频变天线的设计原则是对几何尺寸的依赖最小化,而对角度的依赖最大化。角度条件是指天线的几何形状仅仅由角度来确定,而与其他尺寸无关。无限长双锥天线就是一个典型的例子。由于锥面上只有行波电流存在,其阻抗和方向特性将与频率无关,仅仅取决于圆锥的张角。要满足"角度条件",天线结构需从中心点开始一直扩展到无限远。无限长双锥天线、平面等角螺旋天线以及阿基米德螺旋天线等都属于这一类。

(2) 自补结构。自补的方法也可以设计非频变天线。带状对称振子与其互补天线(即缝隙天线)便是一个例子。对于一个输入阻抗为 Z_{metal} 的金属天线,其互补结构是将金属部分用空气代替,空气部分用金属代替,这样形成的互补天线的输入阻抗为 Z_{air}。根据巴俾涅原理,互补天线阻抗满足:$Z_{\mathrm{metal}}Z_{\mathrm{air}}=\eta^2/4$。如果某天线的互补天线就是它自身,则该天线称为自补天线。自补天线具有非频变的特征。自补天线的阻抗直接可以求得:$Z_{\mathrm{metal}}=Z_{\mathrm{air}}=\eta/2=188.5\Omega$。非频变阻抗是非频变天线的设计原则。当然,许多非频变天线未必一定是自补的,随着频率的变化,这类天线的阻抗会有周期性的幅度不大的变化。

(3) 终端效应弱。实际天线的尺寸总是有限的,与无限长天线的区别就在于它有一个终端的限制。若天线上电流衰减得快,则决定天线辐射特性的主要部分是载有较大电流的部分,而其延伸部分的作用很小,若将其截除,对天线的电性能不会造成显著的影响。这种现象就是终端效应弱的表现;反之,则为终端效应强。通常此类非频变天线大部分的辐射来自宽度为半个波长或周长大约为一个波长的地方——有效辐射区。当频率变小时,有效辐射区自动移动到尺寸更大的地方。一个典型例子便是对数周期天线。

2) 对数周期天线的结构特性

对数周期天线的结构具有典型的演变规律:如图 9.1.24 所示,将有限长双锥天线[图 9.1.24(a)]投影成平面形状,则获得蝴蝶结天线[(图 9.1.24(b),又叫双鳍天线],它的方向图是 8 字形的,主波瓣较宽,主波束垂直于天线平面。这种天线是线极化的,终端效应强,故带宽并不宽。如果将此天线增加大小渐变的齿状结构,则可以获得平面齿形对数周期天线[图 9.1.24(c)],也可以将弧形齿结构变成线形齿结构[图 9.1.24(d)]。这些齿形结构的作用是对径向电流产生衰减,可以削弱蝴蝶结末端的电流,从而减弱终端效应。这样,随着离馈点距离的增加,电流将会迅速衰减。齿的出现使其与双鳍天线区别开来,成为对数周期天线。

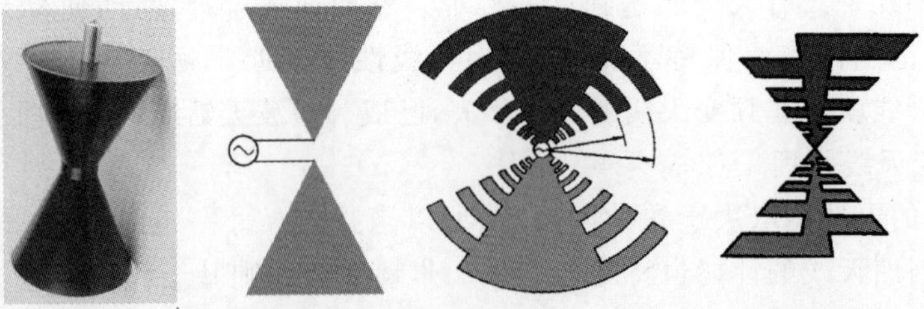

(a) (b) (c) (d)

图 9.1.24 对数周期天线的结构演变

由非频变天线原理知，对数周期天线来源于无限双锥天线，能够满足角度条件；通过合理设计齿形金属部分和空隙部分，使得结构能够互补，满足自补结构条件；同时，齿形结构的引入能够削弱末端电流、降低终端效应。综上，对数周期天线是典型的非频变天线。

对数周期天线自 20 世纪 50 年代提出来后，发展迅速，演变出了多种形式，其中对数周期偶极天线阵(Log-Periodic Dipole Antenna，LPDA)因其结构简单、具有极宽的频带特性，在短波和超短波通信中得到了广泛的应用，如图 9.1.25 所示。

LPDA 由若干个对称振子组成，在结构上具有两个主要的特点：

(1) 结构尺寸等比例关系。

LPDA 由一系列平行导线段(振子)组成，它们的长度从馈电点往外逐渐地增加，每对振子的终端点的连线交汇于一点，即 LPDA 的顶点 O，振子开路终端连线的夹角为 α(也称为 LPDA 的顶角)。所有振子的尺寸长度($L_1,L_2,\cdots,L_n$)、尺寸半径($a_1,a_2,\cdots,a_n$)、振子之间的距离($d_1,d_2,\cdots,d_n$)以及振子距离顶点的距离($R_1,R_2,\cdots,R_n$)都有确定的比例关系。如图 9.1.25(a)所示，LPDA 的比例因子 τ(即周期率)定义为

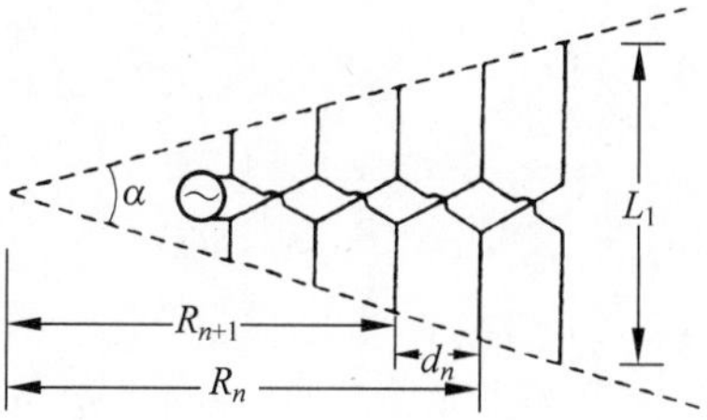

(a)

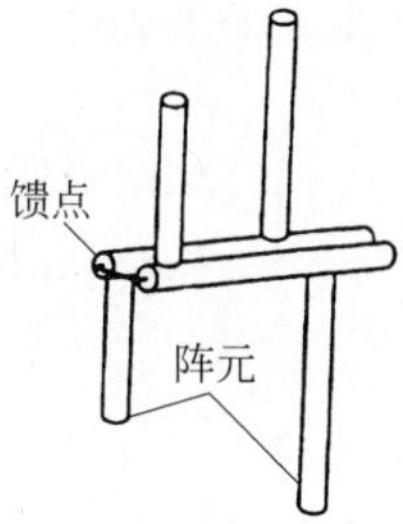

(b)

(c)

图 9.1.25 对数周期偶极天线阵、单元结构及实物图

$$\tau=\frac{R_{n+1}}{R_n}<1 \tag{9.1.17a}$$

$$\tau=\frac{L_{n+1}}{L_n}=\frac{a_{n+1}}{a_n}<1 \tag{9.1.17b}$$

因此，相邻振子的位置之比、相邻振子的长度之比和半径之比相等，即

$$\frac{R_{n+1}}{R_n}=\frac{L_{n+1}}{L_n}=\frac{a_{n+1}}{a_n}=\tau \tag{9.1.18}$$

同样，由图 9.1.25(a)可以看到间隔 d_n 为

$$d_n=R_n-R_{n+1} \tag{9.1.19}$$

而 $R_{n+1}=\tau R_n$，因此，

$$d_n=R_n-\tau R_n=(1-\tau)R_n \tag{9.1.20}$$

同理，

$$d_{n+1}=R_{n+1}-\tau R_{n+1}=(1-\tau)R_{n+1} \tag{9.1.21}$$

因此，

$$\frac{d_{n+1}}{d_n}=\frac{(1-\tau)R_{n+1}}{(1-\tau)R_n}=\tau \tag{9.1.22}$$

因此,所有振子的间距也呈 τ 比例关系。可见,综合式(9.1.18)和式(9.1.22),不论是振子长度、振子位置,还是振子之间的间距等,所有几何尺寸均按同一比例系数 τ 变化:

$$\frac{R_{n+1}}{R_n}=\frac{L_{n+1}}{L_n}=\frac{a_{n+1}}{a_n}=\frac{d_{n+1}}{d_n}=\tau \tag{9.1.23}$$

实际应用中,经常会使用间隔因子 σ 来表示相邻振子间的距离,它被定义为相邻两振子间的距离 d_n 与较长振子 2 倍长度 $2L_n$ 之比,即

$$\sigma=\frac{d_n}{2L_n} \tag{9.1.24}$$

同时,关于 LPDA 的顶角 α,与长度和距离存在的关系式为

$$\tan\frac{\alpha}{2}=\frac{\frac{L_{n+1}}{2}}{R_{n+1}}=\frac{\frac{L_n}{2}}{R_n} \tag{9.1.25}$$

由上式可得,$R_n=L_n\Big/\left[2\tan\left(\frac{\alpha}{2}\right)\right]$,将其代入式(9.1.20),得到

$$d_n=(1-\tau)\frac{L_n}{2\tan\left(\frac{\alpha}{2}\right)} \tag{9.1.26}$$

再将上式代入式(9.1.24)可以得到

$$\sigma=\frac{d_n}{2L_n}=\frac{1-\tau}{4\tan\left(\frac{\alpha}{2}\right)} \tag{9.1.27}$$

或

$$\alpha=2\arctan\left(\frac{1-\tau}{4\sigma}\right) \tag{9.1.28}$$

天线的结构参数 τ、σ 和 α 对天线电性能有着重要的影响,是设计 LPDA 的主要参数。

(2) 相邻振子交叉馈电。

实际应用中,无论是短波还是超短波,主馈线一般为双线传输线。而超短波使用同轴电缆馈电居多。这里以大多数 LPDA 采用的更为复杂的同轴电缆馈电为例。图 9.1.25(b)给出了 LPDA 的构建方法,相邻线段之间是交叉连接的。为了实现交叉馈电,馈电结构通常由两根等粗细的金属管构成。同轴传输线穿过一馈电金属管,从中穿入到馈电点处,同轴线外导体连接在该金属管上,同轴线芯线(内导体)连接到另一金属管上。这一对金属管通常称为"集合线",以区别于整个天线系统的馈线。所有振子的两臂分别交替地焊在集合线的两根金属管上。可见,同轴电缆在给各振子馈电时转换成了平行双导线。

为了减少反射,一般会在集合线的末端(最长振子处)端接与它的特性阻抗相等的负

载阻抗，或者一段短路支节，或者根据实际匹配情况不端接任何负载。为了缩小 LPDA 的横向尺寸，可以对其中较长的几个振子施用类似于鞭状天线加感、加容、弯折的方法。LPDA 的馈电点选在最短振子处，天线的最大辐射方向将由最长振子端朝向最短振子端。

3）对数周期天线的工作原理

根据 LPDA 的结构特性，可知 LPDA 的比例因子 τ（即周期率）对任何 n 值都适用，它给出了结构的周期。对于 LPDA 的各个振子单元，长度为 L_1 的振子，在工作波长为 $\lambda_1/2=L_1$，即工作频率 $f_1=c/\lambda_1$ 时，处于半波谐振状态，匹配最好，辐射能力最强。相应地，长度为 L_n 的振子，在工作波长为 $\lambda_n/2=L_n$，即工作频率 $f_n=c/\lambda_n$ 时，处于各自半波谐振状态，匹配最好，辐射能力最强。因为 LPDA 各振子尺寸满足 $L_{n+1}/L_n=\tau$，所以 $\lambda_{n+1}/\lambda_n=\tau$，$f_{n+1}/f_n=1/\tau$。换句话说，相邻周期的频点 f_{n+1} 和 f_n 上，电性能（方向特性和阻抗特性）相同，那么必有

$$\frac{f_n}{f_{n+1}}=\tau,\quad (f_n<f_{n+1}) \tag{9.1.29}$$

由上式可知，对其两边取对数可以得到

$$\log_a f_{n+1}=\log_a f_n+\log_a(1/\tau) \tag{9.1.30}$$

因此，天线的性能按频率的对数周期地重复出现，于是将其命名为对数周期天线。所有对数周期天线都有这一特征，都具有与此周期相同的电性能。当比例因子 τ 取值接近于 1 时，LPDA 各振子的工作频率就趋近于连续变化。假如天线的阵元数足够多，那么天线几何结构将无限大，LPDA 的工作带宽将达到无限大。

事实上，当工作频率或者工作波长确定后，沿集合线可以将 LPDA 划分为三个区：①馈电点附近那些长度远小于 1/2 波长的短振子属于传输区；②长度约等于 1/2 波长的那几个振子属于有效辐射区；③其余那些远大于 1/2 波长的长振子属于死区。

馈电点从最短的振子一端发出的导行波首先经过传输区，此区振子短，容抗大，因而振子上的横向电流很小，辐射很微弱，所以集合线上的导波能量经过这一区域时衰减很小，能量主要是传输到后面更长的振子区域，所以称这一段为传输区。

能量随后进入有效辐射区，此区振子长度适中，处于谐振或准谐振状态，感应出很强的横向电流，大部分能量在这里已辐射出去了，因此称这一段为有效辐射区。事实上，自由空间 LPDA 的最大辐射在沿集合线由长振子指向短振子的方向。当工作频率发生变化时，LPDA 有效辐射区在集合线上的位置自动地发生相应的变化。工作频率升高时，有效辐射区向短振子一端移动；工作频率降低时，有效辐射区向长振子一端移动。

经有效辐射区的衰减，所剩能量已经不多，强弩之末的导波能量继而进入死区。这也从另一方面验证了 LPDA 存在良好的“电流截断效应”。此区振子偏长，不满足串联谐振条件，加之纵向电流本已衰弱，故振子几乎处于未激励状态，因而得名“死区”。

举一个超短波频段的 LPDA 实例。图 9.1.26 给出了 $\tau=0.917$ 和 $\sigma=0.169$，设计工作频率为 200～600MHz 的 LPDA 天线结构以及在工作频率为 200MHz、300MHz 和 600MHz 时各振子激励电流和电压分布情况。将 18 单元的 LPDA 模型化后用矩量法处

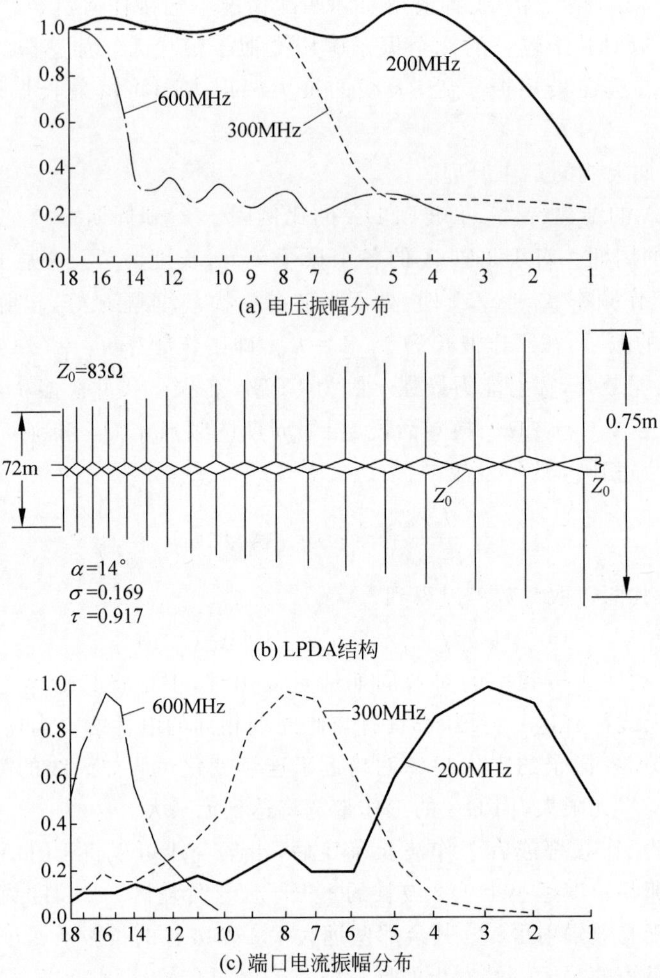

图 9.1.26 LPDA 三个区

理，可得到图中上端和下端的两组曲线。下端绘出了三个不同频率点(上限频率，下限频率，和中间的一个频率)上各振子端口电流的振幅分布；上端绘出了与这些频率点对应的沿着集合线电压的振幅分布。这些电流和电压分布曲线有力地佐证了有效辐射区概念。例如，当 $f=200$MHz 时，有 3 个振子上的电流最强，总共有 5 个振子因电流较强而对辐射场有贡献。这对于其他频率点也是正确的，只不过有效辐射区发生了移动，从下端可以清楚地看到这种移动。当 $f=600$MHz(上限频率)时，第 14 个振子的尺寸等于 1/2 波长，连同追加的 4 个振子构成了高端频率 600MHz 的辐射区。

4) 对数周期天线的电特性

(1) 方向特性。

LPDA 的辐射特性(方向图、增益等)与参数 τ 和 σ 密切相关。图 9.1.27 绘出了集合线特性阻抗为 100Ω，长径比为 $L/2a=125$ 条件下 LPDA 增益的等值线，它是 τ 和 σ 的二元函数。从图中可以看到，高增益要求参数 τ 有较大的值，这意味着天线展开缓慢，也就是说 LPDA 振子增多、纵向尺寸变长。增益还受集合线特性阻抗的影响：当集合线特性阻抗大于 100Ω 时，LPDA 增益呈下降趋势。最佳增益如图中虚线所示。对于给定的增益值，按最佳增益曲线设计时给出的比例因子 τ 最小，即振子数最少、天线纵向尺寸最短。图中下半部分绘出了当振子的数目 N 在 12～47 范围内变化时，按最大增益 G_{max} 设计时得到的一条曲线(集合线特性阻抗为 100Ω)。G_{max} 代表了振子数 N 给定情况下 LPDA 增益的上限，例如从图下半部分看出当振子数目 $N=12$ 时，LPDA 的最大增益约为 6.5dB；$N=31$ 时，LPDA 的最大增益略大于 10dB。

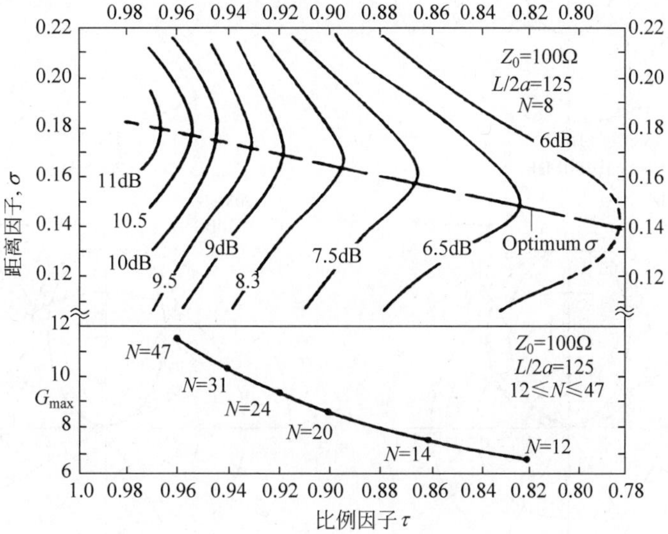

图 9.1.27　对数周期振子天线的增益图

以图 9.1.26 中的 18 元 PLDA 为例，分析不同频率点上的方向图、增益和阻抗值。如图 9.1.28 所示，工作频率在 150MHz 时，后瓣较大，增益远小于额定值 9dB，输入阻抗有较大的容抗，这是因为 150MHz 不在设计的频率范围(200～600MHz)之内。当频率处于设计下限 200MHz 时，后瓣已经变小，增益达到了预期目标 9dB，输入阻抗也近乎纯电阻。类似地，当超过设计频率时，如 650MHz 的电性能与 600MHz 时相比则变差不少，输入阻抗有较大的容抗，H 面旁瓣增大。然而，只要工作频率 f 落在设计的频率范围 200～600MHz 以内，LPDA 的增益、方向图和阻抗就几乎保持不变，因此，可以说 LPDA 具有非频变特性。当然，通过合理设计参数 τ 和 σ，LPDA 可以具有更宽的工作带宽。此外，由图可以看出，LPDA 的 E 面方向图(实线)相比于 H 面方向图(虚线)波瓣要窄一些。原因在于，单个振子的 H 面方向图为全向的，没有方向性；而 E 面为 8 字形，具有一定的方向性。

结合 LPDA 天线的工作原理可知，在具体工作频率点，只有辐射区的部分振子起主要辐射作用，传输区和死区的振子对辐射作用不大，因此对数周期天线的方向性一般不会太强，波束宽度一般是几十度，方向系数和天线增益在 10dB 左右，属于中等增益天线。然而对数周期天线的效率 η 比较高，趋向于 1，因此它的增益系数 G 近似等于方向系数 D。

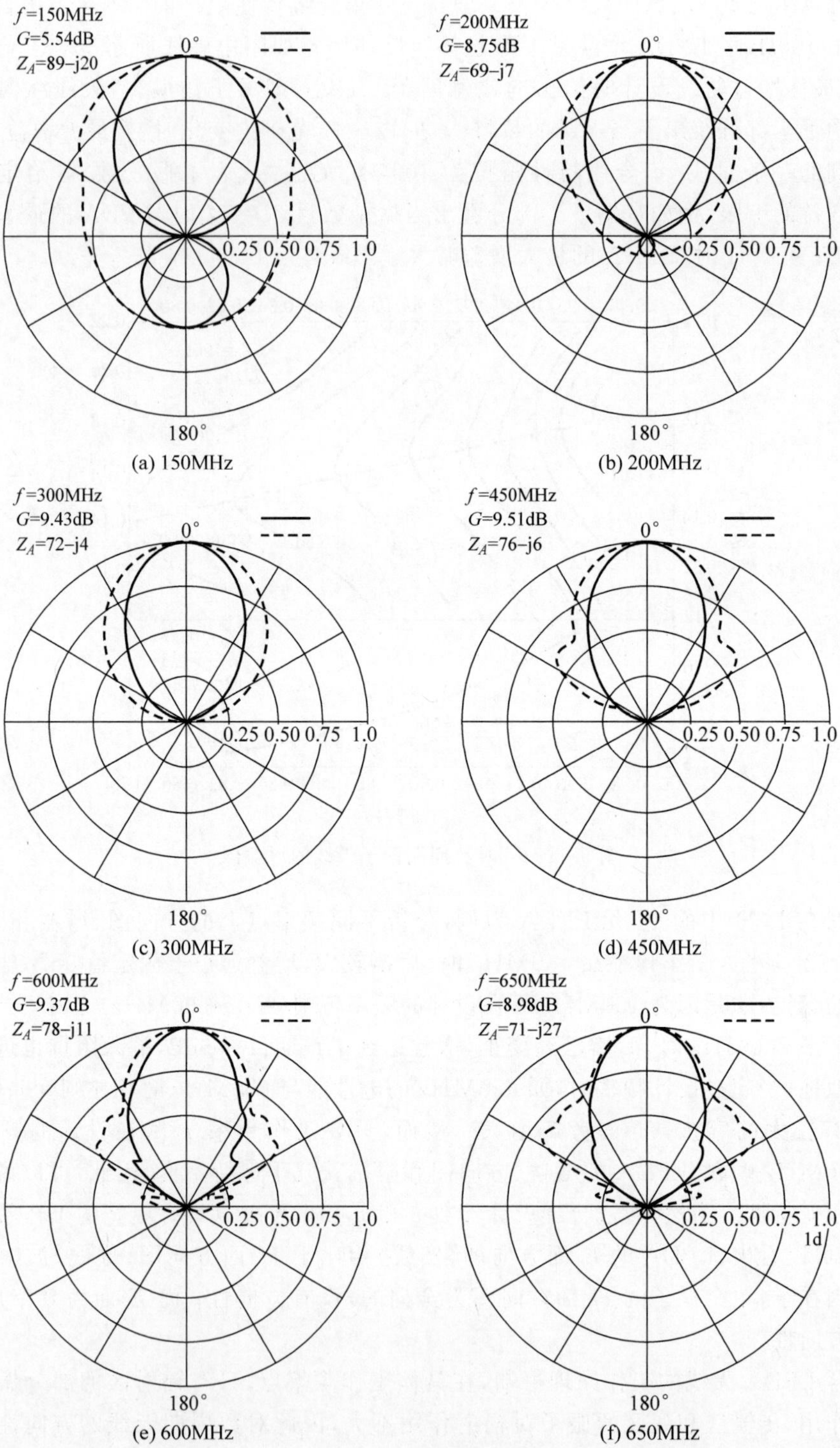

图 9.1.28　18 元 PLDA 在几个不同频率点上的方向图、增益和阻抗值

（实线 E 面，虚线 H 面）

(2) 阻抗特性。

LPDA 的输入阻抗为集合线始端的阻抗。在传输区,振子长度相对于工作波长很小,输入端呈现出较大的容抗,因此电流很小,相当于并联了附加电容,使得集合线的特性阻抗降低(由无耗传输线公式 $Z_0=(L/C)^{1/2}$)。在辐射区,高频能量几乎被辐射区的振子全部吸收并辐射出去。在死区,能量非常小,能反射回来的能量也非常小,综合一些终端匹配技术(如调节终端短路支节长度、加载纯电阻性负载),集合线的反射波非常弱,近似认为呈行波状态,LPDA 的输入阻抗也近似等于集合线特性阻抗,呈电阻性,电抗成分不大。从图 9.1.28 也能看出,电阻部分变化不大,因而便于在很宽的带宽内实现阻抗匹配。

(3) 带宽特性。

LPDA 的带宽大致由最长、最短振子所对应的串联谐振波长决定,即

$$L_L \approx \frac{\lambda_L}{2}, \quad L_N \approx \frac{\lambda_U}{2} \tag{9.1.31}$$

式中,λ_L,λ_U 分别对应上限与下限波长。辐射区域不完全局限于一个振子,通常在 LPDA 的两端再追加 1~2 个振子,以确保电性能在上、下限频率附近不至于下降。需追加的振子数目与参数 τ 和 σ 有关,在技术要求不很严格的情况下,按上式估算带宽就足够了。

(4) 极化特性。

LPDA 由振子天线组成,振子天线一般为线极化,所以 LPDA 也是线极化天线。当振子面水平架设时,LPDA 辐射或接收水平极化波;当振子面垂直架设时,LPDA 辐射或接收垂直极化波。

5) 短波对数周期天线的应用

实用的短波对数周期天线种类繁多。图 9.1.29(a)所示为短波旋转对数周期天线,是一种水平通信方向可旋转的短波宽带通信天线,结构紧凑,占地面积小,架设方便,性价比高,是短波固定通信台站的优选天线。特点有:①频段宽,增益较高;②方向性较好,通信距离远;③通信方向可调,使用灵活;④天线高度可升降;⑤工作稳定,使用寿命长。图 9.1.29(b)所示为短波软对数周期天线,是一种水平通信方向的中远距离宽带天

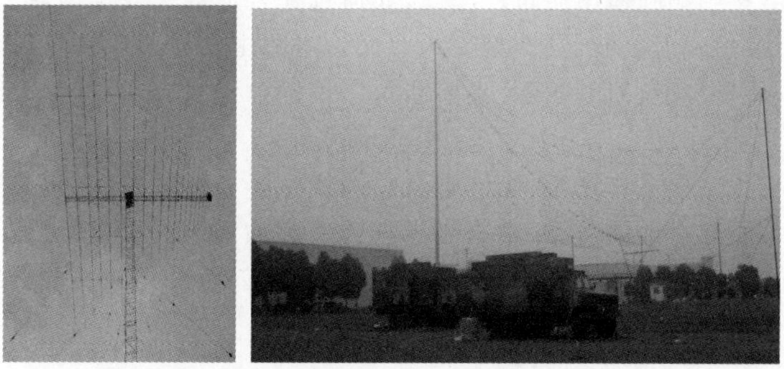

(a) (b)

图 9.1.29 短波旋转对数周期天线(a)和短波软对数周期天线(b)

彩图

线，适用于短波固定通信台站。天线通过算法简化了自身结构，强化了耐用性能，可有效对抗恶劣电磁环境，能够保障远程重点方向的通信指挥，是应急通信联络的重要设备。

图 9.1.30(a)所示为四塔固定对数周期天线，是高增益定向水平极化宽带天线，可在短波全频段工作，用于接收和发射无线电信号。天线主要由前桅杆、后桅杆、天线幕、匹配器、集合线等组成。天线为悬索结构，由 4 根立柱将天线体用拉索拉起，天线前端有一阻抗变换器，通过同轴电缆将变换器输入端口与发射机连接后即可使用。图 9.1.30(b)所示为固定站垂直软振子对数周期天线，是一种典型的高增益定向天线。该天线在低频振子部分采取了加电感和振子加顶的结构方式，延展了有效带宽。天线使用外敷硅橡胶的多股铜线为辐射振子，在提升辐射效率的同时也增强了耐候性和防腐防锈性能。该天线具有安装简单、维护简便、占地面积小等特点，是新型短波固定台站的优选天线。

彩图

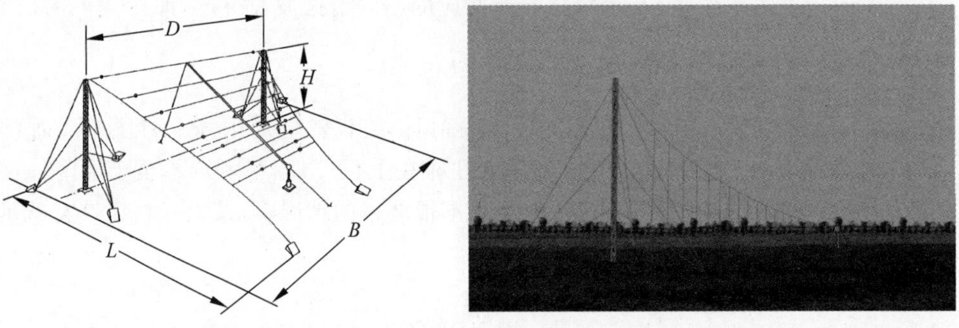

(a) (b)

图 9.1.30 四塔固定对数周期天线(a)和短波垂直软振子对数周期天线(b)

9.2 广播电视天线及其应用

广播电视作为一种大众传播的工具，是通过无线电波向广大地区传播声音、图像、视频等信息的。只播送声音的，称为声音广播，简称"广播"；播送图像和声音的，称为电视广播，简称"电视"。广播电视天线是整个广播电视播出的终端设备，天线性能的好坏及工作是否正常直接影响到播出质量。因此，如何选择合适的天线类型，把天馈线系统匹配调试好，并有效地辐射电波，具有重要的意义。本节主要介绍广播电视系统中常用天线的工作原理、主要性能、馈电匹配，主要涉及广播发射天线、电视接收天线和电视发射天线。

广播发射天线主要工作在中、短波频段。短波主要靠天波传播，常采用笼形天线和菱形天线。中波主要靠地波传播，常采用导线天线和铁塔天线，与鞭天线相似。前面章节已经对短波天线和鞭天线进行了介绍，不再赘述。本节介绍电视接收天线和电视发射天线。

9.2.1 电视接收天线

视频9-4

社区公共天线电视系统(CATV),也称有线电视网,为千百万个电视用户服务,影响面广,其接收天线的好坏直接影响信号质量。系统对电视接收天线的性能要求有:①较好的增益方向特性。当增益不足时,图像对比度弱,雪花大,伴音也受到影响。在干扰大和容易造成重影的地区,天线的方向性就显得尤其重要。②良好的频率特性。电视图像的水平清晰度由整个电视系统的通频带决定,当天线的频率特性不好时,将引起水平清晰度的下降,接收彩色电视信号时,频带过窄还将使彩色副载波受到抑制,使彩色画面不好或消失。③机械结构性能好。需具备机械强度高、结构简单、重量轻、体积小、安装方便等特点。

对于有线电视网,常用电视接收天线种类繁多。按架设场所划分,可分为室内天线和室外天线;按频段划分,可分为 VHF 用天线和 UHF 用天线;按频道数目划分,可分为单频道天线和全频道天线等。尽管类型众多,大多数都是属于对称振子类型天线。本节主要介绍常用的折合振子、引向天线、螺旋天线等。目前发展迅速的卫星电视,所用的接收天线则主要是抛物面天线,将在后面章节中进行介绍。

1. 折合振子

在短波和超短波,半波振子应用广泛,但其输入电阻只有 73Ω 左右。常用的平行双导线的标称特性阻抗为 300Ω,二者差得太远,不能直接相连。为了实现天线与馈线的良好匹配,必须提高天线的输入电阻,故提出折合振子。如图 9.2.1 所示,它是由两根平行对称振子末端相连形成的窄环天线,线距 d 远小于长度 L 和波长 λ,在一边的中点馈电。

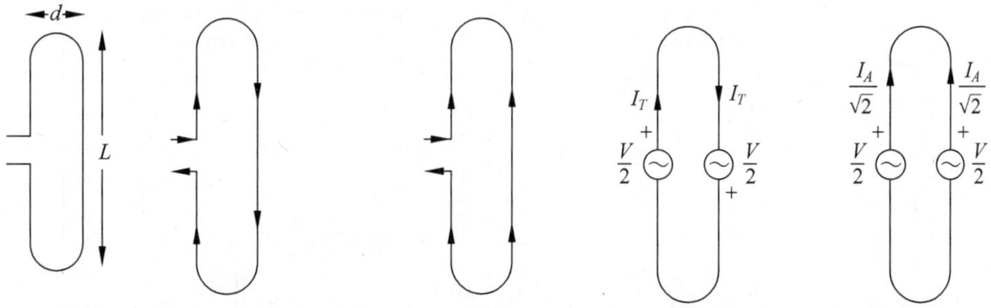

(a) 结构图　(b) 传输线模　(c) 天线模　(d) 传输线模电路　(e) 天线模电路

图 9.2.1 折合振子结构图以及两种电流模式和等效电路

从工作原理来看,折合振子可作为一对非平衡传输线来分析。利用线性系统的叠加原理,其上的电流可以分解为两种基本模式:传输线模和天线模,如图 9.2.1(b)、(c)所示。由于 $d \ll \lambda$,传输线模产生的远区场趋于抵消,这种模仅对输入阻抗有影响。传输线模的输入阻抗 Z_T 由终端短路传输线的公式给出:

$$Z_T = \mathrm{j}Z_0 \tan\frac{\beta L}{2} \tag{9.2.1}$$

式中，Z_0 是传输线的特性阻抗。对于天线模，两边电流同向，远区场不仅不抵消，反而是增强的。电流绕过末端弯角流到另一边而不像普通对称振子那样返回输入端，因而，天线模输入电流为对称振子的一半，至少在边长 L 等于谐振长度时是如此。

假设输入端外施电压为 U，总工作状态由图 9.2.1(d)、(e)中每种模的等效电路叠加确定。传输线模电流为

$$I_T = \frac{U/2}{Z_T} = \frac{U}{2Z_T} \tag{9.2.2}$$

对于天线模，总电流是每边电流之和记作 I_A，此电流是 $U/2$ 激励的结果，因而，

$$I_A = \frac{U/2}{Z_d} \tag{9.2.3}$$

式中，Z_d 表示长度为 L 的对称振子的输入阻抗。折合振子左边的总电流是 $I_T + I_A/2$，总电压是 U，因此折合振子的输入阻抗为

$$Z_{\mathrm{in}} = \frac{U}{I_T + \frac{1}{2}I_A} = \frac{4Z_T Z_d}{Z_T + 2Z_d} \tag{9.2.4}$$

图 9.2.2 给出了线径 $2a=0.001\lambda$ 的折合振子输入阻抗变化曲线，其中，实线是按上式计算的结果，虚线是矩量法的结果，二者基本吻合。为了确保特性阻抗相当于 300Ω 的传输线，取线距 $d=12.5a$，因为 $Z_0 = 120\ln(d/a) = 120\ln 12.5 \approx 300\Omega$。第一谐振点发生在 $L\approx 0.48\lambda$，此时 Z_{in} 稍小于 300Ω；第二谐振点发生在 $L\approx 1.47\lambda$，此时 Z_{in} 稍大于 300Ω。

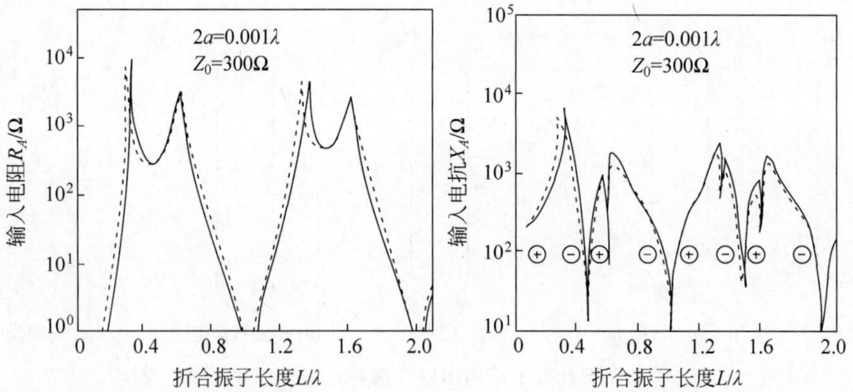

(a) 输入电阻　　(b) 输入电抗

图 9.2.2　折合振子的输入阻抗（线径 $2a=0.001\lambda$，线距 $d=12.5a$）

用得最广泛的是 $L\approx 0.50\lambda$ 的半波折合振子，可将其视为长 $\lambda/2$ 的终端短路平行双导线压扁而成。压扁后电流分布不变，因而折合振子每边上的电流分布与半波振子相同，但振幅降低一半，如图 9.2.3 所示。半波折合振子的方向图和方向系数与半波振子

相同。输入阻抗可按式(9.2.4)计算。由式(9.2.1)得传输线模的阻抗

$$Z_T = jZ_0 \tan\left(\frac{2\pi}{\lambda} \cdot \frac{\lambda}{4}\right) = jZ_0 \tan\frac{\pi}{2} \to \infty \qquad (9.2.5)$$

将上式代入式(9.2.4)得到半波折合振子的输入阻抗 $Z_{in} = 4Z_d = 4 \times 73 = 292\Omega \approx 300\Omega$。可见,半波折合振子是普通半波振子输入阻抗的 4 倍,将近 300Ω,恰好与通用的标称 300Ω 特性阻抗的平行双导线馈线相匹配。

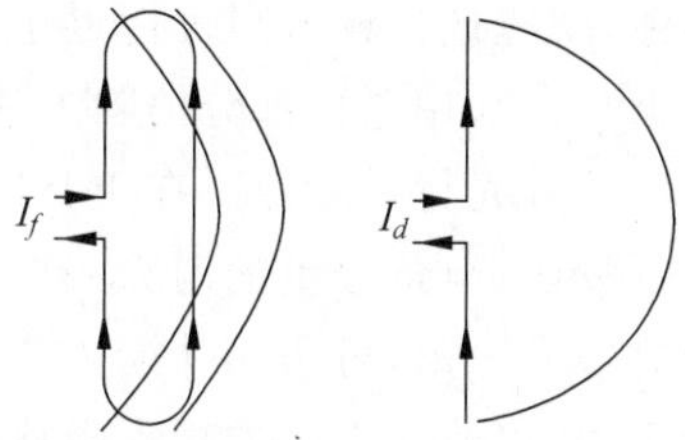

(a) 半波折合振子　　(b) 半波振子

图 9.2.3　半波折合振子的电流分布

如果折合振子的两边选用不同粗细的导线制作,如图 9.2.4 所示,则输入阻抗的调节范围进一步增大。对于半波长,输入阻抗由下式确定:

$$Z_{in} = (1 + c)^2 Z_d, \quad L = \frac{\lambda}{2} \qquad (9.2.6)$$

式中,Z_d 表示左边那个振子单独存在时的输入阻抗;参数 c 与 a_1、a_2 和线距 d 有关。如果导线半径 a_1、a_2 远小于线距 d,则参数

$$c \approx \frac{\ln(d/a_1)}{\ln(d/a_2)} \qquad (9.2.7)$$

折合振子易于制作、阻抗调节灵活,是非常通用的一种线天线。除具有期望的阻抗特性外,半波折合振子与普通折合振子相比,还具有较宽的通频带,因而经常用作调频 FM 广播波段的接收天线、馈电单元和其他的通用天线。后面章节将学习的八木——宇田天线就是采用折合振子结构进行馈电的。

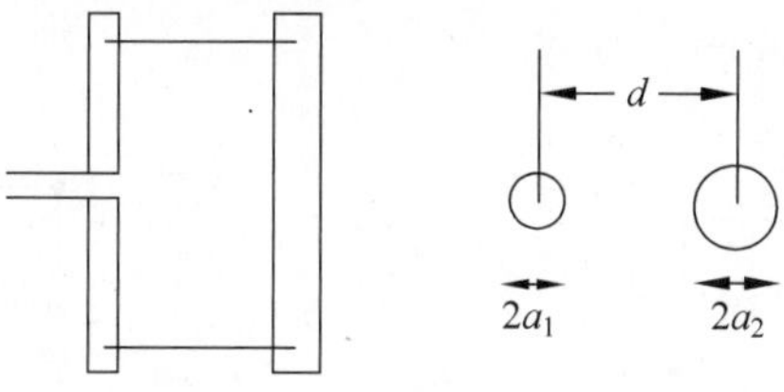

(a) 侧视图　　(b) 截面图

图 9.2.4　不同粗细的导线构成的折合振子

2. 线天线的馈电

当天线与传输线相连时,如何实现高效馈电非常重要。有两个因素值得考虑:①天线与传输线之间的阻抗匹配;②天线上电流分布的激励。

(1) 考虑阻抗匹配。图 9.2.5 是一个典型的发射机或接收机电路。通常,发射机或接收机的额定阻抗等于传输线特征阻抗 Z_0,然而天线的阻抗 Z_A 常偏离 Z_0 很远。在大多数情况下,插入匹配网络,减小反射,降低 VSWR,实现最大输入功率,是必要的。如果传输线是低损耗的,则反射波引起的损耗并不严重。一般要求驻波比 VSWR≤2,以保证能有 89%以上的能量传输。

改善阻抗失配的方法主要有:①采用低损耗传输线。特征阻抗 Z_0 接近实数,要想

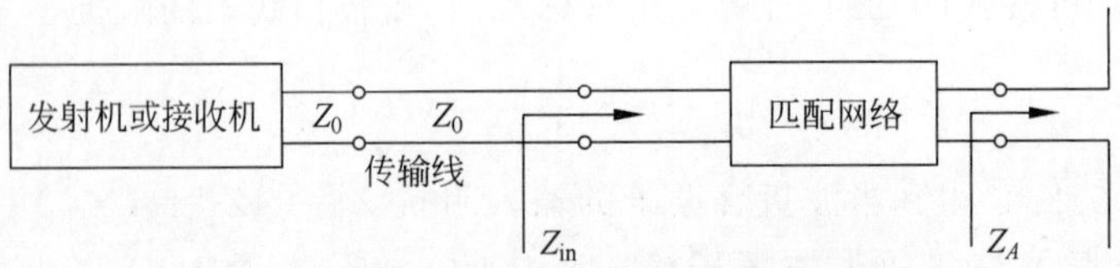

图 9.2.5 发射机/接收机与天线的典型连接方式

匹配,就应选择输入阻抗接近于 Z_0+j0 的天线。②采用阻抗匹配网络,比如 $\lambda/4$ 阻抗变换器。③采用电抗部分消除方法。如果天线阻抗不是纯阻,则可以用另外一些装置将其电抗部分先行消除掉。在 UHF 和微波波段,建议采用短截线和波导膜片等调谐装置。在低频段,电抗分量的消除一般通过可变电容和电感实现。④采用并联馈电方法。为了提升输入电阻,可采用并馈方式,将馈源引出的双线对称地连接到偏离天线中心点的位置上去,以改变天线的输入阻抗。馈电点移动时,输入阻抗变化很大,但方向图没有明显变化,因为电流分布状况基本未变。为便于调整阻抗匹配,常将并联支路与振子之间设置成滑动触点。

(2) 线天线电流平衡问题。传输线可以是平衡的,也可以是不平衡的。如平行双导线是平衡的,这是因为当入射电流波沿着馈线传输时,将在对称天线(例如振子两臂)上激发平衡电流。另外,同轴传输线是不平衡的,电流在同轴线内部流动时原本是平衡的,然而当电流到达对称天线时,一部分电流会从外导体外侧流失,这将使天线两臂上的电流不平衡,如图 9.2.6(a)所示,注意振子两臂上的电流一大一小,流到外导体外侧的电流 I_3 产生了不希望有的附加辐射。为了抑制外表面这种有害的电流,可以使用平衡——不平衡转换器,俗称巴伦(Balun)。

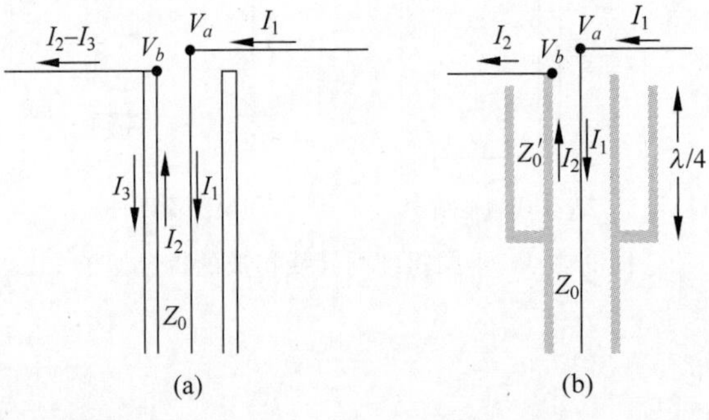

图 9.2.6 同轴线馈电使得振子天线两臂上电流不平衡(a)和使用扼流套实现平衡馈电(b)

用图 9.2.6(a)所示套状平衡转换器(即扼流套)来说明巴伦的工作原理。扼流套与同轴线外导体形成了另外一个特征阻抗为 Z_0' 的短路同轴线,此同轴线的长度为 $\lambda/4$。图 9.2.6(a)可等价成图 9.2.7(a)。图 9.2.6(b)可以等价成图 9.2.7(b),它表明两终端可以看成是一个对地非常高的阻抗($\lambda/4$ 阻抗变换,短路变开路)。因此,图 9.2.7(b)又可以进一步等价为图 9.2.7(c)所示的平衡电路,此时电流 I_1 和 I_2 就相等了。由于结构中 $\lambda/4$ 的缘故,扼流套式的平衡转换器不能宽频带工作。

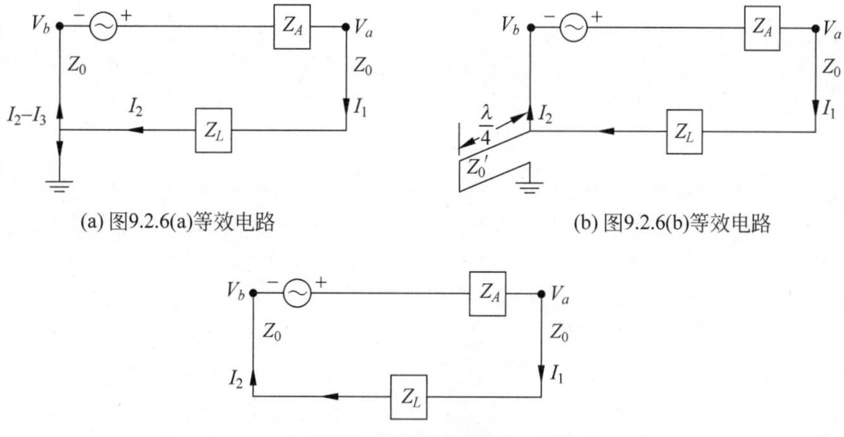

(a) 图9.2.6(a)等效电路

(b) 图9.2.6(b)等效电路

(c) 图9.2.7最终等效电路

图 9.2.7　同轴线馈电振子天线等效电路，传输线特征阻抗是 Z_0，负载阻抗为 Z_L

3. 八木——宇田天线

天线阵可用于增加方向性，前面章节讨论的天线阵所有阵元都是有源的（称为激励元），需要通过馈电网络连接每个阵元。如果仅有少量阵元（甚至是 1 个单元）是直接馈电的，馈电网络将大大简化，这样的阵列称为寄生阵。八木——宇田天线，简称八木天线，就是一种对称振子的寄生直线阵。

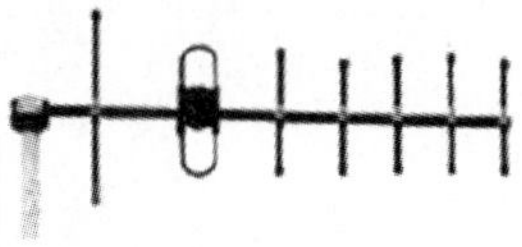

图 9.2.8　七单元引向天线

八木天线广泛应用于 HF-VHF-UHF 波段的通信、雷达、电视及无线电导航系统中。它由一个半波有源振子（主振子）、一个反射振子（稍长于半波长）和若干个引向振子（稍短于半波长）构成，如图 9.2.8 所示。引向天线具有结构简单、牢固、造价低、方向性强、体积小的优点，其缺点是工作频带窄。引向天线除了有源振子通过馈线与信号源或接收机相连外，其余振子均为无源振子，由于无源振子的中点均为电流波腹点（电压波节点），这些振子的中点电压均为 0，所有无源振子的中点均可直接固定在金属杆上而不至于在金属杆上激励起纵向电流。金属杆仅起机械支撑作用，对天线的性能几乎没有影响。

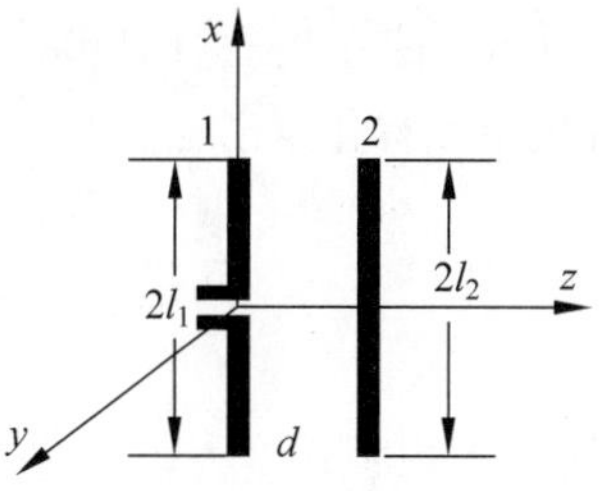

图 9.2.9　二元引向天线

1）引向天线的工作原理

我们可以从二元引向天线入手分析无源振子起引向或反射器作用的原理。如图 9.2.9 所示，假定有源振子的全长为 $2l_1$，无源振子的全场为 $2l_2$，二者平行排列，间距为 d。在有源振子 1 的作用下，无源振子 2 将被感应出电流 I_2，无源振子也会对辐射场做出贡献。考虑到二元阵的阻抗特性，无源振子 2 的电流 I_2 由二端口网络模型可以得到

$$\begin{cases} U_1 = I_1 Z_{11} + I_2 Z_{12} \\ U_2 = I_1 Z_{21} + I_2 Z_{22} \end{cases} \tag{9.2.8}$$

无源振子的电压 $U_2=0$，所以有

$$\frac{I_2}{I_1} = -\frac{Z_{21}}{Z_{22}} = m\mathrm{e}^{\mathrm{j}\xi} \tag{9.2.9}$$

式中，m 表示无源振子电流振幅为有源振子的 m 倍；ξ 表示两者之间相位差。

$$Z_{21} = R_{21} + \mathrm{j}X_{21}, \quad Z_{22} = R_{22} + \mathrm{j}X_{22} \tag{9.2.10}$$

$$m = \sqrt{\frac{R_{21}^2 + X_{21}^2}{R_{22}^2 + X_{22}^2}} \tag{9.2.11}$$

$$\xi = \pi + \arctan\frac{X_{21}}{R_{21}} - \arctan\frac{X_{22}}{R_{22}} \tag{9.2.12}$$

其中，R_{21} 和 X_{21} 分别为两振子间的互阻抗的电阻和电抗部分；R_{22} 和 X_{22} 分别为无源振子自阻抗的电阻部分和电抗部分。从上式可知，适当改变间距或无源振子的长度，可以调整 I_2 的振幅和相位，使无源振子起到反射或引向的作用。在引向天线中，有源和无源振子的长度基本都在 1/2 波长附近，互阻抗随长度变化不敏感，但自阻抗随长度变化非常敏感。理论分析和实测得知，当有源振子长度一定，间距合适时，通常略短于有源振子的无源振子起引向作用，略长于有源振子的无源振子起反射作用。

进一步分析，由天线阵理论，两个靠得很近、等幅反相的二元阵将会产生端射辐射。相距 0.04λ 的两单元(两振子等长)天线阵的理论方向图如图 9.2.10(b)所示。

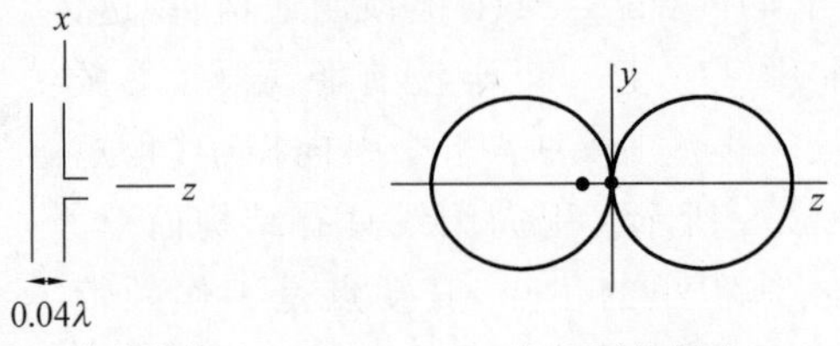

(a) 阵列形状　　(b) H 面方向图

图 9.2.10　由半波振子构成的二元阵，激励元和寄生元上的电流幅度相同，相位相反

通过加长寄生振子的长度，双向端射束可以变为接近单向端射的波束。如图 9.2.11 所示，激励单元是长 0.4781λ(在自由空间这是个半波谐振长度)的半波振子。寄生单元长 0.49λ，与激励单元相距 0.04λ，导线半径是 0.001λ。H 面方向图如图 9.2.11(b)所示，沿着寄生单元到激励单元在端射方向可产生单一主波束。这个寄生单元称作反射器。

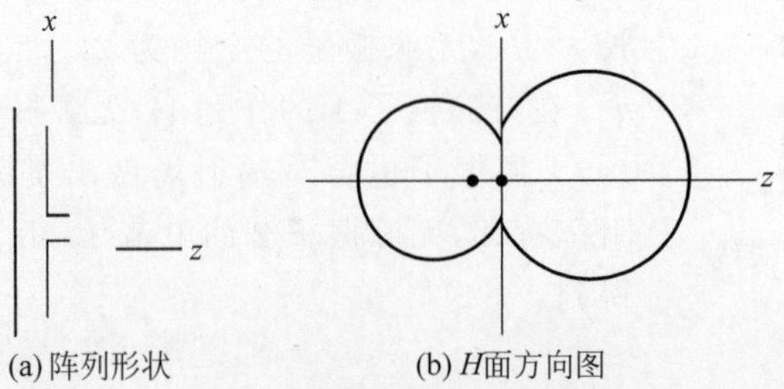

(a) 阵列形状　　(b) H面方向图

图 9.2.11　二元阵激励元比反射器略短

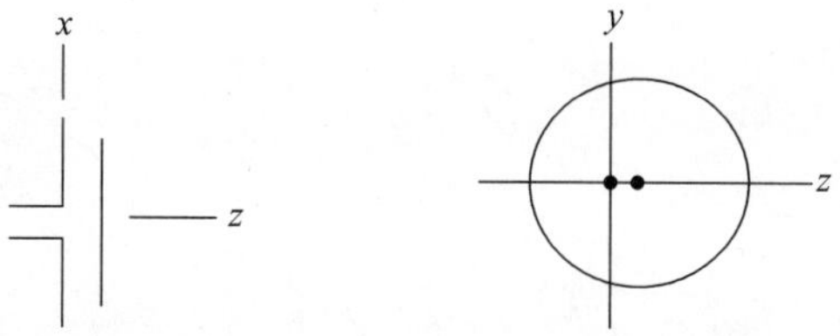

(a) 阵列形状　　(b) *H*面方向图

图 9.2.12　二元阵激励元比引向器略长

如果改在激励单元的另一侧放一个比激励单元稍短一点的寄生单元，则方向图仍类似于使用一个反射器在相同方向加强主波束，称此寄生单元为引向器。图 9.2.12(a)所示的由引向器和激励单元组成的二元阵的方向图如图 9.2.12(b)所示。

同时使用反射器、引向器，与激励单元一起将产生更强的单端波束，这表明将反射器和引向器放在激励单元两侧可以取得更大增益。如图 9.2.13(a)所示的三单元八木天线就是一个例子，它是图 9.2.11(a)与图 9.2.12(a)的几何组合。图 9.2.13(b)所示的 H 面方向图优于任何一个两单元的天线阵。图 9.2.13(c)是三单元八木天线 E 面方向图。

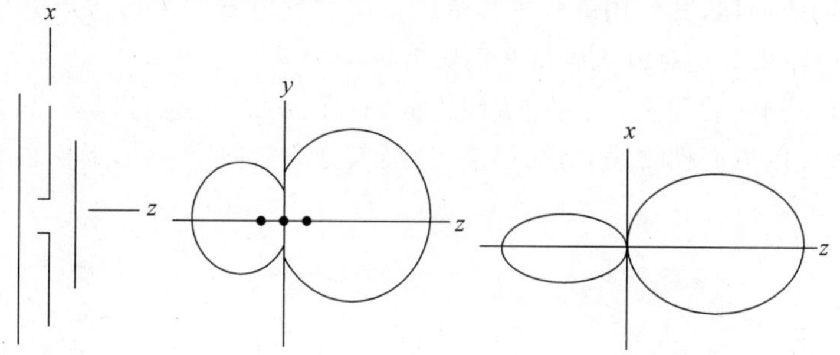

(a) 阵列形状　　(b) *H*面方向图　　(c) *E*面方向图

图 9.2.13　三元八木天线

2) 引向天线的电参数特性

一般的八木天线结构如图 9.2.14(a)所示。在三元八木天线上可得到最大方向系数大约是 9dB 或 7dBd。最合适的反射器距离 S_R 是(0.15～0.25)λ。带反射面的单一半波振子的增益是 2.5dBd，而如果是无限大导电平面，则增益可以达到 3dBd。因此单个的线状反射器在增加振子的增益上几乎与平面一样有效。

一般来说，引向器到引向器的距离是(0.2～0.35)λ，对于长天线阵应该再长一点距离，短天线阵应再短一点的距离。典型的反射器长度是 0.5λ，且当没有寄生单元时激励单元长度应该是谐振长度。典型的引向器长度比谐振长度短 10%～20%，并且此长度对引向器间距离 S_D 很敏感。

八木天线的增益与支撑杆长度有关，因为其不是均匀被激励的，所以天线阵每增加一个引向器，增益虽然都有所增加，但增加量呈递减的态势。图 9.2.14(b)描述了增益与单元个数 N(包括反射器和激励元)之间的函数关系，所有的单元之间的距离取 0.15λ(即

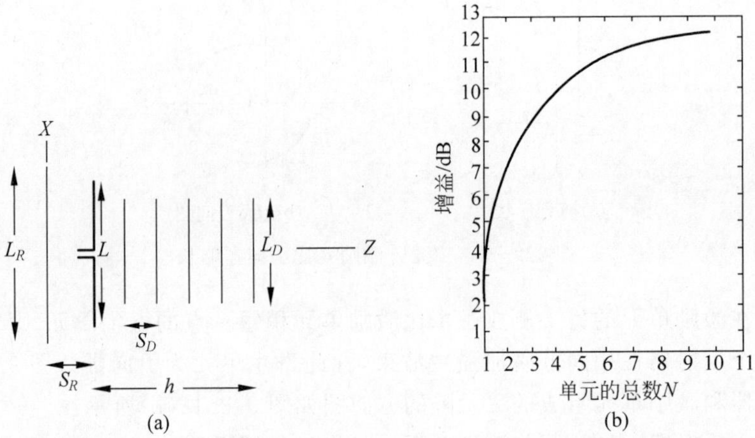

图 9.2.14　一般八木天线的形状(a)和不同单元数 N 下的典型八木天线的增益(b)

$S_R=S_D=0.15\lambda$)。可以看到,当引向器个数在 5～6 个时,每增加一个引向器,增益便有约 1dB 的增加;当 N 从 9 或 10 个再增加一个时,增益只能增加 0.2dB;当引向器个数很多,再增加新的引向器,其作用就微乎其微了。增加反射器的个数作用更小,额外的增益不足 1dB,反射器主要是对输入阻抗和后瓣有影响。

通过仿真得到 6 元和 10 元引向天线方向图(图 9.2.15)。可以看出,10 元引向天线比 6 元引向天线的方向性要强,旁瓣要多,但最大方向指向 $+z$ 轴,形成端射方向图。

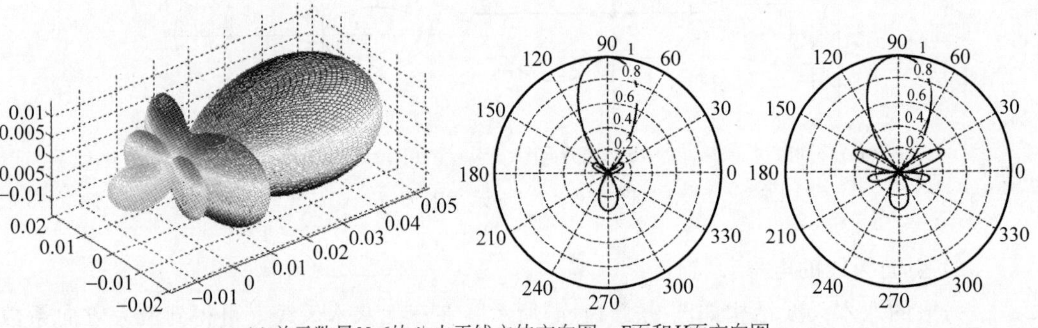

(a) 单元数量 N=6的八木天线立体方向图、E面和H面方向图

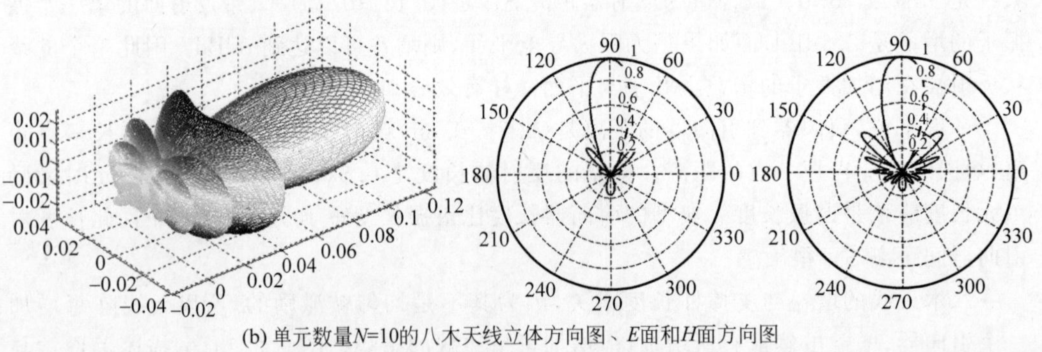

(b) 单元数量 N=10的八木天线立体方向图、E面和H面方向图

图 9.2.15　引向天线的 3D 和主平面方向图

对引向天线的电参数进行小结：

(1) 半功率波瓣宽度。引向天线的半功率波瓣宽度可采用矩量法按实际结构计算，在工程上多用近似公式、曲线和经验数据来估算。其经验公式为

$$2\theta_{0.5}=55^{\circ}\sqrt{\frac{\lambda}{L}} \tag{9.2.13}$$

式中，L 为引向天线的长度。当 $L/\lambda>2$ 后，半功率波瓣宽度随长度的增加下降得相当缓慢，因而引向天线的半功率波瓣宽度不可能做得非常窄。

(2) 增益系数。一般引向天线的方向系数只有 10 左右，当要求更强的方向性时，仅仅增加引向器个数作用不大，若频率不是很高，则可采用将几副引向天线排列成天线阵的方法。引向天线的效率很高，接近为 1，因而引向天线的增益就等于它的方向系数：

$$G=\eta_A D\approx D \tag{9.2.14}$$

(3) 输入阻抗。引向天线的振子间存在互耦，在无源振子的影响下，有源振子的输入阻抗将发生变化。其阻抗不仅下降，而且阻抗随着频率变化而剧变，同轴电缆匹配变得困难，因而须设法提高引向天线的输入阻抗，通常可以采用折合振子来代替有源振子。

(4) 带宽特性。引向天线的工作带宽主要受输入阻抗的限制，一般只有百分之几。为了增加带宽，可以采用粗振子，也可以通过改进馈电装置的方法提高带宽。

(5) 极化特性。常用的引向天线为线极化天线，当振子面水平架设时，工作于水平极化；当振子面垂直架设时，工作于垂直极化。

4. *螺旋天线*

螺旋天线常用作电视接收天线。螺旋天线如图 9.2.16(a)所示，螺旋线是空心的或绕在低耗的介质棒上，线圈的直径可以是相同的，也可以随高度逐渐变小，圈间的距离可以是等距的或变距的。螺旋天线相当于将加载的电感分布在鞭状天线的整个线段中。

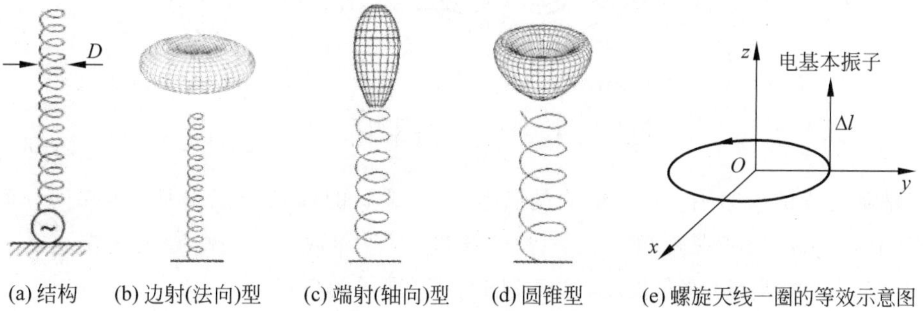

(a) 结构　(b) 边射(法向)型　(c) 端射(轴向)型　(d) 圆锥型　(e) 螺旋天线一圈的等效示意图

图 9.2.16　螺旋天线

螺旋天线辐射有三种状态，取决于螺旋线直径 D 与波长的比值 D/λ。如图 9.2.16(b)所示，当 $D/\lambda<0.18$ 时，为细螺旋天线，最大辐射方向垂直于天线轴的法向，称为法向模螺旋天线。如图 9.2.16(c)所示，当 $D/\lambda=0.25\sim0.45$ 时，螺旋单圈长度 L 约为 λ，在天线轴向有最大辐射，辐射为圆极化波，称为轴向模螺旋天线(很多场合简称螺旋天线)，为端

射型螺旋天线。如图 9.2.16(d)所示，当 $D/\lambda > 0.46$ 时，方向图为圆锥形，称为圆锥形螺旋天线。常用作电视接收天线的螺旋天线是轴向模螺旋天线。

可以将螺旋天线看成由 N 个单元组成，每个单元由一个小圆环和一电基本振子构成，如图 9.2.16(e)所示，假设环的直径很小，合成单元上的电流可以认为是等幅同相的。由前面章节可知，小圆环天线的远区电场只有 E_φ 分量

$$E_\varphi = \eta_0 \frac{\pi D^2}{4} \frac{\pi I \sin\theta}{\lambda^2 r} \mathrm{e}^{-\mathrm{j}kr} \tag{9.2.15}$$

式中，$\frac{\pi D^2}{4}$ 是小圆环的面积。电基本振子的远区电场只有 E_θ 分量：

$$E_\theta = \eta_0 \frac{\mathrm{j} I \Delta l \sin\theta}{2\lambda r} \mathrm{e}^{-\mathrm{j}kr} \tag{9.2.16}$$

式中，Δl 是螺距，即图中电基本振子的长度。单圈螺旋总的辐射场应为两式的矢量和，两个分量具有 90°相位差，分量的比值是

$$\frac{|E_\theta|}{|E_\varphi|} = \frac{2\Delta l \lambda}{\pi^2 D^2} \tag{9.2.17}$$

根据该比值可得椭圆极化的轴比。极限情况是：当螺距 $\Delta l \to 0$，电基本振子的贡献消失，于是只有 N 匝小圆环辐射出来的水平极化波；当螺旋直径 $D \to 0$，所有小圆环的贡献消失，空间只有 N 个电基本振子发出的垂直极化波。若将螺旋的一圈剖解开，则可以得到螺旋参数之间的关系，如图 9.2.17 所示。这里重点讨论轴向模螺旋天线的圆极化特性。

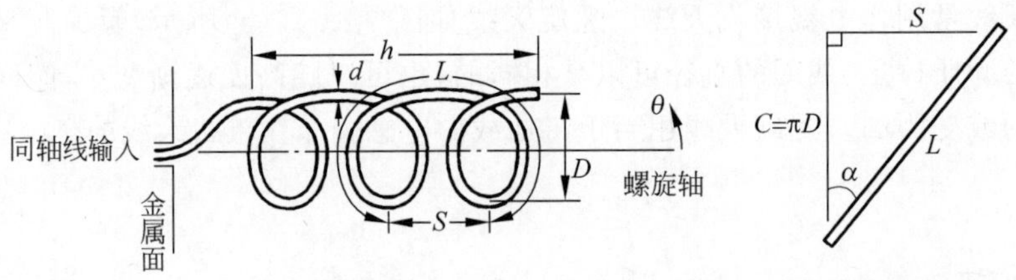

(a) 左旋天线　　(b) 一圈螺旋的展开

图 9.2.17　螺旋天线的几何形状及尺寸

螺旋天线的参量有：D—螺旋的直径，C—螺旋的周长，S—螺距（相邻两环间的距离，等于 $C\tan\alpha$），α—螺距角，L——一圈的长度，N—圈数，L_w—螺旋天线拉直后的长度（等于 NL），h—高度（轴向长度，等于 NS），d—导线的直径。

当 S 为 0 时（$\alpha = 0°$），螺旋天线蜕化为圆环天线；当 D 为 0 时（$\alpha = 90°$），蜕化为行波单导线天线。根据式(9.2.15)～式(9.2.17)，因为两电场分量相差 90°相位，如果令式(9.2.17)等于 1，便可以得到圆极化。这时螺线圈周长 C 为

$$C = \pi D = \sqrt{2\Delta l \lambda} \tag{9.2.18}$$

在轴向模式下，螺旋天线沿着轴向端射式辐射，且为单一主波束。此外，当圈数增多时，主波束变窄。轴向模式要求螺旋周长 $C \approx 1\lambda$，实际上只要满足以下条件：

$$\frac{3}{4}\lambda \leqslant C \leqslant \frac{4}{3}\lambda \tag{9.2.19}$$

并且圈数和间距适中,就具有良好的圆极化特性。可见轴向模螺旋天线的带宽

$$B_r = \frac{f_U}{f_L} = \frac{\dfrac{c}{\lambda_U}}{\dfrac{c}{\lambda_L}} = \frac{\dfrac{4}{3}}{\dfrac{3}{4}} = \frac{16}{9} = 1.78 \tag{9.2.20}$$

已经接近于宽带天线的带宽要求的 2∶1。对于圈数甚多的长螺旋天线来说,工作频率的上限 f_U 有所下降,使得带宽 B_r 达不到 1.78。

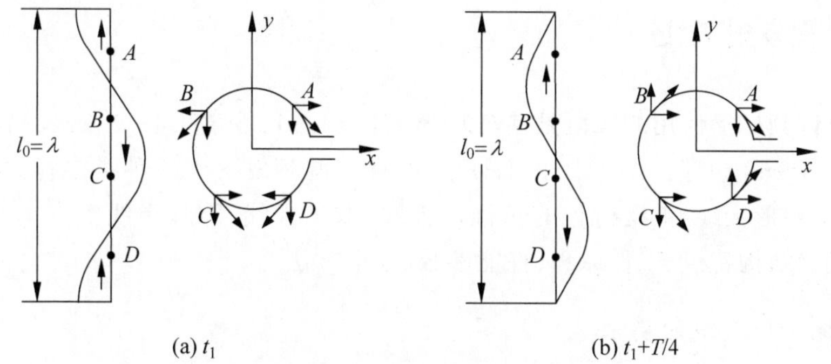

图 9.2.18 平面环的电流分布

分析轴向模螺旋天线时,可以近似地将其看成是由 N 个平面圆环串接而成的,也可以把它看成是一个用环形天线作单元天线所组成的天线阵。因为螺旋天线一圈周长约为 λ,N 圈总长度为 $N\lambda$,沿线电流不断向空间辐射能量,因而到达终端的能量就很小了,故终端反射也很小,这样可以近似认为沿螺旋线传输的是行波电流。

设在某一瞬间 t_1 时刻,圆环上的电流分布如图 9.2.18(a)所示,该图左侧图表示将圆环展成直线时线上的电流分布,右侧图则是圆环的情况。在平面圆环上,对称于 x 轴和 y 轴分布的 A、B、C 和 D 四点的电流都可以分解为 I_x 和 I_y,两个分量,由图可以看出

$$\begin{cases} I_{xA} = -I_{xB} \\ I_{xC} = -I_{xD} \end{cases} \tag{9.2.21}$$

上式对任意两对称于 y 轴的点都成立。因此,在 t_1 时刻,对环轴(z 轴)方向辐射场有贡献的只是 I_y,且它们是同相叠加,其轴向辐射场只有 E_y 分量。

由于线上载有行波,线上的电流分布将随时间而沿线移动。为了说明辐射特性,再研究另一瞬间 $t_2=t_1+T/4$(T 为周期)时刻的情况,此时电流分布如图 9.2.18(b)所示,对称点 A、B、C 和 D 上的电流发生了变化,由图可以看出

$$\begin{cases} I_{yA} = -I_{yB} \\ I_{yC} = -I_{yD} \end{cases} \tag{9.2.22}$$

同理,此时 y 分量被抵消,而 I_x 都是同相的,所以轴向辐射场只有 E_x 分量,说明经过

$T/4$ 的时间间隔后，轴向辐射的电场矢量绕天线轴 z 旋转了 90°。显然，经过一个周期 T，电场矢量将旋转 360°。由于线上电流振幅值不变，故轴向辐射的场值也不会变。这样，电场伴随着行波电流一起做旋转运动，在螺旋天线的末端便产生了圆极化波。

由此可得出，周长为一个波长的载行波圆环沿轴线方向辐射的是圆极化波。综上所述，螺旋天线上的电流是行波电流，每圈螺旋线上的电流分布绕 z 轴以频率 ω 不断旋转，因而 z 轴方向的电场也绕 z 轴旋转，这样就产生了圆极化波。按右手螺旋方式绕制的螺旋天线，在轴向只能辐射或接收右旋圆极化波；按左手螺旋方式绕制的螺旋天线，在轴向只能辐射或接收左旋圆极化波。

9.2.2 电视发射天线

电视与调频广播使用的频段是甚高频(VHF)(1～12 频道：48.5～223MHz)和特高频(UHF)(13～68 频道：470～958MHz)。电视与调频发射天线种类多样，常用的有蝙蝠翼天线、十字形天线、带反射板的角锥形天线、双环天线、隙缝天线等。本节主要介绍蝙蝠翼天线的结构特点、工作原理、性能参数、馈电方法等。

1. 电视发射天线的要求

(1) 传播环境要求。电视发射天线是电视播出系统的终端设备，其性能的好坏直接影响到播出质量。电视、调频发射电波主要以空间波传播，因而电视台的服务范围直接受到天线架设高度的限制。为了扩大服务区域，一般天线要架设在高大建筑物的顶端或专用的电视塔上。这样一来，就要求它在结构、防雷、防冰凌等方面满足一定的要求。

(2) 电气性能要求。

① 方向特性。电视演播中心及其发射中心一般设在城市中央，为了增大服务范围，要求天线在水平平面内应具有全向性。如果在城市边缘的小山或高山上建台，就应考虑不同方向人口多少等问题，故水平平面应具有一定的方向性。垂直平面内要有较强的方向性，以便能量集中于水平方向而不向上空辐射。当天线架设高度过高时，还需采用主波束下倾方式，考虑“零点补充”问题，以免邻近电视台的部分地区的用户收看不好。

② 阻抗特性。要求整个天馈线系统的驻波比 $l \leqslant 1.1$(即电压反射系数在 0.05 以下)。这个要求是从能量传输方面和接收图像中不致产生明显的重影而提出的。电视接收机要求的信噪比一般为 $S/N \geqslant 20$B。$l=1.1$ 是总的驻波比要求，对于每一个馈电部件当然应该要求更高些(应按 $l=1.02 \sim 1.1$ 的要求)。

③ 带宽特性。因为人们的视觉要比听觉灵敏得多，对电视在电特性方面的要求比一般电声广播要高，通常要求发射天线必须有足够的带宽，通常的细长对称天线是不易满足的，为此往往采用粗振子或蝙蝠翼天线等。

④ 极化特性。为减小天线受支持物和馈线的影响(因它们都是垂直放置的，产生垂直极化的辐射)和减小工业干扰，并且架设方便，故使用水平极化波较好。因此，电视发射天线都是与地面平行即水平架设的对称振子及其变型。

⑤ 其他特性。发射天线必须有足够的功率容量，一般小型电视差转台 100W 以下可用由折合振子组成的多层十字形天线，大功率容量场合就要用蝙蝠翼天线或其他天线了。

2. 旋转场原理

下面以电基本振子组成的旋转场天线（Turnstile Antenna）为例，说明它的工作原理。

设有两个电基本振子在空间相互垂直放置，如图 9.2.19(a)所示，馈给两个振子等幅相差 90°的电流，则在振子组成的平面内的任意点上，两个振子产生的场强分别为

$$E_1 = A\sin\theta\cos(\omega t - kr) \tag{9.2.23a}$$

$$E_2 = A\sin(90^\circ - \theta)\sin(\omega t - kr) = A\cos\theta\sin(\omega t - kr) \tag{9.2.23b}$$

其中，A 是与传播距离、电流和振子电长度有关而与方向性无关的一个因子。在两振子所处的平面内，两振子辐射电场方向相同，所以总场强就是两者的代数和，即

$$E = E_1 + E_2 = A\sin(\omega t + \theta - kr) \tag{9.2.24}$$

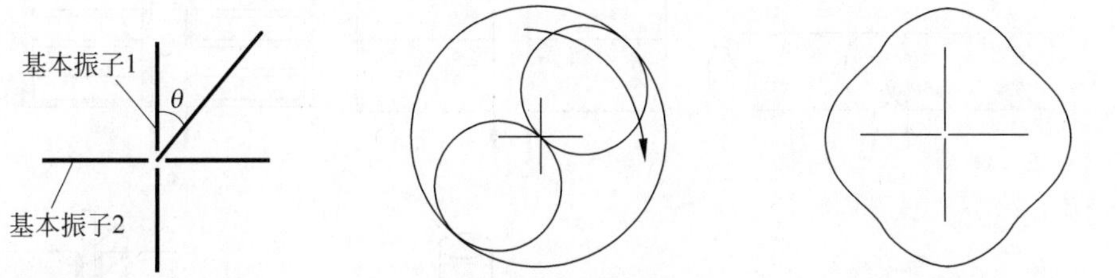

(a) 相互垂直的电基本振子　(b) 电基本振子组成旋转场天线　(c) 半波振子组成旋转场天线

图 9.2.19　旋转场天线

由上式可见，在某一瞬间（如 $t=0$），在振子所在平面内为一个 8 字形，而在任一点处，E 又是随时间而变化的，变化周期为 ω。也就是说，在任何瞬间，天线在该平面内的方向图为 8 字形，但这个 8 字形的方向图随着时间的增加，围绕与两振子相垂直的中心轴以角频率旋转，故这种天线称为旋转场天线，天线的稳态方向图为一个圆，如图 9.2.19(b)所示。

在与两个振子相垂直的中心轴上，场强是一个常数，因为此时电场

$$E = A\sqrt{\cos^2(\omega t - kr) + \sin^2(\omega t - kr)} = A \tag{9.2.25}$$

而且在该中心轴上电场是圆极化场。如果把基本振子用两个半波振子来代替，就是实际工作中常用的一种旋转场天线，其方向图与前者相比略有不同，与一个圆相比约有±5%的起伏变化，如图 9.2.19(c)所示。在半波振子组成的平面内，合成场和方向函数为

$$E = A\left[\frac{\cos\left(\frac{\pi}{2}\cos\theta\right)}{\sin\theta}\cos(\omega t - kr) + \frac{\cos\left(\frac{\pi}{2}\sin\theta\right)}{\cos\theta}\sin(\omega t - kr)\right] \tag{9.2.26}$$

$$F(\theta)=\left\{\left[\frac{\cos\left(\frac{\pi}{2}\cos\theta\right)}{\sin\theta}\right]^2+\left[\frac{\cos\left(\frac{\pi}{2}\sin\theta\right)}{\cos\theta}\right]^2\right\}^{\frac{1}{2}} \tag{9.2.27}$$

在与两个振子相垂直的轴上,电场仍为圆极化波。这种天线可以架设在一副支撑杆上,杆子与两振子轴垂直。因8字形的方向图围绕杆子旋转,故又称绕杆天线。为了提高天线的增益系数,可以在同一根杆子上安装几层相同的天线。

3. 蝙蝠翼天线

1) 结构特性

蝙蝠翼天线(Batty Wing Antenna),是由半波振子逐步演变而来的,如图9.2.20(a)、(b)、(c)、(d)所示,为了满足宽频带的要求,采用粗振子天线;为了减轻天线重量,用平板代替圆柱体;为了减少风阻,以用钢管或铝管做成的栅板来代替金属板:为了防雷击,还加入接地钢管,在 E-E 处短路,并在中央钢管中间馈电。图9.2.20(e)为天线的结构示意图。

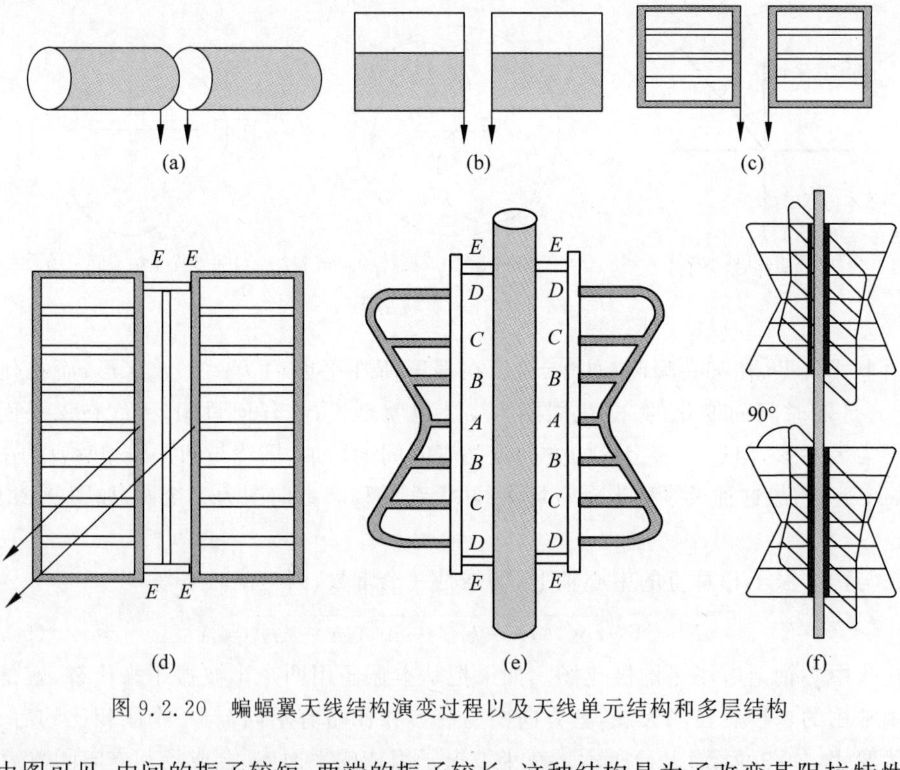

图9.2.20 蝙蝠翼天线结构演变过程以及天线单元结构和多层结构

由图可见,中间的振子较短,两端的振子较长,这种结构是为了改变其阻抗特性。因为两翼的竖杆组成一平行传输线两端短路,在 $A\sim E$ 间形成驻波,短路线的输入阻抗为感抗,其大小从 $E\rightarrow D\rightarrow C\rightarrow B\rightarrow A$ 逐渐增大,而在这些点上接入的对称振子的臂长从 D 到 A 逐渐减短,因而其输入容抗逐渐增大,与短路线的输入感抗相互抵消,所以具有宽频带特性。经实验测试,天线的输入阻抗约为150Ω。顺便指出,这样一组同相激励的振子在垂直平面的方向图大体上与平行排列的、间距为 $\lambda/2$ 的等幅同相两半波振子的方向图相同。

实际应用时，为了获得水平平面内近似全向性，可将两副蝙蝠翼面在空间呈正交。为了提升增益，可增加蝙蝠翼的层数，两层间距约为一个波长，如图 9.2.20(f)所示。

天线最下一层离铁塔的塔架(或平台)应有 1/4 波长以上的距离，这样可减小塔架对天线阻抗的影响，一般取 $(0.25\sim0.6)\lambda_0$ 即可。天线支柱(桅杆)的粗细会影响到天线的阻抗和水平面方向性，从电气性能上说希望支柱直径小些；但从机械强度来说希望直径大些。当支柱直径 $D\leqslant0.1\lambda_0$ 时，水平面的电场强度偏差在±0.5dB 以内；当 $D=0.2\lambda_0$ 时电场强度的偏差就恶化到±1dB 左右。因而，在满足机械强度下以选小直径为好，考虑到两者兼顾，一般选 $(0.1\sim0.15)\lambda_0$，最大不宜超过 $0.2\lambda_0$。天线层与层之间的距离一般选 $0.95\lambda_0$ 左右，以不大于 λ_0 为宜，否则增益会下降。槽缝宽(支柱与短路线之间的空隙)会影响到振子的阻抗特性，在调试天线的过程中要改变其大小，但一般在 $0.05\lambda_0$ 左右。

2) 馈电特性

为了保证水平面场型是个圆，必须采用旋转场式馈电，要求每层天线各个振子馈电相位以 90°相位差按顺时针(或反时针)方向顺序馈电，即相邻两翼相差为 90°，而对称的两翼相差为 180°。

为了获得 180°相位差，一般采用如图 9.2.21(a)所示的方法，即一对蝙蝠翼振子用两条电缆馈电，一边为正馈(电缆的芯线接在振子上，外皮接在支柱上)，另一边为负馈(电缆的外皮接在振子上，芯线接在支柱上)，因此，其激励电流相位差为 180°。

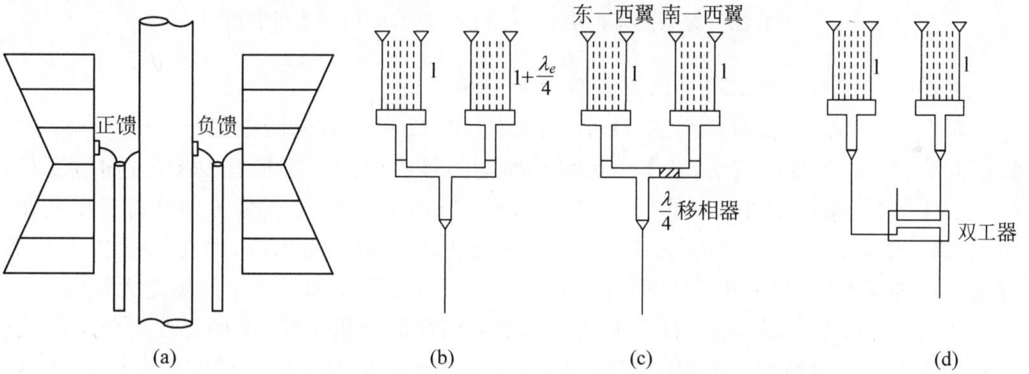

图 9.2.21 (a)正馈与负馈；(b、c、d)获得 90°相位差的方法

为了获得 90°相位差，当采用一根主馈线时，有两种方法获得 90°相位差：第一种如图 9.2.21(b)所示，一侧振子翼的分馈线长度为 $n\lambda_e/2$，相邻的另一侧振子翼的分馈线长度为 $n\lambda_e/2+\lambda_e/4$，两者长度差 $\lambda_e/4$，便获得 90°相位差；第二种如图 9.2.21(c)所示那样，所有振子翼的分馈线长度相等，在 2∶1 变阻器中一路输出端加一个 $\lambda/4$ 移相器，便获得 90°相位差，通常采用这种方法。当双馈输出时，如采用 8dB 定向耦合双工器双馈输出时，要求所有分馈线长度相等，也要求两根主馈线长度相等，因带状线双工器的性质，使输出就有 90°的相位差，如图 9.2.21(d)所示。

3）方向特性

（1）水平面方向图：蝙蝠翼天线的水平方向性是相互垂直的两振子翼在水平面内的场强合成，而每一对振子翼的场强由天线导体中电流产生的场强的合成。由蝙蝠翼旋转场天线的水平方向性与半波振子旋转场天线的水平方向性也相差不多，所以工程上都用等效方法。如图 9.2.22 所示，两相互垂直的对称天线，共电流的振幅比为 $K=I_{2m}/I_{1m}$，相位差为 δ，若 $\delta=90°$，$K=1$ 时，合成的水平面方向函数为

$$F(\theta)=\left\{\left[\frac{\cos\left(\frac{\pi L}{\lambda_0}\cos\theta\right)-\cos\left(\frac{\pi L}{\lambda_0}\right)}{\sin\theta}\right]^2+\left[\frac{\cos\left(\frac{\pi L}{\lambda_0}\sin\theta\right)-\cos\left(\frac{\pi L}{\lambda_0}\right)}{\cos\theta}\right]^2\right\}^{\frac{1}{2}} \quad (9.2.28)$$

式中，λ_0 为频道中心波长；L 为等效振子的长度，蝙蝠翼天线的等效长度 L 为振子伸出的最大距离，即 $L=2(l_4+S)+D$。其中，l_4 为单一振子翼的最大宽度，S 为槽缝宽（支柱与短路线之间的空隙），D 为抱杆的外径。

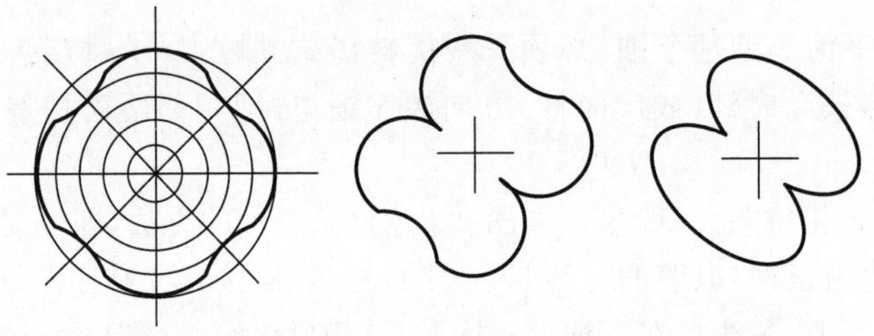

图 9.2.22　蝙蝠翼天线在 $\delta=90°$时和不为 90°时的水平方向图

由式(9.2.28)可看出水平面方向性与 L 有关。

而 L 与 D 有关，在桅杆很细（D 小）时，图 9.2.22 所示方向图近似于一个圆，水平面场型大约有±0.5dB 的波动，基本满足水平面均匀接收效果。当桅杆太粗，方向性变坏，$D=0.2\lambda_0$ 时场型波动可增加到±1.5dB。此外，当 $\delta\neq 90°$时，水平面方向性将发生变化。图 9.2.22 中，$\delta=75°$和 $\delta=60°$时蝙蝠翼天线的水平面方向图不为圆，偏到了一边，当服务范围有这种需要时，可采用 $\delta\neq 90°$的馈电方法。天线层数增加对水平面场型无影响。

（2）垂直面方向图：垂直面方向图与水平方向性的分析一样，采用工程等效的办法。把蝙蝠翼天线近似地看作相隔 $\lambda/2$ 的两个半波振子，这是由于振子馈电点在中心 A-A，振子翼两端 E-E 短路，因此在 A-E 上形成驻波，A-A 点附近为电压驻波最大值。但 A-A 点的对称振子最短，阻抗很大，电流很小；而在 B-B、C-C、D-D、E-E 处，由于振子逐渐增长，阻抗减小，虽然电压驻波逐渐减小，但电流仍逐渐增大，电流的最大值在 A-E 中间，在垂直面内，方向图近似于相隔 $\lambda/2$ 的半波振子二元阵方向性图，如图 9.2.23 所示。

多层蝙蝠翼天线垂直面方向函数为

$$F(\varphi)=F_1(\varphi)\frac{\sin\left(N\frac{\pi d}{\lambda_0}\sin\varphi\right)}{N\sin\left(\frac{\pi d}{\lambda_0}\sin\varphi\right)}=F_1(\varphi)\cdot F_N(\varphi) \quad (9.2.29)$$

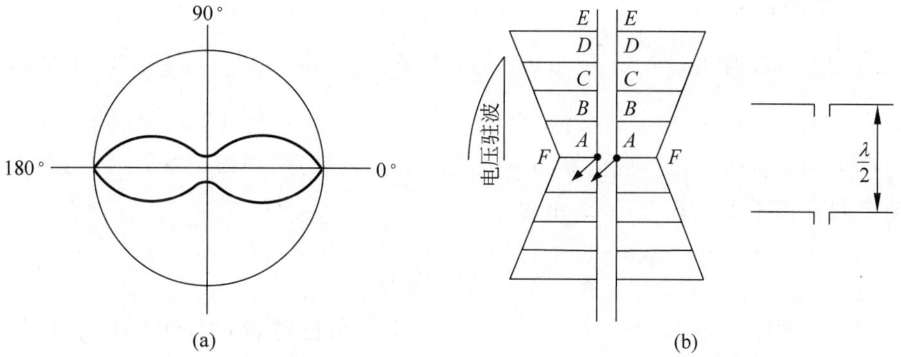

图 9.2.23　单层蝙蝠翼天线的垂直方向图(a)和蝙蝠翼天线等效为两个半波振子(b)

式中,F_1 为单层蝙蝠翼天线的垂直面方向函数；F_N 为归一化阵因子；N 为层数；d 为层与层之间的距离。天线的层数越多,垂直面方向图的主瓣越尖,增益越高。当假定天线场型近似于均匀分布电流的线状天线场型时,垂直面方向图的主瓣半功率波瓣宽度 $2\theta_{0.5}$,近似为

$$2\theta_{0.5}=\frac{61^{\circ}}{G} \tag{9.2.30}$$

其中,G 为功率增益,即垂直面内的增益。电视广播要求天线垂直面内的最大辐射方向指向服务区,当天线的垂直方向性越尖锐时,G 就越大,通常可用经验公式计算：

$$G=1.22\,\frac{Nd}{\lambda_0} \tag{9.2.31}$$

式中,N 为层数；d 为层距；λ_0 为频道中心波长。考虑到天线的损耗和电流分布的不均匀性,将使增益下降,而用下式计算较为准确：

$$G=1.11\,\frac{Nd}{\lambda_0} \tag{9.2.32}$$

多层蝙蝠翼天线的垂直面方向图,常用直角坐标来描绘。图 9.2.24 为当层距 $d=\lambda_0$、同相位、等功率馈电时,三、四、六层蝙蝠翼天线的垂直面方向图。图中纵坐标为场强相对值,横坐标为倾角。

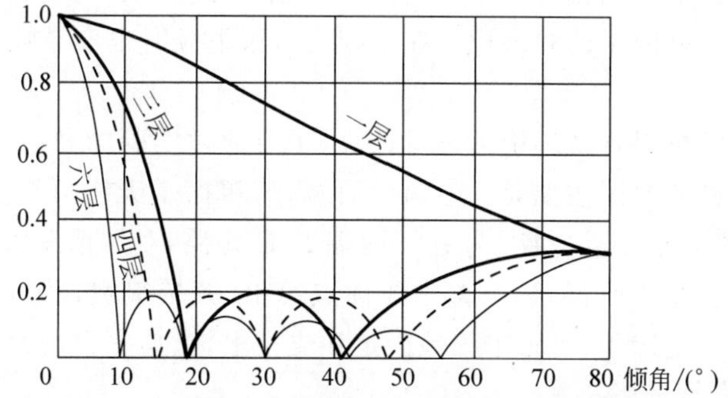

图 9.2.24　同相位等功率馈电,多层蝙蝠翼天线的垂直方向性图

(3) 零点角：蝙蝠翼天线的零点距离与零点补偿在实际应用中非常重要。从图 9.2.24 及式(9.2.29)可以看出，当 $N\frac{\pi d}{\lambda_0}\sin\varphi=n\pi$ 时，$\sin\left(N\frac{\pi d}{\lambda_0}\sin\varphi\right)=0$，其中，$n=1,2,3,\cdots$，$n\leqslant N-1$。从而使得 $F_N=0$，也就是多层天线的零点，在此角度上的辐射等于 0，在此区域内将严重地影响接收。造成的原因是层数增加时，方向图副瓣增加，主瓣与副瓣，副瓣与副瓣之间存在零点。其中，零点角为

$$\varphi_N=\arcsin\frac{n\lambda_0}{Nd} \tag{9.2.33}$$

可见零点角与层距 d 有关，当天线的层数越多，零点角也越多。零点距离发射天线都比较近，一般情况下，由于近区杂散辐射较大，又大都在高山建台，问题不太；但如在城市中心区建台，就必须考虑零点补偿，普通的补偿办法是将多层排列的振子分为上、下两部分，改变上下两部分振子的激励功率比和馈电流相位差的办法，通常功率比取 7∶3，但用此办法馈电时天线的增益要下降 4%。

(4) 主射束下倾：当天线很高，多层天线用同相位、同振幅的电流激励时，主射束与桅杆相垂直，因地球是曲面，这样可能使主射束达不到地面。为了使电波传播到最远的地面，即应该把电波的主射束对着地球的切线 AB 方向(图 9.2.25)，也就是需要把电波的主射束的水平面向下方倾斜一个角度 θ_t，这就是所谓"主射束下倾"。当天线层数较多或者天线架设在高山时，就需要考虑主射束下倾的问题了。

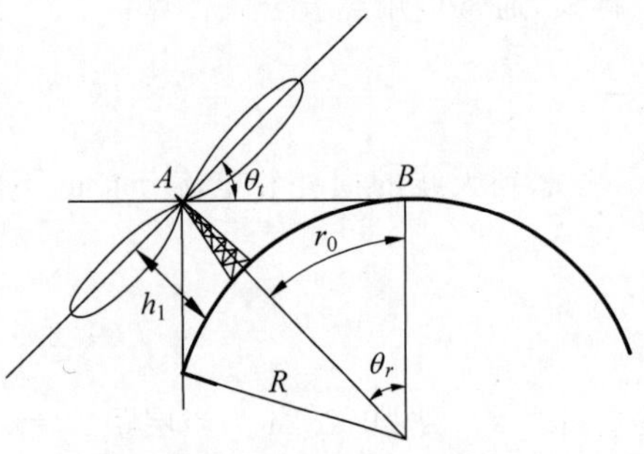

图 9.2.25　主射束的下倾角

下倾角 θ_t 的计算，可由图 9.2.25 所示，r_0 为视距，当接收天线 $h_2=0$ 时，视距 r_0 为 $r_0=4.12\sqrt{h_1}$(m)(km)，所以 $\theta_t\approx r_0/R$(rad)，其中，R 为地球的等效半径，h_1 为发射天线的有效高度。

解决主射束下倾的办法有机械和电气两种：①机械方法，使天线在架设时有意识地下倾一个角度 θ_t，这会带来施工的困难；②电气方法，在天线为偶数层，将下半部的振子群与上半部的振子群的馈电不同相。根据方向性乘积原理，此天线的方向性函数即为每单层振子的方向性函数与阵因子的总乘积。在采取主射束下倾时也会导致增益降低一些。

4) 阻抗特性

蝙蝠翼天线的阻抗很难从理论上进行计算，主要通过实验的办法进行测量。蝙蝠翼天线具有宽频带特性的原因主要是：①辐射面宽，与粗振子天线可增宽频带相似；②中间部分收缩，使电流分布尽量一致；③振子两端 E-E 短路，利用槽缝组成大约 $\lambda_0/4$ 短路线来进行阻抗补偿。总体而言，蝙蝠翼天线优点突出，频带很宽，相对带宽可达(20%～25%)($\rho\leqslant1.1$)，不用绝缘子，可很牢固地固定在支柱上，且功率容量大。

9.3 移动通信天线及其应用

移动通信就是指通信双方至少有一方在运动中的通信，包括移动体与固定点之间和移动体之间的通信，概括来说就是“动中通”。例如，运动中的人、汽车、轮船、飞机等移动体间的通信，分别构成陆地移动通信、海上移动通信和空中移动通信。图 9.3.1 为移动通信系统的组成示意图。现代移动通信经历了 1G 到 5G 的发展历程，技术发生了翻天覆地的变化。天线作为系统的重要组成部分，也有着日新月异的发展。以常用蜂窝制体制为例，移动通信天线主要可以分为手持机（移动台）用天线和基站台用天线。

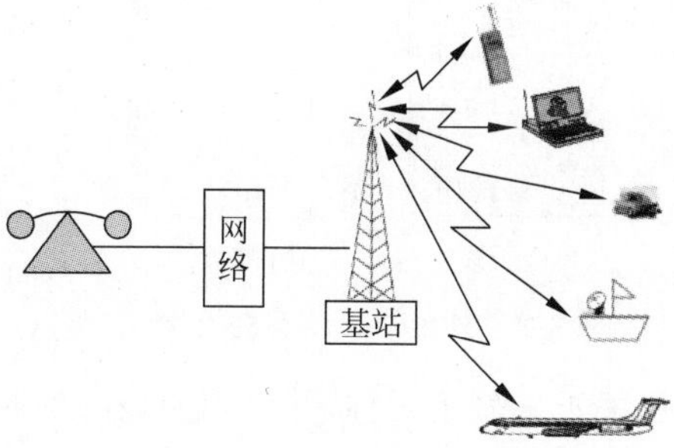

图 9.3.1 移动通信系统的组成

9.3.1 手持机（移动台）用天线

伴随着移动通信的高速发展，手机普及率越来越高，已成为人们日常生活中不可缺少的一部分。人们也越来越注重手机的通话质量、数据传输速率、时尚美观度、智能化水平等，而天线恰是影响这些方面的重要因素。当前手机天线设计，必须考虑以下因素。

(1) 结构成本：小型化、重量轻、坚固性、集成度高，加工成本低。

(2) 电性能：宽带宽，工作频带延伸到毫米波波段；方向图要求水平面全向，垂直面主向沿地表，且为垂直极化，因此鞭状天线或其变型最为合适。

(3) 多功能：具有分集功能，移动通信电波传播环境复杂，多径效应强，期望利用分集天线，提高手机与接收端的信噪比。

(4) 安全性：具有良好的电磁兼容性，减少电磁干扰，手机辐射符合对人体的安全性要求，即满足 SAR(Specific Absorption Rate，电磁波能量吸收比值)指标要求。目前通用的安全标准为 30MHz～15GHz 频区，非控制照射极限为：SAR 限量峰值为 1.6W/kg，人体全身平均为 0.08W/kg，平均时间为 30min。

(5) 持久性：功率损耗是影响手机续航时间的重要因素。现今手机天线外露部分已经做得很短小，甚至采用内藏式天线，增益和效率都很低，减小功率损耗才能持久耐用。

(6) 智能化：易于操作，时尚美观，是新型手机天线的用户体验发展趋势。

根据天线相对于手机的位置，可以分为外置式天线和内置式天线。

1. 外置式天线

早期受制造工艺的影响，手机只能采用外置天线。外置天线的优点是频带宽、接收信号比较稳定、制造简单；缺点是暴露于机体外易于损坏、人体对天线性能影响大、需加反射层和保护层来减小对人体的辐射，收发须用不同的匹配电路等。

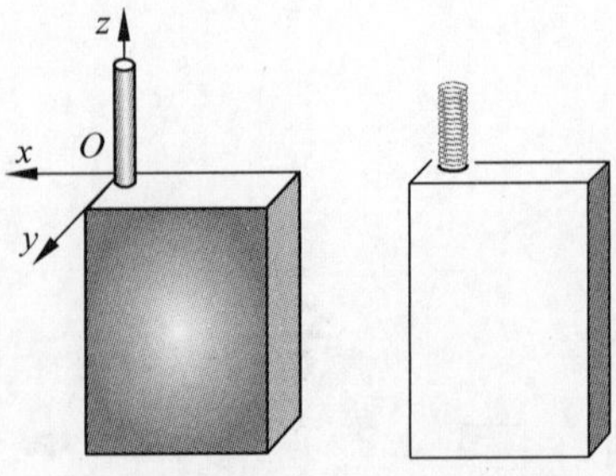

(a) 单极天线　　(b) 螺旋天线

图 9.3.2　外置式天线手机模型

最常见的手机外置式天线有单极天线和螺旋天线，如图 9.3.2 所示。垂直放置天线的尺寸以及接地面的尺寸及形状会影响天线的辐射特性。图 9.3.3 所示为单极天线的结构和仿真特性。与无限大理想导电地面上的单极天线的方向性相比，手机单极天线方向图在水平平面不具有旋转对称性，原因在于单极天线架设置于手机顶部的角点处；另外，由于手机外壳向下延伸，所以垂直平面方向图的波束向下倾斜：xOz 平面方向图也由于天线的不对称架设，导致方向图关于 z 轴不对称，并出现明显的副瓣。

如图 9.3.3(c)所示，手机外置法向模螺旋天线的方向图、极化特性类似于单极天线，但是由于其输入阻抗对频率很敏感，因而具有窄带特性，由于鞭状螺旋天线的分布加感效应，其应用长度要比 $\lambda/4$ 的单极天线短。

由于手机通信过程中人体处于天线的近区场中，手机天线辐射特性明显受到人体的影响，同时由于外置式天线不适合加反射板，所以外置式天线的手机对人体辐射伤害的研究近年来也受到重视。周晓明等基于医学解剖学的核磁共振技术，建立了适合于应用时

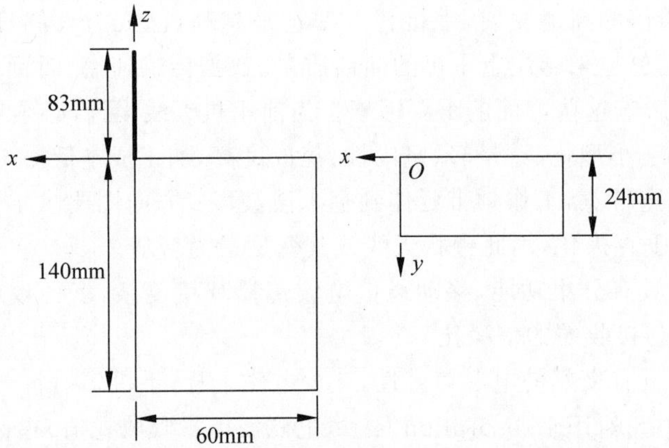

(a) 结构尺寸

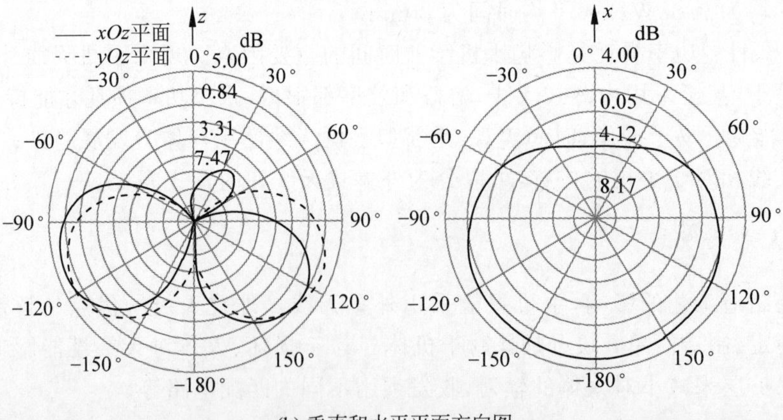

(b) 垂直和水平平面方向图

图 9.3.3　手机单极天线

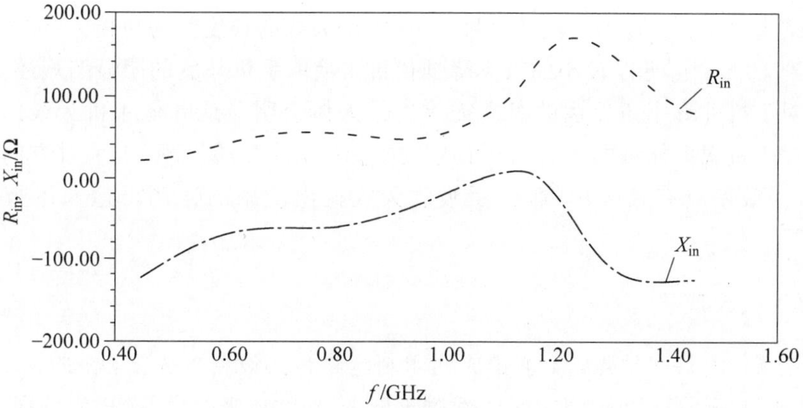

(c) 输入阻抗

图 9.3.3 (续)

域有限差分法(FDTD)模拟手机辐射问题的人体几何电磁模型,模拟计算了人体影响下的普通单极式和螺旋式手机天线的辐射方向图(频率 $f=900\text{MHz}$),比较了人体模型对这两款手机天线辐射特性的影响。图 9.3.4 所示为外置式单极天线手机与人体几何结构模型和考虑人体影响下的天线方向图。

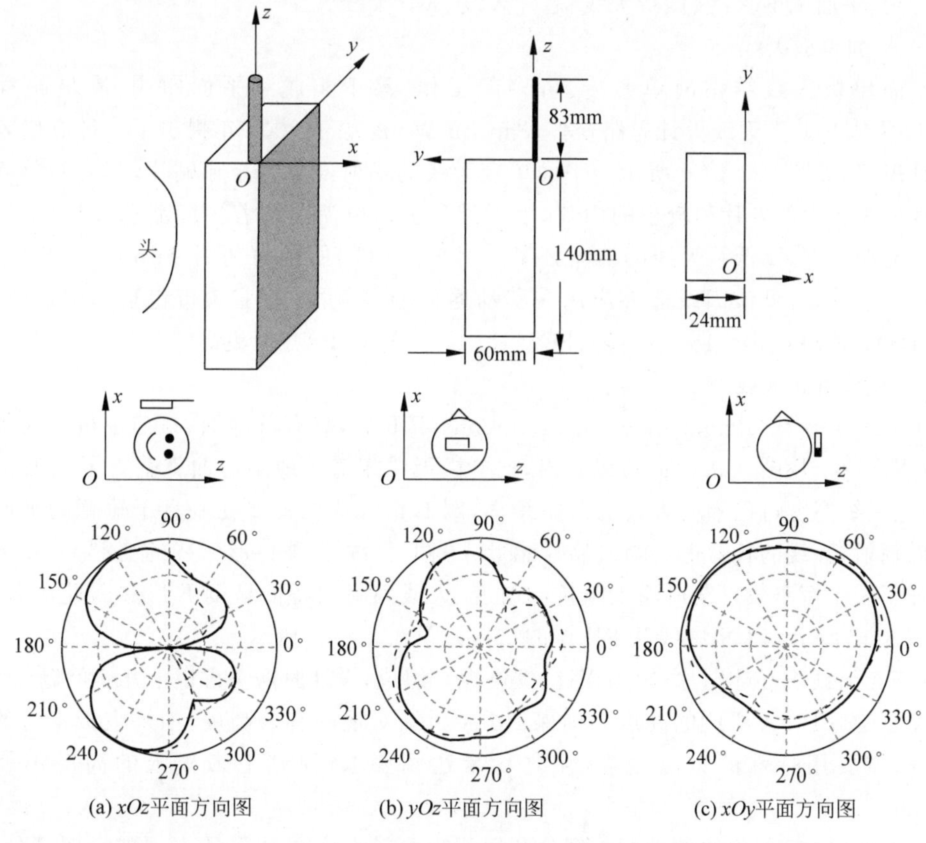

图 9.3.4 外置式单极天线手机与人体几何结构模型(上)和考虑人体影响的单极手机天线方向图(下)

研究结果表明：①同等手机外壳尺寸下，螺旋天线的长度约为单极天线的1/5时，效率下降不到10%。可见以较小的效率降低代价来换取手机长度的明显缩短还是值得的，适合人们对手机外形小巧玲珑的时尚需求。②人体会明显地降低手机天线的效率。人体会吸收掉手机辐射能量的大部分，可达半数左右。计算还发现，人手对方向图影响不大，但对天线效率具有较大影响，人手吸收天线输出功率的比例可达人体吸收的一半以上。

2. 内置式天线

外置式天线有许多缺点：不能集成到印制电路板或设备外壳上，增加了设备的总尺寸；易于折断和弯曲，需小心维护；天线难于屏蔽，导致比吸收率SAR值较高，人体对天线的性能影响较大；难以迎合手机使用者对手机外形的时尚需求。

内置天线则与外置天线相反，它有很多优点：内置天线可被集成到通信设备的印制电路板或外壳上；具有机械刚性，不易被损坏；不额外增加设备尺寸，利于手机外形的时尚设计；不要求用户在使用时小心维护天线，可以采用高水平的屏蔽技术来屏蔽天线，使其SAR值非常小，而天线几乎不受人体的影响；更重要的是，可以安装多个天线，方便组阵，从而实现手机天线的智能化。内置天线已成为趋势。常见的内置天线的类型有平面单极天线、平面倒F天线、微带天线、芯片天线、AiP天线。

1）平面单极天线

平面单极天线结构简单紧凑、可多频工作、易于集成和平面印刷、满足超宽带(UWB)需求。此类天线设计思路众多，Kin-Lu Wong等于2003年提出了一种有代表性的设计思路，如图9.3.5(a)所示。平面单极天线的辐射部分为矩形贴片，其上的狭缝将矩形片分为较大的外片和较小的内片，由于外片上的电流需沿着狭缝流动，因而增加了电流的流向长度，降低了天线的谐振频率。图9.3.5(b)所示为利用Ansoft HFSS建模仿真反射系数，可见该天线能够应用在移动通信的多频段，覆盖频带包括GSM(890～960MHz)、DCS(1710～1880MHz)、PCS(1850～1990MHz)甚至更高。

2）平面倒F天线

平面倒F天线(Planar Inverted-F Antenna，PIFA)，具有低剖面、易与手机集成等优点，应用广泛。从图9.3.6(a)可以看出，把单极天线相对于地面弯曲就获得了倒L形天线，降低天线高度可以降低天线的谐振频率，倒L形天线的短臂在垂直于短臂的平面内全方向辐射，天线的长臂也会辐射部分能量。倒F天线是倒L形天线的变型，它在天线上增加了一个短路段以获得输入阻抗的改变，天线因附加特征呈倒F形并因此命名，如图9.3.6(b)所示。手机中线状PIFA的结构如图9.3.6(c)所示。

PIFA天线由导体贴片、短路探针、馈电探针组成，设计时需考虑以下几个问题：

(1) 提高PIFA天线的高度。确保PIFA天线对地的有效高度，如果主板本身的高度不够，需要用特殊的方法处理，使之尽量达到要求，原则上最极限的高度不能低于5mm。

(2) 增加PIFA天线的面积。充分利用天线的有效面积，去除不必要的金属部分，特

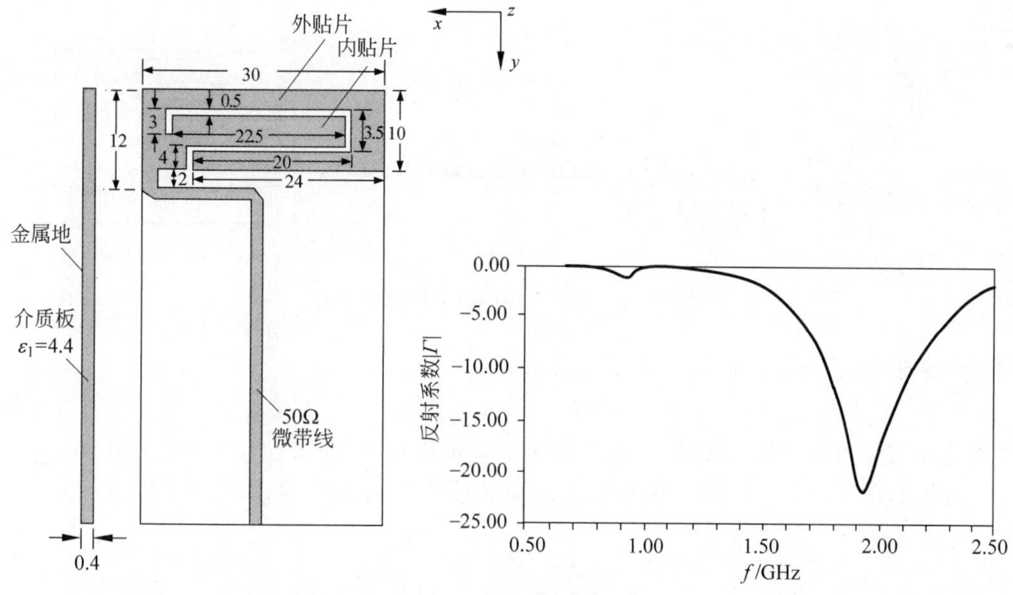

(a) (b)

图 9.3.5 平面单极天线结构图(长度单位为 mm)(a)和反射系数(b)

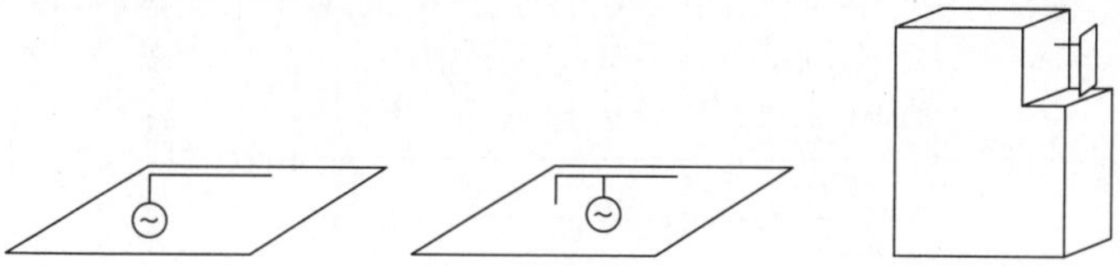

(a) (b) (c)

图 9.3.6 (a)倒 L 形天线;(b)倒 F 形天线;(c)手机中倒 F 形天线的基本结构

别是在天线的上面,机壳正上面不允许出现金属材质的物料或有导电性能的表面处理。

(3) 辐射体边沿要尽可能接近地板边沿,甚至可超出。辐射片和接地片之间要用尽可能少的支撑物。

在实际应用中,PIFA 天线是应用最多的天线形式,它具有灵活多变的结构形式,可以实现多频带工作,并具有较好的 SAR 特性。然而,由于 PIFA 天线的高度要求限制了手机外观的时尚设计,因此其很难用于超薄手机中;而微带天线和芯片天线具有集成度高、小型化的特点,能很好地解决这个问题。

3) 微带天线

微带天线通过在介质基板表面蚀刻具有特定形状的金属贴片,实现相应的辐射特性。相比传统天线,微带天线具有剖面低、体积小、重量轻、成本低、工艺简单、易于集成等优点,在手机天线中应用广泛。微带天线的变型结构众多,最为传统的上层贴片采用规则的矩形或圆形等二维结构,形成微带贴片天线。

微带天线的辐射主要通过其边缘等效的缝隙形成,通过等效原理,缝隙的辐射可等

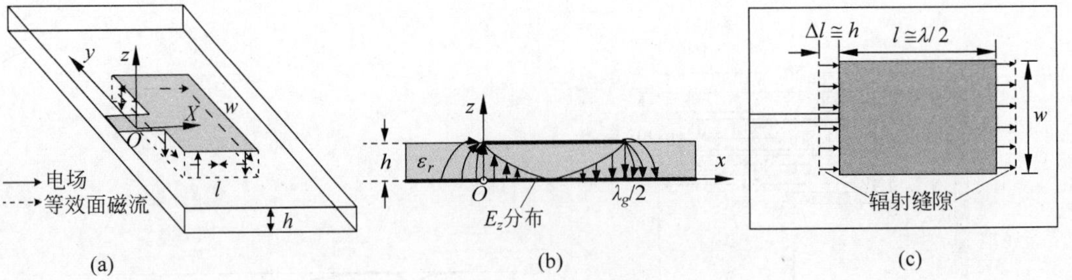

图 9.3.7 微带天线的辐射机理示意图

效为磁流辐射，而等效的磁流面密度可表示为

$$\boldsymbol{M}_S = -\boldsymbol{n} \times \boldsymbol{E} \tag{9.3.1}$$

两条缝隙的等效磁流是同相的，从而实现场在微带法线方向的叠加，实现边射效果。

对于贴片单元长、宽、高分别为 l、w、h 的微带天线，其单个等效缝隙的辐射场方向函数可表示为

$$F(\theta,\varphi) = \frac{\sin\left(\dfrac{kh}{2}\sin\theta\cos\varphi\right)}{\dfrac{kh}{2}\sin\theta\cos\varphi} \frac{\sin\left(\dfrac{kw}{2}\cos\theta\right)}{\dfrac{kw}{2}\cos\theta}\sin\theta \tag{9.3.2}$$

微带天线可等效为一个磁流元的二元阵列，根据天线阵原理，其远区场方向函数为

$$F(\theta,\varphi) = \frac{\sin\left(\dfrac{kh}{2}\sin\theta\cos\varphi\right)}{\dfrac{kh}{2}\sin\theta\cos\varphi} \frac{\sin\left(\dfrac{kw}{2}\cos\theta\right)}{\dfrac{kw}{2}\cos\theta}\sin\theta\cos\left(\frac{kl}{2}\cos\varphi\right) \tag{9.3.3}$$

当考虑到 $kh \ll l$ 的约束条件，E 面($\varphi=0°$)与 H 面($\varphi=90°$)方向函数(图 9.3.8)可分别表示为

$$F_E(\theta,\varphi) = \cos\left(\frac{kl}{2}\cos\theta\right) \tag{9.3.4a}$$

$$F_H(\theta,\varphi) = \frac{\sin\left(\dfrac{kw}{2}\cos\theta\right)}{\dfrac{kw}{2}\cos\theta}\sin\theta \tag{9.3.4b}$$

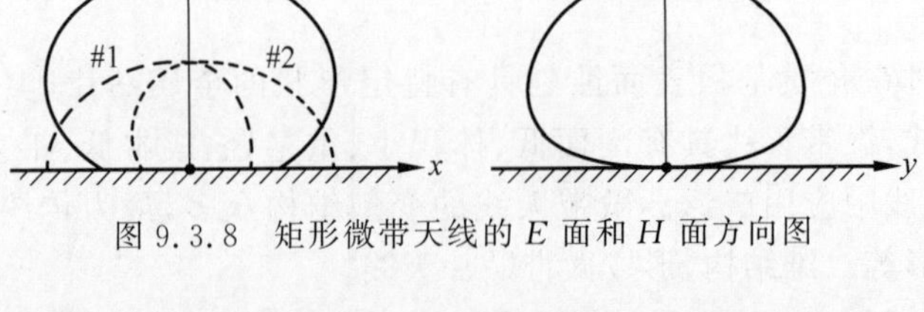

图 9.3.8 矩形微带天线的 E 面和 H 面方向图

对于采用相对介电常数为 ε_r 介质基板的微带天线，其谐振频率 f 主要受其辐射贴片的长度影响。微带贴片天线等效谐振腔体中的波导波长可表示为

$$\lambda_g = \frac{c}{f\sqrt{\varepsilon_e}} \tag{9.3.5a}$$

$$\varepsilon_e = \frac{\varepsilon_r + 1}{2} + \frac{\varepsilon_r - 1}{2}\left(1 + 12\frac{h}{w}\right)^{-\frac{1}{2}} \tag{9.3.5b}$$

式中，ε_e 为介质的有效介电常数。微带天线的主模是 TM_{10} 模，对应的介质长度约为半波长，即图 9.3.7(c)中所示的 $L \approx \lambda/2$。

为了能够使微带天线获得小型化、双频/多频特性，可以采用缝隙、集总元件等加载技术或者弯折、开槽和分形等曲流技术实现。戚冬生等于 2003 年在借鉴他人经验基础上设计了一种微带天线，如图 9.3.9(a)所示。H 形贴片延长了原先矩形贴片天线的电流路径，降低了天线的谐振频率。在天线总尺寸固定的情况下，在没有加缝隙时，可以通过改变 d 的大小来改变天线的谐振频率。在常规矩形天线的辐射边附近加上两条矩形或者 U 形缝隙都可以产生双频的效果，并可以进一步减小天线的尺寸。仿真输入阻抗如图 9.3.9(b)所示。该图表明，该天线具有典型的符合移动通信要求的双频特性。图 9.3.9(c)为该天线反射系数 S_{11}。

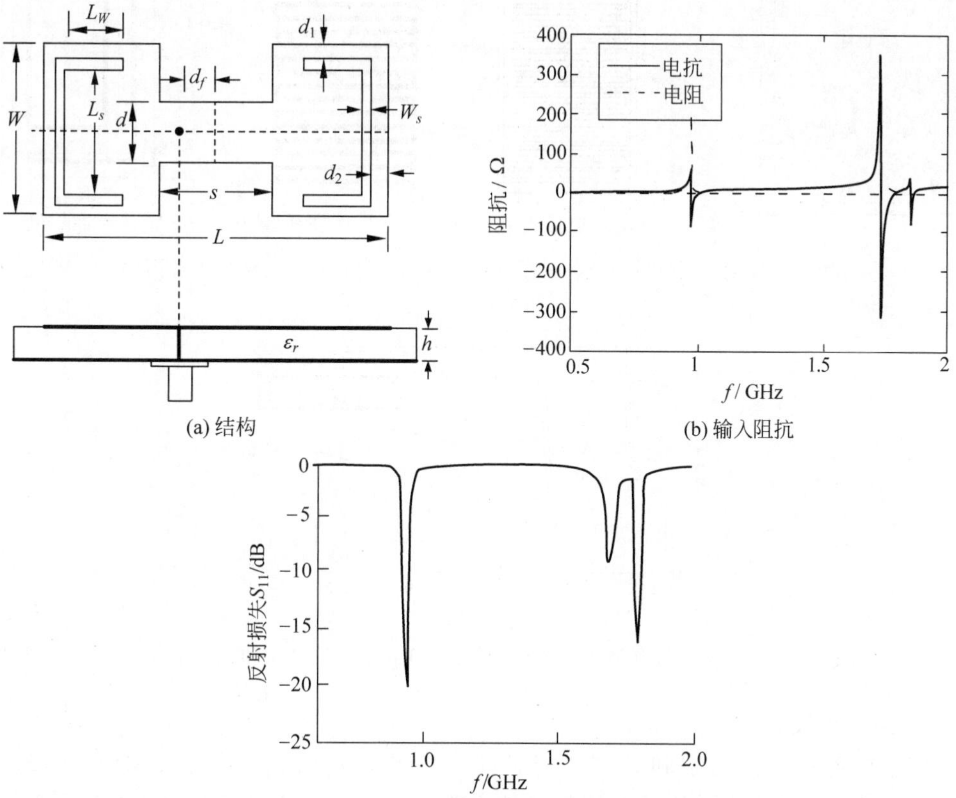

(a) 结构　(b) 输入阻抗

(c) 反射系数

图 9.3.9　缝隙加载 H 形双频微带天线

4）芯片天线

芯片天线在小型化方面具有一定的优势。芯片天线通常在介质上通过一定的曲折结构来实现单频或者多频工作性能。刘英、龚书喜团队设计了五频芯片天线，电路板结构如图 9.3.10 所示，电路板的尺寸为 40mm×93mm，天线为表面贴装器件（Surface Mounted Device，SMD），天线的体积为 20mm×8mm×3.2mm，可以很容易地实现宽频工作特性。该天线采用曲折线（meander line）与螺旋线（spiral）相结合的结构。曲折线与螺旋线分别有各自的谐振频率，通过尺寸调整以使谐振频率互相叠加，最终实现天线宽频工作特性，满足移动终端工作所需要的 5 个频段，并可使天线工作在不同的制式中。图 9.3.11 给出了 VSWR 的计算结果和实际测试结果，该五频天线预期分为低频和高频两个频段，低频频段为 824～960MHz，覆盖 GSM850 和 GSM900；高频频段为 1710～2170MHz，覆盖 DCS1800、PCS1900 和 UMTS。从图中可以看出，计算结果与测试结果比较吻合。

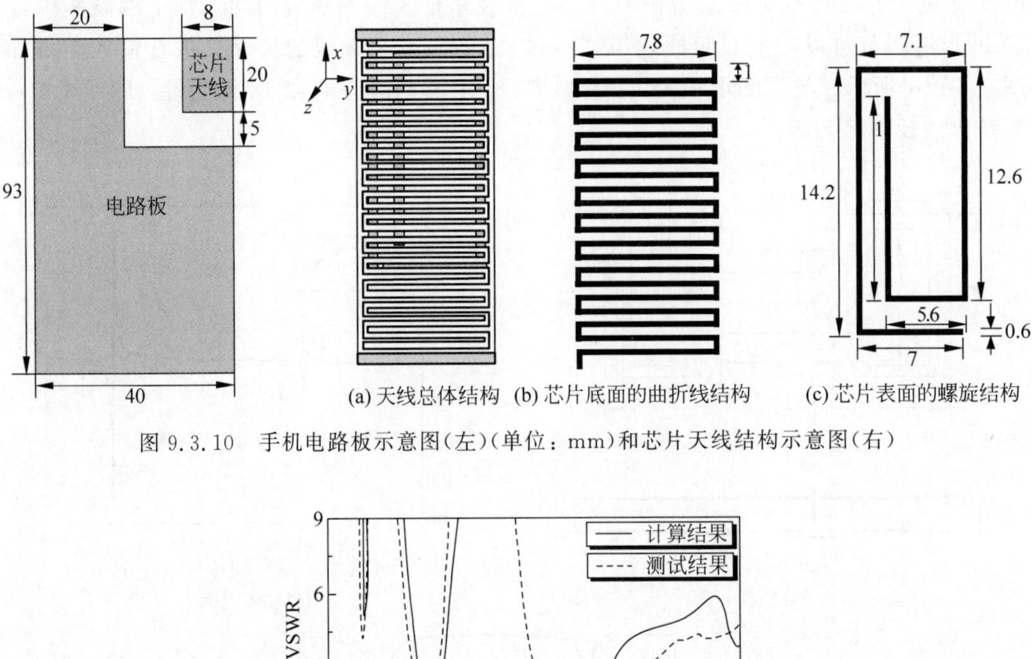

图 9.3.10　手机电路板示意图（左）（单位：mm）和芯片天线结构示意图（右）

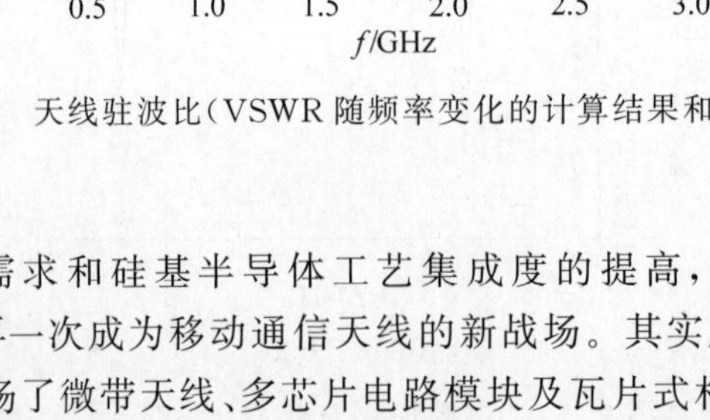

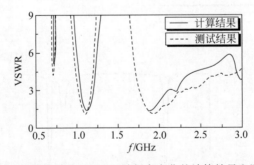

图 9.3.11　天线驻波比（VSWR 随频率变化的计算结果和测试结果）

5）封装天线

随着市场的巨大需求和硅基半导体工艺集成度的提高，封装天线（Antennas in Package，AiP）技术又再一次成为移动通信天线的新战场。其实所谓的 AiP 很早就出现了，AiP 技术继承与发扬了微带天线、多芯片电路模块及瓦片式相控阵结构的集成概念，驱动研究者自20世纪90年代末不断深入探索在芯片封装上集成单个或多个天线。

9.3.2 基站台用天线

基站天线在基站与服务区域内各移动站之间扮演着“上传下达”的重要角色。移动通信电波传播环境复杂，移动信道衰落严重，受到地形、温度、湿度等环境因素的影响，这些都对基站天线提出了更高的要求。

(1) 小型化和低剖面：基站天线往往安装于建筑物顶部、铁塔塔侧或塔顶上，其重量与风载荷对实现小型化和低剖面提出了要求。天线与无线基站的集成化设计，能有效减少馈线损耗，提高系统容量，提高系统性能。

(2) 宽带和多频带化：移动通信系统站址资源稀缺，多系统共站、多系统共天线问题凸现，需要实现基站天线宽带化和多频带化，以同时满足多个系统的通信要求，满足运营商扩展新应用、兼容新技术的要求。

(3) 有效的波束覆盖：为保证通信质量，基站天线增益在覆盖的服务区内要尽可能高。一般地，要求水平方向图半功率波束宽度为65°(城区)或者90°(郊区)，以覆盖一个蜂窝系统；而对于垂直面方向图，要抑制上旁瓣，以防止对前方小区造成干扰；填充下零点，以防止基站塔下覆盖电平低，从而造成用户容易掉话的“塔下黑”现象。

(4) 良好的系统功能：基站台架设高度不必如电视中心发射天线那样高，因为蜂窝制小区半径不超过15km。但是基站天线在降低多路径衰落、提升分集的接收能力和环境适应性等方面也有特殊的要求。天线结构应具有较好的机械强度，能够抵抗风、冰凌、雨雪等的影响，且具有较好的防雷接地系统。

1. 基站天线的类型

基站天线种类多样，主要经历了全向天线、定向单极化天线、定向双极化天线、电调单极化天线、电调双极化天线、双频电调双极化到多频双极化天线，以及MIMO天线、有源天线等发展历程。移动通信基站使用的典型形式是板状天线，如图9.3.12所示。

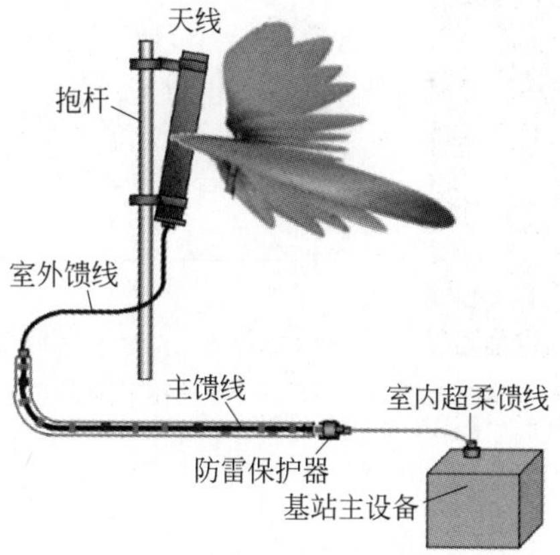

图9.3.12 典型基站天线

1) 全向天线

全向天线在水平方向图上表现为360°都均匀辐射(无方向性)，在垂直方向图上表现为有一定宽度的波束，一般情况下波瓣宽度越小，增益越大。全向天线一般应用于郊县大区制的站型，覆盖范围大。典型的全向天线是串馈振子天线，采用多个半波振子串馈方式实现辐射增益的合成和增强，如图9.3.13所示。

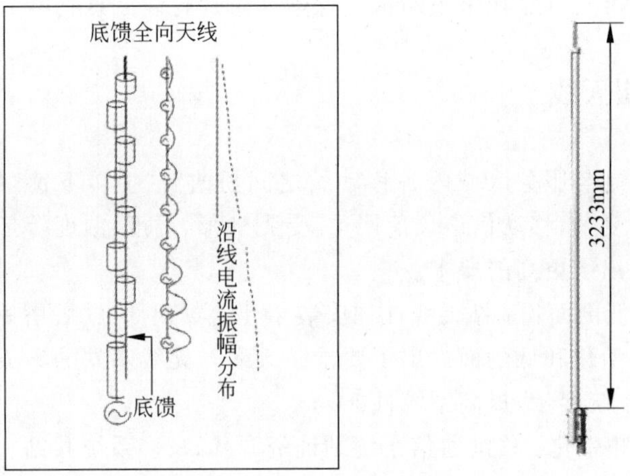

图 9.3.13　全向天线的串馈振子结构和产品形态

2）定向天线

定向天线在水平方向图上表现为一定角度范围辐射(有方向性)，在垂直方向图上表现为有一定宽度的波束，同全向天线一样，波瓣宽度越小，增益越大。定向天线一般应用于城区小区制的站型，覆盖范围小，用户密度大，频率利用率高。典型的定向天线是定向板型振子阵列天线，增益高、扇形区方向图好、后瓣小、垂直面方向图俯角控制方便、密封性能可靠，使用寿命长。天线外形如图 9.3.14 所示。板状天线高增益的形成采用多个半波振子排成一个垂直放置的直线阵或者在直线阵一侧加反射板实现水平定向。

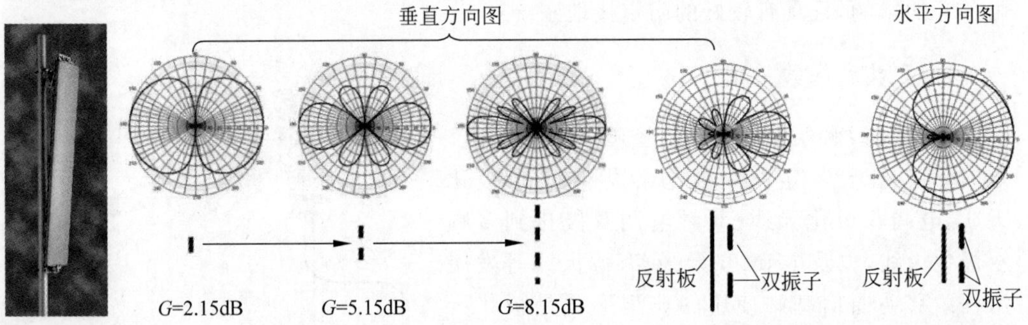

(a) 板状定向天线外形示意图　(b) 采用多个半波振子排成一个垂直放置的直线阵　(c) 带反射板的双半波振子垂直阵

图　9.3.14

目前天线厂家的基站定向天线设计基本全部采用板型振子阵列结构，常用的振子有半波振子和微带振子，如图 9.3.15 所示。

定向天线通过波束合成也可以实现全向辐射效果。如图 9.3.16(a)所示，由三个板形振子构成的三扇区 GSM900 天线，组合天线的每一单元即板形振子，是置于封闭罩内带有反射板的 4 元半波振子边射阵。由同相馈电阵因子图，半波振子方向图及反射板的共同作用，板形振子的垂直面方向图主向与地面平行，其主瓣宽度约 30°。为了获得更高

图 9.3.15　采用多个半波振子和微带振子合成的定向板状天线

的增益，可以使用更多的单元个数。三个板形振子在水平面圆周上间隔 120°安置，它们各自的三个扇形波束在水平面合成近似于圆的方向图(即水平全向)。图 9.3.16(b)所示为单个振子水平面上的扇形波束及三个扇形波束的合成示意。

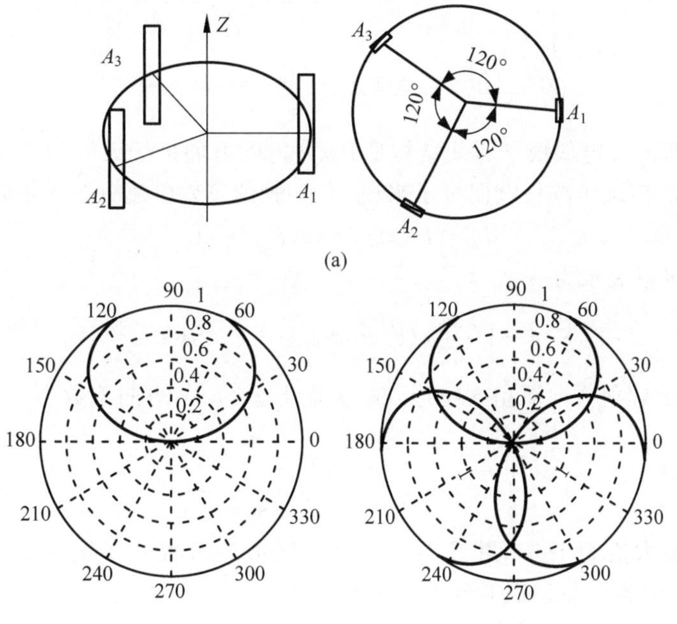

图 9.3.16　三个板形振子天线(a)；板形振子天线水平面上的扇形波束合成(b)

根据组网的要求建立不同类型的基站，一般在市区选择水平波束宽度为 65°的定向天线，在郊区可选择水平波束宽度为 65°、90°或 120°的天线(按照站型配置和当地地理环境而定)，而在乡村选择能够实现大范围覆盖的全向天线则是最为经济的。

3）多功能天线

为满足小型化、多频段、多极化、宽频带、高隔离度、通用性强的需求，基站天线的关键问题之一就是基站天线单元的设计。双极化天线是多功能天线的典型代表，它组合了＋45°和－45°两副极化方向相互正交的天线并同时工作在收发双工模式下，可节省单个定向基站的天线数量；一般 LTE 定向基站(三扇区)要使用 9 根天线，每个扇形使用 3 根天线(空间分集，一发两收)，如果使用双极化天线，每个扇形只需要 1 根天线；双极化天线的极化正交性可以保证+45°和-45°两副天线之间的隔离度满足要求(≥30dB),大大压缩空间间隔。这里介绍近些年应用广泛的磁电偶极子天线,其方向图和宽带特性良好。

2006年香港城市大学陆贵文教授第一次提出了磁电偶极子天线。图9.3.17是磁电偶极子天线的基本结构,主要包含由平面金属贴片构成的金属地、电偶极子、磁偶极子以及同轴馈电实现激励的馈电单元。电偶极子通常是一对平行的贴片组成。磁偶极子由一副$\lambda/4$的贴片竖直放置组成,具有良好的电特性,但是剖面高。为了降低剖面,一些文献引入折叠的贴片或者将贴片倾斜放置作为磁偶极子,并不影响天线原有性能。

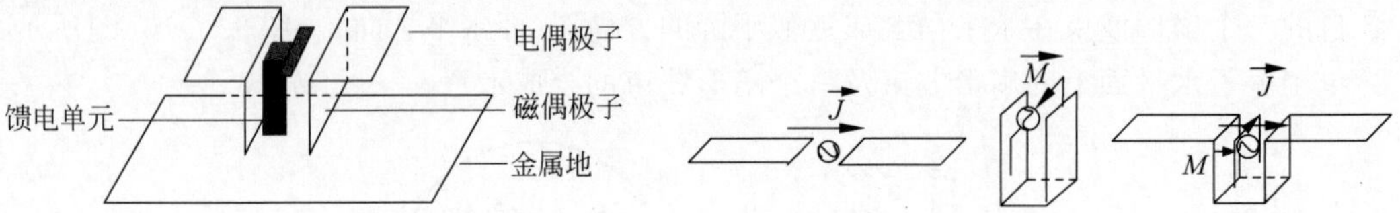

图9.3.17　磁电偶极子天线结构和物理模型

根据最简单的磁电偶极子天线结构形式,分析磁电偶极子天线的工作原理。对于一个沿y轴放置的传统半波长电偶极子来说,沿y轴的等效电流分布为正弦驻波

$$I_e = H_x \mathrm{d}x = -(E_y/\eta)\mathrm{d}x \tag{9.3.6}$$

远区电场可以表示为

$$\boldsymbol{E} = -\mathrm{j}\frac{I\mathrm{d}y}{2\lambda r}\eta(\boldsymbol{e}_\theta\cos\theta\sin\varphi + \boldsymbol{e}_\varphi\cos\varphi)\mathrm{e}^{-\mathrm{j}kr} \tag{9.3.7}$$

在E面上的辐射方向图呈8字形,在H面上呈O形,方向系数为

$$D(\theta,\varphi) = 1.64\left[\frac{\cos\left(\frac{\pi}{2}\cos\theta\right)}{\sin\theta}\right] \tag{9.3.8}$$

因此方向系数最大值为1.64,并且Brown和Woodward经过多次实验得出,当$l/\lambda_0 \cong 0.48$时,电抗近似为0并且辐射电阻为73Ω。

根据对偶定理,对于一个沿x轴放置的磁偶极子来说,沿x轴的等效电流为

$$I_m = E_y \mathrm{d}y \tag{9.3.9}$$

远区电场可以表示为

$$\boldsymbol{E} = -\mathrm{j}\frac{I_m\mathrm{d}x}{2\lambda r}(\boldsymbol{e}_\theta\sin\varphi + \boldsymbol{e}_\varphi\cos\theta\cos\varphi)\mathrm{e}^{-\mathrm{j}kr} \tag{9.3.10}$$

在E面上的辐射方向图呈O形,在H面上呈8字形。方向系数与电偶极子相同,并且当$l/\lambda_0 \cong 0.5$时,磁偶极子处于谐振状态,辐射电阻为487Ω。

如果同时等幅同相激励磁偶极子和电偶极子,磁流源和电流源交叉分布,根据巴比涅定理,那么两者结合起来的远区电场可表示为

$$\boldsymbol{E} = \mathrm{j}\frac{E_x\mathrm{d}x\mathrm{d}y}{2\lambda r}[\boldsymbol{e}_\theta\sin\varphi(1+\cos\theta) + \boldsymbol{e}_\varphi\cos\varphi(1+\cos\theta)]\mathrm{e}^{-\mathrm{j}kr} \tag{9.3.11}$$

归一化方向函数为

$$F(\theta) = \frac{1 + \cos\theta}{2} \tag{9.3.12}$$

当 θ 为 $0°$ 时,方向系数得到最大值;当 θ 为 $180°$ 时,方向函数等于 0。如图 9.3.18 所示,磁偶极子和电偶极子的方向图互补叠加,得到的辐射方向图在 E 面和 H 面均为心脏形状,前向辐射得到加强,后向相互抵消,且 E 面和 H 面的辐射方向图几乎一致,与惠更斯面元一样。同时,两者的阻抗关系为

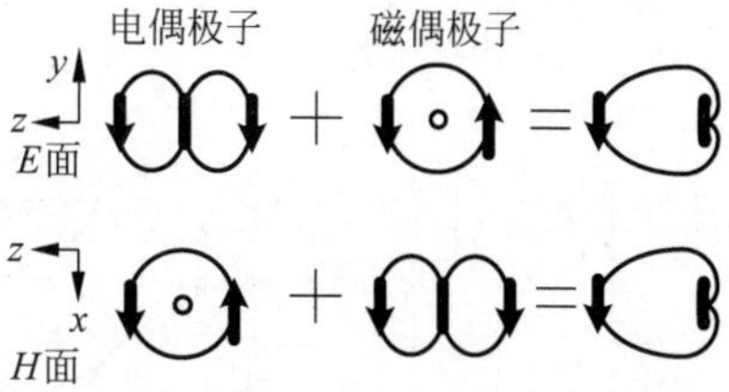

图 9.3.18　磁电偶极子的方向图模型

$$Z_{MD} Z_{ED} = Z^2/4 \tag{9.3.13}$$

其中,Z 为磁偶极子和电偶极子处于理想介质中同时被激励时的本征阻抗(自由空间 377Ω)。可以看到,两者阻抗成反比,但是两者结合起来后,合成输入阻抗可以被抵消或者减小,因此可以得到宽带特性,这也是磁电偶极子天线阻抗带宽宽的理论基础。

陆贵文教授团队在 2009 年提出了一种基于磁电偶极子结构的宽带双极化天线,如图 9.3.19 所示。通过引入两个交叉的 Γ 形馈电结构,获得了 65.9% 的阻抗带宽,增益达到 9.5dBi,端口隔离度达到了 36dB。它覆盖了 GSM1800($1.7 \sim 1.88$GHz)、CDMA1900($1.85 \sim 1.99$GHz)、TD-SCDMA($2.01 \sim 2.025$GHz)等多个频段,实现了宽带双极化特性。

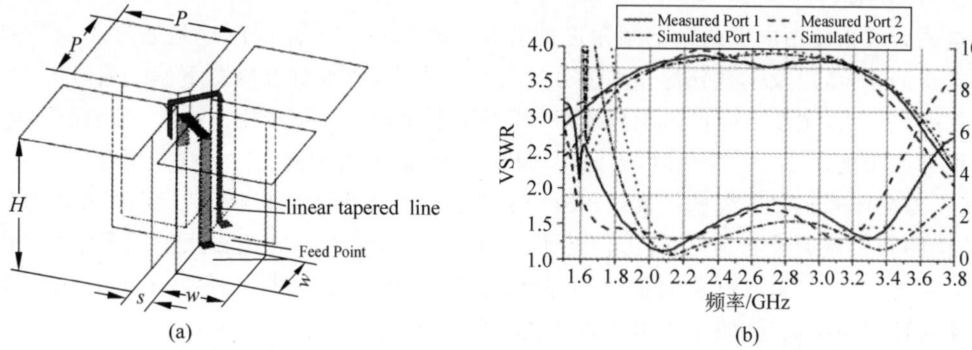

图 9.3.19　宽带双极化磁电偶极子天线结构模型(a)和 VSWR/增益结果图(b)

2. 基站天线的波束赋形设计

在蜂窝移动通信系统中,要求基站天线在服务区内实现均匀覆盖且具有尽可能高的辐射电平,对其他蜂窝区辐射电平尽可能低,须对天线的方向图进行波束赋形设计。

最简单的办法是采用向下倾斜波束的方法,如图 9.3.20(a)所示。常用的波束倾斜方式有机械倾斜和电调倾斜。

1) 机械天线

机械天线指使用机械调整下倾角度的移动天线。一般通过调整天线背面支架的位置改变天线的倾角来实现。天线主瓣方向的覆盖距离变化明显,但天线垂直分量和水平

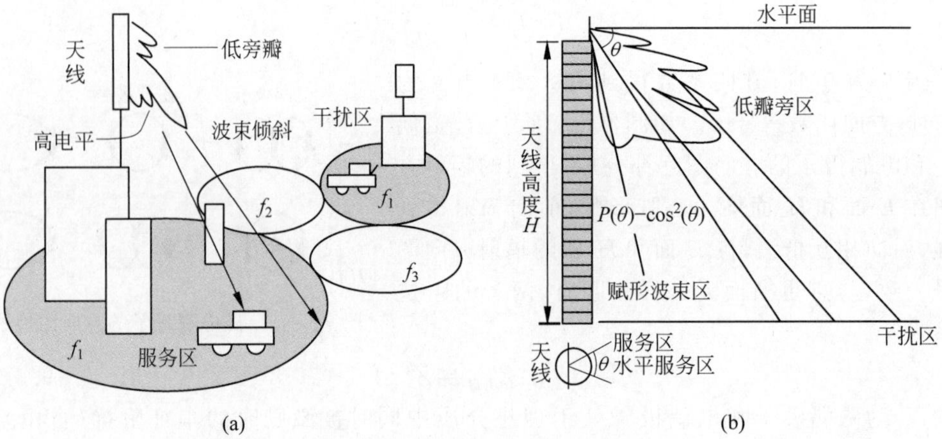

图 9.3.20　主和低旁分别对准服务区和干扰区(a)；有低干扰均匀照射的赋形波束(b)

分量的幅值不变，所以方向图容易变型。实践证明，机械天线的最佳下倾角度为 1°～5°；当下倾角度在 5°～10°变化时，方向图稍有变型但变化不大；10°～15°变化时，方向图变化较大；15°后，方向图形状改变很大，覆盖距离明显缩短，还会造成严重的系统内干扰。机械天线下倾角度调整非常麻烦，一般需要维护人员爬到天线安放处进行调整，调整倾角的步进度数为 1°。

2）电调天线

电调天线指使用电子调整下倾角度的移动天线。电子下倾的原理是通过改变阵列天线振子的相位，以及垂直分量和水平分量的幅值大小，使垂直方向图下倾。通过电调，方向图变化不大，主瓣方向覆盖距离缩短，减小覆盖面积但又不产生干扰。实践证明，电调天线下倾角度在 1°～5°变化时，方向图与机械天线的大致相同；当下倾角度在 5°～10°变化时，方向图较机械天线稍有改善；10°～15°变化时，方向图较机械天线变化较大；15°后，方向图较机械天线明显不同，方向图形状改变不大，主瓣方向覆盖距离明显缩短，增加下倾角度，可以使扇区覆盖面积缩小，降低呼损，但不产生干扰。另外，电调天线允许系统实时监测精细调整，倾角的步进精度也较高(0.1°)。

3）赋形波束设计

赋形波束设计即发射机根据系统检测到的用户方向，通过改变其各阵列单元馈电幅度与相位，生成指向用户通信方向的赋形波束。该波束不仅实现了主波束对准用户通信方向，而且在干扰信号方向形成方向图零缺陷或较低的增益，达到抑制干扰的目的，提高接收数据信噪比，可以大幅降低发射机的发射功率，因此能有效提高覆盖和扇区容量。

对天线进行整体建模并采用先进算法进行优化设计是实现波束赋形的最佳途径，研究表明，通过波束赋形设计，可实现天线垂直面方向图上半空间旁瓣抑制和下半空间零点填充。对于固定高度天线照射在有限水平面区域内，可使用垂直平面的余割平方赋形波束功率方向图使该区域有相等的接收信号电平，如图 9.3.20(b)所示。

9.3.3 移动通信天线的 4G 和 5G 应用场景

以 4G LTE 基站天线为例，根据实际网络部署场景，表 9.3.1 说明无线网络覆盖区内天线选型原则：①在基站密集的高话务地区，应该尽量采用双极化天线和电调天线；②在边、郊等业务量不高，基站不密集的地区，可以使用传统的单极化和机械天线。

4G MIMO 技术可以有效利用在收发系统之间的多个天线之间存在的多个空间信道，传输多路相互正交的数据流，提高数据吞吐率以及通信稳定性。5G Massive MIMO 技术是 MIMO 技术的升级版，在有限的时间和频率资源基础上，采用上百个天线单元同时服务多达几十个移动终端，更进一步提高了数据吞吐率和能量使用效率。Massive MIMO 技术使得天线成为关键器件。5G 基站天线采用的振子数量很多，且集成了收发机单元，因此也称作有源天线阵列单元（AAU）。其产品形态和天线振子如图 9.3.21 所示。

表 9.3.1 4G LTE 天线应用场景

参 数	市 区	郊 区	公 路	山 区
天线挂高/m	20～30	30～40	＞40	＞40
天线增益/dBi	15～18	18	＞18	15～18
水平波瓣角/(°)	60～65	90\105～120	根据实际情况	根据实际情况
机械下倾	N	N	Y	Y
电子下倾	Y	Y	N	N
极化方式	双极化	双极化	单极化	单极化
发射天线个数	1、2、4	1、2	2	2
是否采用宽频天线	可以	可以	可以	可以

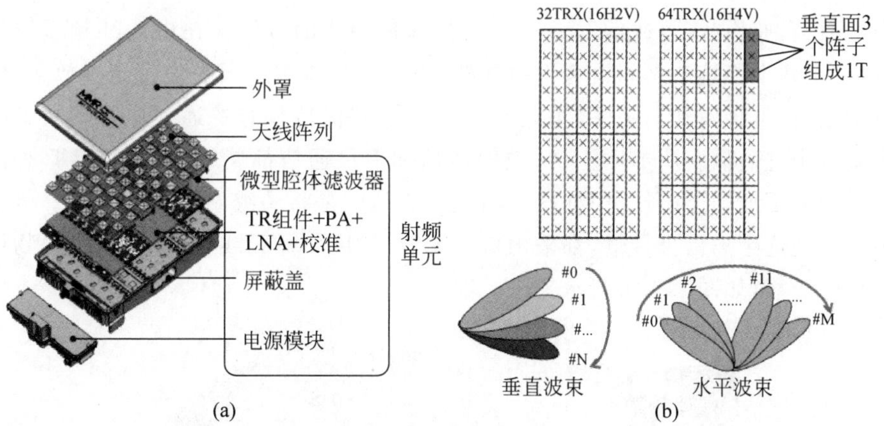

图 9.3.21 Massive MIMO AAU 产品形态爆炸图(a)和 64TR/32TR AAU 天线振子图(b)

对于＜6GHz 频段的 AAU 来说，一般采用 192 个振子。水平方向共 12 行，垂直方向有 8 列振子，再加上±45°双极化，一共就有 12×8×2＝192 个振子。每 3 个振子为一组，称为一副天线，因此该 AAU 共有 192/3＝64 个天线。如果每 6 个振子组成一个天线，该 AAU 就有 192/6＝32 个天线。振子数越多，波束就越窄，能量就更集中；天线数和通道数越多，AAU 内部的功放数也就越多，对基带资源的消耗也会越大，设备的成本也就越高。

在密集城区，一般采用 64TR 设备实现高流量的多用户 MIMO 传输。在郊区和农村，使用 32 天线就可以满足需求。对于更为偏远的地区，甚至连 Massive MIMO 都不用了，直接使用 8 端口射频单元(RRU)接上天线就行。图 9.3.22 为某设备厂商提出的场景化网络覆盖方案。宏站(蜂窝式移动电话通讯的设备)是最重要的产品形态，64TR AAU 解决 4G/5G 阶段持续高容量需求，用低配置 32TR AAU 解决 4G/5G 低流量区域、低成本建网需求。此外，微站基站 4TR RRU 产品广泛应用于居民区、步行街等补忙补热场景。

彩图

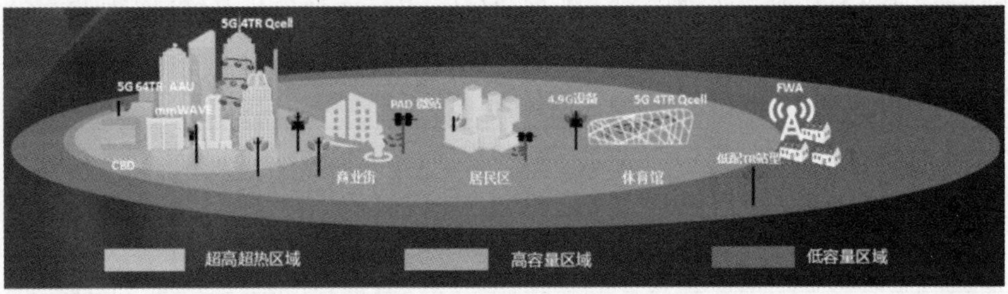

AAU：有源天线　CBD：中央商务区　FWA：固定无线接入　mmWAVE：毫米波　PAD：平板　TR：收发通道

图 9.3.22　某设备厂商的场景化网络覆盖解决方案

9.4　中继通信天线及其应用

中继通信，亦称“接力通信”，是一种延长通信距离的方法。在微波和超短波传输信号时，通过在两个终端站之间设若干中继站，中继站将前站送来的信号经过放大、整形和载频转换之后，再转发到下一站，可延长通信距离并保持较好的通信质量。狭义的中继通信指微波中继通信。从本质上讲，散射通信和卫星通信都属于中继通信，只是散射通信用大气中的不均匀介质作“中继站”，而卫星通信则是将中继站送入了太空。中继通信天线为了实现远距离信号传输，都采用口径天线，常用口径天线有喇叭天线、抛物面天线和卡塞格伦天线，如图 9.4.1 所示。

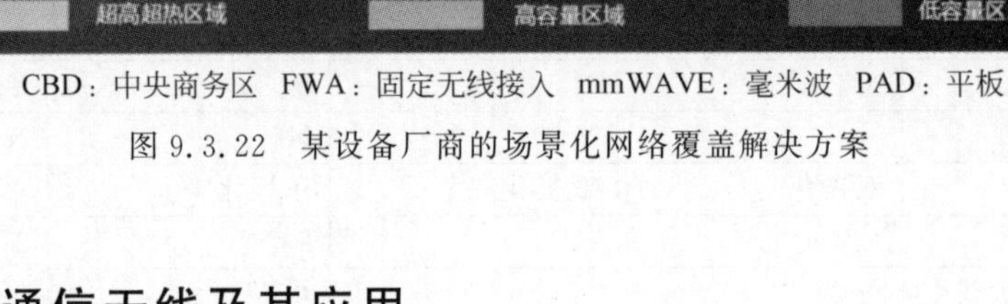

喇叭天线　　抛物面天线　　卡塞格伦天线

图 9.4.1　口径天线

9.4.1 口径天线的基本原理

口径天线的基本问题就是求解天线的辐射场。根据天线基础理论,须知口径面的电流分布,再求口径天线的远区辐射场。然而精确计算口径面电流分布比较困难,因此口径天线的辐射场计算不能完全采用线天线的分析方法。

如图9.4.2所示,根据惠更斯-菲涅耳原理,求某场源在空间任意一点产生的场时,可以认为是包围场源的任意封闭曲面上各子波源在观察点产生场的叠加结果。根据口径天线的结构特点,工程上近似将问题分为两个独立的部分:首先求解某包围场源封闭面S上的场,即求内部场;然后求解该封闭面以外其他区域内的场,即求解外部场,也就是辐射场。根据激励源来求封闭面上的场分布,将因不同类型的口径天线而不同,喇叭天线可以按波导的传输模求得,反射面天线则可以根据几何光学原理近似求得。可见,由口径场计算外部场,是口径天线的共同性问题,需要导出普遍适用的公式,即口径场绕射积分公式。

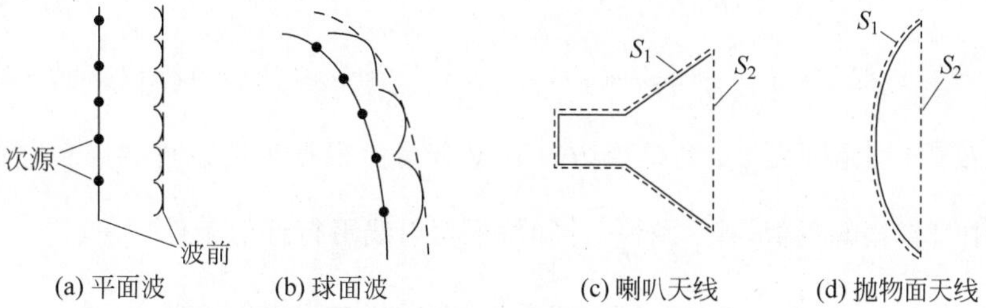

图9.4.2 惠更斯原理的示意图以及包围天线的封闭面

如图9.4.2所示,将包围场源的封闭面S分成S_1和S_2两部分,根据口径天线结构,取S_1为导电面,S_2为开口面。考虑到在S_1外表面上的电磁场等于零,而且没有电荷和电流,可以做这样一种近似处理:只有天线表面的非封闭部分S_2上的电磁场起到激励外部场的等效场源的作用。在外部没有场源的情况下,当S_1是完全封闭的导电面时,$S_2=0$,S_1外表面上完全不存在电荷和电流,外空间的场等于0,没有实际意义;当S_1不是完全封闭的导电面时,外部空间存在场,但同时也在S_1的外表面上激励起电荷和电流。严格的理论分析和实验均表明,在大多数实际情况下,这种近似处理会有误差,但主瓣范围内引起的误差很小,只是在旁瓣和后瓣范围内有较大影响。当天线口径尺寸很大且主要关心方向图主瓣时,可以忽略这些影响。

本节根据前面章节介绍的惠更斯面元的辐射特性,获得平面口径辐射积分公式,并通过对矩形、圆形口径辐射特性的分析,讨论口径尺寸、形状以及口径场的振幅分布、相位分布对平面口径辐射特性的影响。

1. 平面口径辐射积分公式

前面章节已经得到惠更斯面元的远区辐射场表达式:

$$\mathrm{d}\boldsymbol{E}_\theta=\mathrm{j}\,\frac{1}{2\lambda r}(1+\cos\theta)\,\mathrm{d}x\,\mathrm{d}y\,\mathrm{e}^{-\mathrm{j}kr}[E_{0x}\cos\varphi+E_{0y}\sin\varphi]\boldsymbol{e}_\theta \tag{9.4.1a}$$

$$\mathrm{d}\boldsymbol{E}_{\varphi}=\mathrm{j}\,\frac{1}{2\lambda r}(1+\cos\theta)\mathrm{d}x\,\mathrm{d}y\,\mathrm{e}^{-\mathrm{j}kr}[-E_{0x}\sin\varphi+E_{0y}\cos\varphi]\boldsymbol{e}_{\varphi} \tag{9.4.1b}$$

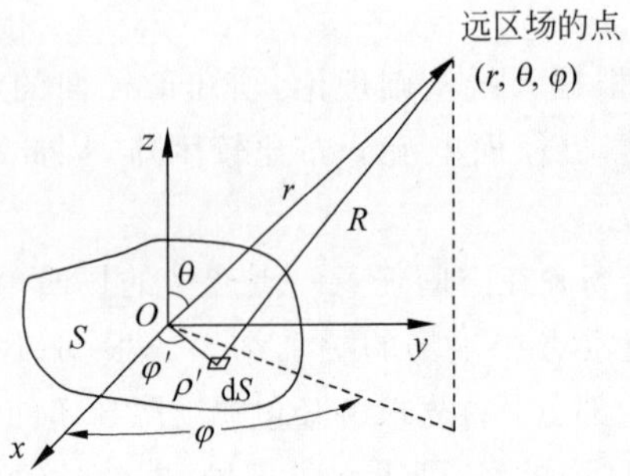

图 9.4.3　平面口径的坐标系

口径天线的辐射场是天线口径面上所有惠更斯面元辐射场的叠加，有了惠更斯面元的辐射场，需要根据口径面的情况进行分析，下面讨论一般平面口径的辐射场。

图 9.4.3 给出了任意形状的平面口径 S，将它置于 xOy 平面上，面元 $\mathrm{d}S$ 的坐标是 (x,y)，面积是 $\mathrm{d}x\mathrm{d}y$，由坐标原点到面元 $\mathrm{d}S$ 的矢径 $\boldsymbol{\rho}=x\boldsymbol{e}_x+y\boldsymbol{e}_y$。把惠更斯面元产生的辐射电场表达式(9.4.1)中的 r 换成 R 即得这个面元的辐射场为

$$\mathrm{d}\boldsymbol{E}=\mathrm{d}E_{\theta}\boldsymbol{\theta}+\mathrm{d}E_{\varphi}\boldsymbol{\varphi} \tag{9.4.2a}$$

$$\mathrm{d}E_{\theta}=\mathrm{j}\,\frac{1}{2\lambda R}(1+\cos\theta)\mathrm{e}^{-\mathrm{j}kR}[E_x\cos\varphi+E_y\sin\varphi]\mathrm{d}S \tag{9.4.2b}$$

$$\mathrm{d}E_{\varphi}=\mathrm{j}\,\frac{1}{2\lambda R}(1+\cos\theta)\mathrm{e}^{-\mathrm{j}kR}[-E_x\sin\varphi+E_y\cos\varphi]\mathrm{d}S \tag{9.4.2c}$$

式中，E_x、E_y 分别是面元 $\mathrm{d}S$ 处口径场的 x、y 分量。根据远区条件，惠更斯面元辐射场的表达式中可作振幅近似，即 $\frac{1}{R}\approx\frac{1}{r}$；同时，根据射线平行近似条件

$$R\approx r-\boldsymbol{\rho}\cdot\boldsymbol{r}=r-x\sin\theta\cos\varphi-y\sin\theta\sin\varphi \tag{9.4.3}$$

其中，$\boldsymbol{r}=\sin\theta\cos\varphi\boldsymbol{e}_x+\sin\theta\sin\varphi\boldsymbol{e}_y+\cos\theta\boldsymbol{e}_z$ 是矢径 $\boldsymbol{r}$ 的单位矢量。

由惠更斯-菲涅耳原理，整个口径 $\boldsymbol{S}$ 的绕射场是口径所有惠更斯面元辐射场的积分

$$\boldsymbol{E}=E_{\theta}\boldsymbol{\theta}+E_{\varphi}\boldsymbol{\varphi}$$

$$E_{\theta}=\mathrm{j}\,\frac{1}{2\lambda r}(1+\cos\theta)\mathrm{e}^{-\mathrm{j}kr}[N_x\cos\varphi+N_y\sin\varphi] \tag{9.4.4a}$$

$$E_{\varphi}=\mathrm{j}\,\frac{1}{2\lambda r}(1+\cos\theta)\mathrm{e}^{-\mathrm{j}kr}[-N_x\sin\varphi+N_y\cos\varphi] \tag{9.4.4b}$$

式中

$$N_x=\iint_S E_x\,\mathrm{e}^{-\mathrm{j}k(x\sin\theta\cos\varphi+y\sin\theta\sin\varphi)}\mathrm{d}S \tag{9.4.5a}$$

$$N_y=\iint_S E_y\,\mathrm{e}^{-\mathrm{j}k(x\sin\theta\cos\varphi+y\sin\theta\sin\varphi)}\mathrm{d}S \tag{9.4.5b}$$

称绕射积分，相当于天线阵的阵因子。实际上，面天线是由很多惠更斯面元构成的连续面阵。

为了简单起见，通常总是把某一坐标轴取得和口径主极化电场一致。例如，E_y 为主极化电场，E_x 为交叉极化电场，则主极化场的辐射场为

$$E_{\theta}=\mathrm{j}\,\frac{1}{2\lambda r}(1+\cos\theta)\sin\varphi\,\mathrm{e}^{-\mathrm{j}kr}N_y \tag{9.4.6a}$$

$$E_\varphi = \mathrm{j}\,\frac{1}{2\lambda r}(1+\cos\theta)\cos\varphi\,\mathrm{e}^{-\mathrm{j}kr}N_y \tag{9.4.6b}$$

正交极化的场为

$$E_\theta = \mathrm{j}\,\frac{1}{2\lambda r}(1+\cos\theta)\cos\varphi\,\mathrm{e}^{-\mathrm{j}kr}N_x \tag{9.4.7a}$$

$$E_\varphi = -\mathrm{j}\,\frac{1}{2\lambda r}(1+\cos\theta)\sin\varphi\,\mathrm{e}^{-\mathrm{j}kr}N_x \tag{9.4.7b}$$

如果给定了平面辐射口径上场(E_y 和/或 E_x)的分布,就可以用式(9.4.4a、b)~式(9.4.7a、b)求出平面口径的辐射场。下面分析具体形状的平面口径辐射特性。

2. 矩形、圆形口径的辐射特性

通过分析几种特殊口径场分布的辐射特性,用于总结口径场的振幅分布、相位分布对平面口径辐射方向性的影响规律。

1) 矩形平面口径同相场分布

设一平面矩形口径,尺寸为 $L_x \cdot L_y$,置于直角坐标系的 xOy 平面上,坐标原点取在口径中心,如图 9.4.4 所示。假设矩形口径面上场的相位为同相场分布时,讨论口径面上场振幅均匀分布和场振幅递减分布时的辐射特性。这些特性将运用到矩形喇叭天线的分析上。

(1) 均匀分布矩形口径。

在图 9.4.4 的矩形口径上,假设场分布为理想分布:口径场只分布在 L_x 和 L_y 包围的区域,且口径场在该物理口面上振幅是均匀的。这就是均匀分布的矩形口径。

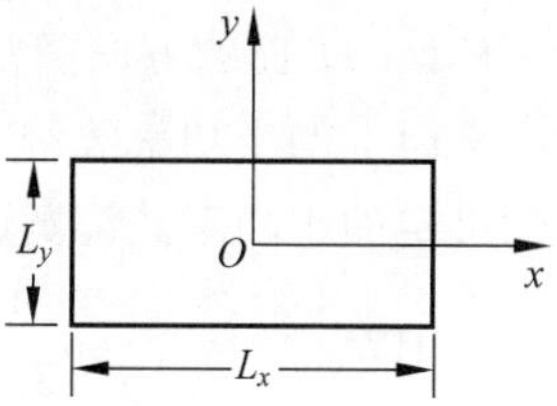

图 9.4.4 矩形口径

设口径电场是沿 y 轴方向的极化,那么矩形口径均匀分布的口径电场可表达为

$$\boldsymbol{E}_a = \begin{cases} E_0\boldsymbol{e}_y, & |x| \leqslant \dfrac{L_x}{2},\ |y| \leqslant \dfrac{L_y}{2} \\ 0, & \text{其他} \end{cases} \tag{9.4.8}$$

将口径场式(9.4.8)代入口径场辐射积分公式中的式(9.4.5)求出

$$N_x = 0$$

$$N_y = E_0\int_{-L_x/2}^{L_x/2}\mathrm{e}^{\mathrm{j}kx\sin\theta\cos\varphi}\,\mathrm{d}x\int_{-L_y/2}^{L_y/2}\mathrm{e}^{\mathrm{j}ky\sin\theta\sin\varphi}\,\mathrm{d}y$$

再由口径场辐射积分公式(9.4.4)可以得出口径辐射场:

$$E_\theta = \mathrm{j}\,\frac{\mathrm{e}^{-\mathrm{j}kr}}{2\lambda r}E_0L_xL_y(1+\cos\theta)\sin\varphi\,\frac{\sin[(kL_x/2)u]}{(kL_x/2)u}\,\frac{\sin[(kL_y/2)v]}{(kL_y/2)v} \tag{9.4.9a}$$

$$E_\varphi = \mathrm{j}\,\frac{\mathrm{e}^{-\mathrm{j}kr}}{2\lambda r}E_0L_xL_y(1+\cos\theta)\cos\varphi\,\frac{\sin[(kL_x/2)u]}{(kL_x/2)u}\,\frac{\sin[(kL_y/2)v]}{(kL_y/2)v} \tag{9.4.9b}$$

引入方向变量

$$u = \sin\theta\cos\varphi,\quad v = \sin\theta\sin\varphi \tag{9.4.10}$$

用变量 u 和 v 计算可以大大减少计算量。从 θ、φ 到 u、v 的变换就是把 θ、φ 变化的球面压扁成 u、v 变化的圆平面，圆平面上的 u、v 点与球面上 θ、φ 方向（实际辐射方向）一一对应。在 $\theta \leqslant \pi/2$ 时，u、v 的可视区域为

$$u^2 + v^2 = \sin^2\theta \leqslant 1 \tag{9.4.11}$$

式(9.4.9)中这些场量都包含复杂的 θ 和 φ 函数，但是在主平面上公式可以简化，在 E 面上（yOz 平面），$\varphi = 90°$（和 270°），式(9.4.9a)简化为

$$E_\theta = \mathrm{j}\frac{\mathrm{e}^{-\mathrm{j}kr}}{2\lambda r}E_0 L_x L_y (1+\cos\theta)\frac{\sin[(kL_y/2)\sin\theta]}{(kL_y/2)\sin\theta} \quad E\ \text{面} \tag{9.4.12}$$

在 H 面上（xOz 平面），$\varphi = 0°$（和 180°），式(9.4.9b)简化为

$$E_\varphi = \mathrm{j}\frac{\mathrm{e}^{-\mathrm{j}kr}}{2\lambda r}E_0 L_x L_y (1+\cos\theta)\frac{\sin[(kL_x/2)\sin\theta]}{(kL_x/2)\sin\theta} \quad H\ \text{面} \tag{9.4.13}$$

对于大口径面（$L_x \gg \lambda$ 和 $L_y \gg \lambda$）来说，辐射方向图主瓣比较窄，所以惠更斯面元的方向性因子 $(1+\cos\theta)/2$ 可以忽略不计，则主平面方向图的归一化形式为

$$F_E(\theta) = \frac{\sin[(kL_y/2)\sin\theta]}{(kL_y/2)\sin\theta}, \quad \varphi = 90° \tag{9.4.14}$$

$$F_H(\theta) = \frac{\sin[(kL_x/2)\sin\theta]}{(kL_x/2)\sin\theta}, \quad \varphi = 0° \tag{9.4.15}$$

E 面、H 面的方向图都含有一个因子 $\sin x/x$。这与均匀线源方向性因子相同，因此在主平面上的半功率波瓣宽度也由前面结果得出。由 E 面（yOz 面）和 H 面（xOz 面）方向性决定的半功率波瓣宽度、零功率波瓣宽度、第一旁瓣电平的表达式分别为

$$\mathrm{BW}_{0.5E} = 0.886\frac{\lambda}{L_y}\mathrm{rad} = 50.8°\frac{\lambda}{L_y}, \quad \mathrm{BW}_{0.5H} = 0.886\frac{\lambda}{L_x}\mathrm{rad} = 50.8°\frac{\lambda}{L_x} \tag{9.4.16a}$$

$$\mathrm{BW}_{0E} = 114°\frac{\lambda}{L_y}, \quad \mathrm{BW}_{0H} = 114°\frac{\lambda}{L_x} \tag{9.4.16b}$$

$$\mathrm{FSLL}_E = \mathrm{FSLL}_H = -13.5\mathrm{dB} \tag{9.4.16c}$$

图 9.4.5 显示了不同口径尺寸下主平面的方向性，可以得出如下结论：

(1) 辐射口径的最大辐射方向是法线方向（$\theta = 0°$方向）；

(2) E 面方向性仅取决于 E 面对应尺寸 L_y，H 面方向性仅取决于 H 面对应尺寸 L_x；

(3) 尺寸越大，方向性越强，波瓣宽度越窄，旁瓣数目越多；

(4) 第一旁瓣电平与尺寸无关。

口径场幅度和相位都均匀分布的矩形口径的方向系数为

$$D_u = \frac{4\pi}{\Omega_A} = \frac{4\pi}{\lambda^2}L_x L_y \tag{9.4.17}$$

平面口径的物理面积为 $A_p = L_x L_y$。将上式与方向系数公式 $D = 4\pi A_{em}/\lambda^2$ 比较可以看出，对均匀分布的矩形口径来说，口径的有效面积 A_{em} 与物理口面积 A_p 相等，这

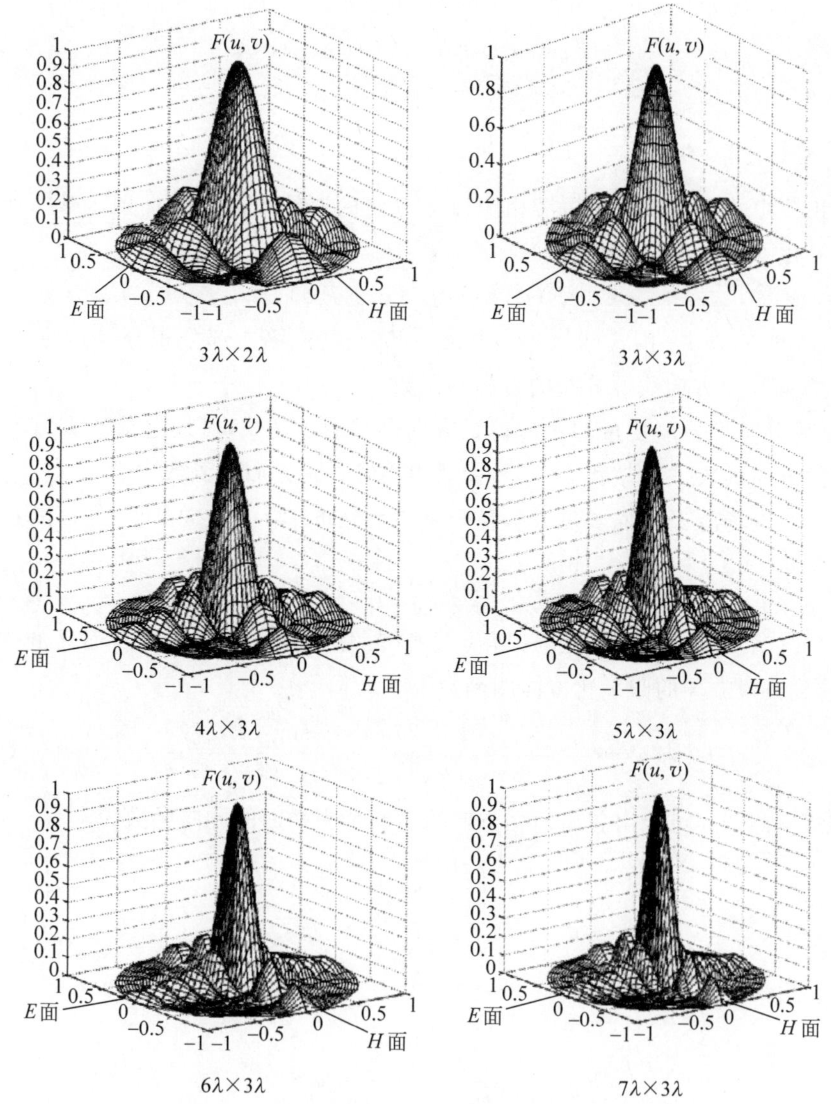

图 9.4.5 归一化方向图(场均匀分布、矩形口径)

一点对任何形状的均匀分布的口径都适合。

(2) 递减分布矩形口径。

为了简化递减分布矩形口径的一般讨论,先略去口径电场的极化,这样 E_a 既可表示场的 x 分量也可表示场的 y 分量,于是式(9.4.5)变为

$$N=\iint_s E_a \mathrm{e}^{-\mathrm{j}k(x\sin\theta\cos\varphi+y\sin\theta\sin\varphi)}\,\mathrm{d}s$$

对矩形口径面来说,利用式(9.4.10),上式可以简化为

$$N=\iint_s E_a(x,y)\mathrm{e}^{\mathrm{j}kux}\mathrm{e}^{\mathrm{j}kvy}\,\mathrm{d}x\,\mathrm{d}y \tag{9.4.18}$$

大多数口径场分布是可以分离变量的,并可表示为每个口径变量函数的乘积,即

$$E_a(x,y)=E_{a1}(x)E_{a2}(y) \tag{9.4.19}$$

式(9.4.18)简化为

$$N=\int_{-L_x/2}^{L_x/2}E_{a1}(x)\mathrm{e}^{\mathrm{j}kux}\,\mathrm{d}x\int_{-L_y/2}^{L_y/2}E_{a2}(y)\mathrm{e}^{\mathrm{j}kvy}\,\mathrm{d}y \tag{9.4.20}$$

这些积分中的每一部分均是沿相应口径方向的连续线源的方向图函数。所以矩形口径的归一化方向图函数可表示为

$$F(u,v)=F_1(u)F_2(v) \tag{9.4.21}$$

式中,$F_1(u)$和$F_2(v)$是由式(9.4.20)中第一部分积分、第二部分积分得到的,它们实质上是沿x方向和y方向线源分布的方向图函数。

因此,场分布可分离变量的矩形口径方向函数的表达式,可通过求出E_{a1}和E_{a2}分布所对应的方向函数$F_1(u)$和$F_2(v)$,而后得出归一化方向图函数。

假设口径电场沿x方向长度L_x,且余弦渐削分布;沿y方向长度L_y,且均匀分布:

$$\boldsymbol{E}_a=E_{0y}\cos\left(\frac{\pi x}{L_x}\right)\boldsymbol{e}_y \tag{9.4.22}$$

将式(9.4.22)代入式(9.4.20),再代入式(9.4.9a、b),忽略惠更斯面元的方向性因子,可以得到开口波导的归一化方向图函数

$$F(u,v)=\frac{\cos[(kL_x/2)u]}{1-[(2/\pi)(kL_x/2)u]^2}\,\frac{\sin[(kL_y/2)v]}{(kL_y/2)v} \tag{9.4.23}$$

根据式(9.4.23)可求出忽略面元方向性后两个主平面的方向函数为

$$F_H=\frac{\cos\left(\dfrac{\pi L_x}{\lambda}\sin\theta\right)}{1-\left(\dfrac{2}{\pi}\,\dfrac{\pi L_x}{\lambda}\right)^2},\quad \varphi=0^\circ \tag{9.4.24a}$$

$$F_E=\frac{\sin\left(\dfrac{\pi L_y}{\lambda}\sin\theta\right)}{\dfrac{\pi L_y}{\lambda}\sin\theta},\quad \varphi=90^\circ \tag{9.4.24b}$$

由上式得到E面、H面方向性参数:

$$\mathrm{BW}_{0.5H}=68^\circ\frac{\lambda}{L_x},\quad \mathrm{BW}_{0H}=172^\circ\frac{\lambda}{L_x},\quad \mathrm{FSLL}_H=-23\mathrm{dB} \tag{9.4.25}$$

$$\mathrm{BW}_{0.5E}=50.8^\circ\frac{\lambda}{L_y},\quad \mathrm{BW}_{0E}=114^\circ\frac{\lambda}{L_y},\quad \mathrm{FSLL}_E=-13.5\mathrm{dB} \tag{9.4.26}$$

比较上两式可知,口径场沿x方向的分布、尺寸决定xOz平面(H面)的方向性,而口径场沿y方向的分布、尺寸决定yOz平面(E面)的方向性;余弦递减型场分布使得主瓣方向性变弱,旁瓣电平减小。图9.4.6描绘出$L_x\times L_y=3\lambda\times3\lambda$时振幅余弦分布矩形口径的立体方向图,明显地看出,对于同样的尺寸,H面方向性较E面方向性弱、旁瓣电

平低。

2）圆形平面口径辐射特性

实际口径为圆形的天线称为圆口径天线，在实际中可以遇到各种形式的圆口径天线。圆口径的辐射特性用于最普通的圆口径天线——抛物面天线。

一般圆口径如图 9.4.7 所示。求圆形口径辐射场的方法与求矩形口径辐射场的方法大致相同，只是对圆形口径而言采用圆柱坐标系比较方便。若口径场的幅度与相位均匀称为均匀圆口径。假设口径电场为 y 方向极化：

$$\boldsymbol{E}_a = E_0 \boldsymbol{e}_y, \quad \rho \leqslant a \tag{9.4.27}$$

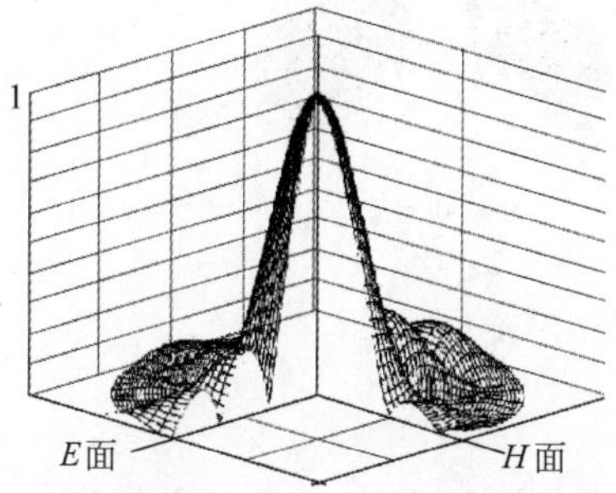

图 9.4.6　振幅余弦分布矩形口径的立体方向图（$L_x \times L_y = 3\lambda \times 3\lambda$）

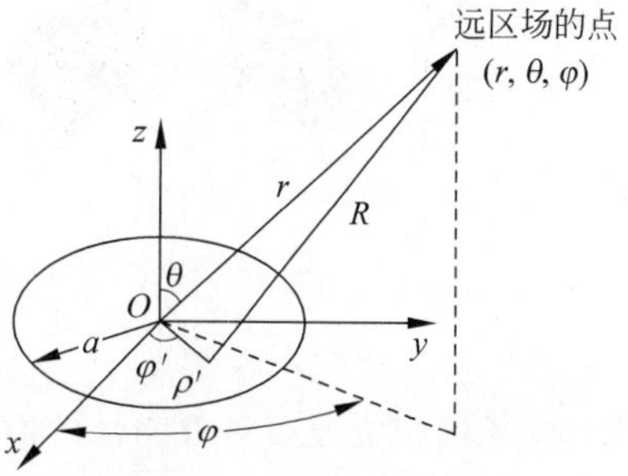

图 9.4.7　圆口径示意图

由辐射积分公式得到圆形口径辐射场为

$$E_\theta = \mathrm{j}\,\frac{1}{2\lambda r}(1+\cos\theta)\mathrm{e}^{-\mathrm{j}kr} E_0 2\pi a^2 \sin\varphi\,\frac{J_1(ka\sin\theta)}{ka\sin\theta} \tag{9.4.28a}$$

$$E_\varphi = \mathrm{j}\,\frac{1}{2\lambda r}(1+\cos\theta)\mathrm{e}^{-\mathrm{j}kr} E_0 2\pi a^2 \cos\varphi\,\frac{J_1(ka\sin\theta)}{ka\sin\theta} \tag{9.4.28b}$$

$J_1(x)$是第一类一阶贝塞尔函数，对于 $x=0$，$J_1(0)=1$，随着 x 的增加 $J_1(x)$是振荡衰减函数。忽略面元方向性后的归一化方向函数为

$$F(\theta) = \frac{2J_1(ka\sin\theta)}{ka\sin\theta} \tag{9.4.29}$$

主瓣最大辐射方向在 $\theta=0^\circ$的法线轴方向，这是由于口径场相位均匀。因为口径场的分布是旋转对称的，所以归一化方向函数也是旋转对称的。半功率点发生在 $ka\sin\theta=1.6$ 处，对于尺寸较大的圆形口径（$a \gg \lambda$）的半功率波瓣宽度、零功率波瓣宽度、第一旁瓣电平是

$$\mathrm{BW}_{0.5} = 1.02\,\frac{\lambda}{2a}\,\mathrm{rad} = 58.4^\circ\,\frac{\lambda}{2a} \tag{9.4.30a}$$

$$\mathrm{BW}_0 = 140^\circ\,\frac{\lambda}{2a} \tag{9.4.30b}$$

$$\mathrm{FSLL} = -17.6\,\mathrm{dB} \tag{9.4.31}$$

图 9.4.8 给出的是圆形口径直径分别为 3λ、4λ 时两主平面的剖面图。可以清楚地看到，3λ、4λ 时的旁瓣电平相同，即均匀圆形口径方向图的旁瓣电平均为 -17.6dB；尺寸越大，方向性越强，旁瓣数目越多。对于圆形口径非均匀分布，规律与矩形口径类似，不再赘述。

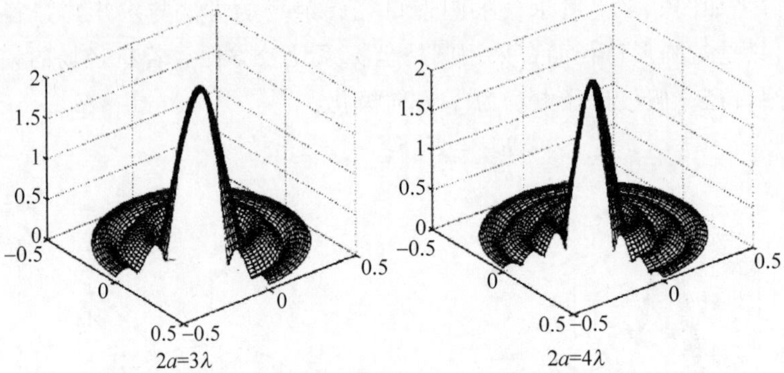

图 9.4.8　均匀分布圆形口径的主平面方向图

3) 口径场相位分布对方向性的影响

天线口径场的相位分布不均匀，将使天线方向图的主瓣展宽、旁瓣电平增高、口径效率降低。设口径场相位沿 x 方向分布，用幂级数展开为

$$\varphi(x)=\varphi_{1m}x+\varphi_{2m}x^2+\varphi_{3m}x^3+\cdots \tag{9.4.32}$$

式中，φ_{1m}，φ_{2m}，φ_{3m} 是当 $x=\pm 1$ 时一次方，二次方和三次方相位分布的最大相位偏差（口径边缘处对口径中心的相位偏差）。

(1) 线性相位分布。当平面电磁波以某一倾角投射到平面口径时，形成线性相位分布

$$\varphi(x)=\varphi_{1m}\left(\frac{2x}{D_x}\right) \tag{9.4.33}$$

沿 x 轴的线性相位分布将方向图的最大辐射方向偏离口径法线轴方向一个角度。

(2) 平方律相位分布。当球面或柱面波垂直投射到平面口径上，形成平方律相位分布

$$\varphi(x)=\varphi_{2m}\left(\frac{2x}{D_x}\right)^2 \tag{9.4.34}$$

喇叭天线的内场具有球面波或柱面波的特性，其口径场有平方律相位分布。从图 9.4.9 可以看出，当最大相差 φ_{2m} 越大，方向图影响越明显，从波束展宽到主瓣开衩，出现马鞍形方向图。假若口径场的幅度不是均匀分布，如余弦分布时，则平方律相位分布的影响可明显降低。这是因为最大口径相差发生在口径边缘处，而此处口径场振幅却几乎是 0，因此，相位偏差对方向图的影响会相应地减小。

(3) 立方律相位分布。立方律相位分布是与线性律相位偏差较大时伴随着产生，抛物面天线的馈源作横向偏焦时就会出现这种情况。沿 x 方向为立方律相位分布的相位函数为

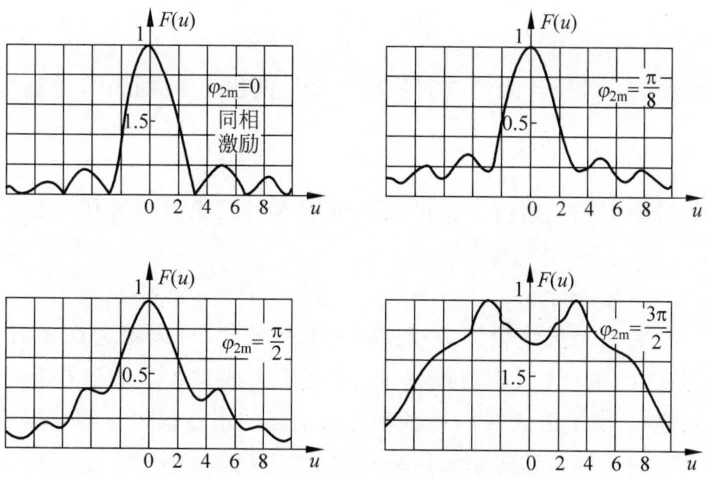

图 9.4.9　平方律相位分布对方向图的影响

$$\varphi(x)=\varphi_{3\mathrm{m}}\left(\frac{2x}{D_x}\right)^3 \tag{9.4.35}$$

图 9.4.10 给出了方向图的计算结果。可以看出，由于立方律相位分布的影响，方向图的主瓣偏离口径法线轴方向，且偏向相位滞后的一边，并形成与主瓣不对称的旁瓣。

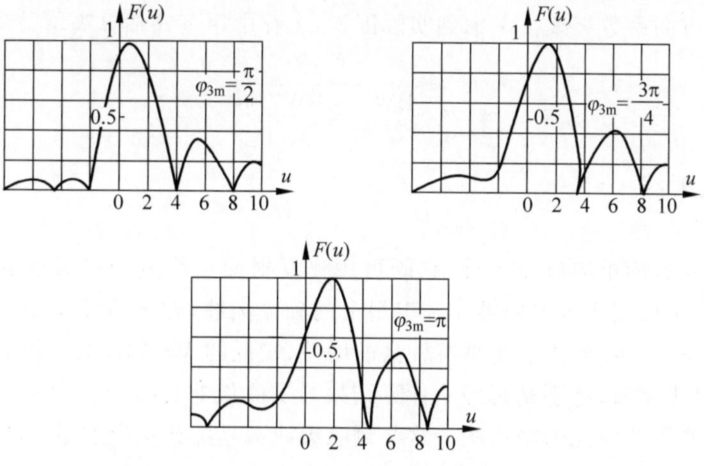

图 9.4.10　立方律相位分布对方向图的影响

实际天线口径场上的相位分布是很复杂的，特别是反射面天线和透镜天线，其口径场相差既有规则的相位分布，还会有随机的相位分布。

4）增益的计算

口径天线一般用于需要高增益的情况下，因此精确计算天线增益是非常重要的。这里将根据利用方向函数和口径场计算增益的方法，讨论一些估算增益的简单公式。

(1) 方向系数。物理面积为 A_p 的振幅均匀分布的任意口径，其标准方向系数为

$$D_u = \frac{4\pi}{\lambda^2} A_p \tag{9.4.36}$$

(2) 增益和效率。口径天线的方向系数与口径面积 A_p 成正比，增益为

$$G = \frac{4\pi}{\lambda^2} A_e = \frac{4\pi}{\lambda^2} \varepsilon_{ap} A_p = \varepsilon_{ap} D_u \tag{9.4.37}$$

式中，A_e 是有效口径面积。通过上式可以对包括阵列天线在内的任何天线进行计算，从而得到

$$A_e = \varepsilon_{ap} A_p, \quad 0 \leqslant \varepsilon_{ap} \leqslant 1, \quad \varepsilon_{ap} = \eta_A \varepsilon_t \varepsilon_s \varepsilon_a \tag{9.4.38}$$

ε_{ap} 称为口径效率，它表示天线物理口径面积的利用效率，可表示为许多因子的乘积。所有因子的取值都在 0～1。天线辐射效率 η_A 考虑了天线口径上的各种损耗，如传导损耗等。口径渐削效率 ε_t 表示由天线口径振幅分布引起的增益损失。截获效率 ε_s 表示初级辐射到反射面天线的功率与馈源总辐射功率之比。其他效率因子 ε_a 包含了两个重要的效率：ε_{cr}——交叉极化效率，表示由于天线的交叉极化损耗引起的增益效率；ε_{ph}——相位误差效率，表示由于天线口径上非均匀相位分布引起的损耗。

(3) 方向系数的近似公式：有时天线的增益无法精确地计算出来，那么用近似的计算增益公式来估算是很重要的。下式是最直接的近似方法：

$$D = \frac{4\pi}{\Omega_A} \approx \frac{4\pi}{\mathrm{BW}_{0.5E}\mathrm{BW}_{0.5H}} = \frac{41253}{\mathrm{BW}^{\circ}_{0.5E}\mathrm{BW}^{\circ}_{0.5H}} \tag{9.4.39}$$

上式适用于低方向系数天线。考虑到实际因素，工程中用下式估算高增益天线的增益：

$$G \approx \frac{26\,000}{\mathrm{BW}^{\circ}_{0.5E}\mathrm{BW}^{\circ}_{0.5H}} \tag{9.4.40}$$

视频9-5

9.4.2 喇叭天线

喇叭天线是最简单的口径天线，它既可用作反射面天线或透镜天线的馈源、阵列天线的辐射单元，也可用作微波中继站和卫星上的独立天线，在天线测量中，被广泛用作标准增益天线。喇叭天线的优点是具有较高的增益，较低的 VSWR，宽工作频带，功率容量大，重量轻和易于制造，特别是其理论计算结果与实际值非常接近。图 9.4.11 给出三种基本类型的喇叭天线的几何结构图。这些喇叭天线都是由载主模的矩形波导扩张而成。

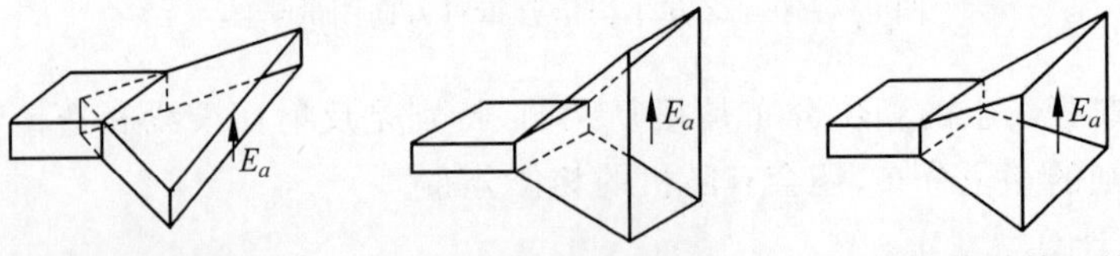

(a) H 面扇形喇叭天线　(b) E 面扇形喇叭天线　(c) “角”锥形喇叭天线

图 9.4.11　矩形喇叭天线

凡是由波导的宽壁(H 面)尺寸逐渐扩展而窄壁(E 面)尺寸保持不变形成的喇叭，称为 H 面扇形喇叭；凡是由波导的窄壁(E 面)尺寸逐渐扩展而宽壁(H 面)尺寸保持不变

形成的喇叭，称为 E 面扇形喇叭；若波导的四壁尺寸均逐渐扩展就形成角锥喇叭。

严格求解喇叭天线的辐射场比较困难，本节用近似的方法分析喇叭天线的特性。

1. H 面扇形喇叭天线

图 9.4.12 中的 H 面扇形喇叭天线是由内尺寸为 $a\times b$ 的矩形波导馈电。H 面口径宽度为 A，E 面的高度为 b。图 9.4.12(b)的 H 面截面图显示，须确定尺寸 A 和 R_H（或 l_H 或 R_1）。

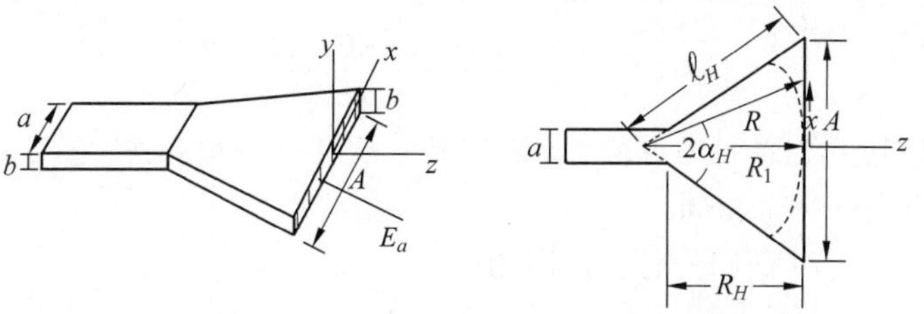

(a) 几何图形　　(b) H面截面

图 9.4.12　H 面扇形喇叭及其坐标

求解喇叭天线问题的关键是求出口径上的切向场分布。如图 9.4.12 所示的 H 面扇形喇叭天线的口径平面在 xOy 平面上。口径场是由波导模激励的，通常假设矩形波导工作在主模（TE_{10}）状态。波导中的横向场为

$$E_y = E_{og}\cos\frac{\pi x}{a}\mathrm{e}^{-\mathrm{j}\beta_g z} \tag{9.4.41a}$$

$$H_x = -\frac{E_y}{Z_g} \tag{9.4.41b}$$

$$Z_g = \eta[1-(\lambda/2a)^2]^{-1/2} \tag{9.4.41c}$$

式中，Z_g 是波导主模的特性阻抗。喇叭天线口径场是上述横向波导场的延伸，可近似地认为口径场的振幅分布与无限长喇叭的口径场相同，沿 x 方向也是余弦渐削分布。然而，由于路径长短不同，电磁波到达口径面上各点的相位不同，以下重点讨论口径场的相位分布。

当电磁波到达喇叭口面时，相位常数在波导中的相位常数 β_g 到自由空间的相位常数 β 之间变化。对于较大口径的喇叭天线来说，两个相位常数近似相等。H 面扇形喇叭内的电磁场具有柱面波结构，这样一来，相对于口径中心的相位滞后取决于电磁波到达口径面上的位置。因此，口径场沿 x 轴的相位分布可以变为

$$\mathrm{e}^{-\mathrm{j}\beta(R-R_1)} \tag{9.4.42}$$

口径场沿 y 轴上的相位分布仍是均匀的。由图 9.4.12(b)可见

$$R=\sqrt{R_1^2+x^2}=R_1\left[1+\left(\frac{x}{R_1}\right)^2\right]^{1/2}\approx R_1\left[1+\frac{1}{2}\left(\frac{x}{R_1}\right)^2\right] \tag{9.4.43}$$

对于 $A/2\ll R_1$，有 $x\ll R_1$，则有

$$R - R_1 \approx \frac{1}{2}\frac{x^2}{R_1} \tag{9.4.44}$$

把上面的近似结果代入到式(9.4.41)，就得到 H 面扇形喇叭口径面上的电场分布

$$E_{ay} = E_0 \cos\frac{\pi x}{A} \mathrm{e}^{-\mathrm{j}(\beta/2R_1)x^2} \tag{9.4.45}$$

经过大量的运算，可得到完整的辐射电场表示式，比较复杂(可参见附录 B)，仅限于研究主平面方向图。

在 E 面，$\varphi=90°$，方向函数归一化形式为

$$F_E(\theta) = \frac{1+\cos\theta}{2}\frac{\sin[(\beta b/2)\sin\theta]}{(\beta b/2)\sin\theta} \tag{9.4.46}$$

式中第一部分是惠更斯面元的方向性，第二部分读者已经很熟悉，它与沿 y 轴尺寸为 b 的均匀线源的方向图完全相同。

在 H 面，$\varphi=0°$，H 面归一化方向图为

$$F_H(\theta) = \frac{1+\cos\theta}{2}\frac{I(\theta,\varphi=0°)}{I(\theta=0°,\varphi=0°)} \tag{9.4.47}$$

函数 $I(\theta,\ \varphi)$ 比较复杂，与绕射积分公式有关，可参见附录 B。下面以最大的口径相差为依据定义相位参数 t，简单地用通用方向图曲线表示 H 面方向图。在口径边缘处最大相差为

$$\delta_{\max} = \frac{\beta}{2R_1}\left(\frac{A}{2}\right)^2 = 2\pi\frac{A^2}{8\lambda R_1} = 2\pi t \tag{9.4.48}$$

式中，相位参数 t 的定义是

$$t = \frac{A^2}{8\lambda R_1} = \frac{1}{8}\left(\frac{A}{\lambda}\right)^2\frac{1}{R_1/\lambda} \tag{9.4.49}$$

对于不同的 t 值，忽略惠更斯面元方向性之后，H 面的归一化方向图如图 9.4.13 所示，随着口径最大相差 $2\pi t$ 的增加，主瓣最大值降低，方向系数下降。

从图可以看出，E 面方向图曲线具有均匀线源方向图的 −13.5dB 的旁瓣电平。而 H 面的均匀相位($t=0$)曲线，具有余弦渐削线源方向图的 −23dB 的旁瓣电平。随着 t 的增加，H 面方向图主瓣展宽，旁瓣升高。H 面扇形喇叭的方向系数可由口径积分法得出

$$D_H = \frac{4\pi}{\lambda^2}\varepsilon_t \varepsilon_{ph}^{\mathrm{H}} Ab \tag{9.4.50}$$

其中，两个效率因子 ε_t 和 $\varepsilon_{ph}^{\mathrm{H}}$ 与口径的渐削幅度和相位有关。

图 9.4.14 画出了 H 面扇形喇叭方向系数曲线，它描绘了不同 R_1/λ 时 $\lambda D_{\mathrm{H}}/b$ 与 A/λ 的关系曲线。注意，对于给定的轴长 R_1，有一个最佳方向系数，它对应的最佳口径宽度是 A。假若画出与最佳状态相对应的 A/λ 与 R_1/λ 的关系曲线，可以看出方程 $A/\lambda=\sqrt{3R_1/\lambda}$ 表示的一条光滑曲线通过这些点。因而，

$$A = \sqrt{3\lambda R_1} \tag{9.4.51}$$

满足上式尺寸关系的喇叭称为最优 H 面扇形喇叭。根据上式，可用式(9.4.48)、

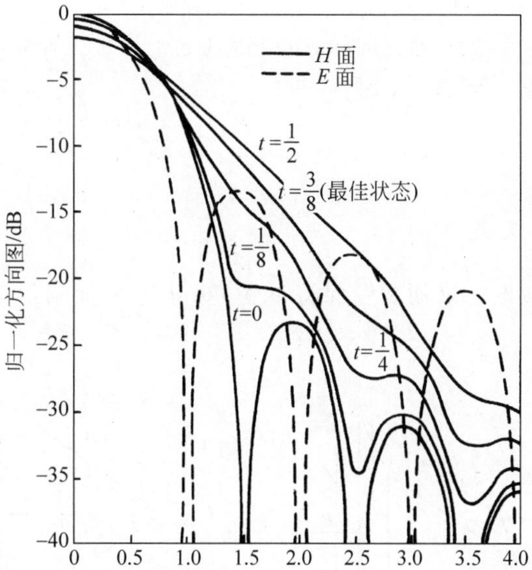

图 9.4.13　H 面扇形喇叭的主平面方向图。(H 面：$(A/\lambda)\sin\theta$；E 面：$(b/\lambda)\sin\theta$)

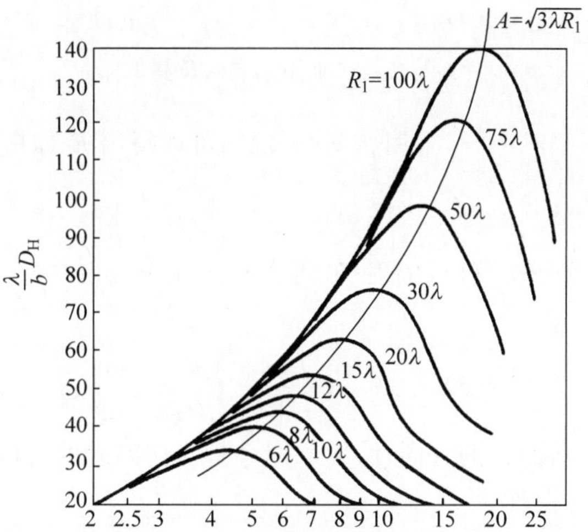

图 9.4.14　H 面扇形喇叭的方向系数

式(9.4.49)求出最优 H 面扇形喇叭所对应的最大口径相差和相差参数分别是

$$\delta_{\max}=\frac{3\pi}{4} \tag{9.4.52a}$$

$$t_{\text{opt}}=\frac{A^2}{8\lambda R_1}=\frac{3}{8} \tag{9.4.52b}$$

方向系数的最佳特性可以解释如下：对于固定的轴长 R_1/λ，若口径宽度 A 越来越宽时，由于口径面积逐渐增加，方向系数也越来越大。当 $t=t_{\text{opt}}=3/8$ 时，对应口径边缘处最大相差 $\delta_{\max}=2\pi t_{\text{opt}}=3\pi/4=135°$，此时方向系数达到最佳。随着 A 的继续增大，口径相差越来越大，直接导致远区场抵消，因而方向系数下降。

根据图 9.4.13 中 $t=3/8$ 的方向图，可以得到处于最佳工作状态下的最优 H 面扇形喇叭的半功率波瓣宽度。当 $A\gg\lambda$ 时，

$$\mathrm{BW}_{0.5H}\approx 1.36\frac{\lambda}{A}=78^\circ\frac{\lambda}{A} \tag{9.4.53}$$

2. E 面扇形喇叭天线

矩形波导的窄壁逐渐扩展而宽壁保持不变，就得到 E 面扇形喇叭天线，其几何结构如图 9.4.15 所示。

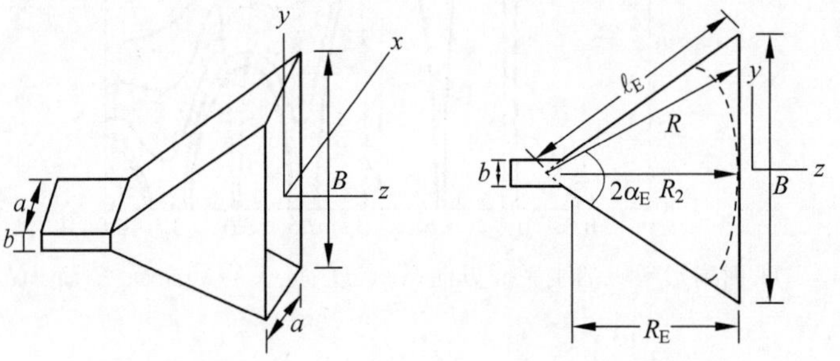

图 9.4.15　E 面扇形喇叭及其坐标

与分析 H 面扇形喇叭一样，采用相同的方法，可以得出 E 面扇形喇叭的口径场为

$$E_{ay}=E_0\cos\frac{\pi x}{a}\mathrm{e}^{-\mathrm{j}(\beta/2R_2)y^2} \tag{9.4.54}$$

将口径场代入积分公式，可得辐射场(可参见附录 B)。H 面($\varphi=0^\circ$)归一化方向图函数为

$$F_H(\theta)=\frac{1+\cos\theta}{2}\frac{\cos[(\beta a/2)\sin\theta]}{1-[(\beta a/\pi)\sin\theta]^2} \tag{9.4.55}$$

式中，第一部分是惠更斯面元的方向性，第二部分是我们熟悉的长度为 a、相位均匀、振幅余弦渐削分布的线源方向性。

仍以最大的口径相差为依据定义相位参数 s。在口径边缘处最大相差为

$$\delta_{\max}=(\beta/2R_2)(B/2)^2=2\pi(B^2/8\lambda R_2)=2\pi s$$

其中，定义相差参数：

$$s=\frac{B^2}{8\lambda R_2}=\frac{1}{8}\left(\frac{B}{\lambda}\right)^2\frac{1}{R_2/\lambda} \tag{9.4.56}$$

则 E 面($\varphi=90^\circ$)方向函数为

$$|F_E(\theta)|=\frac{1+\cos\theta}{2}\left\{\frac{[C(r_4)-C(r_3)]^2+[S(r_4)-S(r_3)]^2}{4[C^2(2\sqrt{s})+S^2(2\sqrt{s})]}\right\}^{1/2} \tag{9.4.57}$$

式中，函数 $C(x)$ 和 $S(x)$ 是菲涅耳积分，

$$r_3 = 2\sqrt{s}\left[-1 - \frac{1}{4s}\left(\frac{B}{\lambda}\sin\theta\right)\right],\quad r_4 = 2\sqrt{s}\left[1 - \frac{1}{4s}\left(\frac{B}{\lambda}\sin\theta\right)\right]$$

从图 9.4.16 可以看出，E 面扇形喇叭的主平面方向图，不包含$(1+\cos\theta)/2$因子。H 面方向图是$(a/\lambda)\sin\theta$ 的函数。E 面方向图是$(B/\lambda)\sin\theta$ 的函数。当 $s=0$ 时，E 面方向图相当于均匀分布线源方向图，第一旁瓣电平是-13.5dB。随着口径最大相差的增加，E 面方向图主瓣展宽，旁瓣升高。H 面方向图是余弦渐削线源的方向图，第一旁瓣电平是-23dB。

根据口径场求出 E 面扇形喇叭的方向系数：

$$D_{\mathrm{E}} = \frac{4\pi}{\lambda^2}\varepsilon_t \varepsilon_{ph}^{\mathrm{E}}(aB) \tag{9.4.58}$$

其中，两个效率因子 ε_t 和 $\varepsilon_{ph}^{\mathrm{E}}$ 与口径的渐削幅度和相位有关。

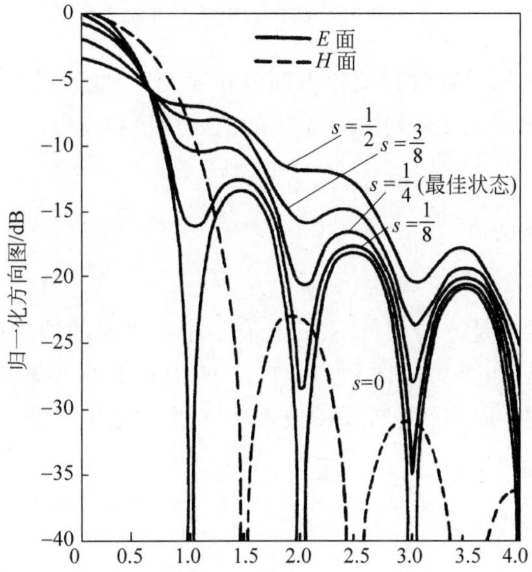

图 9.4.16 E 面扇形喇叭的主平面方向图(H 面：$(a/\lambda)\sin\theta$；E 面：$(B/\lambda)\sin\theta$)

对不同的 R_2/λ，$\lambda D_{\mathrm{E}}/a$ 与 B/λ 的关系曲线在图 9.4.17 中给出。像 H 面扇形喇叭一样，曲线同样显示出最佳特性，由满足最佳特性的 B/λ 与 R_2/λ 的关系曲线得出

$$B = \sqrt{2\lambda R_2} \tag{9.4.59}$$

满足上式尺寸关系的喇叭称为最优 E 面扇形喇叭。求出最优 E 面扇形喇叭所对应的最大口径相差和相差参数分别是

$$\delta_{\max} = \frac{\pi}{2} \tag{9.4.60a}$$

$$s_{\mathrm{opt}} = \frac{B^2}{8\lambda R_2} = \frac{1}{4} \tag{9.4.60b}$$

这里的最大口径相差比起最优 H 面扇形喇叭的 $\delta_{\max}=3\pi/4$ 小，因两种扇形喇叭在有相同相位分布规律的平面上，振幅却分别是均匀分布和余弦分布。这说明相位分布对

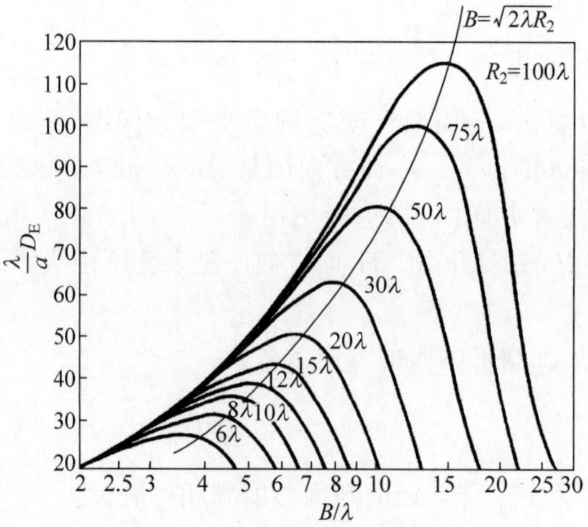

图 9.4.17　E 面扇形喇叭的方向系数

振幅均匀分布口径场的辐射特性影响比渐削分布要大。对于最优 E 面扇形喇叭，半功率波瓣宽度的关系式可由图 9.4.16 中 $s=1/4$ 的曲线得出：

$$\mathrm{BW}_{0.5E} \approx 0.94\,\frac{\lambda}{B} = 54^\circ\,\frac{\lambda}{B} \tag{9.4.61}$$

3. 角锥喇叭天线

扇形喇叭的主要缺点是方向系数不高，且有一个主平面的波瓣很宽，所以最常用的矩形喇叭天线是角锥喇叭，如图 9.4.18 所示。它是 H 面和 E 面均渐渐扩展而构成。这种形状的角锥喇叭在两个主平面均产生较窄的波瓣，因而形成笔状波瓣。角锥喇叭的口径场为

$$E_{ay} = E_0 \cos \frac{\pi x'}{A} \mathrm{e}^{-\mathrm{j}(h/2)(x'^2/R_1 + y'^2/R_2)} \tag{9.4.62}$$

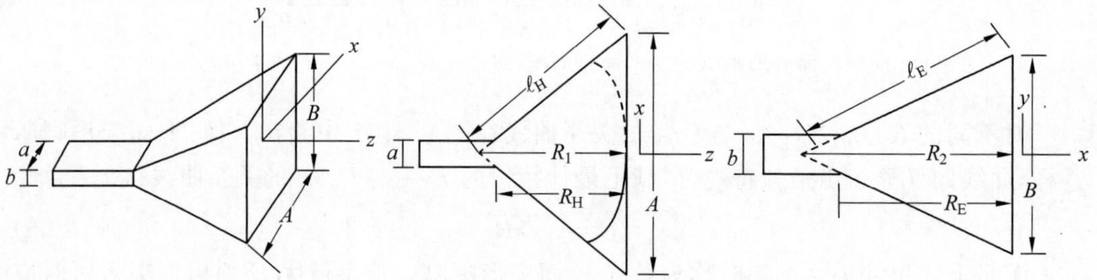

图 9.4.18　角锥喇叭

角锥喇叭的主平面方向图与扇形喇叭的相同。角锥喇叭的 E 面方向图与 E 面扇形喇叭的 E 面方向图相同，H 面方向图与 H 面扇形喇叭的 H 面方向图相同。

角锥喇叭的方向系数可由下式求出：

$$D_p = \frac{\pi}{32}\left(\frac{\lambda}{a}D_E\right)\left(\frac{\lambda}{b}D_H\right) \tag{9.4.63}$$

式中，圆括号中的方向系数可直接由扇形喇叭的方向系数得出。由上式计算出的增益与实验结果很吻合。喇叭的辐射效率 η_A 近似于1，因此可以把增益近似等于方向系数。

角锥喇叭也有最优尺寸关系，喇叭长度与口径尺寸满足下式时称作最优角锥喇叭：

$$A=\sqrt{3\lambda R_1} \tag{9.4.64a}$$

$$B=\sqrt{2\lambda R_2} \tag{9.4.64b}$$

最优角锥喇叭天线的增益为

$$G=0.51\frac{4\pi}{\lambda^2}AB \tag{9.4.65}$$

最优角锥喇叭天线的半功率波瓣宽度为

$$\mathrm{BW}_{0.5E}\approx 0.94\frac{\lambda}{B}=54^\circ\frac{\lambda}{B} \tag{9.4.66a}$$

$$\mathrm{BW}_{0.5H}\approx 1.36\frac{\lambda}{A}=78^\circ\frac{\lambda}{A} \tag{9.4.66b}$$

9.4.3 反射面天线

反射面天线种类多，增益高，应用非常广泛。反射面天线的结构有一个共同的特点：都是由馈源和反射面两部分组成，馈源产生方向性较差的初级辐射，并把能量投射到尺寸比它大得多的金属反射面上，经反射后形成方向性较好的次级辐射。最典型的有两种，一种是单反射面抛物面天线，另一种是双反射面卡塞格伦天线，如图9.4.19所示。

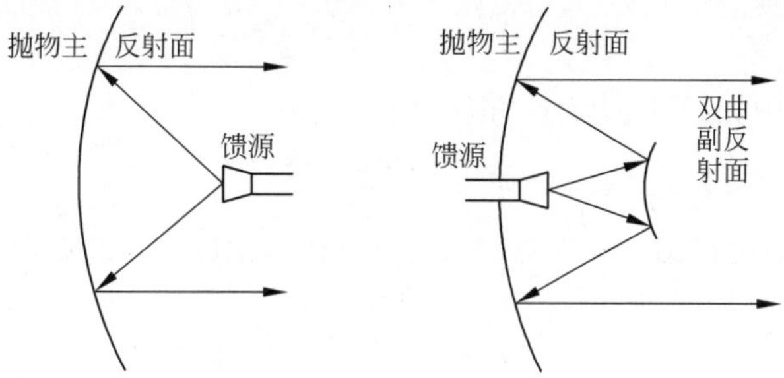

图9.4.19 反射面天线的结构

1. 抛物面天线

视频9-6

抛物面天线的基本工作原理：置于抛物面焦点上馈源所辐射的球面波向抛物面照射，经抛物面反射后变成口径上的平面波，然后向空间辐射，获得窄波束和高增益。

1）抛物面的几何特性和光学特性

抛物线是一定点 F（焦点）与一定直线 L（准线）之间等距点 Q（动点）的轨迹。在图9.4.20中，焦点 F 到动点 Q 的矢径 $\boldsymbol{\rho}$ 与 z 轴之间的夹角为 Ψ，Q 点为抛物面上任意点，抛物线 MON 绕其 OF 对称轴旋转就形成抛物面，顶点 O 到焦点 F 的距离 $OF=f$ 称为焦距，抛物线边缘点绕 OF 对称轴旋转后就构成抛物面的边缘，通常把抛物面边缘所包围的平面称作抛物面天线的口径面，用 D 表示其直径。焦点到抛物面边缘上任意一点的连线与对称轴之间的夹角称为抛物面的半张角，用 ψ_0 表示。

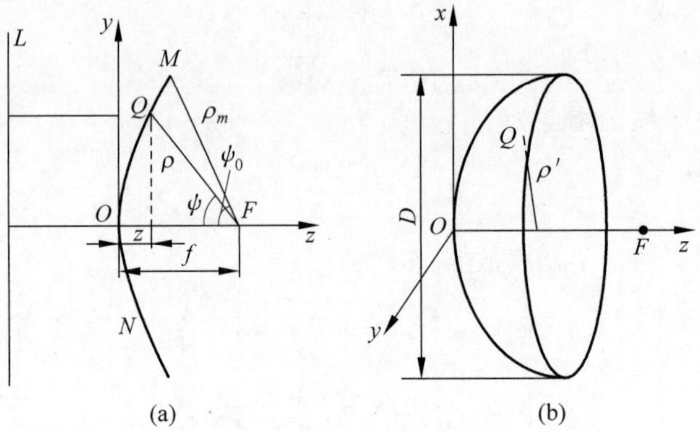

图 9.4.20　抛物面的几何关系

在直角坐标系中，

$$y=\rho\sin\psi \tag{9.4.67a}$$

$$z=f-\rho\cos\psi \tag{9.4.67b}$$

$$y^2=4fz \tag{9.4.67c}$$

将上式变换后可得

$$\rho=\frac{2f}{1+\cos\psi},\quad \text{或}\quad \rho=\frac{f}{\cos^2\left(\dfrac{\psi}{2}\right)} \tag{9.4.68}$$

在直角坐标系中，旋转抛物面的方程为

$$x^2+y^2=4fz \tag{9.4.69}$$

由图 9.4.20(a)可得，$\rho_m=\dfrac{D_0}{2}\dfrac{1}{\sin\psi_0}$，将该式代入式(9.4.68)得

$$\tan\frac{\psi_0}{2}=\frac{D}{4f} \tag{9.4.70}$$

在抛物面边缘处有 $x^2+y^2=\left(\dfrac{D}{2}\right)^2$，此时 $z=L$，L 称抛物面深度。代入式(9.4.69)，得

$$L=\frac{\left(\dfrac{D}{2}\right)^2}{4f}=\frac{D^2}{16f} \tag{9.4.71}$$

抛物面的几何参数主要有焦距 f，抛物面的口径 D，抛物面的张角 $2\psi_0$ 和抛物面的深度 L。这四个参数只有两个是独立的，其他两个可以推导得出。

抛物面有两个重要的几何特性，与天线问题直接有关：

(1) 由焦点发出的射线经抛物面反射后到达焦平面的总长度相等。

(2) 由焦点 F 发出的射线及其在抛物面上的反射线与反射点的法线之间的夹角相

等,即 $\alpha_i=\alpha_r=\psi/2$。这是抛物面的法线性质,见图 9.4.21。

由抛物面的几何特性可以得到抛物面天线两个重要的几何光学特性:

(1) 由抛物面焦点 F 发出的射线经抛物面反射后,所有的反射线都与抛物面的对称轴平行。因此,在焦点处的馈源所辐射的球面波经抛物面反射后变成平行的电磁波束。相反,当平行的电磁波束沿抛物面对称轴入射到抛物面上时,被抛物面汇聚于焦点。

(2) 由焦点处发出的球面波经抛物面反射后,在口径上形成平面波前,口径上的场处处同相。相反,当平面电磁波沿抛物面对称轴入射时,经抛物面反射后不仅汇聚在焦点,而且相位相同。

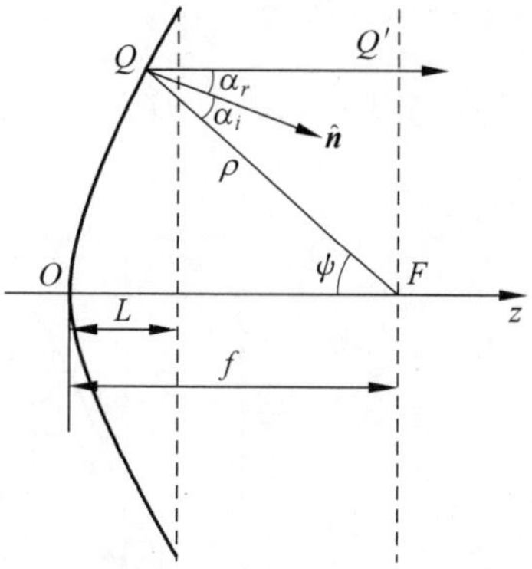

图 9.4.21 抛物面的光学特性

上面两个几何光学性质建立的条件:反射点附近反射面的曲率半径和该点入射波的曲率半径均比波长大得多,这样把问题看作是平面波斜入射到两种媒质交界面上。实际上,只要抛物面天线尺寸远大于波长,这个条件是可以满足的。

抛物面天线的性能和它的焦径比 f/D 关系密切,根据 f/D 值可分成三大类(图 9.4.22)。

(1) $f/D<1/4$,此时,$f<L$,$\psi_0>90°$,称为短焦抛物面天线;

(2) $f/D=1/4$,此时,$f=L$,$\psi_0=90°$,称为中焦抛物面天线;

(3) $f/D>1/4$,此时,$f>L$,$\psi_0<90°$,称为长焦抛物面天线。

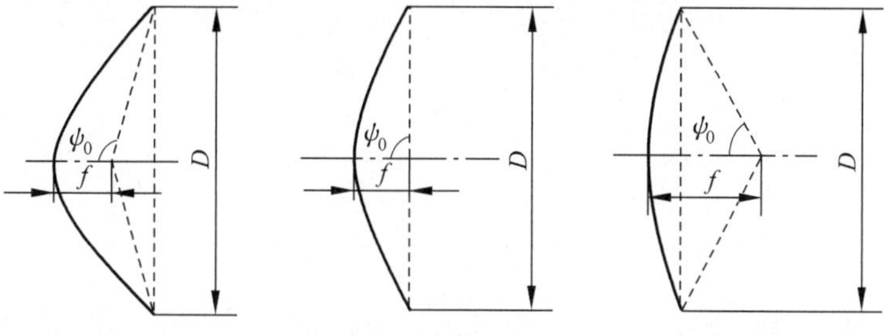

(a) 短焦天线　(b) 中焦天线　(c) 长焦天线

图 9.4.22 不同焦距的抛物面

至于 f/D 为何值才合适,视不同用途的要求来确定。

2) 抛物面天线的口径场

抛物面天线的口径场振幅分布取决于抛物面天线的焦径比和馈源方向性。建立坐标系,如图 9.4.23(a)所示。入射波采用球坐标系(ρ,ψ,φ),反射波采用圆柱坐标系(ρ_s,φ,z)。设馈源的方向系数为

$$D_f(\psi,\varphi)=D_{f_0}F_f^2(\psi,\varphi) \tag{9.4.72}$$

式中,D_{f_0} 为馈源最大辐射方向的方向系数;$F_f(\psi,\varphi)$为馈源的归一化方向函数。

如果将馈源置于抛物面的焦点上,已知馈源辐射功率是 P_{rf},抛物面上入射的电场是

$$E_f = \frac{\sqrt{60P_{rf}D_f(\psi,\varphi)}}{\rho}\mathrm{e}^{-\mathrm{j}k\rho} \tag{9.4.73}$$

式中，ρ 为焦点到抛物面上任一点的距离；$\frac{1}{\rho}\mathrm{e}^{-\mathrm{j}k\rho}$ 因子表示置于焦点馈源辐射的是球面波。

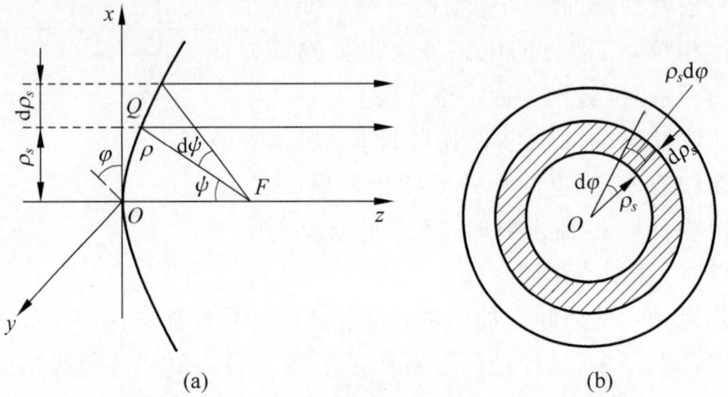

图 9.4.23　抛物面天线口径场的计算

下面用射线管法求抛物面天线的口径场。由图 9.4.23(a)可知

$$\rho_s = \rho\sin\psi \tag{9.4.74}$$

式中，ρ_s 是 ρ 在口径上的投影，代表口径上的径向长度坐标。把式(9.4.68)代入式(9.4.74)，并利用三角恒等式 $\sin x = (1+\cos x)\cdot\tan\frac{x}{2}$，得

$$\rho_s = 2f\cdot\tan\frac{\psi}{2} \tag{9.4.75}$$

因此，

$$\mathrm{d}\rho_s = f\cdot\sec^2\frac{\psi}{2}\mathrm{d}\psi = \rho\mathrm{d}\psi \tag{9.4.76}$$

式中，$\mathrm{d}\rho_s$ 是坐标 ρ_s 的线元；$\rho\mathrm{d}\psi$ 是入射波沿 ψ 方向的线元。在入射波与反射波的两个坐标系中，φ 坐标是相同的。因此，φ 方向的线元在两个坐标系中均为 $\rho_s\mathrm{d}\varphi$。将 $\rho_s\mathrm{d}\varphi$ 与式(9.4.76)相乘，可以得到这样的结论：在($\rho\mathrm{d}\psi\cdot\rho_s\mathrm{d}\varphi$)面元上的入射波功率全部转换到($\mathrm{d}\rho_s\cdot\rho_s\mathrm{d}\varphi$)面元上的反射波功率。即在抛物面所有反射点上，反射前后的功率流密度不变，于是式(9.4.73)的振幅部分可用来表示抛物面天线口径场的振幅分布函数，即

$$E_a = |E_f| = \frac{1}{\rho}\sqrt{60D_f(\psi,\varphi)P_{rf}} \tag{9.4.77}$$

将式(9.4.68)代入上式得

$$E_a = \frac{1}{f}\cos^2\frac{\psi}{2}\sqrt{60D_{f0}P_{rf}}F_f(\psi,\varphi) \tag{9.4.78}$$

由式(9.4.78)可以看出，抛物面天线口径场的分布是由两个因素决定的，分别是

$\frac{1}{\rho}=\frac{\cos^2\frac{\psi}{2}}{f}$和$F_f(\psi,\varphi)$。

(1) 空间衰减因子A_s。

由于馈源辐射的是球面波,因此投射到抛物面上任意一点Q的场,都比投射到抛物面顶点O的场幅值小,这是因为$\rho>f$。这种由于空间距离不同而引起球面波投射到抛物面上各点场幅值的差别,称为空间衰减。为了定量说明口径边缘处场的幅度较口径中心处场的幅度衰减的程度,引入空间衰减因子A_s:

$$A_s=\frac{E_s(\psi=\psi_0)}{E_s(\psi=0)}=\frac{\frac{1}{\rho_m}}{\frac{1}{f}}=\cos^2\left(\frac{\psi_0}{2}\right) \tag{9.4.79}$$

(2) 馈源方向图$F_f(\psi,\varphi)$。

任何馈源的辐射都会有方向性。通常都是最大辐射方向指向抛物面顶点,随ψ增加辐射场减弱。馈源方向图的形状及其对抛物面天线边缘的照射电平(称边照电平)都会影响抛物面口径场的振幅分布。

下面举例说明空间衰减因子、馈源方向图对抛物面口径场振幅分布的影响。

馈源方向图相同,但抛物面天线的几何结构参数f/D不同。图9.4.24(a)的ψ_0大,空间衰减因子也大;馈源对抛物面边缘的照射电平低,因此,图9.4.24(a)的口径场振幅分布比图9.4.24(b)的情况更不均匀。

馈源方向图不同,但抛物面天线的几何结构参数f/D相同。因f/D相同,空间衰减因子相等,但图9.4.24(c)的边照电平比图9.4.24(d)大,因此图9.4.24(c)的口径场分布比图9.4.24(d)要均匀些。

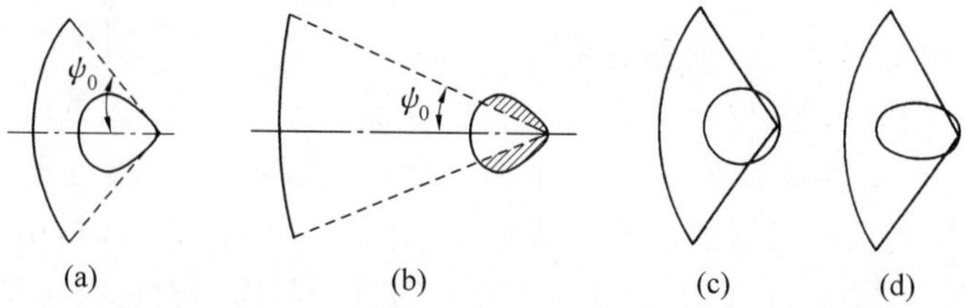

图9.4.24 f/D不同,馈源方向图相同(a,b)和f/D相同,馈源方向图不同(c,d)

此外,抛物面天线的几何结构参数f/D和馈源方向图除了对抛物面口径场振幅分布有影响以外,参数f/D以及馈源的极化还会对口径场的极化情况产生影响。

如果用一个单一线极化的电流元作馈源时,倘若电流元的轴与y轴平行,馈源的主极化方向就是y方向,它在一个长焦距抛物面上产生的口径场,如图9.4.25所示。

口径场E_{ay}为主极化分量,与之正交的E_{ax}为交叉极化分量。极化分布有如下特点:

① 交叉极化分量E_{ax}对两个主平面是反对称的,所以在两个主平面上,$E_{ax}=0$,说明交叉极化分量对两个主平面没有贡献。

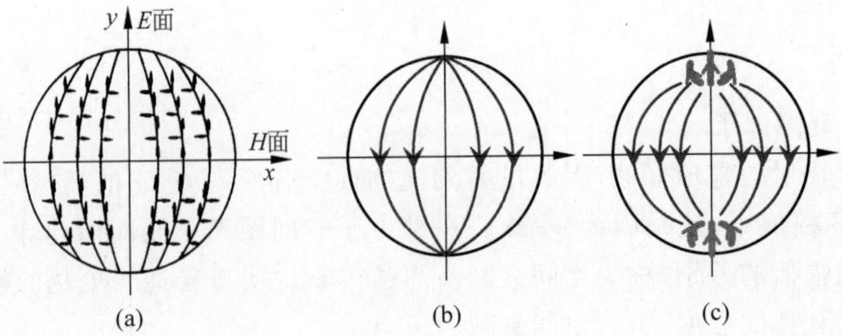

图 9.4.25　长焦距抛物面口径场分布(a)及极点(b)和有害区(c)的出现

② 交叉极化分量 E_{ax} 的最大值出现在 $\varphi_s=45°,135°$两个平面内,它们的辐射构成交叉极化旁瓣,它降低了抛物面天线的增益。

③ E_{ay} 沿 x 方向分布要比沿 y 方向分布更均匀些。

当 f/D 由大变小时,抛物面口径上 x,y 轴之外任意一点,主极化分量减小,交叉极化分量增大;当 $\psi_0=\pm 90°,\varphi_s=\pm 90°$时,口径场电场为 0,这两点称极点[图 9.4.25(b)]。当 $\psi_0>90°$时,两个极点扩展成两个有害区[图 9.4.25(c)],会出现与主极化方向相反以及与交叉极化方向相同的场分量。有害区的出现必然降低抛物面天线的增益和口径效率。为了避免这种现象的出现,一般采用长焦距抛物面天线。

3) 抛物面天线的辐射场

已知抛物面天线口径场的分布函数,根据平面辐射积分公式可求出辐射场。辐射场和馈源没有被抛物面截获的($\psi_0<\psi\leqslant 180°$)场相叠加,即构成抛物面天线的绕射场。抛物面天线的主波束以及近旁瓣主要是由抛物面的口径场贡献的。抛物面天线的几何结构和馈源方向图千变万化,很难逐个进行分析比较,数学运算过程也繁杂。这里只作定性地讨论。

抛物面天线的绕射场及方向性的特点:

(1) 方向图的主瓣宽度与口径的电尺寸 λ/D 成反比,口径越大方向图越窄。

(2) f/D 越大,口径场分布越均匀,波瓣宽度的系数越小,旁瓣电平越高。

(3) 如果用带圆盘反射器的半波对称振子和圆锥喇叭作馈源时,由于馈源的 E 面、H 面方向图不同,天线 E 面和 H 面的半功率波瓣宽度不同。对称振子是单一极化,但由于抛物面的 f/D 不是无限大,所以口径场会出现交叉极化分量,口径的交叉极化分量随 f/D 的减小而增大,交叉极化波瓣的电平亦要随 f/D 的减小而增大。而圆锥喇叭 TE_{11}° 模不是单一线极化,其交叉极化分量可以抵消口径场的交叉极化分量,使抛物面天线的交叉极化电平降低。

(4) 如果馈源是单一线极化而且两个主平面方向性相同(称波瓣等化),则抛物面天线口径场没有交叉极化分量。馈源的波瓣等化是高效率馈源的基本要求。

(5) 实际中,经常把抛物面天线的口径场等效为台阶渐削分布,利用圆形口径的辐射特性结果进行模拟计算。

4）抛物面天线的增益

抛物面天线的增益受诸多因素的影响，除了由于口径场振幅分布不均匀产生的口径渐削效率 ε_t 之外，还有许多。考虑到所有的影响因素以后，抛物面天线的增益可表示成

$$G=\frac{4\pi}{\lambda^2}A_p g \tag{9.4.80}$$

式中，$A_p=\pi D^2/4$，是天线的口径面积；g 为增益因子，实际上就是讨论平面辐射口径时的口径效率 ε_{ap}，只不过对于一副实际天线来说，涉及的因数更多，更习惯称它为增益因子。

$$g=\eta_A\cdot\varepsilon_t\cdot\varepsilon_s\cdot\varepsilon_{cr}\cdot\varepsilon_{ph}\cdots$$

可见，增益因子表示为许多效率因子乘积，每一个效率因子代表一种因数的影响。针对抛物面天线简单介绍如下。

(1) 天线效率 η_A：包括馈源、反射面的导体损耗和介质损耗；有时为了减小风阻力而采用的栅型、网型结构的反射面，在反射面上开的许多小孔会产生溢漏。反射面的热损耗，使增益损失约 0.1dB。采用金属网或金属栅结构反射面，其表面漏失约 0.05dB。

(2) 口径渐削效率 ε_t：是因为口径场振幅分布不均匀引起的。

(3) 截获效率 ε_s：抛物面天线的截获效率定义 ε_s 为馈源投射到反射面上的辐射功率与馈源总辐射功率之比。当馈源给定时，口径张角越大，则截获效率越高。

将不同的馈源和对应的最优半张角代入口径场，可计算出口径边缘处的场强，当抛物面天线的边照电平为－11dB 时，该抛物面天线的张角基本上就是最优的。最优波瓣宽度为

$$\mathrm{BW}_{0.5}\approx(70^\circ\sim75^\circ)\frac{\lambda}{D} \tag{9.4.81}$$

把上面各项因素综合起来考虑，增益损失在 2.2～2.9dB，把它们转换成增益因子的变化，实际上抛物面天线的增益因子为

$$g=0.5\sim0.6 \tag{9.4.82}$$

实际工作中，倘若已知抛物面天线的口径直径 D，可以用下式估算出它的增益：

$$G=0.5\sim0.6\left(\frac{\pi D}{\lambda}\right)^2 \tag{9.4.83}$$

2. 卡塞格伦天线

抛物面天线多采用前馈方式，馈线长，增加了馈线的损耗，限制了增益因子的提高。采用双反射面天线就可以较好地解决这些问题，还可以增加设计的灵活性。双反射面天线的形式很多，最典型的是卡塞格伦天线。

1）卡塞格伦天线的工作原理

卡塞格伦天线由主反射面（抛物锥面）、副反射面（双曲锥面）和馈源三部分组成。馈源发出的球面波被双曲面反射后再投射到抛物面上，从而在抛物面口径上形成同相场分布，如图 9.4.26(a)所示。

首先来看双曲线的几何性质和光学性质。

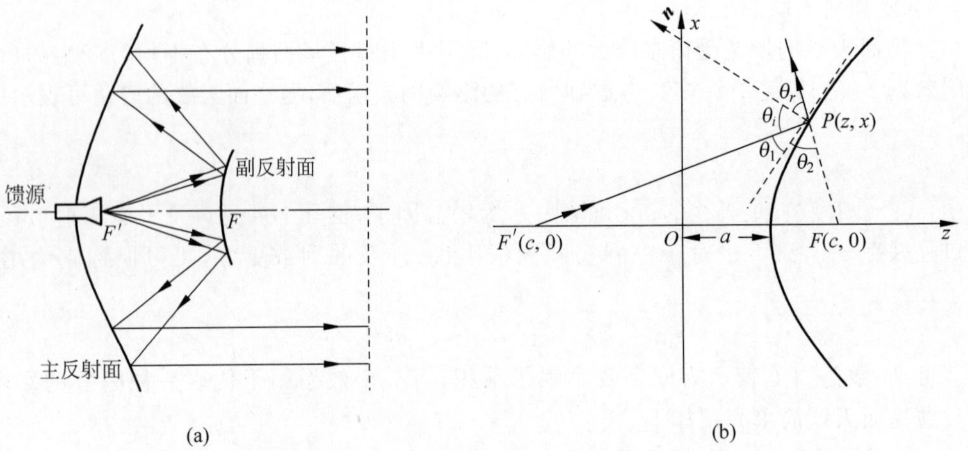

图 9.4.26　卡塞格伦天线的工作原理示意图(a)和双曲线的几何性质图(b)

由一动点 P 到两定点 F' 和 F 的距离之差为一常数时,该动点的运动轨迹为双曲线。两定点 F',F 称为双曲线的焦点。设两焦点之间的距离 $F'F=2c$,双曲线两顶点之间的距离为 $2a$。根据双曲线的定义可得

$$|F'P|-|FP|=2a$$

双曲线的极坐标表达式为

$$\rho=\frac{b^2}{a(1+e\cos\psi)} \tag{9.4.84a}$$

$$b^2=c^2-a^2 \tag{9.4.84b}$$

$$e=\frac{c}{a}(\text{离心率}) \tag{9.4.84c}$$

e 取不同数值时,可表示为不同的曲线,其中,$1<e<\infty$ 时为双曲线。

与天线问题密切相关的几何性质:在双曲线上任一点作一条切线,它把 $\angle F'PF$ 平分,即 $\theta_1=\theta_2$,如图 9.4.26(b)所示。将馈源放在双曲线的实焦点 F' 处,用它来照射双曲面,根据上述的双曲线几何性质,可得双曲面的光学性质:

(1) 由 F' 处发出的射线经双曲面上任一点 P 反射,反射线的延长线肯定通过双曲线的另一个焦点 F。这很容易就证明,在 P 点上作一法线 $\hat{\boldsymbol{n}}$,根据反射定律入射角 θ_i 等于反射角 θ_r;双曲线的几何性质 $\theta_1=\theta_2$;法线与切线的夹角 $\theta_1+\theta_i=90°$,可以求得

$$\theta_2+\theta_1+\theta_i+\theta_r=2(\theta_1+\theta_i)=180°$$

即 P 点的反射线和 $|PF|$ 是在一条直线上,也就是说经双曲面反射的所有反射线的延长线都通过 F 点。这充分说明,由实焦点 F' 处发出的球面电磁波经双曲面反射后,如同在虚焦点 F 处放一馈源发出的电磁波一样。

(2) 由于 $|PF|$ 和 $|PF'|$ 两线段之差恒等于 $2a$,F' 点发出的电磁波经双曲面反射后与直接从 F 点发出的电磁波相比,只是在相位上有一个固定的相差 $2\pi/\lambda\cdot 2a$。因此,经双曲面反射后的电磁波仍是球面波。

把双曲面的焦轴与抛物面的对称轴重合,双曲面的虚焦点与抛物面的焦点重合,在

实焦点上放馈源并向双曲面辐射，就构成卡塞格伦天线。

2）卡塞格伦天线的几何关系

首先证明，从馈源发出的射线经双曲副反射面反射，再经抛物主反射面反射后，到达过焦点与对称轴垂直的平面所经过的路程是一常数。由图 9.4.27 可以看出，这个路程为

$$|F'P|+|PQ|+|QM|$$

利用双曲线的几何性质：

$$|F'P|-|FP|=2a$$

再利用抛物面的几何性质：

$$|FP|+|PQ|+|QM|=2f$$

即可求得这个路程为：

$$2f+2a\text{（常数）}$$

这说明，卡塞格伦天线的口径场是同相分布。

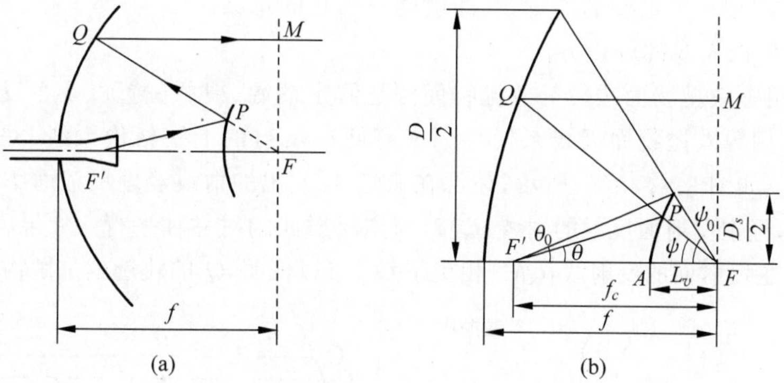

图 9.4.27　卡塞格伦天线的等相位面图(a)和卡塞格伦天线的几何关系(b)

表示卡塞格伦天线几何关系的参量有 7 个，属于双曲面的 4 个是：①双曲面的直径 D_s；②双曲面的焦距 $f_c=2c$；③双曲面的口径边缘对焦点 F' 的半张角 θ_0；④双曲面顶点到焦点 F 的距离 L_v。属于抛物面的 3 个是：①抛物面的直径 D；②抛物面焦距 f；③抛物面口径对虚焦点 F 的半张角 ψ_0。这 7 个参数的几何关系式为

$$\tan\left(\frac{\psi_0}{2}\right)=\frac{D}{4f} \tag{9.4.85a}$$

$$\cot\psi_0+\cot\theta_0=\frac{4c}{D_s} \tag{9.4.85b}$$

$$L_v=c\left[1-\frac{\sin\frac{1}{2}(\psi_0-\theta_0)}{\sin\frac{1}{2}(\psi_0+\theta_0)}\right] \tag{9.4.85c}$$

还有两个常用的参量：离心率 e 和放大率 M。

离心率 e 的定义是 $e=\dfrac{c}{a}$，对于双曲线，$1<e<\infty$。可导出

$$e=\frac{\sin\frac{1}{2}(\psi_0+\theta_0)}{\sin\frac{1}{2}(\psi_0-\theta_0)} \tag{9.4.86}$$

离心率越大，双曲线弯曲程度越小。

放大率 M 的定义为

$$M=\frac{e+1}{e-1} \tag{9.4.87}$$

将式(9.4.86)代入上式，可得

$$M=\frac{\tan\frac{\psi_0}{2}}{\tan\frac{\theta_0}{2}} \tag{9.4.88}$$

放大率 M 是一个重要的参量，后面就能看出它的意义。

3) 卡塞格伦天线的分析方法

首先采用等效抛物面法。等效抛物面法是假定馈源、馈源位置以及主反射面口径尺寸都不变时，用等效抛物面天线来代替原来有两次反射的卡塞格伦天线，并使二者有相同的电性能。如图 9.4.28(a)所示，馈源在焦点 F' 发出的射线经副反射面 P 点反射到主反射面 Q 点，经主反射面反射的射线 $|QM|$ 与主反射面的对称轴平行。如果将射线 $|F'P|$ 延长，使之与主反射面的反射线 $|QM|$ 相交于 Q'，可以证明，Q' 的轨迹就是抛物面。

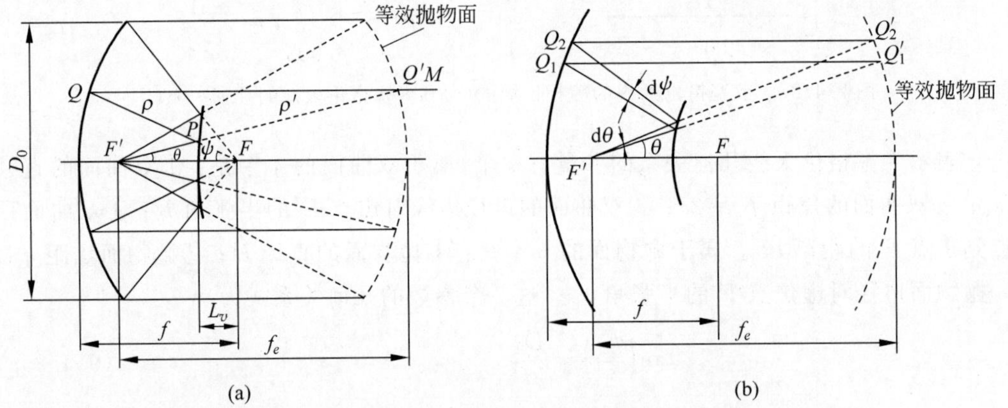

图 9.4.28　等效抛物面法(a)和等效抛物面的口径场分布(b)

令 $|F'Q'|=\rho'$，$|FQ|=\rho$。由图显然可以看出，$\rho\sin\psi=\rho'\sin\theta$，即

$$\rho'=\frac{\sin\psi}{\sin\theta}\rho \tag{9.4.89}$$

主反射面的极坐标方程是

$$\rho=\frac{2f}{1+\cos\psi}$$

代入式(9.4.89)得

$$\rho' = \frac{2f}{1+\cos\psi}\frac{\sin\psi}{\sin\theta} \tag{9.4.90}$$

利用三角恒等式 $\sin x=(1+\cos x)\tan\frac{x}{2}$，替换 $\sin\psi$ 和 $\sin\theta$ 可将上式变成

$$\rho' = \frac{2f}{1+\cos\theta}\frac{\tan\frac{\psi}{2}}{\tan\frac{\theta}{2}}$$

即

$$\rho' = \frac{2Mf}{1+\cos\theta} \tag{9.4.91}$$

上式表明，Q'的轨迹是抛物面，它的焦点在 F'点而等效焦距 $f_e=Mf$。这就是说，等效抛物面的焦距 Mf 是原来主反射面焦距的 M 倍，M 是大于 1 的，所以 $f_e>f$，并且，偏心率 e 越小，M 越大。通常 $M>3$，所以等效抛物面是一个长焦距抛物面。由图可以看出，等效抛物面口径和主反射面口径相同。

下面再用射线管的概念说明二者口径场分布是相同的。见图 9.4.28(b)，沿 θ 方向张角为 $d\theta$ 的射线管内投射到等效抛物面 $Q_1'Q_2'$区域内的功率流密度应和张角为 $d\psi$ 的射线管内投射到主反面 Q_1Q_2 区域内的功率流密度相同，而经等效抛物面和原来主反射面分别反射后又汇合成同一射线管，即两射线管的截面相等，当 $d\theta\to 0$ 时，通过卡塞格伦天线主反射面口径上任一点的功率流密度和通过等效抛物面口径上对应点的功率流密度相等，于是证实卡塞格伦天线和等效抛物面天线的口径场分布是完全相同的。

4) 卡塞格伦天线的增益

影响卡塞格伦天线效率的因素很多，主要有：①副反射面和主反射面边缘的溢漏，从馈源辐射出来的功率并非全部投射到主反射面上；②主反射面口径场的不均匀分布，使口径不能充分利用；③馈源、副反射面以及支撑结构的遮挡；④安装制造公差。与抛物面天线相比，卡塞格伦天线多了一个副反射面，会产生副反射面的遮挡和绕射问题。

影响卡塞格伦天线增益的因素与抛物面天线大致相同，总的损失比抛物面天线稍好一些。卡塞格伦天线的增益损失总计为 2～3dB，即天线的增益因子 $g=0.5\sim0.6$。

卡塞格伦天线所采用的后馈形式比起抛物面天线的前馈形式明显的优点是：

(1) 卡塞格伦天线的馈源可以置于主反射面顶点附近，大大地缩短了馈线的长度，减小了馈线损耗，降低了系统的噪声温度。

(2) 馈源是向主反射面前方辐射，因此，副反射面的溢漏也是指向前方，即漏失方向指向冷空($T_S=25$K)而不是指向地面($T_G=300$K)，大大降低了天线的噪声温度。

(3) 由于利用了副反射面，与获得同样性能的长焦距抛物面天线相比，卡塞格伦天线的纵向尺寸大大缩小。因此结构紧凑，力学性能好。

(4) 由于天线有两个反射面，可以选择的参数比较多，因而增加了设计的灵活性。特别是可以用赋形反射面的方法，大大提高天线性能。

3. 其他反射面天线

军事通信系统中的微波站常采用反射面天线的变型结构，考虑到小型化及抗风能力，常采用角反射天线和网状抛物面天线，如图 9.4.29 所示。

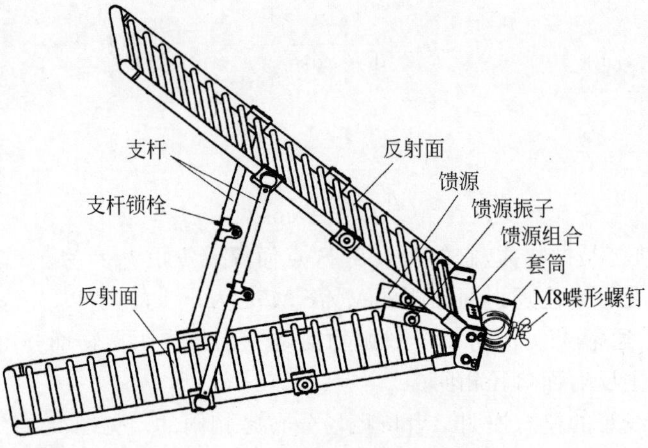

(a) 角反射天线

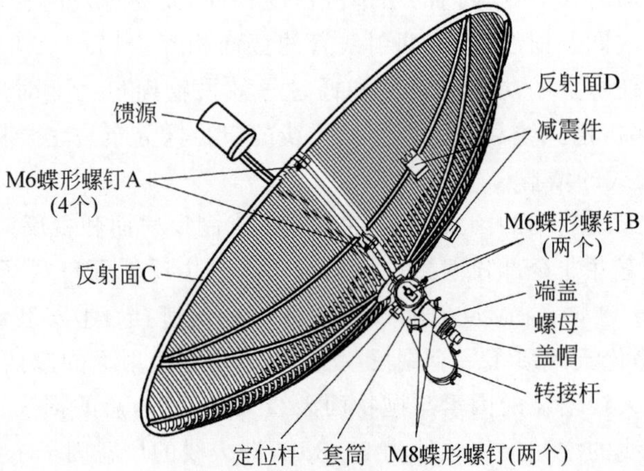

(b) 网状抛物面天线

图 9.4.29 其他形式的反射面天线

习题

9-1 为什么直立天线加顶负载后，可以改善性能？

9-2 直立振子的高度 $h=10\text{m}$，当工作波长 $\lambda=300\text{m}$ 时，求它的有效高度以及归于波腹电流的辐射电阻。

9-3 已知水平放置的半波天线的架空高度为 h，地面当作无限大的理想导电平面，为了使电磁波射向电离层，要求在与天线轴线垂直的平面内，$30°$ 仰角方向上形成主射方向，试确定其架空高度。

9-4 架设在理想导电地面上的水平半波振子天线，设它离地面的高度为 $H=5\lambda/4$，试画出其铅垂平面和仰角为 $\delta=30°$ 的水平平面方向图。

9-5 一架设在地面上的水平振子天线，工作波长 $\lambda=40\text{m}$，若要在垂直于天线的平面内获得最大辐射仰射角 $\delta=30°$，试计算该天线应架设多高？

9-6 已知行波单导线第一波瓣与导线夹角 $\theta_m=\arccos\left(1-\dfrac{\lambda}{2l}\right)$。试证明当调整菱形天线锐角之半 $\theta_0=\theta_m$，自由空间菱形天线的最大辐射方向指向负载端。

9-7 简述菱形天线的工作原理。

9-8 请说明行波天线与驻波天线的差别与优缺点。

9-9 简述对数周期天线宽频带的工作原理。

9-10 已知对数周期偶极子天线的周期率为 $\tau=0.88$，间隔因子 $\sigma=0.14$，最长振子全长为 $L_{\max}=100\text{cm}$，最短振子全长为 $L_{\min}=25.6\text{cm}$，试估算它的工作频率范围。

9-11 一个七元引向天线，反射器与有源振子的间距为 0.15λ，各引向器等间距排列，且间距为 0.2λ，试估算其方向系数和半功率波瓣宽度。

9-12 设某平行二元引向天线由一个电流为 $I_{m1}=\text{e}^{\text{j}0°}$ 的有源半波振子和一个无源振子构成，两振子间距为 $d=0.25\lambda$，已知互阻抗 $Z_{12}=40.8-\text{j}28.3=49.7\text{e}^{-\text{j}34.7°}\Omega$，半波振子的自阻抗为 $Z_{11}=73.1+\text{j}42.5=84\text{e}^{\text{j}30.2°}\Omega$。

(1) 求无源振子的电流 I_{m2}；

(2) 判断无源振子是引向器还是反射器；

(3) 求该二元引向天线的总辐射阻抗。

9-13 简述轴向模螺旋天线产生圆极化辐射的工作原理。

9-14 简述蝙蝠翼天线的结构特点和电特性。

9-15 简述当前移动通信对移动终端和基站天线的要求。

9-16 简述主要的移动天线类型有哪些。

9-17 请简单叙述口径法的基本原理。

9-18 均匀同相的矩形口径尺寸为 $a=8\lambda$，$b=6\lambda$，求出 H 面内的主瓣宽度 $2\theta_{0.5H}$ 和第一旁瓣电平。

9-19 同相均匀圆形口径的直径等于同相均匀方形口径的边长，哪种口径的方向系数大？为什么？

9-20 什么是最佳喇叭？为什么喇叭天线会存在着最佳尺寸？

9-21 简述旋转抛物面天线的结构及工作原理。

9-22 要求旋转抛物面天线的增益系数为40dB，并且工作频率为1.2GHz，如果增益因子为0.55，试估算其口径直径。

9-23 一卡塞格伦天线，其抛物面主面焦距 $f=2\text{m}$，若选用离心率为 $e=2.4$ 的双曲副反射面，求等效抛物面的焦距。

9-24 卡塞格伦天线有哪些特点？

第*10章 新型人工电磁结构天线

日新月异的无线电技术要求天线具备集成化、多功能、高性能和灵活性，给天线界的学者和工程师们提出了更高的挑战。20 世纪末，新型人工电磁结构（Artificial Electromagnetic Structures）凭借其特异的电磁属性成为电磁领域的研究前沿和热点，将其应用到天线设计中，发挥人工电磁结构在电磁波调控方面的独特优势，可大幅改善天线的结构尺寸和功能特性，获得常规天线所没有的特异电磁属性。本章聚焦于新型天线的理论分析和应用研究，介绍新型电小天线、电大天线和波束可控天线。

视频10-1

10.1 新型人工电磁结构的基本概念和理论分析

10.1.1 新型人工电磁结构的基本概念

众所周知，自然界的材料可用两个电磁参数来描述，即介电常数 ε 和磁导率 μ。如果以这两个参数作为横纵坐标，可以将所有物质材料囊括在图 10.1.1 所示的介电常数和磁导率数值空间的四个象限内。实际上自然界存在的大多数物质都只是在第一象限内，而我们常用的物质基本上处在第一象限的 $\mu=\mu_0, \varepsilon \geqslant \varepsilon_0$ 的一条直线中的离散点上。在第一象限内的物质，ε 和 μ 均为正值，所以也称为“双正媒质”(Double Positive Material, DPM)，电场矢量、磁场矢量和波的传播方向满足右手螺旋定则，所以也称为“右手媒质”，支持前向波辐射。

图 10.1.1 中第三象限内的材料，ε 和 μ 都为负值，所以也称为“双负媒质”(Double Negative Material, DNM)。在双负媒质中，电磁波的电场矢量、磁场矢量和波的传播方向满足左手螺旋定则，所以也称为“左手媒质”(Left Handed Material, LHM)，支持后向波辐射。

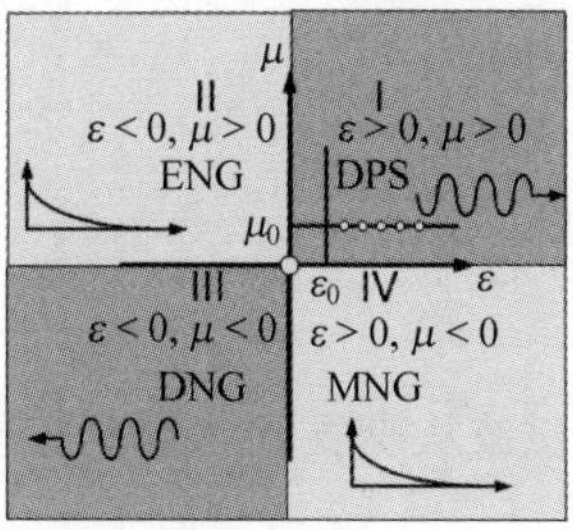

图 10.1.1 材料分类的介电常数-磁导率(ε-μ)示意图

自然界中存在少数的电等离子体和磁等离子体材料，其在特殊的频段具有电单负($\varepsilon<0, \mu>0$)和磁单负($\mu<0, \varepsilon>0$)特性，对应为第二象限的电单负媒质(Electric Negative Material, ENM)和第四象限的磁单负媒质(Magnetic Negative Material, MNM)，这两种媒质支持凋落波。此外，在坐标内还有一类零折射媒质(Zero Reflaction Index Material, ZRIM)。因为折射率 $n=(\varepsilon_r \mu_r)^{1/2}$，无论是单负 μ 媒质还是单负 ε 媒质，都存在 $n \to 0$ 的特殊频段。新型人工电磁结构已经逐渐具备了折射率任意可控的特性，可实现对电磁波的精确调控。

根据工作机理的不同，通常可以将人工电磁结构分为两类，即以 SRR 为代表的谐振型结构和以复合左右手传输线(CRLH TL)为代表的非谐振型结构(弱谐振)。对两类结构的电磁特性进行分析，将为设计新型天线提供理论指导。

10.1.2 新型人工电磁结构的等效媒质参数提取

人工电磁结构作为微结构单元构成“等效均匀”的材料，须满足亚波长尺寸条件，即

$$p < \lambda_g/4 \tag{10.1.1}$$

其中，p 为周期结构的单元长度，此时，单元结构对于入射电磁波的响应以反射和折射为主，人工电磁结构可以视为均匀等效媒质；当微结构单元不满足亚波长尺寸条件时，单元结构主要表现为散射和衍射响应，不能构成等效媒质。等效媒质的介电常数 ε 和磁导率 μ 分别反映了微结构单元对电场和磁场的响应。

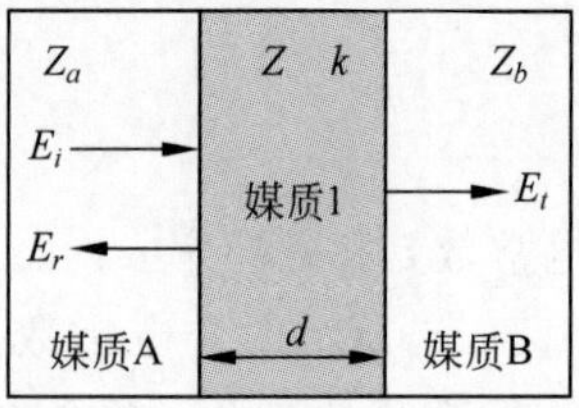

图 10.1.2 分层媒质示意图

如图 10.1.2 所示，将任意人工电磁结构视为等效媒质 1，左侧为媒质 A，右侧为媒质 B。Z_a、Z 和 Z_b 分别是这三个区域中媒质的特性阻抗。电磁波由媒质 A 中入射到媒质 1 中，Γ_1 和 T_1 分别是媒质 A 和媒质 1 的分界面处的反射系数和透射系数，Γ_2 和 T_2 分别是媒质 1 和媒质 B 的分界面处的反射系数和透射系数，则可得

$$\Gamma_1 = \frac{Z - Z_a}{Z + Z_a} \tag{10.1.2}$$

$$T_1 = 1 + \Gamma_1 = \frac{2Z}{Z + Z_a} \tag{10.1.3}$$

$$\Gamma_2 = \frac{Z_b - Z}{Z_b + Z} \tag{10.1.4}$$

$$T_2 = 1 + \Gamma_2 = \frac{2Z_b}{Z_b + Z} \tag{10.1.5}$$

则电磁波从媒质 A 入射到媒质 B 出射的传输矩阵为

$$\begin{bmatrix} E_i \\ E_r \end{bmatrix} = \frac{1}{T_1}\begin{bmatrix} 1 & \Gamma_1 \\ \Gamma_1 & 1 \end{bmatrix}\begin{bmatrix} \mathrm{e}^{\mathrm{j}kd} & 0 \\ 0 & \mathrm{e}^{-\mathrm{j}kd} \end{bmatrix}\frac{1}{T_2}\begin{bmatrix} 1 & \Gamma_2 \\ \Gamma_2 & 1 \end{bmatrix}\begin{bmatrix} E_t \\ 0 \end{bmatrix} \tag{10.1.6}$$

其中，d 为媒质 1 的厚度（即传播距离）。展开上式可得

$$E_i = \frac{\mathrm{e}^{\mathrm{j}kd}}{T_1 T_2}(1 + \Gamma_1 \Gamma_2 \mathrm{e}^{-2\mathrm{j}kd})E_t \tag{10.1.7}$$

$$E_r = \frac{\mathrm{e}^{\mathrm{j}kd}}{T_1 T_2}(\Gamma_1 + \Gamma_2 \mathrm{e}^{-2\mathrm{j}kd})E_t \tag{10.1.8}$$

$$S_{11} = \frac{E_r}{E_i} = \frac{\Gamma_1 + \Gamma_2 \mathrm{e}^{-2\mathrm{j}kd}}{1 + \Gamma_1 \Gamma_2 \mathrm{e}^{-2\mathrm{j}kd}} \tag{10.1.9}$$

$$S_{21} = \frac{E_t}{E_i} = \frac{T_1 T_2 \mathrm{e}^{-\mathrm{j}kd}}{1 + \Gamma_1 \Gamma_2 \mathrm{e}^{-2\mathrm{j}kd}} \tag{10.1.10}$$

当媒质 A 和 B 为同一种媒质时，$Z_a = Z_b$，则有 $\Gamma_1 = -\Gamma_2 = \Gamma$，$T_1 = 1 + \Gamma$，$T_2 = 1 - \Gamma$，则上两式化简为

$$S_{11}=\frac{E_r}{E_i}=\frac{\Gamma(1-\mathrm{e}^{-2\mathrm{j}kd})}{1-\Gamma^2\mathrm{e}^{-2\mathrm{j}kd}} \tag{10.1.11}$$

$$S_{21}=\frac{E_t}{E_i}=\frac{(1-\Gamma^2)\mathrm{e}^{-\mathrm{j}kd}}{1-\Gamma^2\mathrm{e}^{-2\mathrm{j}kd}} \tag{10.1.12}$$

由上两式可得

$$\Gamma=\frac{S_{11}^2-S_{21}^2+1}{2S_{11}}\pm\sqrt{\left(\frac{S_{11}^2-S_{21}^2+1}{2S_{11}}\right)^2-1} \tag{10.1.13}$$

$$\mathrm{e}^{-\mathrm{j}kd}=\frac{S_{21}^2-S_{11}^2+1}{2S_{21}}\pm\sqrt{\left(\frac{S_{21}^2-S_{11}^2+1}{2S_{21}}\right)^2-1} \tag{10.1.14}$$

因为

$$Z=Z_a\,\frac{1+\Gamma}{1-\Gamma} \tag{10.1.15}$$

$$Z=Z_0\sqrt{\frac{\mu_{\mathrm{eff}}}{\varepsilon_{\mathrm{eff}}}} \tag{10.1.16}$$

其中，$Z=120\pi$ 是空气的波阻抗；μ_{eff} 和 $\varepsilon_{\mathrm{eff}}$ 分别是媒质 1 的等效磁导率和等效介电常数。

由上两式可得

$$Z_{\mathrm{eff}}=\sqrt{\frac{\mu_{\mathrm{eff}}}{\varepsilon_{\mathrm{eff}}}}=\frac{1+\Gamma}{1-\Gamma} \tag{10.1.17}$$

将式(10.1.11)和式(10.1.12)中的 Γ 消掉，并令 $T=\mathrm{e}^{-\mathrm{j}kd}$，可得

$$\frac{T^2+1}{2T}=\frac{S_{21}^2-S_{11}^2+1}{2S_{21}}\triangleq x \tag{10.1.18}$$

可得

$$T^2-2xT+1=0 \tag{10.1.19}$$

则

$$T=x\pm\sqrt{x^2-1}\ (\pm\text{的选取须保证}\ |T|\leqslant 1) \tag{10.1.20}$$

又由 $T=\mathrm{e}^{-\mathrm{j}kd}$，可得

$$n_{\mathrm{eff}}=-\frac{1}{\mathrm{j}k_0d}[\ln|\mathrm{e}^{-\mathrm{j}kd}|+\mathrm{j}(\mathrm{angle}(T)+2m\pi)],\quad m=0,\pm1,\pm2,\cdots \tag{10.1.21}$$

设等效媒质的折射率为 $n_{\mathrm{eff}}=\pm\sqrt{\mu_{\mathrm{eff}}\varepsilon_{\mathrm{eff}}}$，由式(10.1.17)和式(10.1.21)可得媒质 1 的等效媒质参数为

$$\begin{cases}\varepsilon_{\mathrm{eff}}=\dfrac{n_{\mathrm{eff}}}{Z_{\mathrm{eff}}}\\ \mu_{\mathrm{eff}}=n_{\mathrm{eff}}Z_{\mathrm{eff}}\end{cases} \tag{10.1.22}$$

从上面的推导可以看出，只要获得了模型的 S 参数就可以根据公式求出人工电磁结构媒质的等效介电常数和等效磁导率。

10.1.3 谐振型人工电磁结构的电磁特性分析

利用 S 参数提取法可分析典型的 SRR 谐振型人工电磁结构的电磁特性。

将方形对称单 SRR 置于 TEM 波导中，如图 10.1.3 所示，电磁波的传播方向为 y 方向，分别设置 z 方向和 x 方向的波导壁为电壁(PEC)和磁壁(PMC)。此时，TEM 电磁波的磁场垂直穿过 SRR 所在的平面，从而激励起 SRR 的磁谐振。因为电壁的镜像作用，SRR 可以等效成沿 z 方向的 SRR 无限周期阵列。设长方体 TEM 波导和 SRR 的尺寸为：$\mathrm{d}x=6\mathrm{mm}$，$\mathrm{d}y=6\mathrm{mm}$，$\mathrm{d}z=7\mathrm{mm}$，$L_1=6\mathrm{mm}$，$L_2=4\mathrm{mm}$，$w=0.6\mathrm{mm}$，$g=0.51\mathrm{mm}$。SRR 印刷在厚度为 $h=1.5\mathrm{mm}$，介电常数为 $\varepsilon_r=2.2$ 的介质板上。图示为方形 SRR 的传输特性。以 S_{21} 值为 $-10\mathrm{dB}$ 作为标准，在 5.2～6.45GHz 的频段范围内电磁波不能传输，并在频率 6.2GHz 处出现最小的传输系数，此即 SRR 的谐振频率。

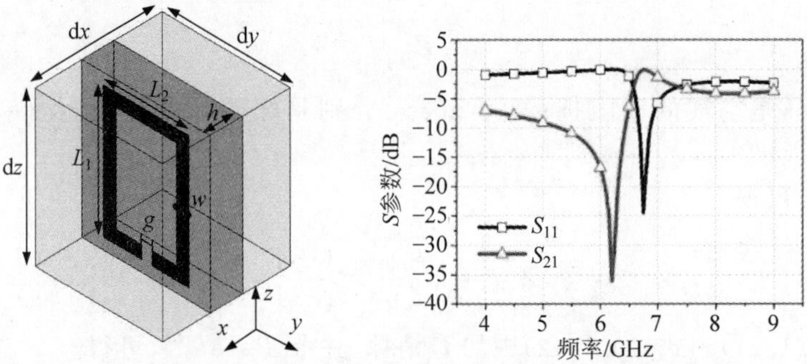

图 10.1.3　SRR 的等效参数提取模型和传输特性

根据等效媒质参数提取方法，可以由 SRR 的 S 参数提取出结构等效媒质参数。图 10.1.4(a)所示为结构的等效介电常数。实部 $\mathrm{Re}(\varepsilon_{\mathrm{eff}})$比较小，尽管在 5.2～6.45GHz 频段内出现了一个微弱的“抖动”(在 6GHz 处出现极小值，然后迅速上升并在谐振点 6.2GHz 出现极大值，最后缓慢下降)，但是在宽频带内保持为正值。虚部 $\mathrm{Im}(\varepsilon_{\mathrm{eff}})$在“抖动”频段为负值。可见，SRR 也存在电响应，但是强度较弱，损耗较小。图 10.1.4(b)所示为 SRR 的等效磁导率。实部 $\mathrm{Re}(\mu_{\mathrm{eff}})$在 6～6.7GHz 频段为负值，因为频段内介电常数为正，所以该频段又称为 MNM 频带。$\mathrm{Re}(\mu_{\mathrm{eff}})$在 SRR 谐振频率 6.2GHz 处出现负的峰值。虚部 $\mathrm{Im}(\mu_{\mathrm{eff}})$在频段内保持正值并且在 6GHz 附近出现了正的峰值，这表明 SRR 的磁谐振存在一定的磁损耗，且在谐振点处最强。图 10.1.4(c)所示为 SRR 的等效折射率。实部 $\mathrm{Re}(n)$在 6GHz 出现峰值，而在 MNM 频带内为零值。虚部 $\mathrm{Im}(n)$在谐振点 6.2GHz 出现最大值，在偏离谐振点附近区域虚部接近零值，可见谐振区域外的频段较宽且损耗较小，是可以利用的频段。图 10.1.4(d)所示为结构的等效特性阻抗。在谐振点处，实部 $\mathrm{Re}(Z)$和虚部 $\mathrm{Im}(Z)$同为极大值；而在 MNM 频带内，虚部 $\mathrm{Im}(Z)$缓慢下降，而实部 $\mathrm{Re}(Z)$则急剧下降并保持零值。这说明 TEM 波不能在 SRR 的 MNM 频带内传输。而在偏离谐振点附近区域实部不存在“抖动”且虚部接近零值，可见谐振区域外的频段是可以利用的频段。

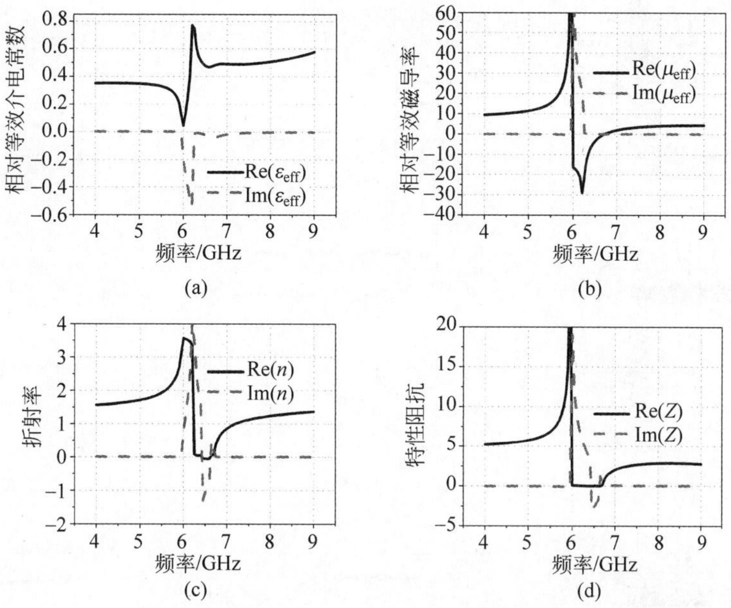

图 10.1.4　SRR 的等效媒质参数

由结构的不对称性导致 SRR 结构的各向异性，不同极化的入射电磁波对 SRR 结构的电磁响应不同。下面通过 SRR 的电场分布、传输特性和等效媒质参数来研究在 6 种极化电磁波条件下结构的各向异性电磁特性。

图 10.1.5(a)和(b)中，入射电磁波的磁场垂直于 SRR 所在的平面，激励起 SRR 的磁谐振。图 10.1.5(a)和(b)的电场分别平行和垂直于环中心和缺口中心的连接线方向。图 10.1.5(a)极化环境与图 10.1.4 中相同，从中间沿电场方向剖开后结构左右对称，可知电场分布也是对称的。根据左右回路电流反向易得结构的电响应是相抵消的。而对于电场垂直情况，将 SRR 从中间位置沿电场方向剖开，不对称的上下两侧结构使得结构激励起完全不对称的电场分布，从而能够产生明显的电谐振。结合 SRR 本身的强磁响应，此时 SRR 结构为相互耦合的电磁响应。图 10.1.5(a)和(b)右侧为两种情况下结构的传输和等效媒质特性。SRR 在谐振频率附近呈阻带，等效磁导率为负值，图 10.1.5(a)的等效介电常数出现了很小的“抖动”，这种“抖动”是以结构的磁谐振作为二次源激励起的微弱电响应引起的(图 10.1.5(c)将进一步说明)，这也是结构电场分布图不严格对称的原因，然而微弱电响应并没有改变等效介电常数保持为正值属性。对于电场垂直情况，结构在谐振频率 6.2GHz 处的电场分布如图 10.1.5(b)所示。可见电场分布基本上对称于传播常数 k 的方向，电场分布密度在缺口附近最大，而在与缺口相对的位置电场分布密度最小。此外，在谐振频率附近结构呈现出阻带传输特性，电响应使得等效介电常数接近于 0；而磁谐振则使等效磁导率在该频带出现正的峰值。尽管结构对 TEM 波的电场和磁场都产生响应，但是两个单负的频段没有重合，可见单独的 SRR 未能形成等效介电常数和磁导率同时为负值的左手媒质。

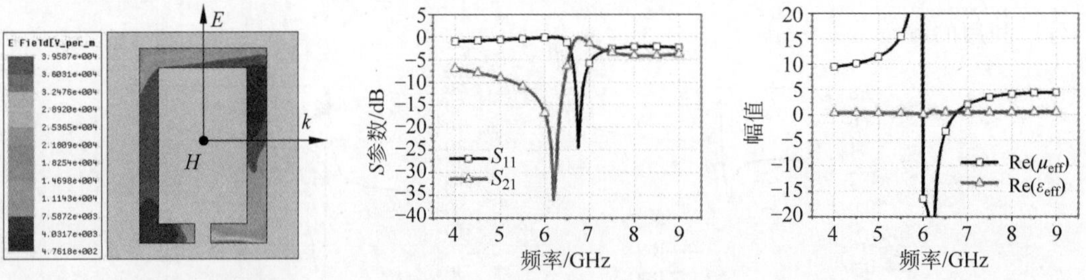

(a)

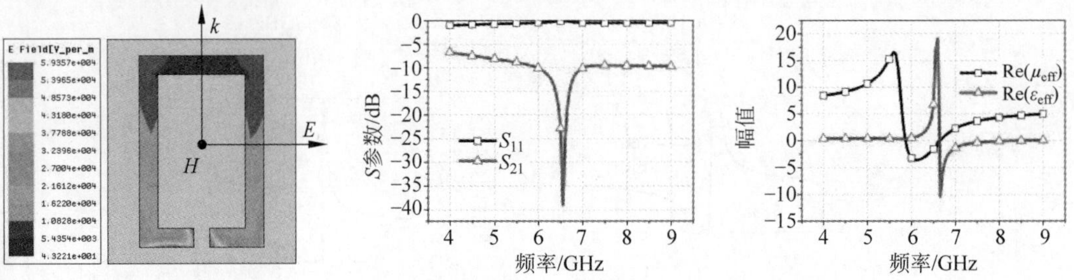

(b)

彩图

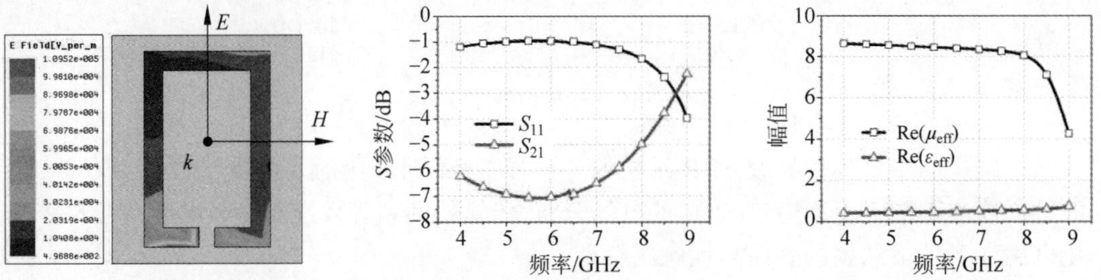

(c)

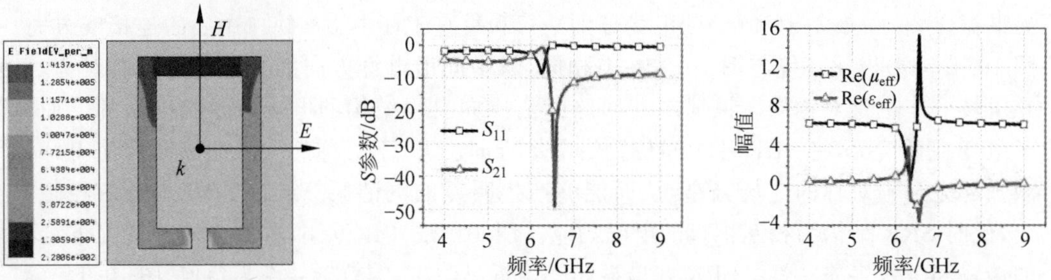

(d)

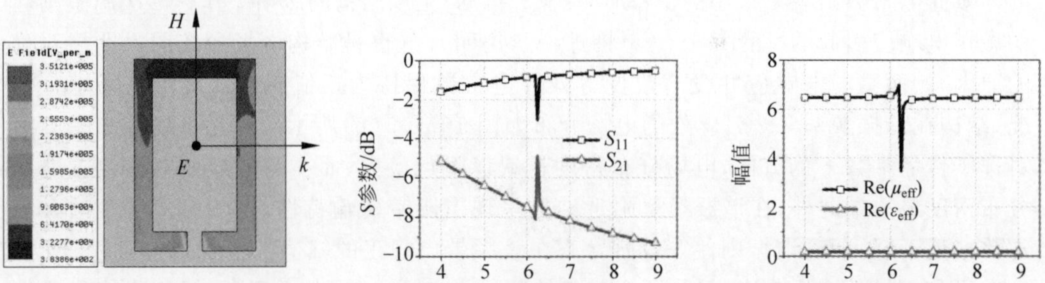

(e)

图 10.1.5　SRR 在不同极化条件下(左：谐振点电场分布；中：S 参数；右：电磁响应)

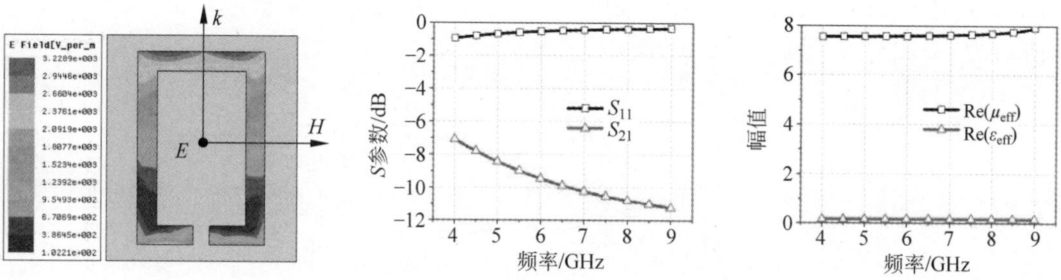

(f)

图 10.1.5 （续）

如图 10.1.5(c)和(d)所示，入射波的磁场平行于结构所在的平面，因此不能激励起结构的磁响应。图 10.1.5(c)中的电场与图 10.1.5(a)的情况相同，平行于环中心和缺口中心的连接线方向，此时电场分布沿电场方向对称，说明图 10.1.5(a)中不对称的电场分布不是由入射波的电场引起的。结构的传输和等效媒质特性在图 10.1.5(c)的右侧。等效介电常数和磁导率在整个频段保持不变，SRR 对入射电磁波无响应，从而也说明图 10.1.5(a)中介电常数的“抖动”是由结构自身的磁谐振产生的而不是由电场引起的。在图 10.1.5(d)中，电场垂直于环中心和缺口中心的连接线方向，故激励起结构的电谐振。图 10.1.5(d)右侧为结构的传输和等效媒质特性。在谐振频率附近，SRR 的等效介电常数为负值而等效磁导率出现了一定的“抖动”，这是由结构的电谐振作为二次源激励起的磁响应。通过对比，结构在图 10.1.5(a)中磁响应与在图 10.1.5(d)中电响应的等效媒质参数呈现出对偶的特性。

在图 10.1.5(e)和(f)中，电场垂直于 SRR 所在的平面，等效介电常数和磁导率在整个频段基本保持不变，因此 SRR 对入射电磁波无明显响应。图 10.1.5(e)中，结构等效磁导率的实部 Re(μ_{eff})在频带内保持正值，而只在 6～6.2GHz 频段出现了微弱的磁响应，表现为一个微弱的“抖动”，这主要是由结构的非对称性引入的。

通过上面的分析，可以得到三点结论：①单方形 SRR 具有各向异性的电磁特性，在不同的传播方向和不同的极化特性的入射电磁波激励下，SRR 可以等效成磁谐振单元，也可以等效成电谐振单元；②在 SRR 的谐振点附近频段区域结构的电磁特性往往会发生突变，频段较窄，损耗较大，且不易控制，而在离开谐振点的区域，SRR 的电磁特性较为稳定，且频段较宽，损耗较小，也利于控制；③由各向异性的 SRR 构成的人工电磁结构材料也是各向异性的，为了找到适合提高天线性能的人工电磁结构，需要结合结构的各向异性特性和具体天线的具体极化特性。

10.1.4 非谐振型人工电磁结构的电磁特性分析

2004 年 Itoh 和 Eleftheriades 分别出版专著，对非谐振型人工电磁结构 CRLH TL 进行了详细的阐述。如图 10.1.6 所示，首先建立右手传输线(RH TL)模型。把 RH TL 分割成无数段无穷短的线段并由分布参量描述，微观上 RH TL 遵循基尔霍夫定律。RH

TL 单元可等效成串联电感 L_R 和并联电容 C_R 的级联集总电路，等效电路如图 10.1.6(a)所示。

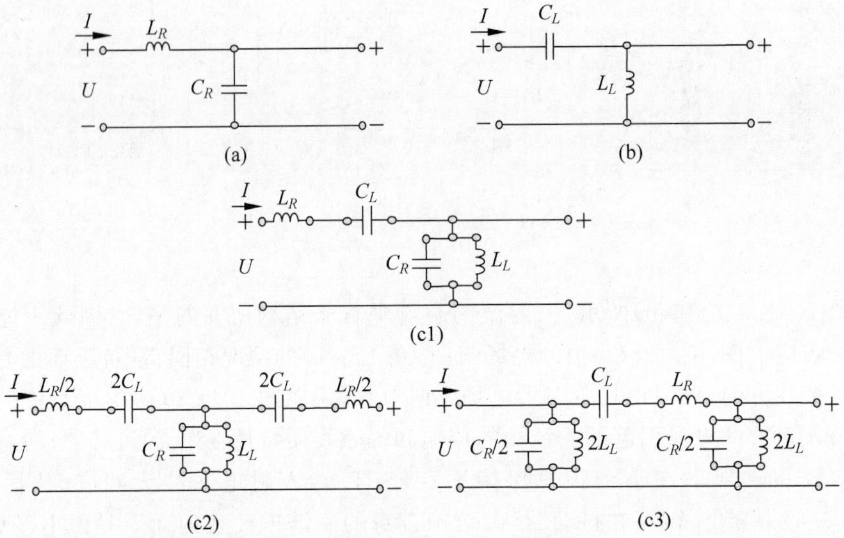

图 10.1.6 (a)右手传输线(RH TL)的等效电路；(b)左手传输线(LH TL)的等效电路；(c)复合左右手传输线(CRLH TL)的等效电路，(c1)L 型，(c2)T 型，(c3)Π 型

则串联电路阻抗为 $Z_R=\mathrm{j}\omega L_R$，并联电路导纳为 $Y_R=\mathrm{j}\omega C_R$，电报方程为

$$\begin{cases}\dfrac{\partial U}{\partial z}=-Z_R I\\[2mm]\dfrac{\partial I}{\partial z}=-Y_R U\end{cases}\tag{10.1.23}$$

我们知道，TEM 波(沿 $+z$ 方向传播的 x 方向极化电磁波)的电场矢量、磁场矢量与传播矢量在均匀各向同性的右手媒质中传播时彼此相互正交。由麦克斯韦方程组知

$$\begin{cases}\dfrac{\partial E_x}{\partial z}=-\mathrm{j}\omega\mu_0\mu_{\mathrm{eff}}H_y\\[2mm]\dfrac{\partial H_y}{\partial z}=-\mathrm{j}\omega\varepsilon_0\varepsilon_{\mathrm{eff}}E_x\end{cases}\tag{10.1.24}$$

将两式进行对比，电路的电报方程与场的波动方程的差分形式完全相同，可见电压波在 RH TL 上的传播特性与电磁波在右手媒质中的传播特性是相同的，二者具有等价性。因此，右手介质中电磁波的传播特性可以利用 RH TL 上电压波的传播特性进行等效，通过传输线的等效媒质参数来研究右手媒质的电磁特性。RH TL 的等效介电常数和磁导率分别写成

$$\begin{cases}\mu_{\mathrm{eff}}=\dfrac{Z_R}{\mathrm{j}\omega\mu_0}=\dfrac{L_R}{\mu_0}>0\\[2mm]\varepsilon_{\mathrm{eff}}=\dfrac{Y_R}{\mathrm{j}\omega\varepsilon_0}=\dfrac{C_R}{\varepsilon_0}>0\end{cases}\tag{10.1.25}$$

根据对偶原理，将 RH TL 等效电路中的串联阻抗和并联导纳交换位置，得到如图 10.1.6(b)所示的 LH TL 等效电路。其中，串联电路阻抗为 $Z_L=1/\mathrm{j}\omega C_L$，并联电路导纳为 $Y_L=1/\mathrm{j}\omega L_L$，根据电报方程与波动方程的等效性，可得左手媒质的等效媒质参数为

$$\begin{cases}\mu_{\mathrm{eff}}=\dfrac{Z_L}{\mathrm{j}\omega\mu_0}=-\dfrac{1}{\omega^2\mu_0 C_L}<0\\ \varepsilon_{\mathrm{eff}}=\dfrac{Y_L}{\mathrm{j}\omega\varepsilon_0}=-\dfrac{1}{\omega^2\varepsilon_0 L_L}<0\end{cases} \tag{10.1.26}$$

可见左手媒质的等效介电常数和磁导率均为负。实际上理想的 LH TL 在物理上是不存在的，因为实际的 LH TL 中，不可避免地存在 RH TL 的寄生效应(串联电感和并联电容)，这就是 CRLH TL，如图 10.1.6(c)所示。此时串联电路阻抗和并联电路导纳分别为

$$\begin{cases}Z=Z_R+Z_L=\mathrm{j}\omega L_R+\dfrac{1}{\mathrm{j}\omega C_L}\\ Y=Y_R+Y_L=\mathrm{j}\omega C_R+\dfrac{1}{\mathrm{j}\omega L_L}\end{cases} \tag{10.1.27}$$

等效媒质的等效电磁参数为

$$\begin{cases}\mu_{\mathrm{eff}}=\dfrac{Z}{\mathrm{j}\omega\mu_0}=\left(L_R-\dfrac{1}{\omega^2 C_L}\right)\Big/\mu_0\\ \varepsilon_{\mathrm{eff}}=\dfrac{Y}{\mathrm{j}\omega\varepsilon_0}=\left(C_R-\dfrac{1}{\omega^2 L_L}\right)\Big/\varepsilon_0\end{cases} \tag{10.1.28}$$

值得一提的是，CRLH TL 模型有三种基本周期电路模型，分别为 L 型、T 型和 Π 型。这里介绍的 L 型是非对称结构，T 型和 Π 型则为对称型结构。对称型结构优势在于能够避免左视和右视阻抗不一致的问题，后文章节中将会利用到对称型结构分析天线的色散特性。事实上，三种结构均能准确分析 CRLH TL 的电磁特性。由上式，可以得到如下结论：

(1) 由串联电感 L_R 和串联电容 C_L 组成的串联谐振回路决定了等效磁导率 μ_{eff} 随频率的变化趋势；而由并联电容 C_R 和并联电感 L_L 组成的并联谐振回路决定了等效介电常数 $\varepsilon_{\mathrm{eff}}$ 随频率的变化趋势。

(2) 若令串联谐振频率为 $\omega_{\mathrm{se}}=1/(C_L L_R)^{1/2}$，并联谐振频率为 $\omega_{\mathrm{sh}}=1/(C_R L_L)^{1/2}$，则在两个谐振频点上分别对应于 $\mu_{\mathrm{eff}}=0$ 和 $\varepsilon_{\mathrm{eff}}=0$。当 $\omega<\omega_{\mathrm{se}}$ 时，$\mu_{\mathrm{eff}}<0$，而当 $\omega>\omega_{\mathrm{se}}$ 时，$\mu_{\mathrm{eff}}>0$；相应地，当 $\omega<\omega_{\mathrm{sh}}$ 时，$\varepsilon_{\mathrm{eff}}<0$，而当 $\omega>\omega_{\mathrm{sh}}$ 时，$\varepsilon_{\mathrm{eff}}>0$。

(3) 当 $\omega<\min(\omega_{\mathrm{sh}},\omega_{\mathrm{se}})$时，$\mu_{\mathrm{eff}}$ 和 $\varepsilon_{\mathrm{eff}}$ 同时为负，CRLH TL 在该频段可以看作等效左手材料；当 $\min(\omega_{\mathrm{sh}},\omega_{\mathrm{se}})<\omega<\max(\omega_{\mathrm{sh}},\omega_{\mathrm{se}})$，$\mu_{\mathrm{eff}}$ 和 $\varepsilon_{\mathrm{eff}}$ 二者之一为负，此时 CRLH TL 可以看作单负材料；而当 $\omega>\max(\omega_{\mathrm{sh}},\omega_{\mathrm{se}})$，$\mu_{\mathrm{eff}}$ 和 $\varepsilon_{\mathrm{eff}}$ 同时为正，CRLH TL 在该频段可以看作等效右手材料。

(4) 根据 ω_{se} 和 ω_{sh} 的大小关系可以将 CRLH TL 结构分为两种状态：当 $\omega_{sh} \neq \omega_{se}$ 时为非平衡状态，随频率上升，CRLH TL 等效媒质从左手媒质先过渡到单负媒质，再过渡到右手媒质；当 $\omega_{sh}=\omega_{se}$（此时 $L_R C_L = L_L C_R$）时，随频率上升，CRLH TL 等效媒质从左手媒质直接过渡到右手媒质，中间不出现单负媒质，这种情况称为平衡状态。

特别地，我们分析 CRLH TL 的色散特性，对电报方程进行二阶微分，可得到

$$\frac{\mathrm{d}^2 U}{\mathrm{d}z^2} - \gamma^2 U = 0 \tag{10.1.29}$$

其中，传播常数

$$\gamma^2 = -\left(\omega L_R - \frac{1}{\omega C_L}\right)\left(\omega C_R - \frac{1}{\omega L_L}\right) \tag{10.1.30}$$

定义变量 $\omega_R = 1/\sqrt{L_R C_R}$ 和 $\omega_L = 1/\sqrt{L_L C_L}$ 分别为纯右手和纯左手传输线的谐振频率。则可得

$$\gamma = \mathrm{j}s(\omega)\sqrt{\left(\frac{\omega}{\omega_R}\right)^2 + \left(\frac{\omega_L}{\omega}\right)^2 - \left(\frac{L_R}{L_L} + \frac{C_R}{C_L}\right)} \tag{10.1.31}$$

其中，$s(\omega)$ 是符号函数

$$s(\omega) = \begin{cases} -1, & \omega < \min(\omega_{se}, \omega_{sh}) \\ +1, & \omega > \max(\omega_{se}, \omega_{sh}) \end{cases} \tag{10.1.32}$$

在非平衡条件下，CRLH TL 的色散特性如图 10.1.7(a)所示，传输特性分析如下：

(1) 当 $\omega < \min(\omega_{sh}, \omega_{se})$ 时，$\gamma = -\mathrm{j}\sqrt{\left(\frac{\omega}{\omega_R}\right)^2 + \left(\frac{\omega_L}{\omega}\right)^2 - \left(\frac{L_R}{L_L} + \frac{C_R}{C_L}\right)} = \mathrm{j}\beta$，则 $\alpha = 0$，$\beta = -\sqrt{\left(\frac{\omega}{\omega_R}\right)^2 + \left(\frac{\omega_L}{\omega}\right)^2 - \left(\frac{L_R}{L_L} + \frac{C_R}{C_L}\right)} < 0$，为左手传输特性，相位超前。

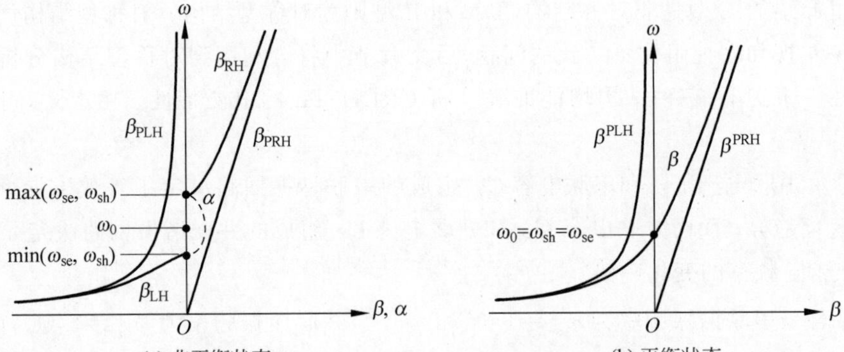

图 10.1.7　复合左右手传输线的色散特性

(2) 当 $\min(\omega_{sh}, \omega_{se}) < \omega < \max(\omega_{sh}, \omega_{se})$ 时，$\alpha = \sqrt{\left(\frac{L_R}{L_L} + \frac{C_R}{C_L}\right) - \left(\frac{\omega}{\omega_R}\right)^2 - \left(\frac{\omega_L}{\omega}\right)^2}$，$\beta = 0$。CRLH TL 为单负传输线，电磁波不能传输，具有禁带特性，对应于图中的虚线。

(3) 当 $\omega > \max(\omega_{sh}, \omega_{se})$ 时，$\alpha = 0$，$\beta = \sqrt{\left(\frac{\omega}{\omega_R}\right)^2 + \left(\frac{\omega_L}{\omega}\right)^2 - \left(\frac{L_R}{L_L} + \frac{C_R}{C_L}\right)} > 0$，为右手传输特性，相位滞后。

对于平衡状态，如图 10.1.7(b)所示，因为 $\omega_{sh} = \omega_{se}$，所以 $\gamma = -j(\omega/\omega_R - \omega_L/\omega) = j\beta$，$\beta = \beta_R + \beta_L$。因此，平衡状态下 CRLH TL 的相移常数为纯 LH TL 的相移常数与纯 RH TL 的相移常数之和。在平衡频率点处，$\omega_0 = \omega_{sh} = \omega_{se}$，$\beta = 0$。所以平衡点处的相移将恒为 0。从表达式和曲线图均可以看出 CRLH TL 的相移特性为非线性，相比于线性移相的 RH TL，非线性移相特性在设计新型天线中具有诱人的价值。

10.2 新型人工电磁结构电小天线

在民用领域，当前无线终端可容纳天线的空间越来越小，以智能手机为例，至少需 5～6 副天线。物联网时代，天线小型化的同时还必须满足不同的工作频段、不同的工作模式、不同的极化特性等需求。因此，实现灵活机动的小型化多功能天线迫在眉睫。

图 10.2.1(a)所示为基于人工电磁结构的电小天线模型，由上下两部分组成：上部分为方形微带贴片，下部分为周期性方形贴片结构，每个方形贴片中间部分刻蚀成螺旋条带结构。每个贴片均通过金属探针与下层金属地连接。上部分的方形贴片刻蚀在方形介质基片。基片介电常数为 ε_r，高度为 h_2，尺寸为 L，贴片尺寸为 L_p。天线下层加载了 5×5 的周期结构单元阵，去掉其中的一个单元以方便探针馈电，所以总单元个数为 24。下层介质具有相同的介电常数为 ε_r，尺寸为 L，但是高度为 h_1。下层周期性贴片为传统方形结构的变型，平面特性良好，不影响微带天线的低剖面特性，且容易满足二维方向上的各向同性。

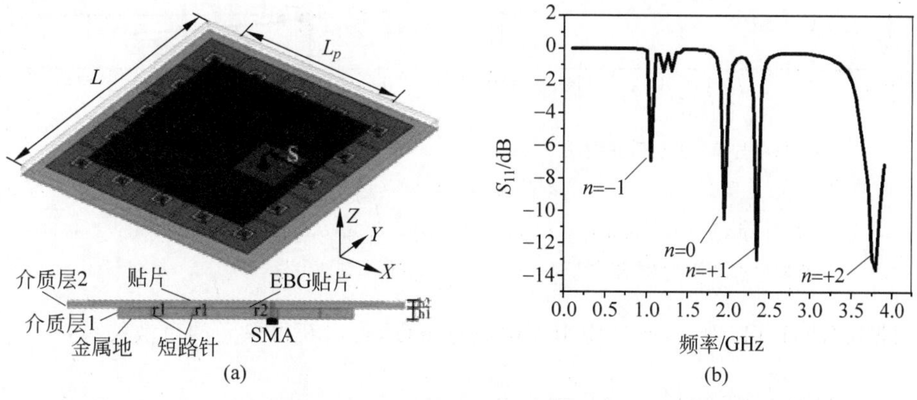

图 10.2.1 基于人工电磁结构的多频多模多极化天线模型(a)和仿真反射系数(b)

该分布式周期性结构单元如图 10.2.2(a)所示。基于 CRLH TL 理论，该结构的左手电容(C_L)由单元间的容性耦合引入，而左手电感(L_L)则由连接贴片和地板的探针引入。右手特性则由电流通量(L_R)和平行板电容(C_R)引入。一方面，通过上层辐射贴片的耦合，可以增强结构贴片单元间的耦合，并且调整上层介质板的厚度可以实现任意控制左手电容；另一方面，左手电感可以通过控制探针和螺旋条带结构的结构参数来实现。螺旋条带结构能够在较大范围内调整并联电感(左手电感)。如图 10.2.2(c)所示，CRLH TL 结构单元的 T 型等效电路模型可以用来分析方形单元的工作原理。

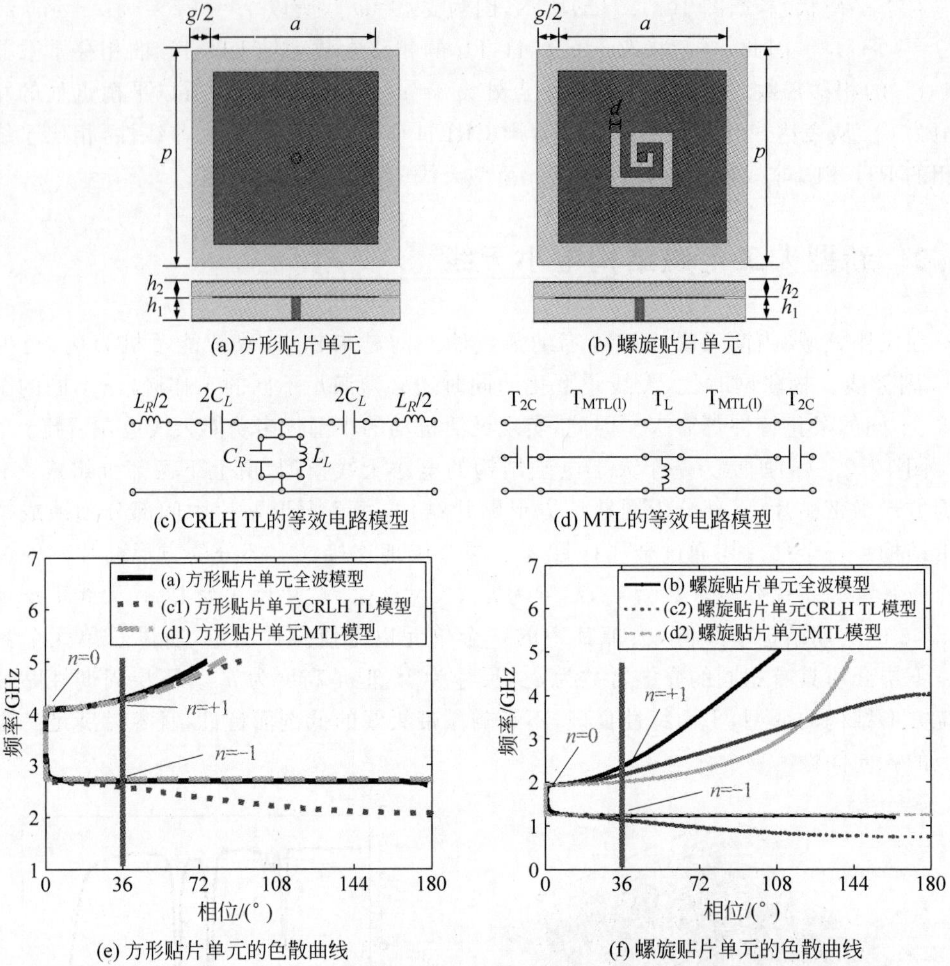

(a) 方形贴片单元　(b) 螺旋贴片单元

(c) CRLH TL的等效电路模型　(d) MTL的等效电路模型

(e) 方形贴片单元的色散曲线　(f) 螺旋贴片单元的色散曲线

彩图

图 10.2.2　单元结构

单元尺寸：$p=12.5\text{mm}$，$\varepsilon_r=2.2$，$a=12\text{mm}$，$g=0.5\text{mm}$，$h_2=1\text{mm}$，$r=0.5\text{mm}$，螺旋形状的宽度和缝隙均为 $d=0.7\text{mm}$，r 是馈电探针的半径

根据 CRLH TL 理论，通过应用周期边界条件，可以获得单元的色散关系：

$$\beta(\omega)=\frac{1}{p}\arccos\left(1-\frac{1}{2}\left(\frac{\omega_L^2}{\omega^2}+\frac{\omega^2}{\omega_R^2}-\frac{\omega_L^2}{\omega_{se}^2}-\frac{\omega_R^2}{\omega_{sh}^2}\right)\right) \tag{10.2.1a}$$

$$\omega_L=\frac{1}{\sqrt{C_L L_L}},\quad \omega_R=\frac{1}{\sqrt{C_R L_R}},\quad \omega_{se}=\frac{1}{\sqrt{C_L L_R}},\quad \omega_{sh}=\frac{1}{\sqrt{C_R L_L}} \tag{10.2.1b}$$

CRLH TL 模型的色散曲线如图 10.2.2(e)所示。正如前文分析，左手谐振模式在低频得到激励，而右手谐振模式在高频得到激励。当串联谐振与并联谐振不相等时，$\beta=0$ 的非零谐振点有两个。通常根据电路参数和边界条件，只保留一个无限波长的零阶谐振模式。CRLH TL 单元可以视为满足下式的谐振器：

$$\beta_n=\frac{n\pi}{L} \tag{10.2.2}$$

其中，n 是谐振模式数，可为包含正数、负数和零的所有整数；L 是由 N 个周期为 p 的单元组成的 CRLH TL 的总长度。在开路边界条件的情况下，无限波长的零阶谐振模式取决于并联谐振频点 $f_{\text{sh}}=1/(2\pi\cdot(C_R L_L)^{1/2})$。从式(10.2.2)可以看出，基模 $n=-1,1$ 模式由单元个数和电尺寸决定：$\beta\cdot p=\pm\pi/N$。图 10.2.2(e)显示了由图 10.2.2(a)给出的 HFSS 全波仿真模型和由图 10.2.2(c)给出的近似等效电路的 CRLH TL 单元色散曲线。

该结构也可以采用多导体传输线(MTL)理论模型进行分析，图 10.2.2(d)和(e)分别给出了单元的等效电路模型和色散曲线。相比于 CRLH TL 模型，MTL 理论模型的色散曲线也具有很好的吻合度。如图 10.2.2(e)所示，方形贴片的 CRLH TL 模型在高阶模式存在一定的偏差。原因在于，虽然等效电路是纯 CRLH TL 模型，但是单元结构其实是纯 RH TL 模型(上层结构)和纯 CRLH TL 模型(下层结构)的层叠模型。纯 RH TL 模型、纯 LH TL 模型和纯 CRLH TL 模型的色散曲线是有区别的。但是，对于低阶模式($n=-1,0,1$)而言，两种方法的曲线吻合度是可以接受的。

图 10.2.2(f)给出了螺旋贴片结构的色散曲线。加载图 10.2.2(b)所示的螺旋结构后，并联谐振点可以较容易地得到调整，能够获得小型化的效果。此外，CRLH TL 的禁带也能获得调控。通过控制人工电磁结构的参数可以调节色散曲线的斜率，从而使得左手谐振频率、右手谐振频率以及两种频段之间的间隔可以任意控制。如图 10.2.1(b)所示，右手高阶谐振频率能得到较好的激励，但是左手高阶谐振频率则匹配较差。从色散曲线可以看出，左手频段在一个较窄的区域，这是左手的高阶模式没有得到很好激励和区分的原因。只关注匹配较好的低阶模式($n=-1,0,1$ 模式)，图中用箭头标注了各个模式。其中 $n=-1$ 模式实现了很好的小型化效果。传统的未加载结构的微带天线在相同尺寸下工作在 2GHz，而本模式谐振在 1.05GHz，工作频率降低了近一半。

图 10.2.3 所示为三个低阶谐振模式中心工作频率的场分布。由 $n=\pm1$ 模式的电场矢量分布可以看出辐射贴片两辐射边存在 180°相差，就像传统微带天线的场分布，这两个模式能够产生类似微带天线的边射图。$n=0$ 模式的电场分布为同相，围绕边沿的等效磁矢量形成了一个磁流环，因此该无限波长的零阶谐振模式能够产生类似振子天线的全向方向图。

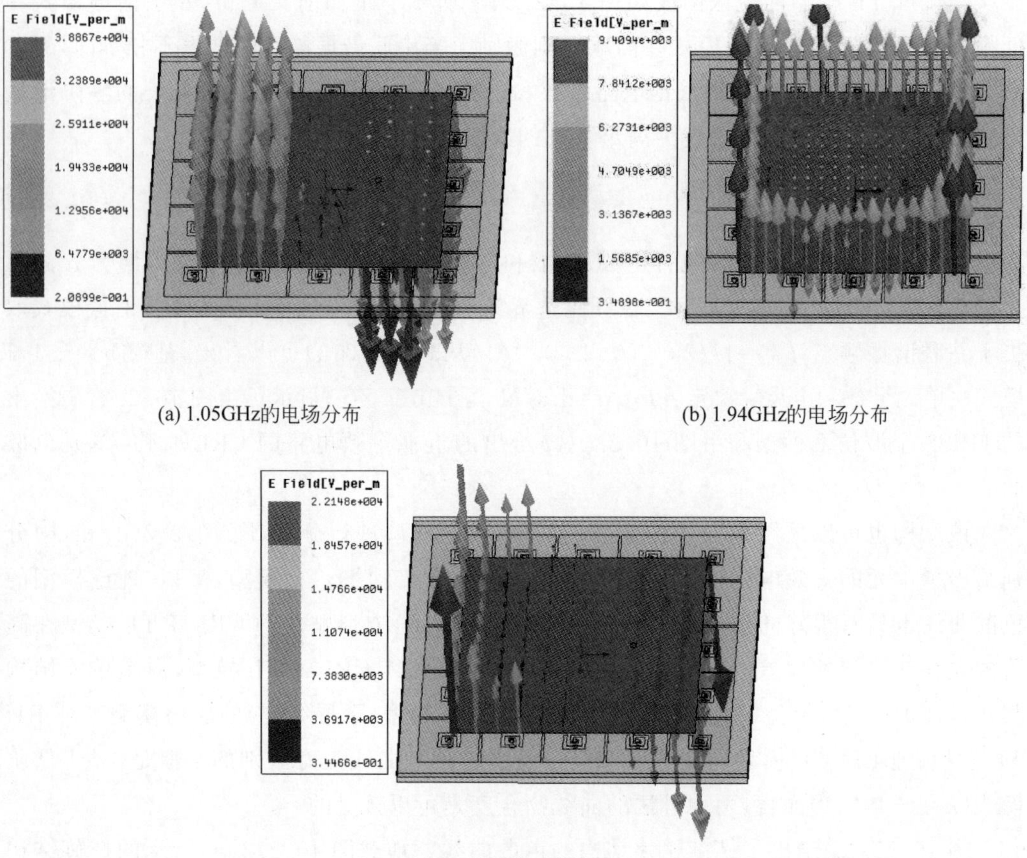

(a) 1.05GHz的电场分布　　(b) 1.94GHz的电场分布

(c) 2.34GHz的电场分布

彩图

图 10.2.3　基于人工电磁结构天线低阶谐振模式中心工作频率的场分布

10.3　新型人工电磁结构电大天线

目前,低频段频谱资源稀缺问题日益严重,毫米波、太赫兹波天线已成为必然趋势。传统工艺已难满足精细的加工需求,且存在损耗大等缺陷。尽管低温共烧陶瓷技术(LTCC)和高精度数控机床技术(MEMS)提高了加工精度和效率,但是成本高仍然是问题。可见,在高频段,电小不再是目标,反而成为限制应用的瓶颈。因此,新型平面电大天线成为新目标。所谓电大天线,就是突破传统谐振尺寸限制的天线,可以有效解决器件尺寸过小、加工成本过高和测试条件复杂等问题。本节介绍磁负人工电磁结构设计平面电大天线。

谐振腔由介电常数 ε 和磁导率 μ 的材料占据,如图 10.3.1 所示。根据麦克斯韦方程,腔的波动方程可以表示为

$$(\nabla^2+k^2)E=0 \tag{10.3.1}$$

其中，$k=\omega\sqrt{\mu\varepsilon}$。基于纯 z 向电场在空腔中激发的假设，只考虑了 $\boldsymbol{E}=\boldsymbol{e}_z\cdot E_z(x,y)$ 这一点，方程可简化为

$$(\nabla_t^2+k^2)E_z=0 \tag{10.3.2}$$

其中，∇_t^2 是在 x 和 y 方向操作的二维拉普拉斯运算符。根据电场分量的边界条件可得

$$\left.\frac{\partial E_z}{\partial y}\right|_{x=0,L}=0,\quad \left.\frac{\partial E_z}{\partial x}\right|_{y=0,W}=0 \tag{10.3.3}$$

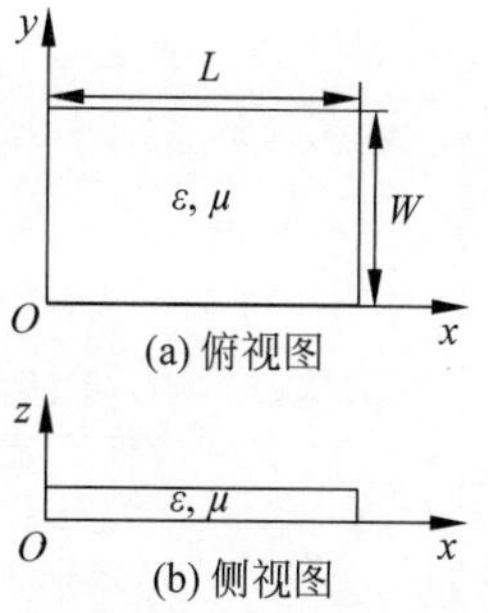

图 10.3.1 谐振腔结构

根据上两式和电磁场的关系 $\boldsymbol{H}=\boldsymbol{z}\times\nabla_t E_z/\mathrm{j}\omega\mu$，可以得到磁场分量的整体解：

$$E_z=E_0\cos\left(\frac{m\pi}{L}x\right)\cos\left(\frac{n\pi}{W}y\right) \tag{10.3.4}$$

$$H_x=-\mathrm{j}\,\frac{n\pi E_0}{\omega\mu W}\cos\left(\frac{m\pi}{L}x\right)\sin\left(\frac{n\pi}{W}y\right) \tag{10.3.5}$$

$$H_y=-\mathrm{j}\,\frac{n\pi E_0}{\omega\mu L}\sin\left(\frac{m\pi}{L}x\right)\cos\left(\frac{n\pi}{W}y\right) \tag{10.3.6}$$

其中，m,n 都是满足 $mn\neq 0$ 的整数。此外，色散关系可以得到如下：

$$\left(\frac{m\pi}{L}\right)^2+\left(\frac{n\pi}{W}\right)^2=k^2=(2\pi f\sqrt{\mu\varepsilon}) \tag{10.3.7}$$

不同的 m,n 决定不同的模式。我们关注谐振器的基模 TM_{100} 模，可以得到

$$\left(\frac{\pi}{L}\right)^2+k_y^2=k^2=(2\pi f\sqrt{\mu\varepsilon}) \tag{10.3.8}$$

通过保持方程(10.3.8)左侧的第一项不变并将第二项 k_y 设为虚数来激发腔的基模(TM_{100} 模)，从而保证了 x 向边缘等效磁电流的同相性。此外，$k_y^2=\omega^2\mu\varepsilon-(\pi/L)^2<0$，应保持负数，而不受工作频率和物理尺寸的限制，采用单负材料就足够了。当 $-1<\mu\varepsilon<0$，谐振腔工作在电大谐振模式，$|\mu\varepsilon|$ 越小，电大效果越好。作为一个例子，采用磁单负超材料(MNG)来验证理论分析。

微带线槽缝馈电未加载天线和加载人工电磁结构天线的几何结构如图 10.3.2(a,b)所示。未加载天线由两层介质板组成，下层为馈电底层，上层为辐射层。在下基板的底面印刷长 l_f 宽 w_f 的馈电条带，在上基板的上表面印刷大小为 l_p 的方形辐射贴片。两种基板具有相同的介电常数 $\varepsilon_r=2.2$，但高度不同，即 $h_f=0.5\mathrm{mm}$，$h_s=1\mathrm{mm}$。在两个基板之间是开槽的地金属平面。加载人工电磁结构天线由四层基片组成：下层馈源基片(h_f)、加载的工字形人工电磁结构基片层(h_2)、上层辐射基片(h_3)和地面基片层(h_1)。加载天线可以看作是将工字形人工电磁结构层插入未加载天线。上基板层平均分成两个基板，$h_1=h_3=1/2h_s$，这四种基底具有相同的介电常数 $\varepsilon_r=2.2$。

未加载天线与加载天线最大的区别在于后者加载了由 8×4 个工字形单元组成的人工电磁结构层。在本设计中，图 10.3.2(c)所示为加载的单元结构。工字形结构在不同频段具有不同的电磁特性，如图 10.3.3 所示。在某些波段，$\varepsilon<0$，而在另一个波段，$\varepsilon>0$。

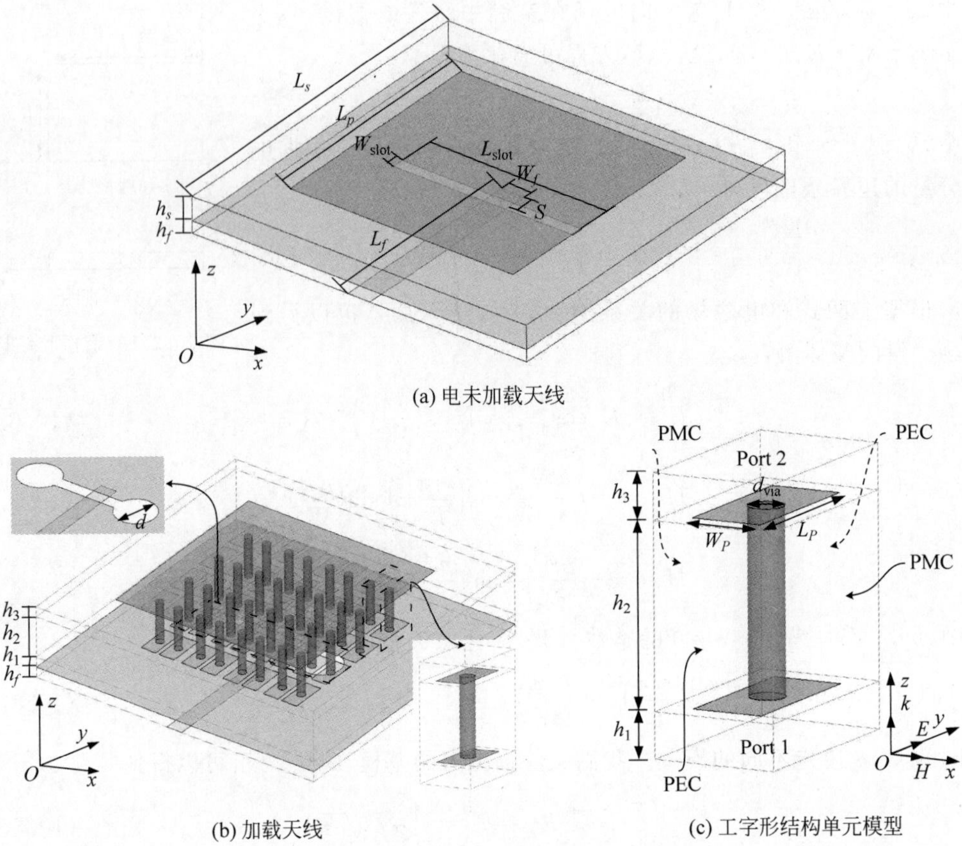

图 10.3.2 天线结构图

同时,在某些波段 $\mu<0$,而在另一个波段 $\mu>0$。以 20～30GHz 频段为例,$\varepsilon>0$,$\mu<0$,可以认为是 μ 负超材料。此外,在该频带的高频部分,可以满足电大特性的要求,即 $|\mu|\ll 1$。图 10.3.3 显示等效媒质参数曲线和反射系数曲线随结构参数的变化而变化。结果表明,电大谐振点随介质参数的变化而变化。较大的贴片尺寸($L_{-P}\times W_{-P}$)或较厚的衬底高度(H)会导致较低的谐振频率,而较大的金属通孔会导致较高的谐振频率。因此,通过适当设计工字形单元可以调节电大谐振点。在这些参数中,基板高度(h)和贴片长度(L_{-P})比贴片宽度(W_{-P})和通孔直径(d_{via})对天线等效媒质参数和反射系数的影响更为重要。结果表明,在 20～30GHz 波段,有效负磁导率 μ 可调谐在 -0.003～0.1 范围内,而有效正介电常数 ε 可调谐到 0.04 左右。需要强调的是,最佳阻抗匹配点(或最佳 S_{11} 点)不在最佳电大有效媒质点($\varepsilon>0$ 和 $\mu<0$)。除了工字形谐振结构外,许多因素可能有助于获得最佳 S_{11} 点。天线的馈电结构和辐射片尺寸对天线的反射系数也有重要影响。

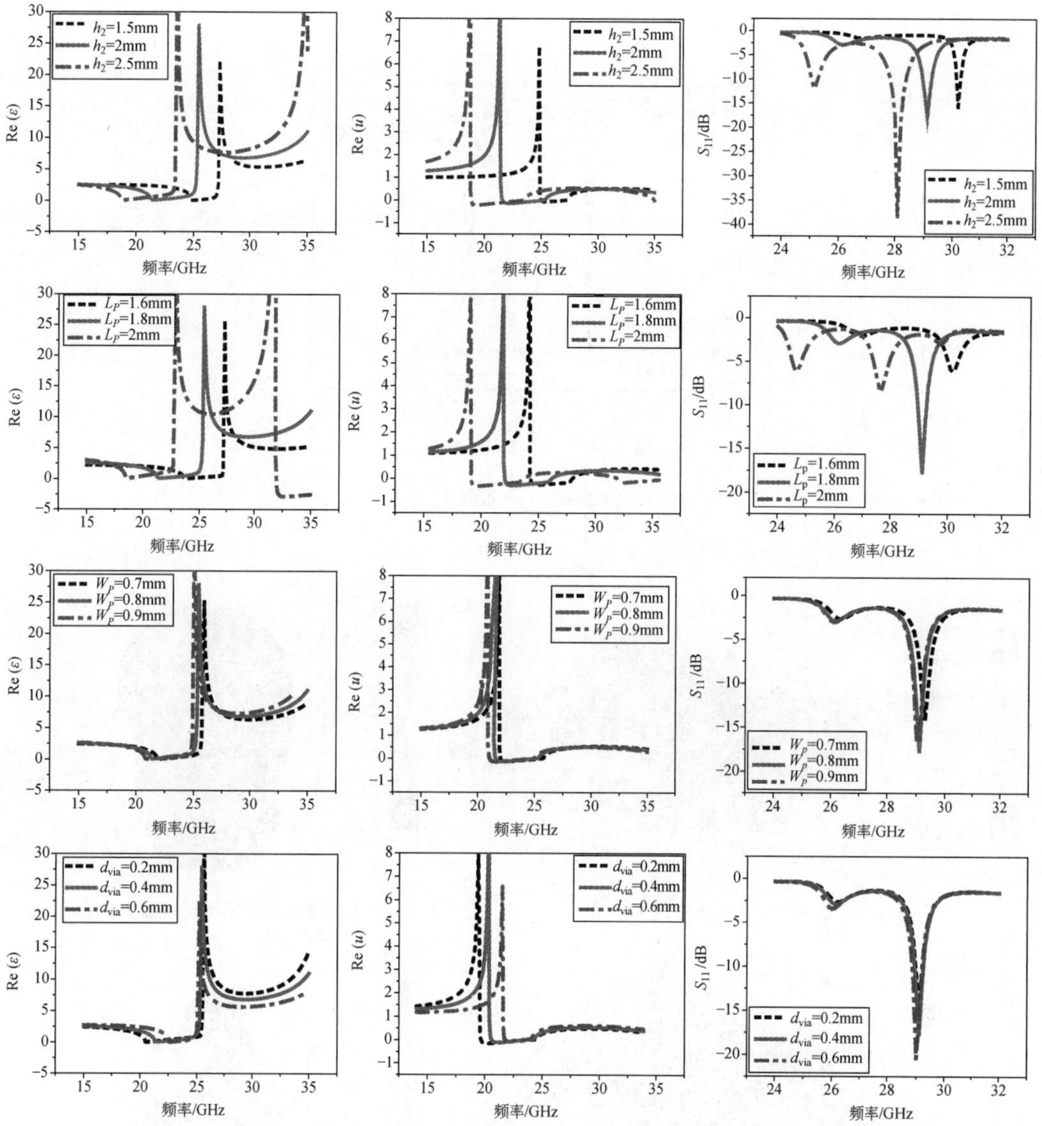

彩图

图 10.3.3 在不同工字形结构单元结构参数条件下，由人工电磁结构单元色散参数提取的等效媒质参数（介电常数 ε 和磁导率 μ）和天线的反射系数

图 10.3.4 描述了两种天线的仿真反射系数。结果表明，在人工电磁结构的加载下，平面微带线槽缝隙耦合馈电天线的谐振频率由 6.3GHz 提高到 29.3GHz，放大倍数达到 4.6 倍以上。这些结果验证了所提出天线的电大特性。图 10.3.5(a1，b1)为两个天线中心频率的电场分布。虽然加载了工字形人工电磁结构，所提出的天线与未加载天线相比，电场的相位保持 180°(异相)，对应于 1/2 波长。因此，具有与传统贴片天线相似的方向图。图 10.3.5(a2，b2)给出了未加载和加载天线中心频率处的辐射方向图。我们发现，在 6.3GHz 时，未加载天线的增益为 4.1dB，而在 29.3GHz 时，加载天线的增益为 10.1dB。在相同的物理尺寸下，实现了电大特性且天线的增益得到增强。

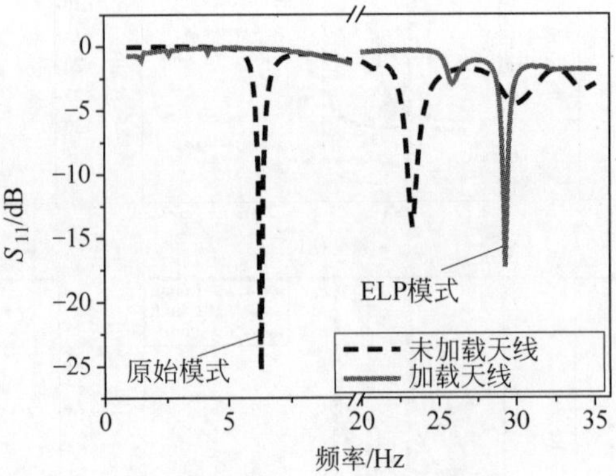

图 10.3.4　加载与未加载天线仿真 S_{11}

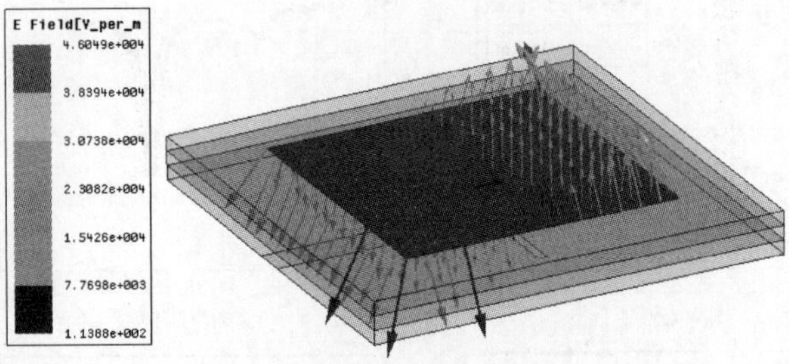

(a1) 未加载天线6.3GHz处的电场分布

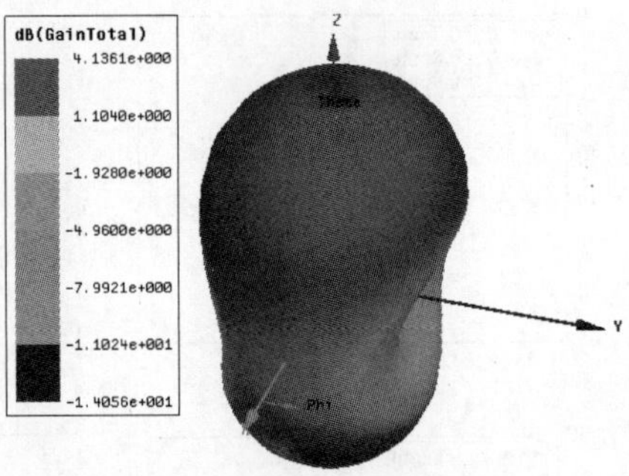

(a2) 未加载天线6.3GHz处的辐射方向图

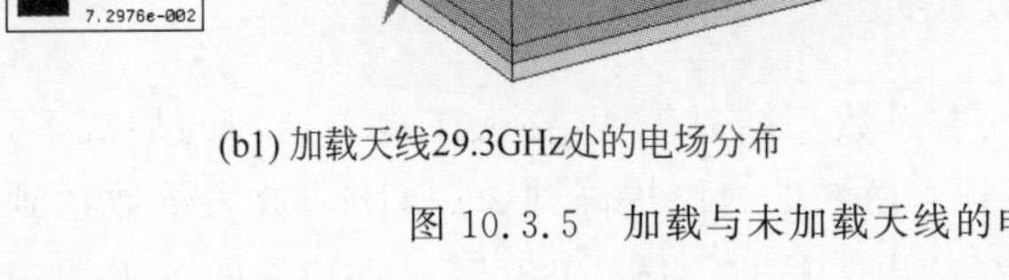

(b1) 加载天线29.3GHz处的电场分布

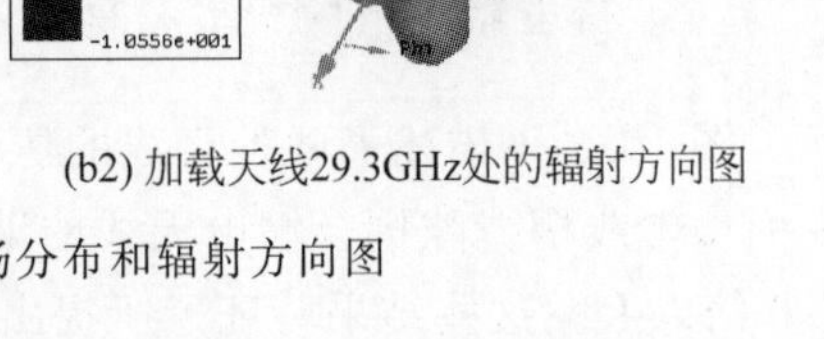

(b2) 加载天线29.3GHz处的辐射方向图

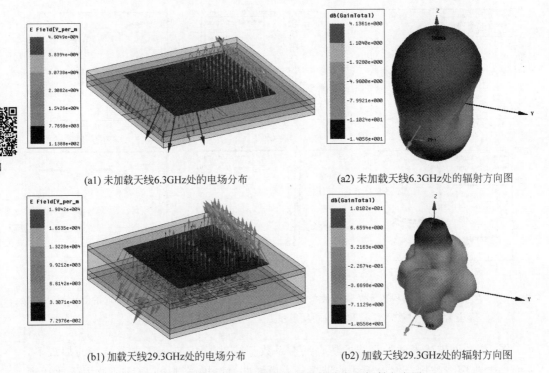

图 10.3.5　加载与未加载天线的电场分布和辐射方向图

彩图

10.4　新型人工电磁结构波束调控天线

人工电磁结构的波束控制作用可以根据折射定律来解释。人工电磁结构的折射率可以通过控制结构单元参数来调节，人工任意实现（为正、接近零或为负均可），进而可以任意控制电磁波在不同折射率介质中的折射程度。将此电磁特性应用到天线中，可以达到任意控制天线波束的作用。理想的各向同性介质理论模型与实际并不符合。因为实际应用中，工艺很难做到各向同性的人工电磁媒质。当设计人工电磁结构天线时，通常采用的人工电磁材料在三维层面人工电磁结构往往是各向异性的，为此需要分析各向异性理论模型。

以图10.4.1零折射率聚波模型为例分析各向异性理论模型的一种情况。由电磁场理论分析，假设入射波为TM极化波，传播方向为x方向，则TM波的色散关系为

$$\frac{k_x^2}{\varepsilon_y}+\frac{k_y^2}{\varepsilon_x}=\frac{\omega^2}{c^2}\mu_z \tag{10.4.1}$$

其中，ε_x，ε_y，μ_z是介电常数和磁导率的张量坐标分量。当ε_x趋向于0，而ε_y，μ_z不为0时，k_y趋向于0。此时电磁波基本上没有沿y方向传播的分量，所以传播常数为

$$k_x=\frac{\omega}{c}\sqrt{\varepsilon_y\mu_z} \tag{10.4.2}$$

同时，对应的波阻抗为

$$\eta_x=\eta_0\sqrt{\frac{\mu_z}{\varepsilon_y}} \tag{10.4.3}$$

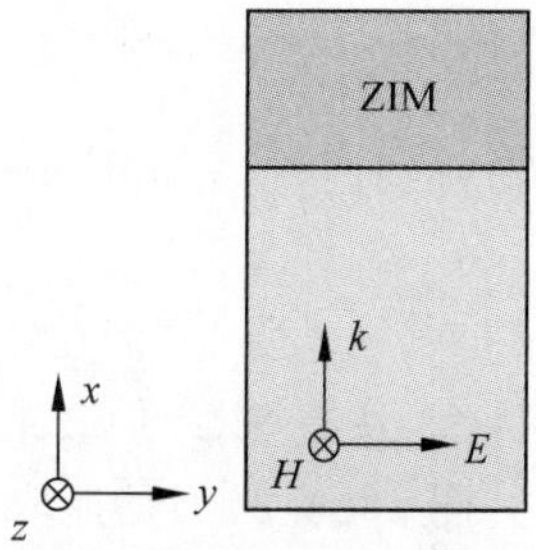

图10.4.1 零折射率人工电磁材料聚波理论模型

由上式可得，当ε_y和μ_z近似相等时，波阻抗将与自由空间波阻抗匹配。

另外，从麦克斯韦方程可得

$$\frac{\partial H_z}{\partial y}=-\mathrm{j}\omega\varepsilon_x E_x \tag{10.4.4}$$

当ε_x趋向于0时，H_z在y方向应保持基本不变。

通过以上理论分析，只要合理设计人工电磁材料参数，采用满足条件的各向异性电磁结构，就可以在满足天线在波的传播方向上阻抗匹配的同时，实现波束调控功能。为了获得宽带高增益人工电磁结构天线，必须满足加载前初始天线模型具有宽带特性，人工电磁结构在天线工作频段具有较宽的通带特性，初始天线模型和加载结构具有相同的极化特性，不影响阻抗匹配。基于SRR结构的宽带高增益周期端射天线结构如图10.4.2所示。

天线由两部分组成：宽带周期端射天线部分和SRR加载部分。周期端射天线由微带馈线、微带线到平行条带线的转换部分以及连接到平行条带线的三个大小渐变的领结形偶极子阵组成。三个领结形偶极子具有相同的张角α，排列在平行条带线两侧，相互间隔分别为L_1，L_2，L_3，半径分别为R_1，R_2，R_3。微带线的地被用作为反射器以实现单向辐射方向图。SRR加载部分由8个SRR单元组成，分别对称地印刷在基片端射方向的两边。图10.4.2(b)显示的是SRR单元的结构细图。采用开口谐振单环有三点原因：①单环结构简单，并且向内延伸的微带线(L_s)能够获得更大的电容；②单环的谐振频率

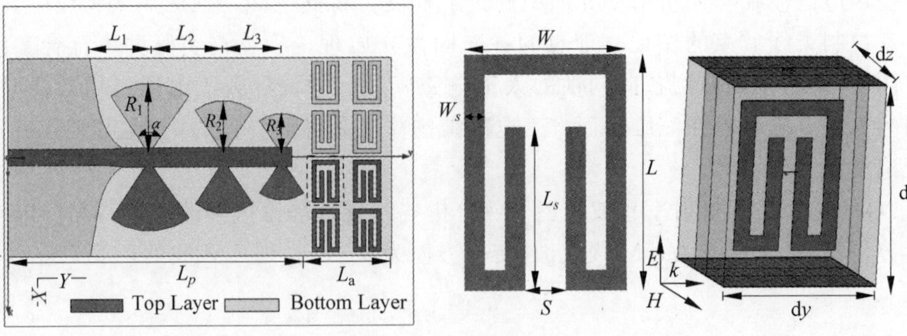

(a) (b)

图 10.4.2 基于 SRR 结构的宽带高增益周期端射天线(a)和 SRR 单元及其仿真模型(b)

彩图

更容易得到调整,只需控制 S 和 L_s 两个参数;③开口谐振单环只在一个方向上提高增益。

图 10.4.3 所示为无加载结构和有 SRR 加载结构天线的电流分布图。相比于无加载结构天线,从有 SRR 加载结构天线可以看出,SRR 加载结构对天线电流移动具有重要的作用。图 10.4.2(b)是提取人工电磁结构等效折射率的仿真模型。

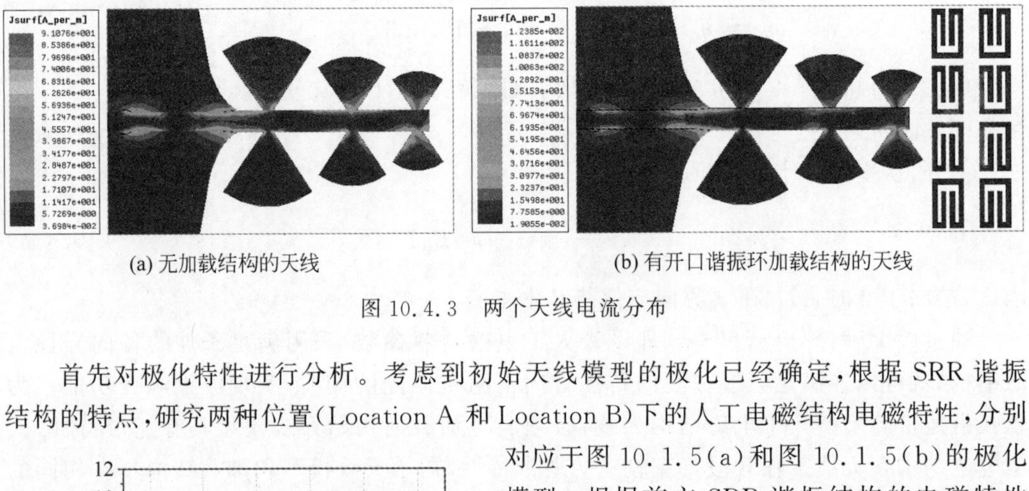

(a) 无加载结构的天线 (b) 有开口谐振环加载结构的天线

图 10.4.3 两个天线电流分布

首先对极化特性进行分析。考虑到初始天线模型的极化已经确定,根据 SRR 谐振结构的特点,研究两种位置(Location A 和 Location B)下的人工电磁结构电磁特性,分别对应于图 10.1.5(a)和图 10.1.5(b)的极化模型。根据前文 SRR 谐振结构的电磁特性分析,Location A 时,电场与 XY 面平行且位于对称轴上,磁场与中心 Z 轴方向相同时,SRR 能够产生最强的磁谐振,为 MNM 材料;Location B 时,SRR 则表现为相互耦合的电磁谐振。两种极化方式仿真结果如图 10.4.4 所示。可见,强磁谐振比相互耦合的电磁谐振在提高天线增益方面更具有优势。在这种天线极化波下,Location B 放置方式下的

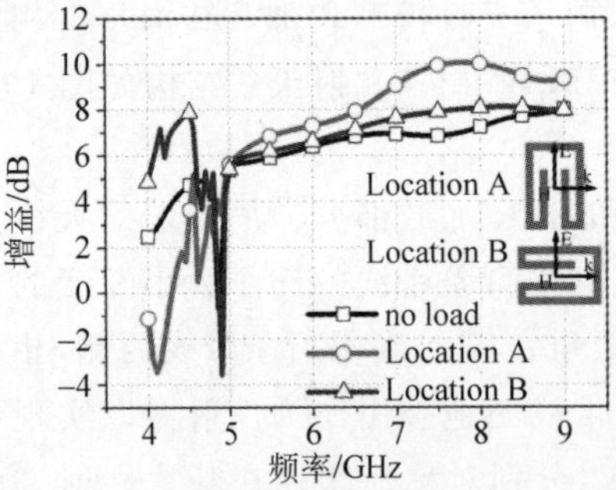

彩图

图 10.4.4 加载结构不同放置方式下的人工电磁结构天线仿真增益曲线

SRR 的传输特性呈现阻带，所以能量朝端射方向传播有限，因此天线增益提高不明显。

图 10.4.5 给出了 SRR 单元的仿真 S 参数(S_{21})和由 SRR 单元的仿真 S 参数提取的折射率参数(Re(n))。四种不同的结构类型被用来分析加载结构参数对天线性能的影响。一方面，从图 10.4.5(a)可以看出，SRR 的金属结构影响到了整个加载单元的传输特性；当工作在谐振频率点时，S_{21} 很小，很少能量能够穿过加载 SRR 的介质板，所以加载 SRR 的天线在加载结构谐振频率点附近增益很低。

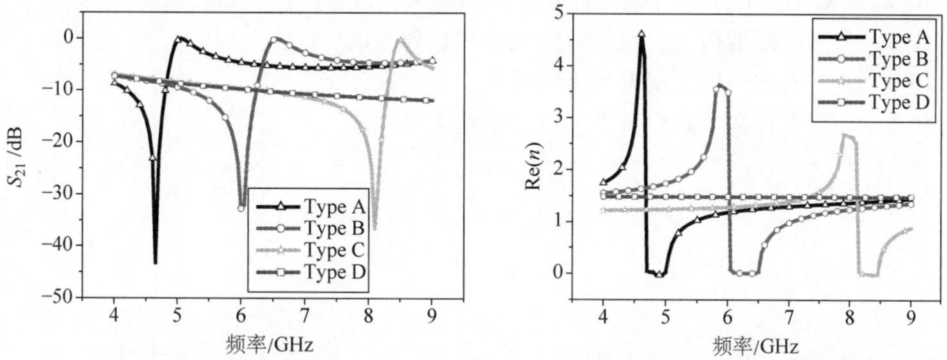

(a) SRR单元仿真S参数(S_{21})　　(b) 由SRR单元仿真S参数提取的折射率参数

图 10.4.5　A、B、C、D 4 种类型结构参数

彩图

另一方面，从图 10.4.5(b)可以看出，当加载结构谐振时，SRR 单元的折射率(折射率实部 Re(n))会有一个突变。根据斯涅耳法则(Snell's law)，当加载结构的折射率低于介质板的折射率，能量关于端射 XY 平面汇聚，端射方向增益能够提高。以 A 结构为例，当天线的工作频率高于 SRR 结构谐振频率时，折射率比未加载的(D 结构)折射率低，所以能够在天线的整个工作带宽实现增益提高。相同的结论可以从图 10.4.5(a)的传输特性获得。图 10.4.6 为天线加载不同结构的增益曲线，结果验证了前文的分析。当 SRR 结构的 S_{21} 高于 D 结构时或者当结构折射率低于 D 结构时，加载结构可以看成是天线的引向器。当 SRR 结构的 S_{21} 低于 D 结构时或者当结构折射率高于 D 结构时，能量受阻，天线增益很低。因此天线增益可以通过加载结构进行控制。

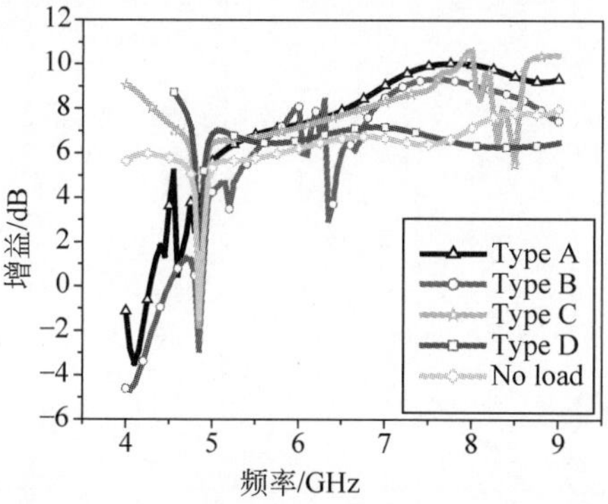

图 10.4.6　基于 SRR 人工电磁结构天线具有不同加载结构的仿真增益曲线

彩图

习题

10-1 以自然界材料的介电常数(ε)和磁导率(μ)两个参数作为横纵坐标，将所有材料囊括在该数值空间的四个象限内，简要介绍人工电磁结构的种类分别在哪些象限内？

10-2 CRLH TL 模型有哪三种基本周期电路模型，各有什么特点？

10-3 人工电磁结构天线是如何实现小型化效果的？

10-4 人工电磁结构实现电大天线的基本原理是什么？

10-5 如何设计宽带高增益人工电磁结构天线？

附录 A　部分习题参考答案

第 1 章

1-1　相互平行的条件：$\boldsymbol{A}\times\boldsymbol{B}=0$，即$\begin{cases}y_a z_b-y_b z_a=0\\x_b z_a-x_a z_b=0\\x_a y_b-x_b y_a=0\end{cases}\Rightarrow\dfrac{x_b}{x_a}=\dfrac{y_b}{y_a}=\dfrac{z_b}{z_a}$；相互垂直的条件：$\boldsymbol{A}\cdot\boldsymbol{B}=x_a x_b+y_a y_b+z_a z_b=0$

1-2　(1) $\boldsymbol{A}+\boldsymbol{B}=6\boldsymbol{e}_x-2\boldsymbol{e}_y-6\boldsymbol{e}_z$；$\boldsymbol{A}-\boldsymbol{B}=6\boldsymbol{e}_y+4\boldsymbol{e}_z$；$\boldsymbol{B}+\boldsymbol{C}=4\boldsymbol{e}_x-5\boldsymbol{e}_y-4\boldsymbol{e}_z$；$\boldsymbol{B}-\boldsymbol{C}=2\boldsymbol{e}_x-3\boldsymbol{e}_y-6\boldsymbol{e}_z$；$\boldsymbol{A}+\boldsymbol{C}=4\boldsymbol{e}_x+\boldsymbol{e}_y$；$\boldsymbol{A}-\boldsymbol{C}=2\boldsymbol{e}_x+3\boldsymbol{e}_y-2\boldsymbol{e}_z$；

(2) $\boldsymbol{A}\cdot\boldsymbol{B}=6$；$\boldsymbol{B}\cdot\boldsymbol{C}=2$；$\boldsymbol{A}\cdot\boldsymbol{C}=0$；

(3) $\boldsymbol{A}\times\boldsymbol{B}=-14\boldsymbol{e}_x+12\boldsymbol{e}_y-18\boldsymbol{e}_z$；$\boldsymbol{B}\times\boldsymbol{C}=-9\boldsymbol{e}_x-8\boldsymbol{e}_y+\boldsymbol{e}_z$；$\boldsymbol{A}\times\boldsymbol{C}=\boldsymbol{e}_x-4\boldsymbol{e}_y-5\boldsymbol{e}_z$

1-4　$|\boldsymbol{R}|=\sqrt{16+16+1}=\sqrt{33}$，$\boldsymbol{R}^0=\dfrac{\boldsymbol{R}}{|\boldsymbol{R}|}=-\dfrac{4}{\sqrt{33}}\boldsymbol{e}_x+\dfrac{4}{\sqrt{33}}\boldsymbol{e}_y+\dfrac{1}{\sqrt{33}}\boldsymbol{e}_z$

1-5　$|\boldsymbol{R}|=|\boldsymbol{MN}|=\sqrt{82}$

1-6　$\theta=\pi-\arcsin\dfrac{1}{3}$

1-7　$\begin{cases}a=-\dfrac{3}{5}, & \text{或}\quad a=\dfrac{3}{5}\\ b=\dfrac{4}{5}, & \quad\quad b=-\dfrac{4}{5}\end{cases}$

1-8　$\boldsymbol{S}=\dfrac{1}{2}\displaystyle\int_0^{2\pi}\left(\boldsymbol{F}\times\dfrac{\mathrm{d}\boldsymbol{F}}{\mathrm{d}\theta}\right)\mathrm{d}\theta=6\pi\boldsymbol{e}_z$

1-9　$\dfrac{1}{3}x\boldsymbol{e}_x+y\boldsymbol{e}_y+z\boldsymbol{e}_z$

1-13　$\nabla r=\boldsymbol{e}_r$，$\nabla r^n=nr^{n-1}\boldsymbol{e}_r$，$\nabla f(r)=f'(r)\boldsymbol{e}_r$

1-14　$\left.\dfrac{\partial\phi}{\partial l}\right|_M=\dfrac{56}{5}\sqrt{2}$

1-15　(1) $\nabla f=2axy\boldsymbol{e}_x+(ax^2+3by^2z)\boldsymbol{e}_y+by^3\boldsymbol{e}_z$；

(2) $\nabla f=(2a\rho\sin\varphi+bz\cos^2\varphi)\boldsymbol{e}_\rho+(a\rho\cos\varphi-2bz\sin\varphi\cos\varphi)\boldsymbol{e}_\varphi+b\rho\cos^2\varphi\boldsymbol{e}_z$；

(3) $\nabla f=\boldsymbol{e}_r\left(-\dfrac{a}{r^2}+b\sin\theta\cos\varphi\right)+b\cos\theta\cos\varphi\boldsymbol{e}_\theta-b\sin\varphi\boldsymbol{e}_\varphi$

1-16 $\nabla\cdot\boldsymbol{r}=3$；$\nabla\cdot\boldsymbol{e}_r=\frac{2}{r}$；$\nabla\cdot(\boldsymbol{C}r)=\boldsymbol{C}\cdot\boldsymbol{e}_r$

1-17 (1) $\nabla\cdot\boldsymbol{A}|_{M(1,0,-1)}=0$；(2) $\nabla\cdot\boldsymbol{A}|_{M(1,1,3)}=-1$；(3) $\nabla\cdot\boldsymbol{A}|_{M(1,3,2)}=11$

1-21 (1) $-y^2\boldsymbol{e}_x-z^2\boldsymbol{e}_y-x^2\boldsymbol{e}_z$；(2) 0

1-22 (1) $\nabla\times\boldsymbol{r}=0$；(2) $\nabla\times[f(r)\boldsymbol{r}]=0$；(3) $\nabla\times[f(r)\boldsymbol{C}]=\frac{\partial f}{\partial r}\boldsymbol{e}_r\times\boldsymbol{C}$；(4) 略

1-24 $\nabla\times\boldsymbol{A}|_{M(1,2,3)}=\boldsymbol{e}_x-4\boldsymbol{e}_y+4\boldsymbol{e}_z$

第2章

2-1 $\varepsilon=-\frac{\mathrm{d}\psi}{\mathrm{d}t}=BS\sin\omega t$

2-2 $\boldsymbol{J}_D=-kA_1\sin(4x)\sin(\omega t-ky)\boldsymbol{e}_z$

2-3 $\rho_f=Q_0\delta(\boldsymbol{r})\mathrm{e}^{-\frac{1}{\tau}t}$

2-4 $J_f=0$

2-7 $\boldsymbol{H}=-0.1\frac{k}{\omega\mu_0}\sin(10\pi x)\cos(\omega t-kz)\boldsymbol{e}_x-\pi\frac{1}{\omega\mu_0}\cos(10\pi x)\sin(\omega t-kz)\boldsymbol{e}_z$；$k=20\pi$

2-9 $\boldsymbol{H}=-\boldsymbol{e}_x\frac{E_0}{\sqrt{\mu/\varepsilon}}\cos(\omega t-kz)$

2-10 (1) $\boldsymbol{H}=\left[\frac{E_0}{\omega\mu}k_x\sin\left(\frac{\pi}{d}z\right)\cos(\omega t-k_xz+\pi)\boldsymbol{e}_z+\frac{\pi E_0}{\omega\mu d}\cos\left(\frac{\pi}{d}z\right)\cos\left(\omega t-k_xz-\frac{\pi}{2}\right)\boldsymbol{e}_x\right]$；

(2) 两导体表面的电流密度为：在 $z=0$ 的导体面，$\boldsymbol{J}_{sf}=\frac{\pi E_0}{\omega\mu d}\cos\left(\omega t-k_xz-\frac{\pi}{2}\right)\boldsymbol{e}_y$；

在 $z=d$ 的导体面，$\boldsymbol{J}_{sf}=\frac{\pi E_0}{\omega\mu d}\cos\left(\omega t-k_xz-\frac{\pi}{2}\right)\boldsymbol{e}_y$

2-11 (1) $\dot{\boldsymbol{H}}=\frac{k}{\omega\mu}E_m\mathrm{e}^{-\mathrm{j}kz}\mathrm{e}^{\mathrm{j}\frac{\pi}{2}}\boldsymbol{e}_x$；(2) $\dot{\boldsymbol{P}}_{\mathrm{av}}=\frac{1}{2\eta}E_m^2\boldsymbol{e}_z$，其中，$\eta=\sqrt{\mu/\varepsilon}$，称为波阻抗

2-12 $\boldsymbol{P}=\boldsymbol{e}_r\frac{kH_m^2}{2\omega\varepsilon r^2}\sin\theta\cos\omega t$

2-13 (1) $\boldsymbol{P}=\boldsymbol{E}\times\boldsymbol{H}=\boldsymbol{e}_z$；(2) $\dot{\boldsymbol{P}}_{\mathrm{av}}=\frac{1}{2}\mathrm{Re}[\dot{\boldsymbol{E}}\times\dot{\boldsymbol{H}}^*]=\boldsymbol{e}_z$

2-14 (1) $\boldsymbol{H}=\frac{k_0}{\omega\mu}E_0\cos\left(\omega t-k_0z+\frac{3}{2}\pi\right)\boldsymbol{e}_x$；

(2) $\boldsymbol{P}=\boldsymbol{e}_z\frac{k_0E_0^2}{\omega\mu}[\sin^2(\omega t-k_0z)]$；

(3) $w_e=\frac{1}{2}\varepsilon_0E_0^2\sin^2(\omega t-k_0z)$；$w_m=\frac{1}{2}\varepsilon_0E_0^2\sin^2(\omega t-k_0z)$；

(4) $\dot{\boldsymbol{P}}_{av}=\frac{1}{2}\mathrm{Re}[\dot{\boldsymbol{E}}\times\dot{\boldsymbol{H}}^*]=\frac{1}{2}\frac{E_0^2}{\eta}\boldsymbol{e}_z$，其中，$\eta=\sqrt{\mu_0/\varepsilon_0}$，称为波阻抗

第3章

3-2 $\boldsymbol{E}=\begin{cases}\frac{\rho_{sf}}{2\varepsilon}-\frac{\rho_{sf}}{2\varepsilon}=0, & z>d\\ \frac{\rho_{sf}}{2\varepsilon}+\frac{\rho_{sf}}{2\varepsilon}=\frac{\rho_{sf}}{\varepsilon}, & d>z>0\\ -\frac{\rho_{sf}}{2\varepsilon}+\frac{\rho_{sf}}{2\varepsilon}=0, & z<0\end{cases}$

3-3 (1) 如果以连线的中点为参考点，并作为坐标原点，$\phi=\frac{\rho_l}{2\pi\varepsilon}\ln\frac{r_-}{r_+}$，其中，$r_-=\sqrt{\left(\frac{d}{2}-x\right)^2+y^2}$，$r_+=\sqrt{\left(\frac{d}{2}+x\right)^2+y^2}$；(2) 则其电场强度为

$$\boldsymbol{E}=-\nabla\phi=-\frac{\rho_l}{2\pi\varepsilon}\left\{\boldsymbol{e}_x\left[\frac{-\left(\frac{d}{2}-x\right)}{\left(\frac{d}{2}-x\right)^2+y^2}-\frac{\left(\frac{d}{2}+x\right)}{\left(\frac{d}{2}+x\right)^2+y^2}\right]+\boldsymbol{e}_x\left[\frac{y}{\left(\frac{d}{2}-x\right)^2+y^2}-\frac{y}{\left(\frac{d}{2}+x\right)^2+y^2}\right]\right\}$$

3-4 (1) 导体内部，由于电荷分布为 0，$Q=0$，因此其场强也为 $E=0$；(2) 导体外部，单位长度的电荷为 $E=\frac{2\pi a\rho_{sf}}{2\varepsilon\pi\rho}=\frac{a\rho_{sf}}{\varepsilon\rho}$

3-5 (1) $r\leqslant a$，$E_1=\frac{k}{4\varepsilon}r^2$；$r\geqslant a$，$E_2=\frac{ka^4}{4\varepsilon r^2}$；

(2) $r\leqslant a$，$\phi_1=\frac{k}{12\varepsilon}(a^3-r^3)+\frac{ka^4}{4\varepsilon a}$；$r\geqslant a$，$\phi_2=\frac{ka^4}{4\varepsilon r}$

3-6 (1) $r\leqslant a$，$E_1=0$；(2) $a\leqslant r\leqslant b$，$E_2=\frac{k(r^2-a^2)}{2\varepsilon r^2}$；

(3) $r\geqslant b$，$E_3=\frac{k(b^2-a^2)}{2\varepsilon r^2}$；(4) 穿过球面 $r=b$ 的总电通量 $2k\pi(b^2-a^2)$

3-7 $\boldsymbol{E}_2=\boldsymbol{e}_x+4\boldsymbol{e}_y+5\boldsymbol{e}_z$

3-8 $E(x)=-\frac{\rho_s}{2d}x+\rho_s$，$0\leqslant x\leqslant d$

3-9 (1) 图 1 中，$C=3.88\times10^{-7}$F；(2)图 2 中，$C=0.45\times10^{-7}$F

3-10 电场强度 $E=\dfrac{U}{d}=\dfrac{1500}{2\times10^{-3}}=7.5\times10^5\ \text{V/m}$；极板间的电压：$U(x)=7.5\times10^5 x, 0\leqslant x\leqslant 2\times10^{-3}$；自由电荷密度：$\rho_s=3.98\times10^{-5}\ \text{C/m}^2$；电容：$C_1=1.06\times10^{-8}\ \text{F}$；电容储能：$W=2.39\times10^{-2}\ \text{J}$

3-11 (1) $\boldsymbol{E}=\begin{cases}0, & \rho<r_1, \rho>r_3 \\ \dfrac{\rho_l \boldsymbol{e}_\rho}{8\pi\varepsilon_0\rho}, & r_1<\rho<r_2 \\ \dfrac{\rho_l \boldsymbol{e}_\rho}{4\pi\varepsilon_0\rho}, & r_2<\rho<r_3\end{cases}$；(2) $\phi=\dfrac{\rho_l}{4\pi\varepsilon_0}\left(\dfrac{1}{2}\ln\dfrac{r_2}{r_1}+\ln\dfrac{r_3}{r_2}\right)$；

(3) $C=\dfrac{4\pi\varepsilon_0}{\dfrac{1}{2}\ln\dfrac{r_2}{r_1}+\ln\dfrac{r_3}{r_2}}$

3-12 (1) $r<a, D_1=\dfrac{1}{3}r\rho, E_1=\dfrac{1}{3\varepsilon_0}r\rho$；$r\geqslant a, D_2=\dfrac{a^3}{3r^2}\rho, E_2=\dfrac{a^3}{3\varepsilon_0 r^2}\rho$；

(2) $r<a, \phi_1=\dfrac{\rho}{2\varepsilon_0}a^2-\dfrac{\rho}{6\varepsilon_0}r^2$；$r>a, \phi_2=\dfrac{\rho a^3}{3\varepsilon_0 r}$

(3) $W=\dfrac{4\pi\rho^2 a^5}{15\varepsilon_0}$

3-13 (1) $\boldsymbol{E}=\begin{cases}0, & r\leqslant a \\ \boldsymbol{e}_r\dfrac{q}{2\pi r^2(\varepsilon_1+\varepsilon_2)}, & r>a\end{cases}$；

(2) 上半球面的电荷密度：$\rho_1=\varepsilon_1 E|_{r=a}=\dfrac{\varepsilon_1 q}{2\pi a^2(\varepsilon_1+\varepsilon_2)}$；下半球面的电荷密度：$\rho_2=\varepsilon_2 E|_{r=a}=\dfrac{\varepsilon_2 q}{2\pi a^2(\varepsilon_1+\varepsilon_2)}$；

(3) 导体球的电位：$\phi=\dfrac{q}{2\pi a(\varepsilon_1+\varepsilon_2)}$；静电场能量：$W=\dfrac{q^2}{4\pi a(\varepsilon_1+\varepsilon_2)}$

3-15 $\boldsymbol{B}=\dfrac{\mu_0 I}{4a}(\boldsymbol{e}_x+\boldsymbol{e}_z)$

3-16 (1) $H_{1x}=-\dfrac{I}{2\pi}\dfrac{y}{r_+^2}$；$H_{1y}=\dfrac{I}{2\pi}\dfrac{\dfrac{d}{2}+x}{r_+^2}$；$H_{2x}=\dfrac{I}{2\pi}\dfrac{y}{r_-^2}$；$H_{2y}=\dfrac{I}{2\pi}\dfrac{\dfrac{d}{2}-x}{r_-^2}$

(2) $B_x=\dfrac{\mu_0 I}{2\pi}\left[\dfrac{-y}{\left(x+\dfrac{d}{2}\right)^2+y^2}+\dfrac{y}{\left(x-\dfrac{d}{2}\right)^2+y^2}\right]$，

$$B_y=\frac{\mu_0 I}{2\pi}\left[\frac{\dfrac{d}{2}+x}{\left(x+\dfrac{d}{2}\right)^2+y^2}+\frac{\dfrac{d}{2}-x}{\left(x-\dfrac{d}{2}\right)^2+y^2}\right]$$

(3) $\boldsymbol{A}=\frac{\boldsymbol{e}_z\mu_0 I}{4\pi}\ln\frac{\left(x-\frac{d}{2}\right)^2+y^2}{\left(x+\frac{d}{2}\right)^2+y^2}$

3-17 解：$\boldsymbol{B}=\boldsymbol{e}_y\frac{\mu_0 J}{2}b=\boldsymbol{e}_y\frac{10\mu_0}{2\pi(R^2-a^2)}(\mathrm{T})$

3-18 (1) $\boldsymbol{B}_2=\boldsymbol{e}_z 2500-\boldsymbol{e}_y 10(\mathrm{mT})$；(2) $\boldsymbol{B}_1=\boldsymbol{e}_z 0.002+\boldsymbol{e}_y 0.5(\mathrm{mT})$

3-19 (1) $J_n=\frac{\sigma_1\sigma_2\phi_0}{\sigma_1 d_2+\sigma_2 d_1}$；(2) $\rho_s=\frac{(\varepsilon_1\sigma_2-\varepsilon_2\sigma_1)\phi_0}{\sigma_1 d_2+\sigma_2 d_1}$

3-20 (1) $\boldsymbol{J}_2=\boldsymbol{e}_n 5\sqrt{2}+\boldsymbol{e}_t\frac{\sqrt{2}}{20}(\mathrm{A/m^2})$，$\boldsymbol{J}_2$ 与切向方向夹角：$\theta=89.4°$；

(2) $\rho_s=6.2\times10^{-11}\mathrm{C/m^2}$

3-22 (1) $E_1=\frac{U_0\sigma_2}{\left(\sigma_2\ln\frac{b}{a}+\sigma_1\ln\frac{c}{b}\right)\rho}$；$E_2=\frac{U_0\sigma_1}{\left(\sigma_2\ln\frac{b}{a}+\sigma_1\ln\frac{c}{b}\right)\rho}$

(2) $\rho_{sf}=\frac{(\sigma_2\varepsilon_1-\sigma_1\varepsilon_2)U_0}{\left(\sigma_2\ln\frac{b}{a}+\sigma_1\ln\frac{c}{b}\right)b}$；(3) $G=\frac{2\pi\sigma_1\sigma_2}{\sigma_2\ln\frac{b}{a}+\sigma_1\ln\frac{c}{b}}$

3-23 (1) $q_1=-q$，坐标：$(1,-1)$；$q_2=-q$，坐标：$\left(\frac{\sqrt{3}-1}{2},\frac{\sqrt{3}+1}{2}\right)$；$q_3=q$，坐标：$\left(\frac{\sqrt{3}-1}{2},\frac{\sqrt{3}+1}{2}\right)$；$q_4=q$；坐标：$\left(\frac{-1-\sqrt{3}}{2},\frac{\sqrt{3}-1}{2}\right)$；$q_5=-q$，坐标：$\left(\frac{-1-\sqrt{3}}{2},\frac{1-\sqrt{3}}{2}\right)$

(2) $\varphi=\frac{q}{4\pi\varepsilon_0}\left(\frac{1}{R}-\frac{1}{R_1}-\frac{1}{R_2}+\frac{1}{R_3}+\frac{1}{R_4}-\frac{1}{R_5}\right)=\frac{0.321q}{4\pi\varepsilon_0}$；（其中，$R_i=\sqrt{(x_i-2)^2+(y_i-1)^2}$，$i=1,2,3,4,5$。$R=\sqrt{(1-2)^2+(1-1)^2}=1$）

3-24 $q=4h\sqrt{\pi\varepsilon mg}$

3-25 (1) $q_1=-\frac{a}{d_1}q$，其中，$d_1=\sqrt{x_0^2+y_0^2}$，位置$\left(\frac{x_0a^2}{x_0^2+y_0^2},\frac{y_0a^2}{x_0^2+y_0^2}\right)$

(2) $q_2=\frac{a}{d_1}q$，其中，$d_1=\sqrt{x_0^2+y_0^2}$，位置为$\left(\frac{x_0a^2}{x_0^2+y_0^2},-\frac{y_0a^2}{x_0^2+y_0^2}\right)$

(3) $q_3=-q$，其位置为：$(x_0,-y_0)$

3-26 $\rho_{sf}=D_{1n}=D_{1y}=\frac{h\rho_l}{\pi(x^2+h^2)}$

第4章

4-1 （1）$\lambda = 2\pi \mathrm{m}$；$T = \frac{2\pi}{3} \times 10^{-8}\mathrm{s}$；$f = \frac{3}{2\pi} \times 10^{8}$；$v_p = 3 \times 10^{8}\mathrm{m/s}$；$\eta = \sqrt{\frac{\mu_0}{\varepsilon_0}} = 120\pi$；

（2）$\dot{\boldsymbol{H}} = \frac{5}{6\pi}\boldsymbol{e}_y \boldsymbol{e}^{-\mathrm{j}z}$；

（3）$\overline{\boldsymbol{P}}_{\mathrm{av}} = 13.3\boldsymbol{e}_z$

4-2 $\boldsymbol{H} = \frac{5\times 10^{-5}}{12\pi}\boldsymbol{e}_y \cos\left(2\times 10^{7}\pi t - k_0 z + \frac{\pi}{4}\right)$；$k_0 = \frac{\pi}{15}$

4-3 $H_0 = 0.5, k = \frac{\pi}{3}$

4-4 $f = 3\times 10^{8}\mathrm{Hz}$；$k = 2\pi$；$\lambda = 1\mathrm{m}$；$v_p = \frac{\omega}{k} = 3\times 10^{8}\mathrm{m/s}$；$\eta = \sqrt{\frac{\mu_0}{\varepsilon_0}} = 120\pi$；$\dot{\boldsymbol{H}} = \boldsymbol{e}_x 2.4\pi \mathrm{e}^{\mathrm{j}2\pi y}\mathrm{A/m}$；$\boldsymbol{P}_{\mathrm{av}} = -1085\boldsymbol{e}_y \mathrm{W/m^2}$

4-5 （1）$\sigma = 0.98\times 10^{5}$；（2）$z = 1.165\times 10^{-5}(\mathrm{m})$

4-6 （1）$\lambda = 62.8\mathrm{m}$；$v_p = 6.28\times 10^{5}\mathrm{m/s}$；$\eta = 0.396(1+\mathrm{j})$；（2）$\lambda = 3.3\mathrm{mm}$；$v_p = 3.3\times 10^{7}\mathrm{m/s}$；$\eta = 41.87\Omega$

4-7 （1）左旋圆极化；（2）若 $E_{x0} = E_{y0}$，为右旋圆极化；若 $E_{x0} \neq E_{y0}$，为右旋椭圆极化。

4-8 证明略。

4-9 证明略。

4-10 $E_{r0} = E_{i0} = 5\mu\mathrm{V/m}, H_{r0} = \frac{E_{r0}}{\eta_1} = 0.041\mu\mathrm{A/m}, E_{T0} = 9.15\mu\mathrm{V/m}, H_{T0} = 0.0243\mu\mathrm{A/m}$

4-11 （1）$\Gamma = \frac{\eta_2 - \eta_1}{\eta_2 + \eta_1} = -\frac{1}{3}, T = \frac{2\eta_2}{\eta_2 + \eta_1} = \frac{2}{3}, \rho = \frac{1+|\Gamma|}{1-|\Gamma|} = 2$

（2）入射波 $\boldsymbol{E}_i = \boldsymbol{e}_x 10\mathrm{e}^{-\mathrm{j}k_1 z}, \boldsymbol{H}_i = \boldsymbol{e}_y \frac{1}{12\pi}\mathrm{e}^{-\mathrm{j}k_1 z}$；

反射波 $\boldsymbol{E}_r = -\boldsymbol{e}_x \frac{10}{3}\mathrm{e}^{\mathrm{j}k_1 z}, \boldsymbol{H}_r = \boldsymbol{e}_y \frac{1}{36\pi}\mathrm{e}^{\mathrm{j}k_1 z}$；

透射波 $\boldsymbol{E}_t = \boldsymbol{e}_x \frac{20}{3}\mathrm{e}^{-\mathrm{j}k_2 z}, \boldsymbol{H}_t = \boldsymbol{e}_y \frac{1}{9\pi}\mathrm{e}^{-\mathrm{j}k_2 z}$

（3）$\boldsymbol{P}_{\mathrm{av}_i} = \frac{5}{12\pi}\boldsymbol{e}_z$；　$\boldsymbol{P}_{\mathrm{av}_r} = -\frac{5}{108\pi}\boldsymbol{e}_z$；$\boldsymbol{P}_{\mathrm{av}_t} = \frac{40}{108\pi}\boldsymbol{e}_z$

4-12 （1）$\boldsymbol{E}_i = \boldsymbol{e}_x E_{x0}\mathrm{e}^{-\mathrm{j}\beta z} + \boldsymbol{e}_y E_{y0}\mathrm{e}^{-\mathrm{j}\beta z}\mathrm{e}^{-\mathrm{j}\frac{\pi}{2}}$；

(2) $\boldsymbol{H}_i(z,t)=\dfrac{E_{y0}}{120\pi}\boldsymbol{e}_x\cos\left(\omega t-\beta z+\dfrac{\pi}{2}\right)+\dfrac{E_{x0}}{120\pi}\boldsymbol{e}_y\cos(\omega t-\beta z)$

(3) $\boldsymbol{P}_{\text{avi}}=\dfrac{1}{2}\text{Re}[\dot{\boldsymbol{E}}_i\times\dot{\boldsymbol{H}}_i^*]=\boldsymbol{e}_z\dfrac{E_{x0}^2+E_{y0}^2}{240\pi}\mu\text{W/m}^2$,

$\boldsymbol{P}_{\text{avr}}=\dfrac{1}{2}\text{Re}[\dot{\boldsymbol{E}}_r\times\dot{\boldsymbol{H}}_r^*]=-\boldsymbol{e}_z\dfrac{E_{x0}^2+E_{y0}^2}{240\pi}\mu\text{W/m}^2$, $\boldsymbol{P}_{\text{art}}=0$

(4) $\boldsymbol{J}_{sf}=\boldsymbol{e}_x\dfrac{2E_{x0}}{120\pi}z+\boldsymbol{e}_y\dfrac{2E_{y0}\text{e}^{-\text{j}\frac{\pi}{2}}}{120\pi}$

4-13 (1) $\boldsymbol{e}_n=\dfrac{1}{\sqrt{5}}(\boldsymbol{e}_z-2\boldsymbol{e}_x)$; (2) $H_0=\dfrac{\sqrt{5}}{\eta}E_0=\dfrac{\sqrt{5}}{377}\times10^{-3}=5.93\times10^{-6}\text{A/m}$

(3) $\boldsymbol{P}_{\text{av}}=\dfrac{(\boldsymbol{e}_z-2\boldsymbol{e}_x)}{\sqrt{5}}6.63\times10^{-9}\text{W/m}^2$

4-14 0.0125W/m^2

4-15 (1) 椭圆极化波；(2) $\theta_b=71.6°$

4-16 $\varepsilon_2=7.3$

4-17 $\varepsilon_r=9.4$

4-18 (1) $\theta_b=63.43°$; (2) $\dfrac{P_{\text{av}_i}}{P_{\text{av}_r\perp}}=\dfrac{E_0^2}{E_{r0}^2}=0.18$

第5章

5-1 937.5MHz，长线；6MHz时，短线。

5-2 $26.32-\text{j}9.87\Omega$

5-3 (1) $X_L=\pm75\sqrt{-\left(\dfrac{R_L}{75}\right)^2+\dfrac{10}{3}\left(\dfrac{R_L}{75}\right)-1}$; (2) $X_L=\pm96.82\Omega$; (3) $l=0.29\lambda$

5-4 (1) $Z_0=50\Omega$; (2) $S_{\min}=2$, $|\Gamma|_{\min}=1/3$; (3) $z_1=0.125\lambda$。

5-5 $\Gamma(0.2\lambda)=\dfrac{1}{3}\text{e}^{-\text{j}0.8\pi}$, $\Gamma(0.25\lambda)=-\dfrac{1}{3}$, $\Gamma(0.5\lambda)=\dfrac{1}{3}$

5-7 (1) $l=0.5\text{m}$; (2) $\Gamma_L=-\dfrac{49}{51}$; (3) $\Gamma_{\text{in}}=\dfrac{49}{51}$; (4) $Z_{\text{in}}=2500\Omega$

5-9 $Z_L=82.4\angle64.3°\Omega$

5-10 $|U_{\max}|=450\text{V}$, $|U_{\min}|=300\text{V}$

5-11 (1) $U_{\text{in}}=372.7\angle-26.56°\text{V}$; (2) $U_1=424.92\angle-33.69°\text{V}$

5-12 (1) $Z_{01}=214.46\Omega$; (2) $l=0.43\lambda$

5-13 (1) $Z_{01}=\sqrt{50\times156.25}=88.38\Omega$, $l=0.287\lambda$; (2) $Z_{01}=70.7\Omega$, $l=0.148\lambda$

5-14 （1）$Z_L=322.87-j736.95\Omega$；（2）支节的位置 $l_1=0.22\lambda$，支节的长度 $l_2=0.42\lambda$。

5-15 （1）支节的位置 $l_1=2.5\text{cm}$；（2）支节的长度 $l_2=3.5\text{cm}$。

第6章

6-2 TE_{01}，TE_{10}，TE_{11}，TM_{11}，TE_{20}，TE_{21}，TM_{21}，TE_{30}，TE_{31}，TM_{31}，TE_{40}

6-3 $f_c=2.08\text{GHz}$，$\lambda_g=13.89\text{cm}$

6-4 $P_b=0.79\text{MW}$

6-5 （1）TE_{10} 模；（2）$\lambda_c=14.4\text{cm}$，$\beta=45.2$，$\lambda_g=13.9\text{cm}$，$v_p=4.17\times10^8\text{m/s}$，$v_g=2.16\times10^8\text{m/s}$，$\eta=166.8\pi\Omega$

6-6 $\lambda=50\text{mm}$ 的信号不能传输；$\lambda=30\text{mm}$ 的信号能传输，工作在主模 TE_{10}；$\lambda=20\text{mm}$ 的信号能传输，存在 TE_{10}、TE_{20}、TE_{01} 三种模式。

6-7 （1）波导中可以传输的模式为 TE_{10}；（2）$\lambda_{cTE_{10}}=46\text{mm}$，$\beta=158.8$，$\lambda_g=39.5\text{mm}$，$v_p=3.95\times10^8\text{m/s}$

6-8 （1）$\lambda_{cTE_{11}}=12.9679\text{cm}$，$\lambda_{cTM_{01}}=9.9283\text{cm}$，$\lambda_{cTE_{01}}=6.2312\text{cm}$；（2）$\lambda_g=15.7067\text{cm}$；（3）$2.31\text{GHz}<f<3.02\text{GHz}$

6-9 $1.47\text{mm}<a<1.91\text{mm}$ 时，可以保证单模传输，此时传输的模式为主模 TE_{11}。

6-10 （1）$\lambda_{cTE_{11}}=85.3150\text{mm}$，$\lambda_{cTM_{01}}=65.3175\text{mm}$，$\lambda_{cTE_{01}}=40.9950\text{mm}$

（2）当工作波长 $\lambda=70\text{mm}$ 时，只出现主模 TE_{10}；当工作波长 $\lambda=60\text{mm}$ 时，出现 TE_{11} 和 TM_{01}；当工作波长 $\lambda=50\text{mm}$ 时，出现 TE_{11}、TM_{01} 和 TE_{01}。

（3）$\lambda_g=122.4498\text{mm}$

6-11 $f_c=3.52\text{GHz}$，$\lambda_c=15.79\text{cm}$

6-12 $f=2.73\text{GHz}$

6-13 （1）填充空气，$Z_0=50\Omega$；（2）填充无耗介质，$Z_0'=33.32\Omega$

第7章

7-1 （1）传播方向为径向 e_r，电场方向为 e_θ，磁场方向为 e_φ。（2）线极化波。（3）球面，非均匀的球面波。（4）$H=\dfrac{E_\theta}{\eta}e_\varphi=\dfrac{E_\theta}{120\pi}e_\varphi$。（5）$E_\theta$、$H_\theta$ 与电流 I、空间距离 r、电长度 l/λ 以及子午角 θ 有关。（6）当 $\theta=0°$ 或 $180°$ 时，电场有最小值 0；$\theta=90°$ 时，电场有最大值。（7）E 面为过 z 轴的平面，H 面为 xOy 平面。

7-2 （1）$\theta=0°$ 时，$|E_\theta|=0$，$|H_\varphi|=0$。（2）$\theta=60°$ 时，$|E_\theta|=2.1\times10^{-3}\text{V/m}$，$|H_\varphi|=5.45\times10^{-6}\text{A/m}$。（3）$\theta=90°$ 时，$|E_\theta|=2.4\times10^{-3}\text{V/m}$，$|H_\varphi|=6.29\times10^{-6}\text{A/m}$。

7-3 将接收的电基本振子垂直放置；任意转动密封的盒子，使接收信号最大；水平转动盒子(即绕垂直地面的轴线转动盒子),若接收信号不发生变化,则盒内装的是电基本振子;若接收信号由大变小,则盒内装的是磁基本振子。

7-5 (1) 电基本振子的 $2\theta_{0E}=180°$,$2\theta_{0E}=90°$。(2) 磁基本振子的 $2\theta_{0H}=180°$,$2\theta_{0.5H}=90°$。

7-6 $\dfrac{E_1}{E_2}=\sqrt{2}$

7-7 $r_1=954.93\text{km}$,$r_2=0.9549\text{m}$

7-8 不严格满足麦克斯韦方程。

7-9 (1) 元(发射)天线的轴线沿南北方向。(2) 60°。

7-10 45°。

7-11 10

7-12 (1) 右旋圆极化波。(2) $P_1/P_2=0$,$P_3/P_2=1/2$

7-13 (1) 沿 x 方向的场为线极化;(2) 沿 y 方向的场为线极化;(3) 沿 $+z$ 方向为右旋圆极化波;(4) 沿 $-z$ 方向为左旋圆极化波

7-14 (1) $R_\Sigma=65\Omega$。(2) $Z_{\text{in}}=65.0+\text{j}5.1\Omega$

7-15 $A_e=0.13\lambda^2$

7-16 $A=7.96\text{m}^2$

7-17 $P_{L\max}=0.76\mu\text{W}$

7-18 $P_r=6.5\times10^{-11}\text{W}$

7-19 90°。

7-20 (1) $d=\lambda/4$,$\xi=\pi/2$,得 xOz、xOy 面方向函数分别为

$$F_{xOz}(\theta)=\left|\frac{\cos\left(\dfrac{\pi}{2}\cos\theta\right)}{\sin\theta}\right|\left|\cos\left[\frac{\pi}{4}(1+\sin\theta)\right]\right|,F_{xOy}(\varphi)=\left|\cos\left[\frac{\pi}{4}(1+\cos\varphi)\right]\right|$$

(2) $d=3\lambda/4$,$\xi=\pi/2$,得 xOz、xOy 面方向函数分别为

$$F_{xOz}(\theta)=\left|\frac{\cos\left(\dfrac{\pi}{2}\cos\theta\right)}{\sin\theta}\right|\left|\cos\left[\frac{\pi}{4}(1+3\sin\theta)\right]\right|,F_{xOy}(\varphi)=\left|\cos\left[\frac{\pi}{4}(1+3\cos\varphi)\right]\right|$$

7-21 (1) $d=\lambda/4$,$\xi=\pi/2$,得 E、H 面方向函数为

$$F_{\text{E}}(\theta)=\left|\frac{\cos\left(\dfrac{\pi}{2}\cos\theta\right)}{\sin\theta}\right|\left|\cos\left[\frac{\pi}{4}(1+\sin\theta)\right]\right|,F_{\text{H}}(\varphi)=\left|\cos\left[\frac{\pi}{4}(1+\sin\varphi)\right]\right|$$

(2) $d=3\lambda/4$,$\xi=\pi/2$,得 E、H 面方向函数为

$$F_{\text{E}}(\theta)=\left|\frac{\cos\left(\dfrac{\pi}{2}\cos\theta\right)}{\sin\theta}\right|\left|\cos\left[\frac{\pi}{4}(1+3\sin\theta)\right]\right|,F_{\text{H}}(\varphi)=\left|\cos\left[\frac{\pi}{4}(1+3\sin\varphi)\right]\right|$$

7-22 (1) E、H 面方向函数：$f_E(\theta)=\dfrac{\cos\left(\dfrac{\pi}{2}\cos\theta\right)}{\sin\theta}\cos\left(\dfrac{\pi}{2}\sin\theta\right)$，$f_H(\varphi)=\cos\left(\dfrac{\pi}{2}\sin\varphi\right)$

(2) E、H 面方向函数：$f_E(\theta)=\dfrac{\cos\left(\dfrac{\pi}{2}\sin\theta\right)}{\cos\theta}\cos(\pi\cos\theta)$，$f_H(\theta)=\cos(\pi\cos\theta)$

7-23 (1) E、H 面方向函数：$f_E(\theta)=\dfrac{\cos\left(\dfrac{\pi}{2}\cos\theta\right)}{\sin\theta}\sin\left(\dfrac{\pi}{2}\cos\theta\right)$，$f_H(\varphi)=0$

(2) E、H 面方向函数：$f_E(\theta)=\dfrac{\cos\left(\dfrac{\pi}{2}\sin\theta\right)}{\cos\theta}\sin(\pi\sin\theta)$，$f_H(\theta)=0$

7-24 $\alpha=90°$

7-25 阵方向函数为$|A(\varphi)|=\dfrac{1}{3}\left|\dfrac{\sin(3\psi/2)}{\sin(\psi/2)}\right|$，其中，$\psi=kd\cos\varphi+\zeta=\dfrac{2\pi}{3}\cos\varphi+\zeta$

7-27 (2) 30.3°。

7-28 远区辐射场为 0。

第 8 章

8-2 第一菲涅尔半径最大值是 $F_{1\max}=137\text{m}$。

8-5 $f_{LUF}<f<f_{MUF}$

8-8 视距传播可分为地—地视距传播，地—空视距传播，空—空视距传播等。

8-11 散射传播是利用大气层中传输媒介的不均匀性对电波的散射作用而实现的一种超视距传播。根据传播环境可以分为对流层、电离层散射传播和流星电离余迹散射传播。

8-12 (1) 地波传播：超长波、长波、中波和短波。(2) 天波传播：中波、短波，以短波为主。(3) 视距传播：超短波、微波波段。(4) 散射传播：超短波和微波。

第 9 章

9-2 归于波腹电流的有效高度为 1m，$R_{\Sigma mono}\approx 0.44\Omega$

9-3 $h=\lambda/2$。

9-5 20m。

9-10 150～586MHz。

9-11 $D=10.8$。$BW_{0.5}\approx 51.3°$

9-12 (1) $I_2=-0.59e^{-j64.9^\circ}$；(2) 反射器；(3) $Z_{r\Sigma}=78.0+j71.4\Omega$

9-18 $2\theta_{0.5}=6.35^\circ$,对于均匀同相口径,第一旁瓣电平都是-13.5dB。

9-19 方形口径方向系数也大。

9-22 口径直径$D=10.73$m。

9-23 $f_e=4.86$m

第10章

10-1 自然界存在的大多数物质都只是在第一象限内,DPM(Double Positive Material)。第三象限内的材料,DNM(Double Negative Material)。第二象限,ENM(Electric Negative Material)和第四象限,MNM(Magnetic Negative Material)。

10-2 L形、T形和Π形。L形是非对称结构,T形和Π形则为对称型结构。对称型结构能够避免左视和右视阻抗不一致的问题,可分析具有对称结构的天线的色散特性。

10-3 通过控制人工电磁结构的参数可以调节人工电磁结构天线周期单元的色散曲线的斜率,从而控制左右手谐振频率。低频的负阶模式可以实现小型化效果。

10-4 根据$k_y^2=\omega^2\mu\varepsilon-(\pi/L)^2<0$,采用单负材料就足够了。$|\mu\varepsilon|$越小,电大效果越好。

10-5 为获得宽带高增益人工电磁结构天线,须满足初始天线模型具有宽带特性,人工电磁结构在天线工作频段具有较宽的通带特性,二者具有相同极化特性,不影响阻抗匹配。

附录B 重要公式

一、矢量恒等式

$$\boldsymbol{A}\cdot(\boldsymbol{B}\times\boldsymbol{C})=\boldsymbol{B}\cdot(\boldsymbol{C}\times\boldsymbol{A})=\boldsymbol{C}\cdot(\boldsymbol{A}\times\boldsymbol{B}) \tag{B1.1}$$

$$\boldsymbol{A}\times(\boldsymbol{B}\times\boldsymbol{C})=\boldsymbol{B}(\boldsymbol{A}\cdot\boldsymbol{C})-\boldsymbol{C}(\boldsymbol{A}\cdot\boldsymbol{B}) \tag{B1.2}$$

$$\nabla(uv)=u\nabla v+v\nabla u \tag{B1.3}$$

$$\nabla\cdot(u\boldsymbol{A})=u\nabla\cdot\boldsymbol{A}+\boldsymbol{A}\cdot\nabla u \tag{B1.4}$$

$$\nabla\times(u\boldsymbol{A})=u\nabla\times\boldsymbol{A}+\nabla u\times\boldsymbol{A} \tag{B1.5}$$

$$\nabla\cdot(\boldsymbol{A}\times\boldsymbol{B})=\boldsymbol{B}\cdot\nabla\times\boldsymbol{A}-\boldsymbol{A}\cdot(\nabla\times\boldsymbol{B}) \tag{B1.6}$$

$$\nabla(\boldsymbol{A}\cdot\boldsymbol{B})=(\boldsymbol{A}\cdot\nabla)\boldsymbol{B}+(\boldsymbol{B}\cdot\nabla)\boldsymbol{A}+\boldsymbol{A}\times\nabla\times\boldsymbol{B}+\boldsymbol{B}\times\nabla\times\boldsymbol{A} \tag{B1.7}$$

$$\nabla\times(\boldsymbol{A}\times\boldsymbol{B})=\boldsymbol{A}\,\nabla\cdot\boldsymbol{B}-\boldsymbol{B}\,\nabla\cdot\boldsymbol{A}+(\boldsymbol{B}\cdot\nabla)\boldsymbol{A}-(\boldsymbol{A}\cdot\nabla)\boldsymbol{B} \tag{B1.8}$$

$$\nabla\times(\nabla u)=0 \tag{B1.9}$$

$$\nabla\cdot(\nabla\times\boldsymbol{A})=0 \tag{B1.10}$$

$$\nabla\cdot(\nabla u)=\nabla^2 u \tag{B1.11}$$

$$\nabla\times(\nabla\times\boldsymbol{A})=\nabla(\nabla\cdot\boldsymbol{A})-\nabla^2\boldsymbol{A} \tag{B1.12}$$

$$\iiint_V \nabla\cdot\boldsymbol{A}\,\mathrm{d}V=\iint_S\boldsymbol{A}\cdot\mathrm{d}\boldsymbol{S} \tag{B1.13}$$

$$\iint_S \nabla\times\boldsymbol{A}\cdot\mathrm{d}\boldsymbol{S}=\int_l\boldsymbol{A}\,\mathrm{d}\boldsymbol{l} \tag{B1.14}$$

$$\iiint_V \nabla\times\boldsymbol{A}\,\mathrm{d}V=\iint_S\boldsymbol{e}_n\times\boldsymbol{A}\,\mathrm{d}S \tag{B1.15}$$

$$\iiint_V \nabla u\,\mathrm{d}V=\iint_S\boldsymbol{e}_n u\,\mathrm{d}S \tag{B1.16}$$

$$\iint_S\boldsymbol{e}_n\times\nabla u\,\mathrm{d}S=\int_l u\,\mathrm{d}\boldsymbol{l} \tag{B1.17}$$

$$\iiint_V(u\nabla^2 v+\nabla u\cdot\nabla v)\mathrm{d}V=\iint_S u\frac{\partial u}{\partial n}\mathrm{d}S \tag{B1.18}$$

$$\iiint_V(u\nabla^2 v-v\nabla^2 u)\mathrm{d}V=\iint_S\left(u\frac{\partial v}{\partial n}-v\frac{\partial u}{\partial n}\right)\mathrm{d}S \tag{B1.19}$$

二、三种坐标系的梯度、散度、旋度和拉普拉斯运算

1. 直角坐标系

$$\nabla u=\boldsymbol{e}_x\frac{\partial u}{\partial x}+\boldsymbol{e}_y\frac{\partial u}{\partial y}+\boldsymbol{e}_z\frac{\partial u}{\partial z} \tag{B2.1}$$

$$\nabla\cdot \boldsymbol{A} = \frac{\partial A_x}{\partial x} + \frac{\partial A_y}{\partial y} + \frac{\partial A_z}{\partial z} \tag{B2.2}$$

$$\nabla\times \boldsymbol{A} = \begin{vmatrix} \boldsymbol{e}_x & \boldsymbol{e}_y & \boldsymbol{e}_z \\ \dfrac{\partial}{\partial x} & \dfrac{\partial}{\partial y} & \dfrac{\partial}{\partial z} \\ A_x & A_y & A_z \end{vmatrix} \tag{B2.3}$$

2. 圆柱坐标系

$$\nabla u = \boldsymbol{e}_\rho \frac{\partial u}{\partial \rho} + \boldsymbol{e}_\phi \frac{\partial u}{\rho \partial \phi} + \boldsymbol{e}_z \frac{\partial u}{\partial z} \tag{B2.4}$$

$$\nabla\cdot \boldsymbol{A} = \frac{1}{\rho}\frac{\partial u}{\partial \rho}(\rho A_\rho) + \frac{1}{\rho}\frac{\partial A_\phi}{\rho \partial \phi} + \frac{\partial A_z}{\partial z} \tag{B2.5}$$

$$\nabla\times \boldsymbol{A} = \frac{1}{\rho}\begin{vmatrix} \boldsymbol{e}_\rho & \rho\boldsymbol{e}_\phi & \boldsymbol{e}_z \\ \dfrac{\partial}{\partial \rho} & \dfrac{\partial}{\partial \phi} & \dfrac{\partial}{\partial z} \\ A_\rho & \rho A_\phi & A_z \end{vmatrix} \tag{B2.6}$$

$$\nabla^2 u = \frac{1}{\rho}\frac{\partial}{\partial \rho}\left(\rho \frac{\partial u}{\partial \rho}\right) + \frac{1}{\rho^2}\frac{\partial^2 u}{\partial \phi^2} + \frac{\partial^2 u}{\partial z^2} \tag{B2.7}$$

3. 球坐标系

$$\nabla u = \boldsymbol{e}_r \frac{\partial u}{\partial r} + \boldsymbol{e}_\theta \frac{1}{r}\frac{\partial u}{\partial \theta} + \boldsymbol{e}_z \frac{1}{r\sin\theta}\frac{\partial u}{\partial \phi} \tag{B2.8}$$

$$\nabla\cdot \boldsymbol{A} = \frac{1}{r^2}\frac{\partial u}{\partial r}(r^2 A_r) + \frac{1}{r\sin\theta}\frac{\partial}{\partial \theta}(\sin\theta A_\theta) + \frac{1}{r\sin\theta}\frac{\partial A_\phi}{\partial \phi} \tag{B2.9}$$

$$\nabla\times \boldsymbol{A} = \frac{1}{r^2\sin\theta}\begin{vmatrix} \boldsymbol{e}_r & r\boldsymbol{e}_\theta & r\sin\theta\boldsymbol{e}_\phi \\ \dfrac{\partial}{\partial r} & \dfrac{\partial}{\partial \theta} & \dfrac{\partial}{\partial \phi} \\ A_r & rA_\theta & r\sin\theta A_\phi \end{vmatrix} \tag{B2.10}$$

$$\nabla^2 u = \frac{1}{r^2}\frac{\partial}{\partial r}\left(r^2 \frac{\partial u}{\partial r}\right) + \frac{1}{r^2\sin\theta}\frac{\partial}{\partial \theta}\left(\sin\theta \frac{\partial u}{\partial \theta}\right) + \frac{1}{r^2\sin^2\theta}\frac{\partial^2 u}{\partial \phi^2} \tag{B2.11}$$

三、扇形喇叭口径的辐射场公式

(1) H 面扇形喇叭口径面上的电场分布为

$$E_{ay} = E_0 \cos\frac{\pi x}{A} \mathrm{e}^{-\mathrm{j}(\beta/2R_1)x^2} \tag{B3.1}$$

该式具有平方律相位分布,把它代入下列绕射积分公式:

$$N_x = \iint_s E_x \mathrm{e}^{-\mathrm{j}k(x\sin\theta\cos\varphi + y\sin\theta\sin\varphi)}\mathrm{d}s \tag{B3.2a}$$

$$N_y = \iint_s E_y \mathrm{e}^{-\mathrm{j}k(x\sin\theta\cos\varphi + y\sin\theta\sin\varphi)}\mathrm{d}s \tag{B3.2b}$$

可得

$$N_y = E_0 \int_{-A/2}^{A/2} \cos \frac{\pi x'}{A} e^{-j(\beta/2R_1)x'^2} e^{j\beta u x'} dx' \int_{-b/2}^{b/2} e^{j\beta v y'} dy' \tag{B3.3}$$

经过大量的运算化为

$$N_y = E_0 \left[\frac{1}{2}\sqrt{\frac{\pi R_1}{\beta}} I(\theta,\varphi)\right] \left\{b\, \frac{\sin[(\beta b/2)\sin\theta\sin\varphi]}{(\beta b/2)\sin\theta\sin\varphi}\right\} \tag{B3.4}$$

式中，方括号部分对应于式中 x 变量部分积分；花括号部分对应于式中 y 变量部分积分，与均匀线源的辐射积分完全相同。其中，函数 $I(\theta,\varphi)$ 是

$$\begin{aligned} I(\theta,\varphi) = {} & e^{j(R_1/2\beta)(\beta\sin\theta\cos\varphi+\pi/A)^2}[C(s'_2) - jS(s'_2) - C(s'_1) + jS(s'_1)] + \\ & e^{j(R_1/2\beta)(\beta\sin\theta\cos\varphi-\pi/A)^2}[C(t'_2) - jS(t'_2) - C(t'_1) + jS(t'_1)] \end{aligned} \tag{B3.5}$$

式中，

$$\begin{cases} s'_1 = \sqrt{\dfrac{1}{\pi\beta R_1}}\left(-\dfrac{\beta A}{2} - R_1\beta u - \dfrac{\pi R_1}{A}\right) \\ s'_2 = \sqrt{\dfrac{1}{\pi\beta R_1}}\left(\dfrac{\beta A}{2} - R_1\beta u - \dfrac{\pi R_1}{A}\right) \\ t'_1 = \sqrt{\dfrac{1}{\pi\beta R_1}}\left(-\dfrac{\beta A}{2} - R_1\beta u + \dfrac{\pi R_1}{A}\right) \\ t'_2 = \sqrt{\dfrac{1}{\pi\beta R_1}}\left(-\dfrac{\beta A}{2} - R_1\beta u + \dfrac{\pi R_1}{A}\right) \end{cases} \tag{B3.6}$$

函数 $C(x)$ 和 $S(x)$ 是菲涅尔积分。这里引入了方向变量：$u=\sin\theta\cos\varphi$。

现在可以计算出 H 面扇形喇叭的整个辐射场量，采用下式

$$E_\theta = j\,\frac{1}{2\lambda r}(1+\cos\theta)\sin\varphi e^{-jkr} N_y \tag{B3.7a}$$

$$E_\varphi = j\,\frac{1}{2\lambda r}(1+\cos\theta)\cos\varphi e^{-jkr} N_y \tag{B3.7b}$$

可得出远区辐射电场分量

$$E_\theta = j\beta\,\frac{e^{-j\beta r}}{4\pi r}(1+\cos\theta)\sin\varphi N_y \tag{B3.8a}$$

$$E_\varphi = j\beta\,\frac{e^{-j\beta r}}{4\pi r}(1+\cos\theta)\cos\varphi N_y \tag{B3.8b}$$

上式和式(B3.4)联立就能给出完整的辐射电场表示式：

$$\boldsymbol{E} = j\beta E_0 b\sqrt{\frac{\pi R_1}{\beta}}\,\frac{e^{-j\beta r}}{4\pi r}\left(\frac{1+\cos\theta}{2}\right)(\boldsymbol{e}_\theta\sin\varphi + \boldsymbol{e}_\varphi\cos\varphi)\,\frac{\sin[(\beta b/2)\sin\theta\sin\varphi]}{(\beta b/2)\sin\theta\sin\varphi} I(\theta,\varphi) \tag{B3.9}$$

式中，$I(\theta,\varphi)$ 由式(B3.5)给出。

(2) E 面扇形喇叭的口径场为

$$E_{ay}=E_0\cos\frac{\pi x}{a}\mathrm{e}^{-\mathrm{j}(\beta/2R_2)y^2} \tag{B3.10}$$

将喇叭的口径场代入口径辐射积分公式(B3.2),求出辐射场为

$$\boldsymbol{E}=\mathrm{j}\beta E_0\sqrt{\frac{\pi R_2}{\beta}}\frac{4a}{\pi}\frac{\mathrm{e}^{-\mathrm{j}\beta r}}{4\pi r}\mathrm{e}^{\mathrm{j}(\beta R_2/2)v^2}(\boldsymbol{e}_\theta\sin\varphi+\boldsymbol{e}_\varphi\cos\varphi)\frac{1+\cos\theta}{2}\frac{\cos[(\beta a/2)u]}{1-[(\beta a/\pi)u]^2}\cdot$$
$$[C(r_2)-\mathrm{j}S(r_2)-C(r_1)+\mathrm{j}S(r_1)] \tag{B3.11a}$$

这里引入了方向变量：$u=\sin\theta\cos\varphi$,$v=\sin\theta\sin\varphi$。式中,

$$r_1=\sqrt{\frac{\beta}{\pi R_2}}\left(-\frac{B}{2}-R_2v\right),\quad r_2=\sqrt{\frac{\beta}{\pi R_2}}\left(\frac{B}{2}-R_2v\right) \tag{B3.11b}$$

在 H 面 $\varphi=0^\circ$,H 面归一化方向图函数为

$$F_{\mathrm{H}}(\theta)=\frac{1+\cos\theta}{2}\frac{\cos[(\beta a/2)\sin\theta]}{1-[(\beta a/\pi)\sin\theta]^2} \tag{B3.12}$$

式中,第一部分是惠更斯面元的方向性；第二部分是长度为 a、相位均匀、振幅余弦渐削分布的线源方向性。

附录C　常用材料参数表

一、某些材料的电导率

材　　料	电导率/(S/m)(20℃)	材　　料	电导率/(S/m)(20℃)
铝	3.816×10^{7}	镍铬合金	1.0×10^{7}
黄铜	2.564×10^{7}	镍	1.449×10^{7}
青铜	1.00×10^{7}	铂	9.52×10^{6}
铬	3.846×10^{7}	海水	3～5
铜	5.813×10^{7}	硅	4.4×10^{-4}
蒸馏水	2×10^{-4}	银	6.173×10^{7}
锗	2.2×10^{6}	硅钢	2×10^{6}
金	4.098×10^{7}	不锈钢	1.1×10^{6}
石墨	7.014×10^{4}	焊料	7.0×10^{6}
铁	1.03×10^{7}	钨	1.825×10^{7}
汞	1.04×10^{6}	锌	1.67×10^{7}
铅	4.56×10^{6}		

二、一些材料的介电常数和损耗角正切

材　　料	频率/GHz	ε_r	$\tan\delta$(25℃)
氧化铝(99.5%)	10	9.5～10	0.0003
钛酸钡	6	(37±5)%	0.0005
蜂蜡	10	2.35	0.005
氧化铍	10	6.4	0.0003
陶瓷(A-35)	3	5.60	0.0041
熔凝石英	10	3.78	0.0001
砷化镓	10	13	0.006
鹏硅酸(耐热)玻璃	3	4.82	0.0054
涂釉陶瓷	10	7.2	0.008
有机玻璃	10	2.56	0.005
尼龙(610)	3	2.84	0.012
石蜡	10	2.24	0.0002
树脂玻璃	10	2.60	0.0057

续表

材　　料	频率/GHz	ε_r	$\tan\delta$(25℃)
聚乙烯	10	2.25	0.0004
聚苯乙烯	0.1	2.54	0.00033
干制瓷料	10	5.04	0.0078
硅	10	11.9	0.004
聚四氟乙烯	10	2.08	0.0004
二氧化钛(D-100)	6	(96±5)%	0.001
凡士林	10	2.16	0.001
蒸馏水	3	76.7	0.157

附录D 主要符号和单位

符号	名称	单位符号	单位名称
$\boldsymbol{A}$	矢量磁位	Wb/m	韦伯/米
$\boldsymbol{B}$	磁感应强度矢量	T	特斯拉
C	电容	F	法拉
c	光速	m/s	米/秒
$\boldsymbol{D}$	电位移矢量	C/m^2	库仑/米^2
d	距离	m	米
$\boldsymbol{E}$	电场强度矢量	V/m	伏/米
$\boldsymbol{e}_x,\boldsymbol{e}_y,\boldsymbol{e}_z$	直角坐标系单位矢量		
$\boldsymbol{e}_r,\boldsymbol{e}_\varphi,\boldsymbol{e}_z$	圆柱坐标系单位矢量		
$\boldsymbol{e}_r,\boldsymbol{e}_\theta,\boldsymbol{e}_\varphi$	球坐标系单位矢量		
$\boldsymbol{F}$	力	N	牛顿
f	频率	Hz	赫兹
f_c	截止频率	Hz	赫兹
G	电导 天线增益	S	西门子
$\boldsymbol{H}$	磁场强度矢量	A/m	安培/米
I,i	电流	A	安培
$\boldsymbol{J}$	电流体密度矢量	A/m^2	安培/米^2
$\boldsymbol{J}_s$	电流面密度矢量	A/m	安培/米
$I\mathrm{d}l$	线电流元	A·m	安培·米
k	波数	rad/m	弧度/米
$\boldsymbol{k}$	波矢量	rad/m	弧度/米
k_c	截止波数	rad/m	弧度/米
L	电感	H	亨利
$\boldsymbol{M}$	磁化强度	A/m	安培/米
M	互感	H	亨利
n	折射率		
$\boldsymbol{P}$	极化强度	C/m^2	库仑/米^2
P	功率	W	瓦特
$\boldsymbol{p}$	电偶极矩 坡印廷矢量	C×m W/m^2	库仑·米 瓦特/米^2
$\boldsymbol{p}_{\mathrm{av}}$	平均坡印廷矢量	W/m^2	瓦特/米
Q,q	电荷	C	库仑
R	电阻 距离	Ω m	欧姆 米
$\boldsymbol{r}$	矢径	m	米
S	面积	m^2	米^2

续表

符号	名称	单位符号	单位名称
T	周期	s	秒
t	时间	s	秒
U,u	电压	V	伏
V	体积	m^3	米^3
v_g	群速度	m/s	米/秒
v_p	相速度	m/s	米/秒
v_e	能流速度	m/s	米/秒
w_e	电场能量	J	焦耳
w_m	磁场能量	J	焦耳
w_e	电场能量密度	J/m^3	焦耳/米^3
w_m	磁场能量密度	J/m^3	焦耳/米^3
X	电抗	Ω	欧姆
Y	导纳	S	西门子
Z	阻抗	c	欧姆
α	衰减常数	Np/m	奈培/米
β	相移常数	rad/m	弧度/米
Γ	反射系数		
γ	传播常数		
δ	趋肤深度	m	米
ε	介电常数	F/m	法拉/米
ε_0	自由空间介电常数	F/m	法拉/米
ε_r	相对介电常数		
$\tilde{\varepsilon}$	复介电常数	F/m	法拉/米
η	特性阻抗	Ω	欧姆
η_0	自由空间特征阻抗	Ω	欧姆
λ	波长	m	米
λ_c	截止波长	m	米
λ_g	波导波长	m	米
μ	磁导率	H/m	亨利/米
μ_0	自由空间磁导率	H/m	亨利/米
μ_r	相对磁导率		
ρ	电荷体密度	C/m^3	库仑/米^3
ρ_s	电荷面密度	C/m^2	库仑/米^2
ρ_l	电荷线密度	C/m	库仑/米
σ	电导率	S/m	
τ	透射系数 电位	V	伏
φ	方位角度 电通量 磁通量	rad C Wb	弧度 库仑 韦伯
ψ	磁链	Wb	韦伯
ω	角频率	rad/s	弧度/秒

参考文献

[1] 毕德显.电磁场理论[M].北京：电子工业出版社，1985.

[2] 谢处方，饶克谨. 电磁场与电磁波[M].3 版.北京：高等教育出版社，1999.

[3] 谢处方，饶克谨. 电磁场与电磁波[M].4 版.北京：高等教育出版社，2006.

[4] 谢处方，等原著，杨显清，等修订.电磁场与电磁波[M].5 版.北京：高等教育出版社，2019.

[5] 吴万春.电磁场理论[M].北京：电子工业出版社，1985.

[6] 王增和，等.天线与电波传播[M].北京：机械工业出版社，2003.

[7] 卢春兰，等.电波与光波传输技术[M].北京：人民邮电出版社，2013.

[8] 蔡南先.电波与天线[M].北京：中国广播电视出版社，1992.

[9] 周朝栋，等.电波与天线[M].西安：西安电子科技大学出版社，1994.

[10] 童新海，赵兵.军事通信系统[M].北京：电子工业出版社，2020.

[11] 丁荣林，李媛. 微波技术与天线[M].2 版.北京：机械工业出版社，2013.

[12] 殷际杰.微波技术与天线[M].2 版修订版.北京：电子工业出版社，2012.

[13] 曹祥玉，等.天线与电波传播[M].北京：电子工业出版社，2015.

[14] 宋铮，等.天线与电波传播[M].3 版.西安：西安电子科技大学出版社，2016.

[15] 李志勇，等.对流层散射通信工程[M].北京：电子工业出版社，2017.

[16] 曹文权.人工电磁结构天线理论与设计[M].南京：东南大学出版社，2019.

[17] 曹文权.Multi-functional Planar Antennas Based on Artificial Electromagnetic Structures[M].北京：科学出版社，2021.

[18] Constantine A. Balanis. Antenna Theory Analysis and Design[M]. 4 版. USA：John Wiley&Sons, Inc，2016.

[19] 刘英，龚书喜.移动通信系统中的天线[M].北京：电子工业出版社，2011.

[20] 李绪益.微波技术与微波电路[M].广州：华南理工大学出版社，2007.

[21] 梁昌洪.简明微波[M].北京：高等教育出版社，2006.

[22] 顾继慧.微波技术[M].2 版.北京：科学出版社，2014.

[23] 杨雪霞.微波技术基础[M].2 版.北京：清华大学出版社，2015.

[24] Cao W Q, Zhang B N, Liu A J, et al. Multi-frequency and dual-mode patch antenna based on electromagnetic band-gap (EBG) structure[J]. IEEE Transactions on Antennas and Propagation, 2012, 60(12)：6007-6012.

[25] Cao W Q, Zhang B N, Jin J, et al. Microstrip antenna with electrically large property based on metamaterial inclusions[J]. IEEE Transactions on Antennas and Propagation, 2017, 65(6)：2899-2905.

[26] Cao W Q, Zhang B N, Liu A J, et al. Gain enhancement for broadband periodic endfire antenna by using split-ring resonator structures[J]. IEEE Transactions on Antennas and Propagation, 2012, 60(7)：3513-3516.

[27] 4G 和 5G 基站天线工程知识和应用场量[EB/OL].微波射频网. Altair Tang. https://mp.weixin.qq.com/s/kq_jzq-p4wz0rasw37glTg(网页链接).